TRAVEL

무작정 따라하기

다낭 호이안 후에

DA NANG · HOI AN HUE

전상현 지음

2

가서 보는 코스북

KB022194

길벗

무작정 따라하기 다낭·호이안·후에
The Cakewalk Series-DA NANG·HOI AN·HUE

초판 발행 · 2018년 12월 3일
초판 2쇄 발행 · 2019년 1월 14일
개정판 발행 · 2019년 5월 29일
개정판 3쇄 발행 · 2020년 1월 15일

지은이 · 전상현
발행인 · 이종원
발행처 · (주)도서출판 길벗
출판사 등록일 · 1990년 12월 24일
주소 · 서울시 마포구 월드컵로10길 56(서교동)
대표전화 · 02)332-0931 | **팩스** · 02)323-0586
홈페이지 · www.gilbut.co.kr | **이메일** · gilbut@gilbut.co.kr

편집팀장 · 민보람 | **기획 및 책임편집** · 백혜성(hsbaek@gilbut.co.kr)
취미실용 책임 디자인 · 강은경 | **1권 표지 디자인** · 박찬진 | **제작** · 이준호, 손일순, 이진혁
영업마케팅 · 한준희 | **웹마케팅** · 이정, 김진영 | **영업관리** · 김명자 | **독자지원** · 송혜란, 홍혜진

2권 디자인 · 도마뱀퍼블리싱 | **지도** · 팀맵핑 | **교정교열** · 이정현 | **일러스트** · 문수민 | **개정판 진행** · 김소영
CTP 출력 · 인쇄 · 제본 · 상지사

ISBN 979-11-6050-779-9(13980)
(길벗 도서번호 020126)

정가 16,000원

독자의 1초까지 아껴주는 정성 길벗출판사
(주)도서출판 길벗 | IT실용, IT/일반 수험서, 경제경영, 취미실용, 인문교양(더퀘스트) www.gilbut.co.kr
길벗이지톡 | 어학단행본, 어학수험서 www.eztok.co.kr
길벗스쿨 | 국어학습, 수학학습, 어린이교양, 주니어 어학학습, 교과서 www.gilbutschool.co.kr
페이스북 · www.facebook.com/travelgilbut | 트위터 · www.twitter.com/travelgilbut

"

독자의 1초를 아껴주는 정성!
세상이 아무리 바쁘게 돌아가더라도
책까지 아무렇게나 빨리 만들 수는 없습니다.
인스턴트식품 같은 책보다는
오래 익힌 술이나 장맛이 밴 책을 만들고 싶습니다.

땀 흘리며 일하는 당신을 위해
한 권 한 권 마음을 다해 만들겠습니다.
마지막 페이지에서 만날 새로운 당신을 위해
더 나은 길을 준비하겠습니다.

독자의 1초를 아껴주는 정성을 만나보십시오.

"

INSTRUCTIONS
무작정 따라하기 일러두기

이 책은 전문 여행작가가 다낭 전 지역을 누비며 찾아낸 관광 명소와 함께,
독자 여러분의 소중한 여행이 완성될 수 있도록 테마별, 지역별 정보와 다양한 여행 코스를 소개합니다.
이 책에 수록된 관광지, 맛집, 숙소, 교통 등의 여행 정보는 2019년 7월 기준이며 최대한 정확한 정보를 싣고자 노력했습니다.
하지만 출판 후 또는 독자의 여행 시점과 동선에 따라 변동될 수 있으므로 주의하실 필요가 있습니다.

1권 미리 보는 테마북

1권은 다낭을 비롯한 근교 지역의 다양한 여행 주제를 소개합니다. 자신의 취향에 맞는 테마를 찾은 후
2권 페이지 표시를 참고, 2권의 지역과 지도에 체크해 여행 계획을 세울 때 활용하세요.

1권은 다낭과 근교의
다양한 여행 주제를 다섯
가지 테마로 소개합니다.

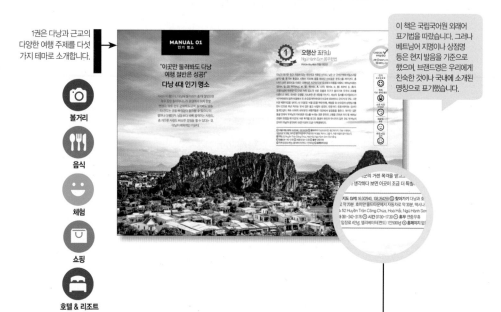

이 책은 국립국어원 외래어
표기법을 따랐습니다. 그러나
베트남어 지명이나 상점명
등은 현지 발음을 기준으로
했으며, 브랜드명은 우리에게
친숙한 것이나 국내에 소개된
명칭으로 표기했습니다.

- 볼거리
- 음식
- 체험
- 쇼핑
- 호텔 & 리조트

MAP
2권에서 해당
스폿을 소개한
지역의 지도
페이지를
안내합니다.

INFO
2권의 해당되는
스폿을
소개하는
페이지를
안내합니다.

구글 지도 GPS
위치 검색이
용이하도록
구글 지도
검색창에
입력하면 바로
장소별 위치를
알 수 있는
GPS 좌표를
알려줍니다.

찾아가기
주요 거리나
이동 소요
시간을 명시해
가장 쉽게
찾아갈 수
있는 방법을
설명합니다.

주소
해당 장소의
주소를
알려줍니다.

전화
대표 번호
또는 각
지점의 번호를
안내합니다.

시간
해당 장소의
운영 시간을
알려줍니다.

휴무
특정 휴무일이
없는 현지
음식점이나
기타 장소는
'연중무휴'로
표기했습니다.

가격
입장료, 체험료,
식비 등을 소개
합니다. 식당의
경우 추천
메뉴가 여러
개인 경우에는
전반적인
가격대를
알려줍니다.

홈페이지
해당 지역이나
장소의 공식
홈페이지를
기준으로
소개합니다.

2권 가서 보는 코스북

2권은 대표 도시인 다낭과 함께 근교의 호이안과 후에를 세부적으로 나눠 지도와 여행 코스를 함께 소개합니다.
여행 코스는 지역별, 일정별, 테마별 등 다양하게 제시합니다. 1권 어떤 테마에서 소개한 곳인지 페이지 연동 표시가 되어 있으니,
이를 참고해서 알찬 여행 계획을 세우세요.

지역 페이지

각 지역마다 인기도, 관광, 쇼핑, 식도락,
나이트라이프 등의 테마로 별점을 매겨 지역의
특징을 한눈에 보여줍니다. 또 해당 항목에
간단한 팁을 추가해 알아두면 좋은 정보를
제공합니다. 해당 지역에서 꼭 해보면 좋은
베스트 항목을 추천해 여행 계획의 고민을
덜어줍니다.

여행 무작정 따라하기

다낭 국제공항에 도착해서 시내에 들어가기까지 이동 방법, 시내 교통수단 등을 단계별로 꼼꼼하게 소개합니다.
처음 다낭에 가는 사람도 헤매지 않고 쉽고 빠르게 이해할 수 있도록 도와줍니다.

코스 무작정 따라하기

해당 지역을 완벽하게 돌아볼 수 있는 다양한 여행
코스를 지도와 함께 소개합니다.
❶ 코스를 순서대로 연결하여 동선이 한눈에 보이게
표시했습니다.
❷ 여행지에 대한 간단한 설명과 운영 시간, 휴무일
등의 필수 정보와 함께 다음 장소를 찾아가는 방법 등
꼭 필요한 정보를 알려줍니다.
❸ 스폿별로 머무르기 적당한 소요 시간을
표시했습니다.
❹ 코스별로 입장료, 식비 등을 영수증 형식으로
소개해 알뜰하고 계획적인 여행이 되도록
도와줍니다.

지도에 사용된 아이콘

- ◎ 추천 볼거리
- ☺ 추천 쇼핑
- 🍴 추천 레스토랑
- ☺ 추천 즐길 거리
- 🏠 추천 호텔
- ⓘ 관광 안내소
- ◎ 볼거리
- 🍴 레스토랑
- Ⓗ 숙소
- ☺ 쇼핑
- ☺ 즐길거리
- ☺ 경찰서
- 🏛 관공서
- 🧍 여행사
- 🚿 샤워
- 🔒 로커
- ⑪ 화장실
- 🎫 매표소
- Ⓟ 주차장
- 🚶 입구 · 출구

줌 인 여행 정보

지역별 관광, 음식, 쇼핑, 체험 장소 정보를
랜드마크 기준으로 소개해 여행 동선을
쉽게 짤 수 있도록 해줍니다. 실측 지도에
포함되지 않은 지역은 줌 인 지도를
제공해 더욱 완벽한 여행을 즐길 수 있게
도와줍니다.

INTRO

무작정 따라하기

다낭 · 호이안 · 후에 지역 한눈에 보기

후에
호이안 다낭

후에
HUE

앙사나 랑꼬 Angsana Langco &
반얀트리 랑꼬 Banyan Tree Lang Co

베다나 라군
Vedana Lagoon Resort & Spa Hue

랍안 라군 Lap An Lagoon

랑꼬 뷰 포인트 Lang Co View Point

하이반패스 Hai Van Pass

인터컨티넨탈 다낭 선 페닌슐라 리조트
InterContinental Danang Sun Peninsula Resort

다낭
DA NANG

바나 힐 Ba Na Hill

호아푸탄 래프팅
Hoa Phu Thanh Rafting

참 섬 Cham Isla

포시즌스 리조트 남하이
Four Seasons Resort The Nam Hai

호이안
HOI AN

빈펄 랜드 남 호이안
Vinpearl Land Nam Hoi An

미썬 유적지 My Son

PART 1
다낭
DA NANG

한국에서 소요 시간 약 4시간 30분
대표 공항 다낭 국제공항(Da Nang International Airport)
베스트 스폿 오행산, 바나 힐, 린응사, 미케 비치
식도락 리스트 반 쎄오, 쌀국수

추천 여행 스타일 유유자적 휴식 여행, 부담 없이 떠나는 휴가, 온가족이 함께 떠나는 가족여행, 주머니가 가벼워도 좋은 쇼핑 여행

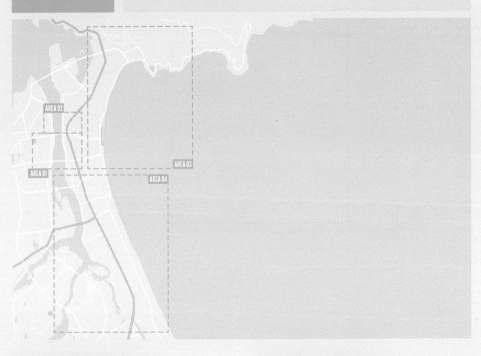

AREA 02

AREA 01

AREA 03

AREA 04

AREA 1 한 시장 주변 Han Market&Around

📷 볼거리 ★★★★☆
🍴 식도락 ★★★★☆
🛍 쇼 핑 ★★★☆☆

테마 관광, 식도락, 쇼핑
특징 다낭의 중심지, 소소한 볼거리와 맛집이 모여 있다.
예상 소요 시간 6~8h

AREA 2 노보텔 주변 Novotel&Around

📷 볼거리 ★★☆☆☆
🍴 식도락 ★★★☆☆
🛍 쇼 핑 ★★★★☆

테마 쇼핑, 나이트라이프
특징 중대형 시티 호텔이 들어선 곳. 관광객들이 많이 찾는 맛집도 많다.
예상 소요 시간 3~4h

AREA 3 미케 비치 북쪽 North My Khe Beach

📷 볼거리 ★★★★☆
🍴 식도락 ★★★☆☆
🛍 쇼 핑 ★☆☆☆☆

테마 관광, 휴양
특징 미케 비치를 따라 호텔이 많이 들어선 곳. 하루가 다르게 새로운 스폿이 생기고 있다.
예상 소요 시간 4~6h

AREA 4 미케 비치 남쪽 South My Khe Beach

📷 볼거리 ★★★★☆
🍴 식도락 ★★★☆☆
🛍 쇼 핑 ★★★★☆

테마 관광, 식도락, 쇼핑
특징 다낭 쇼핑의 메카 '롯데 마트'와 아바타 호텔 주변의 맛집만 둘러봐도 하루가 금방이다. 오행산 등 볼거리도 많다.
예상 소요 시간 8~12h

PART 2
호이안
HOI AN

베스트 스폿	호이안 구시가지, 안방 비치
식도락 리스트	반미, 까오러우, 미꽝, 화이트 로즈
테마	관광, 역사, 휴양, 체험
예상 소요 시간	1~3day

추천 여행 스타일 휴식과 관광 모두를 즐기는 여행, 몸으로 체험하고 배워보는 체험 여행, 인생 사진을 무더기로 남길 수 있는 낭만 여행

AREA 02

AREA 01

AREA 1 **호이안 구시가지** Hoi An Ancient Town

📷 **볼거리** ★★★★★
🍴 **식도락** ★★☆☆☆
🛍 **쇼 핑** ★★★★☆

테마 관광, 역사, 나이트라이프, 쇼핑, 체험
특징 15세기, 번성한 국제 항구도시. 당시에 지은 고가들이 온전히 보존돼 시간 여행을 할 수 있다. 밤에는 낭만 두 배.
예상 소요 시간 2day

AREA 2 **안방 비치&꼬어다이 비치** An Bang Beach&Cua Dai Beach

📷 **볼거리** ★★★☆☆
🍴 **식도락** ★★☆☆☆
🛍 **쇼 핑** ★☆☆☆☆

테마 관광, 휴양
특징 호이안 근교의 이름난 해변. 시끌시끌한 분위기를 좋아하는 트렌드세터라면 안방 비치, 조용히 쉬고 싶다면 꼬어다이 비치로!
예상 소요 시간 3~4h

PART 3
후에
HUE

베스트 스폿	왕궁, 민망 황제릉, 카이딘 황제릉	**추천 여행 스타일**	다낭을 여러 번 방문해 더 이상 갈
식도락 리스트	분보후에		곳이 없는 여행자, 휴양보다는 관광에
테마	관광, 역사, 식도락		큰 비중을 두는 여행자
예상 소요 시간	1~2day		

AREA 1 왕궁&여행자 거리 Imperial Palace & Traveler's Street

📷 **볼거리** ★★★★☆
🍴 **식도락** ★★★★★
💼 **쇼 핑** ★☆☆☆☆

테마 관광, 역사, 식도락
특징 다낭의 변화함과 호이안의 호젓함이
공존한다.
예상 소요 시간 4h

AREA 2 후에 근교 Suburb of Hue

📷 **볼거리** ★★★★☆
🍴 **식도락** ★☆☆☆☆
💼 **쇼 핑** ★☆☆☆☆

테마 관광
특징 응우옌 왕조의 사원과 왕릉이 여기저
기 흩어져 있는 지역
예상 소요 시간 4~6h

추천 코스 ❶ | 핵심 스폿을 정복하는 다낭+호이안 3박 5일

다낭과 호이안의 핵심 관광 스폿을 정복하는 여행 코스로 다낭에서 2박, 호이안에서 1박을 한다. 다낭 항공편 대부분은 밤 늦은 시간에 한국에서 출발해 다낭 현지 시간으로 새벽 1~2시에 도착하는 일정. 따라서 여행 첫날부터 너무 무리하지 않는 것이 좋다. 추천 대상 다낭 여행이 처음인 여행자

Day 1

공항에서 이동

● PLUS TIP
관광객 상대로 호객 행위를 하는 택시를 조심하자. 한국인 관광객이 현지 시세에 어둡다는 점을 악용해 요금을 10배나 더 받기도 한다. 그랩 카 또는 여행사의 픽업 차량을 이용하는 것이 가장 안전하다.

호텔에서 휴식

● PLUS TIP
환전은 한 시장 맞은편 금은방에서 하자, 환율이 좋고 친절하다는 것이 장점.

한 시장 p.038

타임 커피 p.035

사랑의 부두 p.035

피자 포피스 p.035

● PLUS TIP
티 라운지에서 운영하는 티 라운지 셔틀버스를 이용하면 편리하다. 한국어 의사소통이 잘되고, 바나힐 입장권도 판매한다.

바나 힐 p.041

다낭 대성당 p.034

Day 2

● PLUS TIP
DAY 2 일정은 이동 거리가 길어 택시나 그랩 카를 이용하는 것 보다 여행사의 차량 대절 서비스를 이용하는 것이 훨씬 편리하다.

쿨 스파 p.040

롯데 마트 p.072

린응사 p.063

마담 한 p.063

Day 3

호텔에서 휴식

쿠킹 클래스 p.206

호이안 구시가지 밤 산책 p.096

미스 리 p.100

호이안 호텔 도착&체크인

오행산 p.074

Day 4

호이안 구시가지 관광 p.096

레드 게코 p.100

마사지

공항으로 이동

추천 코스 ❷ | 느긋하게 둘러보는 다낭+호이안 4박 6일

남들보다 좀 더 느긋하게 다낭과 호이안을 둘러볼 수 있는 여행 코스로 다낭과 호이안에서 각각 2박씩 묵는다. 가족들의 취향에 따라 호텔을 고르되 호텔의 위치를 잘 생각해서 정하자. 너무 외곽에 자리한 호텔을 고르면 자칫 가족 모두가 피곤할 수 있다. 추천 대상 가족 여행자, 힐링 여행자

Day 1

공항에서 이동

➕ PLUS TIP
가족의 인원수가 많으면 택시나 그랩 카보다는 여행사의 픽업 서비스를 이용하는 것이 훨씬 편하다. 호텔로 이동하는 길에 마트에 들러 간단히 장을 볼 수도 있다.

호텔에서 휴식

아침 식사 후 호텔 수영장에서 물놀이

 바빌론 스테이크 가든 p.060

 한 시장 p.038

Day 2

 바나 힐 p.041

➕ PLUS TIP
여행 2~3일 차는 차량 대절 서비스를 이용하자. 대절 시간 내에서 원하는 대로 일정을 정할 수 있고, 노약자나 아이들도 편안하게 이용할 수 있어 가족 여행자들에게 인기가 높다. 베이비시트는 추가 요금을 내면 이용 가능.

 벱 헨 p.038

 콩카페 2호점 p.036

 다낭 대성당 p.034

Day 3

 마담 한 p.063

 린응사 p.063

 템플 다낭 & 미케 비치 p.061

호텔 아침 식사 후 체크아웃

 오행산 p.074

Day 4

 호이안 구시가지 관광 p.096

호텔에서 휴식

 쿠킹 클래스 1권 p.206

 호이안 구시가지 밤 산책 p.096

호텔 체크인 & 호텔에서 휴식

 안방 비치&더 덱 하우스 p.114

Day 5

 비스 마켓 p.102

 호이안 야시장&나룻배 타기 p.104

호텔 체크아웃 후 다낭으로 이동

 피자 포피스 p.035

다낭 호텔 체크인

 롯데 마트 p.072

Day 6

공항으로 이동

 마사지

 레볼루션 오브 머시룸 p.036

참 조각 박물관 p.034

추천 코스 ❸ | 휴양과 액티비티를 위한 오로지 호이안 3박 5일

다낭에서 숙박하지 않고 전 일정을 호이안에서 보내는 코스. 관광보다는 휴양과 체험에 중점을 두는 코스다. 여유가 된다면 두 곳의 다른 호텔에 묵어보자. 추천 대상 친구와 함께, 나 홀로, 20대 여행자

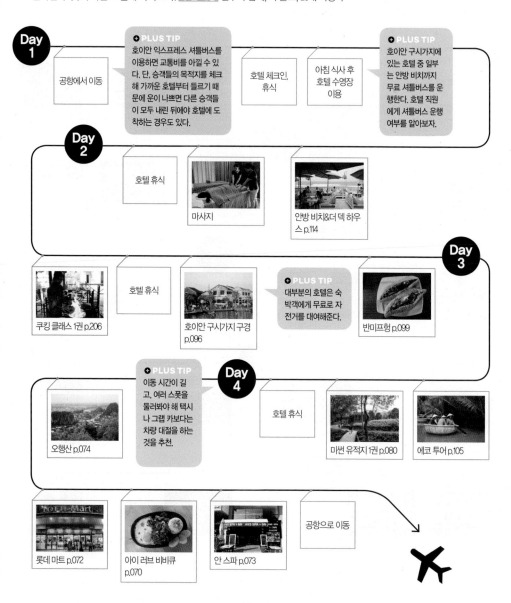

Day 1

공항에서 이동

⊕ PLUS TIP
호이안 익스프레스 셔틀버스를 이용하면 교통비를 아낄 수 있다. 단, 승객들의 목적지를 체크해 가까운 호텔부터 들르기 때문에 운이 나쁘면 다른 승객들이 모두 내린 뒤에야 호텔에 도착하는 경우도 있다.

호텔 체크인, 휴식

아침 식사 후 호텔 수영장 이용

⊕ PLUS TIP
호이안 구시가지에 있는 호텔 중 일부는 안방 비치까지 무료 셔틀버스를 운행한다. 호텔 직원에게 셔틀버스 운행 여부를 알아보자.

Day 2

호텔 휴식

마사지

안방 비치&더 덱 하우스 p.114

Day 3

쿠킹 클래스 1권 p.206

호텔 휴식

호이안 구시가지 구경 p.096

⊕ PLUS TIP
대부분의 호텔은 숙박객에게 무료로 자전거를 대여해준다.

반미프엉 p.099

⊕ PLUS TIP
이동 시간이 길고, 여러 스폿을 둘러봐야 해 택시나 그랩 카보다는 차량 대절을 하는 것을 추천.

Day 4

오행산 p.074

호텔 휴식

미썬 유적지 1권 p.080

에코 투어 p.105

롯데 마트 p.072

아이 러브 바비큐 p.070

안 스파 p.073

공항으로 이동

추천 코스 ❹ | 남들과는 다른 트렌디한 여행, 다낭+후에 3박 5일

남들과 같은 뻔한 여행 코스 말고, 요즘 뜨는 스폿 위주로 둘러보는 코스다. 좀 외진 곳에 있어도 여행의 설렘을 곱절은 더 느낄 수 있는 곳으로 골랐으니 조금 고생할 각오를 하자. 코스의 특성상 호텔 레스토랑에서 식사해야 하는 일이 잦다. `추천 대상` 다낭을 한 번 이상 와본 여행자, 휴양 여행자, 친구와 함께, 허니무너

Day 1

공항에서 이동

➕ **PLUS TIP**
일행이 3명 미만 이라면 택시나 그랩 카를 타는 것이 금액면에서 유리하다.

호텔 체크인 & 휴식

롯데 마트 p.072

➕ **PLUS TIP**
오늘과 내일, 이틀간 지내야 할 호텔은 아주 외진 곳에 있어 장을 봐 가는 것이 좋다. 호텔에서 먹을 주전부리 위주로 구입하자. 환전도 이곳에서 미리 해두는 것을 추천.

베다나 라군 1권 p.314

랍안 라군 & 랑꼬 비치 1권 p.044

하이반 패스 1권 p.044

➕ **PLUS TIP**
호텔까지는 현지 여행사의 프라이빗 카 투어를 이용한다. 관광과 이동을 모두 할 수 있어 후에까지 가는 길이 덜 지루하다.

린응사 p.063

Day 2

호텔 체크아웃 후 필그리미지 빌리지로 이동

➕ **PLUS TIP**
베다나 라군에서 필그리미지 빌리지까지는 무료 셔틀버스를 이용할 수 있다. 단, 선착순으로 예약 후 탑승할 수 있으므로 최대한 빨리 예약을 하는 것을 추천.

필그리미지 빌리지 체크인 & 휴식 1권 p.306

Day 3

카이딘 황제릉 p.142

➕ **PLUS TIP**
후에 근교 지역을 좀 더 편하게 둘러보고 싶다면 호텔 로비에서 프라이빗 투어를 신청하자. 가격은 좀 비싸도 낸 돈 이상의 편안함을 누릴 수 있다.

후에 왕궁 p.132

레 자르댕 드 라 카람 볼 p.135

티엔무 사원 p.142

민망 황제릉 p.143

다낭으로 이동

➕ **PLUS TIP**
다낭까지 거리가 멀고 길이 막힐 수 있어 비행기 탑승 8시간 전에는 출발해야 일정을 무사히 소화할 수 있다.

마사지

공항으로 이동

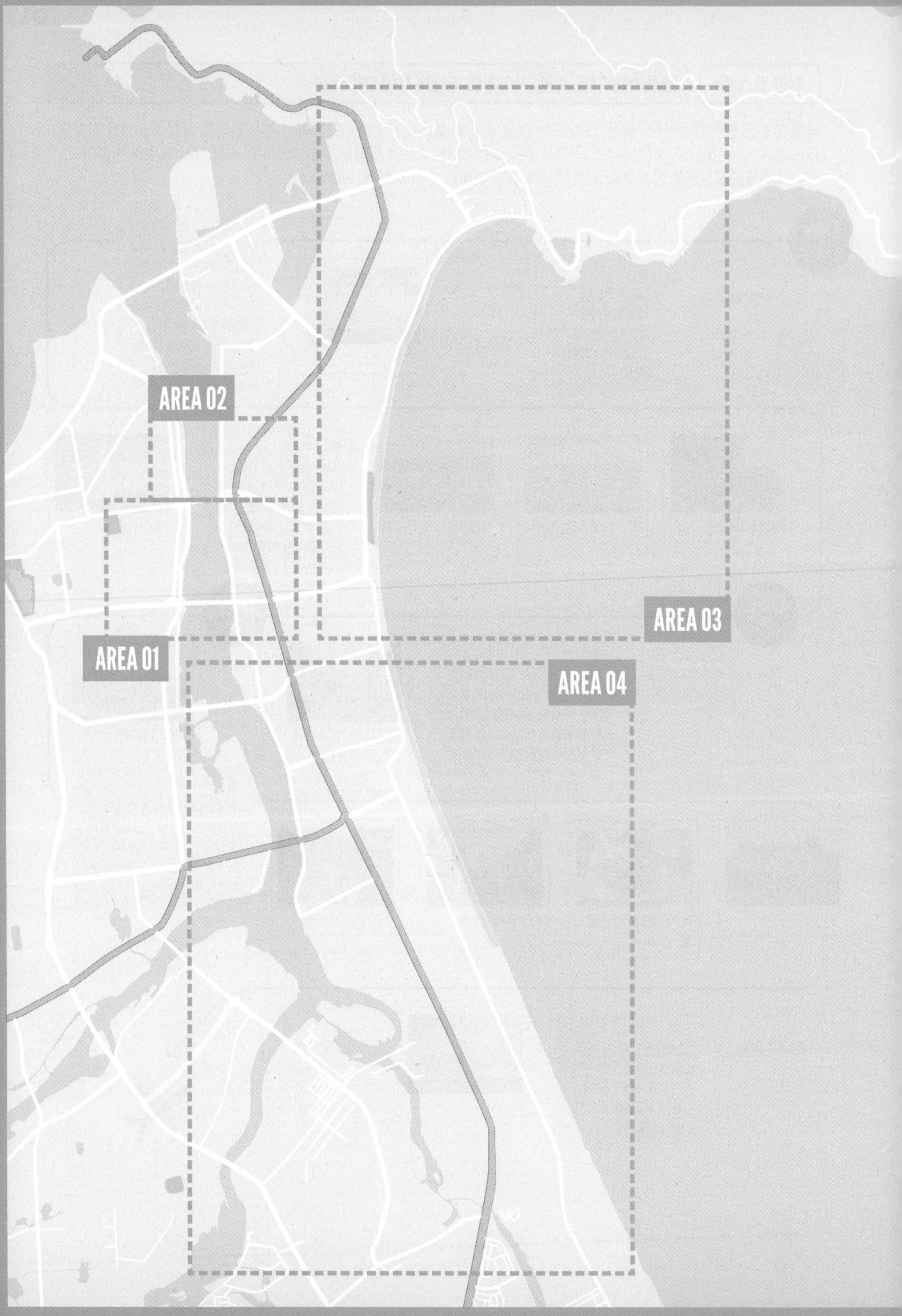
AREA 02
AREA 01
AREA 03
AREA 04

Part.1

다낭
DA NANG

무작정 따라하기

1 단계

STEP ❶❷❸

다낭, 이렇게 간다

**다낭
입국 절차
따라하기**

🔎➕ **PLUS TIP**

다낭 국제공항에서 도착 비자
를 발급 받으려면 '도착 비자
승인서'가 반드시 필요하다.
도착 비자 승인서는 여행 전
에 전문 여행사에 문의해 발
급받도록 하자.

❶ 항공기에서 내리면 바로 보이는 도착(Arrival) 표시를 따라간다.

❷ 비자 발급 대상자(15일 이상 베트남 여행을 할 예정이
거나 최근 30 일이내 베트남에 입국한 적이 있을 때)는 정
면의 '도착 비자 카운터(Visa on Arrival)'로 가서 도착 비자
신청서와 여권 사진, 여권을 제출해 도착 비자를 발급받는
다(준비 서류는 1권 P.338 참고).

❸ 입국심사대의 외국인(Foreigner) 줄에 가서 선 다음 입
국심사를 받는다. 별도의 입국 신고서를 작성할 필요 없이
여권만 있으면 된다. 간혹 입국심사원이 리턴 티켓(한국으
로 다시 돌아가는 항공 티켓)을 요구할 수 있는데, 항공편
예약 후 이메일로 받은 이티켓(E-Ticket)을 보여주면 된다.

❹ 입국심사대 통과 후 바로 보이는 수하물 현황판과 타
고 온 항공 편명을 대조해 수하물 수취대를 조회한 뒤 수
취대에서 수하물을 찾는다.

❺ 포켓 와이파이를 준비하지 않았다면 수하물 수취대
뒤편 부스에서 심카드를 구입한다(심카드 구입 관련 자세
한 정보는 1권 P.345 참고).

❻ 세관 검사 카운터를 통과한다. 경우에 따라 세관원이
가방이나 캐리어 안을 살펴볼 수 있다.

❼ 공항 건물 밖 환전소(Exchange)에서 소액만 베트남
동(đ)으로 환전한다. 나머지 금액은 다낭 시내에 있는 사
설 환전소를 이용하는 것이 훨씬 저렴하다.

다낭 공항에서 시내 가기

나에게 맞는 이동 수단 찾기

여행 준비를 하는 것은 딱 질색!	→	택시
택시의 바가지요금이 무섭다면	→	그랩 카, 그랩 택시
조금이라도 빨리, 편하게 호텔로 가고 싶다면	→	호텔 및 여행사 픽업 서비스

택시

가장 대중적인 교통수단이다. 미터 요금으로 운행하는 것이 기본이며 바가지를 씌우는 경우가 드물어 안심하고 이용할 수 있다. 마이린(MAILINH)이나 비나선(VINA SUN), 티엔사(TIEN SA) 등 유명 택시 회사를 골라 타면 된다. 공항 입국장을 빠져나와 건물 밖으로 나가면 길 건너편에 택시 타는 곳이 있다. 자세한 이용 방법은 P.019~020 참고.

목적지 별 택시 요금표(공항 통행료 1만đ 별도)

출발지	목적지	요금
다낭 국제 공항	다낭 시내(다낭 대성당, 한 시장, 브릴리언트 호텔, 노보텔)	10만đ~
	미케 비치(알라카르트 호텔)	10만đ~
	미케 비치(퓨전 마이아 다낭, 풀만 다낭, 푸라마 리조트)	12만đ~
	오행산(하얏트 리젠시, 빈펄, 멜리아 리조트)	16만đ~
	끄어다이 비치(팜 가든 리조트, 빅토리아 호이안, 선라이즈 프리미엄)	36만đ~
	호이안	40만đ~

⊕ **PLUS TIP**

이런 택시 기사는 주의하세요!

급격히 늘어나는 한국인 관광객 수만큼 한국인들을 대상으로 하는 택시 사기도 늘고 있습니다. 가장 흔한 사기 수법은 요금 10배로 바가지 씌우기인데요. 간략한 상황을 예로 들어 설명하겠습니다.

 어디로 가세요?

 시내에 있는 호텔로 가요. 그랩 카를 부를 거예요.

 그랩이랑 같은 요금으로 태워줄게요. 그랩 부르면 시간 오래 걸려요! (그랩 애플리케이션으로 요금 검색해 관광객에게 보여준 뒤) 95K니까 95만đ 받을게요.

눈치채셨나요? 베트남에서 95K는 95만đ이 아니라 9만5000đ을 뜻합니다. 베트남 화폐가치를 잘 모르는 외국인들은 자칫 당하기에 십상이죠. 이것만 기억하세요. 다낭 시내 안에서 움직일 때는 요금이 아무리 많아도 15만đ, 다낭을 벗어나지 않는 한 20만đ 이상 나오지 않습니다.

그랩 카 &
그랩 택시

미터기를 켜지 않거나 미터기를 조작해서 부당 요금을 청구할 수 있는 택시와 달리 예상 요금을 미리 알려주기 때문에 바가지 쓸 일이 없다는 것이 가장 큰 장점. 거스름돈도 잘 내주고, 미리 카드를 연결해놓으면 자동 결제가 되기 때문에 현금을 주고받을 필요도 없다. 단거리는 택시보다 요금도 10%가량 더 저렴하다. 자세한 이용 방법은 P.021~022 참고.

호텔 픽업 차량

4·5성급 호텔 대부분은 숙박 예약 시 공항 픽업 차량을 함께 예약할 수 있다. 예약은 이메일로 가능하며 도착 예상 날짜 및 시간, 항공 편명, 인원수, 영어 이름 등의 정보가 필요하다. 약속된 시간에 예약자의 이름이 적힌 네임 보드를 들고 입국장에서 기다리고 있다. 일부 특급 호텔에서는 고급 외제 차량으로 픽업해주기도 하는데, 물수건과 웰컴 드링크, 무료 와이파이를 제공한다. 차종에 따라 요금이 다르다.

ⓓ **요금** 호텔마다 다름

여행사 픽업
서비스

한인 여행사에서도 픽업 서비스를 제공한다. 영어로 이메일을 주고받아야 하는 호텔 픽업 서비스와 달리 한국어로 예약 및 문의를 할 수 있다는 것이 가장 큰 장점. 가격도 호텔 픽업보다 저렴한 경우가 많다. 네이버 카페에 예약 신청 글을 남긴 후 담당 직원의 안내에 따르면 된다.

⊕ PLUS TIP
사칭 기사를 조심하세요!
공항에서 셔틀버스 기사를 사칭하는 일이 늘고 있습니다. 예를 들어 호이안 익스프레스 직원이 들고 있는 팻말에 적혀 있는 이름을 자신의 팻말에 그대로 옮겨 적어 승객을 가로채는 방식입니다. 추가 요금을 내라는 둥 주유비를 부담해야 한다는 둥 온갖 핑계를 다 대서 부당 요금을 챙기기 때문에 조심해야 합니다. 사기를 예방하기 위해 픽업 서비스 신청 시 미팅 장소, 기사의 이름과 인상착의를 물어보는 것이 안전합니다.

추천 여행사

팡팡투어 쿠폰 p.151

다른 여행사와 달리 호텔로 들어가기 전에 장을 볼 수 있도록 케이 마켓 무료 경유(30분 이내)가 가능한 것이 가장 큰 장점. 롯데 마트나 빅 시 마트 등의 대형 마트 경유 시 10$가 더 부과된다.

ⓓ **요금** 다낭 시내까지 7인승 10$, 16인승 15$ / 호이안까지 7인승 15$, 16인승 20$ / 남호이안(끄어다이 비치 주변)까지 7인승 40$, 16인승 50$(예약금 9000원 별도)
🔗 **홈페이지** http://cafe.naver.com/danang

다낭도깨비

남호이안(끄어다이 비치 주변, 빅토리아 호이안 비치 리조트, 선라이즈 프리미엄 리조트, 빈펄 호이안 등)까지 픽업 요금이 저렴하다. 식당이나 마트 경유가 가능하지만 10$의 요금이 더 부과된다.

ⓓ **요금** 다낭 시내까지 7인승 10$, 16인승 15$ / 호이안까지 7인승 15$, 16인승 20$ / 남호이안(끄어다이 비치 주변)까지 7인승 30$, 16인승 35$
🔗 **홈페이지** http://cafe.naver.com/happyibook

실제로 이미지 배치

2단계

다낭 시내 교통 한눈에 보기

시내버스가 운행되고 있지만, 여행자들이 이용하기는 쉽지 않아 사실상 다낭 안에서 이용할 수 있는 교통수단은 택시와 그랩 카,
전세 차량이 전부다.

택시
Taxi

여행자들에게는 가장 대중적인 교통수단이다. 시내 어디에서나 쉽게 택시를 잡아탈 수 있으
며 바가지요금이나 고의적인 길 돌아가기 등도 다른 베트남 대도시보다 적어 안심하고 탈 수
있다. 택시 기사 대부분은 간단한 영어 소통이 가능한 것도 장점. 유명하지 않은 호텔이나 레
스토랑은 잘 모르는 경우가 많아서 구글맵으로 지도와 주소 등을 보여주는 것이 편하다.

택시 회사 종류
엄청나게 다양한 택시 회사가 있다. 그중 **마이린(MAILINH)**이나 **비나선(VINA SUN)**, **티엔사
(TIEN SA)**가 규모 크고 믿을 만한 회사. 이름 없는 회사들은 미터기를 조작하거나 멀쩡한 길
을 돌아가는 등 바가지요금을 씌우기도 하니 조심할 필요가 있다. 특히 교묘하게 대형 택시
회사의 로고를 바꾸거나 택시 회사의 영어 스펠링을 헷갈리게 써놓은 택시를 조심하자.

티엔사 택시

비나선 택시

마이린 택시

요금 = 기본요금 + 미터 요금 + 통행료
장거리 운행이나 전세 택시를 제외하고는 미터기를 켜고 운행하는 것이 기본이다. 우리나라
와 마찬가지로 기본요금에 거리 및 시간별로 할증되는 미터 요금을 합산해 요금을 청구한다.

다낭 국제 공항이나 하이반
터널 등은 통행료를 별도로
내야 하니 참고하자. 요금
은 현금 결제만 가능하다.
ⓘ **기본요금** 택시 회사와 차종
에 따라서 요금이 다르다. 소형
5000₫~, 중형 6000₫~7000₫,
대형 1만₫~ 수준. ⓘ **미터 요금**
다낭 시내에서는 5만~10만₫ 안에
서 다닐 수 있다. 출퇴근 시간대에
는 교통 체증으로 요금이 더 나오
기도 한다.

택시 미터기 읽는 방법

베트남은 화폐 단위가 크기 때문에 가격을 표시할 때 맨 끝 '00' 또는 '000'을 생략하는 경우가 많다. 택시 미터기도 예외가 아니라서 이 사실을 모른 채 미터기 요금만 봐서는 요금이 얼마인지 헷갈릴 수 있다. 만약 미터기에 요금이 8.8이라고 나와 있으면 8800₫ 또는 8만 8000₫이라는 뜻. 미터기의 요금 칸 바로 옆에 숫자 단위가 표시돼 있으니 잘 살펴보자. 일부 악질 택시 기사는 미터기 요금을 잘 읽지 못하는 외국인 여행자들을 대상으로 바가지요금을 씌우기도 한다.

① 최종 요금 ② 탑승 시간
③ 탑승 거리 ④ 1km당 요금

미터기 요금 칸 위에 화폐 단위가 표시돼 있다. FARE X 1000VN. 즉, 표시된 요금에 1000₫을 곱하면 지불해야 할 요금이 된다.

택시 요금 바가지 쓰지 않는 팁 5

❶ 호객 행위를 하는 택시는 의심부터!

모두 그런 것은 아니지만 미리 미터기를 조작해놓고 승객을 태워 부당 요금을 챙기는 기사들이 간혹 있다. 한자리에 멈춰서 호객하는 택시는 가급적 이용하지 않는 것이 좋다.

❷ 호텔 직원에게 택시 호출을 부탁하자.

호텔에서 택시를 탈 일이 있을 때는 호텔 직원에게 택시를 불러달라고 얘기하자. 편한 것은 둘째치고 바가지를 쓸 확률이 줄어든다. 호출비는 따로 내지 않아도 된다.

❸ 택시 앞 좌석에 있는 면허증을 사진으로 남기자.

이게 바가지요금과 무슨 상관이 있겠나 싶겠지만, 택시 기사에게는 '여차했을 때 택시 회사에 항의할 수 있다'는 심리적인 압박이 의외로 잘 먹힌다.

❹ 현금은 20만₫이면 된다.

택시를 20분 이상 타지 않는 이상은 요금이 20만₫이 나올 수 없다. 간혹 베트남 화폐 단위에 익숙지 않은 한국 사람들이 고액권을 내면 거스름돈을 제대로 내주지 않는 택시 기사들이 있는데, '다낭 안에서 이동할 때 택시 요금은 20만₫을 넘지 않는다'라는 사실을 기억하고 있으면 10배나 비싼 요금을 내는 실수는 없어진다.

❺ 장거리나 전세는 미터기보다 흥정이 싸다.

택시로 20분 이상 걸리는 거리는 미터기를 켜는 것보다 흥정이 더 싸다. 택시 기사와 미리 협의해서 요금을 정하자.

> Case 1 :
> 오늘 많이 피곤해 보이는데
> 마사지 잘하는 곳 소개해줄까?
> Case 2 : 오늘 밤에 뭐 해? 할 일 없으면 좋은 곳 소개해줄게.
> Case 3 : 붐붐 마사지 받을래? /
> 붐붐?

⊕ PLUS TIP

택시, 이건 조심, 또 조심!

택시 기사가 갑자기 친한 척하거나 살갑게 굴면서 마사지 업소를 소개해준다고 하면 단칼에 거절하자. 백이면 백 퇴폐 업소를 연결해주고 중개 수수료를 얻으려는 얄팍한 수법이다. 최근 한국인 남성을 대상으로 암암리에 퇴폐 마사지가 성행하는데, 젊은 남자 손님은 물론이고 심하면 미성년자나 신혼부부에게도 퇴폐 마사지를 권유하기도 하니 특히 조심하자. 베트남에서 성매매는 불법이며 적발 시 추방 조치 및 재입국 시 입국이 거절될 수 있다.

그랩 카 &
그랩 택시
Grab Car &
Grab Taxi

최근 유행하고 있는 차량 공유 서비스로 우리나라의 카카오택시와 비슷하다고 생각하면 이해가 빠르다. 베트남과 싱가포르를 비롯해 동남아시아 8개국에서 서비스를 제공하고 있다. 예약자가 스마트폰으로 목적지를 정하면 가까운 차량을 매칭해주는데, 일반 택시와 다르게 운전기사의 이름과 사진 등 인적 사항과 차종, 차량 번호 등 차량 정보는 물론 목적지까지 요금을 미리 볼 수 있어 안전하고 편리하다. 외국인들이 많이 이용해 그랩 카 기사 대부분이 영어를 잘하고, 자동 번역 기능이 있는 애플리케이션 채팅 덕분에 영어를 조금만 할 줄 알아도 누구나 쉽게 이용할 수 있다.

그랩 카 & 그랩 택시 이용 방법

포켓 와이파이 이용자를 기준으로 한 설명이다. 다낭에 도착해 베트남 심카드를 이용하는 경우, 현지에서 심카드를 교체한 후 진행하면 된다.

한국에서

❶ 구글플레이 또는 앱스토어에서 그랩 (Grab) 애플리케이션을 다운로드받는다.

❷ 그랩 애플리케이션 가동 후 첫 화면에서 본인 인증 방법을 선택한다. 페이스북이나 구글 아이디로 연동하면 본인 인증이 완료된다. 참고로 휴대폰 번호로도 본인 인증을 받지만, 국내에서는 불가능하다.

🔧 PLUS TIP

그랩 카 차종, 어떤 것이 있을까?

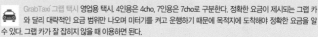
🚗 Grab Car 그랩 카 영업용 택시가 아닌 개인 소유의 승용차. 4인용(경차)은 4cho, 7인용(승합차)은 7cho로 구분한다. 인원이 많지 않으면 4인승으로 충분하며 짐이 많거나 인원이 많으면 7인승이 편하다. 그랩 택시에 비해 요금이 저렴해 인기가 있다.

🚕 GrabTaxi 그랩 택시 영업용 택시. 4인용은 4cho, 7인용은 7cho로 구분한다. 정확한 요금이 제시되는 그랩 카와 달리 대략적인 요금 범위만 나오며 미터기를 켜고 운행하기 때문에 목적지에 도착해야 정확한 요금을 알 수 있다. 그랩 카가 잘 잡히지 않을 때 이용하면 된다.

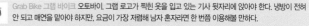
🚙 Just Grab 저스트 그랩 그랩 카나 그랩 택시 모두 해당. 차종과 관계없이 빨리 이동하고 싶을 때 선택하면 된다.

🛵 Grab Bike 그랩 바이크 오토바이. 그랩 로고가 찍힌 옷을 입고 있는 기사 뒷자리에 앉아야 한다. 냉방이 전혀 안 되고 매연을 맡아야 하지만, 요금이 가장 저렴해 남자 혼자라면 한 번쯤 이용해볼 만하다.

🚗 Grab Car Plus 그랩 카 플러스 개인 소유의 세단급 승용차. 그랩 카보다 차종이 좀 더 좋다고 보면 된다.

❶ 첫 화면에서 'Car'를 선택한 뒤 출발 및 목적지를 검색한다. 출발지는 GPS 신호를 기반으로 자동 설정되며 목적지는 'I'm going to…?' 부분을 터치해 주소나 구글맵에 등록된 장소명을 입력한 후 '확인(Confirm)'을 누른다.

❷ 화면 아래쪽 바를 터치하면 차종 및 옵션을 선택할 수 있다. 가장 저렴한 것은 그랩 카. 차종을 선택한 다음 '예약(Book)' 버튼을 누른다.

❸ 화면 전체가 초록색으로 바뀌고 '예약 매칭 중(We are processing your booking)'이라는 메시지가 나온다. 이 상태에서 매칭될 때까지 기다린다.

❹ 잠시 후 매칭이 되면 '매칭 완료(Yay, we found you a driver)'라는 팝업 메시지가 뜬다. 이때 그랩 카 운전기사의 사진과 이름, 평점, 차량 번호 및 차종을 확인할 수 있다.

❺ 위치를 찾기가 어렵거나 호출 위치까지 오는 데 오래 걸리는 경우 그랩 기사가 메시지를 보내준다. 정확한 위치와 인상착의 등을 간단한 영어 메시지로 보내면 된다.

❻ 예약한 차량이 맞는지 예약 화면에서 본 차량 번호와 실제 번호판을 대조한 뒤 자동차에 탑승한다.

❼ 운행이 시작되면 '운행 중(In transit)'이라는 메시지와 함께 실시간 위치를 지도에 보여준다.

❽ 목적지에 도착하면 내야 하는 요금을 다시 한번 보여주며, 도착했다는 메시지가 뜬다. 요금 계산 후 자동차에서 내리면 된다.

전세 차량

일정이 빡빡하거나 일행이 많을 때는 전세 차량을 이용하자. 한국인이 운영하는 여행사를 통해 전세 차량 서비스를 이용하면 정해진 시간 안에 운전기사가 동행하는 차량을 타고 다닐 수 있어 매우 편리하다. 운전기사 대부분은 영어와 한국어 의사소통이 힘들지만 차량을 예약할 때 대략적인 여행 일정을 알려주면 운전기사에게 일정을 공유한다. 의사소통에 문제가 있을 때는 여행사 카카오톡으로 연락하면 된다.

> **✓ CHECK!**
> 차량 렌트나 픽업/드롭 차량 예약 시 탑승 가능 인원을 반드시 확인해보자. 짐을 많이 싣기 때문에 실제 탑승 가능 인원은 훨씬 적다. 7인승의 경우 탑승 인원이 4명으로, 16인승 차량도 10명만 탈 수 있다.

추천 여행사

다낭도깨비

네이버에서 가장 큰 규모의 카페를 운영하고 있는 여행사로 호텔 예약 및 각종 투어를 진행한다. 그중 차량 렌트는 이용해본 사람들이 입을 모아 칭찬하는 서비스. 어린이용 카시트와 유모차는 수량이 한정되어 있어 사전에 예약해야 한다.

💲 **요금** 7인승 6시간 30$, 12시간 43$/ 16인승 6시간 40$, 12시간 50$(예약금 별도), 시간 초과 시 1시간당 5$ 추가/ 카시트 및 유모차 대여 5$
🖥 **홈페이지** http://cafe.naver.com/happyibook
💬 **카카오톡 ID** cartalk77

팡팡투어

다낭이 여행지로 입소문 나기 전부터 여행사를 운영해온 잔뼈 굵은 여행사. 현지 보험에 가입

된 차량만 이용하며 타 여행사보다 차량이 넓어 몸도 마음도 편하다. 차 안에서 와이파이를 무료로 이용할 수 있으며 운전기사와 카카오톡으로 연락을 주고받을 수 있다는 점도 칭찬받는 부분. 유아용 카시트와 유모차를 무료 대여해주며 렌트 비용도 저렴하다.

💲 **요금** 7인승 6시간 30$, 12시간 40$/ 16인승 6시간 45$, 12시간 50$(예약금 별도)
🖥 **홈페이지** http://cafe.naver.com/danang

3단계

환전하기

국내에서 베트남 동(₫)으로 환전할 수 있는 은행이 많지 않고 환율도 좋지 않다. 여행 전에 미국 달러(USD) 고액권으로 환전한 다음 베트남에서 재환전하는 것이 일반적인데, 어느 곳에서 베트남 동으로 환전하느냐에 따라 금액 차이가 은근히 크다. 추천하는 곳은 롯데 마트와 한 시장 주변 금은방. 환율도 좋고 유명 관광지와 가까워 접근성도 좋다.

주요 환전소

다낭 공항 환전소

수수료가 없다는 둥, 환율이 싸다는 둥 현란한 문구로 사람들을 현혹하지만, 잊지 말자. 공항 환전소가 아무리 싸봐야 시내 환전소보다는 비싸다. 50만₫(약 2만5000원) 정도만 환전한 다음 시내 환전소에서 환전하는 것이 낫다.

롯데 마트 커스토머 서비스 카운터

한국 여행자들이 가장 많이 이용하는 곳. 롯데 마트에서 쇼핑도 할 겸, 환전을 할 수 있어 편리하다. 말 그대로 '고객 서비스' 차원에서 환전해주는 만큼 환전율이 아주 좋은 것이 장점. 자세한 사항은 1권 P.243 참고.

한 시장 금은방

한 시장 주변 금은방마다 환전 업무도 보고 있는데, 환율이 좋고 친절하다고 소문이 났다. 시내 중심가에 있고 코앞이 다낭 대성당이라 짬을 내 환전을 하기 편하다. 추천하는 가게는 한 시장 건너편 1층의 '쏘안 하(Soạn Hà).

호텔

호텔 리셉션 카운터나 인포메이션 카운터에서도 환전을 할 수 있다. 환전율이 좋지 않아 급하게 현금이 필요한 경우가 아니라면 굳이 호텔 환전을 이용할 필요는 없다. 1~2성급 호텔은 환전 서비스를 하지 않는 곳이 많고, 3성급 이상의 호텔에서는 대부분 환전이 가능하다.

ATM으로 현금 인출하기

유명 관광지나 번화가, 쇼핑센터마다 ATM(현금 자동 인출기)이 설치돼 언제 어디서든 현금을 찾아 쓸 수 있다. 1회당 출금액이 정해져 있고, 이용할 때마다 수수료가 붙어 환전을 하는 것 보다 금전적인 손해를 봐야 하지만, 베트남 동(đ)으로 인출되기 때문에 환전한 돈이 부족할 때 이용하기 좋다.

ATM 이용 방법

STEP 1 언어(Language)를 영어(English)로 바꾼 뒤 카드를 삽입한다. 카드 비밀 번(PIN)를 입력한다.

STEP 2 이용할 서비스를 선택한다. '현금 인출(Cash Withdrawal)'을 선택한다.

STEP 3 계좌 종류를 선택한다. 일반 입출금 통장은 Checking, 적금 통장은 Saving, 신용카드는 Credit을 누르면 되는데, 현금 카드인 경우 대부분은 Checking을 선택하면 된다.

STEP 4 명세표를 받을 것인지 선택한다. 받을 것이면 'Print Receipt'를 선택한다.

STEP 5 출금 금액을 다시 한번 확인한다. 금액이 맞으면 'Yes'를 누른다.

STEP 6 카드와 현금을 잘 챙긴다.

ATM 이용 시 주의 사항

❶ 비밀번호를 누를 때는 손을 가리고 현금 인출이 다 끝난 뒤에는 종료 버튼을 눌러 초기 화면으로 넘어가는 것을 본 뒤 밖으로 나가는 것이 안전하다.

❷ 카드 투입구에 카드 복사기가 설치돼 있는지 확인해보자. 의심스러운 것이 있을 때는 사용하지 않는 것이 좋다. 호이안 구시가지, 다낭 번화가는 카드 복제 사고가 빈번히 일어나는 곳. 대형 호텔이나 은행, 대형 마트 ATM기는 그나마 믿을 만하다.

❸ 체크 카드 문자 알림 서비스에 가입돼 있으면 입출금 내역을 바로바로 확인할 수 있어 카드를 분실하거나 도난당했을 경우 바로 알 수 있다.

다낭 여행은 언제나
이곳에서 시작된다

최근 뜨고 있는 트렌디한 호텔, 여행의 로망을 자극하
는 예쁜 카페, 다낭 사람들의 일상이 그대로 묻어나는
재래시장까지. 이유가 무엇이건 간에 다낭 여행자치고
이곳 한번 들르지 않는 사람 못 봤다. 하지만 잠깐 봐서
는 그 은근한 매력을 속속들이 발견하기는 쉽지 않은
일. 숨은 매력을 하나하나 발견하는 것은 여행자에게
주어진 소임이자 특권이다.

MUST SEE 이것만은 꼭 보자!

NO. 1
어떻게 찍어도 화보 사진!
다낭 여행 인증 사진 명당
다낭 대성당

NO. 2
싱가포르에 멀라이언
동상이 있다면 다낭에는
잉어상이 있다! **사랑의 부두**

NO. 3
다낭 속 유럽 테마파크
바나 힐

MUST EAT 이것만은 꼭 먹자!

NO. 1
현지인들도 인정하는
반 쎄오 맛! 싸고 맛있는
반 쎄오 바즈엉의
반 쎄오와 넴루이

NO. 2
다낭에서 제일 맛있는
피자. 화덕에서 구워
쫄깃한
피자 포피스 피자

NO. 3
남들 다 가는 곳,
나도 한번쯤은 가보자
콩 카페 코코넛 커피

MUST EXPERIENCE 이것만은 꼭 경험하자!

NO. 1
전망 좋은 곳에서 마시는
칵테일 한잔,
브릴리언트 톱 바

NO. 2
주말 밤마다 불을 뿜는 용
용교 불 쇼

NO. 3
시간이 남으면 한 번 정도
한강 드래건 크루즈

MUST BUY 이것만은 꼭 사자!

NO. 1
한국보다 훨씬
저렴하게 득템하자!
한 시장 주변 라탄 가방 매장

NO. 2
선물 돌리기 딱 좋은
페바 초콜릿

NO. 3
품질은 안 좋아도
한번 입을 용도로는 딱!
한 시장 원피스

인기
다낭 여행의 중심지. 인기 관광 명소와 편의 시설이 몰려 있어 한 번 이상은 들르게 돼 있다.

관광지
감탄을 자아내는 관광지는 없지만 지나가는 길에 들를 만한 명소가 곳곳에 자리한다.

쇼핑
기념품을 저렴하게 살 수 있는 시장, 한국인 인기 상품 위주로 판매하는 에이 마트 등이 유명하다.

식도락
용교 주변에 분위기 있는 맛집이 몰려 있다. 가격이 비싼 것이 흠이지만 사람들이 몰리는 데엔 이유가 있는 법.

나이트라이프
암암리에 운영되는 퇴폐 마사지가 있으므로 건전한 나이트라이프를 즐기려면 조심 또 조심해야 한다.

혼잡도
한 시장과 용교 주변은 항상 사람이 몰린다. 오토바이 교통량도 많은 곳이니 항상 조심하자.

MAP
한 시장 주변 한눈에 보기

N

0   100m

더 커피 하우스
The Coffee House

에이 마트
A Mart P.039

졸리 마트
Joly Mart P.039

홍부엉 거리 Hùng Vương

콩 카페 2호점
CONG CA PHE P.036

판쩌우찐 거리 Phan Châu Trinh

응우옌 찌탄 거리 Nguyễn Chí Thanh

꼰 시장
Con Market P.040

홍 부엉 거리 Hùng Vương

빅 시 마트
Big C Mart P.039

다낭 대성당
Da Nang Cathedral
P.034

사노우바 호텔
Sanouva Danang Hotel

라 비씨끌레타 카페
La Bicicleta café P.035

쩐 쿠옥 또안 거리

찐 민 거리 Yên Bái

다이아 호텔
Dai a Hotel

쩐 쿠옥 또안 Trần Quốc Toản

꽌 훼 응온
Quan Hue
Ngon P.038

고렘 커피
Golem Coffee P.036

응아오 거리 Yên Bái

두엉쩐푸 거리 Đường Trần Phú

낫린 호텔
Nhật Linh Hotel

티 라운지
T Lounge

벱 헨
Bep Hen P.036

피자 포피스
Pizza 4 P's P.035

레볼루션 오브 머시룸
Revolution of Mushroom P.038

드엉 호앙 반 뚜 거리 Đường Hoàng Văn Thụ

레드 스카이
Red Sky P.037

쩨오 프라이 앤드 그릴
XEO FRY & GRILL P.037

반다 호텔
Vanda Hotel

응우옌 반 린 거리 Nguyễn Văn Linh

바나힐 Ba Na Hill 방면
(약 27km)

응우옌 반 린 거리 Nguyễn Văn Linh

호앙 지에우 거리 Hoàng Diệu

더 커피 하우스
The Coffee House P.037

참 조각 박물관
Da Nang Museum of
Cham Sculpture P.034

반 쩨오 바즈엉
Banh Xeo Ba Duong P.035

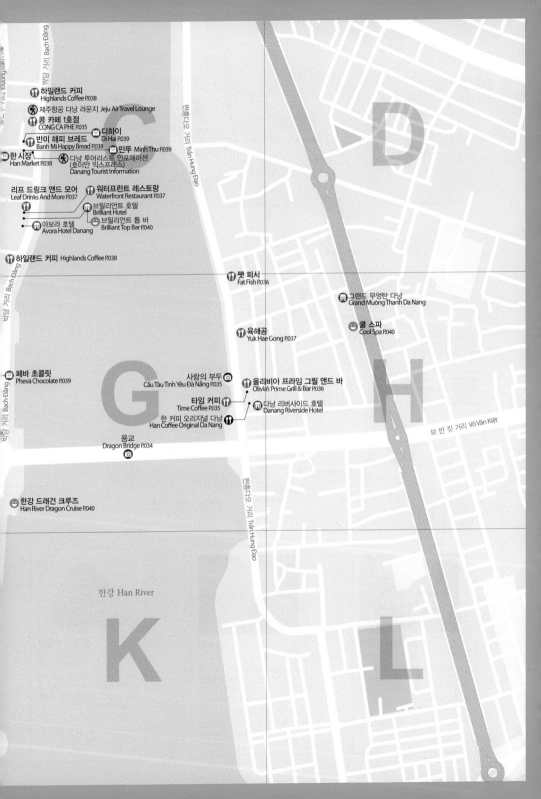

하일랜드 커피 P.038
Highlands Coffee P.038

제주항공 다낭 라운지 Jeju Air Travel Lounge

콩 카페 1호점
CONG CA PHE P.035

디하이
Di Hai P.039

반미 해피 브레드
Banh Mi Happy Bread P.038

민뚜 Minh Thu P.039

한 시장
Han Market P.038

다낭 투어리스트 인포메이션
(호이안 익스프레스)
Danang Tourist Information

리프 드링크 앤드 모어
Leaf Drinks And More P.037

워터프런트 레스토랑
Waterfront Restaurant P.037

브릴리언트 호텔
Brilliant Hotel

아보라 호텔
Avora Hotel Danang

브릴리언트 톱 바
Brilliant Top Bar P.040

하일랜드 커피 Highlands Coffee P.038

팻 피시
Fat Fish P.036

그랜드 무엉탄 다낭
Grand Muong Thanh Da Nang

육해공
Yuk Hae Gong P.037

쿨 스파
Cool Spa P.040

페바 초콜릿
Pheva Chocolate P.039

사랑의 부두
Cầu Tàu Tình Yêu Đà Nẵng P.035

올리비아 프라임 그릴 앤드 바
Olivia's Prime Grill & Bar P.036

타임 커피
Time Coffee P.035

다낭 리버사이드 호텔
Danang Riverside Hotel

한 커피 오리지널 다낭
Han Coffee Original Da Nang

보 반 킷 거리 Võ Văn Kiệt

용교
Dragon Bridge P.034

한강 드래건 크루즈
Han River Dragon Cruise P.040

한강 Han River

쩐흥다오 거리 Trần Hưng Đạo

박당 거리 Bạch Đằng

더 커피 하우스
The Coffee House

하일랜드 커피
Highlands Coffee

에이 마트
A Mart

제주항공 다낭 라운지 Jeju Air Travel Lounge

4 콩 카페 1호점
CONG CA PHE

졸리 마트
Joly Mart

3 반미 해피 브레드
Banh Mi Happy Bread

디하이
Di Hai

흥부엉 거리 Hùng Vương

민뚜 Minh Thu

2 한 시장
Han Market

다낭 투어리스트 인포메이션
Danang Tourist Information

콩 카페 2호점
CONG CA PHE

사노우바 호텔
Sanouva Danang Hotel

리프 드링크 앤드 모어
Leaf Drinks And More

워터프런트 레스토랑
Waterfront Restaurant

1 다낭 대성당
Da Nang Cathedral

브릴리언트 호텔
Brilliant Hotel

아보라 호텔
Avora Hotel Danang

브릴리언트 톱 바
Brilliant Top Bar

찐 쿠옥 또안 거리
Trần Quốc Toản

판 훼 응온
Quan Hue
Ngon

다이아 호텔
Dai a Hotel

하일랜드 커피 Highlands Coffee

낫린 호텔
Nhật Linh Hotel

티 라운지
T Lounge

벱 헨
Bep Hen

드엉 호앙 반 뚜 거리 Đường Hoàng Văn Thụ

피자 포피스
Pizza 4 P's

6 페바 초콜릿
Pheva Chocolate

레볼루션 오브 머시룸
Revolution of Mushroom

7 레드 스카이
Red Sky

사랑의 부두
Cầu Tàu Tình Yêu Đà Nẵng

쎄오 프라이 앤드 그릴
XEO FRY & GRILL

용교
Dragon Bridge

반다 호텔
Vanda Hotel

응우옌 반 린 거리 Nguyễn Văn Linh

더 커피 하우스
The Coffee House

5 참 조각 박물관
Da Nang Museum of
Cham Sculpture

한강 드래건 크루즈
Han River Dragon Cruise

호앙 지에우 거리 Hoàng Diệu

찐 푸 거리 Đường Trần Phú

바익 당 거리 Bạch Đằng

쩐 흥 다오 거리 Trần Hưng Đạo

옌 바이 거리 Yên Bái

판 쩌우 찐 거리 Phan Châu Trinh

응우옌 찌 탄 거리 Nguyễn Chí Thanh

3 반미 해피 브레드
Banh Mi Happy Bread

30m

베트남식 샌드위치인 반미를 전문으로 하는 집. 외국인도 쉽게 먹을 수 있도록 퓨전 스타일의 반미도 판매하며 포장도 된다.

🕐 **시간** 09:00~22:00

➡ 가게에서 나와 좌회전 후 박당 거리가 나오면 좌회전 도보 2분 → 콩 카페 도착

4 콩 카페
Cộng Cà Phê

40m

쇼핑도 하고 식사도 했으니 잠시 쉬어 갈 시간. 베트남 공산당 콘셉트로 꾸며놓은 콩 카페에서 더위를 식히자. 인기 메뉴는 아무래도 코코넛 커피.

🕐 **시간** 07:00~23:30

➡ 택시를 타고 약 7분. 요금은 4만원 내외로 생각하면 된다. → 참 조각 박물관 도착

5 참 조각 박물관
Da Nang Museum of Cham Sculpture

1h

세계 유일의 참 조각 전문 박물관으로 미썬 유적지와 꽝남 지역에서 출토된 참 조각 전시물이 주를 이룬다. 더위를 피하기에도 제격이다.

🕐 **시간** 07:00~17:00

➡ 응우옌 반 린 거리를 건너 드엉 쩐 푸 거리로 들어간다. 도보 4분 → 페바 초콜릿 도착

↓
START

1. 다낭 대성당	
350m, 도보 4분	
2. 한 시장	
50m, 도보 1분	
3. 반미 해피 브레드	
90m, 도보 2분	
4. 콩 카페	
1km, 택시 7분	
5. 참 조각 박물관	
250m, 도보 4분	
6. 페바 초콜릿	
70m, 도보 2분	
7. 피자 포피스	

Area 1 한 시장 주변   COURSE 1   COURSE 2   ZOOM IN

COURSE 1 다낭 시내 핵심 코스

관광하는 것도 좋고, 쇼핑도 참 좋은데, 문제는 너무하다 싶을 정도의 더위. 조금만 걸어도 땀이 비 오듯 쏟아지니 걷는 것이 고역이다. 걷는 것은 최소한으로 줄이고 남들만큼 알차게 둘러볼 수 있는 코스다. 한 시장 주변 호텔에 묵는 사람이라면 더욱 편하게 일정을 소화할 수 있으니 참고하자.

START

20m

1   다낭 대성당
Da Nang Cathedral

다낭을 여행하는 사람은 꼭 한 번은 들르는 명소. 오전에 찾는 것이 관건. 성당 건물 정방향으로 아침 햇살이 들어와 사진 찍기 좋다.
🕐 **시간** 월~토요일 06:00~17:00, 일요일 11:30~13:30
➡ 출구로 나와 우회전 후 사거리에서 우회전, 도보 4분 → 한 시장 도착

1h

2   한 시장
Han Market

다낭을 대표하는 재래시장. 같은 물건이라도 관광객에게는 일부러 비싸게 받기도 하니 어느 정도의 흥정은 필수. 베트남어나 영어를 잘 못해도 손짓 발짓으로 흥정이 된다.
🕐 **시간** 07:00~19:00(가게마다 다름)
➡ 출구로 나와 흥부엉 거리를 건넌다. 도보 1분 → 반미 해피 브레드 도착

15m

6   페바 초콜릿
Pheva Chocolate

여러 사람에게 선물할 초콜릿을 사기 좋은 곳. 선물 상자에 원하는 맛의 초콜릿을 담을 수 있는데, 시식도 가능하다.
🕐 **시간** 08:00~19:00
➡ 가게에서 나와 좌회전 후 드엉 호앙 반 뚜 거리로 좌회전, 도보 2분 → 피자 포피 도착

1h

7   피자 포피스
Pizza 4P's

현지인들에게 인기 있는 피자 전문점으로 우리 입맛에도 잘 맞는다. 커다란 화덕이 매장 한가운데 서 있어 피자 만드는 과정을 눈으로 맛보고 나면 갓 구운 피자가 어느새 내 눈앞에 놓여 있다.
🕐 **시간** 10:00~22:00

RECEIPT

볼거리	1시간 20분
식사	2시간 10분
이동	20분
쇼핑	1시간 15분
TOTAL	**5시간 5분**

교통비	4만d
택시	4만d
식사비	38만d
반미 해피 브레드(반미)	6만d
피자 포피스(피자, 사이드 디시)	32만d
TOTAL	**42만d**

(어른 1인 기준, 쇼핑 비용 별도)

낭만 밤 나들이 코스

COURSE 2

어디, 베트남이라고 연인들의 데이트 명소가 없을까. 데이트 좀 해봤다 하는 현지인들은 다 아는 곳만 다녀도 사랑 지수 업 친구나 가족끼리 다녀오기에도 부담스럽지 않으니 시도해보자.

START

1h

1 타임 커피
Time Coffee

노을빛이 물드는 시간, 타임 커피의 루프톱으로 올라가서 좋은 자리를 맡아두자. 1층에서 주문만 하면 커피는 직원이 가져다준다. 주말이라면 이곳에서 용교 불 쇼를 봐도 좋다.

🕐 **시간** 07:30~22:00

➡ 길 건너편, 도보 1분 → 사랑의 부두 도착

30m

2 사랑의 부두
Cầu Tàu Tình Yêu Đà Nẵng

해가 지고 어둠이 내려앉으면 커피숍을 나와 사랑의 부두로 출동하자. 붉은빛 조명이 켜지면 분위기는 한층 더 로맨틱해진다.

➡ 유람선 방향으로 걷는다. 도보 3분 → 팻 피시 도착

1h

3 팻 피시
Fat Fish

멋진 야경도 보고 한참을 걸었으니 배를 채울 차례. 인근에서 분위기가 제일 좋은 곳으로 음식 맛도 괜찮다. 지중해식 요리 전문점이지만, 우리 입맛에도 잘 맞는다.

🕐 **시간** 17:00~23:00

➡ 택시로 약 6분. 요금은 약 5만₫. 주말이나 퇴근시간대에는 요금이 좀 더 나올 수 있다. → 브릴리언트 톱 바 도착

40m

4 브릴리언트 톱 바
Brilliant Top Bar

노보텔의 스카이36보다 유명하지 않지만, 바로 그 점이 커플들을 불러들인다. 유명하지 않아 훨씬 조용하지만 풍경은 어디에도 뒤처지지 않는 것이 이곳의 장점. 실내 좌석과 야외 좌석이 구분돼 있어 날씨가 안 좋아도 오케이.

🕐 **시간** 10:00~24:00

RECEIPT

볼거리 ·························· 30분
식사 ··················· 2시간 40분
이동 ························· 10분

TOTAL 3시간 20분

교통비 ····················· 5만₫
택시 ························· 5만₫
식비 ················· 40만5000₫
타임 커피(코코넛 커피) ········ 4만9000₫
팻 피시(시푸드 덱) ············ 28만₫
브릴리언트 톱 바(주류) ········· 8만₫

TOTAL 45만9000₫
(어른 1인 기준. 쇼핑 비용 별도)

↓
START

1. 타임 커피

3m, 도보 1분

2. 사랑의 부두

250m, 도보 3분

3. 팻 피시

3.2km, 택시 6분

4. 브릴리언트 톱 바

Area 1 한 사랑 주변

COURSE 1

COURSE 2

ZOOM IN

하일랜드 커피
Highlands Coffee

제주항공 다낭 라운지 Jeju Air Travel Lounge

콩 카페 1호점
CONG CA PHE

에이 마트
A Mart

디하이
Di Hai

졸리 마트
Joly Mart

반미 해피 브레드
Banh Mi Happy Bread

흥부엉 거리 Hùng Vương

민뚜 Minh Thu

한 시장
Han Market

다낭 투어리스트 인포메이션
Danang Tourist Information

콩 카페 2호점
CONG CA PHE

리프 드링크 앤드 모어
Leaf Drinks And More

워터프런트 레스토랑
Waterfront Restaurant

다낭 대성당
Da Nang Cathedral

브릴리언트 호텔
Brilliant Hotel

4 브릴리언트 톱 바
Brilliant Top Bar

아보라 호텔
Avora Hotel Danang

찐 쿠옥 또안 거리 Trần Quốc Toản

다이아 호텔
Dai a Hotel

하일랜드 커피 Highlands Coffee

꽌 훼 응온
Quan Hue Ngon

티 라운지
T Lounge

3 팻 피시
Fat Fish

빌 헨
Hen

육해공
Yuk Hae Gong

피자 포피스
Pizza 4 P's

페바 초콜릿
Pheva Chocolate

사랑의 부두
Cầu Tàu Tình Yêu Đà Nẵng

2

올리비아 프라임 그릴 앤드 바
Olivia's Prime Grill & Bar

레드 스카이
Red Sky

타임 커피
Time Coffee

1

다낭 리버사이드 호텔
Danang Riverside Hotel

반다 호텔
Vanda Hotel

용교
Dragon Bridge

더 커피 하우스
The Coffee House

참 조각 박물관
Da Nang Museum of
Cham Sculpture

한강 드래건 크루즈
Han River Dragon Cruise

한강 Han River

ZOOM IN

한 시장 주변

다낭에서 가장 활기 넘치는 지역이다. 관광지, 레스토랑, 마사지 숍이 모여 있어 걸어 다니며 구경하기에 좋다. 차량 및 오토바이 통행량이 많은 곳이니 길을 건널 때는 조심하자.

● **이동 시간 기준** 한 시장 · 용교

1 다낭 대성당
Da Nang Cathedral
Giáo xứ Chính toà Đà Nẵng [쟈오 쓰 찐 또아 다낭]

📷
★★★★★
도보 5분

일명 '핑크 성당'이라는 별명으로 더 유명한 성당. 다낭에서 프랑스 식민지 시대에 지은 유일한 성당으로, 1923년에 발레(Vallet) 사제가 설계해 건축했다. 고딕 양식으로 지은 핑크빛 성당 건물이 인상적인데, 날씨가 좋은 날이면 멋진 사진을 찍을 수 있어 여행자들이 몰린다. 성당 입구 찾기가 어려운데, 성당 동쪽의 옌바이(Yên Bái) 거리에 출입구가 있다.

ⓑ 1권 P.038 ⓞ 지도 P.028B
ⓖ 구글 지도 GPS 16.066667, 108.223085 ⓒ 찾아가기 한 시장에서 도보 5분 ⓐ 주소 156 Trần Phú, Hải Châu 1, Q. Hải Châu, Đà Nẵng ⓣ 전화 236-382-5285 ⓛ 시간 미사 시간 월~토요일 05:00·17:00, 일요일 05:15·08:00·10:00(영어)·15:00·17:00·18:00 입장 시간 월~토요일 06:00~17:00, 일요일 11:30~13:30 ⓗ 휴무 연중무휴 ⓟ 가격 무료 ⓦ 홈페이지 http://giaoxuchinhtoadanang.org

2 참 조각 박물관
Da Nang Museum of Cham Sculpture
Bảo tàng Điêu khắc Chăm [바오 탕 디우 칵 참]

📷
★★★★
도보 8분

전 세계 유일의 참 조각 전문 박물관. 다낭과 꽝남 지역에서 발굴된 조각품이 많이 전시돼 있다. 특히 참파 왕국의 종교 성지였던 미썬 유적지에서 출토된 A급 작품을 다수 보유해 당시의 생활상을 엿볼 수 있다. 500점이 넘는 작품들이 출토 지역에 따라 나눠 전시돼 있으며 아주 가까이에서 작품을 볼 수 있는 것이 특징.

ⓑ 1권 P.040 ⓞ 지도 P.028F
ⓖ 구글 지도 GPS 16.060593, 108.223521 ⓒ 찾아가기 한 시장에서 박당(Bạch Đằng) 거리를 따라 내려간다. 용교와 박당 거리가 만나는 지점에 위치. ⓐ 주소 Số 2 2 Tháng 9, Bình Hiên, Hải Châu, Đà Nẵng ⓣ 전화 236-357-4801 ⓛ 시간 07:00~17:00 ⓗ 휴무 연중무휴 ⓟ 가격 어른 6만원, 학생 1만원, 18세 미만 무료 ⓦ 홈페이지 http://chammuseum.vn/en

3 용교
Dragon Bridge
Cầu Rồng [꺼우 롱]

📷
★★★★
도보 10분

다낭을 대표하는 랜드마크 다리로, 거대한 용이 꿈틀대는 모양을 하고 있다. 총 길이 666m로 개통 당시 베트남에서 가장 긴 현수교였다고 한다. 주말 밤 9시에 용 입에서 물대포와 불기둥이 나오는 일명, '용교 불 쇼'를 진행한다. 쇼 시작 10여 분 전부터 차량과 오토바이의 용교 진입이 전면 금지되므로 여유 시간을 넉넉히 두고 출발해야 제시간에 도착할 수 있다.

ⓑ 1권 P.187 ⓞ 지도 P.029G
ⓖ 구글 지도 GPS 16.061197, 108.226969 ⓒ 찾아가기 한 시장에서 한강변을 따라 내려온다. 도보 약 10분 ⓐ 주소 Nguyễn Văn Linh, An Hải Trung, Hải Châu, Đà Nẵng

4 사랑의 부두

Cầu Tàu Tình Yêu Đà Nẵng
[까우 띤 이에우 다낭]

도보 3분

다낭 연인들의 데이트 성지. 싱가포르의 멀라이언 동상과 흡사하게 생긴 '용두어신(Cá Chép Hoá Rồng)' 동상이 야경 감상의 하이라이트. 용머리를 한 물고기인 '어룡'이 뿜어내는 시원한 물줄기를 보고 있으면 찌는 듯한 더위도 조금은 잊게 된다. 부두 주변으로 분위기 좋은 커피숍과 레스토랑이 밀집해 저녁 식사 후 가벼운 산책을 하기도 좋다.

📖 1권 P.188 🗺 **지도** P.029G
📍 **구글 지도 GPS** 16,062982, 108,229840
🧭 **찾아가기** 용교에서 쩐흥다오(Trần Hưng Đạo) 거리를 따라 도보 3분
📍 **주소** Trần Hưng Đạo, An Hải Trung, Sơn Trà, Đà Nẵng

5 피자 포피스

Pizza 4P's

도보 6분

하노이에 본점을 둔 체인 피자 전문점으로 우리 입맛에도 잘 맞는다. 맛은 기본, 우리나라에 비하면 정말 싼 가격. 만나는 사람마다 입이 닳도록 칭찬하는 이유가 있었다.

📖 1권 P.133 🗺 **지도** P.028F
📍 **구글 지도 GPS** 16,062759, 108,222870 🧭 **찾아가기** 다낭 대성당에서 드엉쩐푸(Đường Trần Phú) 거리를 따라 참 조각 박물관 방향으로 도보 6분
📍 **주소** 8 Hoàng Văn Thụ, Phước Ninh, Hải Châu, Đà Nẵng 📞 **전화** 28-3622-0500 ⏰ **시간** 10:00∼22:00(LO 21:30) 🗓 **휴무** 연중무휴 💰 **가격** 오리지널 치즈 피자 3치즈 18만₫ 🌐 **홈페이지** http://pizza4ps.com

오리지널 치즈 피자 3치즈 18만₫

6 반 쎄오 바즈엉

Bánh Xèo Bà Dưỡng

택시 4분

반 쎄오를 전문으로 하는 집으로 멀리서 택시를 타고 올 만큼 인기가 있다. 메뉴가 하나뿐이라 자리에 앉자마자 메뉴를 내주는 시스템. 반 쎄오 재료인 채소는 무제한 리필이 가능하다. 반 쎄오는 접시당 가격으로, 넴루이는 꼬치당 가격으로 계산하니 주의하자.

📖 1권 P.122 🗺 **지도** P.028I
📍 **구글 지도 GPS** 16,062759, 108,222870 🧭 **찾아가기** 용교에서 택시로 4분. 택시 기사에게 주소를 보여주는 것이 편하다. 📍 **주소** k280/23, Hoàng Diệu, Bình Hiên, Đà Nẵng 📞 **전화** 236-387-3168 ⏰ **시간** 09:00∼21:30 🗓 **휴무** 연중무휴 💰 **가격** 반 쎄오(접시당) 5만5000₫, 넴루이(꼬치당) 5000₫ 🌐 **홈페이지** 없음

반 쎄오 5만5000₫

7 콩 카페(1호점)

Cộng Cà Phê

도보 1분

한국인이 즐겨 찾는 커피숍. 베트남 공산당을 모티브로 꾸며 호응을 얻고 있다. 1층은 어수선한 분위기. 더 시원하고 덜 시끄러운 2층으로 가자. 코코넛 커피가 이곳의 대표적인 메뉴. 각 층마다 주문과 결제를 따로 하는 시스템이다.

📖 1권 P.163 🗺 **지도** P.029C
📍 **구글 지도 GPS** 16,069075, 108,225029 🧭 **찾아가기** 제주항공라운지 바로 옆 건물이다. 커피숍 앞 길을 건널 때 직원에 에스코트해준다. 한 시장에서 도보 1분. 📍 **주소** 98-96 Bạch Đằng, Hải Châu 1, Q. Hải Châu, Đà Nẵng 📞 **전화** 091-181-1150 ⏰ **시간** 07:00∼23:30 🗓 **휴무** 연중무휴 💰 **가격** 코코넛 커피 4만5000₫ 🌐 **홈페이지** http://congcaphe.com

코코넛 커피 4만5000₫

8 타임 커피

Time Coffee

도보 2분

전망이 환상적인 커피숍. 여러 층으로 나뉘어 있는 구조인데, 1층과 1.5층은 냉방 시설을 잘 갖춘 실내 카페로, 나머지 층은 사방이 개방된 야외 카페로 운영한다. 이왕이면 남들보다 일찍 명당자리를 맡아두자.

📖 1권 P.165 🗺 **지도** P.029G
📍 **구글 지도 GPS** 16,062956, 108,230206 🧭 **찾아가기** 용교에서 쩐흥다오(Trần Hưng Đạo) 거리를 따라 도보 2분 📍 **주소** 509 Trần Hưng Đạo, An Hải Trung, Sơn Trà, Đà Nẵng 📞 **전화** 236-383-9379 ⏰ **시간** 07:30∼22:00 🗓 **휴무** 연중무휴 💰 **가격** 에그 커피 5만5000₫ 🌐 **홈페이지** www.facebook.com/timecoffeedanang

코코넛 커피 4만9000₫

9 라 비씨끌레타 카페

La Bicicleta café

도보 5분

에그 커피가 맛있는 카페. 제대로 된 맛을 내기 위해 에그 커피 명장에게 커피 만드는 방법을 전수 받았다고 한다. 따뜻한 에그 커피와 차가운 에그 커피로 나눠지는데 차가운 에그 커피의 평이 좀 더 좋다.

📖 1권 P.164 🗺 **지도** P.028B
📍 **구글 지도 GPS** 16,066110, 108,222857 🧭 **찾아가기** 한 시장에서 드엉쩐푸 거리를 따라 걷다가 쩐 꾸옥 또안 거리로 우회전. 도보 5분 📍 **주소** 31 Trần Quốc Toản, Phước Ninh, Hải Châu, Đà Nẵng 📞 **전화** 093-611-2530 ⏰ **시간** 07:00∼22:00 🗓 **휴무** 연중무휴 💰 **가격** 에그 커피 5만5000₫ 🌐 **홈페이지** 없음

10 콩 카페(2호점)
Cộng Cà Phê

⭐⭐⭐⭐⭐ 도보 1분

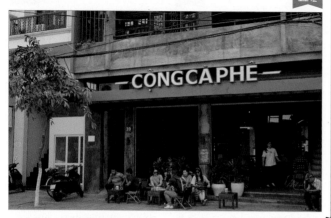

1호점의 엄청난 인기에 힘입어 한 시장 주변 2호점과 호이안 구시가지에 지점을 열었다. 조금 답답한 면이 있었던 1호점에 비해 좀 더 넓고 쾌적하다. 테라스 좌석이 있어 흡연자들도 많이 찾는다고. 분위기도 좋다.

📖 1권 P.163 📍 지도 P.028B
🔍 구글 지도 GPS 16.068038, 108.223627 🚩 찾아가기 한 시장 사거리에서 응우엔타이혹(Nguyễn Thái Học) 거리로 들어오면 바로 보인다. 도보 1분. 🏠 주소 39-41 Nguyễn Thái Học, Hải Châu 1, Q. Hải Châu Đà Nẵng 📞 전화 091-186-6492 🕐 시간 07:00~23:30 📅 휴무 연중무휴 💰 가격 코코넛 커피 4만5000đ 🌐 홈페이지 http://congcaphe.com

코코넛 커피 4만5000đ

11 올리비아 프라임 그릴 앤드 바
Olivia's Prime Grill & Bar

 ⭐⭐⭐⭐ 도보 2분

정통 미국식 스테이크 전문점으로, 2층 테라스에서 보는 야경이 분위기를 돋운다. 영어 의사소통도 원활해 외국인들이 주 고객이다. 다낭 물가치고 헉 소리가 날 정도로 음식 가격이 비싸지만, 맛을 보면 불평은 사라진다.

📖 1권 P.120 📍 지도 P.029G
🔍 구글 지도 GPS 16.063032, 108.230282 🚩 찾아가기 용교에서 쩐흥다오(Trần Hưng Đạo) 거리를 따라 도보 2분 🏠 주소 505 Trần Hưng Đạo, An Hải Trung, Sơn Trà, Đà Nẵng 📞 전화 090-816-3352 🕐 시간 11:00~14:00, 17:00~22:30 📅 휴무 화요일 💰 가격 필레 250g 73만5000đ 🌐 홈페이지 http://oliviasprime.com

필레 250g 73만5000đ

12 팻 피시
Fat Fish

⭐⭐⭐⭐ 도보 5분

커플들의 데이트 장소로도 인기 있는 지중해식 요리 전문점. 해산물을 주재료로 한 시그너처 메뉴가 두루두루 맛있는데, 특히 포카차 빵 위에 연어, 킹 피시, 오징어 등을 한 입에 먹을 수 있도록 올린 '시푸드 덱'이 이 집 최고의 메뉴. 기본적으로 양이 많아서 1인 1메뉴에 맥주 한 병이면 포식할 수 있다. 분위기가 중요하다면 1층. 일단 땀부터 식혀야 살 것 같다면 에어컨이 있는 2층으로.

📖 1권 P.054 📍 지도 P.029G
🔍 구글 지도 GPS 16.064807, 108.230145 🚩 찾아가기 용교에서 사랑의 부두를 지나 직진, 도보 5분 🏠 주소 439 Trần Hưng Đạo, P. An Hải Tây, Q. Sơn Trà, Đà Nẵng 📞 전화 236-394-5707 🕐 시간 17:00~23:00 📅 휴무 연중무휴 💰 가격 시푸드 덱 28만đ 🌐 홈페이지 www.fatfishdanang.com

13 고렘 커피
Golem Coffee

⭐⭐⭐ 도보 5분

작은 정원이 있는 커피 숍. 작은 골목 끝에 자리해 다른 곳보다 손님이 적고 조용한 분위기가 장점이다. 이름처럼 지저분한(?) 데커레이션의 '더티 커피'가 이 집의 인기 커피. 커피 맛은 보기보다 평범하다.

📍 지도 P.028B
🔍 구글 지도 GPS 16.065818, 108.222953 🚩 찾아가기 한 시장에서 드엉쩐푸 거리를 따라 걷다가 쩐 쿠옥 또안 거리로 우회전. 도보 5분 🏠 주소 27 Trần Quốc Toản, Phước Ninh, Hải Châu, Đà Nẵng An Hải Tây, Q. Sơn Trà, Đà Nẵng 📞 전화 091-585-7079 🕐 시간 07:00~22:00 📅 휴무 연중무휴 💰 가격 더티 커피 5만5000đ 🌐 홈페이지 https://golem-coffee-danang.business.site

더티 커피 5만5000đ

14 레볼루션 오브 머시룸
Revolution of Mushroom

⭐⭐⭐ 도보 9분

다낭에서 맛과 가격, 분위기까지 완벽한 곳이 드문데, 이곳은 모든 부분이 사랑스럽다. 버섯이 들어간 베트남 가정식 전문점으로 향신료나 조미료를 최소한으로 사용해 담백하고 깔끔한 맛을 낸다.

📖 1권 P.134 📍 지도 P.028F
🔍 구글 지도 GPS 16.0628807, 108.2195180 🚩 찾아가기 용교에서 응우엔 반 린(Nguyễn Văn Linh) 거리를 따라 걷다가 판추틴(Phan Châu Trinh) 거리로 우회전, 도보 9분 🏠 주소 87 Đường Hoàng Văn Thụ, Phước Ninh, Hải Châu, Đà Nẵng 📞 전화 097-878-2456 🕐 시간 09:00~21:30 📅 휴무 연중무휴 💰 가격 바나나 플라워 샐러드 7만đ, 에그플랜트 머시룸 7만đ, 음료 4만đ 🌐 홈페이지 http://revolutionofmushroom.com

바나나 플라워 샐러드 7만đ

15 육해공
Yuk Hae Gong
🍴🍴🍴 도보 3분

한국식 돼지갈비 전문점. 옷에 냄새가 배지 않도록 고기를 구워 준다. 기본 상차림이 푸짐하고 김치찌개와 된장에는 고기도 듬뿍 들었다. 직원들 대부분이 대학에서 한국어를 전공한 학생이라 언어 소통이 원활하다.

ⓘ 1권 P.152 ◎ 지도 P.029G
ⓖ **구글 지도 GPS** 16.064123, 108.230138 ◎ **찾아가기** 용교에서 쩐흥다오(Trần Hưng Đạo) 거리를 따라 도보 3분, 사랑의 부두 바로 맞은편 ⓐ **주소** 463 Trần Hưng Đạo, An Hải Tây, Sơn Trà, Đà Nẵng
☎ **전화** 236-355-2368
ⓧ **시간** 09:00~09:00 ⊖ **휴무** 연중무휴 ⓖ **가격** 돼지불고기 정식 15만₫, 김치찌개 12만₫
ⓗ **홈페이지** 없음

16 더 커피 하우스
The Coffee House
🍴🍴🍴 도보 4분

세련되고 밝은 분위기의 체인 커피 전문점. 통유리창으로 보는 풍경도 괜찮고, 커피 한 잔을 다 마시기도 전에 땀이 다 마를 만큼 시원하다. 콘센트 이용이 자유롭고 와이파이 속도도 빨라 여행 중에 쉬어 가기 좋다.

ⓘ 1권 P.167 ◎ 지도 P.028F
ⓖ **구글 지도 GPS** 16.060704, 108.221823 ◎ **찾아가기** 용교에서 응우옌 반 린(Nguyễn Văn Linh) 거리를 따라 도보 4분 ⓐ **주소** Lô A4, 2 Nguyễn Văn Linh, Bình Hiên, Hải Châu, Đà Nẵng ⓧ **시간** 07:00~22:30 ⊖ **휴무** 연중무휴 ⓖ **가격** 카페 쓰어 다 2만9000₫ ⓗ **홈페이지** 없음

카페 쓰어 다 2만9000₫

17 워터프런트 레스토랑
Waterfront Restaurant
🍴🍴🍴 도보 2분

한강변에 자리한 모던 유러피안&베트남 퀴진 레스토랑. 인증 사진을 위해서라면 베트남 요리를 한 입 크기로 만든 '베트나미즈 샘플러(Vietnamese Sampler)'를 추천. 그게 아니라면 라이브 뮤직 공연을 즐길 수 있는 매주 금·토요일 저녁이나 해피 아워(17:30~18:30)를 놓치지 말자.

ⓘ 1권 P.145 ◎ 지도 P.029C
ⓖ **구글 지도 GPS** 16.067042, 108.224650 ◎ **찾아가기** 한 시장에서 도보 2분, 브릴리언트 호텔 바로 옆 ⓐ **주소** 150 Bạch Đằng, Hải Châu 1, Da Nang ☎ **전화** 236-384-3373 ⓧ **시간** 09:00~23:00 ⊖ **휴무** 연중무휴 ⓖ **가격** 베트나미즈 샘플러 16만5000₫ ⓗ **홈페이지** http://waterfrontdanang.com

18 레드 스카이
Red Sky
🍴🍴🍴 도보 3분

맛은 살짝 실망스러워도 돈값을 하는 스테이크 전문점. 양이 많은 사람을 위해 헝그리(Hungry) 메뉴가 따로 있으며 스테이크 가격에 사이드 메뉴가 포함돼 가격 부담이 덜하다. 사이드 메뉴와 소스는 입맛대로 고를 수 있다. 영어 소통도 원활하다.

ⓘ 1권 P.120 ◎ 지도 P.028F
ⓖ **구글 지도 GPS** 16.062948, 108.223296 ◎ **찾아가기** 용교에서 드엉쩐푸 거리를 따라 도보 3분 ⓐ **주소** 248 Trần Phú, Phước Ninh, Hải Châu, Đà Nẵng ☎ **전화** 236-389-4895 ⓧ **시간** 11:00~14:00, 17:00~23:00 ⊖ **휴무** 연중무휴 ⓖ **가격** 호주산 와규 립아이 250g 82만₫ ⓗ **홈페이지** www.facebook.com/Red-Sky-Danang-127824007323338

호주산 와규 립아이
250g 82만₫

19 쎄오 프라이 앤드 그릴
Xeo Fry & Grill
🍴🍴🍴 도보 7분

청결함이 최대의 장점이다. 관광객 입맛에 맞춘 듯한 반 쎄오 맛도 꽤 괜찮고 짜지도 합격점. 패키지 여행자들이 많이 들르는 통에 시끄럽기 일쑤라는 것만 알아두자. 혼자라면 일반 플레이트를, 여러 명이 나눠 먹을 거면 라지 플레이트(Large Plate)라고 적힌 메뉴를 추천.

ⓘ 1권 P.123 ◎ 지도 P.028F
ⓖ **구글 지도 GPS** 16.062820, 108.220517 ◎ **찾아가기** 용교에서 드엉쩐푸 거리로 우회전 후 호양반뚜 거리로 좌회전, 도보 7분 ⓐ **주소** 75 Hoàng Văn Thụ, Q. Hải Châu, Tp. Đà Nẵng ☎ **전화** 1900-0375 ⓧ **시간** 09:00~22:00 ⊖ **휴무** 연중무휴 ⓖ **가격** 새우 반 쎄오 6만5000₫(접시당), 소고기 반 쎄오 6만5000₫(접시당) ⓗ **홈페이지** http://xeo75.com

새우 반 쎄오 6만5000₫

20 리프 드링크 앤드 모어
Leaf Drinks & More
🍴🍴🍴 도보 2분

간단한 음료를 판매하는 카페. 친절한 직원들과 밝은 분위기 덕분에 생긴 지 얼마 안 돼 벌써부터 단골이 생기고 있다. 맛은 평범하지만 한 시장, 다낭 대성당 등 유명 관광지에서 가까워 오가며 들르기 좋다.

◎ 지도 P.029C
ⓖ **구글 지도 GPS** 16.067031, 108.224809 ◎ **찾아가기** 한 시장에서 도보 2분, 브릴리언트 호텔 옆 ⓐ **주소** 146 Bạch Đằng, Hải Châu 1, Q. Hải Châu, Đà Nẵng ☎ **전화** 093-504-0821 ⓧ **시간** 07:00~22:30 ⓖ **가격** 코코망고 4만5000₫ ⓗ **홈페이지** www.facebook.com/leafdrinksandmore

코코망고 4만5000₫

21 벱 헨
Bep Hen

베트남 가정식 전문점. 음식 재료 본연의 맛을 잘 살려 현지인들이 많이 찾는 맛집이 됐다. 신선한 베트남 식자재를 사용하는 것이 제1원칙. 주문 이후에 조리해 시간이 걸리지만 그 기다림을 기꺼이 감내하고 싶어진다.

ⓑ 1권 P.149 ⓞ 지도 P.028F
ⓖ **구글 지도 GPS** 16.063936, 108.221025 ⓖ **찾아가기** 용교에서 박당 거리를 따라 걷다 레홍퐁(Lê Hồng Phong) 거리로 좌회전, 도보 8분 ⓞ **주소** 47 Lê Hồng Phong, Phước Ninh, Hải Châu, Đà Nẵng ⓞ **전화** 093-533-7705 ⓞ **시간** 10:00~14:30, 17:00~21:30 ⓞ **휴무** 부정기 ⓞ **가격** 튀김 두부 3만đ, 돼지고기 채소 볶음 8만5000đ ⓞ **홈페이지** 없음

돼지고기 채소볶음 8만5000đ

22 반미 해피 브레드
Banh Mi Happy Bread

베트남식 샌드위치인 반미를 전문으로 하는 집. 외국인들도 거부감 없이 먹을 수 있도록 퓨전 스타일의 반미를 선보인다. 한 시장과 가깝고 실내가 시원해 여행자들도 많이 들른다. 먹기 좋게 자른 망고도 3만đ에 판매한다. 포장 가능.

ⓞ 지도 P.029C
ⓖ **구글 지도 GPS** 16.068663, 108.224599 ⓖ **찾아가기** 한 시장 바로 앞, 흥브엉(Hùng Vương) 거리에 위치 ⓞ **주소** 14 Hùng Vương, Hải Châu 1, Đà Nẵng ⓞ **전화** 090-585-0990 ⓞ **시간** 09:00~22:00 ⓞ **휴무** 연중무휴 ⓞ **가격** 반미JJ 6만đ, 반미YB 7만đ, 반미TL 5만5000đ ⓞ **홈페이지** 없음

반미JJ 6만đ

23 꽌 훼 응온
Quán Huế Ngon

현지인들이 즐겨 찾는 숯불구이 전문점. 주문하면 작은 화로를 놓아주는데, 재료를 올려 직접 구워 먹는 것이 나름의 묘미다. 좋지 않은 위생 상태와 고기의 질, 너무 강한 향과 맛으로 개인적으로는 비추천이지만, 로컬들의 식탁에 앉아본다는 것에 의미를 둔다면 나쁘기만 한 선택은 아니다.

ⓞ 지도 P.028B
ⓖ **구글 지도 GPS** 16.066228, 108.221430 ⓖ **찾아가기** 한 시장에서 도보 8분, 쩐꾸옥또안(Trần Quốc Toàn) 거리에 위치 ⓞ **주소** 65 Trần Quốc Toàn, Phước Ninh, Hải Châu, Đà Nẵng ⓞ **전화** 236-353-1210 ⓞ **시간** 11:00~23:00 ⓞ **휴무** 연중무휴 ⓞ **가격** 곱창 6만9000đ ⓞ **홈페이지** 없음

24 하일랜드 커피
Highlands Coffee

번화가마다, 젊은 사람들이 모이는 곳마다 들어선 베트남 대표 체인 커피숍. 지점별로 커피 맛의 차이가 크지 않고 실내가 시원하다. 커피 가격도 저렴해 '베트남 스타벅스'를 경험해본다는 생각으로 들르기 좋다. 롯데 마트나 빅시 마트 1층에도 하일랜드 커피가 입점해 있는데, 시내 지점보다 훨씬 조용한 분위기이니 참고하자.

ⓑ 1권 P.167 ⓞ 지도 P.029C
ⓖ **구글 지도 GPS** 16.065920, 108.224412 ⓖ **찾아가기** 한 시장에서 한강 쪽으로 나와 박당(Bạch Đằng) 거리를 따라 도보 4분 ⓞ **주소** 188 Bạch Đằng, Phước Ninh, Q. Hải Châu, Đà Nẵng ⓞ **전화** 236-357-5787 ⓞ **시간** 06:30~23:00 ⓞ **가격** 핀 쓰어 다 3만9000đ ⓞ **홈페이지** www.highlandscoffee.com.vn

25 한 시장
Han Market
Chợ Hàn[쩌 한]

다낭을 대표하는 재래시장. 1층에는 건어물부터 과자, 커피, 차 등의 기념품은 물론 생활용품, 과일을 판매하는 점포가 들어서 있고, 2층에는 원단 가게, 재봉소, 옷 가게가 들어서 원스톱 쇼핑이 가능하다. 정찰제 점포는 드물고 외국인을 상대로 바가지를 씌우는 곳이 많아서 주의해야 한다. 특히 호객을 심하게 하는 곳은 일단 거르자. 그 대신 2층의 '짝퉁' 의류는 품질이 괜찮고 가격도 저렴해 여행자들이 많이 찾는다. 한겨울에도 고릿고릿한 건어물 냄새가 시장 전체에 퍼져 쇼핑을 오래 하려면 숨을 여러 번 참아야 하니 마음의 준비를 단단히 하자.

ⓑ 1권 P.250 ⓞ 지도 P.029C
ⓖ **구글 지도 GPS** 16.068217, 108.224273 ⓖ **찾아가기** 다낭 국제공항에서 자동차로 10분 거리, 시내 한가운데 위치 ⓞ **주소** 119 Trần Phú, Hải Châu 1, Hải Châu, Đà Nẵng ⓞ **전화** 없음 ⓞ **시간** 07:00~19:00(가게마다 다름) ⓞ **가격** 상품마다 다름 ⓞ **홈페이지** 없음

26 빅 시 마트
Big C Mart

★★★★ 택시 10분

여행자보다는 현지인들이 즐겨 찾는 대형 마트. 식료품과 생활용품을 주력으로 판매하고 있으며 상품 진열도 현지인의 편의에 맞춰져 원하는 제품을 찾으려면 발품을 꽤 많이 팔아야 한다. 무료 배송 서비스를 제공한다.

📖 **1권 P.244** 📍 **지도 P.028A**
🚶 **구글 지도 GPS** 16.066723, 108.213690 🧭 **찾아가기** 한 시장에서 택시로 약 10분, 꼰 시장 맞은편의 CGV 건물 2~3층 📍 **주소** 255-257 Hùng Vương, Vĩnh Trung, Thanh Khê, Đà Nẵng ☎ **전화** 236-366-6000 🕐 **시간** 08:00~22:00 ⊝ **휴무** 연중무휴 💰 **가격** 상품마다 다름 🌐 **홈페이지** www.bigc.vn/catalogue/store/big-c-da-nang/

27 민뚜
Minh Thư
★★★★ 도보 1분

그 유명한 한 시장 라탄 가게. 가방, 모자, 생활용품 등이 다양하며 주인아주머니가 한국어를 조금 할 수 있어 쇼핑하기 편리하다. 가격 흥정은 거의 안 되지만 많이 사면 할인을 해주거나 덤을 챙겨주기도 한다.

📖 **1권 P.262** 📍 **지도 P.029C**
🚶 **구글 지도 GPS** 16.068589, 108.224558 🧭 **찾아가기** 한 시장 바로 옆, 반미 해피 브레드 맞은편 📍 **주소** 7 Hùng Vương, Hải Châu 1, Hải Châu, Đà Nẵng ☎ **전화** 없음 🕐 **시간** 07:00~20:00 ⊝ **휴무** 연중무휴 💰 **가격** 상품마다 다름 🌐 **홈페이지** 없음

라탄 숄더백 30만đ

28 디하이
Dì Hải
★★★★ 도보 1분

민뚜 바로 앞에 자리한 라탄 가게. 특별히 다른 것은 없으나 상품 진열이 잘되어 있어 원하는 제품을 고르기 쉽다. 사장님이 친절하고 가격도 저렴하다.

📖 **1권 P.262** 📍 **지도 P.029C**
🚶 **구글 지도 GPS** 16.068666, 108.224539 🧭 **찾아가기** 민뚜 바로 앞, 반미 해피 브레드 옆 가게 📍 **주소** 16 Hùng Vương, Hải Châu 1, Hải Châu, Đà Nẵng ☎ **전화** 236-389-2013 🕐 **시간** 07:00~19:00 ⊝ **휴무** 연중무휴 💰 **가격** 상품마다 다름 🌐 **홈페이지** 없음

바구니 백 40만đ

29 에이 마트
A Mart
★★★ 도보 1분

위치가 참 좋다. 다낭 대성당과 한 시장과 걸어서 갈 수 있는 거리. 동네 슈퍼 정도로 규모는 작지만 한국인이 즐겨 찾는 상품은 대부분 갖추고 있으며 대형 마트와 가격 차이도 많이 나지 않는다. 아치 카페를 사는 데 실패했다면 이곳으로 갈 것. 롯데 마트를 제외하고는 쉽게 구경조차 힘든 아치 카페도 넉넉히 보유하고 있다. 대형 마트에 비해 영업시간이 길다는 것도 무시 못할 장점이다. 카드 결제 가능.

📖 **1권 P.248** 📍 **지도 P.028B**
🚶 **구글 지도 GPS** 16.069115, 108.223899 🧭 **찾아가기** 한 시장 앞 사거리를 건너 드엉쩐푸(Đường Trần Phú) 거리를 따라 도보 1분 📍 **주소** Đường Trần Phú, Hải Châu 1, Hải Châu, Đà Nẵng ☎ **전화** 098-359-5705 🕐 **시간** 07:30~23:30 ⊝ **휴무** 연중무휴 🌐 **홈페이지** 없음

30 졸리 마트
Jolly Mart
★★★ 도보 2분

한국, 일본 식료품을 주로 판매하는 마트. 시내에서 가깝고 상품 종류가 많아서 장 보러 다녀오기에 좋다. 하지만 베트남 식료품이 상대적으로 빈약해 기념품 삼아 살 만한 것이 별로 없다는 것이 흠. 카드 결제 가능.

📖 **1권 P.249** 📍 **지도 P.028B**
🚶 **구글 지도 GPS** 16.068996, 108.222812 🧭 **찾아가기** 한 시장에서 홍브엉(Hùng Vương) 거리를 따라 걷다 옌바이(Yên Bái) 거리로 우회전, 도보 2분 📍 **주소** 31 Yên Bái, Hải Châu 1, Hải Châu, Đà Nẵng ☎ **전화** 236-626-8968 🕐 **시간** 09:00~22:00 ⊝ **휴무** 연중무휴 🌐 **홈페이지** 없음

31 페바 초콜릿
Pheva Chocolate
★★★ 도보 4분

다낭을 대표하는 수제 초콜릿 브랜드. 높은 인기에 비해 맛은 평범하지만 18가지 독특한 맛의 초콜릿을 시식해보고 고르는 재미가 있다. 컬러풀한 상자에 마음에 드는 초콜릿을 골라 담으면 되는데, 12개들이 상자 하나에 인기 초콜릿을 모두 담을 수 있다. 상자 색깔에 맞는 종이 가방을 함께 줘 회사 동료나 지인들에게 선물을 돌리기에도 적당하다.

📖 **1권 P.264** 📍 **지도 P.028F**
🚶 **구글 지도 GPS** 16.062983, 108.223442 🧭 **찾아가기** 용교를 건너 드엉쩐푸(Đường Trần Phú) 거리로 진입, 도보 4분 📍 **주소** 239 Đường Trần Phú, Phước Ninh, Q. Hải Châu, Đà Nẵng ☎ **전화** 236-356-6030 🕐 **시간** 08:00~19:00 ⊝ **휴무** 연중무휴 💰 **가격** 12개 8만đ·24개 16만đ, 페바 바 3만đ, 큐브(40개입) 26만đ, 보냉 백 7만đ 🌐 **홈페이지** www.phevaworld.com

32 꼰 시장
Con Market
Chợ Cồn [쩌 꼰]

★★★ 택시 10분

현지인들이 즐겨 찾는 재래시장으로, 저녁 식탁에 올라갈 식재료가 더 많이 보인다. 지갑을 꺼낼 일은 없지만 구경만 해도 즐겁다. 이색적인 볼거리를 원한다면 해가 질 무렵, 시장 길바닥에 옷이며 이불, 신발 등을 내놓고 파는 '길바닥 상점'을 놓치지 말자. 썰렁하던 시장이 이 시간만 되면 장을 보러 나온 사람들로 후끈 달아오른다.

ⓑ 1권 P.252 ⓞ 지도 P.028A
ⓖ 구글 지도 GPS 16.067712, 108.214390 ⓞ 찾아가기 한 시장에서 택시로 10분 ⓐ 주소 269 Ông Ích Khiêm, Hải Châu 2, Hải Châu, Đà Nẵng ⓒ 전화 236-383-7426 ⓘ 시간 06:00~21:00(가게마다 다름) ⓐ 휴무 연중무휴 ⓐ 가격 상품마다 다름 ⓦ 홈페이지 없음

33 브릴리언트 톱 바
Brilliant Top Bar

😊 ★★★★ 도보 3분

브릴리언트 호텔 17층 루프톱에 자리한 바. 아직은 이용객이 적어 언제 가도 조용하다. 한강과 용교는 물론 다낭 시내가 한눈에 보이는데, 아무래도 해 질 무렵의 풍경이 가장 아름답다. 실내석이 있어 비가 와도 오케이. 숙박객은 오전 10시부터 오후 5시에 방문하면 차나 커피 한 잔이 무료. 비 숙박객도 요금만 내면 음료를 즐길 수 있다.

ⓑ 1권 P.191 ⓞ 지도 P.029C

ⓖ 구글 지도 GPS 16.066623, 108.224676 ⓞ 찾아가기 브릴리언트 호텔 17층 ⓐ 주소 Bạch Đằng, Hải Châu 1, Hải Châu, Đà Nẵng ⓒ 전화 236-322-2999 ⓘ 시간 10:00~24:00

ⓐ 가격 주류 8만샌~
ⓦ 홈페이지 www.brillianthotel.vn

34 쿨 스파
Cool Spa

쿠폰 p.151

😊 ★★★★ 택시 10분

한국인 사이에서 인기 있는 마사지 숍. 5성급 호텔 스파의 마사지 방식은 물론 프로그램과 재료까지 그대로 들여왔다. 대신 가격 거품을 걷어내고 픽업 서비스까지 제공해 이젠 오히려 5성급 호텔에서 이곳까지 일부러 찾아오는 손님들도 있다고. 한국어가 가능한 직원이 카운터에 있으며 마사지 시간도 칼같이 지킨다는 점도 까다로운 한국인들에게 합격점을 받았다. 예약은 카카오톡 ID coolspa를 통해 가능하다.

ⓑ 1권 P.217 ⓞ 지도 P.029H
ⓖ 구글 지도 GPS 16.064147, 108.233321 ⓞ 찾아가기 한 시장에서 택시로 10분. 택시 기사에게 상호명보다는 주소를 보여주는 것이 빠르다. ⓐ 주소 984 Ngô Quyền, An Hải Bắc, Sơn Trà, Đà Nẵng ⓒ 전화 236-393-4245 ⓘ 시간 10:30~22:30 ⓐ 휴무 연중무휴 ⓐ 가격 포 핸드 마사지(4 Hands Massage) 60분 30$ · 90분 45$, 대나무 마사지(Bamboo Massage) 90분 25$ · 120분 32$(팁 포함 가격) ⓦ 홈페이지 없음

35 한강 드래건 크루즈
Han River Dragon Cruise

😊 ★★★ 도보 15분

1시간 30분 동안 유람선을 타고 한강의 야경 명소를 천천히 감상할 수 있다. 용교 앞에서 출발해 노보텔 앞까지 갔다가 되돌아오는 코스로 하루 세 차례 운항하며 입구에서 탑승권을 산 다음 안내에 따라 탑승한다. 따로 예약할 필요는 없지만, 전망 좋은 자리에 앉으려면 출항 10분 전에 미리 탑승하는 것이 좋다.

ⓑ 1권 P.186 ⓞ 지도 P.029G
ⓖ 구글 지도 GPS 16.060094, 108.224392 ⓞ 찾아가기 용교 바로 옆에 선착장이 있다. ⓐ 주소 Bạch Đằng, Bình Hiên, Hải Châu, Đà Nẵng ⓒ 전화 098-507-4797 ⓘ 시간 18:00~19:30, 19:45~21:15, 21:30~22:45(1일 3회 출발) ⓐ 가격 어른 12만샌, 어린이(키 1~1.3m) 7만샌, 키 1m 미만 어린이 무료 ⓦ 홈페이지 www.dongvinhthinh.com.vn

ZOOM IN

바나 힐

다낭 근교의 테마파크로 이국적인 분위기를 물씬 풍긴다. 소소한 볼거리도 많아서 관광객이라면 한 번쯤은 찾는 곳이 됐다. 반나절 이상은 잡아야 제대로 둘러볼 수 있는데, 택시나 그랩 카, 호텔 셔틀버스, 여행사 버스를 이용하는 것이 일반적이다.

● **이동 시간 기준** 한 시장

1 바나 힐
Ba Na Hills

★★★★
📷
택시 45분

산꼭대기에 자리한 테마파크. 프랑스 식민지 시절, 다낭의 덥고 습한 기후에 적응하기 힘들었던 프랑스인들이 피서지로 개발한 것이 시초다. 해발 1487m 깊은 산 정상에 자리해 다낭보다 체감온도가 5℃는 더 낮다. 다양한 놀이 기구와 어트랙션이 들어선 판타지 파크(Fantasy Park), 중세 유럽 양식을 본떠 만든 프렌치 빌리지(French Village), 린추아 린뚜 사원과 린풍뚜 탑, 전망대 등의 볼거리가 가득한 사원 구역(Spirituality Zone)의 3개 구역으로 나뉜다.

ⓑ 1권 P.094 ⓞ 지도 P.006
ⓖ **구글 지도 GPS** 16.026391, 108.033312 ⓢ **찾아가기** 다낭 시내에서 택시로 45분, 왕복 요금 60만 đ 정도 ⓐ **주소** Tuyến cáp treo lên Bà Nà Hills, Hoà Ninh, Hoà Vang, Đà Nẵng ⓣ **전화** 236-379-1999 ⓣ **시간** 07:00~17:30(케이블카 운행 07:30부터) ⓣ **휴무** 연중무휴 ⓟ **가격** 어른 75만đ, 어린이(키 1~1.3m) 60만đ, 유아 무료(입장료에 케이블카, 각종 어트랙션 탑승 요금이 모두 포함돼 있음) ⓗ **홈페이지** http://banahills.sunworld.vn/en

바나힐 구역별 볼거리

판타지 파크 Fantasy Park
아이를 둔 부모들이 더 좋아하는 곳. 바나 힐에서 가장 인기 있는 알파인 코스터(Alpine Coaster)를 비롯해 다양한 어트랙션이 있어 가족 모두가 즐기기 좋다. 알파인 코스터부터 탑승한 뒤 실내 어트랙션을 타면 일정이 매끄럽다.

프렌치 빌리지 French Village
중세 유럽에 온 것 같은 착각이 드는 곳으로 사진을 남기기 좋다. 앞사람 뒤통수 보기 바쁜 분수 광장에서 조금만 벗어나도 인적 드문 거리가 나와 산책하듯 둘러볼 수 있다. 광장 주변에서 여러 가지 공연과 이벤트가 열리니 참고하자.

사원 구역 Spirituality Zone
하늘에서 가장 가까운 곳에는 사원이 들어섰다. 사원 입구를 지나면 이곳에서부터는 돌계단 길. 한 걸음씩 발걸음을 내딛다 보면 차츰 달라지는 바나 힐 풍경. 가장 높은 곳에 다다르면 바나 힐의 아름다운 전망이 발 아래 펼쳐진다.

2 호아푸탄 래프팅
Hoa Phu Thanh Rafting

★★★★★
😊
택시 1시간

4~8명씩 고무보트에 올라타는 다른 지역의 래프팅과 달리 수심이 얕고 강의 폭이 좁아 2명씩 탑승한다. 바위가 많은 지형이라 장애물에 배가 걸리기 일쑤지만 코스 중간중간에 배치된 안전요원이 계속 도와줘서 초보자도 쉽게 체험할 수 있다. 10월부터 다음 해 3월 초순까지는 계곡물이 차고 유속이 빨라 체험하기 위험하며 3월 중순부터 9월 말까지가 최적의 시즌이다. 15~64세만 래프팅을 즐길 수 있다. 가이드가 동행하며 전용 차량으로 원하는 장소에 픽업 및 드롭 서비스도 해준다.

ⓑ 1권 P.202 ⓞ 지도 P.006
ⓖ **구글 지도 GPS** 15.957811, 107.991618 ⓟ **가격** 예약금 1만 원 + 40$(가이드 팁 불포함 1인 1~2$ 정도) ⓗ **홈페이지** http://cafe.naver.com/danang

다낭 최고의
나이트라이프 메카

혈기 넘치는 다낭 젊은이들은 어디서 뭐 하고 노는지
궁금하다면 이곳부터 가보자. 분위기 좋기로 소문난 펍
과 라운지, 루프톱 바가 모여 있어 밤을 즐기려는 청춘
들이 모여드는 곳이다. 취기가 오를 만큼 마셔도 술값
걱정이 없으니 오늘 밤만큼은 마음껏 즐겨보자.

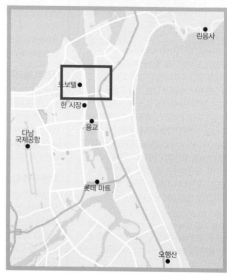

MUST EAT 이것만은 꼭 먹자!

№. 1
누구나 만족할 만한
쌀국수 맛!
퍼홍 쌀국수

№. 2
다양한 베트남 음식을
적당한 가격에
마담 란 베트남 음식

№. 3
담백하고 깔끔한
베트남 가정식
덴롱 베트남 가정식

MUST EXPERIENCE 이것만은 꼭 경험하자!

№. 1
다낭에서 제일 핫한
나이트라이프를 즐기고 싶다면
오큐 라운지 펍

№. 2
술보다 분위기,
분위기보다 야경을
즐기고 싶을 때 **스카이36**

№. 3
기분 전환을 위해
네일 아트를 받아보자
아지트

MUST BUY 이것만은 꼭 사자!

№. 1
감각적인 다낭 기념품을
찾는다면 **다낭 수비니어 앤드
카페의 기념품**

№. 2
짧은 시간 안에 인기
제품을 사야 한다면
빈 마트

노보텔, 젠 다이아몬드, 힐튼 같은 대형 호텔이 모여 있어 언제나 여행객으로 붐빈다.
인기

딱히 구경할 만한 관광지가 없다.
관광지

기념품 숍과 대형 마트가 가까운 거리에 있어 쇼핑하기 좋은 조건이다.
쇼핑

최근 생긴 카페가 더 많은 지역이라 음식 맛은 좀 부족한 곳이 많다. 한강변의 카페는 다낭 물가치고 음식 가격도 비싼 편.
식도락

나이트라이프 스폿을 빼놓고 이곳을 얘기할 수 없다. 젊은 사람들이 알아서 모여드는 물 좋은 곳이 많다.
나이트라이프

낮에는 한산하다가 저녁이 되면 사람이 많아진다. 다니기 불편할 정도는 아니다.
혼잡도

MAP
노보텔 주변 한눈에 보기

N
0 ——— 50m

그랜드브리오 시티 다낭
Grandvrio City Danang

신 투어리스트
Shin Tourist 방면(230m)

마담 란
Madame Lan P.048

젠 다이아몬드 스위트 호텔
Zen Diamond Suites Hotel

리 쯔엉 키엣 거리 Lý Thường Kiệt

티엔사 호텔
Tiên Sa Hotel

루나 펍
LUNA Pub P.051

오큐 라운지 펍
OQ Lounge Pub P.051

덴롱
Den Long P.048

리 쯔엉 키엣 거리 Lý Thường Kiệt

판 보이 쩌우 거리 Phan Bội Châu

버거 브로스 2호점
Burger Bros P.049

오드리 네일 1호점
Audrey Nail P.051

아지트
Azit P.051

루남 비스트로
RuNam Bistro P.050

응우옌 두 거리 Nguyễn Du

퍼박 63
Phở Bắc 63 P.049

응우옌 두 거리 Nguyễn Du

레 러이 거리 Lê Lợi

응우옌 찌 타인 거리 Nguyễn Chí Thanh

쩐푸 거리 Đường Trần Phú

다낭 한 리버 호텔
Danang Han River Hotel

퍼홍 QUAN
PHO HONG P.048

다낭 수비니어 앤드 카페
Da Nang Souvenirs & Café P.050

노보텔 다낭 Novotel Danang
Premier Han River

다낭 시청
Trung Tâm Hành Chính
Đà Nẵng

인 밸런스
IN BALANCE P.051

스카이36
Sky36 P.050

리뜨쫑 거리 Lý Tự Trọng

리뜨쫑 거리 Lý Tự Trọng

다낭 내무 지청
Sở Nội Vụ Tp.Đà Nẵng

머니 밀크티 카페
Trà sữa Money P.049

스시 베
Sushi Be P.049

꽝쭝 거리 Quang Trung

꽝쭝 거리 Quang Trung

박당 거리 Bạch Đằng

토토로1988
Totoro1988 P.050

미꽝 1A
Mi Quang 1A

하이퐁 거리 Hải Phòng

쩨 꿍 딘 후에
Che Cung Dinh Hue P.049

레 주언 거리 Lê Duẩn

레 주언 거리 Lê Duẩn

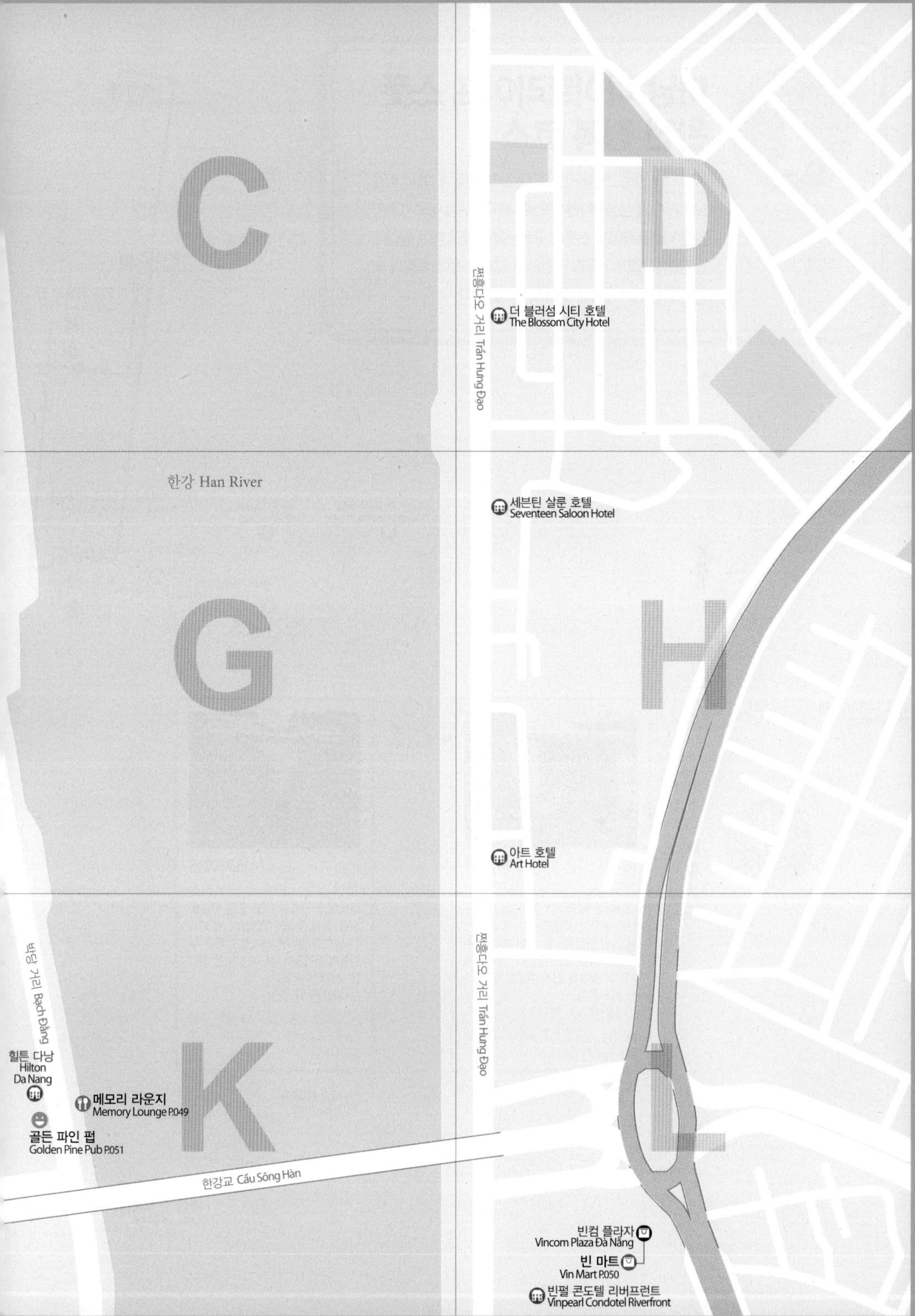

C

D

쩐흥다오 거리 Trần Hưng Đạo

🏨 더 블러섬 시티 호텔
The Blossom City Hotel

한강 Han River

🏨 세븐틴 살룬 호텔
Seventeen Saloon Hotel

G

H

🏨 야트 호텔
Art Hotel

박당 거리 Bạch Đằng

힐튼 다낭
Hilton
Da Nang

🍴 메모리 라운지
Memory Lounge P.049

🍴 골든 파인 펍
Golden Pine Pub P.051

K

쩐흥다오 거리 Trần Hưng Đạo

한강교 Cầu Sông Hàn

🛍 빈컴 플라자
Vincom Plaza Đà Nẵng

🛍 빈 마트
Vin Mart P.050

🏨 빈펄 콘도텔 리버프런트
Vinpearl Condotel Riverfront

COURSE 1

다낭 나이트라이프 스폿 완전 정복 코스

휴양지의 밤은 조용해야 한다?! 호텔 담장 안에서 밤을 보내기가 영 심심하다면 밖으로 나가자. 유명 대도시 못지 않은 나이트라이프 스폿이 구석구석 자리해 밤이 즐겁다. 긴긴 밤을 얼마나 즐길 것인가는 각자의 선택. 체력과 지갑 상황을 봐가며 노는 것이 핵심 포인트다.

리 쯔엉 키엣 거리 Lý Thường Kiệt

티엔사 호텔
Tiên Sa Hotel

루나 펍 4-2
LUNA Pub

오큐 라운지 펍
OQ Lounge Pub
4-1

루남 비스트로
RuNam Bistro

응우옌 두 거리 Nguyễn Du

응우옌 두 거리 Nguyễn Du

다낭 수비니어 앤드 카페 3
Da Nang Souvenirs & Café

다낭 한 리버 호텔
Danang Han river hotel

퍼홍 QUAN
PHO HONG

노보텔 다낭 Novotel Danang
Premier Han River

인밸런스
IN BALANCE

스카이36 2
Sky36

리뜨쯩 거리 Lý Tự Trọng

다낭 시청
Trung Tâm Hành Chính
Đà Nẵng

리뜨쯩 거리 Lý Tự Trọng

다낭 내무 지청
Sở Nội Vụ Tp.Đà Nẵng

박당 거리 Bạch Đằng

머니 밀크티 카페
Trà sữa Money

스시 베
Sushi Be

50m

START

1 마담 란
Madame Lan

다낭에서 뭘 먹어야 할지 감이 안 온다면 이곳이 정답일 수도 있다. 베트남 요리 전문점으로, 어떤 메뉴를 주문해도 평균 이상은 한다. 메뉴판에 사진이 첨부돼 쉽게 주문할 수 있다는 점도 장점.
🕐 시간 06:30~21:30

➡ 박당 거리를 따라 내려간다. 도보 6분 → 스카이36 도착

1h

2 스카이36
Sky36

다낭에서 전망이 가장 좋은 루프톱 바로, 일몰 풍경이 아름답다. 밤 10시가 넘으면 음악을 시끄럽게 틀고 사람들이 몰려들어 정신이 없지만, 저녁은 비교적 여유롭다.
🕐 시간 18:00~심야

➡ 노보텔 정문으로 나와 왼쪽. 길을 건넌다. 도보 1분 → 다낭 수비니어 앤드 카페

팡쯩 거리 Quang Trung

토토로1988
Totoro1988

하이퐁 거리 Hải Phòng

미꽝 1A
Mi Quang 1A

레라이 거리 Lê Lợi

쯔엉 딘 후에
Che Cung Dinh Hue

레 주언 거리 Lê Duẩn

레 주언 거리 Lê Duẩn

응우옌 찌탄 거리 Nguyễn Chí Thanh

드엉 쩐 푸 거리 Đường Trần Phú

박당 거리 Bạch Đằng

START

1. 마담 란	
500m, 도보 6분	
2. 스카이36	
60m, 도보 1분	
3. 다낭 수비니어 앤드 카페	
180m, 도보 3분 / 300m, 도보 5분	
4-1. 오큐 라운지 펍 / **4-2. 루나 펍**	

한강 Han River

쩐흥다오 거리 Trần Hưng Đạo

🏨 더 블러섬 시티 호텔
The Blossom City Hotel

🏨 세븐틴 살룬 호텔
Seventeen Saloon Hotel

4-1   오큐 라운지 펍
OQ Lounge Pub

1h

다낭에서 가장 유명한 클럽 겸 펍. 저녁만 되면 사람들로 붐빈다. 시끌벅적한 분위기를 좋아한다면 이보다 좋은 곳은 없겠지만, 시끄러운 것은 딱 질색이라면 루나 펍으로.
🕐 **시간** 09:00~22:00
➡ 가게에서 나와 드엉쩐푸 거리로 진입, 도보 2분

RECEIPT

식사	2시간 50분
이동	10분
쇼핑	30분
TOTAL	**3시간 30분**

식사비	36만4000₫
마담 란(퍼 가, 고이꾸온)	13만4000₫
스카이36(맥주)	18만₫
오큐 라운지 펍(맥주)	5만₫
TOTAL	**36만4000₫**

(어른 1인 기준, 쇼핑 비용 별도)

호텔
Hotel

`OR`

30m

3   다낭 수비니어 앤드 카페
Da Nang Souvenirs & Café

선물용 기념품을 사고는 싶은데 싸구려 제품을 사기가 껄끄러웠다면 이곳으로. 질 좋은 기념품을 괜찮은 가격에 판매한다. 무엇보다 호객이나 바가지가 없어서 안심하고 쇼핑할 수 있다는 것이 가장 큰 장점.
🕐 **시간** 07:30~22:30
➡ 박당 거리를 따라 도보 2분 → 오큐 라운지 펍 도착

박당 거리 Bạch Đằng

힐튼 다낭
Hilton
Da Nang
🏨

4-2   루나 펍
LUNA Pub

1h

시끄러운 것은 싫은데, 분위기는 좀 내고 싶다면 이곳을 추천한다. 현지인보다는 외국인을 겨냥해 좀 더 차분한 분위기다. 이른 저녁을 먹을 바람에 배가 출출하다면 식사를 주문해도 좋다.
🕐 **시간** 19:00~02:00

🏨 메모리 라운지
Memory Lounge

🏨 골든파인펍
Golden Pine Pub

한강교 Cầu Sông Hàn

빈컴 플라자
Vincom Plaza Đà Nẵng
빈 마트
Vin Mart

ZOOM IN

노보텔 주변

다낭에서 요즘 가장 떠오르는 지역이다. 분위기 좋은 카페와 레스토랑, 밤이면 젊은이들의 아지트가 되는 펍 등이 모여 있어 여행자들에게는 이만한 놀이터가 없다.

● **이동 시간 기준** 노보텔 다낭 프리미어 호텔

---

1 퍼홍
Quán Phở Hồng

손님 열에 아홉은 한국인. 이곳만큼 우리 입맛에 딱 맞는 쌀국수가 흔치 않다는 증거다. 구구절절 얘기하지 않아도 고수와 향신료를 적게 넣고 김치를 기본 찬으로 제공해 베트남 음식을 처음 접하는 사람들도 부담 없이 한 그릇 뚝딱 비울 수 있다. 쌀국수만 먹기 아쉽다면 짜조를 함께 주문하자. 생각 이상의 궁합을 보여준다. 재료를 넉넉히 넣은 스페셜 메뉴인 '닥비엣(Đặc Biệt)'으로 주문하면 좀 더 푸짐하다. 쌀국수 메뉴가 같은 가격으로 통일돼 있어 바가지 쓸 일도 없다.

⊙ 1권 P.119 ⊙ 지도 P.044F
⑤ **구글 지도 GPS** 16.077654, 108.221879 ⊙ **찾아가기** 노보텔에서 리뜨쫑(Lý Tự Trọng) 거리로 도보 3분 ⊙ **주소** 10 Lý Tự Trọng, Thạch Thang, Hải Châu, Thạch Thang Hải Châu Đà Nẵng ☎ **전화** 098-878-2341 🕐 **시간** 07:00~21:00 ⊖ **휴무** 연중무휴 ⊙ **가격** 쌀국수 4만5000đ, 닥비엣 5만5000đ, 짜조 16만đ ⊙ **홈페이지** 없음

쌀국수 4만5000đ

---

2 마담 란
Madame Lan

다낭에서 가장 유명한 레스토랑 중 하나. 하지만 손님이 너무 많이 몰릴 때는 주문이 엉키거나 음식이 오랫동안 나오지 않기도 해 만족도가 예전만 못하다. 그래도 무던한 맛있고 베트남의 대표적인 요리는 이곳에 모두 있으니 베트남 여행이 처음이라면 한 번쯤 들러보는 것도 나쁘지 않은 선택이다. 길을 안전하게 건널 수 있도록 직원이 안내해준다. 음식 메뉴 중에서는 고이꾸온, 분짜, 퍼 가를 추천. 오후 5시쯤 들르면 오래 기다리지 않아도 된다.

⊙ 1권 P.141 ⊙ 지도 P.044B
⑤ **구글 지도 GPS** 16.081523, 108.223343 ⊙ **찾아가기** 노보텔에서 박당(Bạch Đằng) 거리를 따라 도보 6분 ⊙ **주소** 4 Bạch Đằng, Thạch Thang, Hải Châu, Đà Nẵng ☎ **전화** 236-361-6226 🕐 **시간** 06:30~21:30 ⊖ **휴무** 연중무휴 ⊙ **가격** 고이꾸온 8만2000đ, 분짜 7만2000đ, 퍼 가 5만2000đ(VAT 10% 추가 부과) ⊙ **홈페이지** www.madamelan.vn

---

3 덴롱
Đèn Lồng

베트남 전통 가정식 전문 레스토랑. 가격대가 비싸지만 향이 강하지 않은 순수한 맛을 한 접시에 가득 담았다. 첫 숟갈은 심심하다고 느낄 수는 있지만 먹다 보면 술술 넘어가는 수프 호안탄(Súp Hoành Thánh)과 느억맘 소스에 모닝글로리를 볶아 밥 반찬으로 좋은 모닝글로리 볶음(Rau Muống Xào Tỏi)을 추천.

⊙ 1권 P.143 ⊙ 지도 P.044A
⑤ **구글 지도 GPS** 16.079813, 108.218437 ⊙ **찾아가기** 노보텔에서 도보 12분 ⊙ **주소** 71 Lý Thường Kiệt, Thạch Thang, Q. Hải Châu, Đà Nẵng ☎ **전화** 236-388-7377 🕐 **시간** 11:30~15:30(LO 14:45), 17:30~21:45(LO 21:00) ⊖ **휴무** 부정기 ⊙ **가격** 수프 호안탄 9만8000đ ⊙ **홈페이지** http://denlong-danang.com

수프 호안탄 9만8000đ

4 머니 밀크티 카페
Trà sữa Money
[짜 쓰어 머니]
★★★★ 도보 3분

다낭의 젊은 사람들에게 인기 있는 밀크티 전문점. 아직은 여행객들이 많이 찾지 않아 그 흔한 영어 메뉴판도 없는 곳이다. 들어가는 토핑 종류에 따라 다양한 메뉴를 선보이지만, 오리지널 밀크티(Trà sữa truyền thống)가 가장 인기 있다. 1인용 좌석도 있으며 좌석마다 콘센트가 있어 여행 중 잠시 쉬어가기도 좋다.

📍 지도 P.044B

🚩 구글 지도 GPS 16,078788, 108,222521 🚌 찾아가기 노보텔에서 도보 3분 📮 주소 17 Nguyễn Du, Thạch Thang, Hải Châu, Đà Nẵng 📞 전화 093-531-2412 🕐 시간 14:30~22:00 📅 휴무 연중무휴 💵 가격 오리지널 밀크티 M 2만8000đ, L 3만6000đ 🌐 홈페이지 없음

오리지널 밀크티 M 2만8000đ

5 퍼박 63
Phở Bắc 63
★★★★ 택시 3분

현지인들이 즐겨 찾는 로컬 쌀국숫집. 다른 곳에 비해 육수의 감칠맛이 있으면서 담백해서 해장용으로도 좋다. 특히 가격대비 고기의 질이 좋은 편이니 고기 토핑을 추가해보자. 달걀을 넣은 쌀국수 메뉴와 그렇지 않은 메뉴로 나뉘는데 농후한 맛이 좋다면 달걀을 넣은 쌀국수도 좋은 선택이다. 영어 메뉴판이 있다.

📍 지도 P.044E 🚩 구글 지도 GPS 16,076102, 108,215761 🚩 찾아가기 노보텔에서 택시 3분 📮 주소 203 Đống Đa, Thạch Thang, Hải Châu, Đà Nẵng 📞 전화 236-383-4085 🕐 시간 06:00~23:00 📅 휴무 연중무휴 💵 가격 빅사이즈 쌀국수(달걀이 안들어간 것) 5만đ 🌐 홈페이지 www.facebook.com/phobac63

빅사이즈 쌀국수 5만đ

6 스시 베
Sushi Be
★★★ 도보 6분

다낭에서 가장 유명한 초밥집. 일본에서 공수해온 생선으로 초밥을 만드는 것이 원칙이며 주방을 책임지는 셰프도 모두 일본인이다. 다낭 물가치고는 참 비싼 가격이지만 베트남 음식이 질리고 한국 음식을 먹기는 싫을 때 제격이다.

📍 지도 P.044F

🚩 구글 지도 GPS 16,066839, 108,224716 🚩 찾아가기 노보텔에서 리프쭝 거리를 따라 걷다가 응우옌 치 탄(Nguyễn Chí Thanh) 거리로 좌회전, 도보 6분 📮 주소 156 Bạch Đằng, Hải Châu 1, Q. Hải Châu, Đà Nẵng 📞 전화 236-398-7990 🕐 시간 18:30~ 22:00(L.O 21:30) 💵 가격 오늘의 초밥 75만đ 🌐 홈페이지없음

오늘의 초밥 75만đ

7 버거 브로스
Burger Bros
★★★ 도보 9분

한강변에 자리한 수제 햄버거 전문점. 주문 즉시 만들어주는 수제 햄버거 맛도 좋고, 재료도 신선한 편인데 유명세가 햄버거 맛을 앞지른 느낌이다. 사실 우리나라에서도 이 정도 수제 햄버거는 쉽게 먹을 수 있어서 반드시 먹어봐야 할 정도는 아니다.

📖 1권 P.145 📍 지도 P.044A

🚩 구글 지도 GPS 16,079402, 108,219937 🚩 찾아가기 노보텔에서 도보 9분 📮 주소 4 Nguyễn Chí Thanh, Thạch Thang, Q. Hải Châu, Đà Nẵng 📞 전화 093-192-1231 🕐 시간 11:00~14:00, 17:00~22:00 📅 휴무 연중무휴 💵 가격 미케 버거 14만đ 🌐 홈페이지 http://burgerbros.amebaownd.com

미케 버거 14만đ

8 메모리 라운지
Memory Lounge
★★ 도보 7분

한강변에 자리한 카페. 인근에서 흔치 않게 에어컨 시설을 갖춘 곳으로, 로컬들의 무더위 쉼터로 사랑받는다. 대신 커피 가격은 우리나라 카페와 큰 차이가 없을 만큼 비싸다. 날씨가 많이 덥지 않다면 야외석에 앉는 것도 좋다.

📖 1권 P.168 📍 지도 P.045K

🚩 구글 지도 GPS 16,072695, 108,225126 🚩 찾아가기 노보텔에서 용교 방향으로 직진, 한강교 바로 앞, 도보 7분 📮 주소 07 Bạch Đằng, Hải Châu 1, Hải Châu, Đà Nẵng 📞 전화 236-357-5899 🕐 시간 08:00~22:00 📅 휴무 연중무휴 💵 가격 카페 쓰어 다 5만4000đ(세금 15% 별도) 🌐 홈페이지 없음

카페 쓰어 다 5만4000đ

9 쩨 꿍 딘 후에
Chè Cung Đình Huế
★★★ 도보 13분

후에 스타일 쩨 전문점. 관광객은 거의 없고 로컬들이 즐겨 찾는다. 대부분 메뉴가 1만5000đ(약 750원)으로 고정돼 있어 저렴하게 쩨를 즐길 수 있다. 20가지가 넘는 쩨를 선보이는데, 쩨텁껌, 쩨 쓰어쓰어 핫 르우, 쩨 다으응 등의 메뉴가 한국인 입맛에 잘 맞는다.

📖 1권 P.174 📍 지도 P.044J

🚩 구글 지도 GPS 16,071845, 108,223299 🚩 찾아가기 노보텔에서 박당 거리를 따라 내려가다가 한강교가 나오면 우회전, 도보 13분. 더운 날에는 택시를 타는 것이 편하다. 📮 주소 10 Lê Duẩn, Hải Châu 1, Hải Châu, Đà Nẵng 📞 전화 090-551-2289 🕐 시간 08:00~21:00 📅 휴무 연중무휴 💵 가격 쩨 1만5000đ 🌐 홈페이지 없음

쩨 1만5000đ

10 루남 비스트로
RuNam Bistro

 🍴 ★★ 도보 3분

한강변에 자리한 분위기 좋은 카페. 인테리어가 깔끔하고 실내가 시원해서 잠시 커피를 마시며 시간을 보내기에 좋다. 하지만 돈값 못하는 디저트나 음식은 비추천. 음료만 마시고 나오는 것이 좋다.

📍 **지도** P.044B
🅖 **구글 지도 GPS** 16.079196, 108.223708 🔍 **찾아가기** 노보텔에서 박당 거리를 따라 도보 3분 🏠 **주소** 24 Bạch Đằng, Thạch Thang, Hải Châu, Đà Nẵng
📞 **전화** 236-355-0788 🕐 **시간** 07:00~23:00 📅 **휴무** 연중무휴 💰 **가격** 커피 9만5000d~ 🌐 **홈페이지** http://caferunam.com

밀크셰이크 9만d

11 다낭 수비니어 앤드 카페
Da Nang Souvenirs & Café

🛍 ★★★★★ 도보 1분

특색 있는 다낭 기념품을 원한다면 이곳으로. 정찰제로 판매하고 제품의 질도 평균 이상이다. 남들이 다낭 가면 꼭 사 오라 말했던 그 제품, 여기 다 있으니 시간과 체력을 아끼고 싶은 사람에게도 추천. 구석구석 숨어 있는 내 스타일 기념품을 발견하는 재미도 쏠쏠하다. 절반은 카페로 운영해 가족 모두가 함께 쉬었다 가기에도 좋다.

📖 **1권** P.258 📍 **지도** P.044F
🅖 **구글 지도 GPS** 16.077912, 108.223832 🔍 **찾아가기** 노보텔 다낭 입구 바로 옆 🏠 **주소** 34 Bạch Đằng, Thạch Thang, Hải Châu, Đà Nẵng
📞 **전화** 236-382-7999
🕐 **시간** 07:30~22:30
📅 **휴무** 연중무휴 🌐 **홈페이지** http://danangsouvenirs.com

12 빈 마트
Vin Mart

🛍 ★★★★★ 택시 6분

유명 쇼핑몰인 빈컴 플라자에 입점한 대형 마트. 다낭 3대 대형 마트 중 위치가 제일 좋고 깔끔하다. 입구 바로 앞에 인기 기념품만 따로 진열해놓아 쇼핑하기에는 매우 편리하다. 비싸지만 소량만 구매하면 가격 차이도 얼마 안 나기 때문에 오히려 쇼핑을 조금만 할 여행자들이 들르기에 좋다.

📖 **1권** P.246 📍 **지도** P.045L
🅖 **구글 지도 GPS** 16.071701, 108.230493 🔍 **찾아가기** 노보텔에서 택시로 약 6분, 한강교(Cầu Sông Hàn)를 건너자마자 우회전, 빈컴 플라자 2층 🏠 **주소** 496 Ngô Quyền, An Hải Bắc, Sơn Trà, Đà Nẵng
📞 **전화** 093-317-6888 🕐 **시간** 08:00~22:00 📅 **휴무** 연중무휴 🌐 **홈페이지** www.adayroi.com/vinmart

13 토토로1988
Totoro1988

🛍 ★★ 도보 10분

다양한 인기 캐릭터용품을 판매하는 곳. 학용품, 인형, 가방, 생활용품 등을 갖추고 있으며 가격이 저렴한 편이다. 특히 어린이용 가방이 저렴하고 종류가 많다. 신발을 벗고 매장 안에 들어가야 하는데, 신발 분실이 걱정된다면 비닐봉지를 챙겨 가자.

📖 **1권** P.266 📍 **지도** P.044J
🅖 **구글 지도 GPS** 16.072810, 108.221007 🔍 **찾아가기** 노보텔에서 드엉쩐푸(Đường Trần Phú) 거리를 따라 걷다가 꽝쭝(Quang Trung) 거리로 우회전 후 응우옌찌탄(Nguyễn Chí Thanh) 거리로 좌회전, 도보 10분 🏠 **주소** 123A Nguyễn Chí Thanh, Hải Châu 1, Q. Hải Châu, Đà Nẵng 📞 **전화** 082-247-1988
🕐 **시간** 09:00~21:00 📅 **휴무** 연중무휴 🌐 **홈페이지** http://shop.totoro.vn

14 스카이36
Sky36

😊 ★★★★ 도보 1분

다낭에서 가장 핫한 루프톱 바. 한강과 다낭 시내가 한눈에 들어오는 전망 때문에 전망대 구경을 겸해서 찾는 사람이 많다. 그래서일까, 술값이 우리나라의 보통 술집보다 비싸고 비싼 술과 팁을 자꾸만 유도하는 등 종업원의 접객 수준도 떨어진다. 그나마 밤 10시 이전에는 맥주를 꽤 저렴한 가격에 판매해 가격 부담을 줄일 수 있다.

📖 **1권** P.190 📍 **지도** P.044F
🅖 **구글 지도 GPS** 16.077480, 108.223728 🔍 **찾아가기** 노보텔 다낭 프리미어 호텔 1층에 전용 출입구가 있다. 🏠 **주소** 36 Bạch Đằng, Thạch Thang, Hải Châu, Đà Nẵng
📞 **전화** 090-115-1636 🕐 **시간** 18:00~심야 💰 **가격** 병맥주 18만d, 칵테일 36만d(서비스 요금 및 세금 15% 별도)

🌐 **홈페이지** http://sky36.vn

15 오큐 라운지 펍
OQ Lounge Pub
도보 3분 😄 ★★★★

다낭 20대들이 가장 많이 찾는 클럽. 주말 밤이면 멋지게 차려입은 현지 젊은이들로 펍 주변이 후끈 달아오르는 진풍경을 볼 수 있다. DJ 스테이지가 1층 깊숙한 곳에 있어 분위기를 제대로 즐기려면 안쪽으로 들어가보자. 주문할 때마다 계산을 하는 시스템이다. 가끔 잔돈을 적게 주는 경우도 있으니 가능한 한 베트남 돈으로 정확히 계산하자.

🔖 1권 P.093 📍 지도 P.044B 🔍 구글 지도 GPS 16.079497, 108.223716 📍 찾아가기 노보텔에서 박당 (Bạch Đằng)거리를 따라 도보 3분 🏠 주소 18-20 Bạch Đằng, Thạch Thang, Q. Hải Châu, Đà Nẵng ☎ 전화 090-220-5245 🕐 시간 19:00~02:00 💵 가격 병맥주 5만~6만 5000đ, 수입 맥주 6만 5000~10만5000đ 🖥 홈페이지 없음

16 골든 파인 펍
Golden Pine Pub
도보 7분 😄 ★★★

한강변에 자리한 작은 펍. 몸 좀 흔들다 보면 옆 사람 어깨에 부딪히는 1층보다 2층이 그나마 덜 복잡하다. 우리나라에서는 마약류로 분리돼 흡입 및 유통이 금지된 '해피 벌룬'을 사방에서 목격할 수 있으니 특히 조심하자. 밤늦게까지 영업해 언제든 갈 수 있다는 것이 장점.

🔖 1권 P.192 📍 지도 P.045K 🔍 구글 지도 GPS 16.072621, 108.224791 📍 찾아가기 노보텔에서 박당 거리를 따라 용교 방향으로 도보 7분 🏠 주소 52 Bạch Đằng, Hải Châu 1, Hải Châu, Đà Nẵng ☎ 전화 093-521-0113 🕐 시간 20:00~04:00 💵 가격 맥주 6만đ~ 🖥 홈페이지 없음

17 루나 펍
LUNA Pub
도보 3분 😄 ★★

밤늦게까지 영업하는 이탈리언 레스토랑 겸 펍. 늦은 시간, 배는 고픈데 마땅한 식당이 없어 난처하다면 이곳이 정답이다. 맛은 평균 이상, 조용하고 분위기도 좋아서 외국인 여행자들도 많이 찾는다. 라이브 공연이 있는 시간대를 잘 맞춰 방문하면 술이 술술, 여행지의 로망을 한껏 느낄 수 있다.

📍 지도 P.044B 🔍 구글 지도 GPS 16.079817, 108.223073 📍 찾아가기 노보텔 뒤편 드엉쩐푸(Đường Trần Phú) 거리를 따라 도보 3분 🏠 주소 9A Trần Phú, Thạch Thang, Hải Châu, Đà Nẵng ☎ 전화 236-389-8939 🕐 시간 11:00~01:00 🚫 휴무 연중무휴 💵 가격 맥주 3만5000đ~, 피자 12만đ~ 🖥 홈페이지 www.lunadautunno.vn

18 인 밸런스
IN BALANCE
도보 1분 😄 ★★★★

노보텔에서 운영하는 스파 숍으로, 승무원들이 즐겨 찾는다. 마사지압의 강도 조절은 물론 방 온도, 음악 볼륨까지 조절할 수 있으며 한국인에 최적화된 메뉴까지 갖췄다. 예약 시간보다 20분쯤 일찍 도착해 사우나 시설을 이용해보자.

🔖 1권 P.221 📍 지도 P.044F 🔍 구글 지도 GPS 16.077367, 108.223708 📍 찾아가기 노보텔 다낭 프리미어 호텔 6층 🏠 주소 36 Bạch Đằng, Thạch Thang, Hải Châu, Đà Nẵng ☎ 전화 236-392-9999 🕐 시간 09:00~22:00 🚫 휴무 연중무휴 💵 가격 스포츠 마사지 90분 120만đ~, 인도차이나 웰니스 리추얼 120분 200만đ~(커플 360만đ~) 🖥 홈페이지 www.novotel-danang-premier.com/ko

19 아지트
Azit
도보 5분 😄 ★★★★

한국인이 운영하는 네일 숍. 네일 케어 및 아트 부자재를 미국과 한국에서 신제품을 매주 공수해 최신 유행 디자인도 사진만 보여주면 똑같이 만들어준다. 한국어가 가능한 직원이 항시 대기 중이다. 예약은 카카오톡 플러스친구 다낭 아지트네일로 가능하다.

🔖 1권 P.224 📍 지도 P.044B 🔍 구글 지도 GPS 16.079385, 108.221436 📍 찾아가기 노보텔 후문으로 나와 리뜨쫑(Lý Tự Trọng) 거리를 따라 직진. 판보이쩌우(Phan Bội Châu) 거리가 나오면 우회전, 도보 5분 🏠 주소 16 Phan Bội Châu, Thạch Thang, Hải Châu, Đà Nẵng ☎ 전화 236-361-6959 🕐 시간 10:30~22:30 🚫 휴무 연중무휴 💵 가격 메뉴마다 다름 🖥 홈페이지 없음

20 오드리 네일(1호점)
Audrey Nail
도보 8분 😄 ★★★★

다낭 1세대 한인 네일 숍. 체계적이고 깐깐한 교육과정은 오히려 한국보다 낫다. 매주 한국에서 고가 라인의 재료만 선정해 수급하며, 다낭에서 보기 힘든 흡진기 등의 최신 설비도 갖췄다. 예약은 카카오톡 ID happyi1030으로 가능하다.

🔖 1권 P.225 📍 지도 P.044B 🔍 구글 지도 GPS 16.078829, 108.220200 📍 찾아가기 노보텔 후문으로 나와 리뜨쫑 거리를 따라 직진, 응우옌찌탄(Nguyễn Chí Thanh) 거리가 나오면 우회전, 도보 8분 🏠 주소 35 Nguyễn Chí Thanh, Thạch Thang, Hải Châu, Đà Nẵng ☎ 전화 099-923-9011 🕐 시간 09:00~20:00 🚫 휴무 연중무휴 💵 가격 메뉴마다 다름 🖥 홈페이지 http://audrey9.modoo.at

파도가 넘실넘실,
추억이 소록소록

가도 가도 끝이 없는, 그래서 한참 보면 좀 식상할 법도
한 해변 풍경이지만 그 해변을 보는 여행자들은 설렌
다. '이 멋진 풍경을 매일 볼 수 있다면 얼마나 좋을까?'
싶은 게 모두의 마음. 그 마음을 귀신같이 알아채고는
해변가에 높은 호텔들이 우후죽순 들어서고 있는 동네
다. 이것 하나만 기억하자. 돈을 쓴 만큼, 발품을 파는
만큼 미케 비치의 아름다움을 제대로 누릴 수 있다.

MUST SEE 이것만은 꼭 보자!

NO.1
다낭에서 이곳 안 보면
섭섭하지!
미케 비치

NO.2
레이디 붓다에게
소원을 빌어봐
린응사

MUST EAT 이것만은 꼭 먹자!

NO.1
베트남 음식이 질릴 때
한 번쯤 패밀리 인디언
레스토랑의 인도 음식

NO.2
시원한 곳에서 베트남
음식을 부담 없이 즐기자!
**소피아 부티크 호텔의
베트남 음식**

NO.3
이유 없는 유명세는 없는 법
**바빌론 스테이크
가든 2호점의 스테이크**

MUST EXPERIENCE 이것만은 꼭 경험하자!

NO.1
수상 액티비티 마니아라면
템플 다낭

NO.2
살랑살랑 바닷바람
맞으며 부리는 작은 사치
**미케 비치에서 비치 체어
대여하기**

NO.3
여행지의 밤을 그냥
보내기 아쉽다면
젠 루프톱 라운지

MUST BUY 이것만은 꼭 사자!

NO.1
한국 음식, 한국 제품이
필요하다면 **케이 마켓**

미케 비치 주변에 새로운 호텔이 우후죽순 생기고 있다. **인기**

미케 비치 하나만으로도 충분한 볼거리가 된다. **관광지**

쇼핑할 만한 곳이 거의 없다. **쇼핑**

주로 인기 음식점의 분점이 들어서 있다. **식도락**

새로 생긴 호텔마다 근사한 루프톱 바를 갖추고 있어 취향에 따라 골라 가면 된다. 완전한 밤이 되면 너무 어두워 전망을 감상하기 힘드니 해가 완전히 지기 전에 방문하자. **나이트라이프**

호텔이 밀집된 지역치고는 한산하다. 교통량도 그리 많지 않아 가까운 거리는 걷기 괜찮은 환경이다. **혼잡도**

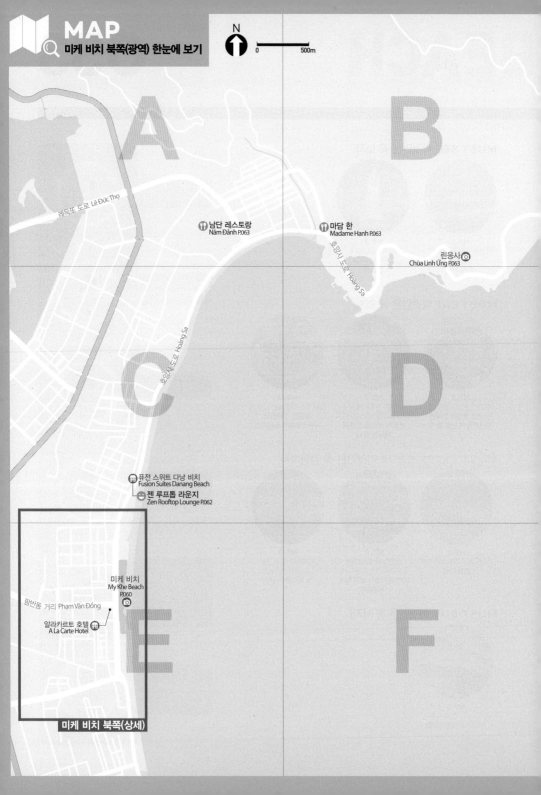

N

0   500m

레득또 도로 Lê Đức Thọ

A

B

🍴 남단 레스토랑
Năm Đảnh P.063

🍴 마담 한
Madame Hanh P.063

린응사 📷
Chùa Linh Ứng P.063

홍싸 도로 Hoàng Sa

홍싸 도로 Hoàng Sa

C

D

🏨 퓨전 스위트 다낭 비치
Fusion Suites Danang Beach

🍸 젠 루프톱 라운지
Zen Rooftop Lounge P.062

미케 비치
My Khe Beach
P.060 📷

팜반동 거리 Phạm Văn Đồng

🏨 알라카르트 호텔
A La Carte Hotel

E

F

미케 비치 북쪽(상세)

N
0   100m

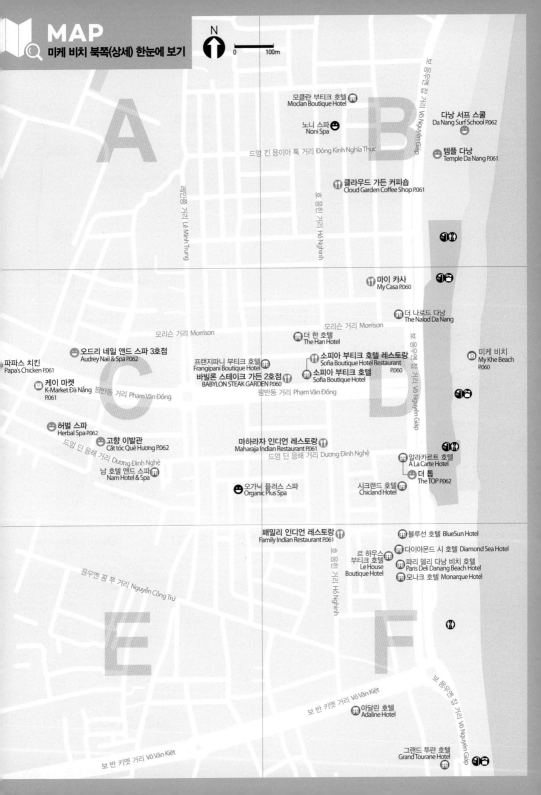

A

B

모클란 부티크 호텔
Moclan Boutique Hotel

다낭 서프 스쿨
Da Nang Surf School P.062

노니 스파
Noni Spa

템플 다낭
Temple Da Nang P.061

드엉 킨 응이아 툭 거리 Đồng Kinh Nghĩa Thục

클라우드 가든 커피숍
Cloud Garden Coffee Shop P.061

레밍쭝 거리 Lê Minh Trung

호응이안 거리 Hồ Nghinh

보응우옌 잡 거리 Võ Nguyên Giáp

마이 카사
My Casa P.060

더 나로드 다낭
The Nalod Da Nang

모리슨 거리 Morrison

모리슨 거리 Morrison

오드리 네일 앤드 스파 3호점
Audrey Nail & Spa P.062

더 한 호텔
The Han Hotel

소피아 부티크 호텔 레스토랑
Sofia Boutique Hotel Restaurant P.060

미케 비치
My Khe Beach P.060

파파스 치킨
Papa's Chicken P.061

프랜지파니 부티크 호텔
Frangipani Boutique Hotel

소피아 부티크 호텔
Sofia Boutique Hotel

케이 마켓
K-Market Đà Nẵng P.061

팜반동 거리 Phạm Văn Đồng

바빌론 스테이크 가든 2호점
BABYLON STEAK GARDEN P.060

팜반동 거리 Phạm Văn Đồng

보응우옌 잡 거리 Võ Nguyên Giáp

C

D

허벌 스파
Herbal Spa P.062

고향 이발관
Cắt tóc Quê Hương P.062

마하라자 인디언 레스토랑
Maharaja Indian Restaurant P.061

드엉 딘 응해 거리 Dương Đình Nghệ

드엉 딘 응해 거리 Dương Đình Nghệ

남 호텔 앤드 스파
Nam Hotel & Spa

알라카르트 호텔
À La Carte Hotel

더 톱
The TOP P.062

오가닉 플러스 스파
Organic Plus Spa

시크랜드 호텔
Chicland Hotel

패밀리 인디언 레스토랑
Family Indian Restaurant P.061

블루선 호텔 BlueSun Hotel

르 하우스 부티크 호텔
Le House Boutique Hotel

다이아몬드 시 호텔 Diamond Sea Hotel

파리 델리 다낭 비치 호텔
Paris Deli Danang Beach Hotel

모나크 호텔 Monarque Hotel

응우옌 꽁 쯔 거리 Nguyễn Công Trứ

호응이안 거리 Hồ Nghinh

E

F

보 반 키엣 거리 Võ Văn Kiệt

아달린 호텔
Adaline Hotel

보응우옌 잡 거리 Võ Nguyên Giáp

그랜드 투란 호텔
Grand Tourane Hotel

보 반 키엣 거리 Võ Văn Kiệt

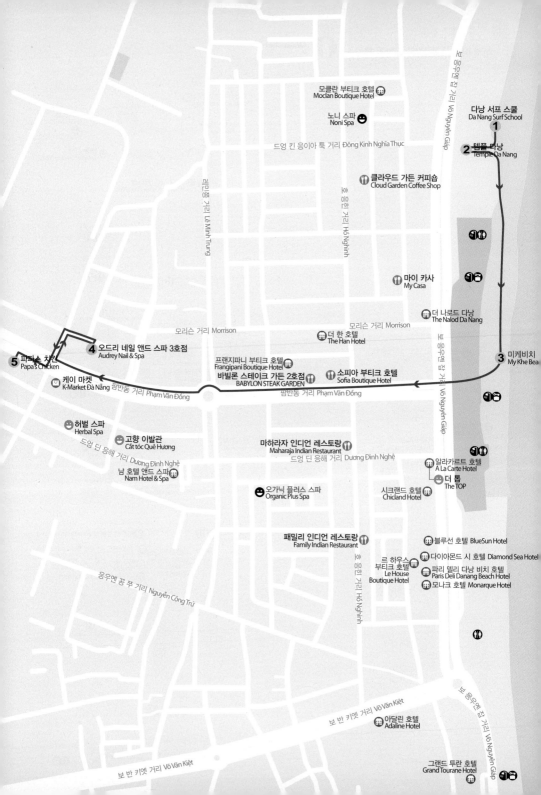

Area 3 미케 비치 북쪽

COURSE 1

COURSE 2

ZOOM IN

COURSE 1

미케 비치 제대로 즐기기 코스

넘실대는 파도를 보고만 있자니 가슴이 벌떡벌떡. 남들은 눈으로만 기억하는 해변 풍경을 온몸으로 체험해보자. 해운대와 다를 것 없이 느껴지던 해변이 조금은 달라 보일 것이다.

START

2h

1 다낭 서프 스쿨
Da Nang Surf School

미케 비치에 사람이 좀 적을 때, 남들보다 빠르게 서핑 강습부터 받자. 오후가 되면 파도가 잠잠해지는 날이 많아 서핑을 즐기기 힘들기 때문. 파도 몇 번 타고, 물 좀 먹었을 뿐인데 시간이 후딱 간다.

➡ 서프 스쿨 바로 옆→템플 다낭 도착

1h

2 템플 다낭
Temple Da Nang

서핑하느라 주린 배, 이곳에서 채우자. 미케 비치를 바라보며 식사할 수 있어 낭만 2배, 음식도 2배는 더 맛있는 느낌이다.

🕐 **시간** 06:00~22:00

➡ 템플 다낭과 바로 연결 → 미케 비치 도착

RECEIPT

볼거리 ·········· 1시간
체험 ·········· 5시간
식사 ·········· 1시간 40분
이동 ·········· 10분

TOTAL 7시간 50분

식비 ·········· 50만9000₫
템플 다낭(햄버거) 20만9000₫
파파스 치킨(프라이드 치킨) 30만₫
체험비 159$+4만₫
다낭 서프 스쿨(서핑 레슨 90분) 1인 100$
미케 비치(선베드 대여) 4만₫
오드리 네일 앤드 스파(오드리 테라피 마사지 120분) 55$(팁 4$)
교통비 2만6000₫
미케 비치 → 오드리 네일 앤드 스파
택시비 2만6000₫

TOTAL 57만5000₫+159$
(어른 1인 기준, 쇼핑 비용 별도)

1h

3 미케 비치
My Khe Beach

'여기서 또 할 게 남았어?' 싶겠지만 해볼 만한 것이 남았다. 바닷가 선베드에 누워 시간을 보내는 것. 스르륵 잠이 올 것 같으면 유료 물품 보관함을 이용하자.

➡ 택시로 4분 → 오드리 네일 앤드 스파 도착

3h

4 오드리 네일 앤드 스파
Audrey nail & Spa

온종일 물속에서 놀고 해변을 마음껏 거닐어봤으니 몸도 휴식이 필요하다. 저녁만 되면 손님들로 바글바글하니 남들보다 조금 이른 시간에 찾아가는 것이 포인트.

🕐 **시간** 09:30~23:00

➡ 가게에서 나와 좌회전 후 다시 좌회전. 팜반동 거리가 나오면 길을 건넌다. 도보 3분 → 파파스 치킨 도착

40m

5 파파스 치킨
Papa's Chicken

한국식 치킨이 그립다면, 아이들과 함께라면, 추천할 만한 치킨집. '맛있다' 소리가 저절로 나올 만큼은 아니라도 누구나 알고 있는 그 맛이다. 실내가 시원하고 시끄럽지 않아 가족끼리 들르기 좋다.

🕐 **시간** 10:00~24:00

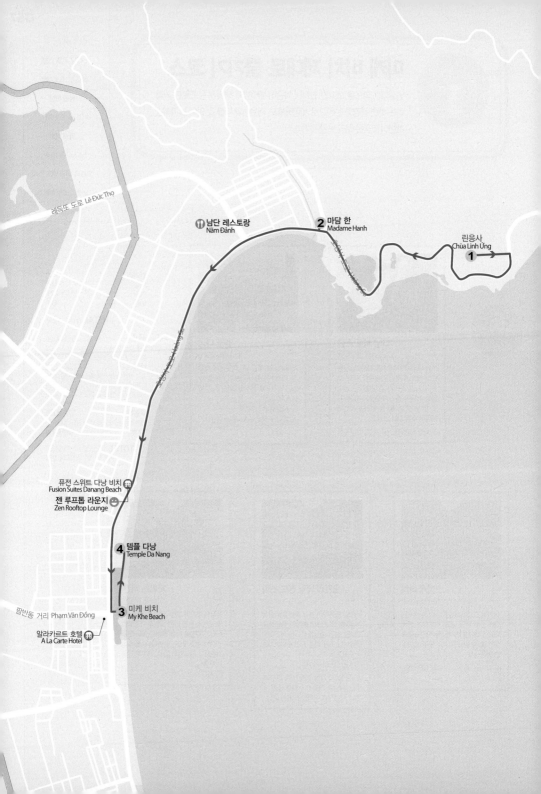

린응사
Chùa Linh Ứng
1

마담 한
Madame Hanh
2

남단 레스토랑
Năm Đành

레득또 도로 Lê Đức Thọ

퓨전 스위트 다낭 비치
Fusion Suites Danang Beach

젠 루프톱 라운지
Zen Rooftop Lounge

템플 다낭
Temple Da Nang
4

미케 비치
My Khe Beach
3

팜반동 거리 Phạm Văn Đồng

알라카르트 호텔
A La Carte Hotel

059

↓
START

1. 린응사

2.5km, 택시 4분

2. 마담 한

4.5m, 도보 10분

3. 미케 비치

100m, 도보 1분

4. 템플 다낭

Area 3 미케 비치 북쪽

COURSE 1

COURSE 2

ZOOM IN

START

COURSE 2

반나절 린응사&미케 비치 둘러보기 코스

다낭 시내의 볼거리들은 모두 다 둘러봤고, 이제 남은 것은 근교 여행뿐이라면 린응사부터 보자. 다른 곳들보다 시내에서 가까워 시간적, 체력적인 부담이 덜하다. 린응사를 오가는 길에 만나는 근사한 풍경은 덤. 새삼 '다낭도 이렇게 아름다웠나' 싶을 것이다.

1h

1 린응사
靈應寺

다낭을 대표하는 불교 사찰로, 거대한 바다를 향해 서 있는 불상인 레이디 붓다가 인상적이다. 영험하기로 소문이 나 있으니 소원을 빌어보자. 늦은 오전만 되어도 햇볕을 피할 곳이 없다. 최대한 일찍 들르면 그만큼 고생이 덜하다.

ⓘ **시간** 24시간

➡ 린응사 앞 도로를 따라 택시로 4분 → 마담 한

40m

2 마담 한
Madame Hanh

아는 사람만 아는 베트남 음식 전문점. 어느 자리에 앉으나 아름다운 풍경이 눈높이로 펼쳐져 입맛을 돋운다. 관광지 주변 음식점치고는 양심 있는 가격. 어떤 음식을 주문해도 맛이 평균 이상이다.

ⓘ **시간** 11:00~22:00

➡ 택시를 잡기 힘든 곳이니 직원에게 부탁해 택시를 타자. 택시로 10분 → 미케 비치

30m

3 미케 비치
My Khe Beach

소화도 시킬 겸 해변을 따라 걸어보자. 한국에서 보던 바다와 크게 다를 것 없어 보여도 자꾸 보다 보면 나름 괜찮은 풍경일 것이다. 시간이 허락된다면 선베드 하나 빌려서 망중한을 누려보는 것도 좋은 생각이다.

ⓘ **시간** 24시간

➡ 바로 옆, 도보 1분 → 템플 다낭

30m

4 템플 다낭
Temple Da Nang

시원한 야자나무 그늘 아래서 쉬어갈 시간. 해변이 보이는 자리에 앉아 시간을 보내기 딱 좋은 해변가 카페로 간단한 음식도 판매한다. 수상 액티비티에 관심이 있다면 이곳에서 신청 후 체험해도 좋다.

ⓘ **시간** 06:00~22:00

RECEIPT

볼거리	1시간 30분
식사	1시간 10분
이동	15분

TOTAL 2시간 55분

식비	38만5000₫
마담 한(바나나 블러섬 샐러드, 반 쎄오, 짜조&고이꾸온)	34만5000₫
템플 다낭(커피)	4만₫
교통비	18만7000₫
미케 비치 → 린응사 택시비	9만7000₫
린응사 → 마담 한 택시비	3만1000₫
마담 한→ 템플 다낭 택시비	5만9000₫

TOTAL 57만2000₫
(어른 1인 기준, 쇼핑 비용 별도)

ZOOM IN

미케 비치 북쪽

4~4.5성급 비치 호텔들이 밀집한 지역. 하루가 다르게 높은 건물이 들어서며 해변은 이미 높은 건물로 점령된 상태다. 볼거리가 많지는 않지만 여행자들을 위한 편의 시설이 잘 갖춰져 있는 편이다.

● **이동 시간 기준** 알라카르트 호텔

1 미케 비치
My Khe Beach
★★★★
📷 도보 1분

선짜반도에서 시작해 응우한썬까지 이어지는 약 10km 길이의 해변. 〈포브스 매거진〉에서 전 세계 6대 매력적인 해변으로, 호주의 〈선데이 헤럴드 선〉에서 세계 10대 인기 있는 해변으로 소개하기도 했다. 길고 긴 미케 비치 중에서도 알라카르트 호텔 앞 해변은 관광객이 가장 많이 찾는 곳으로, 각종 편의 시설을 잘 갖추어 해수욕을 즐기기 적합하다.

🔵 1권 P.084 ▣ 지도 P.054E · 055D
📍 구글 지도 GPS 16.068799, 108.246624
🚩 **찾아가기** 관광객이 가장 많이 찾는 곳은 알라카르트 호텔 주변 ● **홈페이지** http://mykhebeach.org

2 소피아 부티크 호텔 레스토랑
Sofia Boutique Hotel Restaurant
★★★★
🍴 도보 6분

소피아 부티크 호텔에서 운영하는 베트남 레스토랑. 실내가 시원하고 손님 응대 태도와 분위기가 좋아 외국인 관광객에게 인기 있다. 베트남식으로 요리하되 향신료만 조금 줄인 것이 특징.

🔵 1권 P.147 ▣ 지도 P.055D
📍 구글 지도 GPS 16.070399, 108.242434 🚩 **찾아가기** 알라카르트 호텔에서 팜반동(Phạm Văn Đồng) 거리를 따라 도보 6분, 소피아 부티크 호텔 1층 ● **주소** I–11 Phạm Văn Đồng, An Hải Bắc, Sơn Trà, Đà Nẵng ● **전화** 093–529–8739 ● **휴무** 연중무휴 ● **가격** 하노이 스프링롤 11만đ, 하노이 쌀국수 5만5000đ, 소피아 콤보 19만5000đ ● **홈페이지** http://sofiahoteldanang.com

쌀국수 5만5000đ

3 바빌론 스테이크 가든(2호점)
BABYLON STEAK GARDEN
★★★★
🍴 도보 6분

돌판 스테이크가 유명한 집. 한 입에 먹기 좋도록 고기를 잘게 자른 뒤 구워주기 때문에 젓가락질만 열심히 하면 된다. 스테이크 육질이 부드럽고 기본 찬으로 김치와 샐러드, 감자튀김이 나와 베트남 음식이 질릴 때 한 번쯤 가기에 좋다. 가족 단위의 손님이 많은 편.

🔵 1권 P.144 ▣ 지도 P.055D
📍 구글 지도 GPS 16.070383, 108.241983 🚩 **찾아가기** 알라카르트 호텔에서 팜반동(Phạm Văn Đồng) 거리를 따라 도보 6분 ● **주소** 18 Phạm Văn Đồng, An Hải Bắc, Sơn Trà, Đà Nẵng ● **전화** 098–347–4969 ● **시간** 10:00~22:00 ● **휴무** 연중무휴 ● **가격** 초이스 텐더로인 250g 45만đ, 500g 76만đ 타이거 맥주 1만6000đ ● **홈페이지** 없음

초이스 텐더로인 45만đ

4 마이 카사
My Casa
★★★★
🚕 택시 3분

2명의 여행자가 합심해 차린 파스타&수제 햄버거 전문점. 본토 맛에 가까워 호불호는 갈리지만, 파스타 소스와 면의 종류까지 지정해서 주문할 수 있는 파스타집, 적어도 다낭에선 흔치 않다. 인기 메뉴는 피자와 햄버거 종류. 오후에 브레이크 타임이 있으니 주의하자.

🔵 1권 P.151 ▣ 지도 P.055D
📍 구글 지도 GPS 16.072557, 108.244215 🚩 **찾아가기** 걸어가기 힘든 곳이라 택시를 타는 것이 좋다. 알라카르트 호텔에서 택시로 3분. ● **주소** 52 Võ Nghĩa, Phước Mỹ, Sơn Trà, Đà Nẵng ● **전화** 076–990–8603 ● **시간** 11:00~14:00, 17:00~22:00 ● **휴무** 수요일 ● **가격** 파스타 16만5000đ, 햄버거 14만~16만đ ● **홈페이지** http://mycasa-danang.com

햄버거 14만~16만đ

5 패밀리 인디언 레스토랑 🍴
Family Indian Restaurant ★★★★ 도보 5분

가족 친화적인 인디언 레스토랑. 카레 등 매운 맛이 강한 메뉴는 매운 정도를 조절할 수 있고, 한국인에게 김치를 내준다. 새우를 넣은 요리는 평균 이상은 보장하며 커리도 좋은 선택.

🅑 1권 P.124 🗺 지도 P.055F
🅖 구글 지도 GPS 16.0668790, 108.243309 🔍 찾아가기 알라카르트 호텔에서 드엉딘응해(Dương Đình Nghệ) 거리로 걷다가 호응힌(Hồ Nghinh) 거리로 좌회전. 구글맵 위치가 잘못 나와 있으니 조심하자. 도보 5분. 🏠 주소 231 Hồ Nghinh, Phước Mỹ, Sơn Trà, Đà Nẵng 📞 전화 094-260-5254
🕐 시간 10:00~22:00 🚫 휴무 연중무휴 💰 가격 탄두리 치킨 7만d, 버터 난 3만5000d 🖥 홈페이지 www.indian-res.com

프론 커리 11만500d

6 마하라자 인디언 레스토랑 🍴
Maharaja Indian Restaurant ★★★ 도보 3분

인도 요리 전문점. 정통 인도 음식과 달리 식사 후에 뒤끝이 덜하고 향도 덜한 것이 장점이지만 그만큼 맛의 깊이도 얕은 것이 흠. 에어컨이 잘 나오는 실내 좌석을 갖추었으며 무료 와이파이도 이용할 수 있다.

🅑 1권 P.124 🗺 지도 P.055D
🅖 구글 지도 GPS 16.068892, 108.242850 🔍 찾아가기 알라카르트 호텔에서 드엉딘응해 거리로 직진 후 호응힌 거리로 좌회전. 도보 3분 🏠 주소 04 Dương Đình Nghệ, Phước Mỹ, Sơn Trà, Đà Nẵng 📞 전화 090-197-3275 🕐 시간 08:00~23:00 🚫 휴무 연중무휴 💰 가격 SAAG 프론 커리 11만5000d 🖥 홈페이지 www.facebook.com/maharaja.danang

치킨 브리야니 12만5000d

7 파파스 치킨 🍴
Papa's Chicken ★★★ 택시 4분

베트남 전역에 체인을 거느린 한국식 치킨 전문점. 실내가 시원하고 좌석마다 콘센트와 USB 포트가 있어 여행 중에 잠시 쉬었다 가기에도 좋다. 치킨 맛은 전형적인 한국 치킨 맛. 치킨뿐 아니라 김치찌개, 김밥, 떡볶이, 오뎅탕 등도 판매한다. 배달 가능.

🅑 1권 P.153 🗺 지도 P.055C
🅖 구글 지도 GPS 16.070854, 108.235557 🔍 찾아가기 알라카르트 호텔에서 택시로 4분 🏠 주소 Phạm Văn Đồng, An Hải Bắc, Sơn Trà, Đà Nẵng 📞 전화 236-355-0837 🕐 시간 10:00~24:00 💰 가격 프라이드치킨 30만d, 양념치킨 30만d, 생맥주 3만5000d 🖥 홈페이지 없음

양념치킨 30만d

8 클라우드 가든 🍴
Cloud Garden ★★★ 택시 3분

작은 정원을 갖춘 커피숍으로, 관광객보다는 현지인들이 즐겨 찾는다. 커피나 과일 주스가 두루두루 맛있고 가격도 놀랄 만큼 저렴해 다낭 젊은이들의 데이트 핫 스폿이라고. 몇 초에 한 번씩 모기를 쫓아야 하는 점은 아무래도 불편한 부분이다.

📍 지도 P.055B
🅖 구글 지도 GPS 16.074697, 108.243449 🔍 찾아가기 알라카르트 호텔에서 택시로 3분. 걷기에는 많이 멀다. 🏠 주소 2 Lê Mạnh Trinh, Phước Mỹ, Sơn Trà, Đà Nẵng 📞 전화 093-472-8666 🕐 시간 06:30~22:00 🚫 휴무 연중무휴 💰 가격 커피 1만7000d~ 🖥 홈페이지 www.facebook.com/Cloud-Garden-Coffee-Shop-661591997295127

9 케이 마켓 🛒
K-Market Đà Nẵng ★★★ 택시 4분

한국 식료품을 주로 판매하는 마트. 규모는 작지만, 여행자들이 오가는 길목에 위치해 단체 여행자들이 많이 들른다. 24시간 영업해 밤이면 밤마다 생각나는 한국 소주, 김치, 라면, 주전부리 등을 살 수 있다는 게 장점. 주변이 허허벌판이라 밤늦은 시간에 가기엔 무섭다. 무료 배달 서비스도 제공한다.

📍 지도 P.055C
🅖 구글 지도 GPS 16.070474, 108.236200 🔍 찾아가기 알라카르트 호텔에서 택시로 4분. 걷기에는 먼 거리다. 🏠 주소 2-3 Phạm Văn Đồng, An Hải Bắc, Sơn Trà, An Hải Bắc Sơn Trà Đà Nẵng 📞 전화 236-396-0001 🕐 시간 24시간 🚫 휴무 연중무휴 💰 가격 상품마다 다름 🖥 홈페이지 http://k-marketdn.business.site

10 템플 다낭 😊
Temple Da Nang ★★★★ 택시 3분

수상 레포츠를 전문으로 하는 곳으로 비치 레스토랑을 겸한다. 해변 옆에 자리한 수영장도 요금만 내면 얼마든지 이용할 수 있고, 바다를 바라보며 쉴 수 있어 여행자들에게 인기 높다. 인적이 드문 곳이라 시끄러운 것은 질색이라면 이곳을 추천. 수상 레포츠를 하지 않더라도 커피 한잔의 여유를 가져보자.

🅑 1권 P.196 📍 지도 P.055B
🅖 구글 지도 GPS 16.075198, 108.245783 🔍 찾아가기 알라카르트 호텔에서 택시로 3분 🏠 주소 Võ Nguyên Giáp, Phước Mỹ, Sơn Trà, Đà Nẵng 📞 전화 236-395-3999 🕐 시간 06:00~22:00 🚫 휴무 연중무휴 💰 가격 패러세일링 1명 50만d, 2명 80만d, 제트스키 15분 50만d, 30분 95만d, 선베드 대여 9만d, 타월 대여 2만d, 수영장 이용 어른 9만d·어린이 6만d 🖥 홈페이지 http://templedanang.vn

11 오드리 네일 앤드 스파(3호점)
Audrey nail & Spa

😊

쿠폰
p.151

택시 4분
★★★★

한국인이 운영하는 네일&스파 숍. 가족 모두가 함께 오는 경우가 많고, 유명 항공사 승무원들도 이곳의 오랜 단골이라고 한다. '오드리 테라피 마사지'가 대표 마사지, 네일에 대한 평도 좋다. 예약은 카카오톡 ID audreyspa3.

📖 1권 P.219 📍 지도 P.055C

🔍 **구글 지도 GPS** 16.071295, 108.236925 📍 **찾아가기** 알라카르테 호텔에서 택시로 4분. 구글맵 검색이 안 되는 경우가 있는데, 'White Swan2'를 검색해서 택시 기사에게 보여주면 편하다. 🏠 **주소** lo 06 Lý Thánh Tông, An Hải Bắc, Sơn Trà, Đà Nẵng 📞 **전화** 076-963-3007 🕐 **시간** 09:30~23:00(예약 시간 06:00~19:00) 🚫 **휴무** 연중무휴 💰 **가격** 젤 아트 10$, 젤 컬러 20$ 🌐 **홈페이지** http://audrey9.modoo.at

12 고향 이발관
Cắt tóc Quê Hương

😊

택시 4분
★★★★

다낭에서 가장 오래된 한인 이발소. 오래된 경력만큼이나 직원을 뽑는 기준이 깐깐하기로 유명하다. 직원들의 경력이 보통 10년이 넘고, 경력 20년 이상의 베테랑 직원도 5명이 넘는다고 한다. 가성비가 높은 메뉴는 1시간짜리 패키지, 귀 청소, 손발톱 정리, 면도, 마사지, 샴푸 등이 모두 포함되어 있다. 구관보다 신관이 더욱 조용해 만족도가 높다.

📖 1권 P.225 📍 지도 P.055C

🔍 **구글 지도 GPS** 16.069190, 108.237743 📍 **찾아가기** 알라카르테 호텔에서 택시 4분 🏠 **주소** 52 Lê Văn Quý, An Hải Bắc, Sơn Trà, Đà Nẵng 📞 **전화** 035-867-0672 🕐 **시간** 0900~2000 🚫 **휴무** 연중무휴 💰 **가격** 1시간 패키지 25만녁, 90분 패키지 35만녁 🌐 **홈페이지**없음

13 젠 루프톱 라운지
Zen Rooftop Lounge

😊

택시 4분
★★★★

퓨전 스위트 다낭 호텔 옥상에 자리한 루프톱 바. 전망 좋은 좌석에 자리 잡고 제대로 된 풍경을 보고 싶다면 해가 지기 전에 들르자. 차와 음료 메뉴도 있어 아이들을 데리고 가기도 좋다.

📖 1권 P.191 📍 지도 P.054C

🔍 **구글 지도 GPS** 16.081141, 108.246983 📍 **찾아가기** 퓨전 스위트 다낭 23층. 엘리베이터에서 내려 계단으로 한 층 더 올라가야 한다. 🏠 **주소** Võ Nguyên Giáp, Mân Thái, Sơn Trà, Đà Nẵng 📞 **전화** 236-391-9777 🕐 **시간** 17:00~심야 💰 **가격** 스낵 9만녁~, 애피타이저 13만5000녁~, 칵테일 12만9000녁(서비스 요금 및 세금 15% 별도) 🌐 **홈페이지** http://fusionresorts.com/fusionsuitesdanangbeach

14 더 톱
The TOP

😄

도보 1분
★★★★

여행객이 즐겨 찾는 알라카르트 호텔의 루프톱 바. 최근에는 한국과 중국 단체 여행객들이 많이 들르는 탓에 언제나 시끌시끌. 분위기는 썩 좋지 않다. 일반 루프톱 바와는 달리 낮에도 영업하는데, 밤보다 낮 전망이 훨씬 좋다. 드레스 코드는 따로 정해진 것이 없다.

📖 1권 P.190 📍 지도 P.055D

🔍 **구글 지도 GPS** 16.068735, 108.244895 📍 **찾아가기** 알라카르테 호텔 23층 🏠 **주소** 200 Võ Nguyên Giáp, Phước Mỹ, Sơn Trà, Đà Nẵng 📞 **전화** 098-296-1268 🕐 **시간** 17:00~심야 💰 **가격** 칵테일 14만5000녁 🌐 **홈페이지** www.alacartedanangbeach.com

15 허벌 스파
Herbal Spa

😄

택시 5분
★★★☆

10가지가 넘는 약초와 허브를 활용한 마사지를 선보이는 마사지 숍. 코코넛 오일과 허브, 핫 스톤을 사용하는 '허벌 스파 스타일'은 이곳의 시그너처 마사지다. 압이 센 마사지를 선호하는 사람에게는 뭉치거나 아픈 부위를 집중적으로 지압하는 '태국 스타일 전신 마사지'를 강력 추천한다.

📖 1권 P.218 📍 지도 P.055C

🔍 **구글 지도 GPS** 16.069308, 108.236803 📍 **찾아가기** 알라카르테 호텔에서 택시로 5분 🏠 **주소** 102 Dương Đình Nghệ, An Hải Bắc, Sơn Trà, Đà Nẵng 📞 **전화** 236-399-6796 🕐 **시간** 09:00~22:00 💰 **가격** 태국 스타일 전신 마사지 90분 70만녁·120분 90만녁, 허벌 스파 스타일 전신 마사지 90분 60만녁·120분 75만녁 🌐 **홈페이지** https://herbalspa.business.site

16 다낭 서프 스쿨
Da Nang Surf School

😄

택시 3분
★★★☆

포르투갈에서 다낭으로 건너온 '곤잘레스'가 직접 운영하는 서핑 강습소. 서핑을 난생처음 해보는 사람도 이해할 수 있도록 쉽게 알려주며 특유의 유쾌함 덕분에 수업 분위기가 밝고 에너지 넘친다. 최소 3일 전에는 이메일(goncalocabrito@gmail.com)을 통해 예약해야 한다. 현금 결제만 가능.

📖 1권 P.197 📍 지도 P.055B

🔍 **구글 지도 GPS** 16.075555, 108.246493 📍 **찾아가기** 알라카르테 호텔에서 택시로 3분, 템플 다낭으로 들어와 오른쪽 🏠 **주소** Võ Nguyên Giáp, Sơn Trà, Đà Nẵng 📞 **전화** 079-666-6722 🕐 **시간** 날마다 다름 🚫 **휴무** 부정기 💰 **가격** 서핑 레슨 90분 1인 100$, 2~4명 60$ 🌐 **홈페이지** http://danangsurfschool.com

⊕ ZOOM IN

선짜반도

베트남에서 가장 멋진 풍경을 품은 도로가 하이반 패스라면 그 도로의 낭만이 시작하는 곳이 선짜반도다. 해안을 따라 이어진 해변도로를 달리다 보면 그제야 다낭의 참모습을 만나는 느낌. 시간이 없어서 하이반 패스까지는 못 가보더라도 린응사 정도는 일정에 넣어야 할 이유다.

● **이동 시간 기준** 한 시장

1 린응사
靈應寺
Chùa Linh Ứng[추아 린 응]

★★★★ 택시 20분

67m 높이의 해수관음상이 지키고 서 있는 불교 사원이다. 동양 최대 규모, 30층짜리 아파트 높이와 맞먹는 해수관음상은 베트남의 공산화를 피해 조국을 떠났다가 바다에서 명을 달리한 보트 피플(boat people)의 영혼을 위로하기 위해 바다가 잘 보이는 곳에 건설했다. 영혼(靈)이 응답하는(應) 절이라는 뜻의 사원명도 인간과 천지의 조화로움을 이루기 위해 지었다고 한다.

ⓑ **1권** P.034 ⓞ **지도** P.054B
ⓖ **구글 지도 GPS** 16.100279, 108.277917 ⓞ **찾아가기** 다낭 시내에서 택시로 약 20분 ⓐ **주소** Chùa Linh Ứng, Hoàng Sa, Thọ Quang, Sơn Trà, Đà Nẵng ⓣ **전화** 없음 ⓣ **시간** 24시간 ⓣ **휴무** 연중무휴 ⓟ **가격** 무료 ⓗ **홈페이지** http://ladybuddha.org/index.php

2 마담 한
Madame Hanh

★★★★ 택시 15분

린응사로 가는 길목에 자리한 전망 좋은 레스토랑. 2층은 다이닝 홀로, 3층은 바로 운영한다. 파노라마 풍경을 창문을 거치지 않고 볼 수 있다. 음식 맛도 수준급이다. 베트남 전통 음식이라면 뭐든 괜찮다. 예쁜 그릇, 예쁜 플레이팅 덕에 눈으로도 충분히 즐겁다.

ⓑ **1권** P.155 ⓞ **지도** P.054B
ⓖ **구글 지도 GPS** 16.102708, 108.264107 ⓞ **찾아가기** 걸어서는 찾아가기 힘든 위치. 택시를 타자. ⓐ **주소** 79, Lương Hữu Khánh, Thọ Quang, Sơn Trà, Đà Nẵng ⓣ **전화** 089-820-7043 ⓣ **시간** 11:00~22:00 ⓣ **휴무** 월요일 ⓟ **가격** 바나나 블로섬 샐러드 14만đ, 반 쎄오 8만5000đ, 짜조&고이꾸온 12만đ ⓗ **홈페이지** www.facebook.com/theendofthebeach

3 남단 레스토랑
NAM DANH

★★★★ 택시 16분

현지인 인기 해산물 레스토랑. 모든 메뉴가 6만đ(약 3000원)으로 고정돼 있다. 받은 돈 생각 않고 푸짐한 양과 맛으로 승부한다. 흠잡을 것 하나 없는 음식과 달리 청결도는 처참하다. 영어 의사소통이 힘들지만, 사진이 첨부된 영어 메뉴판이 있다.

ⓑ **1권** P.136 ⓞ **지도** P.054A
ⓖ **구글 지도 GPS** 16.102210, 108.253261 ⓞ **찾아가기** 다낭 시내에서 택시로 약 16분. 골목길을 따라 5분 더 걸어야 한다. ⓐ **주소** 139/59/38 Trần Quang Khải, Thọ Quang, Sơn Trà, Đà Nẵng
ⓣ **전화** 090-533-3922
ⓣ **시간** 10:00~21:00
ⓣ **휴무** 연중무휴
ⓟ **가격** 모든 메뉴 6만đ, 음료수 8000đ
ⓗ **홈페이지** 없음

4 선짜반도 스노클링
Son Tra Snorkeling

★★ 호텔 픽업

최근 개발된 스노클링 투어. 은근히 사람들이 많이 몰리는 참섬에 비해 인적이 드물고 다낭에서 출발할 경우 참섬보다 가까워 차편과 배편 이동 시간이 줄어든다는 것이 가장 큰 장점이다. 길 위에서 보내는 시간이 줄어든 만큼 스노클링하는 데 시간을 많이 보낼 수 있는데, 두 군데의 다른 포인트를 들른다.

ⓑ **1권** P.199
ⓟ **가격** 어른(만 11세 이상) 60$, 어린이(만 10세 이하) 35$, 유아(만 5세 미만) 무료(운전 기사 팁 1$, 가이드 팁 2$(1인당) 불포함)
ⓗ **홈페이지** http://cafe.naver.com/danang

SOUTH MY KHE

[미케 비치 남쪽]

고급 리조트와
호텔로 대표되는 곳

이름만 들어도 알 만한 유명 호텔이 해변을 따라 들어
서 있는 동네. 지갑을 조금만 열면 호텔에서 제공하는
혜택을 마음껏 누릴 수 있는 곳이지만, 돈 쓴 보람 제대
로 느끼게 해주는 서비스도 계속 받다 보면 낸 돈이 생
각나기 마련이다. 호텔보다 더 저렴하게, 하지만 품격
은 그대로 유지한 레스토랑과 스파가 이곳에 몰려 있는
이유다.

MUST SEE 이것만은 꼭 보자!

№. 1
손오공이 500년이나
갇혀 있었다고? **오행산**

№. 2
걷기만 해도 좋은
미케 비치

№. 3
밤에 가는 테마파크
아시아 파크

MUST EAT 이것만은 꼭 먹자!

№. 1
베트남 음식이 조금 질릴 때
아이 러브 비비큐의 바비큐

№. 2
딤섬 당기는 날,
더 골든 드래건의
딤섬 뷔페

№. 3
누구 입에나 잘 맞는
베트남 음식
람비엔의 베트남 가정식

MUST EXPERIENCE 이것만은 꼭 경험하자!

№. 1
5성급 호텔 스파를
저렴한 가격에 받아보자
널바 스파

№. 2
미케 비치, 품격 있게
로맨틱하게
더 홀리데이 비치 클럽

№. 3
안주가 맛있으니
술이 술술
오아시스 타파스 바

MUST BUY 이것만은 꼭 사자!

№. 1
다낭 쇼핑의 메카
롯데 마트에서 기념품 쇼핑

№. 2
정성 2배, 만족도 2배
부부 카페 앤드 수비니어

대형 리조트와 호텔이 모여
있어 항상 사람이 많다.

인기

오행산을 제외하고 딱히 구경
할 만한 관광지는 없다.

관광지

관광객이라면 무조건 들르는
롯데 마트가 유일한 쇼핑 스
폿.

쇼핑

유명 맛집이 몇몇 있지만 많
지는 않다. 프리미어 빌리지
주변에 음식점이 모여 있지만
만족도는 낮은 편. 오히려 아
바타 호텔 주변 음식점 중에
괜찮은 곳이 많다.

식도락

리조트와 고급 호텔 밀집 지
역이라 그런지 은근히 밤에
할 것이 없는 동네다.

나이트라이프

인도를 걷기는 좋다. 하지만
상습 과속 구간이라 길을 건
널 때 안전에 유의해야 한다.

혼잡도

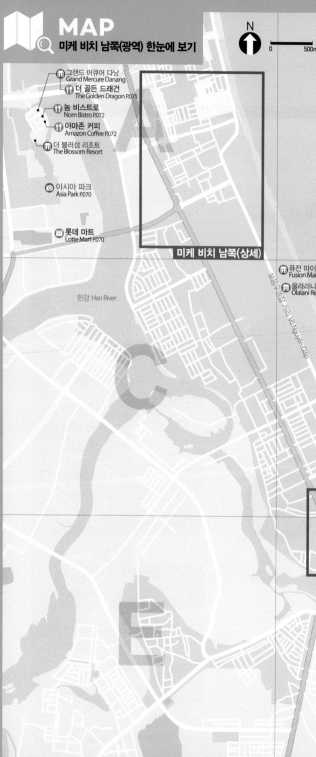

MAP
미케 비치 남쪽(광역) 한눈에 보기

N

0   500m

그랜드 머큐어 다낭
Grand Mercure Danang

더 골든 드래건 P.071
The Golden Dragon P.071

놈 비스트로
Nom Bistro P.072

아마존 커피
Amazon Coffee P.072

더 블러섬 리조트
The Blossom Resort

아시아 파크 P.070
Asia Park P.070

롯데 마트 P.070
Lotte Mart P.070

A

B

미케 비치 남쪽(상세)

퓨전 마이아 다낭
Fusion Maia Danang

올라라니 리조트 앤드 콘도텔
Olalani Resort & Condotel

한강 Han River

보응우옌잡 거리 Võ Nguyên Giáp

C

D

쯔엉사 거리 Trường Sa

오행산 P.074

E

센타라 샌디 비치 리조트 다낭
Centara Sandy Beach Resort Danang

샌디 비치 리조트
Sandy Beach Resort

빈펄 오션 빌라
Vinpearl Ocean Villas

펄크라 리조트 다낭
Pulchra Resort Da Nang

오션 빌라 The Ocean Villas,
나만 리트리트 Naman Retreat 방면

쉐라톤 그랜드
다낭 리조트
Sheraton Grand
Danang Resort

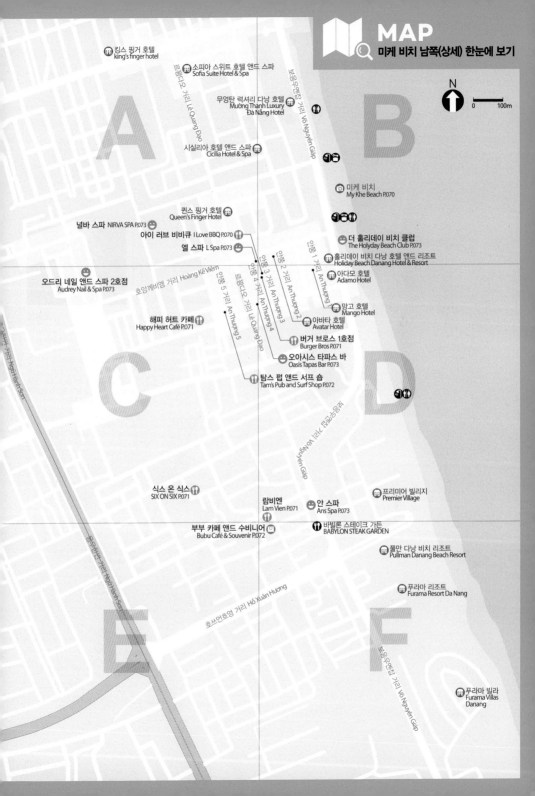

N
0 100m

킹스 핑거 호텔
king's finger hotel

소피아 스위트 호텔 앤드 스파
Sofia Suite Hotel & Spa

무엉탄 럭셔리 다낭 호텔
Mường Thanh Luxury
Đà Nẵng Hotel

르꽝다오 거리 Lê Quang Đạo

보응우옌잡 거리 Võ Nguyên Giáp

A

B

시실리아 호텔 앤드 스파
Cicilia Hotel & Spa

미케 비치
My Khe Beach P.070

퀸스 핑거 호텔
Queen's Finger Hotel

널바 스파 NIRVA SPA P.073

아이 러브 비비큐 I Love BBQ P.070

엘 스파 L Spa P.073

안트엉 1 거리 An Thương

더 홀리데이 비치 클럽
The Holyday Beach Club P.073

홀리데이 비치 다낭 호텔 앤드 리조트
Holiday Beach Danang Hotel & Resort

안트엉 2 거리 An Thương 2

안트엉 3 거리 An Thương 3

안트엉 4 거리 An Thương 4

르꽝다오 거리 Lê Quang Đạo

호앙께비엠 거리 Hoàng Kế Viêm

오드리 네일 앤드 스파 2호점
Audrey Nail & Spa P.073

아다모 호텔
Adamo Hotel

해피 허트 카페
Happy Heart Café P.071

망고 호텔
Mango Hotel

아바타 호텔
Avatar Hotel

안트엉 5 거리 An Thương 5

버거 브로스 1호점
Burger Bros P.071

오아시스 타파스 바
Oasis Tapas Bar P.073

탐스 펍 앤드 서프 숍
Tam's Pub and Surf Shop P.072

C

D

식스 온 식스
SIX ON SIX P.071

람비엔
Lam Vien P.071

안 스파
Ans Spa P.073

프리미어 빌리지
Premier Village

부부 카페 앤드 수비니어
Bubu Café & Souvenir P.072

바빌론 스테이크 가든
BABYLON STEAK GARDEN

풀만 다낭 비치 리조트
Pullman Danang Beach Resort

푸라마 리조트
Furama Resort Da Nang

호쓰언흐엉 거리 Hồ Xuân Hương

E

F

응우옌잡 거리 Võ Nguyên Giáp

응우옌하인썬 거리 Nguyễn Hạnh Sơn

푸라마 빌라
Furama Villas
Danang

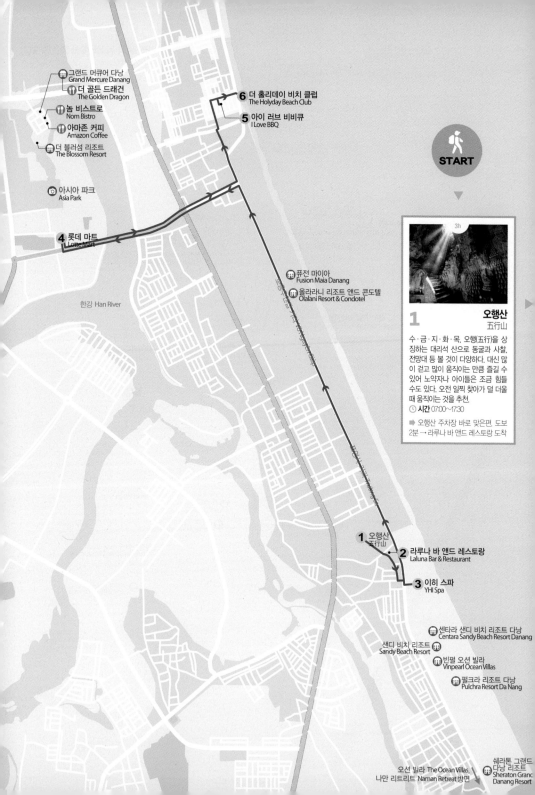

그랜드 머큐어 다낭
Grand Mercure Danang

더 골든 드래곤
The Golden Dragon

6 더 홀리데이 비치 클럽
The Holyday Beach Club

5 아이 러브 비비큐
I Love BBQ

놈 비스트로
Nom Bistro

아마존 커피
Amazon Coffee

더 블러섬 리조트
The Blossom Resort

아시아 파크
Asia Park

START

4 롯데 마트
Lotte Mart

퓨전 마이아
Fusion Maia Danang

올라라니 리조트 앤드 콘도텔
Olalani Resort & Condotel

한강 Han River

3h

1 오행산
五行山

수·금·지·화·목, 오행(五行)을 상
징하는 대리석 산으로 동굴과 사찰,
전망대 등 볼 것이 다양하다. 대신 많
이 걷고 많이 움직이는 만큼 즐길 수
있어 노약자나 아이들은 조금 힘들
수도 있다. 오전 일찍 찾아가 덜 더울
때 움직이는 것을 추천.

🕐 **시간** 07:00~17:30

➡ 오행산 주차장 바로 맞은편, 도보
2분 → 라루나 바 앤드 레스토랑 도착

1 오행산
五行山

2 라루나 바 앤드 레스토랑
Laluna Bar & Restaurant

3 이히 스파
YHI Spa

센타라 샌디 비치 리조트 다낭
Centara Sandy Beach Resort Danang

샌디 비치 리조트
Sandy Beach Resort

빈펄 오션 빌라
Vinpearl Ocean Villas

펄크라 리조트 다낭
Pulchra Resort Da Nang

오션 빌라 The Ocean Villas,
나만 리트리트 Naman Retreat 방면

쉐라톤 그랜드
다낭 리조트
Sheraton Grand
Danang Resort

COURSE 1

핵심 명소 완전 정복 1일 코스

원래 보기 좋은 경치는 멀리 있는 것이 세상의 이치. 오행산의 소문난 풍경을 눈에 담고 싶다면 다른 날보다 더 부지런해야 한다. 대신 지갑은 좀 더 열 각오를 하자. 매번 택시를 타는 것보다 돈은 더 쓰더라도 차량을 빌리는 것이 질적인 면에서는 이득이다.

30m

2 라루나 바 앤드 레스토랑
Laluna Bar & Restaurant

오행산 주변 식당 중 가장 좋은 평가를 받는 집. 다소 평범한 메뉴를 내놓지만, 음식 맛은 평균 이상이다. 널찍한 야외석과 다소 비좁은 실내석을 갖추고 있는데, 더운 것이 싫다면 지금 기다리더라도 실내에 앉자.
🕐 **시간** 09:00~23:00

➡ 자동차 3분 → 이히 스파 도착

1h 30m

3 이히 스파
YHI Spa

호텔 스파답게 가격은 비싸지만 돈 낸 것 이상의 만족감을 준다. 마사지 오일을 고를 수 있는 것은 기본. 마사지 전후로 샤워와 자쿠지를 마음껏 이용할 수 있으며 남자 마사지사의 실력도 수준급이다.
🕐 **시간** 10:00~22:00

➡ 자동차 15분 → 롯데 마트 도착

2h

4 롯데 마트
Lotte Mart

다낭에서 가장 큰 규모의 대형 마트로 생필품은 물론이고 한국 사람들이 한 번씩 찾는 물건은 이곳에서 모두 살 수 있다. 저녁보다는 오후가 손님이 적어 쾌적하다. 환전, 물품 배달 서비스도 해주고 있으니 참고하자.
🕐 **시간** 08:00~22:00

➡ 자동차 10분 → 아이 러브 비비큐 도착

40m

5 아이 러브 비비큐
I Love BBQ

한국인이 운영하는 레스토랑으로 한국인 입맛에 딱 맞는 필리핀식 바비큐를 판매하고 있다. 인근에서 보기 드문 에어컨을 갖추었다. 실내도 깔끔하고 넓어 가족 여행자들의 사랑을 받는다.
🕐 **시간** 10:00~22:00

➡ 가게에서 나와 우회전 후 호앙 케 비엠 거리(Hoàng Kế Viêm)를 따라 도보 5분 → 더 홀리데이 비치 클럽 도착

30m

6 더 홀리데이 비치 클럽
The Holiday Beach Club

가격이 조금 비쌀 뿐 분위기는 좋다. 선베드나 의자를 골라 앉으면 되는 시스템. 자리 욕심 유별난 서양인들 사이에서 명당을 차지하려면 최대한 이른 시간을 노리자.
🕐 **시간** 09:00~22:00

RECEIPT

볼거리	3시간
식사	1시간 40분
쇼핑	2시간
마사지	1시간 30분
이동	35분

TOTAL 8시간 45분

입장료 ··················· 9만d
오행산(왕복 엘리베이터 요금 포함) 7만d
암푸 동굴 2만d
식비 ···················· 32만d
라루나 바 앤 레스토랑(스프링롤, 볶음밥, 신또) 16만d
아이 러브 비비큐(베이비 백 립) 15만d
더 홀리데이 비치 클럽(음료) 1만d
체험비 ··············· 136만5000d
이히 스파(이히 바이탈 90분)136만5000d
교통비 ·················· 40$
차량 1일 전세 12시간 40$

TOTAL 177만5000d+40$
(어른 1인 기준, 쇼핑 비용 별도)

ZOOM IN

미케 비치 남쪽

호텔이 가장 밀집된 지역이다. 저가형 호텔부터 고급 비치 리조트까지 이웃해 있어 여행자들을 위한 편의 시설과 유명 레스토랑도 이곳에 둥지를 틀었다. 푸라마 리조트를 지나면 고급 리조트가 해변을 따라 쭉 이어진 진풍경을 볼 수 있다.

● **이동 시간 기준** 아바타 호텔

1 미케 비치
My Khe Beach

📷 ★★★★★ 도보 1분

선짜반도에서 시작해 응우한썬까지 이어지는 약 10km 길이의 해변. 모래사장이 끝없이 이어져 해변 산책하기 좋다. 해변이 정동쪽을 향해 아침마다 수평선 너머로 해가 뜨는 광경을 볼 수 있다는 것도 나름의 매력. 지상 낙원으로 생각하지만 않는다면 충분히 아름다운 풍경일 것이다.

📖 **1권** P.084 ⊙ **지도** P.067B
⊙ **구글 지도 GPS** 16.051356, 108.249288 ⊙ **찾아가기** 보응우옌잡(Võ Nguyên Giáp) 거리 건너편 ⊜ **홈페이지** http://mykhebeach.org

2 아시아 파크
Asia Park

📷 ★★★ 택시 10분

해가 질 때쯤 문을 여는 아시아 콘셉트의 테마파크. 공원 전체를 아시아 10개국 주요 랜드마크로 꾸며 색다른 분위기를 낸다. 밤이 되면 알록달록한 조명 옷을 덧입어 사진을 찍기에는 더없이 좋은 조건이지만, 놀이 기구를 타려면 직원이 올 때까지 기다려야 하는 시스템이다.

📖 **1권** P.102 ⊙ **지도** P.066A

⊙ **구글 지도 GPS** 16.038449, 108.227604 ⊙ **찾아가기** 아바타 호텔에서 택시로 10분 ⊛ **주소** 1 Phan Đăng Lưu, Hoà Cường Bắc, Hải Châu, Đà Nẵng ☎ **전화** 236-368-1666 ⊙ **시간** 15:00~22:00 ⊝ **휴무** 연중무휴 ⊜ **홈페이지** https://danangwonders. sunworld.vn

⊙ **가격** 어른 20만₫, 어린이(키 1~1.3m) 15만₫, 유아(키 1m 이하) 무료

3 아이 러브 비비큐
I Love BBQ

쿠폰 p.151 🍴 ★★★ 도보 2분

필리핀식 바비큐 전문점. 색다른 음식을 먹고 싶어 하는 사람들에게 인기 있다. 이 집의 대표 메뉴 '폭립 1인 세트'을 추천. 돼지고기 특유의 누린내를 잡기 위해 3일 이상 숙성시켜 육질이 더욱 부드럽다.

📖 **1권** P.150 ⊙ **지도** P.067D
⊙ **구글 지도 GPS** 16.048943, 108.246490 ⊙ **찾아가기** 아바타 호텔 정문으로 나와 좌회전, 두 번째 골목으로 들어가 직진, 도보 2분 ⊛ **주소** 29 An Thượng 4, Mỹ An, Ngũ Hành Sơn, Đà Nẵng ☎ **전화** 070-448-7763 ⊙ **시간** 11:00~21:00 ⊝ **휴무** 연중무휴 ⊙ **가격** 폭립 1인 세트 12만₫ ⊜ **홈페이지** 없음

폭립 1인 세트 12만₫

4 더 골든 드래건
The Golden Dragon

 택시 9분

딤섬 뷔페 메뉴가 유명하다. 다양한 딤섬은 물론이고 메뉴판에 나와 있는 모든 메뉴를 무제한으로 맛볼 수 있다. 주문 즉시 조리해 갖다주는 방식이라 방금 쪄낸 딤섬을 맛볼 수 있는 것이 가장 큰 특징.

📖 1권 P.132 📍 지도 P.066A ⓖ 구글 지도 GPS 16.048296, 108.226952 🔍 찾아가기 아바타 호텔에서 택시로 9분, 그랜드 머큐어 호텔 2층 🏠 주소 Lot A1 Zone of the Villas of Green Island, Hải Châu, Đà Nẵng ☎ 전화 236-379-7777 🕐 시간 11:30~14:00, 17:30~21:30 ⊖ 휴무 월요일 💲 가격 1인당 50만₫(서비스 요금 및 세금 15% 별도) ⊕ 홈페이지 www.accorhotels.com

5 해피 허트 카페
Happy Heart Café

 도보 6분

몸이 불편한 사람들이 운영하는 식당으로 서양 음식이 맛있다. 피자와 파스타, 라자냐는 어떤 것을 주문해도 기본 이상은 한다. 모든 음식에 MSG를 사용하지 않으며 재료로 들어가는 빵도 식당에서 직접 굽는 등 재료에 대한 자부심이 남다르다.

📖 1권 P.151 📍 지도 P.067C ⓖ 구글 지도 GPS 16.047548, 108.244625 🔍 찾아가기 아바타 호텔에서 도보 6분 🏠 주소 57 Ngô Thị Sỹ, Bắc Mỹ An, Ngũ Hành Sơn, Đà Nẵng ☎ 전화 236-388-8384 🕐 시간 07:30~21:00 ⊖ 휴무 부정기 💲 가격 피자 11만~21만9000₫, 파스타 10만5000₫~15만5000₫

라자냐 15만5000₫

6 람비엔
Lam Vien

 택시 3분

베트남 음식 전문점. 다낭 물가 대비 가격대가 높지만, 우리 입에 잘 맞는다. 람비엔 스프링롤, 칠리 솔트 프론, 해산물 샐러드 등이 인기 메뉴. 한국어 메뉴판도 있지만 정확한 주문을 하려면 직원의 도움을 받는 것이 좋다.

📖 1권 P.142 📍 지도 P.067D ⓖ 구글 지도 GPS 16.042137, 108.246607 🔍 찾아가기 프리미어 빌리지 앞 쩐반이으(Trần Văn Dư) 거리에 위치 🏠 주소 88 Trần Văn Dư, Mỹ An, Ngũ Hành Sơn, Đà Nẵng ☎ 전화 236-395-9171 🕐 시간 11:30~21:30 ⊖ 휴무 연중무휴 💲 가격 람비엔 스프링롤 15만₫, 그릴드 프론 위드 칠리 솔트 20만5000₫ ⊕ 홈페이지 http://lamviendanang.com

시푸드 샐러드 18만5000₫

7 안 스파 앤드 카페
Ans Spa & Café

 택시 3분

안 스파 1층에 있는 카페. 마사지 실력 못지않게 커피도 수준급인데, 그걸 모르는 사람이 은근히 많다. 코코넛 커피를 추천. 와이파이와 에어컨이 빵빵하다는 것도 장점이다.

📍 지도 P.067D ⓖ 구글 지도 GPS 16.042192, 108.248254 🔍 찾아가기 아바타 호텔에서 택시로 3분, 프리미어 빌리지 맞은편 🏠 주소 412 Võ Nguyên Giáp, Bắc Mỹ An, Ngũ Hành Sơn, Đà Nẵng ☎ 전화 236-393-3488 🕐 시간 11:00~23:30 ⊖ 휴무 연중무휴 💲 가격 코코넛 커피 4만9000₫ ⊕ 홈페이지 없음

코코넛 커피 4만9000₫

8 버거 브로스(1호점)
Burger Bros

 도보 3분

인터넷 블로그를 통해 명성을 얻은 수제 햄버거 전문점. 주문 즉시 만들어주는 햄버거 맛도 좋고 재료도 신선한 편인데, 어쩐지 과도한 유명세가 햄버거 맛을 앞지른 느낌이다. 에어컨 없이 땀을 뻘뻘 흘리기 싫으면 2호점으로 가자. 전화로 배달 주문이 된다.

📖 1권 P.145 📍 지도 P.067D ⓖ 구글 지도 GPS 16.048866, 108.246548 🔍 찾아가기 아바타 호텔에서 도보 3분 🏠 주소 31 An Thượng 4, Mỹ An, Ngũ Hành Sơn, Đà Nẵng ☎ 전화 094-557-6240 🕐 시간 11:00~14:00, 17:00~심야 ⊖ 휴무 연중무휴 💲 가격 미케 버거 14만₫ ⊕ 홈페이지 http://burgerbros.amebaownd.com

미케 버거 14만₫

9 식스 온 식스
SIX ON SIX

 택시 3분

현지인들도 길 찾는 데 애를 먹는 위치에 있는 작은 카페. 주택을 개조해 카페로 활용해 편안한 느낌이 든다. 서양식 브런치와 커피가 주력 메뉴. 장기 체류하는 서양인들이 주 고객이라 영어 소통이 원활하다.

📍 지도 P.067C ⓖ 구글 지도 GPS 16.042780, 108.244504 🔍 찾아가기 프리미어 빌리지에서 택시로 3분. 주소를 보여주는 것이 정확하다. 🏠 주소 6/6 Chế Lan Viên, Bắc Mỹ An, Ngũ Hành Sơn, Đà Nẵng ☎ 전화 094-611-4967 🕐 시간 월~금요일 07:00~17:00, 토·일요일 08:00~17:00 ⊖ 휴무 연중무휴 💲 가격 스무디 7만₫, B.L.T 샌드위치 11만₫, 스크램블드 에그 12만₫ ⊕ 홈페이지 없음

B.L.T 샌드위치 11만₫

10 탐스 펍 앤드 서프 숍
Tam's Pub and Surf Shop
★★★ 도보 4분 🍴

유쾌한 탐 할머니가 운영하는 서핑보드 대여 숍 겸 레스토랑. 탐 할머니는 베트남전쟁 당시, 미군 막사에서 통역사로 일했던 경력으로 수준급 영어를 구사한다. 영어 실력만 된다면 그녀의 지난날을 전해 들을 수 있다. 할머니의 나이가 있다 보니 음식 간이 들쭉날쭉하다.

🔍 **지도** P.067C
📍 **구글 지도 GPS** 16,048237, 108,245486 🚗 **찾아가기** 아바타 호텔에서 도보 4분 🏠 **주소** An Thượng 5, Bắc Mỹ An, Ngũ Hành Sơn, Đà Nẵng 📞 **전화** 090–540–6905 🕐 **시간** 08:00~21:00 🚫 **휴무** 부정기 💰 **가격** 과일 스무디 3만đ, 햄버거 10만đ 🌐 **홈페이지** www.facebook.com/pages/Tams-Pub-and-Surf-Shop/270406133158450

11 놈 비스트로
Nom Bistro
★★★ 택시 9분 🍴

한강변에 자리한 카페로 독특한 인테리어가 눈길을 끈다. 경치 좋은 곳에 앉아 커피 한잔하며 비밀 데이트를 하기에도 좋다. 사방이 뻥 뚫린 구조라서 운이 나쁘면 야생 쥐가 출몰할 수도 있다는 단점이 있다.

🔍 **지도** P.066A
📍 **구글 지도 GPS** 16,048025, 108,227574 🚗 **찾아가기** 아바타 호텔에서 택시로 9분. 그랜드 머큐어 다낭 맞은편 🏠 **주소** Lot 01–A4 Zone of the Villas of Green Island, Hai Chau District, Hoà Cường Bắc Đà Nẵng 📞 **전화** 236–379–9944 🕐 **시간** 07:00~23:00 🚫 **휴무** 연중무휴 💰 **가격** 커피 2만9000đ~, 메인 요리 17만9000đ~ 🌐 **홈페이지** http://nombistro.com

12 아마존 커피
Amazon Coffee
★★★ 택시 9분 🍴

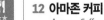

한강변에 자리한 카페로 관광객보다는 현지인들이 많이 찾는다. 한강이 보이는 야외 좌석에 앉아 한가하게 커피 한 잔 마시기 괜찮다. 비싼 커피보다 저렴한 커피가 더 맛있는 편. 택시 잡기가 힘든데 그랩 애플리케이션을 이용하면 쉽게 드나들 수 있다.

🔍 **지도** P.066A
📍 **구글 지도 GPS** 16,047502, 108,227895 🚗 **찾아가기** 아바타 호텔에서 택시로 9분 🏠 **주소** Hoà Cường Bắc, Hải Châu, Đà Nẵng 📞 **전화** 097–878–8799 🕐 **시간** 06:00~23:00 🚫 **휴무** 연중무휴 💰 **가격** 커피 4만đ~ 🌐 **홈페이지** 없음

커피 4만đ~

13 롯데 마트
Lotte Mart
★★★★★ 택시 10분 🛍

다낭에서 제일 큰 마트, 한국인이라면 무조건 한 번은 들른다. 그 이유가 이해는 간다. 한국어 안내 표시는 기본. 한국어를 할 줄 아는 직원도 있어 말이 잘 통하고 다른 마트에 비해 상품 종류가 다양한데도 진열 방법이 우리에게 익숙해 물건 하나 찾으려고 마트 안을 헤맬 일도 없다. 기념품과 커피 코너가 잘 갖춰져 있다는 것도 장점. 환전 업무도 하고 있는데 환율이 좋다. 쇼핑 전에 환전부터!

📖 **1권** P.241 🔍 **지도** P.066A
📍 **구글 지도 GPS** 16,034906, 108,229444 🚗 **찾아가기** 아바타 호텔에서 택시로 약 10분 🏠 **주소** 6 Nại Nam, Hòa Cường Nam, Hải Châu, Đà Nẵng 📞 **전화** 236–361–1999 🕐 **시간** 08:00~22:00 🚫 **휴무** 연중무휴 🌐 **홈페이지** http://lottemart.com.vn

14 부부 카페 앤드 수비니어
Bubu Café & Souvenir
★★★★ 쿠폰 p.151 택시 4분 🛍

젊은 한국인 부부가 운영하는 기념품 가게. 다양한 수제 기념품을 갖추고 있다. 노니 과육만 골라 만든 '노니 진액', 설탕을 추가하지 않은 '칼라만시' 등이 인기 품목. 먹기 좋도록 썰어 놓은 과일 도시락도 추천. 30만đ 이상 구매 시 다낭 시내는 무료로 배달해준다. 카카오톡 ID bubudanang로 문의 가능.

📖 **1권** P.260 🔍 **지도** P.067F
📍 **구글 지도 GPS** 16,041528, 108,246735 🚗 **찾아가기** 아바타 호텔에서 택시로 4분. 람비엔과 같은 골목에 있다. 🏠 **주소** 55 Chế Lan Viên, Bắc Mỹ An, Ngũ Hành Sơn, Đà Nẵng 📞 **전화** 090–122–5000 🕐 **시간** 08:00~ 20:00 🚫 **휴무** 연중무휴 💰 **가격** 노니 엑기스 22만đ, 칼라만시 15만đ 🌐 **홈페이지** 없음

칼라만시 15만đ~

15 안 스파
Ans Spa

 쿠폰 p.151

택시 3분 😊 ★★★★★

한국인이 운영하는 스파 숍. 경력 7년 이상의 실력 있는 마사지사들이 있으며 기본적인 한국어 소통도 가능하다는 것이 큰 장점. 아이 돌봄 서비스도 무료 제공하며 어린이용 마사지도 선보인다. 여성은 반소매 티셔츠를 입고 마사지를 받을 수도 있도록 배려해준다. 예약은 카카오톡 ID Namudn로 가능하다.

📖 1권 P.218 📍 지도 P.067D 🔎 **찾아가기** 아바타 호텔에서 택시로 3분. 프리미어 빌리지 맞은편 🏠 **주소** 412 Võ Nguyên Giáp, Bắc Mỹ An, Ngũ Hành Sơn, Đà Nẵng ☎ **전화** 236-393-3488 🕐 **시간** 09:00~22:30 🈺 **휴무** 연중무휴 💰 **가격** 보디 풋 마사지(Body Foot Massage) 90분 46만đ, 120분 57만đ 🌐 **홈페이지** 없음

16 널바 스파
NIRVA SPA

도보 3분 😊 ★★★★★

개업 1년 만에 다낭 최고의 스파 숍으로 성장한 무서운 루키. 매니저인 따오 팜(Thao Pham)씨는 다낭 스파업계에서 모르는 사람이 없는 유명인사. 유명 호텔 스파 셋업을 도맡아 했으며 지금은 다낭 최고의 호텔 스파로 잘 알려진 멜리아 리조트 이히 스파의 매니저로 근무한 이력도 있다. 그래서인지 마사지사의 실력은 웬만한 5성급 호텔보다 오히려 더 나은 수준이다. 예약은 카카오톡 ID nirvaspa로 할 수 있다.

📖 1권 P.216 📍 지도 P.067C 🔎 **찾아가기** 아바타 호텔에서 도보 3분 🏠 **주소** 23 An Thượng 5, Bắc Mỹ Phú, Ngũ Hành Sơn, Đà Nẵng ☎ **전화** 090-584-7886 🕐 **시간** 10:00~22:00 🈺 **휴무** 연중무휴 💰 **가격** 보디 릴랙싱(Body Relaxing) 90분 64만5000đ 🌐 **홈페이지** http://nirvaspa.vn

17 오아시스 타파스 바
Oasis Tapas Bar

도보 3분 😊 ★★★★★

스페인식 타파스 전문점으로 어떤 메뉴를 선택해도 우리 입맛에 잘 맞는다. 우리 돈 4000~5000원 정도면 맛깔나는 타파스를 맛볼 수 있으며 핀초스(Pinxos) 메뉴로 주문하면 더욱 저렴하다. 조용하고 깔끔해 아이들을 데리고 가기에도 괜찮다.

📖 1권 P.178 📍 지도 P.067D 🔎 **찾아가기** 아바타 호텔 정문으로 나와 좌회전, 두 번째 골목으로 들어가 직진. 도보 3분 🏠 **주소** An Thượng 4, Bắc Mỹ An, Ngũ Hành Sơn, Đà Nẵng ☎ **전화** 077-864-9220 🕐 **시간** 17:00~00:30 🈺 **휴무** 연중무휴 💰 **가격** 2핀초스 9만đ, 4핀초스 16만đ 🌐 **홈페이지** www.facebook.com/oasistapasbar

18 더 홀리데이 비치 클럽
The Holyday Beach Club

도보 3분 😄 ★★★★★

홀리데이 비치 리조트에서 운영하는 비치 클럽. 호텔 비치 클럽치고는 저렴한 가격이다. 호텔 숙박객이 아니라도 자유롭게 이용할 수 있는데, 선베드는 일찌부터 자리를 잡아야 할 만큼 인기가 있다. 숙박객은 무료 이용, 비숙박객은 4만đ를 내야 선베드를 이용할 수 있다. 어린이 놀이기구가 있어 가족과 들르기 좋다. 저녁에는 라이브 공연이 열리기도 한다.

📍 지도 P.067B 🔎 **찾아가기** 아바타 호텔에서 미케 비치 방향으로 도보 3분 🏠 **주소** Võ Nguyên Giáp, Ngu Hanh Son, Ngũ Hành Sơn, Đà Nẵng ☎ **전화** 236-396-7777 🕐 **시간** 09:00~22:00 🈺 **휴무** 연중무휴 💰 **가격** 음료 1만đ~ 🌐 **홈페이지** http://holidaybeachdanang.com

19 오드리 네일 앤드 스파(2호점)
Audrey Nail & Spa

택시 4분 😊 ★★★☆

여성들이 많이 찾는 스파 숍. 분위기 있는 실내와 호텔이라고 해도 믿을 만큼 넓은 욕실은 돈값을 제대로 하는 부분. 1층은 네일 숍을 겸해 마사지와 스파, 네일 케어를 함께 받을 수 있다. 마사지 압이 약해 사람에 따라 만족도가 들쑥날쑥. 구글 맵 위치가 잘못 나와 있으니 주소를 보고 찾아가자. 예약은 카카오톡 ID Audreyspa.

📖 1권 P.225 📍 지도 P.067C 🔎 **찾아가기** 아바타 호텔에서 택시로 4분. 기사에게 주소를 보여주는 것이 정확하다. 🏠 **주소** 146 Châu Thị Vĩnh Tế, Bắc Mỹ Phú, Ngũ Hành Sơn, Đà Nẵng ☎ **전화** 236-815-8231 🕐 **시간** 10:00~22:00(예약 시간 06:00~19:00) 💰 **가격** 오드리 테라피 마사지 90분 30$(팁 3$), 120분 40$(팁 4$), 황제 포핸드 마사지 90분 40$(팁 8$) 🌐 **홈페이지** http://audrey9.modoo.at

20 엘 스파
L Spa

도보 2분 😊 ★★★☆

고급스러운 분위기의 마사지 숍. 다소 비싼 요금이 아쉽다. 대신 마사지 실력이 괜찮고 메뉴에 마사지 강도가 적혀 있어 원하는 강도대로 마사지를 선택하면 실패 확률은 낮다. 팁은 마사지 요금과 함께 지불하게끔 돼 있어 따로 팁을 챙겨주지 않아도 된다.

📖 1권 P.219 📍 지도 P.067A 🔎 **찾아가기** 아바타 호텔 정문으로 나와 좌회전, 두 번째 골목으로 들어가 직진. 도보 2분 🏠 **주소** 5 An Thượng 4, Bắc Mỹ Phú, Ngũ Hành Sơn, Đà Nẵng ☎ **전화** 236-395-9093 🕐 **시간** 10:00~22:00 🈺 **휴무** 연중무휴 💰 **가격** 엘 스파 시그니처 마사지 60분 40만đ, 90분 73만đ, 타이 마사지 60분 66만đ, 90분 99만đ 🌐 **홈페이지** http://mylinhlspadanang.com

ZOOM IN

오행산 주변

다낭과 호이안 한가운데 자리한 관광 지구. 오
행산을 중심으로 레스토랑과 기념품점이 들어
서 있다. 별도의 대중교통 수단이 없어 택시나
그랩 카를 이용하는 것이 최선의 선택.

● **이동 시간 기준** 한 시장

1 오행산 五行山

Marble Mountain
Ngũ Hành Sơn [응우한썬]

★★★★★
택시 20분

다낭과 호이안 중간 지점에 있는 대리석과 석
회암 산이다. 낮은 산 구석구석에 비밀스러운
동굴과 사원이 자리해 걸을 때마다 신비로운
분위기를 자아낸다. 민망 황제가 시주했던 '린
응사', 인자한 부처님의 미소를 볼 수 있는 '후
옌콩 동굴', 오행산 주변의 경치를 볼 수 있는
'전망대' 등이 주요 볼거리. 계단이 많아 편한 신
발을 신어야 제대로 둘러볼 수 있다.

ⓘ **1권** P.029 ⓘ **지도** P.074A
ⓖ **구글 지도 GPS** 16.002940, 108.264259 ⓞ **찾
아가기** 다낭과 호이안 가운데에 위치. 다낭 시내에
서 택시로 약 20분. 호이안 구시가지에서 택시로 약
30분. 택시나 그랩 카, 전체 차량으로 많이 찾는다.
ⓐ **주소** 52 Huyện Trần Công Chúa, Hoà Hải, Ngũ
Hành Sơn, Đà Nẵng ☎ **전화** 0913-423-176 ⓣ **시
간** 07:00~17:30 ⓓ **휴무** 연중무휴 ⓖ **가격** 입장료
4만₫, 엘리베이터(편도) 1만5000₫ ⓗ **홈페이지** 없음

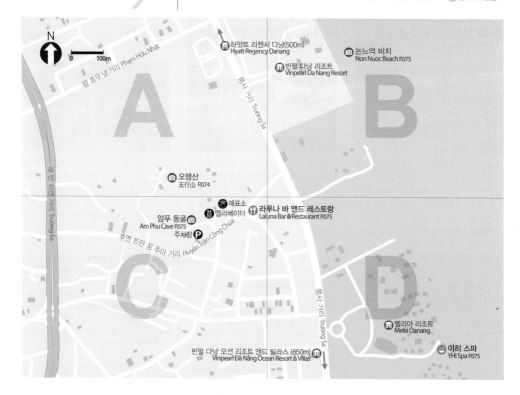

2 암푸 동굴
Am Phu Cave

★★★★★
택시 20분

오행산에서 볼거리가 가장 많은 동굴. 크게 천당과 지옥, 사후 재판소로 구역이 나뉜다. 살아생전 죄가 없는 망자는 빛이 가득한 '빛의 동굴'로, 지은 죄가 많은 이는 지하로 이어진 '지옥 동굴'로 가게 된다. 통합 입장권이 있으면 추가 금액 없이 둘러볼 수 있는 다른 동굴과 다르게 이곳만 별도 티켓을 사야 한다.

ⓑ **1권** P.032 ⓞ **지도** P.074C
ⓖ **구글 지도 GPS** 16,003150, 108,264156 ⓒ **찾아가기** 오행산 주차장 바로 앞 ⓣ **시간** 07:00~17:00
ⓗ **휴무** 연중무휴 ⓓ **가격** 어른 2만₫, 어린이 1만₫

3 논느억 비치
Non Nuoc Beach

★★
택시 20분

미케 비치가 끝나는 지점부터 이어지는 해변. 5성급 비치 리조트가 밀집돼 있어 조용하고 깨끗하다. 호텔마다 일정 크기의 전용 해변을 갖추었으며, 해가 떠 있는 동안에는 세이프 가드를 배치해 안전한 물놀이가 가능하다는 것이 큰 장점. 멀리서 일부러 찾아올 필요는 없다.

ⓑ **1권** P.089 ⓞ **지도** P.074B
ⓖ **구글 지도 GPS** 16,010077, 108,266824
ⓒ **찾아가기** 다낭 시내에서 택시로 약 20분

4 라루나 바 앤드 레스토랑
Laluna Bar & Restaurant

★★★
택시 20분

오행산 입구 맞은편에 자리한 레스토랑. 관광 지치고 맛도 괜찮고 가격도 비싸지 않아 식사 해결하기 딱 좋은 조건이다. 실내가 시원하지 않고 응대가 조금 느린 것만 감당한다면 말이다. 새우를 넣은 메뉴를 고르면 실패는 없다. 시원한 과일 주스 신또도 좋은 선택.

ⓞ **지도** P.074C
ⓖ **구글 지도 GPS** 16,003232, 108,265379 ⓒ **찾아가기** 오행산 주차장에서 나와 왼쪽 ⓐ **주소** 187 Huyền Trân Công Chúa, Hoà Hải, Ngũ Hành Sơn, Đà Nẵng ⓣ **전화** 090-578-7337 ⓣ **시간** 09:00~23:00 ⓗ **휴무** 부정기 ⓓ **가격** 스프링롤 6만~8만₫, 볶음밥 5만5000~8만₫, 신또 4만5000₫

볶음밥 5만5000~8만₫

5 이히 스파
YHI Spa

😊
★★★★★
택시 23분

멜리아 리조트에서 운영하는 스파. 4성급 호텔 스파 숍이지만 5성급 부럽지 않은 시설과 서비스를 자랑한다. 마음껏 사용할 수 있는 자쿠지와 건식, 습식 사우나는 기본, 방마다 샤워룸과 자쿠지를 따로 갖추고 있다. 다낭에서 마사지를 잘하는 남자 마사지사를 만나기 어려운데, 이곳의 남자 마사지사는 다낭 최고의 실력을 갖추어 인기가 높다. 예약은 이메일(spa@meliadanang.com)로 할 수 있다.

ⓑ **1권** P.220 ⓞ **지도** P.074D
ⓖ **구글 지도 GPS** 15,999614, 108,270841

ⓒ **찾아가기** 다낭 시내에서 택시로 약 23분, 멜리아 리조트 다낭 안에 위치 ⓐ **주소** Group 39, Hoà Hải, Ngũ Hành Sơn, Đà Nẵng ⓣ **전화** 236-392-9888 ⓣ **시간** 10:00~22:00(마지막 예약 21:00) ⓓ **가격** 이히 바이탈(YHI VITAL) 60분 94만5000₫, 90분 136만5000₫, 보디 브리스크(Body Brisk) 90분 146만5000₫ ⓗ **홈페이지** www.melia.com/en/hotels/vietnam/danang/melia-danang/index.html

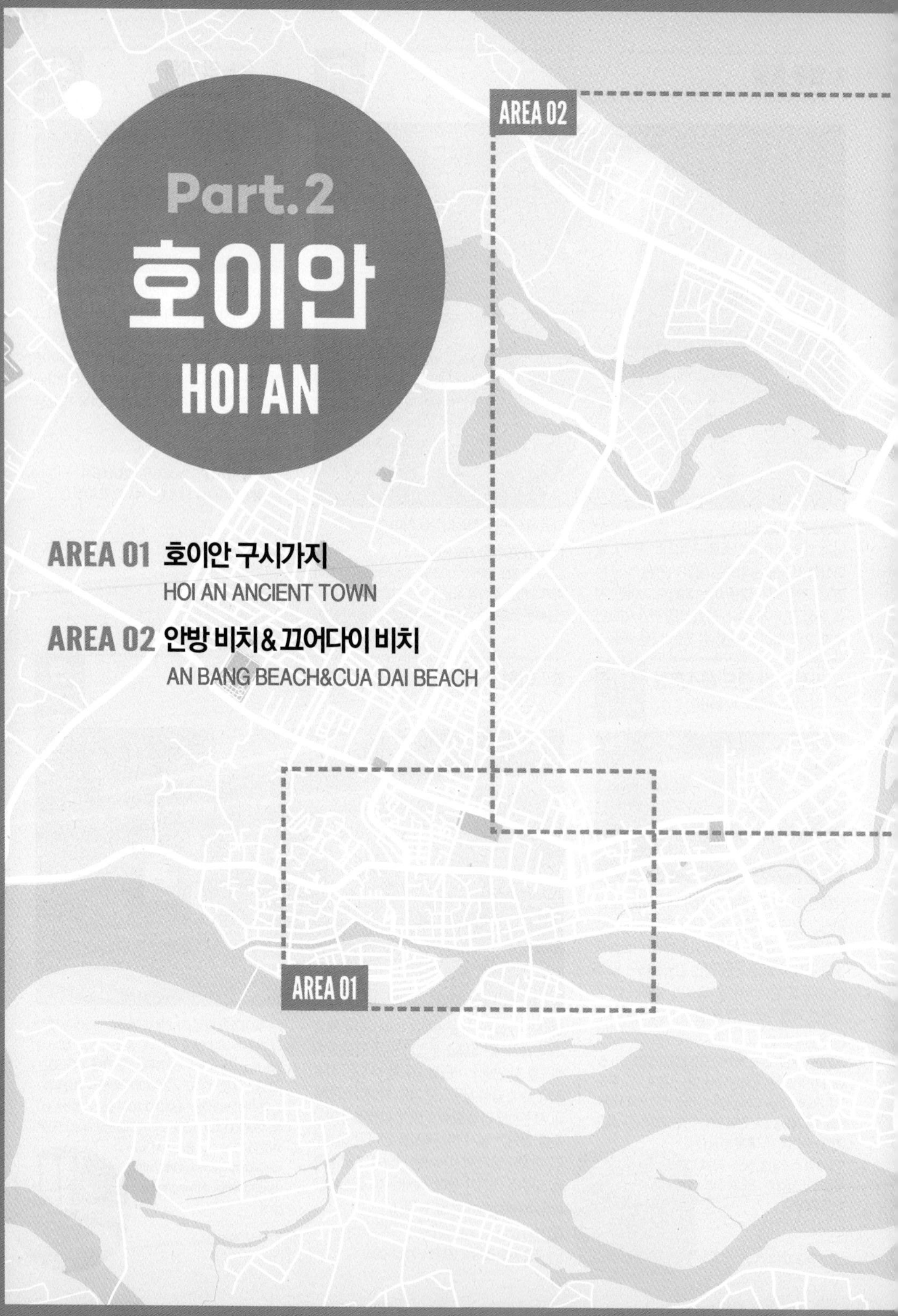

Part.2
호이안
HOI AN

AREA 02

AREA 01

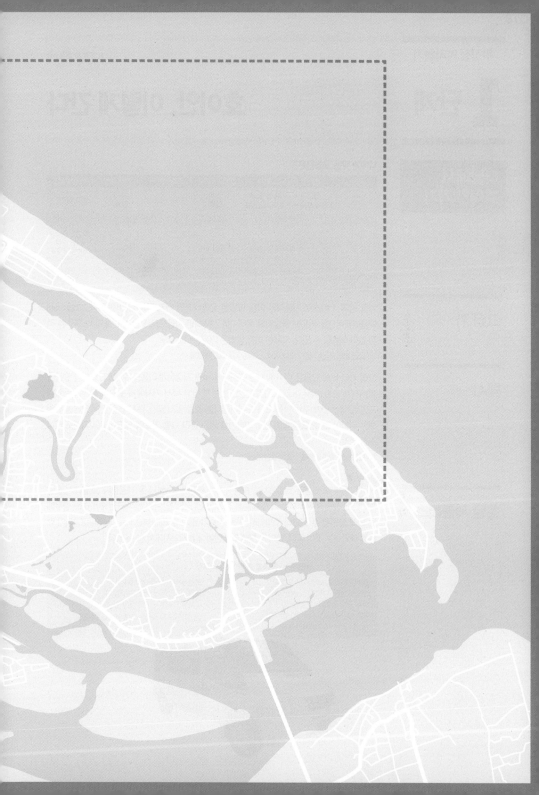

1 단계

호이안, 이렇게 간다

다낭에서 호이안 가기

나에게 맞는 교통편은?

구분	그랩 카	택시	호텔 셔틀버스	프라이빗 카	전세 차량	여행사 버스
요금	편도 33만4000₫~	흥정 요금 편도 25만₫	호텔마다 다름	편도 20$~	12시간 50$~	왕복 18만₫~
출발지	지정 가능		호텔	지정 가능		
도착지	지정 가능		지정된 장소	지정 가능		지정된 장소 / 지정 가능 (여행사마다 다름)
예약	불필요		필요			
합승 여부	X		O	X		O

그랩 카

차량 공유 서비스로 기본적인 이용 방법은 우리나라의 카카오택시와 비슷하다. 그랩(Grab) 애플리케이션을 이용해 출발지와 목적지를 선택하면 자동으로 요금이 산출돼 바가지 쓸 걱정 없이 이용할 수 있다. 자세한 이용 방법은 P.021~022 참고.

ⓓ **요금** 편도 4인승 차량 33만4000₫~, 7인승 차량 40만8000₫~

택시

그랩 카에 비해 요금은 더 비싸지만 흥정만 잘하면 저렴하게 이용할 수 있다. 얼마나 요금을 깎는지가 관건. 막무가내로 요금을 깎으려 들지 말고 택시 기사에게 웃으며 접근하는 것이 포인트. 넉살 있게 구는 만큼 요금도 낮아진다는 것을 잊지 말자. 택시 탑승 전에 요금을 합의해야 뒤탈이 없다. 요금 합의 없이 미터기를 켜는 순간 그랩 카보다 요금이 비싸지기도 하니 조심할 것.

ⓓ **요금** 미터 요금 46만₫~, 흥정 요금 25만₫~

호텔 셔틀버스

추천 일부 4~5성급 호텔에서는 숙박객에게 셔틀버스 서비스를 제공한다. 호텔에서 출발해 정해진 목적지로 가기 때문에 짐이 많거나 호이안 호텔에 체크인해야 하는 경우에는 되레 불편할 수 있으니 주의하자. 운행 편수가 많지 않고 선착순으로 좌석이 배정되기 때문에 예약하는 것이 좋다. 예약은 호텔 리셉션이나 컨시어지에서 할 수 있다.

> 🔍 **PLUS TIP** 셔틀버스 서비스를 제공하는 주요 호텔
>
> 멜리아 리조트 – 어른 8만₫(편도)
> 아바타 호텔 – 어른 15만₫(왕복)
> 아트 호텔 – 어른 13만₫(왕복)
> 빈펄 오션 빌라 – 어른 10만₫(왕복)
> 푸라마 빌라 – 무료(예약 필요)
>
> 오션 빌라 – 무료(예약 필요)
> 하얏트 리젠시 – 어른 7만₫(편도)
> 푸라마 리조트 – 무료(예약 필요)
> 다이아몬드 시 호텔 – 어른 7만5000₫(편도)

프라이빗 카

승용차나 미니밴을 이용해 여행객을 실어 나르는 서비스. 서양인 여행객이 많이 이용하는 호이안 → 다낭 노선은 예약하기 쉽지만 다낭에서 호이안으로 가는 편은 찾기 힘들다. 인원이 몇 명이든 차 1대당 요금을 내면 되기 때문에 가족 단위 여행객이 많이 이용한다. 호이안 구시가지에서 어렵지 않게 '택시(Taxi)'나 '프라이빗 카(Private Car)'라고 적힌 광고나 간판을 볼 수 있는데, 그곳에 적힌 번호로 연락해 예약하면 된다. ⓖ **가격** 24만đ~

전세 차량

이동과 관광을 동시에 하려면 차량 전세가 답. 일정 시간 동안 기사가 포함된 차량을 전세하는 서비스로 가족 여행자에게 인기 있다. 다른 교통편과 달리 전세 시간 동안은 목적지를 자유롭게 선택할 수 있어 오행산이나 안방 비치 등 다낭과 호이안 중간 지점에 있는 관광지를 거쳐 갈 수 있다. 자세한 이용 방법은 P.023 참고.

> **PLUS TIP**
> **호이안 구시가지 주변 차량 통제**
> 호이안 구시가지 부근 혼잡으로 오후 4시 30분부터 오후 9시까지 구시가지 주변 차량 통제를 시행하고 있다. 특히 대형 차량의 진입이 통제돼 구시가지 주변 호텔에 묵는 경우 여행사 버스 픽업 서비스가 불가능할 수 있으니 참고하자.

여행사 버스

가격 부담이 덜하기 때문에 나 홀로 여행자나 인원이 적은 여행자가 주로 이용한다. 여행사마다 출발·도착지가 조금씩 다르니 미리 확인해보자. 예약제로 운영하는 곳이 많다. 최소 1일 전에 예약해두자.

❶ **신 투어리스트** Shin Tourist
베트남에서 가장 큰 규모의 여행사로 베트남 전국을 촘촘히 잇는 버스 노선망을 갖추었다. 하지만 다낭에서는 신 투어리스트를 이용하기가 은근 까다롭다는 것이 문제. 여행사 사무실에서만 버스를 탈 수 있는데, 조금 외진 곳에 자리해 배보다 배꼽이 클 수 있기 때문이다. 슬리핑 버스를 한번 체험해보고 싶다면 추천. 그게 아니라면 비추천. 다낭 신 투어리스트 사무실에서 출발해 호이안 사무실에 도착한다.

ⓖ **구글 지도 GPS** 16.084468, 108.221390 ⓖ **찾아가기** 노보텔에서 택시로 3분
ⓖ **주소** 16, 3 Tháng 2, Thuận Phước, Hải Châu, Đà Nẵng ⓖ **전화** 236-384-3259
ⓖ **시간** 07:00~20:00 ⓖ **홈페이지** www.thesinhtourist.vn

구분	다낭 → 호이안	호이안 → 다낭
요금	7만9000đ~(요일·시즌별로 변동)	
출발지	다낭 신 투어리스트 사무실 MAP 2권 P.044B	호이안 신 투어리스트 사무실 MAP 2권 P.086B
도착지	호이안 신 투어리스트 사무실	다낭 신 투어리스트 사무실
운행 시간	10:30·15:30	08:30·13:45

다낭 사무실 / 호이안 사무실

추천 ❷ 티 라운지 T Lounge

한국인이 가장 많이 이용하는 셔틀버스. 운행 횟수가 적지만 다낭 중심가(한 시장 주변)에서 출발해 호이안 구시가지 입구에 도착하기 때문에 여행 동선 짜기가 비교적 수월한 것이 장점이다. 탑승 3일 전에는 좌석 예약을 마쳐야 차질 없이 탑승할 수 있으니 조심하자. 호이안에서 다낭으로 돌아오는 시간이 이른 편인 것이 아쉽다.

- 📍 **구글 지도 GPS** 16.064908, 108.222258
- 🚶 **찾아가기** 한 시장에서 엔바이 거리를 따라 도보 7분
- 🏠 **주소** 37 Thái Phiên, Phước Ninh, Q. Hải Châu, Đà Nẵng
- 📞 **전화** 093-780-1212
- 🕐 **시간** 09:00~22:00
- 🌐 **홈페이지** www.t-lounge.com/ko

➕ **PLUS TIP**

티 라운지 사무실에서 샤워, 물품 보관함 대여, 유모차 대여 서비스도 실시한다. 한국어를 잘 하는 직원이 있어 편리하게 이용할 수 있다.

구분	다낭 → 호이안	호이안 → 다낭
요금	1인당 5900원(왕복 1인당 8200원)	
출발지	티 라운지 다낭 사무실 MAP 2권 P.028F	박당 호이안 호텔 MAP 2권 P.086B
도착지	박당 호이안 호텔	티 라운지 다낭 사무실
운행 시간	16:00	20:00

셔틀버스

다낭 사무실

❸ 호이안 트래블 Hoi An Travel

호이안에서 다낭 기차역이나 공항까지 가는 셔틀버스를 운행한다. 운행 간격이 짧고 원하는 곳에서 픽업이 된다는 것이 가장 큰 장점. 홈페이지를 운영하지 않아 전화나 방문 예약을 해야 한다는 점은 조금 아쉽다.

- 📍 **구글 지도 GPS** 15.879968, 108.330926
- 🚶 **찾아가기** 호이안 히스토릭 호텔 입구 바로 옆
- 🏠 **주소** 10 Trần Hưng Đạo, Sơn Phong, Hội An, Quảng Nam
- 📞 **전화** 235-391-0911
- 🕐 **시간** 08:00~20:00

호이안 사무실

노선	호이안 → 다낭
요금	1인당 11만đ
출발지	원하는 곳에서 픽업 가능
도착지	다낭 기차역, 다낭 국제공항
운행 시간	04:15~22:15(1시간 간격으로 운행)

PLUS TIP

인원이 많다면 프라이빗 트랜스퍼

노선 : 다낭 국제공항 ↔ 호이안

수용 인원 및 짐 : 3명 + 캐리어 3개 + 수하물 3개

💰 **요금** 20$~(심야 22:00~05:00에는 할증, 주유비에 따라 요금 변동 가능)

🔗 **홈페이지** http://hoianexpress.com. vn/ha/st_activity/da-nang-airport-private-transfers-to-hoi-an-city-center-by-minivan/

추천 ❹ 호이안 익스프레스 Hoi An Express

다낭과 호이안에 사무실을 둔 현지 여행사. 버스 탑승 장소가 한두 군데로 한정돼 있고 지정된 드롭 장소에 내려주는 다른 셔틀버스와 달리 원하는 장소에서 픽업해 원하는 장소에 내려주는 것이 가장 큰 장점이다. 그 대신 소요 시간이 조금 더 긴 것이 흠. 운이 나쁘면 다른 탑승객을 모두 내려주고 마지막에 내려야 할 수 있다. 홈페이지의 채팅(Chat) 창을 통해 실시간 예약을 할 수 있어 편한데, 예약 및 결제 후 이메일로 전달받은 이티켓을 탑승 전에 보여주면 된다. 차량 내 와이파이도 설치돼 있다.

다낭 사무실

📍 **구글 지도 GPS** 16.068483, 108.224870

🧭 **찾아가기** 한 시장 뒤편 박당 거리에 위치. 다낭 투어리스트 인포메이션에서 예약 가능하다. 다낭 국제공항 도착 터미널에서도 예약 및 안내 서비스를 하고 있다.

📍 **주소** Bạch Đằng, Hải Châu 1, Hải Châu, Đà Nẵng

☎ **전화** 236-364-7278

🕐 **시간** 07:00~22:00

호이안 사무실

📍 **구글 지도 GPS** 15.878373, 108.330771

🧭 **찾아가기** 내원교에서 도보 7분

📍 **주소** 30 Trần Hưng Đạo, Phường Minh An, Hội An, Quảng Nam

☎ **전화** 235-391-9293

🕐 **시간** 07:00~22:00

🔗 **홈페이지** http://hoianexpress.com.vn/ha/st_activity/shuttle-bus-da-nang-to-hoi-an-one-way

노선	다낭 국제공항 → 다낭 시내 → 미케 비치 → 안방 비치 → 끄어다이 비치 → 호이안	호이안 → 끄어다이 비치 → 안방 비치 → 미케 비치 → 다낭 시내 → 다낭 국제공항
요금	1인당 14만đ(6$)	
출발지	다낭 국제공항, 다낭 시내(호텔 픽업 가능)	호이안 구시가지 및 끄어다이 비치(호텔 픽업 가능)
도착지	호이안 내 원하는 장소	다낭 사무실, 다낭 국제공항
운행 시간 (출발지 기준)	05:00~23:00(1시간에 1대 운행)	04:00~22:00(1시간에 1대 운행, 끄어다이 비치는 04:15~22:15 매시 15분에 정차)

다낭 사무실

호이안 사무실

후에에서 호이안 가기

여행사 버스

후에와 호이안을 잇는 교통수단은 사실상 여행사 버스뿐이다. 나머지 교통편을 이용하기에는 가격이 비싸기 때문. 일행이 있다면 프라이빗 카도 고려해볼 만하다.

가장 가성비 좋은 교통수단. 여러 여행사에서 버스 서비스를 제공하는데, 여행사마다 주요 관광지 경유 유무, 하이반 패스 통과 유무가 다르므로 꼼꼼히 확인해봐야 한다.

❶ 호이안 익스프레스 Hoi An Express

후에에서 출발해 랑꼬 비치, 하이반 패스, 다낭을 경유해 호이안까지 가는 버스를 하루 두 번 운행한다. 다른 셔틀버스와 달리 주요 관광 명소에 잠시 멈춰 관광할 수 있는 시간이 짧게나마 주어져 가성비가 좋다는 평가를 받는다. 홈페이지나 전화로 예약하는 것이 좋다. 하이반 패스를 경유하는 오전 버스 편과 달리 오후 버스 편은 터널을 통과해 소요 시간이 짧다.

ⓢ **요금** 1인당 편도 25만₫
ⓢ **홈페이지** http://hoianexpress.com.vn/ha/st_activity/shuttle-bus-da-nang-to-hoi-an-one-way

구분	후에 출발 (11 Nguyen Cong Tru)	랑꼬 비치	하이반 패스	다낭 (참 조각 박물관)	호이안 도착 (30 Tran Hung Dao)
오전	07:00	08:00	09:00	09:30	11:30
오후	14:30	15:30	(무정차/터널 통과)	16:30	17:45

❷ 신 투어리스트 Shin Tourist

다낭을 거쳐 호이안까지 가는 슬리핑 버스를 1일 2회 운영한다. 4시간이라는 짧지 않은 시간 동안 누운 채로 갈 수 있다는 것이 가장 큰 장점. 버스 출발·도착지가 되는 신 투어리스트 호이안점과 후에점 모두 시내에서 접근성이 좋아 시간 낭비도 덜하다.

ⓢ **구글 지도 GPS** 16.469434, 107.595567
ⓢ **찾아가기** 후에 여행자거리에 위치. 최근 사무실을 이전해 전보다 훨씬 넓고 깨끗하다.
ⓐ **주소** 38 Chu Văn An, Phú Hội, Thành phố Huế, Thừa Thiên Huế
ⓢ **전화** 234-384-5022
ⓢ **시간** 06:30~20:30
ⓢ **홈페이지** www.thesinhtourist.vn

노선	후에 → 호이안	호이안 → 후에
요금	9만9000₫	
출발지	후에 신 투어리스트 사무실	호이안 신 투어리스트 사무실
도착지	호이안 신 투어리스트 사무실	후에 신 투어리스트 사무실
운행 시간	08:00 · 13:15	08:30 · 13:45
소요 시간	4시간	4시간

프라이빗 카

기사가 포함된 차량을 전세해 호이안까지 이동하는 교통수단. 기사와 상의해 랑꼬 비치, 하이반 패스, 오행산 등 근교 관광지를 경유해 호이안까지 편하게 이동할 수 있어 가족 단위 여행자들의 사랑을 받고 있다. 후에 여행자 거리의 현지 여행사를 통해 예약하면 약속된 시간에 호텔 픽업도 가능하다. 차량 종류와 경유지의 숫자에 따라 가격 차이가 있다. 보통 4인승 차량은 3명까지, 7인승 차량은 5명까지 탑승할 수 있으니 조심하자. 1권 P.203 참고.

ⓢ **요금** 49$~

2단계

호이안 시내 교통 한눈에 보기

볼거리 대부분이 호이안 구시가지에 몰려 있고, 구시가지 전체가 차량 통행이 금지돼 있어 좋든 싫든 발품을 많이 팔아야 한다. 안방 비치나 끄어다이 비치에 갈 때만 차편을 이용하면 돼 교통비도 적게 든다.

자전거

차량 통행이 금지된 구시가지 안에서 이만한 교통수단이 없다. 대부분의 호텔에서 숙박객에게 무료 자전거 대여 서 비스를 제공하며 사설 대여 숍에서도 저렴한 가격에 자전거를 대여할 수 있다. 사람이 많아지는 오후부터는 자전거가 되레 짐 이 될 수 있으니 상황을 봐서 구시가지 입구에 자전거를 주차한 뒤 걸어서 둘러보는 것이 속 편할 수 있다. 상세 이용 방법은 1권 P.204 참고.

ⓓ **요금** 1인당 3만đ~(1일, 사설 대여소 기준)

⊕PLUS TIP

사설 자전거 대여 숍을 이 용할 때는 여권이나 신분증 을 맡겨야 한다.

택시

호이안에서 택시를 탈 일이 많지 않다. 그래서인지 택시도 다낭에 비해 훨씬 적고 구시가지 주변을 제외하고는 택시 를 잡기가 쉽지 않다. 정차 중인 택시를 찾거나 호텔 직원에게 택시를 불러달라고 부탁하는 것이 최선의 방법. 구시가지 매표 소 주변, 호이안 박물관 앞에 택시 가 많으니 참고하자. 기 본적인 이용 방법 은 다낭과 동일하다.

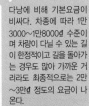

⊕PLUS TIP

다낭에 비해 기본요금이 비싸다. 차종에 따라 1만 3000~1만8000đ 수준이 며 차량이 다닐 수 있는 길 이 한정적이고 길을 돌아가 는 경우도 많아 가까운 거 리라도 최종적으로는 2만 ~3만đ 정도의 요금이 나 온다.

그랩 카

택시 미터 요금이 부담스럽다면 그랩 카가 정답. 그랩 카 매칭이 쉬운 다낭과 달리 호이안에서는 그랩 카가 잘 매칭되지 않는 것이 흠이지만 요금이 택시보다 저 렴하다. 구시가지 매표소 안쪽은 차량 통행이 금지되 기 때문에 매표소 밖으로 나와서 매칭을 잡아야 혼선 이 없다.

호텔 셔틀버스

리틀 호이안 계열 호텔 등 프라이빗 비치가 딸린 일부 호텔에서 호텔-안방 비치 간 무료 셔틀버스 서비스를 제공한다. 시간을 정확하 게 지켜서 운행하는 대신 정해진 장소에서만 탈 수 있다. 좌석이 한정되어 예약해야 한다.

예쁘다, 찬란하다

이쯤 되면 도시에도 타고난 운명이란 게 있는 건가 싶다. 15세기, 중국과 동남아시아, 인도를 잇는 해양 실크로드의 거점 도시로 이름을 알리면서 세계적인 무역항이 됐던 호이안. 각국 상인들이 삶의 터전이던 투본강 가에 모여 살기 시작하며 전성기를 맞이하게 된다. 400년 가까이 이어져온 무역항으로서의 입지는 19세기, 항구가 다낭으로 옮겨 가며 위기를 맞았다. 한때는 번성한 도시였으나 자연스레 잊힌 도시가 된 셈이다. 그 덕분에 500년 전에 지은 고가와 옛길이 온전히 보존되었고, 지금은 전 세계인이 찾는 관광지로 떠올랐다. 호이안의 진짜 전성기는 이제부터다.

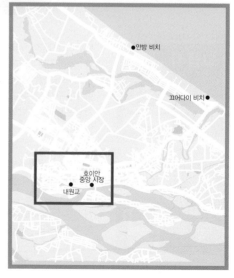

MUST SEE 이것만은 꼭 보자!

NO. 1
베트남 2만년 지폐 속 그곳.
밤이 되면 더욱 아름다운
내원교

NO. 2
호이안에서
찾은 중국 문화
광둥 회관

NO. 3
옛날 중국 상인들은
어떤 곳에서 살았을까?
풍흥 고가

MUST EAT 이것만은 꼭 먹자!

NO. 1
호이안의 대표 음식을
저렴하게 맛보자
**하이 레스토랑의
세트 메뉴**

NO. 2
반미가 이렇게
맛있었다니
반미프힝의 반미

NO. 3
더운 날씨에도
줄을 서서 먹는 집
미스 리의 호안탄

MUST EXPERIENCE 이것만은 꼭 경험하자!

NO. 1
호이안의 야경을 보며
소원등을 띄워보자
투본강 나룻배

NO. 2
여행의 피로를
한 번에 날려버리는
라루나 스파

NO. 3
악기 연주와
민속 무용을 한 번에
쓰당 쭝 민속 공연

MUST BUY 이것만은 꼭 사자!

NO. 1
보고만 있어도
구매욕이 뿜뿜
**호이안 야시장의
대나무 등**

NO. 2
내 얼굴이 새겨진
특별한 도장
아트 스탬프

NO. 3
내 몸에 꼭 맞는
아오자이를 맞춰 입어보자
홍민의 아오자이

다냥 여행자 열에 아홉은 무조
건 들르는 곳. 고작 몇 시간 스쳐
지나가기엔 볼 것이 정말 많다.
인기
★★★★★

도시 전체가 세계문화유산. 수백
년 전에 지은 시가지 전부가 관
광지다.
관광지
★★★★★

발길을 잡아끄는 물건이 가득하
다. 관광지 물가지만 흥정을 하
면 조금 저렴하게 살 수 있다.
쇼핑
★★★★☆

웬만한 유명 음식점은 관광객들
차지, 어디를 가도 복작복작, 다
좋은데 분위기가 아쉽다.
식도락
★★☆☆☆

형형색색의 등불. 밤에만 들어서
는 야시장, 밤이 되면 더욱 활기
넘치는 거리 풍경을 볼 수 있다.
나이트라이프
★★★★★

오전에는 조용하고 평화롭다.
하지만 오후 늦은 시간부터 관
광객들이 한꺼번에 몰려들어 온
거리가 혼잡하다.
혼잡도
★☆☆☆☆

MAP
호이안 구시가지(광역) 한눈에 보기

N
0   50m

수상 인형극 Hoi An Water
Puppet Show P.107[120m]

티 라운지
셔틀버스 타는 곳

알매니티 리조트
Almanity Resort

박당 호이안 호텔
Bach Dang Hoi An Hotel

호로콴 Hồ Lô Quán

화이트 로즈 스파 P.107
White Rose Spa P.107

화이트 로즈 레스토랑
White Rose Restaurant P.100

펀 카오 반 거리 Trần Cao Vân

카페43
CAFE43 P.102

팔마로사 스파 P.107
Palmarosa Spa P.107

피반미
PHI BANH MI P.099

타이 피엔 거리 Thái Phiên

신 투어리스트
Shin Tourist

라루나 스파 P.106
La Luna Spa P.106

알레그로 호이안 럭셔리 호텔 앤드 스파
Allegro Hoi An Luxury Hotel & Spa

빈흥 라이브러리 호텔
Vinh Hung Library Hotel

마담 칸
Madam KHANH P.099

호이안 티엔티 빌라
Hoi An TNT Villa

실크 센스 리조트
셔틀버스 타는 곳

하이 바 쯩 거리 Hai Bà Trưng

라 시에스타 호이안 리조트 앤드 스파
La Siesta Hoi An Resort & Spa[400m]

페바 초콜릿
Pheva Chocolate P.104

호이안 익스프레스
Hoi An Expres

호이안 비너스 호텔 앤드 스파
Hoi An Venus Hotel & Spa[240m]

라 시에스타 호이안, 멜리아 다낭
셔틀버스 타는 곳

호이안 센트럴 부티크 호텔 앤드 스파
Hoian Central Boutique Hotel & Spa

호이안 실크 럭셔리 호텔 앤드 스파
Hoi An Silk Luxury Hotel & Spa

전흥다오 거리 Trần Hưng Đạo

매표소

팜 가든 리조트,
선 라이즈 프리미엄 리조트
셔틀버스 타는 곳

하이바쯩 거리 Hai Bà Trưng

껌포 마을 회관
Cam Pho Communal House P.098

빈펄 오션 빌라
셔틀버스 타는 곳

붓짱
Bich Trang P.105

응우옌 티 민 카이 거리 Nguyễn Thị Minh Khai

매표소

콩 카페
CONG CA PHE P.102

내원교
來遠橋 P.096

라 레시덴시아 부티크
호텔 앤드 스파
La Residencia Boutique
Hotel & Spa

탄빈 리버사이드 호텔
Thanh Binh Riverside Hotel

응우옌 두 거리 Nguyễn Du

응우옌 두 거리 Nguyễn Du

응우옌 푹 추 거리 Nguyễn Phúc Chu

리틀 호이안 부티크 호텔 앤드 스파
Little Hoi An Boutique Hotel & Spa

매표소

라 호이 거리 La Hối

란타나 호이안 부티크 호텔 앤드 스파
Lantana Hoi An Boutique Hotel & Spa

퍼비엣 46
Pho Viet 46 P.103

쩌우 트엉 반 거리 Châu Thượng Văn

탄 거리 Nguyễn Phúc Tấn

코럴 스파 P.107
Coral Spa P.107

응우옌 푹 탄 거리 Nguyễn Phúc Tấn

응오 쿠엔 거리 Ngô Quyền

응우옌 황 Nguyễn Hoàng

호이안 실크 마리나 리조트 앤드 스파
Hoi An Silk Marina Resort & Spa

빈흥 리버사이드 리조트 앤드 스파
Vinh Hung Riverside Resort & Spa

응오 쿠엔 거리 Ngô Quyền

레드 게코
RED GECKO P.100

투본강 Thu Bồn River

호이안 트래블 로지 호텔
Hoi An Travel Lodge Hotel

타이 피엔 거리 Thái Phiên

리 쯔엉 키엣 거리 Lý Thường Kiệt

리 쯔엉 키엣 거리 Lý Thường Kiệt

호이안 사이클링
Hoi An Cycling

마이린 택시 정류장
(빈펄 랜드 셔틀버스 타는 곳)

오리비 레스토랑
Orivy Hoi An Local Food Restaurant P.100

호이안 히스토릭 호텔
Hoi An Historic Hotel

호이안 박물관
Museum of Hoi An P.097

호이안 실크 빌리지
셔틀버스 타는 곳

펀흥다오 거리 Trần Hưng Đạo

호이안 트래블
Hoi An Travel

Nguyễn Huệ

벨 메종 하다나 호이안 리조트 앤드 스파
Belle Maison Hadana Hoi An Resort & Spa

펀흥다오 거리 Trần Hưng Đạo

반미프엉
Banh Mi Phuong P.099

매표소

그랜드 브리오 오션 리조트, 에이션트 리조트
셔틀버스 타는 곳

판 꽁 사당 Quan Cong Temple P.098

포시즌스 리조트 남하이,
하얏트 리젠시, 푸라마 리조트
셔틀버스 타는 곳

미스 리
MISS LY P.100

매표소

민흐엉 마을 회관
Minh Huong Communal House P.098

하이난 회관
Hai Nam Assembly Hall P.097

퓨전 카페
Fusion Café P.103

아난타라 호이안 리조트
Anantara Hội An Resort

헤리티지 아트 갤러리
Heritage Art Gallery P.097

호이안 로스터리
Hoi An Roastery P.102

쓰당 쯩 민속 공연
Xu Dang Trong Traditional
Art Performance P.107

호이안 중앙 시장
Hoi An Central Market P.103

레 러이 거리 Lê Lợi

투본강 Thu Bồn River

호이안 구시가지(상세)

퍼 호이 리버사이드 리조트
Phố Hội Riverside Resort

페블 홈스테이 호이안
Pebble Homestay Hoi An

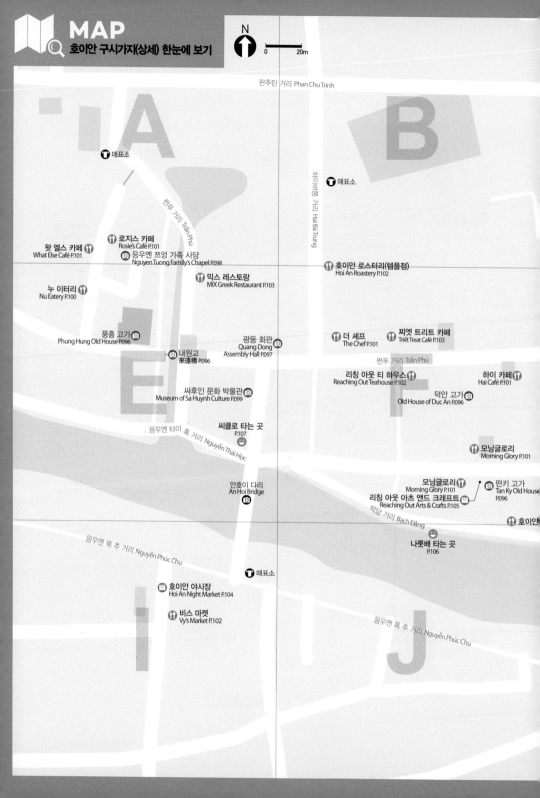

MAP
호이안 구시가지(상세) 한눈에 보기

N
0   20m

판추틴 거리 Phan Chu Trinh

하이바쯩 거리 Hai Bà Trung

🚇 매표소

🚇 매표소

왓 엘스 카페
What Else Café P.101

로지스 카페
Rosie's Café P.101

응우옌 쯔엉 가족 사당
Nguyen Tuong Family's Chapel P.098

호이안 로스터리(템플점)
Hoi An Roastery P.102

누 이터리
Nu Eatery P.100

믹스 레스토랑
MIX Greek Restaurant P.103

풍흥 고가
Phung Hung Old House P.096

광둥 회관
Quang Dong
Assembly Hall P.097

더 셰프
The Chef P.101

찌엣 트리트 카페
Triét Treat Café P.103

쩐푸 거리 Trần Phú

내원교
來遠橋 P.096

씨클로 타는 곳
P.107

응우옌 타이 혹 거리 Nguyễn Thái Học

싸후인 문화 박물관
Museum of Sa Huynh Culture P.099

리칭 아웃 티 하우스
Reaching Out Teahouse P.102

하이 카페
Hai Café P.101

덕안 고가
Old House of Duc An P.096

모닝글로리
Morning Glory P.101

안호이 다리
An Hoi Bridge

모닝글로리
Morning Glory P.101

리칭 아웃 아츠 앤드 크래프트
Reaching Out Arts & Crafts P.105

떤키 고가
Tan Ky Old House
P.096

박당 거리 Bạch Đằng

호이안

나룻배 타는 곳
P.106

응우옌 푹 추 거리 Nguyễn Phúc Chu

🚇 매표소

호이안 야시장
Hoi An Night Market P.104

비스 마켓
Vy's Market P.102

응우옌 푹 추 거리 Nguyễn Phúc Chu

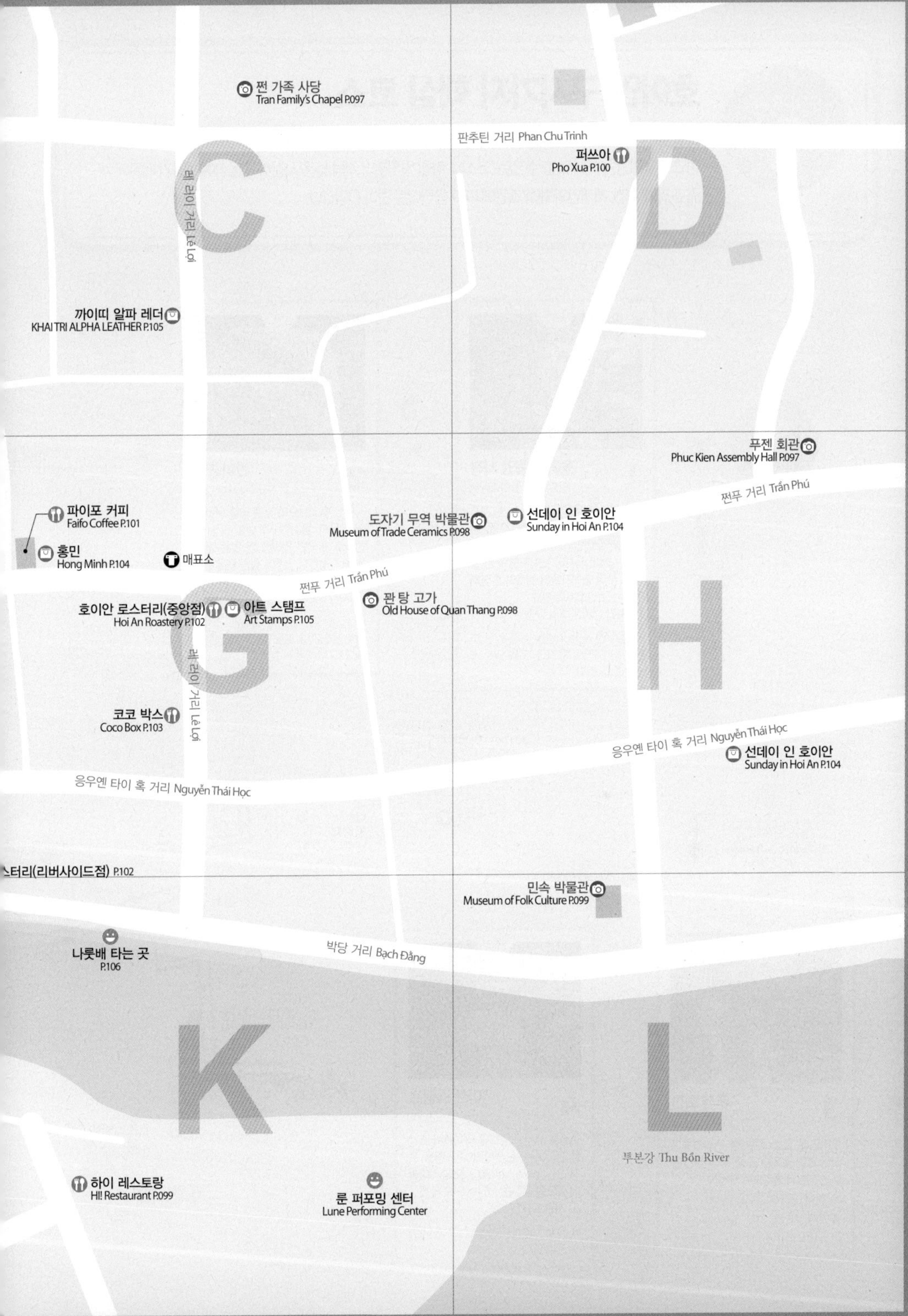

🄰 쩐 가족 사당
Tran Family's Chapel P.097

판추틴 거리 Phan Chu Trinh

🄳 퍼쓰아
Pho Xua P.100

C

레 러이 거리 Lê Lợi

D

까이띠 알파 레더 ✉
KHAI TRI ALPHA LEATHER P.105

푸젠 회관 🄰
Phuc Kien Assembly Hall P.097

쩐푸 거리 Trần Phú

파이포 커피
Faifo Coffee P.101

도자기 무역 박물관 🄰
Museum of Trade Ceramics P.098

🄰 선데이 인 호이안
Sunday in Hoi An P.104

🄳 홍민
Hong Minh P.104

🄣 매표소

쩐푸 거리 Trần Phú

H

호이안 로스터리(중앙점) 🄰 아트 스탬프
Hoi An Roastery P.102   Art Stamps P.105

🄰 꽌 탕 고가
Old House of Quan Thang P.098

G

레 러이 거리 Lê Lợi

코코 박스 🄰
Coco Box P.103

응우엔 타이 혹 거리 Nguyễn Thái Học

🄰 선데이 인 호이안
Sunday in Hoi An P.104

응우엔 타이 혹 거리 Nguyễn Thái Học

스터리(리버사이드점) P.102

민속 박물관 🄰
Museum of Folk Culture P.099

박당 거리 Bạch Đằng

😊 나룻배 타는 곳
P.106

K

L

투본강 Thu Bồn River

🄰 하이 레스토랑
Hi! Restaurant P.099

😊 룬 퍼포밍 센터
Lune Performing Center

호이안 구시가지 핵심 코스

COURSE 1

보고 싶은 것도 많고 사고 싶은 것도 많은데 시간이 짧은 것이 야속하다. 남과 같은 시간, 발품을 적게 들이고도 호이안을 제대로 볼 수 있는 코스다. 아침 일찍부터 저녁 늦은 시간까지 움직여야 하기 때문에 체력 관리가 관건. 개개인의 체력 조건에 따라 움직이는 것이 현명하다.

START

40m

1 호이안 중앙 시장
Hoi An Central Market

하루의 시작은 이곳에서. 이른 시간일수록 장을 보러 나온 현지인들 틈에 끼어 호이안의 아침 풍경을 제대로 볼 수 있다. 시간이 늦어지면 쿠킹 클래스 투어 참여자들이 뒤섞여 혼잡해진다는 것만 알아두자.
🕐 **시간** 가게에 따라 다름

➡ 응우옌 후에 거리를 따라 직진 후 판추틴 거리로 우회전. 도보 2분 → 반미프헝 도착

20m

2 반미프헝
Banh Mi Phuong

시장을 둘러보느라 주린 배를 이곳에서 채우자. 호이안 3대 반미 맛집 중 하나로 한국인 입맛에 딱 맞는 반미 맛을 자랑한다. 2층이 훨씬 여유로운 분위기이니 참고하자.
🕐 **시간** 0630~2130

➡ 왔던 길로 돌아가 호이안 구시가지로 들어간다. 도보 3분. 통합 입장권 필요 → 푸젠 회관 도착

마담 칸
Madam KHANH

멜리아 다낭
셔틀버스 타는 곳

하이 바 쫑 거리 Hai Bà Trưng

껌포 마을 회관
Cam Pho Communal House

붓짱
bich trang

매표소

응우옌 티 민 카이 거리 Nguyễn Thị Minh

콩카페
CONG CA PHE

9 누 이터리
Nu Eatery

8 내원교
來遠橋

6 덕안
Old Ho

응우옌 두 거리 Nguyễn Du

라 레시덴시아 부티크 호텔 앤드 스파
La Residencia Boutique Hotel & Spa

탄빈 리버사이드 호텔
Thanh Binh Riverside Hotel

응우옌 두 거리 Nguyễn Du

응우옌 푹 쭈 거리 Nguyễn Phúc Ch

7 띠

12
투본강 나룻배

10m

3 푸젠 회관
Phuc Kien Assembly Hall

호이안에 있는 회관 중 관광객들이 가장 많이 들르는 곳 중 하나. 잠깐 들러 산책삼아 둘러보기 괜찮다.
🕐 **시간** 08:00~17:00

➡ 쩐푸 거리를 따라 도보 2분 → 아트 스탬프 도착

40m

4 아트 스탬프
Art Stamps

얼굴을 새긴 스탬프를 즉석에서 조각해 판매하는 곳. 장인의 손놀림을 구경하는 재미가 남다르다. 오래 기다리기 싫으면 사진을 전달해도 오케이!
🕐 **시간** 10:00~21:00

➡ 쩐푸 거리를 따라 도보 1분 → 파이포 커피 도착

라 호이 거리 La Hói

호이안 야시장
Hoi An Night Market

11

쯔우 특 징 거리 Nguyễn

탄 거리 Nguyễn Phúc Tấn

코럴 스파 10
Coral Spa

응우옌 푹

응우옌 황 거리 Nguyễn Hoàng

응우옌 호앙

응오 쿠옌 거리 Ngô Quyền

쩌우 트엉 반 Châu Thượng Vân

응오 쿠옌 거리 Ngô Quyền

🍴 레드 게코
RED GEKO

1h

5 파이포 커피
Faifo Coffee

전망 좋은 루프톱 카페에서 잠시 쉬어 갈 시간. 배경이 좋으니 사진을 찍기만 해도 인생 사진이 무더기로 쏟아진다. 조금 덥더라도 옥상층 난간 자리에 앉자.

🕐 **시간** 08:00~21:30

➡ 쩐푸 거리를 따라 도보 1분 → 덕안 고가 도착

15m

6 덕안 고가
Old House of Duc An

호이안의 고가 중 가장 아름답다고 평가되는 고가로 현지인들에게는 사진 촬영 명소로 소문난 곳이다. 안뜰이 사진이 잘 나오는 포인트.

🕐 **시간** 08:00~21:00

➡ 쩐푸 거리를 따라 걷다가 첫 번째 왼쪽 골목길로 들어간다. 골목길에서 나와 좌회전 → 떤키 고가 도착

호이안 히스토릭 호텔
Hội An Historic Hotel

호이안 박물관
Museum of Hoi An

안 실크 빌리지
버스 타는 곳

호이안 트래블
Hoi An Travel

쩐흥다오 거리 Trần Hưng Đạo

벨 메종 하다나 호이안 리조트 앤드 스파
Belle Maison Hadana Hoi An Resort & Spa

쩐흥다오 거리 Trần Hưng Đạo

Nguyễn Huệ

레 러이 거리 Lê Lợi

2 반미프헝
Banh Mi Phuong

🎫 매표소

미스리
MISS LY

판 꽁 사당 Quan Cong Temple

🎫 매표소

B 포시즌스 리조트 남하이
하얏트 리젠시, 푸라마 리조트
셔틀버스 타는 곳

푸젠 회관 3
Phuc Kien Assembly Hall

13

하이난 회관
Hai Nam Assembly Hall

퓨전 카페
Fusion Café

4 아트 스탬프
Art Stamps

헤리티지 아트 갤러리
Heritage Art Gallery

아난타라 호이안 리조트
Anantara Hôi An Resort

쓰당 쯩 민속 공연
Xu Dang Trong Traditional
Art Performance

1 호이안 중앙 시장
Hoi An Central Market

투본강 Thu Bồn River

퍼 호이 리버사이드 리조트
Phố Hội Riverside Resort

페블 홈스테이 호이안
Pebble homestay Hoi An

10m

7 떤키 고가
Tan Ky Old House

관 처럼 생긴 고가. 홍수가 날 때마다 침수 피해를 입었는데, 연도별로 침수된 높이에 맞춰 스티커를 붙여놓았다.

⏱ **시간** 08:30~17:45

➡ 고가 뒷문으로 나와 왼쪽, 박당 거리를 따라 도보 3분 → 내원교 도착

15m

8 내원교
來遠橋

호이안을 대표하는 랜드마크로 베트남 2만₫짜리 지폐에도 그려져 있다. 사진 명당이기도 언제나 사람들로 붐빈다.

⏱ **시간** 24시간

➡ 다리를 건너 첫 번째 골목으로 들어간다. 도보 1분 → 누 이터리 도착

50m

9 누 이터리
Nu Eatery

점심 식사는 조금 조용한 곳으로, 골목 안쪽에 위치해 다른 곳보다 한적하다.

⏱ **시간** 12:00~21:00

➡ 내원교에서 투본강 방향으로 간다. 안호이 다리를 건너 우회전 후 응우옌 호앙 거리에 직진 응우옌 푹 탄 거리가 나오면 다시 우회전한다. 도보 5분 → 코럴 스파 도착

마담 칸
Madam KHANH

2h 20m

10 코럴 스파
Coral Spa

유기농 재료로 손수 제작한 마사지 재료를 이용하는 스파 숍. 아직은 소수의 여행자에게만 알려진 곳이라 조용히 쉬다 갈 수 있다.

⏱ **시간** 09:30~21:00

➡ 가게를 나와 우회전, 도보 1분 → 호이안 야시장 도착

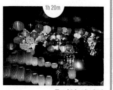

1h 20m

11 호이안 야시장
Hoi An Night Market

어둠이 내리기 시작하면 한적하던 거리가 색색의 옷을 입는다. 기념품과 옷을 파는 가판대가 들어서고, 사람들의 시선을 끄는 대나무 등불까지 켜지면 비로소 호이안의 황홀한 밤이 시작된다.

➡ 안호이 다리를 건너 박당 거리로 들어간다. 도보 5분 → 투본강 나룻배 타기

라 레시덴시아 부티크
호텔 앤드 스파
La Residencia Boutique
otel & Spa

응우옌 두 거리 Nguyễn Du

리틀 호이안 부티크 호텔 앤드 스파
Little Hoi An Boutique Hotel & Spa

란타나 호이안 부티크 호텔 앤드 스파
Little Hoi An Boutique Hotel & Spa

매표소

퍼비엣 46
Pho Viet 46

라 호이 거리 La Hối

호이안 실크 마리나 리조트 앤드 스파
Hoi An Silk Marina Resort & Spa

빈홍 리버사이드 리조트 앤드 스파
Vinh Hung Riverside Resort & Spa

투본강 Thu Bồn River

팜 가든 리조트
선라이즈 프리미엄 리조트
셔틀버스 타는 곳

멜리아 다낭
셔틀버스 타는 곳

해이 바 쯩 거리 Hai Bà Trưng

9 누 이터리
Nu Eatery

8 내원교
來遠橋

6 덕이
Old H

7

12
투본강 나룻배

응우옌 푹 추 거리 Nguyễn Phúc Chu

호이안 야시장
Hoi An Night Market

11

쩌우 트엉 반 거리 Châu Thượng Văn

탄 거리 Nguyễn Phúc Tấn

코럴 스파
Coral Spa

10

응우옌 푹
거리 응오 쿠옌 거리 Ngô Quyền

응오 쿠옌 거리 Ngô Q

응우옌 호앙

레드 게코
RED GEKO

12 투본강 나룻배

20m

박당 거리 어디서든 나룻배를 탈 수 있지만 안호이 다리에서 멀어질수록 가격이 저렴하다. 호객꾼이 제시하는 금액 그대로 타면 바가지 쓸 위험이 있으니 흥정을 잘하는 것이 관건.
➡ 응우옌 타이 혹 거리로 들어가 직진, 호이안 중앙 시장이 나오면 좌회전 → 미스 리 도착

13 미스 리
MISS LY

40m

호이안 구시가지에서 한국인들이 가장 많이 가는 레스토랑 중 하나. 관광지치고는 저렴한 음식값에, 음식 맛도 평균 이상이다. 화이트 로즈, 호안탄이 이 집 대표 메뉴.
🕐 시간 11:00~16:00, 17:00~21:00

↓
CONTINUE

7. 떤키 고가	
230m, 도보 3분	
8. 내원교	
100m, 도보 1분	
9. 누 이터리	
400m, 도보 5분	
10. 코럴 스파	
55m, 도보 1분	
11. 호이안 야시장	
300m, 도보 4분	
12. 투본강 나룻배	
550m, 도보 7분	
13. 미스 리	

Area 1 호이안 구시가지
COURSE 1
COURSE 2
ZOOM IN

타이 리에 거리 Thái Phiên

호이안 히스토릭 호텔
Hoi An Historic Hotel

호이안 박물관
Museum of Hoi An

응우옌 후에 거리

호이안 트래블
Hoi An Travel

쩐흥다오 거리 Trần Hưng Đạo

Nguyễn Huệ

쩐흥다오 거리 Trần Hưng Đạo

벨 메종 하다나 호이안 리조트 앤드 스파
Belle Maison Hadana Hoi An Resort & Spa

라이 로이 거리 Lê Lợi

2 반미프엉
Banh Mi Phuong

매표소

판 꽁 사당 Quan Cong Temple

미스리
MISS LY

포시즌스 리조트 남하이,
하얏트 리젠시, 푸라마 리조트
셔틀버스 타는 곳

13

매표소

퓨전 카페
Fusion Café

푸젠 회관
Phuc Kien Assembly Hall **3**

하이난 회관
Hai Nam Assembly Hall

4 아트 스탬프
Art Stamps

헤리티지 아트 갤러리
Heritage Art Gallery

아난타라 호이안 리조트
Anantara Hội An Resort

1 호이안 중앙 시장
Hoi An Central Market

쓰당 쫑 민속 공연
Xu Dang Trong Traditional
Art Performance

페블 홈스테이 호이안
Pebble homestay Hoi An

R E C E I P T

볼거리	1시간 50분
식사	2시간 50분
이동	33분
쇼핑	2시간
마사지	2시간 20분

TOTAL 9시간 33분

입장료	12만₫
구시가지 통합 입장권	12만₫
식사비	40만7000₫ + 8$
반미프엉(세트 메뉴)	8$
파이포 커피(카페라테)	5만2000₫
누 이터리(샐러드, 누들)	17만5000₫
미스 리(화이트 로즈, 호안탄)	18만₫
쇼핑	10만₫
아트 스탬프(얼굴 도장)	10만₫
체험비	65만₫~
코럴 스파(시그너처 마사지 90분)	55만₫
투본강 나룻배	10만₫~

TOTAL 127만7000₫ + 8$
(어른 1인 기준, 쇼핑 비용 별도)

COURSE 2

낭만 밤 나들이 핵심 코스

마음 같아서는 며칠 머물다 가고 싶은데, 주어진 시간이 짧다면 일단 호이안의 밤이라도 제대로 보내는 것이 답. 짧고 굵게 호이안의 밤을 즐길 수 있는 코스다.

🍴 매표소

왓 엘스 카페
What Else Café

로지스 카페
Rosie's Café

응우옌 쯔엉 가족 사당
Nguyen Tuong Family's Chapel

믹스 레스토랑
MIX Greek Restaurant

호이안 로스터리
Hoi An Roastery

누이 터리
Nu eatery

풍흥 고가
Phung Hung Old House

1 내원교
來遠橋

광둥 회관
Quang Dong
Assembly Hall

3 더 셰프
The Chef

리칭 아웃 티 하우스
Reaching Out Teahouse

하이 카페
Hai Café

싸후인 문화 박물관
Museum of Sa Huynh Culture

덕안 고가
Old House of Duc An

응우옌 타이 혹 거리 Nguyễn Thái Học

씨클로 타는 곳

모닝글로리
Morning Glory

안호이 다리
An Hoi Bridge

모닝글로리
Morning Glory

떤키 고가
Tan Ky Ok

리칭 아웃 아츠 앤드 크래프트
Reaching Out Arts & Crafts

5 호이안 로스
Hoi An Roaste

응우옌 푹 추 거리 Nguyễn Phúc Chu

2 투본강 나룻배

Bạch Đằng

🍴 매표소

6 호이안 야시장
Hoi An Night Market

START

15m

1 **내원교**
來遠橋

해가 조금이라도 남아 있을 때 내원
교부터 구경하자. 조금만 어두워져도
사진 찍기 힘들어진다.
🕐 **시간** 24시간

➡ 투본강 방향으로 나와 박당 거리
로 들어간다. 도보 1분 → 투본강 나룻
배 타기

↓
START

1. 내원교	
180m, 도보 2분	
2. 투본강 나룻배	
120m, 도보 1분	
3. 더 셰프	
825m, 도보 12분	
4. 구시가지 산책	
15m, 도보 1분	
5. 호이안 로스터리	
220m, 도보 3분	
6. 호이안 야시장	

레 라이 거리 Lê Lợi

까이띠 알파 레더
KHAI TRI ALPHA LEATHER

30m

2 투본강 나룻배

사방이 깜깜해지기 전 배에 승선하는 것이 핵심 포인트. 깜깜해지고 나면 희끄무레하게 남아 있는 노을을 볼 수 없는 데다 사진을 찍는 족족 흔들리기만 한다.

➡ 샛길로 들어가 쩐푸 거리로 간다. 도보 1분 → 더 셰프 도착

1h

3 더 셰프
The Chef

일단 배부터 든든히 채우자. 루프톱에 올라 풍경을 보고 나면 호이안의 밤이 조금은 더 말랑해진다. 식당 1층은 소유육을 부르는 기념품점이다.

🕐 **시간** 08:00~22:00(루프톱 16:00부터)

➡ 더 셰프에서 나와 왼쪽 쩐푸 거리를 따라 걷는다. → 구시가지 산책

쩐푸 거리 Trần Phú

🍴 파이포 커피
Faifo Coffee

🏠 홍민
Hong Minh

🎫 매표소

📮 아트 스탬프
Art Stamps

1h

4 구시가지 산책
Hoi An Old Town

구시가지의 밤을 제대로 느끼는 법은 걷는 것. 쩐푸 거리를 따라 걷다가 호레 레이 거리가 나오면 우회전한 후 응우옌 타이 혹 거리를 따라 돌아오는 코스를 추천한다.

➡ 떤키 고가 출구 옆 → 호이안 로스터리 도착

코코 박스 🍴
Coco Box

응우옌 타이 혹 거리 Nguyễn Thái Học

응우옌 타이 혹 거리 Nguyễn Thái Học

🏠 선데이 인 호이안
Sunday In Hoi An

민속 박물관 📷
Museum of Folk Culture

박당 거리 Bạch Đằng

30m

5 호이안 로스터리
Hoi An Roastery

유명하지 않아 훨씬 조용하지만 풍경은 어디에도 뒤처지지 않는 것이 이곳의 장점. 실내 좌석과 야외 좌석이 따로 구분되어 있어 날씨가 안 좋아도 오케이.

🕐 **시간** 10:00~24:00

➡ 안호이 다리를 건너 오른쪽으로 가면 왼쪽에 야시장이 보인다. → 호이안 야시장 도착

30m

6 호이안 야시장
Hoi An Night Market

짧은 여행의 마무리는 야시장에서. 보고만 있어도 좋은 대나무 등과 아기자기한 기념품 때문에 몇 번이나 지갑이 열렸다 닫힌다.

🕐 **시간** 일몰~늦은 밤

RECEIPT

볼거리	1시간 45분
식사	1시간 30분
쇼핑	30분
이동	19분

TOTAL 4시간 4분

식비	25만5000đ

더 셰프(분짜 하노이, 카페 쓰어 다) 18만đ
호이안 로스터리(코코넛 아이스크림 커피) 7만5000đ

체험비	10만đ~

투본강 나룻배 10만đ~

TOTAL 35만5000đ
(어른 1인 기준, 쇼핑 비용 별도)

ZOOM IN

호이안 구시가지

호이안 여행의 하이라이트. 수백 년 전 고대 도시 안에 아기자기한 기념품점과 분위기 있는 커피숍, 고가(古家) 등이 모여 있다. 통합 입장권에는 구시가지 입장 요금이 포함돼 있어 구시가지 안을 산책하거나 식사만 하려는 사람도 예외 없이 입장권을 사야 한다. 구시가지 안에 자리한 18군데 명소 중 최대 5곳에서 이용할 수 있다.

- **이동 거리 기준** 내원교
- **통합 입장권 요금** 외국인 12만đ

1 내원교
来遠橋
Chùa Cầu Hội An [쭈어 꺼우 호이안]

호이안 구시가지에서 가장 유명한 건축물로 일본인이 건축해 '내원교'라는 이름으로도 유명하다. 일본인 무역상들이 호이안에 촌락을 이루고 살던 1500년대 후반, 마을 반대편에 있던 중국인 거주 지역과 연결하기 위해 목재와 돌을 이용해 지었다. 역사적인 상징성과 미적 가치를 인정받아 베트남 2만đ짜리 지폐 도면으로 채택되기도 했다.

ⓑ 1권 P.054 ⓞ 지도 P.088E ⓖ 구글 지도 GPS 15.877114, 108.326017 ⓒ 찾아가기 쩐푸 거리와 응우옌 티 민 카이 거리가 만나는 곳에 위치 ⓐ 주소 Nguyễn Thị Minh Khai, Phường Minh An, Hội An, Quảng Nam ⓣ 전화 없음 ⓢ 시간 24시간 ⓟ 가격 통합 입장권으로 입장 가능 ⓗ 홈페이지 없음

2 풍흥 고가
Phung Hung Old House
馮興古家

1780년 지은 고가로 1700년대 후반~1800년대 초반의 건축양식을 관찰하기 좋다. 총 80개의 나무 기둥이 받치고 있으며 한 건물 안에 베트남, 일본, 중국 건축 스타일이 혼재돼 있는 것이 특징. 무료 가이드 투어도 진행한다.

ⓑ 1권 P.055 ⓞ 지도 P.088E ⓖ 구글 지도 GPS 15.877191, 108.325778 ⓒ 찾아가기 내원교 바로 앞 ⓐ 주소 4 Nguyễn Thị Minh Khai, Phường Minh An, Hội An, Quảng Nam ⓣ 전화 없음 ⓢ 시간 08:00~18:00 ⓡ 휴무 연중무휴 ⓟ 가격 통합 입장권으로 입장 가능 ⓗ 홈페이지 없음

3 덕안 고가
Old House of Duc An
德安古家

호이안 상점 건축양식을 볼 수 있는 고가(古家). 입구로 들어서면 1900년대 초반 한약방으로 개조한 흔적을 볼 수 있으며 조상신을 모시는 작은 사당이 왼쪽에 자리한다. 그다음 보이는 것이 응접실과 안뜰. 건물 한가운데에 있는 안뜰은 고즈넉한 분위기 덕에 웨딩 사진 촬영 명소로 인기가 있다.

ⓑ 1권 P.056 ⓞ 지도 P.088F ⓖ 구글 지도 GPS 15.876951, 108.327554 ⓒ 찾아가기 내원교에서 쩐푸 거리를 따라 도보 2분 ⓐ 주소 129 Trần Phú, Phường Minh An, Hội An, Quảng Nam ⓣ 전화 없음 ⓢ 시간 08:00~21:00 ⓡ 휴무 연중무휴 ⓟ 가격 통합 입장권으로 입장 가능 ⓗ 홈페이지 없음

4 떤키 고가
Tan Ky Old House
進記古家

관 모양 건물이 눈에 띄는 고가로 출입구가 건물 앞과 뒤로 나 있는 것이 특징. 구시가지 방향 입구로는 상인들이 드나들었고, 투본강 방향 입구는 강가에 정박한 배에 화물을 편하게 실으려고 만들었다고 한다. 베트남에 남아 있는 중국풍의 건물 중 가장 아름답다고 평가받는다.

ⓑ 1권 P.056 ⓞ 지도 P.088F ⓖ 구글 지도 GPS 15.876496, 108.327772 ⓒ 찾아가기 내원교에서 응우옌 타이 혹 거리를 따라 도보 3분 ⓐ 주소 101 Nguyễn Thái Học, Phường Minh An, Hội An, Quảng Nam ⓣ 전화 235-391-0779 ⓢ 시간 08:30~17:45 ⓡ 휴무 연중무휴 ⓟ 가격 통합 입장권으로 입장 가능 ⓗ 홈페이지 없음

5 푸젠 회관
Phuc Kien Assembly Hall
福建會館

★★★★
도보 6분

중국 푸젠성 출신 화교들이 친목 도모와 제사를 위해 1690년대에 세운 향우 회관으로 호이안에서 가장 큰 규모를 자랑한다. 항해자의 안전을 책임지는 바다의 여신, '마조'를 모시는 도교 사원(天后宮)을 가장 중요한 곳에 배치하고 호이안에 첫발을 디딘 6명의 조상을 모시는 사당도 함께 세웠다.

🎫 1권 P.057 🗺 지도 P.089H
🌐 **구글 지도 GPS** 15.877535, 108.330908
🔍 **찾아가기** 내원교에서 쩐푸 거리를 따라 도보 6분
📍 **주소** 46 Trần Phú, Phường Minh An, Hội An, Quảng Nam ☎ **전화** 없음
🕐 **시간** 08:00~17:00 ⊖ **휴무** 연중무휴
💰 **가격** 통합 입장권으로 입장 가능
🌐 **홈페이지** 없음

6 광둥 회관
Quang Dong Assembly Hall
廣東會館

★★★★
도보 1분

중국 광둥성 출신 화교들이 세운 향우 회관으로 내원교와 가까워 관람객이 가장 많다. 관우와 마조를 모시고 있으며 앞뜰에는 잉어가 용으로 바뀌는 형상을 본뜬 조각이, 뒤뜰에는 용이 승천하는 모습을 담은 조각이 있다. 건축물 자체보다는 관우의 적토마, 안전 항해를 위해 만든 선박 모형 등이 볼만하다.

🎫 1권 P.057 🗺 지도 P.088E
🌐 **구글 지도 GPS** 15.877179, 108.326489
🔍 **찾아가기** 내원교 바로 옆
📍 **주소** 176 Trần Phú, Phường Minh An, Hội An, Quảng Nam ☎ **전화** 없음 🕐 **시간** 07:00~18:00
⊖ **휴무** 연중무휴 💰 **가격** 통합 입장권으로 입장 가능 🌐 **홈페이지** 없음

7 헤리티지 아트 갤러리
Heritage Art Gallery

★★★★
도보 12분

프랑스 사진작가 레한(Rehanh)이 세운 사진 갤러리. 7년간 베트남 전역을 다니며 찍은 54개 소수민족의 인물 사진 2000여 점이 건물 2개 동에 전시돼 있다. 사진 전시만 하는 것이 아니라, 사진 속 소수민족이 입은 의상과 장신구를 함께 전시해 그들의 문화를 조금이나마 느낄 수 있게 했다는 것이 특징. 갤러리 수익금은 소수민족 아이들의 교육 지원에 쓰인다고 한다.

🗺 지도 P.087H
🌐 **구글 지도 GPS** 15.877089, 108.334207 🔍 **찾아가기** 내원교에서 박당 거리를 따라 도보 12분
📍 **주소** 26 Đường Phan Bội Châu, Cẩm Châu, Hội An, Quảng Nam ☎ **전화** 235-655-8382 🕐 **시간** 08:00~20:00 ⊖ **휴무** 연중무휴 💰 **가격** 무료입장
🌐 **홈페이지** www.rehanhphotographer.com

8 호이안 박물관
Museum of Hoi An

★★★
도보 7분

호이안 및 베트남 중부 지역의 역사를 한눈에 보여주는 박물관. 2층은 고대사부터 베트남 전쟁까지의 역사를, 3층은 종전 이후부터 현대에 이르는 역사를 다양한 유물과 자료를 통해 보여준다. 하지만 관리 수준이 떨어지고 영어 설명만 되어 있어 굳이 시간을 내 둘러볼 필요는 없다. 참고로 4층 전망대에서 바라보는 호이안의 경치는 최고다.

🗺 지도 P.087G
🌐 **구글 지도 GPS** 15.880279, 108.329482 🔍 **찾아가기** 내원교에서 쩐푸 거리를 따라 직진하다가 레러이 거리가 나오면 좌회전, 쩐 흥다오 거리와 만나는 교차점에 위치. 도보 7분 📍 **주소** 10B Trần Hưng Đạo, Phường Minh An, Hội An, Quảng Nam ☎ **전화** 235-386-2367 🕐 **시간** 07:30~17:00 ⊖ **휴무** 연중무휴 💰 **가격** 통합 입장권으로 입장 가능
🌐 **홈페이지** 없음

9 하이난 회관
Hai Nam Assembly Hall
海南會館

★★★
도보 8분

중국 하이난(海南) 출신 상인들이 친목 도모와 조상에게 제사를 지내기 위해 세운 회관. 항해 중 베트남 해군이 해적선으로 오인 포격해 명을 달리한 상인들을 모시는 사당이 주요 볼거리. 하지만 일부러 찾아가기에는 볼 것이 없다.

🗺 지도 P.087G
🌐 **구글 지도 GPS** 15.877662, 108.332115
🔍 **찾아가기** 내원교에서 쩐푸 거리를 따라 도보 8분 📍 **주소** 10 Trần Phú, Cẩm Châu, Hội An, Quảng Nam ☎ **전화** 없음 🕐 **시간** 08:00~17:00 ⊖ **휴무** 연중무휴 💰 **가격** 통합 입장권으로 입장 가능
🌐 **홈페이지** 없음

10 쩐 가족 사당
Tran Family's Chapel

★★★
도보 6분

약 200년 전에 지은 쩐 가문의 가옥 겸 재실. 고대의 건축양식을 그대로 유지한 것이 특징인데, 주로 목재를 이용해 지었으며 지붕에는 음각과 양각으로 조각된 기와를 얹은 것이 대표적인 예. 당시 건축물과 구별되는 가장 큰 특징은 높은 담에 둘러싸여 있으며 건물 안쪽에 큰 규모의 정원이 있다는 것. 이를 통해 정부 고위 관리직이었다는 것을 짐작할 수 있다.

🗺 지도 P.089C
🌐 **구글 지도 GPS** 15.878558, 108.328797 🔍 **찾아가기** 내원교에서 쩐푸 거리를 따라 직진하다가 레러이 거리로 좌회전. 판 추 틴 거리 교차점에 위치 📍 **주소** 21 Lê Lợi, Phường Minh An, Hội An, Quảng Nam ☎ **전화** 038-566-9700 🕐 **시간** 07:00~21:00 ⊖ **휴무** 연중무휴 💰 **가격** 통합 입장권으로 입장 가능 🌐 **홈페이지** 없음

11 응우옌 쯔엉 가족 사당
Nguyen Tuong Family's Chapel

도보 1분

응우옌 쯔엉 가문의 가족 사당으로, 현재 자손의 14대 조상인 응우옌 쯔엉 반(Nguyen Tuong Van, 1774~1822)이 1806년 건설했다. 응우옌 쯔엉가의 조상은 민망 황제 재임 당시에 왕실 군대의 총사령관을 역임했고, 황제에게 껌포 마을의 땅을 하사받았던 이름난 집안. 그래서인지 길고 좁은 호이안의 다른 건물들과 달리 넓고 웅장한 것이 특징. 관리도 훨씬 잘되어 있다.

⊙ **지도** P.088A
⊚ **구글 지도** GPS 15.877548, 108.325718 ⊚ **찾아가기** 내원교에서 풍흥 고가 방향으로 나온 뒤 첫 번째 오른쪽 골목으로 들어간다. 도보 1분. ⊛ **주소** 8 Nguyễn Thị Minh Khai, Phường Minh An, Hội An, Quảng Nam ⊖ **전화** 093-523-0939 ⊙ **시간** 093-523-0939 ⊖ **휴무** 연중무휴 ⊚ **가격** 통합 입장권으로 입장 가능 ⊗ **홈페이지** 없음

12 꽌 탕 고가
Old House of Quan Thang
勝均古家

도보 4분

150여 년 전에 중국 화하 스타일로 지은 고가. 집의 전반적인 틀을 김봉 목공예 마을의 장인들이 만들어 품격이 느껴진다. 건물 내부에 조상신을 모신 사당이 있고 안뜰이 있는 점 등이 당시 호이안의 건축 스타일을 잘 보여주는 것이라고.

⊙ **지도** P.089G
⊚ **구글 지도** GPS 15.877049, 108.329181
⊚ **찾아가기** 내원교에서 쩐푸 거리를 따라 도보 4분 ⊛ **주소** 77 Trần Phú, Phường Minh An, Hội An, Quảng Nam ⊖ **전화** 없음 ⊙ **시간** 09:30~18:00 ⊖ **휴무** 연중무휴 ⊚ **가격** 통합 입장권으로 입장 가능 ⊗ **홈페이지** 없음

13 꽌 꽁 사당
Quan Cong Temple

도보 7분

1653년 중국 촉나라의 명장 관우(전종 A.D?~219)를 기리기 위해 설립된 사당. 중국에서 관우는 충성, 성실, 진실, 정의를 상징으로 여겨지는데, 도교를 비롯한 중국 민간신앙에서는 공자와 함께 거론될 정도로 추앙받고 있다. 사당 규모가 작아 큰 볼거리는 없지만 사당 안쪽 제단에 관우의 동상과 그가 탔던 적토마가 늠름하게 서 있다.

⊙ **지도** P.087G
⊚ **구글 지도** GPS 15.877555, 108.331400
⊚ **찾아가기** 내원교에서 쩐푸 거리를 따라 도보 7분 ⊛ **주소** 24 Trần Phú, Cẩm Châu, Hội An, Quảng Nam ⊖ **전화** 235-386-1327 ⊙ **시간** 08:00~17:00 ⊖ **휴무** 연중무휴 ⊚ **가격** 통합 입장권으로 입장 가능 ⊗ **홈페이지** 없음

14 껌포 마을 회관
Cam Pho Communal House

도보 3분

주민들이 모이는 일종의 마을 회관으로 중국과 베트남의 전통적인 건축 기법을 모두 이용해 지었다. 지역 수호신을 모시는 사당과 인형극을 열 수 있는 너른 전실 등으로 구성된 것이 특징. 호이안 구시가지의 다른 유적지보다 관람객이 적어 여유롭게 둘러볼 수 있다.

⊙ **지도** P.086F
⊚ **구글 지도** GPS 15.878119, 108.324162
⊚ **찾아가기** 내원교에서 응우옌 띠 민 카이 거리를 따라 도보 3분 ⊛ **주소** 52 Nguyễn Thị Minh Khai, Phường Minh An, Hội An, Quảng Nam ⊖ **전화** 없음 ⊙ **시간** 08:00~17:00 ⊖ **휴무** 연중무휴 ⊚ **가격** 통합 입장권으로 입장 가능 ⊗ **홈페이지** 없음

15 민흐엉 마을 회관
Minh Huong Communal House

도보 7분

18세기 화교 정착인들이 그들의 조상을 숭배하기 위해 세운 마을 회관. 선원들의 안전한 항해를 위해 바다의 여신으로 일컬어지는 '티엔하우(마조)'도 함께 모시고 있으며 제사를 지내 성의를 보냈는데, 지금도 매년 봄과 가을에 제사를 올린다고 한다.

⊙ **지도** P.087G
⊚ **구글 지도** GPS 15.877608, 108.331733
⊚ **찾아가기** 내원교에서 쩐푸 거리를 따라 도보 7분 ⊛ **주소** 16 Trần Phú, Cẩm Châu, Hội An, Quảng Nam ⊖ **전화** 없음 ⊙ **시간** 07:00~21:00 ⊖ **휴무** 연중무휴 ⊚ **가격** 통합 입장권으로 입장 가능 ⊗ **홈페이지** 없음

16 도자기 무역 박물관
Museum of Trade Ceramics

도보 5분

15~17세기 무역항으로 이름을 떨쳤던 당시 호이안의 위상을 잘 보여주는 박물관. 호이안에서 발굴된 도자기를 주로 전시하는데, 호이안 앞바다에 침몰한 무역선에서 인양한 도자기들이 눈길을 끈다. 1층만 공개하는 대부분의 유적지와 달리 2층까지 일반에 공개해 1800년대 건축양식을 가까이에서 관찰할 수 있다.

⊙ **지도** P.089H
⊚ **구글 지도** GPS 15.877327, 108.329452
⊚ **찾아가기** 내원교에서 쩐푸 거리를 따라 도보 5분 ⊛ **주소** 80 Trần Phú, Phường Minh An, Hội An, Quảng Nam ⊖ **전화** 없음 ⊙ **시간** 08:00~17:00 ⊖ **휴무** 연중무휴 ⊚ **가격** 통합 입장권으로 입장 가능 ⊗ **홈페이지** 없음

17 싸후인 문화 박물관
Museum of Sa Huynh Culture

📷 ★ 도보 1분

기원전 1000년에서 기원후 200년까지 베트남 중부 지역에서 번성했던 싸후인 문화를 소개하는 박물관. 철기시대에 해당하는 문화인 만큼 호이안 인근 지역에서 출토된 토기와 접시, 장신구, 생활용품 등이 전시돼 있다. 2층 테라스에서는 구시가지의 모습을 볼 수 있다.

- 🗺 **지도** P.088E
- 🔵 **구글 지도 GPS** 15.876928, 108.326378 🔵 **찾아가기** 내원교 바로 앞 🔵 **주소** 149 Trần Phú, Phường Minh An, Hội An, Quảng Nam 🔵 **전화** 235-386-1535 🔵 **시간** 08:00~17:00 🔵 **휴무** 연중무휴 🔵 **가격** 통합 입장권으로 입장 가능
- 🔵 **홈페이지** 없음

18 민속 박물관
Museum of Folk Culture

📷 ★ 도보 6분

호이안에서 가장 큰 목조건물로, 흔치 않은 복층 구조다. 호이안을 비롯한 중부 베트남의 민속 문화를 알아볼 수 있도록 실제 농기계, 의복, 어업 도구 등을 전시하고 있다. 큰 볼거리는 없다.

- 🗺 **지도** P.089L
- 🔵 **구글 지도 GPS** 15.876185, 108.329890
- 🔵 **찾아가기** 내원교에서 박당 거리를 따라 도보 6분 🔵 **주소** 33 Nguyễn Thái Học, Phường Minh An, Hội An, Quảng Nam 🔵 **전화** 235-391-0948 🔵 **시간** 07:00~21:30 🔵 **휴무** 연중무휴 🔵 **가격** 통합 입장권으로 입장 가능
- 🔵 **홈페이지** 없음

19 하이 레스토랑
HI! Restaurant

🍴 ★★★★★ 도보 5분

여행자들에게 인기 있는 길거리 식당. 다양한 메뉴를 선보이는데, 대부분이 맛있어 선뜻 고르기 힘들다. 이럴 때는 이 집의 간판 메뉴만 모아놓은 세트 메뉴를 주목해보자. 단돈 8$로 호안탄, 화이트 로즈, 까오러우, 스프링롤 등 호이안의 특산 요리를 모두 맛볼 수 있다.

- 🔵 **1권** P.135 🗺 **지도** P.089K
- 🔵 **구글 지도 GPS** 15.875095, 108.328381 🔵 **찾아가기** 호이안 야시장에서 강변을 따라 도보 5분 🔵 **주소** #15, Nguyễn Phúc Chu, An Hội, Minh An, Tp. Hội An, Quảng Nam 🔵 **전화** 093-253-9902 🔵 **시간** 09:00~21:00 🔵 **휴무** 연중무휴 🔵 **가격** 세트 메뉴 8$
- 🔵 **홈페이지** 없음

세트 메뉴 8$

20 마담 칸
Madam KHANH

🍴 ★★★★★ 도보 7분

호이안 최고의 반미 맛을 자랑하는 반미집. 메뉴는 단 두 가지. 믹스드(Mixed)와 배지터리언(Vegeterian). 매운 정도는 세 단계로 주문할 수 있는데, 중간이나 맵게 주문하면 보통 한국인 입맛에 잘 맞는다. 포장도 된다.

- 🔵 **1권** P.127 🗺 **지도** P.086F
- 🔵 **구글 지도 GPS** 15.880579, 108.327956 🔵 **찾아가기** 광동 회관 옆 하이바쯩 거리를 따라 쩐흥다오 거리가 나오면 우회전 후 좌회전, 도보 7분 🔵 **주소** 115 Trần Cao Vân, Phường Minh An, tp. Hội An, Quảng Nam 🔵 **전화** 077-747-6177 🔵 **시간** 07:00~19:00 🔵 **휴무** 연중무휴 🔵 **가격** 반미 2만đ, 음료수 1만5000đ
- 🔵 **홈페이지** 없음

믹스드 반미 2만đ

21 반미프엉
Bánh Mì Phượng

🍴 ★★★★★ 도보 9분

마담 칸과 쌍벽을 이루는 반미 맛집. 1, 2층 각각 주문을 따로 받는 시스템으로 1층은 대기 줄이 길고 정신없지만 2층은 사람이 적어 여유롭다. 3·5·12번 메뉴가 한국인에게 가장 인기 있다. 고의로 잔돈을 덜 주는 경향이 있으니 돈을 딱 맞춰주자.

- 🔵 **1권** P.127 🗺 **지도** P.087G
- 🔵 **구글 지도 GPS** 15.878508, 108.332004 🔵 **찾아가기** 내원교에서 쩐푸 거리를 따라 직진하다가 호이안 시장이 나오면 좌회전 후 우회전, 도보 9분 🔵 **주소** 2B Phan Châu Trinh, Cẩm Châu, Hội An, Quảng Nam 🔵 **전화** 090-574-3773 🔵 **시간** 06:30~21:30 🔵 **휴무** 연중무휴 🔵 **가격** 믹스드 반미 2만5000đ, 바비큐 반미 2만5000đ, 비프 위드 에그 반미 3만đ 🔵 **홈페이지** 없음

믹스드 반미·
바비큐 반미 각 2만5000đ

22 피반미
PHI Bánh Mì

🍴 ★★★★ 도보 10분

현지인들이 즐겨 찾는 반미집. 소스를 직접 만들고 지역 농산물을 사용한다. 다른 반미집보다 가격이 저렴하고 종류도 다양하다. 치즈, 달걀, 돼지고기, 허브, 아보카도가 넉넉히 들어간 '믹스 스페셜'이 가장 인기 있다. 한국어 메뉴판도 있다.

- 🔵 **1권** P.127 🗺 **지도** P.086B
- 🔵 **구글 지도 GPS** 15.881866, 108.326908 🔵 **찾아가기** 광동 회관 옆 하이바쯩 거리를 걷다 타이피엔 거리로 우회전, 도보 10분 🔵 **주소** Cẩm Phô tp. Hội An Vietnam, 88 Thái Phiên, Phường Minh An, Hội An, Quảng Nam 🔵 **전화** 090-5755-283 🔵 **시간** 08:00~20:00 🔵 **휴무** 연중무휴 🔵 **가격** 반미 1만5000~2만5000đ, 믹스 스페셜 3만5000đ, 아보카도 추가 5000đ

믹스 스페셜
3만5000đ

23 레드 게코
RED GECKO
🍴🍴 ★★★★ 도보 3분

제대로 된 식당 찾기가 생각보다 힘든 호이안 야시장에서 맛 좋기로 소문난 곳이다. 호이안 과 꽝남 지역 전통 음식을 전문으로 하는데 어떤 메뉴든 평균 이상은 한다. 손님이 많은 저녁부터는 음식이 나오기까지 한참 걸리기 도 하고 음식 맛의 기복도 있는 편이다.

ⓑ 1권 P.130 ◎ 지도 P.086J
ⓖ 구글 지도 GPS 15,873911, 108,326010 ◎ 찾아 가기 호이안 야시장을 따라 직진, 야시장이 끝나는 지점 왼쪽, 도보 3분 ◎ 주소 23 Nguyễn Hoàng, Phường Minh An, Hội An, Quảng Nam 📞 전화 093-538-0423 ⏰ 시간 09:00~22:00 ◎ 휴무 연중 무휴 ◎ 가격 새우튀김 8만 ₫, 까오러우 5만₫, 미꽝 5만₫ ◎ 홈페이지 없음

까오러우 5만₫

24 오리비 레스토랑
Orivy Hoi An Local Food Restaurant
🍴🍴 ★★★★ 택시 3분

베트남 요리 전문점. 특히 호이안 전통 요리가 인기 있다. 가족 여행객에게는 디저트와 애피 타이저, 메인 요리가 포함된 세트 메뉴를 추천. 가격 대비 양이 많지 않은 편. 영어 메뉴판이 있다.

ⓑ 1권 P.148 ◎ 지도 P.087H
ⓖ 구글 지도 GPS 15,880324, 108,336200 ◎ 찾아 가기 호이안 구시가지에서 택시로 3분 ◎ 주소 576 l Cửa Đại, Son Phong, Hội An, Quảng Nam 📞 전화 090-964-7070 ⏰ 시간 12:00~21:30 ◎ 휴무 부정기 ◎ 가격 반 쎄오(4조각) 7 만3000₫, 호안탄(4조각) 7만 5000₫, 까오러우 7만1000₫, 세트 메뉴 1인당 18만~24만 ₫ ◎ 홈페이지 www.orivy. com(예약은 홈페이지 또는 카카오톡 Orivy)

25 누 이터리
Nu Eatery
🍴🍴 ★★★★ 도보 1분

서양인들이 즐겨 찾는 밥집. 리마콩과 아보카 도가 절묘하게 어우러지는 '아보카도 샐러드' 와 호이안식 비빔국수인 '까오러우(메뉴판에 는 그냥 누들로 표기)'가 인기. 가끔 서빙이 잘 못되기도 하니 다시 주문 내역을 확인하자.

ⓑ 1권 P.156 ◎ 지도 P.088E
ⓖ 구글 지도 GPS 15,877486, 108,325540 ◎ 찾아 가기 내원교에서 풍흥 고가 방향으로 도보 1분. 오 른쪽 기념품 가게 옆 골목으로 들어간다. ◎ 주소 10A Nguyễn Thị Minh Khai, Phường Minh An, Hội An, Quảng Nam 📞 전화 082-519-0190 ⏰ 시간 12:00~21:00 ◎ 휴무 일요일 ◎ 가격 아보카도 샐러드 7만5000₫, 누들 10만₫ ◎ 홈페이지 www.facebook. com/NuEateryHoiAn

아보카도 샐러드
7만5000₫

26 미스 리
MISS LY
🍴🍴 ★★★★ 도보 7분

호이안 전통 요리 전문점으로 1, 2호점이 붙 어 있다. 손님이 엄청나게 몰려드는 탓에 개 점 직후에 방문하지 않는 이상 20분은 꼼짝 없이 기다려야 한다. 한국인이 많이 주문하 는 메뉴 세 가지는 '호이안 스페셜리티(Hoi An Specialities)'라는 메뉴판 제일 위에 있다.

ⓑ 1권 P.128 ◎ 지도 P.087G
ⓖ 구글 지도 GPS 15,877701, 108.331214 ◎ 찾아 가기 내원교에서 쩐푸 거리를 따라 직진하다가 호 이안 시장이 나오면 좌회전, 도보 7분 ◎ 주소 22 Nguyễn Huệ, Cẩm Châu, Hội An, Quảng Nam 📞 전화 235-386-1603 ⏰ 시간 11:00~16:00, 17:00 ~21:00 ◎ 휴무 매달 1회 부정기 ◎ 가격 화이트 로즈 7만₫, 호안탄 11만₫, 새우볶음밥 13만₫(총액의 5%가 팁으로 자동 부과)

호안탄 11만₫

27 화이트 로즈 레스토랑
White Rose Restaurant
🍴🍴 ★★★★ 도보 10분

호이안의 화이트 로즈는 이곳을 거쳐 간다. 그 많은 화이트 로즈를 생산하려면 기계를 들일 법도 한데, 사람 손으로 일일이 만드는 것이 이 곳의 원칙. 피가 더 쫀득쫀득하고 씹는 느낌도 아주 좋다. 메뉴는 단 두 가지. 화이트 로즈를 말할 것도 없고 호안탄도 평균 이상의 맛이다.

ⓑ 1권 P.129 ◎ 지도 P.086B
ⓖ 구글 지도 GPS 15.883058, 108.325036 ◎ 찾 아가기 광둥 회관 옆 하이바쯩 거리를 따라 도보 10분. 생각보다 멀기 때문에 택시를 타는 것을 추 천. '봉홍짱(Bông Hồng Trắng)'이라는 간판을 찾아 야 한다. ◎ 주소 533 Hai Bà Trưng, Phường Cẩm Phố, Hội An, Quảng Nam 📞 전화 090-301-0986 ⏰ 시간 07:00~20:30 ◎ 휴무 연 중무휴 ◎ 가격 화이트 로즈 7만₫, 호안탄 10만₫

화이트 로즈 7만₫

28 퍼쓰아
Phố Xưa
🍴🍴 ★★★★ 도보 7분

향신료 맛이 강하지 않고 고기 고명 인심이 넉 넉해 입맛 깐깐한 한국 사람들에게 인기 있는 쌀국숫집. 다른 곳보다 양이 많다는 것도 무 시 못할 장점. 최근 인기를 얻으며 친절함은 기대하기는 어려워졌다.

ⓑ 1권 P.118 ◎ 지도 P.089D
ⓖ 구글 지도 GPS 15.878399, 108.329980 ◎ 찾 아가기 내원교에서 쩐푸 거리를 따라 직진, 포쓰아 로스터리 사거리에서 좌회전 후 판쩌띤 거리로 우 회전 '포슈아'라는 간판을 걸려 있어 찾기 쉽다. 도 보 7분 ◎ 주소 35 Phan Châu Trinh, Phường Minh An, Hội An, Quảng Nam 📞 전화 098-380-3889 ⏰ 시간 10:00~21:00 ◎ 휴무 연중무휴 ◎ 가격 퍼가 4만5000₫, 퍼보 4만5000₫ ◎ 홈페이지 www.facebook. com/Phoxuahoianvietnam

29 로지스 카페
Rosie's Café
★★★★ 도보 1분

비밀스러운 위치만큼 잘 알려지지 않았다. 애써 튀어 보이려고 노력하지도 않는다. 조용하고 소담한 분위기에 누군가와 얘기 나누기에도, 혼자 가서 무작정 앉아 있기도 참 좋다.

🅑 1권 P.156 ⊙ 지도 P.088A
📍 구글 지도 GPS 15,877662, 108,325646 🔍 찾아가기 내원교에서 풍흥 고가 방향으로 도보 1분. 오른쪽 기념품 가게 옆 골목으로 들어간다. 🏠 주소 8/6 Nguyễn Thị Minh Khai, Phường Minh An, Hội An, Quảng Nam ☎ 전화 077-459-9545 ⏱ 시간 월~금요일 09:00~17:00, 토요일 08:00~15:00 ⊝ 휴무 일요일
💲 가격 로지스 브렉퍼스트 7만đ 다크 파라다이스 5만đ 🌐 홈페이지 없음

30 왓엘스 카페
What Else Café
★★★★ 도보 1분

안뜰을 갖춘 작은 카페. 베트남이 아닌 다른 나라에 온 것 같은 착각이 드는 것이 매력이다. 베트남 전통 음식을 서양식으로 재해석한 메뉴가 많은데, 그중 채소를 넉넉히 넣고 볶아낸 '왓 엘스 라이스(What Else Rice)'를 추천.

🅑 1권 P.157 ⊙ 지도 P.088A
📍 구글 지도 GPS 15,877604, 108,325555 🔍 찾아가기 내원교에서 풍흥 고가 방향으로 도보 1분. 오른쪽 기념품 가게 옆 골목으로 들어간다. 🏠 주소 10/1 Nguyễn Thị Minh Khai, Phường Minh An, Hội An, Quảng Nam ☎ 전화 077-641-6037 ⏱ 시간 09:00~21:00 ⊝ 휴무 화요일
💲 가격 왓엘스 라이스 10만đ, 커피 2만5000~4만5000đ 🌐 홈페이지 없음

왓 엘스 라이스 10만đ

31 파이포 커피
Faifo Coffee
★★★★ 도보 3분

호이안 구시가지를 한눈에 볼 수 있는 루프톱 카페. 호이안에서 가장 멋진 풍경을 볼 수 있어 일찌감치 사진 촬영 명소로 입문이 났다. 해가 질 무렵이 사진 찍기 좋은 황금 시간대이지만, 그만큼 자리 경쟁도 치열하다. 아침 일찍 찾아가면 자리 선점이 그나마 수월하다.

🅑 1권 P.169 ⊙ 지도 P.089G
📍 구글 지도 GPS 15,877206, 108,328113 🔍 찾아가기 내원교에서 쩐푸 거리를 따라 도보 3분 🏠 주소 130 Trần Phú, Phường Minh An, Hội An, Quảng Nam ☎ 전화 090-546-6300 ⏱ 시간 08:00~21:30 ⊝ 휴무 연중무휴 💲 가격 카페라테 5만2000đ 🌐 홈페이지 http://faifocoffee.vn

카페라테 5만2000đ

32 더 셰프
The Chef
★★★★ 도보 2분

1층 기념품점만 구경하러 들렀다가 식당의 존재를 알게 되는 손님이 많다. 그중 열에 아홉은 나무 계단을 따라 2, 3층에 올라가 메뉴판을 집어 든다. 멋진 풍경 앞에, 커피 한잔 정도만 간단히 마시려고 앉았던 자리가 곧 식사를 위한 식탁이 되어버리곤 한다.

🅑 1권 P.170 ⊙ 지도 P.088F
📍 구글 지도 GPS 15,877141, 108,326925 🔍 찾아가기 내원교에서 쩐푸 거리를 따라 도보 2분. 'BEP TRUONG' 간판을 찾는 것이 빠르다. 🏠 주소 166 Trần Phú, Phường Minh An, Hội An, Quảng Nam ☎ 전화 090-102-0882 ⏱ 시간 08:00~22:00(3층 루프톱은 16:00부터) ⊝ 휴무 연중무휴 💲 가격 분짜 하노이 13만5000đ, 카페 쓰어다 4만5000đ

분짜 하노이 13만5000đ

33 하이 카페
Hai Café
★★★★ 도보 2분

그릴 요리를 전문점. 일단 비싼 곳이니 음식 맛은 기본 이상이다. 단, 손님이 많은 식사 시간에는 어수선한 분위기 때문에 식사에 집중하기 힘들다. 해산물을 좋아하는 사람에겐 비비큐 타이거 프론(BBQ Tiger Prawns)을 강력 추천.

🅑 1권 P.158 ⊙ 지도 P.088F
📍 구글 지도 GPS 15,877030, 108,327821 🔍 찾아가기 내원교에서 광둥 회관 방향으로 직진, 도보 2분 🏠 주소 111 Trần Phú, Minh An, Hội An, Quảng Nam ☎ 전화 235-386-3210 ⏱ 시간 07:00~22:30 ⊝ 휴무 연중무휴 💲 가격 비비큐 타이거 프론 24만đ, 라루 맥주 2만5000đ 🌐 홈페이지 http://visithoian.com/haicafe/index.html

믹스드 비비큐 플래터 21만5000đ

34 모닝글로리
Morning Glory
★★★ 도보 2분

베트남 요리 전문점. 본점과 분점이 작은 길 하나를 사이에 두고 서 있다. 식사 시간이 아니라도 항상 관광객들로 붐벼 정신이 하나도 없는 분위기. 음식 맛은 괜찮지만 서비스나 친절함은 아예 기대하지 않는 것이 속 편하다. 모닝글로리, 호안탄이 대표 메뉴.

🅑 1권 P.128 ⊙ 지도 P.088F
📍 구글 지도 GPS 15,876599, 108,327312 🔍 찾아가기 내원교에서 응우옌 타이 혹 거리를 따라 도보 2분 🏠 주소 106 Nguyễn Thái Học, Phường Minh An, Hội An, Quảng Nam ☎ 전화 235-224-1555 ⏱ 시간 09:00~22:00 ⊝ 휴무 연중무휴 💲 가격 모닝글로리 9만5000đ, 호안탄 9만5000đ

호안탄 9만5000đ

35 비스 마켓
Vy's Market

 🍴🍷 ★★★ 도보 3분

호이안의 재래시장을 모티브로 한 푸드코트형 레스토랑이다. 미꽝, 쌀국수를 비롯한 면 요리와 넴루이, 반 쎄오를 추천. 로컬 레스토랑보다는 짜지 않아 부담 없이 한 그릇 비울 수 있다. ⓑ 1권 P.121 ⓜ 지도 P.088I

ⓖ **구글 지도 GPS** 15.875630, 108.325987 ⓗ **찾아가기** 호이안 야시장 입구. 간판은 '냐 항 쪼 포(Nhà Hang Chợ Phố)'라고 쓰여 있으니 주의하자. ⓐ **주소** 3 Nguyễn Hoàng, Hội An, Quảng Nam ⓣ **전화** 235-392-6926 ⓣ **시간** 08:00~15:00, 17:00~22:00 ⓗ **휴무** 연중무휴 ⓖ **가격** 미꽝 6만5000₫, 반 쎄오 6만5000₫, 넴루이 10만5000₫ ⓗ **홈페이지** http://tastevietnam.asia/vys-market-restaurant-hoi-an

36 리칭 아웃 티 하우스
Reaching Out Teahouse

🍴🍷 ★★★ 도보 2분

농아들이 운영하는 티 하우스. 직원과의 의사소통은 메시지가 적힌 블록으로 하고, 고맙다는 인사말은 환한 미소만 던져줘도 충분하다. 장애인들이 직접 만든 다기에 담은 차 한잔 마시고 있으면 이것이 진정한 여유라는 생각이 든다.

ⓜ **지도** P.088F

ⓖ **구글 지도 GPS** 15.877015, 108.327280 ⓗ **찾아가기** 내원교에서 쩐푸 거리를 따라 도보 2분 ⓐ **주소** 131 Trần Phú, Phường Minh An, Hội An, Quảng Nam ⓣ **전화** 090-521-6553 ⓣ **시간** 월~금요일 08:30~21:00, 토·일요일 10:00~20:30 ⓗ **휴무** 연중무휴 ⓖ **가격** 베트나미즈 티 테이스팅 세트 13만5000₫ ⓗ **홈페이지** http://reachingoutvietnam.com

37 카페43
CAFÉ43

🍴🍷 ★★★ 택시 4분

베트남 가정식 전문점. 후줄근한 가게 분위기에, 이 나간 그릇도 당당히 손님상에 올라가니 '인기 맛집'이라는 타이틀에 물음표가 생길 만도 하다. 하지만 역설적이게도 그런 점이 매력이다. 테이블 유리 아래에 증명사진과 메시지 하나 남기는 것이 이곳의 비공식 규칙.

ⓑ 1권 P.157 ⓜ **지도** P.086B

ⓖ **구글 지도 GPS** 15.882915, 108.327092 ⓗ **찾아가기** 구시가지에서 거리가 있어 자전거나 택시를 타는 것을 추천 ⓐ **주소** 43 Trần Cao Vân, Phường Minh An, Hội An, Quảng Nam ⓣ **전화** 235-386-2587 ⓣ **시간** 08:30~22:00 ⓗ **휴무** 연중무휴 ⓖ **가격** 치킨 커리 4만9000₫, 타이거 맥주 2만3000₫ ⓗ **홈페이지** www.foody.vn/quang-nam/43-cafe

치킨 커리 4만9000₫

38 콩 카페
CONG CA PHE

🍴🍷 ★★★ 도보 2분

콩 카페가 호이안 구시가지에도 분점을 냈다. 베트남 공산당을 모티브로 꾸민 인테리어와 공산당원 복장을 한 종업원, 눈길을 끄는 실내장식을 보고 나면 유별난 인기도 금세 이해된다. 코코넛 향이 진하게 나는 코코넛 커피가 부동의 인기 메뉴.

ⓑ 1권 P.163 ⓜ **지도** P.086F

ⓖ **구글 지도 GPS** 15.877009, 108.324988 ⓗ **찾아가기** 내원교에서 투본 강을 따라 직진, 도보 2분 ⓐ **주소** Công Nữ Ngọc Hoa, Phường Minh An, Hội An, Quảng Nam ⓣ **전화** 091-186-6493 ⓣ **시간** 07:00~23:30 ⓗ **휴무** 연중무휴 ⓖ **가격** 코코넛 커피 4만5000₫ ⓗ **홈페이지** http://congcaphe.com

코코넛 커피 4만5000₫

39 호이안 로스터리
Hoi An Roastery

🍴🍷 ★★★ 도보 4분

호이안 구시가지 곳곳에 둥지를 튼 로컬 커피숍. 구시가지에 일곱 군데 지점이 있는데, 그중 중앙점이 가장 인기 있다. 2층 창가 자리에서 구시가지를 하염없이 내려다보거나, 야외에 앉아 사람을 구경하거나, 테라스에서 사진을 찍거나, 뭘 해도 자리 값은 톡톡히 한다.

ⓗ **홈페이지** www.hoianroastery.com

ⓑ 1권 P.162 ⓜ **지도** P.088F·089G

중앙점 ⓖ **구글 지도 GPS** 15.877032, 108.328689 ⓗ **찾아가기** 내원교에서 쩐푸 거리를 따라 도보 4분 ⓐ **주소** 47 Lê Lợi, Phường Minh An, Quảng Nam ⓣ **전화** 023-5392-7727 ⓣ **시간** 07:00~22:00 ⓗ **휴무** 연중무휴

템플점 ⓖ **구글 지도 GPS** 15.877032, 108.328689 ⓗ **찾아가기** 광동 회관 옆 하이반쯤 거리로 진입. 도보 2분 ⓐ **주소** 685 Hai Bà Trưng, Phường Minh An, Hội An, Quảng Nam ⓣ **전화** 235-392-7277 ⓣ **시간** 07:00~22:00 ⓗ **휴무** 연중무휴

리버사이드점 ⓖ **구글 지도 GPS** 15.876288, 108.327689 ⓗ **찾아가기** 박당 거리를 따라 도보 3분 ⓐ **주소** 95 Bạch Đằng, Phường Minh An, Hội An, Quảng Nam ⓣ **전화** 235-392-7227 ⓣ **시간** 09:00~22:00 ⓗ **휴무** 연중무휴

코코넛 아이스크림 커피 7만5000₫

40 코코 박스
Coco Box
 🍴🍴🍴 ★★★ 도보 4분

호이안 구시가지에서 쉽게 볼 수 있는 체인 커피숍 겸 주스 바. 음료 맛은 평범하지만 편안한 인테리어와 좋은 입지 덕분에 여행자들의 사랑을 받고 있다. 커피보다는 과일 주스가 더 인기가 있는데, 메뉴명을 특이하게 지어 주문할 때 조심해야 한다. 구시가지 안에 4개의 지점이 있다.

📍 지도 P.089G
🚩 구글 지도 GPS 15.876693, 108.328560 🚶 찾아가기 내원교에서 쩐푸 거리를 따라 직진, 레러이 거리가 나오면 우회전, 도보 4분 🏠 주소 94 Lê Lợi, Phường Minh An, Hội An, Quảng Nam 📞 전화 235-286-2000 🕐 시간 07:00~22:00 🚫 휴무 연중무휴 💰 가격 커피 3만9000₫~, 주스 6만₫~ 🌐 홈페이지 http://cocobox.vn

41 퍼비엣 46
Phở Việt 46
🍴🍴🍴 ★★★ 도보 5분

쌀국수 전문점. 찬 바람 잘 나오는 에어컨, 무료 와이파이, 깔끔한 인테리어까지 모두 합격점. 한국어 메뉴판까지 있다. 추천할 만한 메뉴는 '야미 퍼 누들'. 양을 먼저 고르고 쌀국수 고명으로 스테이크, 사태(shank), 가슴살, 소힘줄(tendon), 미트볼 중 선택할 수 있다.

📍 지도 P.086L
🚩 구글 지도 GPS 15.875542, 108.323362 🚶 찾아가기 호이안 야시장에서 강가를 따라 직진, 도보 5분 🏠 주소 46 cao hong lanh, Phường Minh An, Hội An, Quảng Nam 📞 전화 235-391-6888 🕐 시간 10:00~22:00 🚫 휴무 연중무휴 💰 가격 야미 퍼 누들 14만9000₫ 🌐 홈페이지 www.phoviet46hoian.com

야미 퍼 누들 14만9000₫

42 찌엣 트리트 카페
Triết Treat Café
 🍴🍴🍴 ★★★ 도보 2분

맛과 명성을 조금 포기하더라도 조용한 분위기를 원한다면 이곳으로. 붐비는 옆 가게보다 맛은 좀 없을지라도 호이안의 정취는 마음껏 느낄 수 있다. 메뉴가 정말 다양한데, 솔직히 메인 요리는 비싼 값을 못 하는 수준. 대신 애피타이저와 음료의 가성비가 좋다.

📖 1권 P.171 📍 지도 P.088F
🚩 구글 지도 GPS 15.877205, 108.327205 🚶 찾아가기 내원교에서 도보 2분 🏠 주소 158 Trần Phú, Phường Minh An, Hội An, Quảng Nam 📞 전화 235-386-1125 🕐 시간 10:00~21:00 🚫 휴무 연중무휴 💰 가격 과일 주스 6만₫~, 사이공 스프링롤 7만₫ 🌐 홈페이지 없음

사이공 스프링롤 7만₫

43 믹스 레스토랑
MIX Greek Restaurant
🍴🍴🍴 ★★ 도보 1분

삼겹살, 닭가슴살, 안심, 소시지 등의 다양한 육류를 한 쟁반 가득 담은 믹스 미트와 다양한 해산물을 담아낸 믹스 시푸드가 간판 메뉴. 트립어드바이저 상위권에 랭크돼 있지만 사장님의 친절함을 빼면 그저 그런 곳. 카드 결제 불가. 한국어 메뉴가 있다.

📍 지도 P.088E
🚩 구글 지도 GPS 15.877526, 108.326176 🚶 찾아가기 내원교 방향 내원교 입구에서 왼쪽 샛길로 빠지면 바로 보인다. 도보 1분. 🏠 주소 05 Trần Phú, Phường Minh An, Hội An, Quảng Nam 📞 전화 093-187-5307 🕐 시간 11:00~22:00 🚫 휴무 수요일 💰 가격 믹스 미트 1인분 26만₫, 믹스 시푸드 1인분 28만₫ 🌐 홈페이지 없음

44 퓨전 카페
Fusion Café
🍴🍴 ★ 도보 10분

퓨전 마이아 리조트에서 운영하는 작은 카페. 간단한 간식과 음료를 판매하는데, 너무하다 싶을 정도로 가격은 비싸지만 맛은 괜찮은 편. 숙박객에게는 무료로 자전거 대여도 해주고 있으며 리조트까지 셔틀버스도 운행한다.

📍 지도 P.087H
🚩 구글 지도 GPS 15.877862, 108.332688 🚶 찾아가기 내원교에서 쩐푸 거리를 따라 직진, 호앙듀 거리가 나오면 좌회전, 도보 10분 🏠 주소 13 Hoàng Diệu, Cẩm Châu, Hội An, Quảng Nam 📞 전화 235-393-0333 🕐 시간 09:30~22:00 🚫 휴무 연중무휴 💰 가격 스프링롤 7만5000₫~ 🌐 홈페이지 http://maiadanang.fusion-resorts.com/eat-drink/fusion-cafe-hoi-an

45 호이안 중앙 시장
Hoi An Central Market
Chợ Hội An [쩌 호이안]
🛍 ★★★★★ 도보 8분

호이안 구시가지에 자리한 재래시장. 아침마다 관광객과 오토바이를 끌고 나온 현지인들이 한데 뒤섞여 혼잡하지만, 그게 또 재미다. 관광지화된 바람에 넉넉한 인심을 기대하기는 어렵지만, 현지인들의 삶을 체험해보기에는 충분하다. 채소, 생선, 정육 등 식재료 점포는 야외에, 음식점과 잡화점은 실내에 따로 입점해 있다. 야외에는 그늘이 거의 없으니 최대한 이른 시간에 들르자.

📖 1권 P.254 📍 지도 P.087G
🚩 구글 지도 GPS 15.876806, 108.331323 🚶 찾아가기 내원교에서 쩐푸 거리를 따라 도보 8분 🏠 주소 Cẩm Châu, Hội An, Quảng Nam 📞 전화 없음 🕐 시간 가게마다 다름 💰 가격 가게마다 다름 🌐 홈페이지 없음

46 호이안 야시장
Hoi An Night Market

🛍 ★★★★★ 도보 3분

약 250m의 짧은 거리에 들어서는 야시장. 웬만한 기념품은 이곳에서 모두 만나볼 수 있지만, 흥정 내공이 높지 않고서야 싼 가격에 득템하기란 쉽지 않은 일. 정말 마음에 들거나 싼 물건이 아니면 지갑을 닫자. 물론 예외도 있다. 대나무 전등은 이곳에서 사는 것을 추천. 크기, 기능별로 종류가 다양해서 마음에 드는 것을 쉽게 발견할 수 있다.

📖 1권 P.255 🗺 지도 P.088I

🌐 구글 지도 GPS 15.875904, 108.325915 🔍 찾아가기 내원교에서 투본강 방향으로 나와 안호이 다리를 건너 오른쪽, 도보 3분 🏠 주소 Nguyễn Hoàng, Phường Minh An, Hội An, Quảng Nam ☎ 전화 없음 🕐 시간 일몰~심야 💵 가격 가게마다 다름 🔗 홈페이지 없음

47 페바 초콜릿
Pheva Chocolate

🛍 ★★★★ 도보 4분

다낭을 대표하는 수제 초콜릿 브랜드. 높은 인기에 비해 맛은 평범하지만 18가지 독특한 맛의 초콜릿을 시식해보고 고르는 재미가 있다. 컬러풀한 상자에 마음에 드는 초콜릿을 골라 담으면 되는데, 12개입 상자면 인기 초콜릿은 모두 담을 수 있다.

📖 1권 P.264 🗺 지도 P.086F

🌐 구글 지도 GPS 15.880003, 108.326535 🔍 찾아가기 하이바쯩 거리와 쩐흥다오 거리가 만나는 교차점에 위치 🏠 주소 74 Trần Hưng Đạo, Phường Minh An, Hội An, Quảng Nam ☎ 전화 235-392-5260 🕐 시간 08:00~19:00 🚫 휴무 연중무휴 💵 가격 12개입 8만₫, 24개입 16만₫, 페바 바 3만₫, 큐브(40개입) 26만₫, 아이스 백 7만₫ 🔗 홈페이지 www.phevaworld.com

48 선데이 인 호이안
Sunday in Hoi An

🛍 ★★★★ 도보 5분

생활용품, 잡화, 패션용품을 판매하는 기념품 가게. 안 봐도 뭐가 있을까 뻔한 일반 기념품점과 다르게 보기만 해도 구매욕이 솟는 제품들이 가게 구석구석 숨어 있다. 플라스틱을 엮어 만든 수제 핸드백, 독특한 문양이 그려진 컵 받침, 선물하기 딱 좋은 수제 파우치 등이 인기 제품. 직원들의 영어 실력이 출중해 요모조모 따져가며 사기도 좋다. 구시가지 내에 2개 지점이 있다.

🗺 지도 P.089H

🌐 구글 지도 GPS 15.876588, 108.330187 🔍 찾아가기 내원교에서 쩐푸 거리를 따라 도보 5분 🏠 주소 76 Trần Phú, Phường Minh An, Hội An, Quảng Nam ☎ 전화 090-492-3913 💵 가격 수제 핸드백 49만₫ 🔗 홈페이지 www.sundayinhoian.com

49 홍민
Hong Minh

🛍 ★★★ 도보 1분

모녀가 운영하는 맞춤 옷 전문 숍. 아오자이 천의 재질이 좋아 두고두고 입을 수 있으며 물가 대비 제작비가 저렴하다. 원하는 디자인이 있을 경우, 사진을 보여주면 부자재까지 최대한 똑같이 만들어준다. 다른 집에서는 거의 취급하지 않는 남성용 아오자이도 맞출 수 있어 커플이나 온 가족이 들르기도 좋다.

📖 1권 P.272 🗺 지도 P.089G

🌐 구글 지도 GPS 15.877192, 108.328217 🔍 찾아가기 쩐푸 거리와 레러이 거리가 만나는 교차로에서 내원교 방향으로 도보 1분 🏠 주소 126 Trần Phú, Phường Minh An, Hội An, Quảng Nam ☎ 전화 235-391-0696 🕐 시간 10:00~20:00 🚫 휴무 부정기 💵 가격 기성복 아오자이 어른 67만₫·맞춤 76만₫~88만₫, 기성복 어린이 아오자이 25만₫, 맞춤 28만₫~ 🔗 홈페이지 없음

50 아트 스탬프
Art Stamps

도보 4분

색다른 기념품을 원한다면 이곳으로 가자. 즉석에서 얼굴 모양 도장을 파주는 곳으로, 아저씨의 손재주를 구경하는 것도 꽤 재미있다. 시간이 없다면 이메일(phoreu.artstamps@gmail.com)로 사진을 보내면 원하는 시간에 완성된 도장을 받을 수 있다.

ⓑ 1권 P.269 ⓞ 지도 P.089G
ⓖ **구글 지도 GPS** 15,877064, 108.328791 ⓒ **찾아가기** 호이안 구시가지 쩐푸 거리와 레러우 거리가 만나는 교차로 주변. 호이안 로스터리 건물 바로 옆 ⓐ **주소** 91 Trần Phú, Phường Minh An, Hội An, Quảng Nam ⓣ **전화** 098-979-4133 ⓛ **시간** 10:00~21:00 ⓗ **휴무** 부정기 ⓟ **가격** 얼굴 도장 10만đ ⓦ **홈페이지** 없음

51 까이띠 알파 레더
KHAI TRI ALPHA LEATHER

★★★ 도보 5분

수제 가죽 샌들 전문점. 비가 와도 변색이 적고 바닥을 고무 재질을 이용해 미끄러움이 덜하다. 끈이 떨어지면 무료로 A/S를 받을 수 있다. 호이안 인근에 제작 공장이 있어 진열된 샌들 디자인에 한해 언제든 맞춤 제작할 수 있는데, 소요 시간은 6시간 정도다.

ⓑ 1권 P.267 ⓞ 지도 P.089C
ⓖ **구글 지도 GPS** 15,878092, 108.328584 ⓒ **찾아가기** 쩐푸 거리에서 레러우 거리로 좌회전 ⓐ **주소** 52 Le Loi Street Hoi An ⓣ **전화** 076-669-4091 ⓛ **시간** 09:00~22:00 ⓗ **휴무** 연중무휴 ⓟ **가격** 기본 40만đ(디자인에 따라 다름) ⓦ **홈페이지** 없음

52 리칭 아웃 아츠 앤드 크래프트
Reaching Out Arts & Crafts

★★★ 도보 3분

장애인들이 만든 수공예품 전문점. 실크, 유아복, 도자기, 다기, 액세서리 등 다양한 수공예품을 한곳에서 만나볼 수 있으며 그저 그런 공산품보다 질도 훨씬 좋아서 지갑이 절로 열린다. 매장 뒤편에는 작업장이 딸려 있어 공예품을 제작하는 모습을 볼 수 있어 신뢰도가 급상승한다. 대신 가격은 좀 비싼 편.

ⓑ 1권 P.269 ⓞ 지도 P.088F
ⓖ **구글 지도 GPS** 15,876495, 108.327592 ⓒ **찾아가기** 내원교에서 응우옌 타이 혹 거리로 직진, 도보 3분 ⓐ **주소** 103 Nguyễn Thái Học, Phường Minh An, Hội An, Quảng Nam ⓣ **전화** 235-391-0168 ⓛ **시간** 08:30~21:00 ⓗ **휴무** 연중무휴 ⓟ **가격** 상품마다 다름 ⓦ **홈페이지** http://reachingoutvietnam.com

53 붓짱
Bich Trang

★★★ 도보 3분

스카프 전문점. 진열된 스카프의 종류를 봐도, 가게 크기를 봐도 주변 상점에 밀리지만 나름 정직한 가격이 이곳의 장점. 어느 정도 흥정도 가능해 말만 잘하면 제시 금액보다 더 싸게 구입할 수 있다.

ⓑ 1권 P.268 ⓞ 지도 P.086F
ⓖ **구글 지도 GPS** 15,877956, 108.323882 ⓒ **찾아가기** 내원교에서 응우옌 띠 민 카이 거리를 따라 직진, 도보 3분 ⓐ **주소** 59A Nguyễn Thị Minh Khai ⓣ **전화** 098-526-1007 ⓛ **시간** 09:00~20:00 ⓗ **휴무** 연중무휴 ⓟ **가격** 캐시미어 42만đ, 실크 15만đ, 수제 실크 25만đ, 캐시미어 18만đ ⓦ **홈페이지** 없음

54 깜탄 에코 투어
Cam Than Eco Tour

★★★★★ 호텔 픽업

현지인이 운영하는 쿠킹 클래스+에코 투어. 최소 1명부터 최대 5~6명의 소규모 투어라는 점에서 일단 배움의 질이 한 단계 높아진다. 요리가 서툰 사람에겐 1:1로 알려주고, 궁금한 것이 많은 사람도 마음껏 질문할 수 있는 분위기다. 코코넛 배 타기와 줄낚시 시간이 짧은 대신 쿠킹 클래스 시간이 길어 요리를 배우고 싶은 사람에게 추천.

ⓑ 1권 P.210
ⓛ **시간** 오전 08:00~13:30, 오후 13:30~18:30 ⓟ **가격** 어른 70만đ, 어린이 35만đ ⓦ **홈페이지** www.camthanhecotours.com (이메일 camthanhecotours@gmail.com)

55 잭 트랜 투어
Jack Tran Tour

☺
★★★★★
호텔 픽업

이름만 대면 알 만한 호이안 에코 투어업체. 그 규모에 걸맞게 매우 다양한 프로그램을 매일 운영한다. 한국 사람이 좋아할 만한 것들로 구성돼 있다는 것이 가장 큰 장점. 반대로 참여자 대부분이 한국인이고 대규모로 운영하기 때문에 뭘 해도 시끌시끌한 것이 마이너스 요인이다.

📖 1권 P.212
💰 **가격** 컨트리 라이프 익스피어리언스 어른 300만₫, 어린이 175만₫ / 어드벤처 바스켓 보트 라이드 어른 70만₫, 어린이 30만₫ 🖥 **홈페이지** http://jacktrantours.com

56 투본강 나룻배

☺
★★★★★
도보 2분

작은 조각배를 타고 투본강 일대의 야경을 감상할 수 있는 체험으로 관광객들에게 인기 높다. 하이라이트는 강물에 소원등 띄우기. 사실 특별할 것은 없지만 호이안을 특별하게 기억할 수 있는 체험이다. 해가 질 무렵에 타는 것을 추천.

📖 1권 P.058 📍 지도 P.088J
📍 **찾아가기** 박당 거리 옆 강변 어디서나 탈 수 있다. 💰 **가격** 10만₫~20만₫(배 한 척당 가격을 매기며 인원수만큼의 소원등 포함)

57 코코넛 프레이그런스 레스토랑 투어
Coconut Fragrance Restaurant Tours

☺
★★★★
호텔 픽업

쿠킹 클래스&에코 투어로 유명한 업체. 참가자가 대부분 20대 초반의 서양인들이어서 다른 업체보다 떠들썩하다는 것이 이곳만의 특징. 음식을 만드는 것보다 코코넛 배를 타는 데 조금 더 치중이 돼 있고, 참여 인원이 5~10명으로 많은 편이라 집중도가 떨어진다는 점은 아쉽다. 저렴한 가격에 여러 체험을 두루두루 해보고 싶은 사람이라면 분명 만족할 것이다.

📖 1권 P.208
💰 **가격** 1인당 어른 69만9000₫, 어린이(5~10세) 34만9500₫ 🖥 **홈페이지** http://hoianecotour.net(이메일 coconutflowerrestaurant@gmail.com)

58 라루나 스파
La Luna Spa

☺
★★★★
도보 7분

손님이 적은 덕분에 제대로 된 서비스를 받을 수 있다는 것이 이곳의 최대 장점. 딥티슈나 타이 마사지의 경우 마사지 압이 센 편이라 처음부터 끝까지 힘을 줘 마사지를 한다. 자기 속옷을 입은 채 마사지를 받아야 하니 예쁜 속옷을 입고 가자.

📖 1권 P.219 📍 지도 P.086B
📍 **구글 지도** GPS 15.880772, 108.326214 📍 **찾아가기** 내원교에서 쩐푸 거리를 따라 가다가 하이바쯩 거리로 좌회전 후 바찌우 거리가 나오면 좌회전. 도보 7분 🏠 **주소** 111 Bà Triệu, Phường Minh An, Hội An, Quảng Nam ☎ **전화** 235-366-6636 🕐 **시간** 10:00~22:00 ⊝ **휴무** 연중무휴 💰 **가격** 딥티슈(Deep Tissue) 60분 38만₫·90분 48만₫, 타일랜드 풋 프레셔&디톡싱(Thailand Foot Pressure&Detoxing) 60분 40만₫ 🖥 **홈페이지** www.lalunaspa.com.vn

59 팔마로사 스파
Palmarosa Spa

☺ ★★★★ 도보 10분

한국인에게 인기 있는 마사지 숍. 팔날과 팔꿈치, 손가락을 주로 이용해 오일을 펴 발라가며 구석구석 맥을 짚어주는 '팔마로사 스파 시그너처'가 한국인들에게 전폭적인 인기를 얻고 있다. 오후 2시부터 9시 사이가 가장 바쁜 시간. 최소 이틀 전에는 이메일로 예약해두자.

📖 1권 P.222 📍 지도 P.086B
📍 구글 지도 GPS 15.881777, 108.324819 📍 찾아가기 내원교에서 쩐푸 거리를 따라 가다가 하이바쯩 거리로 좌회전 후 바찌우 거리가 나오면 좌회전, 도보 10분 📍 주소 48 Bà Triệu, Phường Cẩm Phố, Hội An, Phường Cẩm Phố Hội An Quảng Nam 📞 전화 235-393-3999 🕐 시간 10:00~21:00 📅 휴무 연중무휴 💰 가격 팔마로사 스파 시그너처(Palmarosa Spa Signature) 100분 62만₫ 🌐 홈페이지 www.palmarosaspa.vn

60 구시가지 씨클로
☺ ★★★ 도보 2분

자전거의 일종인 씨클로를 타고 구시가지를 한 바퀴 둘러보는 프로그램. 중간에 멈춰서 사진을 찍거나 자세한 설명이 곁들여지지는 않지만 걷기엔 부담스럽고 시간은 빠듯한 사람들이 즐겨 찾는다. 구시가지 곳곳에서 씨클로 기사가 호객 행위를 하는데 안호이 다리(An Hoi Bridge) 앞에서 탑승하는 것이 편하다.

📖 1권 P.058 📍 지도 P.088E
📍 코스 안호이 다리 앞에서 출발해 호이안 시장까지 크게 한 바퀴를 돈 다음 박당 거리를 통해 작게 한 바퀴 도는 코스로 20분 정도 소요된다.
💰 가격 1인당 20만₫~

61 화이트 로즈 스파
White Rose Spa

☺ ★★★ 도보 12분

이제 막 이름을 알리기 시작한 숍치고는 체계가 잘 잡혀 있고, 리셉션 데스크 직원의 영어 실력도 출중하다. 상대적으로 손님이 적어, 낸 돈 이상의 서비스를 받을 수 있다. 스트레칭과 베트남식 지압 마사지가 어우러지는 '화이트 로즈 스파 시그너처 마사지'가 가장 인기 있다.

📖 1권 P.223 📍 지도 P.086B
📍 구글 지도 GPS 15.883073, 108.325080 📍 찾아가기 내원교에서 쩐푸 거리를 따라 걷다가 광둥 회관 옆 하이바쯩 거리로 좌회전, 도보 12분 📍 주소 529 Hai Bà Trưng, Phường Cẩm Phố, Hội An, Quảng Nam 📞 전화 235-392-9279 🕐 시간 09:30~22:00 💰 가격 화이트 로즈 스파 시그너처 마사지 테라피(White Rose Spa Signature Massage Therapy) 80분 50만₫, 뱀부 퓨전 마사지(The Bamboo Fusion Massage) 90분 55만₫ 🌐 홈페이지 http://whiterose.vn

62 코럴 스파
Coral Spa

☺ ★★★ 도보 5분

마사지 재료는 유기농 재료만 엄선해 직접 만들며, 마사지를 마친 손님에게 내주는 음식도 직접 만드는 등 손님맞이에 온 정성을 다한다. 마사지 만족도도 평균 이상. 마사지복이 없어서 자신의 속옷을 입은 채 마사지를 받아야 하는 점은 마이너스 요인.

📖 1권 P.223 📍 지도 P.086J
📍 구글 지도 GPS 15.875000, 108.325385 📍 찾아가기 내원교에서 투본강가로 나와 안호이 다리를 건너 응우옌 호앙 거리로 들어간다. 응우옌 푹 탄 거리가 나오면 우회전, 도보 5분 📍 주소 69 Nguyễn Phúc Tấn, An Hội, Hội An, Phường Minh An Hội An Quảng Nam 📞 전화 235-391-0172 🕐 시간 09:30~21:00 💰 가격 아시아 블렌드 보디 테라피 60분 38만₫, 코럴 스파 시그너처 마사지 90분 55만₫ 🌐 홈페이지 www.coralspa.info

63 쓰당 쫑 민속 공연
Xu Dang Trong Traditional Art Performance

☺ ★★★ 도보 7분

전통 악기 연주, 민속춤이 어우러지는 공연. 시간은 짧지만 구성이 알차다. 공연 중간에는 관객 모두가 참여할 수 있는 빙고 게임도 실시해 지루함을 줄였다. 공연 시작 10분 전에는 도착해야 좋은 자리를 차지할 수 있다.

📖 1권 P.057 📍 지도 P.087K
📍 구글 지도 GPS 15.876662, 108.330778 📍 찾아가기 내원교에서 응우옌 타이 혹 거리를 따라 도보 7분 📍 주소 9 Nguyễn Thái Học, Phường Minh An, Hội An, Quảng Nam 📞 전화 없음 🕐 시간 1일 2회 공연 10:15 · 15:15 📅 휴무 연중무휴 💰 가격 통합 입장권으로 입장 가능 🌐 홈페이지 없음

64 수상 인형극
Hoi An Water Puppet Show

☺ ★★ 택시 5분

쌀농사 중에 무료함을 달래고 자연의 정령들에게 즐거움을 주고자 시작한 수상 인형극이 1000년이나 이어져 오고 있다. 대사 없이 진행되지만 사회자의 설명과 안내 팸플릿 덕분에 내용을 이해하는 데 어려움은 없다. 지정 좌석제가 아니라서 최소 15분 전에는 도착해야 좋은 자리에서 관람할 수 있다.

📍 지도 P.086B
📍 구글 지도 GPS 15.885408, 108.325855 📍 찾아가기 구시가지에서 택시로 5분 📍 주소 548 Hai Bà Trưng, Tân An, tp. Hội An, Quảng Nam 📞 전화 235-386-1327 🕐 시간 18:30 📅 휴무 일~월요일, 수~목요일 💰 가격 어른 8만₫, 어린이 4만₫ 🌐 홈페이지 없음

파도가 넘실넘실,
마음이 살랑살랑

사람 마음을 사정없이 흔들어놓는 호이안 구시가지의 매력에 취해 잊을 뻔했다. 시내에서 조금만 나가면 푸른 파도가 넘실거리는 멋진 해변이 있다는 사실을. 밤이 되면 호이안 옛 거리가 핫 플레이스가 되듯, 해가 떠 있는 동안은 단연코 이곳이 호이안의 핫 플레이스다. 밤이면 밤마다 구시가지로 몰려드는 인파를 보며 '이 많은 사람들이 다 어디에 있다가 온 거지?'라는 물음이 단숨에 해결되는 순간이다.

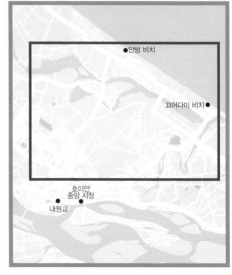

●안방 비치

끄어다이 비치 ●

●호이안
중앙 시장
내원교

MUST SEE 이것만은 꼭 보자!

NO. 1
사람들이 몰리는 데엔
이유가 있다
안방 비치

NO. 2
안방 비치의
시끌벅적함이 싫다면
끄어다이 비치

MUST EAT
이것만은 꼭 먹자!

NO. 1
그저 그런 관광지
식당과는 비교 거부
**안지아 코티지의
퓨전 베트남 음식**

MUST EXPERIENCE
이것만은 꼭 경험하자!

NO. 1
바다를 바라보며 먹는
한 끼 식사
안방 비치의 비치 바

NO. 2
파도 소리를 들으며
놀멍쉬멍
**안방 비치와
끄어다이 비치의 선베드**

다낭에서 호이안으로 가는 길목
이라 잠시 식사를 하러 들르기에
도 해가 떠 있는 동안 시간을 보
내기에도 좋다.

👍 인기
★★★★☆

해변을 제외하곤 별다른 볼거리
는 없다.

📷 관광지
★★★☆☆

제대로 된 쇼핑 스폿은 없다. 5
분에 한 번씩 호객을 하는 잡상
인이 영 불편할 뿐이다.

🛍 쇼핑
★☆☆☆☆

완벽하게 관광지 물가가 적용돼
저렴함이라고는 찾아볼 수 없다.
그만큼 관광객들의 잣대도 정확
해서 음식 맛이 없는 집은 파리
날리기 일쑤. 덕분에 맛이 없는
집은 딱 봐도 티가 확 난다.

🍴 식도락
★★☆☆☆

밤이 되면 문을 닫는 집이 많지
만, 밤늦게까지 문을 여는 비치
바에서는 한밤의 라이브 공연이
열리기도 해 나름 운치 있다.

🌙 나이트라이프
★★★☆☆

안방 비치를 제외하고는 어디를
가도 사람이 적다.

혼잡도
★★☆☆☆

🔍⊕ PLUS TIP

호이안 구시가지에서 안방 비치&끄어다이 비치 가기

❶ 택시&그랩 카
이것저것 알아보기 귀찮고 일행이 여럿이라면 추천. 요금은 5만6000₫~.

❷ 호텔 무료 셔틀버스
프라이빗 비치가 딸린 호텔이
나 안방 비치, 끄어다이 비치에
있는 호텔들은 숙박객에게 무
료 셔틀버스를 제공한다. 시간
을 정확하게 지켜 운행하지만
버스 시간에 맞춰서 여행 일정을 조정해야 한다.

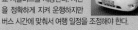

PRIVATE BEACH

❸ 자전거&오토바이
호이안에서 자전거나 오토바이를 타고 안방 비치와 끄어다
이 비치에 갈 수도 있다. 가는 길이 비교적 안전하고 직선
코스이기 때문에 운전 난도가 낮은 편. 호이안 시내를 벗어
나면 시골길이기 때문에 출발 전에 연료가 가득 차 있는지,
작동에 이상은 없는지 꼼꼼히 체크해보자. 해변가에 주차
를 할 경우 주차비를 내야 하는데, 관광객을 상대로 바가지를 씌우기도 하니 조심하자.

다낭
포시즌스 리조트 남하이 방면
Four Seasons Resort Nam Hai 방면

A

더 덱 하우스 The Deck House P.114
에이라 부티크 호이안 호텔 앤드 스파
Aira Boutique Hoi An Hotel & Spa
솔 키친 Soul Kitchen P.115
안방 비치
An Bang Beach P.114
라 플라주 La Plage P.115
돌핀 키친 앤드 바 Dolphin Kitchen & Bar P.115
랙 롱 꽌 Lạc Long Quân

하이바쯩 Hai Bà Trưng

B

랙 롱 꽌 Lạc Long Quân

E

하이바쯩 Hai Bà Trưng

F

어그리뱅크 호이안 비치 리조트
Agribank Hoi An Beach Resort
트로피컬 비치 리조트 호이안
Tropical Beach Resort Hoi An
팜 가든 리조트
Palm Garden Resort
호이안 에스투어리 빌라
Hội An Estuary Villa
안지아 코티지
An Gia Cottage
P.114
실크 센스 호이안 리버 리조트
Silk Sense Hoi An River Resort

I

호이안 오로라 리버사이드 호텔
Hoi An Aurora Riverside Hotel
더 호이안 스파
The Hoi An Spa P.115
꾸어다이 Cửa Đại
호이안 트레일즈 리조트 앤드 스파
Hoi An Trails Resort & Spa
베트남 백패커스 호이안 호스텔
Vietnam Backpackers Hoi An Hostel
로터스 호이안 부티크 호텔 앤드 스파
Lotus Hoi An Boutique Hotel & Spa

J

똥반스엉 Tống Văn Sương

호이안 구시가지

꾸어다이 Cửa Đại
르 파빌리온 호이안 럭셔리 리조트 앤드 스파
Le Pavillon Hoi An Luxury Resort & Spa

MAP
안방 비치&끄어다이 비치 한눈에 보기

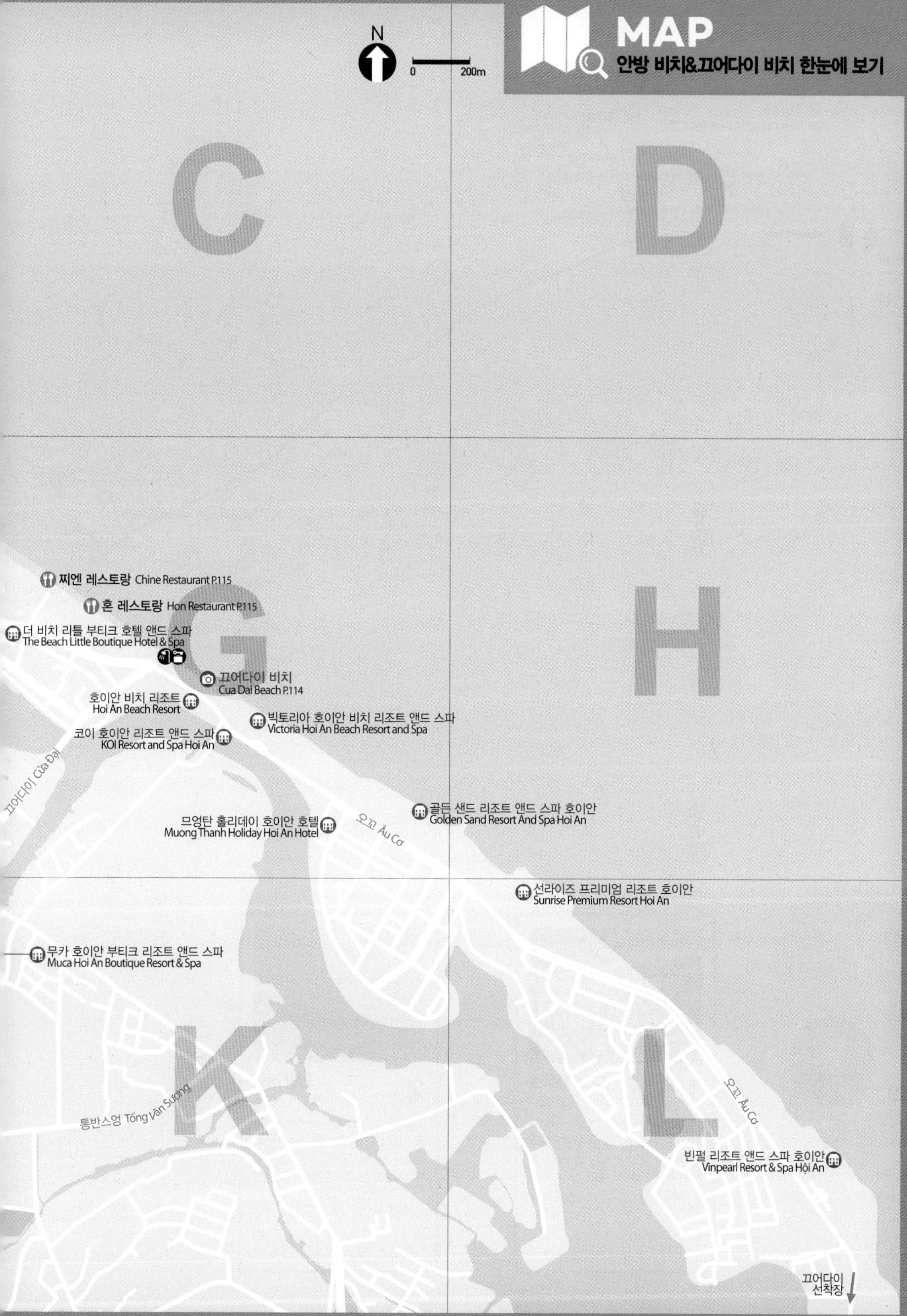

N
0 200m

C

D

G

H

🍴 찌엔 레스토랑 Chine Restaurant P.115

🍴 혼 레스토랑 Hon Restaurant P.115

🏨 더 비치 리틀 부티크 호텔 앤드 스파
The Beach Little Boutique Hotel & Spa

📷 끄어다이 비치
Cua Dai Beach P.114

🏨 호이안 비치 리조트
Hoi An Beach Resort

🏨 코이 호이안 리조트 앤드 스파
KOI Resort and Spa Hoi An

🏨 빅토리아 호이안 비치 리조트 앤드 스파
Victoria Hoi An Beach Resort and Spa

끄어다이 Cửa Dai

🏨 골든 샌드 리조트 앤드 스파 호이안
Golden Sand Resort And Spa Hoi An

오꺼 Au Cơ

🏨 므엉탄 홀리데이 호이안 호텔
Muong Thanh Holiday Hoi An Hotel

🏨 선라이즈 프리미엄 리조트 호이안
Sunrise Premium Resort Hoi An

🏨 무카 호이안 부티크 리조트 앤드 스파
Muca Hoi An Boutique Resort & Spa

K

L

통반스엉 Tống Văn Sương

오꺼 Au Cơ

🏨 빈펄 리조트 앤드 스파 호이안
Vinpearl Resort & Spa Hội An

끄어다이
선착장

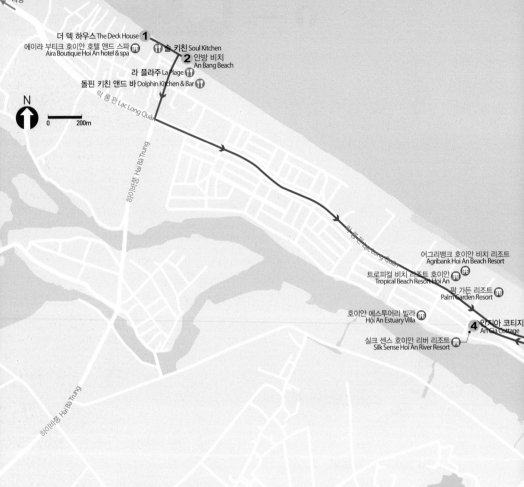

다낭

N
0   200m

더 덱 하우스 The Deck House **1**
에이라 부티크 호이안 호텔 앤드 스파
Aira Boutique Hoi An hotel & spa
솔 키친 Soul Kitchen
2 안방 비치
An Bang Beach
라 플라주 La Plage
돌핀 키친 앤드 바 Dolphin Kitchen & Bar
락 롱 꽌 Lac Long Quân

하이바쯩 Hai Bà Trung

락 롱 꽌 Lac Long Quân

어그리뱅크 호이안 비치 리조트
Agribank Hoi An Beach Resort
트로피컬 비치 리조트 호이안
Tropical Beach Resort Hoi An
팜 가든 리조트
Palm Garden Resort
호이안 에스투어리 빌라
Hội An Estuary Villa
4 안 지아 코티지
An Gia Cottage
실크 센스 호이안 리버 리조트
Silk Sense Hoi An River Resort

하이바쯩 Hai Bà Trung

꾸어다이 Cửa Đại

더 호이안 스파
The Hoi An Spa

호이안 구시가지

START

1h 30m

1   **더 덱 하우스**
    The Deck House

안방 비치 끄트머리에 있는 비치 바.
바다가 잘 보이는 테라스석에 앉으면
뭘 먹어도 맛있다. 식사 후 선베드에
누워 시간을 보내도 좋다.
ⓣ **시간** 06:00~23:00(시기에 따라 다
름)

➡ 바로 연결된다. 도보 1분 → 안방
비치 도착

2h 30m

2   **안방 비치**
    An Bang Beach

서양인들이 많이 찾는 해변으로 태닝
족은 선베드, 낭만파 여행자들은 비치
바에서 시간을 보낸다. 바나나 보트,
패러세일링 등 해양 액티비티도 저렴
한 가격에 즐길 수 있다.
ⓣ **시간** 24시간

➡ 안방 비치 입구에서 택시나 그랩
카를 탄다. 10분 → 꾸어다이 비치

↓
START

1. 더 덱 하우스

2m, 도보 1분

2. 안방 비치

3.7km, 택시 10분

3. 끄어다이 비치

1.3km, 도보 12분

4. 안지아 코티지

COURSE 1

반나절 안방 비치 & 끄어다이 비치 망중한 코스

제대로 쉬는 것도 여행의 일부분. 많이 보고 많이 돌아다닐 욕심을 버리면 또 다른 여행을 할 수 있다. 온종일 안방 비치의 푸른 바다를, 끄어다이 비치의 여유로움을 만끽할 수 있는 코스다.

🍴 찌엔 레스토랑 Chine Restaurant

🍴 혼 레스토랑 Hon Restaurant

비치 리틀 부티크 호텔 앤드 스파
Beach Little Boutique Hotel & Spa

3 끄어다이 비치
Cua Dai Beach

호이안 비치 리조트
Hoi An Beach Resort

🏨 빅토리아 호이안 비치 리조트 앤드 스파
Victoria Hoi An Beach Resort and Spa

코이 호이안 리조트 앤드 스파 🏨
KOI Resort and Spa Hoi An

La Dai

므엉탄 홀리데이 호이안 호텔 🏨
Muong Thanh Holiday Hoi An Hotel

오끄 Au Cơ

🏨 골든 샌드 리조트 앤드 스파 호이안
Golden Sand Resort And Spa Hoi An

🏨 선라이즈 프리미엄 리조트 호이안
Sunrise Premium Resort Hoi An

2h

3 끄어다이 비치
Cua Dai Beach

안방 비치보다 비치 바나 레스토랑은 많지 않지만, 조용하게 휴식을 취하기에는 이만한 곳이 없다. 선베드도 많지 않아 태닝을 하려면 돗자리 하나쯤은 챙겨 가자.
🕐 시간 24시간

➡ 큰길을 따라 걷는다. 팜 비치 리조트 맞은편 도보 12분 → 안지아 코티지 도착

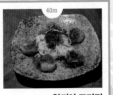

40m

4 안지아 코티지
An Gia Cottage

한국 사람 입맛에 딱 맞는 퓨전 베트남 요리 전문점. 가정집 안뜰을 식당으로 개조해 아늑한 분위기다. 해산물이 들어간 요리는 무엇이든 평균 이상.
🕐 시간 11:00~22:00(일요일은 17:00부터)

끄어다이
선착장 ↓

⊕ ZOOM IN

안방 비치 &
끄어다이 비치

호이안 근교에 자리한 해변. 안방 비치 주변은 중형 리조트와 호텔, 비치 바가 밀집해 있고 끄어다이 비치 주변에는 대형 리조트와 호텔이 모여 있어 분위기가 조금씩 다르다. 북적북적 활기찬 분위기가 좋다면 안방으로, 조용하고 한적한 것이 좋다면 끄어다이로 가자. 호이안 구시가지의 몇몇 호텔에서는 안방 비치까지 무료 셔틀버스를 운행한다.

● **이동 거리 기준** 내원교

1 안방 비치
An Bang Beach

★★★★★
택시 15분

호이안에 장기 체류하는 서양인들이 선탠을 하러 찾기도 하고, 히피들은 아침부터 밤까지 온종일 보내기도 하는 곳. 그래서일까. 비가 오지 않는 이상 해변은 언제나 북적북적, 그 때문에 호불호가 극명하게 갈린다. 베트남 바다 구경을 한번도 못해봤거나 비치 바에 갈 것이 아니라면 굳이 갈 필요는 없다.

ⓑ **1권 P.086** ⓞ **지도 P.110A**
ⓢ **구글 지도 GPS** 15.913872, 108.340957
ⓖ **찾아가기** 호이안 구시가지에서 택시로 15분

2 끄어다이 비치
Cua Dai Beach

★★★★★
택시 15분

안방 비치의 시끌벅적함이 마음에 들지 않았다면 이곳으로. 비록 접근성이 떨어지지만 그만큼 사람도 적어 쉬기에는 더 좋다. 몇 해 전 쓰나미 피해를 입은 탓에 파도가 센 해변에 보기 흉한 방파제를 쌓아 풍경은 좀 떨어지긴 한다. 선베드나 비치 체어가 많은 안방 비치와 달리 모래사장에 돗자리를 깔고 앉기도 하는 분위기다.

ⓑ **1권 P.090** ⓞ **지도 P.111G**
ⓢ **구글 지도 GPS** 15.897371, 108.367141
ⓖ **찾아가기** 호이안 구시가지에서 택시로 15분

3 안지아 코티지
An Gia Cottage

★★★★★
택시 13분

가정집 앞마당이 근사한 식당으로 탈바꿈했다. 외국인 입맛에 맞춘 베트남 요리를 선보이는데, 할머니 때부터 이어져 내려온 비밀 레시피로 조리해 먹으면 먹을수록 감탄사가 나온다. 새우와 돼지고기, 해산물을 넣은 요리는 무엇이든 평균 이상. 다만 음식 맛이 대체적으로 약간 짠 편이다.

ⓞ **지도 P.110F**
ⓢ **구글 지도 GPS** 15.899878, 108.357468 ⓖ **찾아가기** 팜 가든 리조트 길 건너편 ⓐ **주소** 93 Lạc Long Quân, Cẩm An, Hội An, Quảng Nam ⓣ **전화** 098-950-1400 ① **시간** 11:00~22:00(일요일은 17:00부터) ⓗ **휴무** 연중무휴 ⓖ **가격** 메인 요리 11만 9000₫~, 스무디 5만₫ ⓦ **홈페이지** www.anyahoian.com

Stir Fried Prawn with Garlic
17만9000₫

4 더 덱 하우스
The Deck House

★★★★
택시 15분

안방 비치 가장 끄트머리에 있어 인파가 덜하고 조용한 것이 가장 큰 장점. 해변의 선베드 좌석부터 풍경이 한눈에 들어오는 1, 2층 좌석까지 갖추어 명당자리 경쟁이 그나마 덜하다. 시그너처 메뉴인 '시푸드 보트(Seafood Boat)'를 추천.

ⓑ **1권 P.086** ⓞ **지도 P.110A**
ⓢ **구글 지도 GPS** 15.914343, 108.339570 ⓖ **찾아가기** 안방 비치 북쪽 ⓐ **주소** Biển An Bàng, Cẩm An, tp. Hội An, Quảng Nam ⓣ **전화** 096-661-1383 ① **시간** 06:00~23:00(시기에 따라 다름) ⓗ **휴무** 연중무휴 ⓖ **가격** 시푸드 풀 보트 78만₫, 시푸드 하프 보트 390만₫ ⓦ **홈페이지** www.thedeckhouseanbang.com

시푸드 풀 보트 78만₫

5 솔 키친
Soul Kitchen
★★★★ 택시 15분

한국인에게 유독 유명한 비치 바. 한국과 비슷한 음식값에, 잊을 만하면 나타나는 잡상인까지 가세해 비치 바의 낭만은 온데간데없이 사라진다. 하지만 관광객이 모두 빠진 저녁, 움막 아래 라이브 밴드의 음악이 퍼지고, 작은 촛불만 밝히는 시간이 되면 세상 어느 곳보다 사랑스러운 장소가 된다. 밴드 공연은 매일 열리는 것이 아니기 때문에 미리 전화로 확인하자.

⊕ **1권 P.087** ⊙ **지도 P.110A**
📍 **구글 지도 GPS** 15.914211, 108.339850 🚶 **찾아가기** 안방 비치 북쪽 🏠 **주소** Lô 9B, Tp. Hội An, Quảng Nam ☎ **전화** 090-644-0320 🕐 **시간** 07:00~23:00 ⊝ **휴무** 연중무휴 💲 **가격** 메인 요리 14만~17만₫, 병맥주 3만~4만₫ 🏠 **홈페이지** www.soulkitchen.sitew.com

6 돌핀 키친 앤드 바
Dolphin Kitchen & Bar
★★★★ 택시 15분

솔 키친의 번잡함도, 더 덱 하우스의 화려함도 내키지 않는다면 이곳을 찾자. 너른 잔디밭 위에 방갈로와 원목 의자가 띄엄띄엄 놓여 있어 다른 곳보다 훨씬 여유롭다. 그래서인지 바다가 훨씬 가까이에 있는 느낌이다.

⊕ **1권 P.086** ⊙ **지도 P.110A**
📍 **구글 지도 GPS** 15.912776, 108.341815 🚶 **찾아가기** 안방 비치 남쪽 🏠 **주소** Biển An Bàng, Cẩm An, tp. Hội An, Quảng Nam ☎ **전화** 077-249-4117 🕐 **시간** 08:00~22:00 ⊝ **휴무** 연중무휴 💲 **가격** 맥주 2만5000₫ 🏠 **홈페이지없음**

7 라 플라주
La Plage
★★★ 택시 15분

프랑스어로 '해변'이라는 뜻의 상호처럼 바에서 몇 걸음만 걸으면 곧바로 해변이다. 해변과 바 사이에 야자수가 심겨 있어 탁 트인 전망을 볼 수는 없지만, 좀 더 아늑한 분위기다. 아이들은 모래사장에서 흙장난을 치고, 어른들은 바다를 보며 술 한잔하기에 딱 좋다. 가리비 요리가 맛있다고 소문났다.

⊕ **1권 P.087** ⊙ **지도 P.160A**
📍 **구글 지도 GPS** 15.913035, 108.341385 🚶 **찾아가기** 안방 비치 남쪽 🏠 **주소** Lac Long Quân, Quảng Nam ☎ **전화** 077-379-4392 🕐 **시간** 08:00~22:00 ⊝ **휴무** 연중무휴 💲 **가격** 과일 주스 3만~4만5000₫, 맥주 2만~3만₫ 🏠 **홈페이지없음**

8 찌엔 레스토랑
Chine Restaurant
★★★ 택시 15분

음식 가격이 저렴한 로컬 레스토랑. 시설은 낡았지만 바다 바로 앞에 앉아 식사할 수 있어 저렴하게 휴양 온 기분을 내기 좋다. 해산물 요리가 두루두루 맛있는데, 새우와 오징어를 넣은 메뉴가 인기. 구글 맵에는 'Beachside Seafood Café'로 표시되어 있다.

⊕ **1권 P.091** ⊙ **지도 P.111G**
📍 **구글 지도 GPS** 15.900091, 108.362698 🚶 **찾아가기** 주요 호텔과 해변에서 거리가 있는 편이라 택시를 타는 것이 좋다. 🏠 **주소** Cửa Đại, Hội An, Quảng Nam ☎ **전화** 없음 🕐 **시간** 09:00~19:00 ⊝ **휴무** 연중무휴 💲 **가격** 과일 주스 3만₫, 누들 7만₫, 스프링롤 7만₫, 새우볶음밥 7만₫ 🏠 **홈페이지** 없음

9 혼 레스토랑
Hon Restaurant
★★★ 택시 15분

베트남식 해산물 요리 전문점. 끄어다이 해변 바로 옆 낮은 언덕에 있어 경치가 좋다. 다른 식당보다 간이 세지 않아 우리 입에도 잘 맞는다는 것이 대체적인 평가. 식사 고객들은 바닷가 선베드를 무료로 이용할 수 있다.

⊕ **1권 P.091** ⊙ **지도 P.111D**
📍 **구글 지도 GPS** 15.899113, 108.364197 🚶 **찾아가기** 주요 호텔과 해변에서 거리가 있는 편이나 택시를 타는 것이 좋다. 🏠 **주소** Biển Cửa Đại, Phan Tính, Cửa Đại, Hội An, Quảng Nam ☎ **전화** 090-545-9800 🕐 **시간** 06:00~22:30 💲 **가격** 과일 셰이크 3만5000₫, 스프링롤 7만₫, 새우 요리 12만₫, 볶음밥 7만₫ 🏠 **홈페이지** http://nhahanghon.vn

10 더 호이안 스파
The Hoi An Spa
★★ 택시 10분

한국인이 운영하는 분위기 좋은 스파. 드라이 마사지, 핫 스톤 등 대중적인 마사지는 물론 임산부와 어린이 전용 마사지 프로그램도 갖추고 있다. 하지만 마사지 스킬은 부족하다는 것이 공통적인 의견이다. 다낭과 호이안 사이에 위치해 접근성은 떨어지지만, 무료 픽업 및 드롭 서비스를 제공한다. 예약은 카카오톡 ID '호이안스파'로 가능.

⊙ **지도 P.110J**
📍 **구글 지도 GPS** 15.889010, 108.354684 🚶 **찾아가기** 호이안 구시가지와 끄어다이 비치 가운데 지점. 전용 차량으로 픽업 및 드롭 서비스를 제공한다. 🏠 **주소** 236 Cửa Đại, Cẩm Sơn, Hội An, Quảng Nam ☎ **전화** 235-653-0000 🕐 **시간** 10:00~22:00 ⊝ **휴무** 연중무휴 💲 **가격** 드라이 마사지 60분 32$, 90분 43$ 🏠 **홈페이지** 없음

AREA 01

AREA 02

Part.3
후에
HUE

후에, 이렇게 간다

다낭에서
후에 가기

프라이빗 카

요금이 가장 저렴하고 편한 교통수단은 여행사 버스. 일행이 많다면 프라이빗 카도 가성비가 좋다. 기차는 기차표 예약 등 준비가 필요하고 기차역이 시내 중심에서 멀어 만족도는 떨어진다. 색다른 경험을 하고 싶다면 한 번쯤은 겪어봐도 좋다.

✔ **CHECK!**
탑승 인원 수 3명,
짐 개수 대형 3개
+소형 3개

승용차나 미니밴 차량을 이용해 여행객을 실어 나르는 서비스. 일면식도 없는 남들과 부대끼지 않아도 돼 가족 여행자들이 즐겨 찾는다. 여러 여행사에서 운행을 하는 다낭–호이안 노선과 달리 소수의 여행사에서만 다낭–후에 노선을 운행한다. 추천하는 여행사는 호이안 익스프레스. 원하는 시간, 원하는 장소에서 출발할 수 있으며 원하는 곳에 내려준다.

추천 여행사
호이안 익스프레스

다낭을 거점으로 후에, 호이안 셔틀버스 노선을 운행하는 여행사로 예약하기 쉽고 간단해 여행자들의 사랑을 받고 있다. 차량 종류에 따라 탑승 인원수와 요금이 다르니 반드시 확인해 보자.

❶ 프라이빗 미니밴

ⓓ **요금** 71$(심야 22:00~05:00에는 요금 할증)
▶ **홈페이지** http://hoianexpress.com.vn/ha/st_activity/da–nang–airport–transfers–to–hue–city–center–by–private–minivan

❷ 프라이빗 세단

탑승 인원 수 2명, 짐 개수 대형 2개+소형 2개

ⓓ **요금** 65$(심야 22:00~05:00에는 요금 할증)
▶ **홈페이지** http://hoianexpress.com.vn/ha/st_activity/da–nang–airport–transfers–to–hue–city–center–by–private–sedan

❸ 프라이빗 미니버스

탑승 인원 수 6명, 짐 개수 대형 6개+소형 6개

ⓓ **요금** 92$(심야 22:00~05:00에는 요금 할증)
▶ **홈페이지** http://hoianexpress.com.vn/ha/st_activity/da–nang–airport–transfers–to–hue–city–center–by–private–minibus

여행사 버스

가격이 저렴한 대신 일정에 자율도는 떨어지며 출발 및 도착 시간과 장소가 정해져 있다. 여행사와 노선에 따라 주요 관광지 경유 여부가 달라지므로 미리 확인해보자.

❶ 호이안 익스프레스 Hoi An Express

프라이빗 카의 요금이 부담스럽고, 하이반 패스를 꼭 봐야겠다 싶으면 호이안 익스프레스의 버스가 딱이다. 다른 여행사 버스와 달리 하이반 패스를 경유해 인기 있다. 오후 버스 편은 하이반 패스를 경유하지 않고 터널을 이용하니 이것만 좀 조심하자.

💰 **요금** 1인당 편도 12$
🌐 **홈페이지** http://hoianexpress.com.vn/ha/st_activity/shuttle-bus-from-da-nang-to-hue-one-way

	호이안 출발 (30 Tran Hung Dao)	다낭 (참 조각 박물관)	하이반 패스	랑꼬 비치	후에 도착 (11 Nguyen Cong Tru)
오전	07:00	08:00	09:00	09:30	11:30
오후	14:30	15:30	(무정차/터널 통과)	16:30	17:45

❷ 신 투어리스트

다른 것 다 필요 없고 좌석만 편안하고 일찍 도착하기만 하면 오케이?! 그렇다면 신 투어리스트의 슬리핑 버스를 추천한다. 3시간이 넘는 이동 시간 동안 누워 있을 수 있다는 것이 가장 큰 장점. 대신 다낭 도착 지점이 택시도 잡기가 힘든 외진 지역이라 난데없는 고생을 좀 할 수도 있다.

🌐 **홈페이지** www.thesinhtourist.vn

노선	다낭 → 후에	후에 → 다낭
요금	9만9000₫(요금 변동 있음)	
출발지	다낭 신 투어리스트 사무실	후에 신 투어리스트 사무실
도착지	후에 신 투어리스트 사무실	다낭 신 투어리스트 사무실
운행 시간	09:15 · 14:30	08:00·13:15
소요 시간	3시간 15분	3시간 15분

슬리핑 버스 티켓

다낭 신 투어리스트 사무실

쾌적한 버스 실내

버스 안에서 와이파이를 사용할 수 있다.

기차

일부 모험심이 강한 여행자들이 이용하는 교통수단. 출발·도착 시간이 비교적 잘 지켜지는 버스와 달리 자주 지연되고 시설이 낡아 불편한 점이 더 많다. 대신 기차 여행에서만 얻을 수 있는 로망을 한가득 채울 수 있다는 것이 무시 못할 장점. 또 차창 밖으로 펼쳐지는 풍경 덕분에 몇 분 정도의 연착쯤이야 얼마든지 눈감아줄 수 있다. 소요 시간 약 3시간.

ⓘ **요금** 하드 시트 4만4000₫, 소프트 시트 9만6000₫, 하드 버스 11만₫~, 소프트 버스 13만7000₫~(요금은 시간대와 시기에 따라 조금씩 변동된다)

다낭 역

후에 역

열차 예매 방법

STEP 1 베트남 철도 홈페이지(http://dsvn.vn/#)에 접속한다. 홈페이지 오른쪽 상단의 영국 국기를 눌러 언어를 영어로 설정한다.

STEP 2 From 부분에 출발지를, To 부분에 도착지를 입력한 뒤 편도(One Way)와 왕복(Round Trip) 중 하나를 선택한다. 그 아래 출발 일자(Departure)와 돌아오는 날짜(Return/편도를 선택했을 경우 활성화되지 않음)를 선택한 뒤 검색(Search) 버튼을 누른다.

STEP 3 컴퓨터가 아닌지 확인해달라는 알림창이 뜨면 네모 박스에 체크를 하면 검색 결과를 볼 수 있다.

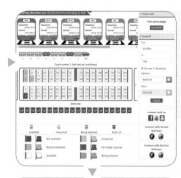

STEP 4 출발 시각 및 열차 종류별로 상세히 나오는데, 가장 위쪽부터 차근차근 선택하면 된다. 좌석 색깔이 빨간 것은 이미 예약된 좌석, 보라색은 장거리 탑승객을 위한 좌석이고, 선택한 구간에서 이용할 수 있는 좌석은 흰색으로 표시돼 있다. 참고로 다낭-후에 노선은 오른쪽 창가 방향의 경치가 좋고, 후에-다낭 노선은 왼쪽의 경치가 좋다.

⊕ PLUS TIP

베트남 기차 좌석 종류

● 하드 시트(Hard Seat) 공원 벤치처럼 생긴 딱딱한 나무 의자. 요금이 저렴해 현지인들이 주로 이용한다. 입석 승객도 많이 타서 복잡한 데다 일단 위생적인 부분은 반쯤 포기하는 것이 속 편하다.
● 소프트 시트(Soft Seat) 나무 의자보다는 승차감이 확실히 편안하지만 운이 나쁘면 시트가 더럽거나 낡은 자리에 앉을 수도 있다. 단시간 타기에는 괜찮은 수준.
● 하드 버스(Hard Berth) 침대 매트리스가 조금 딱딱한 칸. 보통 3층으로 이뤄져 있는데, 드나들기가 편한 아래쪽 침대가 요금이 조금 더 비싸다.
● 소프트 버스(Soft Berth) 침대 매트리스가 더 푹신푹신한 칸. 2층으로 이뤄져 개인 공간이 조금 더 넓다.

⊕ PLUS TIP

예약자 정보 Ticket booker information

① 이름 Full Name 탑승자의 정확한 이름을 영어로 기입한다.
② 이메일 Email 티켓 예약 내역을 받을 수 있는 이메일로 기입한다. 그 옆의 컨펌 이메일(Confirm Email) 부분도 똑같이 기입한다.
③ 여권 번호 Passport Number 탑승자의 여권 번호를 적는다.
④ 결제 방법 Pay Method 한국 사람이 선택할 수 있는 결제 방법은 사실상 두 가지. 온라인 결제(Pay Online)과 현장 결제(Pay Later). 온라인 결제 시 예매 수수료가 붙는 대신 현장 결제보다 더 편하다는 것만 알아두자.

STEP 5 원하는 좌석 선택이 끝났으면 화면 오른쪽 상단의 표 구입하기(Buy Ticket) 버튼을 눌러 예약 페이지로 들어간다.

호이안에서 후에 가기

거리가 멀어 호이안에서 후에로 단번에 이동하는 일은 드물다. 대부분 여행자는 다낭에 들러 여정을 정리하기 때문. 이동 거리가 먼 만큼 멀미 대책을 잘 세워야 뒤탈이 없다.

여행사 버스

가장 가성비 좋은 교통수단. 여러 여행사에서 버스 서비스를 제공하는데, 여행사마다 주요 관광지 경유 여부, 하이반 터널 통과 여부가 다르므로 꼼꼼히 확인해봐야 한다.

❶ 호이안 익스프레스 Hoi An Express

호이안에서 출발에 다낭, 하이반 패스, 랑꼬 비치를 거쳐 후에까지 가는 버스를 하루 두 번 운행한다. 홈페이지나 전화로 예약하는 것이 좋다. 하이반 패스를 경유하는 오전 버스 편과 달리 오후 버스 편은 터널을 통과해 소요 시간이 짧다.

ⓓ **요금** 1인당 편도 12$
ⓢ **홈페이지** http://hoianexpress.com.vn/ha/st_activity/shuttle-bus-from-hoi-an-to-hue-one-way

	호이안 출발 (30 Tran Hung Dao)	다낭 (참 조각 박물관)	하이반 패스	랑꼬 비치	후에 도착 (11 Nguyen Cong Tru)
오전	07:00	08:00	09:00	09:30	11:30
오후	14:30	15:30	(무정차/터널 통과)	16:30	17:45

호이안 익스프레스 호이안 사무실

신 투어리스트 호이안 사무실

❷ 신 투어리스트

ⓢ **홈페이지** www.thesinhtourist.vn

노선	호이안 → 후에	후에 → 호이안
요금	9만9000đ	
출발지	호이안 신 투어리스트 사무실	후에 신 투어리스트 사무실
도착지	후에 신 투어리스트 사무실	호이안 신 투어리스트 사무실
운행 시간	8:30·13:45	08:00·13:15
소요 시간	4시간	4시간

프라이빗 카

기사 딸린 차량을 대절해 편하게 이동할 수 있다. 주로 6인승 승용차가 배차돼 2~3명이 함께 이동하기 편리하다. 호이안 구시가지에 입간판을 세우거나 현수막을 걸어놓아 쉽게 예약할 수 있고 숙소 픽업도 해 준다는 것이 장점. 기사와 상의하면 오행산, 하이반 패스, 랑꼬 비치 등의 관광지를 경유할 수도 있다.

ⓓ **요금** 25만đ

> **⊕ PLUS TIP**
>
> 헷갈리기 쉬운 전세 차량과 프라이빗 카 서비스, 과연 무엇이 다른지 궁금하다면 참고하자.
> ● 전세 차량 – 정해진 시간 동안 기사가 딸린 차량을 대여해서 마음껏 타고 다닐 수 있는 요금제로 주로 한인 여행사에 예약할 수 있다. 전세 시간 안에는 몇 번을 타고 내려도 되기 때문에 빡빡한 일정을 소화하기에 적당하다.
> ● 프라이빗 카 – 기사 딸린 차량으로 장거리(다낭~호이안, 다낭~후에 등)를 이동하는 교통수단. 기사와 협의를 하지 않는 이상 이동 중간에 내릴 수 없으며 승객을 최종 목적지까지 태우면 끝이기 때문에 단순한 '이동'의 개념으로 봐야 한다.

무작정 따라하기

2단계

후에 시내 교통 한눈에 보기

그랩 카 이용이 보편화된 다낭이나 호이안과 달리 택시를 잡아타는 것 이외에는 마땅한 방법이 없는 곳이다. 가까운 거리는 걸어서 다니고, 10분 이상 걸리는 곳은 택시를 타는 것이 좋다. 관광지를 둘러볼 때는 여행사 및 호텔 프라이빗 카 투어나 단체 투어를 하는 것이 차라리 속 편하다.

택시

여행자들이 가장 많이 이용하는 교통수단이다. 후에 시내 안에서 움직이는 경우 주행거리가 짧아 요금 부담 없이 탈 수 있다. 하지만 택시를 잡기가 만만치 않다는 것이 흠. 호텔이나 식당 직원에게 택시를 불러달라고 요청하는 것이 편하다. 마이린과 방(VANG) 택시가 믿을 만하다. 영어 의사소통이 잘 안 되는 택시 기사가 은근히 많으니 유명하지 않은 호텔이나 식당에 갈 때는 주소를 보여주는 것이 훨씬 더 정확하다.

ⓘ **요금** 택시 회사와 차종에 따라 기본 요금이 다르다. 소형 4500₫~, 중형 5500₫~, 대형 6500₫~

쎄옴
(오토바이 택시)

정말 급할 때 이용하기 좋은 교통수단으로 외국인보다는 현지인들이 주로 이용한다. 탑승 전에 기사와 요금 합의를 보는 것이 원칙. 일부 기사들은 요금을 합의해놓고도 목적지에 도착해서는 딴소리를 하는 경우가 종종 있다. 베트남에서 오토바이를 한 번쯤 타보고 싶다면 추천. 그게 아니라면 비추천.

ⓘ **요금** 1km에 1만₫ 정도가 알맞다. 큰돈을 내면 거스름돈을 잘 내주지 않으므로 요금은 딱 맞게 지불하자.

잊힌 왕조의 영광

베트남 최후이자 최대의 통일 왕조인 응우옌 왕조의
땅, 왕조가 남긴 궁궐과 역대 왕들의 무덤인 능과 사원
이 곳곳에 흩어져 있다. 왕조의 찬란했던 영광을 따라
여행하다 보면 힘을 잃은 왕조가 어떻게 무너졌는지 보
이고, 조선의 서글픈 역사가 자연히 겹친다. 그것이 후
에 여행의 진짜배기 맛이다.

MUST SEE 이것만은 꼭 보자!

№.1
남의 집 구경이 제일 재미있어!
응우옌 왕조의 숨결이 남아 있는
후에 왕궁

№.2
카이딘 황제의 호화로운
라이프스타일
안딘궁

MUST EAT 이것만은 꼭 먹자!

№.1
음식 맛과 분위기, 가격을
모두 생각한다면
**서린 퀴진 레스토랑의
세트 메뉴**

№.2
외국인들이 입이 마르고
닳도록 칭찬하는
마담 뚜의 세트 메뉴

№.3
맨날 젓가락질만 할 순
없지, 후에에서 맛보는
정통 프랑스 요리
레 자르댕 드 라 카람볼

№.4
노을지는 향강을 보며 건배!
에인션트 타운 레스토랑

№.5
소금을 넣은 커피는
짤까 안 짤까?
카페 므어이의 소금 커피

MUST BUY 이것만은 꼭 사자!

№.1
생필품과 기념품
쇼핑은 이곳에서!
빅 시 마트

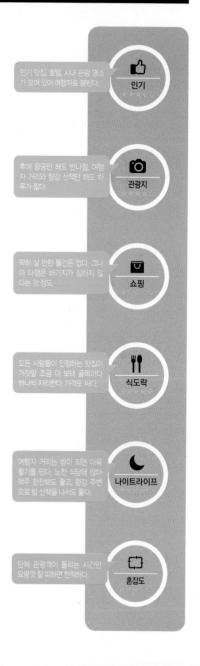

인기 맛집, 호텔, 시내 관광 명소
가 모여 있어 여행자로 붐빈다.
인기

후에 왕궁만 해도 반나절, 여행
자 거리와 향강 산책만 해도 하
루가 짧다.
관광지

딱히 살 만한 물건은 없다. 그나
마 다행은 바가지가 심하지 않
다는 것 정도.
쇼핑

모든 사람들이 인정하는 맛집이
거짓말 조금 더 보태 골목마다
하나씩 자리한다. 가격도 싸다.
식도락

여행자 거리는 밤이 되면 더욱
활기를 띤다. 노천 식당에 앉아
맥주 한잔해도 좋고, 향강 주변
으로 밤 산책을 나서도 좋다.
나이트라이프

단체 관광객이 몰리는 시간만
요령껏 잘 피하면 한적하다.
혼잡도

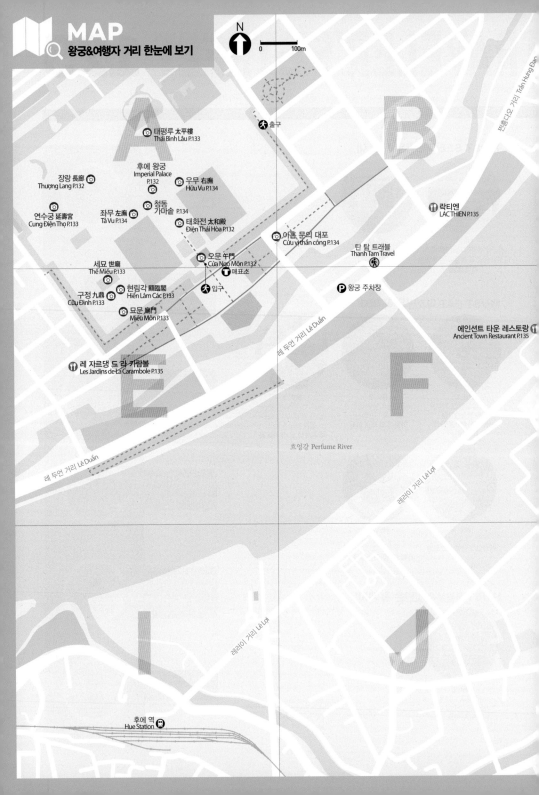

MAP
왕궁&여행자 거리 한눈에 보기

N
0   100m

A

B

쩐흥다오 거리 Trần Hưng Đạo

🚶 출구

태평루 太平樓
Thái Bình Lâu P.133

후에 왕궁
Imperial Palace
P.132

우무 右廡
Hữu Vu P.134

🍴 락티엔
LAC THIEN P.135

장랑 長廊
Thượng Lang P.132

청동 가마솥
P.134

연수궁 延壽宮
Cung Điện Thọ P.133

좌무 左廡
Tả Vu P.134

태화전 太和殿
Điện Thái Hòa P.132

아홉 문의 대포
Cửu vị thần công P.134

탄 탐 트래블
Thanh Tam Travel

세묘 世廟
Thế Miếu P.133

오문 午門
Cửa Ngọ Môn P.132
🎫 매표소

🅿 왕궁 주차장

구정 九鼎
Cửu Đỉnh P.133

현림각 顯臨閣
Hiển Lâm Các P.133

🚶 입구

묘문 廟門
Miếu Môn P.133

에인션트 타운 레스토랑
Ancient Town Restaurant P.135

레 두언 거리 Lê Duẩn

E

F

레 자르댕 드 라 카람볼
Les Jardins de La Carambole P.135

호엉강 Perfume River

레 두언 거리 Lê Duẩn

레러이 거리 Lê Lợi

I

레러이 거리 Lê Lợi

J

후에 역
Hue Station

동바 시장 Dong Ba Market P.137

호엉지앙 호텔 리조트 앤드 스파
Huong Giang Hotel Resort & Spa

후에 투어리스트 Hue Tourist
(호이안 익스프레스 셔틀버스 타는 곳)

에스 라인 커피
S Line Coffee P.136

응우옌 꽁 쯔 거리 Nguyễn Công Trú

센트리 리버사이드 호텔 후에
Century Riverside Hotel Hue

VM 트래블
VM Travel

후에 서린
팰리스 호텔
Hue Serene
Palace Hotel

DMZ 바
DMZ Bar
P.137

마담 뚜
Madam Thu P.135

서린 퀴진 레스토랑
SERENE Cuisne Restaurant P.134

호엉강 유람선
Dragon Boat P.137

필그리미지 빌리지
셔틀버스 타는 곳

문라이트 호텔
Moonlight Hotel Hue

오키드 호텔
Orchid Hotel

신 투어리스트
Shin Tourist

무엉탄 홀리데이 호텔
Mường Thanh Holiday Huế

쯔엉티엔 다리
Cầu Trường Tiền

아시아 호텔 Asia Hotel Hue

필그리미지 빌리지 셔틀버스 타는 곳

골든 라이스 레스토랑
Golden Rice Restaurant P.136

케이 마트
K Mart P.137

미드타운 호텔
Midtown Hotel Hue

더 스칼렛 부티크 호텔
The Scarlett Boutique Hotel Hue

후에 야시장
Hue Night Market P.137

사이공 모린 호텔
Saigon Morin Hotel

한 레스토랑
HANH Restaurant P.135

임피리얼 호텔
Imperial Hotel

체리시 호텔
Cherish hotel

엘도라 호텔
Eldora Hotel

알바 스파 호텔
Alba Spa Hotel

눅 카페 앤드 바
Nook Café & Bar P.136

니나스 카페
Nina's Café P.136

카페 므어이
Ca Phe Muoi P.136

빅 시 마트
Big C P.136

안딘궁
An Dinh Palace P.134

N
0 ___ 100m

태평루 太平樓
Thái Bình Lâu

장랑 長廊
Thượng Lang

후에 왕궁
Imperial Palace

우무 右廡
Hữu Vu

9 연수궁 延壽宮
Cung Điện Thọ

좌무 左廡
Tả Vu

7 영동 가미솔

6 태화전 太和殿
Điện Thái Hòa

4 아홉 문의 대포
Cửu vị thần công

2 락티엔
LAC THIEN

탄 탐 트래블
Thanh Tam Travel

세묘 世廟
Thế Miếu

5 오문 午門
Cửa Ngọ Môn

매표소

현림각 顯臨閣
Hiển Lâm Các

구정 九鼎
Cửu Đỉnh

8

묘문 廟門
Miếu Môn

입구

3 왕궁 주차장

10 레 자르댕 드 라 카람볼
Les Jardins de La Carambole

START

호엉강 Perfume River

레 두언 거리 Lê Duẩn

레 주언 거리 Lê Duẩn

40m

CHỢ ĐÔNG BA

1 동바 시장
Dong Ba Market

아침 일찍 시장을 구경하러 가자. 이른 아침에는 장사 준비를 하는 상인들과 아침 장을 보러 온 현지인들 덕분에 시장이 훨씬 활기를 띤다. 햇빛이 강해지기 전이라 덜 덥다는 것도 무시 못할 장점이다. 오전 8~10시 볼거리도 많고 덜 힘들다.

⏱ **시간** 가게에 따라 다름

➡ 시장 입구로 나와 좌회전, 도보 8분. 걷기 힘들면 택시를 타도 기본요금이다. → 락티엔 도착

20m

2 락티엔
LAC THIEN

현지인과 관광객 모두가 사랑하는 집. 후에식 쌀국수인 분보후에가 우리 입에도 잘 맞는다.

⏱ **시간** 10:00~21:30

➡ 큰길을 따라 걷는다. 도보 3분 → 응우옌 호앙 주차장 도착

10m

3 응우옌 호앙 주차장
(왕궁 주차장)
Nguyen Hoang Carpark

주차장 안쪽 탄 탐 트래블(Thanh Tam Travel) 여행사에서 전기 자동차를 예약할 수 있다. 일정 시간 동안 전기 자동차를 빌리는 것은 7번 코스로 최대 7명이 탈 수 있고 차량 1대당 요금으로 계산된다. 일행이 1~2명이라면 조금 비싸게 느껴질 수 있다.

➡ 전기 자동차 이용 → 아홉 문의 대포

5m

4 아홉 문의 대포
Cửu vị Thần Công

후에 왕궁 앞을 지키고 서 있는 대포. 큰 볼거리는 없기 때문에 그냥 지나쳐도 무방하다.

➡ 전기 자동차 이용 → 오문 도착

↓
START

1. 동바 시장
650m, 도보 8분
2. 락티엔
250m, 도보 3분
3. 응우옌 호앙 주차장
350m, 전기 자동차 1분
4. 아홉 문의 대포
230m, 전기 자동차 1분
5. 오문
140m, 도보 1분
6. 태화전
70m, 도보 1분

Area 1 황궁 & 야행자 거리　COURSE 1　ZOOM IN

동바 시장
Dong Ba Market

COURSE 1

후에 시내 알차게 둘러보기 코스

교통이 불편한 후에를 여행사의 도움 없이 둘러보기는 쉽지 않다. 하지만 아예 불가능한 것은 아니다. 열악하기는 하지만 있을 건 다 있어서 정보력만 따라준다면 혼자서 후에를 알차게 둘러볼 수 있다.

쯔엉티엔 다리
Cầu Trường Tiền

케이 마트
K Mart

더 스칼렛 부티크 호텔
The Scarlett Boutique Hotel Hue

사이공 모린 호텔
Saigon Morin Hotel

야시장
Night Market

한 레스토랑
HANH Restaurant

임피리얼 호텔
Imperial Hotel

체리시 호텔
Cherish hotel

응우옌 찌 프엉 거리 Nguyễn Tri Phương

엘도라 호텔
Eldora Hotel

알바 스파 호텔
Alba Spa Hotel

눅 카페 앤드 바
Nook Café & Bar

니나스 카페
Nina's Café

11 카페 므어이
Ca Phe Muoi

빅 시 마트 12
Big C

안딘궁
An Dinh Palace

흥브엉 거리 Hùng Vương

5　오문
午門

왕궁의 남쪽 입구로 왕궁 매표소도 이곳에 있다. 총 5개의 문이 나 있는데, 중앙 문은 황제만 사용할 수 있었고, 양쪽 문은 문관과 무관이, 가장 바깥쪽 문은 병사와 코끼리, 말 등이 드나들었다. 사진을 찍으면 예쁘게 나오는 곳이니 인증숏은 반드시 찍자.

➡ 오문 바로 앞 → 태화전 도착

6　태화전
太和殿

왕궁에서 가장 중요한 건물. 황제의 공식 접견과 대관식, 국빈식 등의 황실 의례가 거행되던 곳이며 자금성 태화전의 10분의 1 규모로 지었다. 전쟁으로 파괴된 다른 왕궁 건물들과 달리 거의 온전히 남아 있어 옛 왕궁의 규모를 짐작해볼 수 있다.

⏱ **시간** 08:00~21:00

➡ 태화전 바로 앞 → 좌무&우무 도착

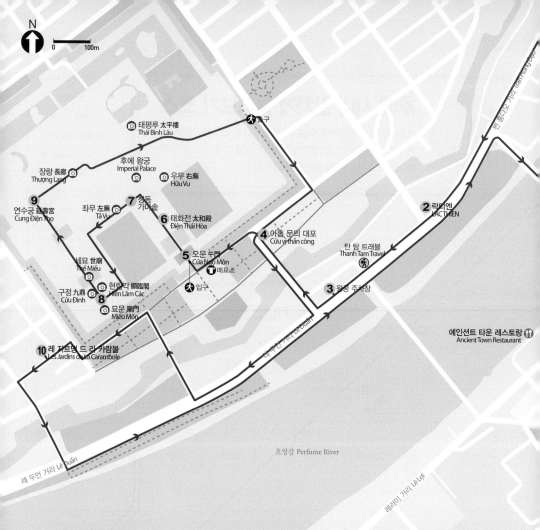

N
0   100m

태평루 太平樓
Thái Bình Lâu

장랑 長廊
Thượng Lang

후에 왕궁
Imperial Palace

우무 右廡
Hữu Vu

9 연수궁 延壽宮
Cung Điện Thọ

좌무 左廡
Tả Vu

7 청동 가마솥

6 태화전 太和殿
Điện Thái Hòa

세묘 世廟
Thế Miếu

현림각 顯臨閣
Hiển Lâm Các

5 오문 午門
Cửa Ngọ Môn
🎫 매표소

🚶 입구

구정 九鼎
Cửu Đỉnh

8 묘문 廟門
Miếu Môn

4 아홉 문의 대포
Cửu vị thần công

2 락티엔
LẠC THIỆN

탄 탐 트래블
Thanh Tam Travel

3 왕궁 주차장

10 레 자르댕 드 라 카람볼
Les Jardins de La Carambole

에인션트 타운 레스토랑 🍴
Ancient Town Restaurant

🚶 종구

호엉강 Perfume River

레 두언 거리 Lê Duẩn

레러이 거리 Lê Lợi

5m

7 좌무&우무&청동 가마솥
左廡 & 右廡

좌무와 우무는 문관과 무관의 집무실
로 태화전 좌·우측에 2개 건물이 나
눠져 있다. 청동 가마솥은 왕의 권위를
나타내는 조형물이다.

➡ 전기 자동차 탑승 → 묘문 도착

15m

8 묘문&현림각&구정&세묘
廟門 & 顯臨閣 & 九鼎 & 世廟

왕궁에서 볼거리가 가장 많은 구역으
로 왕실의 종묘라고 생각하면 된다.
종묘의 출입구인 묘문으로 들어서면
선대 왕들에 대한 존경심을 나타내기
위해 궐에서 가장 높이 지은 현림각,
역대 왕들의 신위를 모신 세묘 등으
로 나눠져 있다.

➡ 전기 자동차 탑승 → 연수궁 도착

10m

9 연수궁
延壽宮

태후(황제의 어머니)가 기거하던 궁궐
로 다양한 부속 건물로 이뤄져 있다.

➡ 전기 자동차 탑승. 주차장으로 돌
아가 택시를 탄다. → 레 자르댕 드 라
카람볼 도착

↓
CONTINUE

7. 좌무&우무&청동 가마솥
360m, 전기 자동차 1분

8. 묘문&현림각&구정&세묘
400m, 전기 자동차 2분

9. 연수궁
1.5km, 전기 자동차 7분 + 1.3km 택시 3분

10. 레 자르댕 드 라 카람볼
3.3km, 택시 10분

11. 카페 므어이
350m, 도보 4분

12. 빅 시 마트

Area 1 황궁 & 여행자 거리 | COURSE 1 | ZOOM IN

10 레 자르댕 드 라 카람볼
Les Jardins de La Carambole

오전 내내 걸었으니 조금 쉬어 가자.
프랑스 요리 전문점으로 앤티크한 분
위기와 합리적인 가격대 덕분에 여행
자들이 많이 들른다.
🕐 **시간** 07:00~23:00

➡ 택시로 약 10분 → 카페 므어이 도
착

11 카페 므어이
Ca Phe Muoi

소금 커피로 유명한 카페. 주택가에
위치해 매우 조용하고 정돈된 분위기
다. 브레이크 타임이 있기 때문에 시
간이 안 맞는다면 빅 시 마트부터 들
를 것.
🕐 **시간** 06:30~11:00, 15:00~22:00

➡ 카페를 나와 좌회전 후 직진 도보
4분 → 빅 시 마트 도착

쯔엉티엔 다리
Cầu Trường Tiền

동바 시장
Dong Ba Market

야시장
Night Market

레 러이 거리 Lê Lợi

응우옌 찌 프엉 거리 Nguyễn Tri Phương

케이 마트
K Mart

더 스칼렛 부티크 호텔
The Scarlett Boutique Hotel Hue

사이공 모린 호텔
Saigon Morin Hotel

임피리얼 호텔
Imperial Hotel

한 레스토랑
HANH Restaurant

체리시 호텔
Cherish hotel

엘도라 호텔
Eldora Hotel

알바 스파 호텔
Alba Spa Hotel

눅 카페 앤드 바
Nook Cafi & Bar

니나스 카페
Nina's Café

레 러이 거리 Lê Lợi

레 러이 거리 Lê Lợi

홍브엉 거리 Hùng Vương

11 카페 므어이
Ca Phe Muoi

빅 시 마트 12
Big C

12 빅 시 마트
Big C

후에에서 가장 큰 마트로, 생필품과
기념품은 이곳에서 사는 것이 가장
편하다. 20만đ 이상 구입 시 무료로
배달해주므로 무거운 장바구니를 들
고 다닐 필요도 없다.
🕐 **시간** 08:00~22:00

안딘궁
An Dinh Palace

R E C E I P T

볼거리	1시간 35분
식사	1시간 30분
이동	42분
쇼핑	1시간

TOTAL 4시간 47분

입장료	15만đ
왕궁 입장료	15만đ
교통비	54만đ
전기 자동차 대여 1시간	50만đ
택시	4만đ
식비	42만3000đ
락티엔(반베오, 분보후에)	6만5000đ
레 자르댕 드 라 카람볼(세트 메뉴)	34만đ
카페 므어이(소금 커피)	1만8000đ

TOTAL 111만3000đ
(어른 1인 기준, 쇼핑 비용 별도)

⊕ ZOOM IN

왕궁 &
여행자 거리

후에 여행의 하이라이트, 후에 왕궁, 야시장을 비롯한 다양한 볼거리와 유명한 맛집, 여행자들의 보금자리가 되어주는 호텔이 모여 있어 언제나 활기 넘친다.

● **이동 거리 기준** 여행자 거리 DMZ 바

1 후에 왕궁
Imperial Palace

📷
★★★★★
택시 10분

중국 자금성을 본떠 지은 궁궐로 응우옌 왕조(1802~1945)의 터전이었다. 초대 황제인 자롱 황제의 지시 아래 1804년 공사를 시작해 1832년 완공되었다. 흐엉강에서 물을 끌어와 만든 세 겹의 해자로 둘러싸여 있으며 궁궐 안에는 왕의 집무실과 거주 시설 등 한때 147채의 건물이 있었지만, 현재 남은 건물은 손에 꼽는다. 최근 베트남 정부의 정책 쇄신을 통해 왕궁 복원 공사를 진행하고는 있지만, 여전히 미미한 수준이다.

📖 **1권** P.062 📍 **지도** P.126A
🔵 **구글 지도 GPS** 16.467540, 107.579363 📸 **찾아**

가기 후에 시내에서 택시로 10분 🏢 **주소** Phú Hậu, Thành phố Huế 📞 **전화** 234-350-1143
🕐 **시간** 08:00~17:30(목요일은 22:00까지)
⊝ **휴무** 연중무휴 💲 **가격**

구분	일반 입장권	묶음 입장권	
	왕궁 입장권	왕궁+카이딘 황제릉+민망 황제릉	왕궁+카이딘 황제릉+민망 황제릉+뜨득 황제릉
어른	15만đ	28만đ	36만đ
어린이 (7~12세)	3만đ	5만5000đ	7만đ

🌐 **홈페이지** www.imperialcityhue.com/home-vie.html

1-1 오문
午門
Cửa Ngọ Môn[끄어응오몬]

📷
★★★★★

왕궁의 남쪽 출입문으로 중국 자금성의 오문과 이름도, 생김새도 같다. 총 5개의 문이 나 있는데, 중앙 문은 황제만 사용할 수 있었고, 양쪽 문은 문관과 무관이, 가장 바깥쪽 문은 병사와 코끼리, 말 등이 드나들었다. 문 위에 지은 2층짜리 누각인 '오봉루'는 1945년 8월, 호찌민 임시 혁명정부가 출범하며 응우옌 왕조의 끝을 선포한 역사적인 곳이다.

📖 **1권** P.065 📍 **지도** P.126A
🔵 **구글 지도 GPS** 16.467646, 107.579178

1-2 태화전
太和殿
Điện Thái Hòa[디엔타이호아]

📷
★★★★★

황제의 공식 접견과 대관식, 국빈식 등의 황실 의례가 거행되던 곳으로, 자금성 태화전의 10분의 1 규모로 지었다. 툇마루를 포함해 총 9칸 건물이며 황제를 상징하는 용이 처마를 받치는 기둥과 용마루에 새겨져 있다. 앞쪽 광장에서는 경복궁에서도 볼 수 있는 품계석과 해태상 등이 있어 응우옌 왕조도 유교 문화권이었음을 짐작할 수 있다. 태화전 건물 안에서는 옥좌와 옥쇄, 옛 공문서 등을 볼 수 있다. 실내 사진 촬영은 금지.

📖 **1권** P.065 📍 **지도** P.126A
🔵 **구글 지도 GPS** 16.468726, 107.578416

1-3 장랑
長廊
Thượng Lang[쯔엉랑]

📷
★★★★

자금성의 주요 건물들을 연결하는 긴 복도. 양쪽이 뻥 뚫려 있어 복도를 걷다 보면 응우옌 왕조의 왕이 된 듯한 기분을 느낄 수 있다. 붉은 색채가 아름다워 사진 찍기에도 좋다.

📖 **1권** P.067 📍 **지도** P.126A
🔵 **구글 지도 GPS** 16.469655, 107.577284

1-4 묘문
廟門
Miếu Môn [미에우몬]

★★★★

종묘의 정문. 이곳을 통과해야 현림각과 세묘를 차례로 만날 수 있다. 황제를 의미하는 용과 봉황, 장수를 의미하는 거북 등 성스러운 동물과 살구나무, 난, 국화, 대나무 등 4계절을 나타내는 식물을 유리와 도자기 조각을 이어 붙여 꾸몄다.

ⓑ 1권 P.065 ⓞ 지도 P.126E
ⓖ **구글 지도 GPS** 16,466526, 107,577201

1-5 현림각
顯臨閣
Hiển Lâm Các [히엔럼깍]

★★★★

응우옌 왕실의 선대 왕들을 기리기 위해 민망 황제의 명으로 지은 누각. 1층 5칸, 2층 3칸, 3층 1칸의 규모로 높이는 13m에 달한다. 현림각을 지은 후 후대 왕들에게 이보다 더 높은 건물을 짓지 못하도록 공표해 지금도 현림각이 왕궁에서 가장 높은 건물이라고 한다. 응우옌 왕조를 세운 선대 왕들에 대한 존경의 마음인 셈이다.

ⓑ 1권 P.065 ⓞ 지도 P.126E
ⓖ **구글 지도 GPS** 16,466752, 107,576996

1-6 구정
九鼎
Cửu Đỉnh [끄우딘]

★★★★

현림각 앞에 있는 9개의 청동 정(鼎, 귀가 2개 달린 세 발 솥)으로 고대 중국에서는 덕이 있는 왕조만 소유할 수 있었던 권력의 상징물이었다. 각각의 정은 응우옌 왕조의 1~9대 황제를 나타내며 그에 맞는 이름도 붙여 있다. 초대 황제인 자롱 황제의 정이 가장 큰데, 무게가 무려 2.6톤에 달한다고 한다. 베트남의 국가보물로 지정돼 있다.

ⓑ 1권 P.066 ⓞ 지도 P.126E
ⓖ **구글 지도 GPS** 16,466829, 107,576937

1-7 세묘
世廟
Thế Miếu [테미에우]

★★★★

응우옌 왕조 10명의 왕의 위패가 봉안되어 있는 전각. 재위 기간이 며칠이나 몇 개월 정도로 짧았던 황제들이나 방탕한 생활을 하다 프랑스로 망명한 마지막 황제 등은 신위를 모시고 있지 않으며 초대 황제인 자롱 황제의 위패를 중심으로 오른쪽에는 2·4·9·8·10대황제, 왼쪽에는 3·7·2·11대 황제의 위패가 있다. 실내 사진 촬영 금지.

ⓑ 1권 P.066 ⓞ 지도 P.126E
ⓖ **구글 지도 GPS** 16,467158, 107,576653

1-8 연수궁
延壽宮
Cung Điện Thọ [꿍디엔토]

★★★

태후(황제의 어머니)가 살던 궁궐로 건축양식은 세묘와 비슷하지만, 규모는 절반밖에 되지 않는다. 연못과 정자, 집무실, 사원 등 10여 개의 부속 건물로 이뤄져 있으며 당시 황후가 타고 다니던 가마와 인력거 등의 유물도 그대로 남아 있다. 참고로 '연수(延壽)'는 '영원한 생명'을 뜻한다.

ⓑ 1권 P.067 ⓞ 지도 P.126A
ⓖ **구글 지도 GPS** 16,468865, 107,575359

1-9 태평루
太平樓
Thái Bình Lâu [타이빈러우]

★★★

왕실의 도서관 겸 서재. 왕들이 책을 읽거나 글을 쓰는 장소로 애용됐으며 정방형의 연못이 전각 주변을 둘러싸고 있어 풍경이 아름답다. 도자기 조각으로 장식된 건물 자체도 놓치지 말아야 할 볼거리. 현재는 기념품 가게가 들어서 있다.

ⓑ 1권 P.067 ⓞ 지도 P.126A
ⓖ **구글 지도 GPS** 16,470722, 107,577719

134

1-10 좌무와 우무
左廡&右廡
Tả Vu&Hữu Vu[따부&후부]
★★★

문관과 무관의 집무실로 태화전 뒷문으로 나오면 좌·우측에 2개 건물이 나뉘어 있다. 현재는 기념품 가게와 작은 전시실이 들어서 있다. 이곳부터는 왕궁의 내궁(內宮)이다.

⊙ 1권 P.066 ⊙ 지도 P.126A
⊙ 구글 지도 GPS 16.469446, 107.578331

1-11 청동 가마솥
★★

응우옌 푹 탄 재임 시 만든 가마솥으로 좌무와 우무 앞에 각각 하나씩 있다. 왕의 권위를 내세우고 장수를 기원하는 의미로 세웠으며 무게가 1.5톤에 달한다. 현재 베트남 국가보물로 지정되어 있다.

⊙ 1권 P.066 ⊙ 지도 P.126A
⊙ 구글 지도 GPS 16.468993, 107.577837

1-12 아홉 문의 대포
★★

왕궁 입구에 놓인 청동 대포. 입구 오른쪽에 네 문, 왼쪽에 다섯 문이 있는데, 이는 각각 4계절 및 4방위(동·서·남·북)과 오행(목·화·토·금·수)을 의미한다. 베트남 사람들은 전통적으로 숫자 '9'를 좋아하는데, 9가 힘과 권력을 의미하는 꽉 찬 숫자이기도 하지만 불멸을 상징하기 때문이라고 한다(생로병사를 반복하면(생로병사 생로병사 생) 아홉 번째 '생 生'으로 끝난다). 대포를 더도 덜도 아니고 아홉 문만 배치한 이유다.

⊙ 1권 P.065 ⊙ 지도 P.126A
⊙ 구글 지도 GPS 16.468047, 107.581216

2 안딘궁
An Dinh Palace
★★
택시 6분

카이딘 황제가 즉위 전 자신의 가족들과 머물었던 궁궐로, 다른 궁궐들과는 다르게 서양식으로 지었다. 궁궐은 총 3층 규모로 정교한 조각과 문양이 아름다워 예비부부의 웨딩 사진 촬영 명소로도 유명하다. 실내에는 당시 황제와 가족들이 사용했던 물건이 전시돼 있다. 궁궐이 생각보다 넓은데, 입구는 남쪽에 있으니 주의하자.

⊙ 지도 P.127L
⊙ 구글 지도 GPS 16.456478, 107.598402
⊙ 찾아가기 시내에서 택시로 약 6분
⊙ 주소 97 Phan Đinh Phùng, Phú Nhuận, Thành Phố Huế, Thừa Thiên Huế ⊝ 전화 234-352-4429
⊙ 시간 07:00~17:00 ⊙ 가격 2만đ
⊙ 홈페이지 없음

3 서린 퀴진 레스토랑
SERENE Cuisine Restaurant
★★★★★
택시 4분

후에에서는 보기 힘든 퀄리티의 음식과 근사한 분위기까지 더해진 레스토랑. 손님들 열에 아홉이 주문하는 메뉴는 '스페셜 세트 메뉴'. 택시 기사들도 레스토랑의 위치를 모르는 경우가 많은데, 서린 팰리스 호텔(Serene Palace Hotel)로 가달라고 하거나 주소를 보여주는 것이 정확하다.

⊙ 1권 P.138 ⊙ 지도 P.127D
⊙ 구글 지도 GPS 16.470278, 107.597259 ⊙ 찾아

가기 서린 팰리스 호텔(Serene Palace Hotel) 2층. 택시를 타는 것이 좋다. ⊙ 주소 kiet 56 Nguyễn Công Trứ tổ 15, Phú Hội, tp. Huế, Thừa Thiên Huế ⊝ 전화 234-394-8585 ⊙ 시간 11:00~2:00 ⊙ 휴무 연중무휴 ⊙ 가격 스페셜 세트 메뉴 2인 27만9000đ ⊙ 홈페이지 http://serenecuisinerestaurant.com

스페셜 세트 메뉴 2인
27만9000đ

4 한 레스토랑
HANH Restaurant

🍴🍴 ★★★★★ 도보 5분

저렴한 가격에 베트남 전통 음식을 하나씩 맛볼 수 있는 곳. 모든 음식을 한번에 내주지 않고 전채부터 디저트까지 순서에 맞게 하나씩 서빙하는 식이다. 그 덕에 직원들은 정신없이 왔다 갔다 하고, 손님상에는 빈 접시가 가득 쌓인다. 젓가락질 몇 번이면 바닥이 보일 만큼 양은 적지만, 음식 맛이 아쉬움을 단번에 메워 준다.

📖 1권 P.139 📍 지도 P.127H
📍 구글 지도 GPS 16.466284, 107.595023 🔎 찾아가기 여행자 거리에서 도보 5분 🏠 주소 11 Phó Đức Chinh, Phú Hội, Tp. Huế, Phú Hội 📞 전화 035-830-6650 🕐 시간 10:00~21:00 💤 휴무 연중무휴
💰 가격 세트 메뉴 12만đ
🌐 홈페이지 http://banhkhoai hanh.com

5 마담 뚜
Madam Thu

🍴🍴 ★★★★★ 도보 2분

외국인 입맛의 후에 전통 음식을 판매하는 곳. 깨끗하고 조용하다는 것만으로도 합격. 외국인들이 즐겨 찾는 메뉴와 과일, 마실 거리까지 골라 담은 세트 메뉴와 채식 메뉴도 다양하게 갖추었으며 정갈한 음식 맛도 어디에 뒤지지 않는다.

📖 1권 P.140 📍 지도 P.127D
📍 구글 지도 GPS 16.469850, 107.595776 🔎 찾아가기 여행자 거리에서 도보 2분 🏠 주소 45 Võ Thị Sáu, Phú Hội, Thành Phố Huế, Thừa Thiên Huế 📞 전화 234-368-1969 🕐 시간 11:00~22:00 💤 휴무 연중무휴 💰 가격 세트 메뉴 2 15만đ
🌐 홈페이지 없음

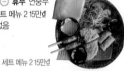

세트 메뉴 2 15만đ

6 레 자르댕 드 라 카람볼
Les Jardins de La Carambole

🍴🍴 ★★★★★ 택시 8분

현지인보다는 서양인에게 인기 좋은 프랑스 음식 전문점. 한적한 분위기와 수준급 응대가 기분을 좋게 한다. 애피타이저부터 메인 디시, 후식까지 세트로 구성된 '메뉴 인도친(Menu Indochine)'이 인기 있다. 살짝 외진 곳에 있지만, 식후에 택시를 불러줘 편리하다.

📖 1권 P.131 📍 지도 P.126E
📍 구글 지도 GPS 16.465124, 107.575670
🔎 찾아가기 시내에서 택시로 8분
🏠 주소 32 Đặng Trần Côn, Thuận Hoà, Thành Phố Huế, Thừa Thiên Huế 📞 전화 234-354-8815
🕐 시간 07:00~23:00
💰 가격 세트 메뉴 34만đ~
🌐 홈페이지 www. lesjardinsde lacarambole.com

세트 메뉴 34만đ~

7 에인션트 타운 레스토랑
Ancient Town Restaurant

🍴🍴 ★★★★ 택시 2분

향강변에 자리한 노천 식당. 에어컨은 고사하고 선풍기마저 없지만 강바람 맞으며 시원한 맥주 한잔 마시고, 야경 한번 볼 때마다 후에가 더욱 사랑스러워진다. 홀짝홀짝 마시다 맥주잔 바닥이 보이기 일쑤. 분위기 좀 아는 사람들은 이곳에 다 모인다는 이유가 있었다. 음식 맛은 기대하지 말 것.

📖 1권 P.159 📍 지도 P.126F
📍 구글 지도 GPS 16.465906, 107.587868
🔎 찾아가기 후에 야시장 안에 위치
🏠 주소 Nguyễn Đình Chiểu, Vinh Ninh, Thành Phố Huế, Thừa Thiên Huế 📞 전화 090-516-2789 🕐 시간 15:00~23:00 💤 휴무 연중무휴 💰 가격 반베오 3만2000đ, 넴루이 5만đ, 후다 맥주 1만5000đ 🌐 홈페이지 www.facebook.com/ancienttownrestaurant.hue

8 락티엔
LAC THIEN

🍴🍴 ★★★★ 택시 6분

후에 스타일의 쌀국수인 '분보후에'로 유명한 집. 저렴한 가격은 물론 맛도 괜찮아서 현지인과 관광객 모두 즐겨 찾는다. 음식 맛은 좋지만 조금 지저분하고 시끄러운 것이 단점. 외국인이 많이 찾으면 음식 맛도 바뀌기 마련인데 언제나 한결같은 맛을 고수하는 집이다.

📖 1권 P.131 📍 지도 P.126B
📍 구글 지도 GPS 16.468764, 107.585103
🔎 찾아가기 시내에서 택시로 약 6분
🏠 주소 6 Đinh Tiên Hoàng, Phú Hòa, Thành Phố Huế, Thừa Thiên Huế 📞 전화 234-352-7348
🕐 시간 10:00~21:30 💤 휴무 연중무휴
💰 가격 반베오 2만5000đ, 분보후에 4만đ
🌐 홈페이지 없음

분보후에 4만đ

9 니나스 카페
Nina's Café

★★★★
택시 3분

골목 끄트머리에 있는 작은 식당이지만, 관광객들이 알음알음 찾아오는 숨은 맛집이다. 서양인들이 주로 찾는 레스토랑답게 향신료를 적게 써 깔끔한 맛이 특징이다. 건물 지붕만 덮여 있어 좀 더운 게 흠이다. 후에 명물 음식으로 채운 세트 메뉴가 가성비가 좋다.

ⓥ **지도** P.127G

🅖 **구글 지도 GPS** 16.464322, 107.592799 ⓖ **찾아가기** 시내에서 택시로 약 3분. 택시에서 내려 골목 끝까지 들어가야 한다. ⓐ **주소** 16/34 Nguyễn Tri Phương, Phú Hội, Huế, Thừa Thiên Huế ⓣ **전화** 234-383-8636 ⓛ **시간** 08:00~22:00 ⓟ **가격** 세트 메뉴 15만₫ ⓗ **홈페이지** 없음

10 눅 카페 앤드 바
Nook Café & Bar
★★★★
택시 3분

스타일리시한 카페 겸 바. 수제 햄버거가 손님들이 두고두고 칭찬하는 메뉴. 정갈한 플레이팅하며 실내장식이 예뻐서 사진을 찍기에도 딱 좋은 조건이다. 대신 선풍기 말고는 냉방시설이 전혀 갖춰지지 않아 땀을 좀 흘릴 수 있다.

ⓥ **지도** P.127G

🅖 **구글 지도 GPS** 16.464518, 107.592894 ⓖ **찾아가기** 시내에서 택시로 약 3분 ⓐ **주소** 7 Kiet 34 Nguyễn Tri Phương, Phú Hội, Thành phố Huế, Thừa Thiên Huế ⓣ **전화** 093-506-9741 ⓛ **시간** 08:30~21:30 ⓟ **가격** 햄버거 10만~19만₫ ⓗ **홈페이지** www.facebook.com/nookcafebarhue

눅 버거 13만5000₫

11 카페 므어이
Ca Phe Muoi

★★★★
택시 5분

소금 커피를 전문으로 하는 로컬 커피숍. 우유거품 위에 소금을 뿌린 뒤 베트남 전통 커피 드리퍼인 '카페 핀'을 커피잔 위에 올린 채 손님에게 내주는 것이 이 집만의 방식이다. 단맛이 강한 베트남식 커피와 달리 짠맛이 더 강한 편. 얼음을 넉넉히 넣어주면 입에 꼭 맞는 소금 커피가 완성된다.

ⓑ **1권** P.166 ⓥ **지도** P.127H

🅖 **구글 지도 GPS** 16.462758, 107.598903 ⓖ **찾아가기** 시내에서 택시로 약 5분 ⓐ **주소** 10 Nguyễn Lương Bằng, Phú Nhuận, Thành phố Huế, Thừa Thiên Huế ⓣ **전화** 234-653-0705 ⓛ **시간** 06:30~11:00, 15:00~22:00 ⓒ **휴무** 연중무휴 ⓟ **가격** 소금 커피 1만8000₫ ⓗ **홈페이지** 없음

소금 커피 1만8000₫

12 에스 라인 커피
S Line Coffee
★★★
도보 1분

핫한 곳은 역시 다르다. 따지고 보면 별것 없는데도 이 집만 손님이 바글바글하다. 혼자 4인용 식탁에 앉을 때면 괜히 눈치가 보인다. 사각뿔 모양 나무 천장이 멋진 야외석의 분위기가 꽤 괜찮지만 담배 연기 때문에 숨 쉬기 힘들다. 분위기는 포기하더라도 시원하고 쾌적한 실내에 앉자.

ⓑ **1권** P.168 ⓥ **지도** P.127C

🅖 **구글 지도 GPS** 16.470850, 107.594542 ⓖ **찾아가기** 레러이 거리와 추반안 거리가 만나는 지점. 센트리 리버사이드 호텔 옆이다. ⓐ **주소** 51 Lê Lợi, Phú Hội, Thành Phố Huế, Thừa Thiên Huế ⓣ **전화** 234-382-0111 ⓛ **시간** 07:00~22:00 ⓒ **휴무** 연중무휴 ⓟ **가격** 카페 쓰어 다 1만5000₫ ⓗ **홈페이지** 없음

카페 쓰어 다 1만5000₫

13 골든 라이스 레스토랑
Golden Rice Restaurant
★★
도보 2분

인근에서는 분위기가 괜찮고 음식 맛이 뛰어나진 않아도 먹을 만하다는 평가를 받는다. 관광객들이 몰리는 저녁만 피하면 조용히 식사할 수 있다는 점도 빼놓을 수 없는 장점. 볶음밥 요리가 인기가 있다.

ⓥ **지도** P.127C

🅖 **구글 지도 GPS** 16.468852, 107.594767 ⓖ **찾아가기** 센트리 리버사이드 호텔 건너편의 팜응우라오 거리 끝부분. 도보 1분 ⓐ **주소** 40 Phạm Ngũ Lão, Phú Hội, Thành Phố Huế, Thừa Thiên Huế ⓣ **전화** 234-381-3968 ⓛ **시간** 08:00~23:30 ⓒ **휴무** 연중무휴 ⓟ **가격** 과일 주스 3만5000₫~, 볶음밥 9만5000₫~, 캐러멜라이즈드 치킨 위드 세서미 10만9000₫ ⓗ **홈페이지** 없음

캐러멜라이즈드 치킨 위드 세서미 10만9000₫

14 빅 시 마트
Big C
🛍
★★★★
택시 7분

후에에서 가장 큰 규모의 마트로 기념품이나 생필품을 사려면 이곳부터 가면 된다. 물건 진열 방식이 우리나라 대형 마트와 비슷하고 품목도 다양한 것이 장점. 20만₫ 이상 구입 시 10km 내에서는 무료로 배달해준다. 마트 위층에는 식당가와 오락 시설이 있다.

ⓥ **지도** P.127L

🅖 **구글 지도 GPS** 16.460252, 107.599340 ⓖ **찾아가기** 후에 시내에서 택시로 7분 ⓐ **주소** 174 Bà Triệu, Phú Nhuận, Thành Phố Huế, Thừa Thiên Huế ⓣ **전화** 234-393-6900 ⓛ **시간** 08:00~22:00 ⓟ **가격** 제품마다 다름 ⓗ **홈페이지** http://bigc.vn/store/big-c-hue-17.html

15 동바 시장
Dong Ba Market

 ★★★ 택시 7분

후에에서 가장 큰 재래시장. 오전 9시 전까지는 영업 준비로 바쁜 모습을, 정오가 넘어가면 현지인들로 북적이는 모습을 볼 수 있다. 금은방, 장난감 가게, 원단 가게 등이 옹기종기 모여 있는 상가와 20년 전쯤 우리나라 재래시장을 꼭 닮은 야외 노점으로 나뉜다. 시장의 하이라이트인 채소와 과일 시장은 꼭 들르자.

ⓑ **1권** P.256 ⊙ **지도** P.127C
⊙ **구글 지도 GPS** 16.472673, 107.588675
⊙ **찾아가기** 택시로 7분 ⓐ **주소** 2 Trần Hưng Đạo, Phú Hoà, Thành Phố Huế, Thừa Thiên Huế ☎ **전화** 없음 ⓛ **시간** 가게마다 다름 ⓓ **가격** 제품마다 다름 ⊙ **홈페이지** http://chodongba.com.vn

16 케이 마트
K Mart

★★ 도보 6분

한국 식료품 전문점. 가격은 조금 비싸지만 웬만한 한국 식료품은 모두 찾아볼 수 있어 일단 반갑다. 제법 늦은 시간까지 영업하는데, 밤에는 길이 어두워 가는 길이 위험할 수 있으니 될 수 있으면 택시를 타자.

⊙ **지도** P.127G
⊙ **구글 지도 GPS** 16.467392, 107.594593 ⊙ **찾아가기** 센트리 리버사이드 호텔에서 레러이 거리를 따라 걷다 도이꿍 거리로 좌회전. 첫 번째 사거리를 지나 왼쪽에 있다. 도보 6분. ⓐ **주소** 2 Bến Nghé, Phú Hội, Thành Phố Huế, Thừa Thiên Huế ☎ **전화** 234-383-3789 ⓛ **시간** 07:30~22:30 ⓓ **가격** 상품마다 다름 ⊙ **홈페이지** 없음

17 후에 야시장
Hue Night Market

 ★★ 도보 8분

흐엉강변에 자리한 작은 길이 밤만 되면 야시장으로 변신한다. 작은 가게들이 띄엄띄엄 들어서 있어 크게 볼 것은 없지만, 주말이면 다양한 문화 행사가 열려 눈이 즐겁다. 평일에는 저녁노을을 보며 산책하기 좋은 환경이다.

⊙ **지도** P.127G
⊙ **구글 지도 GPS** 16.466461, 107.588481
⊙ **찾아가기** 시내에서 레러이 거리를 따라 직진. 짱티엔 다리에서부터 야시장이 시작된다. 도보 8분. ⓐ **주소** Nguyễn Đình Chiểu, Vĩnh Ninh, Thành Phố Huế, Thừa Thiên Huế ☎ **전화** 090-516-2789 ⓛ **시간** 해 질 무렵~심야(가게마다 다름)

18 DMZ 바
DMZ Bar

 ★★★★★ 도보 1분

DMZ 콘셉트의 바. 편하게 들러 커피도 마시고, 술 한잔 기울이며 여러 사람과 어울리는 1층 분위기와 달리 2층은 말끔한 식당으로, 3층은 주변 루프톱 바로 운영된다. 음식이 아주 맛있지는 않지만, 관광객을 상대하는 곳치고는 가격이 양심적이고 기대만큼의 맛을 낸다. 단품으로 주문하는 것보다 7~8가지 메뉴를 맛볼 수 있는 세트 메뉴의 가성비가 좋다.

ⓑ **1권** P.179 ⊙ **지도** P.127C
⊙ **구글 지도 GPS** 16.470067, 107.594019 ⊙ **찾아가기** 센트리 리버사이드 호텔 바로 맞은편 ⓐ **주소** 60 Lê Lợi, Phú Hội, Thành Phố Huế, Thừa Thiên Huế ☎ **전화** 234-382-3414 ⓛ **시간** 07:00~02:30 ⓓ **가격** DMZ 스프링롤 7만5000đ ⊙ **홈페이지** www.dmz.com.vn

DMZ 스프링롤 7만5000đ

19 흐엉강 유람선
Dragon Boat

드래건 보트를 타고 향강을 둘러보는 투어. 대부분은 티엔무 사원까지 가는 편도 편을 이용한다. 개인이 표를 사는 경우 뷔페 레스토랑을 이용하게 한 뒤 터무니없는 요금을 요구하기도 하니 여행사의 후에 투어 프로그램을 이용하는 편이 훨씬 안전하다. 식사하며 전통 공연을 보는 프로그램도 진행한다.

⊙ **지도** P.127C
⊙ **구글 지도 GPS** 16.470032, 107.592337
⊙ **찾아가기** 센트리 리버사이드 호텔 바로 옆, 도보 1분 ⓐ **주소** 36 Lê Lợi, Phú Hội, Thành phố Huế, Huế ☎ **전화** 없음 ⓛ **시간** 이른 아침~심야 ⓓ **가격** 여행사 투어 프로그램 이용 ⊙ **홈페이지** 없음

후에의 진짜 얼굴

후에의 진짜 얼굴을 보려면 일단 시내 밖으로. 흐엉강을 따라 역대 왕들의 능이 늘어서 있다. 왕의 성격이나 생전 가치관에 따라 능의 구조나 크기가 천차만별이라는 것이 재미있는 부분. 왕릉을 조성하는 과정에서 백성에게 피해를 주지 않기 위해 최대한 소박하게 만든 조선 왕조의 왕릉과 비교하며 둘러보면 더욱더 흥미로울 것이다.

MUST SEE 이것만은 꼭 보자!

№. 1
'이게 무덤이야? 궁궐이야?'
이국적인 모습에
감탄하게 되는
카이딘 황제릉

№. 2
거대한 공원을
거니는 기분
민망 황제릉

№. 3
응우옌 왕조의
정신적인 뿌리
티엔무 사원

인기
후에 여행의 하이라이트, 왕릉과 사원이 이곳저곳에 흩어져 있어 이동 시간이 길다.

관광지
볼거리 하나는 차고 넘치는 동네. 야외 활동이 많아 쉽게 지치는 곳이기도 하다.

쇼핑
관광지 주변에 노점상이 있지만 살 만한 것은 없다.

식도락
음식점이 거의 없다. 관광객을 상대하는 식당은 음식 질이 떨어져서 만족도도 높지 않다. 식사를 하려면 후에 시내로 가자.

나이트라이프
해 질 무렵이 되면 조용해지는 곳. 해가 떠 있을 때 얼마나 다니느냐가 관건이다.

혼잡도
단체 관광객이 몰리는 시간만 요령껏 잘 피하면 한적하다.

⊕ PLUS TIP

어떻게 둘러볼까?
개별적으로 둘러보기에는 교통 사정이 좋지 않고, 관광지 간 거리도 멀다. 여행사 투어 프로그램에 참여하거나 호텔 프라이빗 카를 이용하는 것이 가장 대중적인 방법. 택시를 전세해도 되지만 요금을 흥정해야 해 내공이 부족하다면 오히려 손해를 볼 수 있다.

⊕ PLUS TIP

후에 왕궁 + 왕릉 통합 입장권을 구입하자!
왕궁과 주요 왕릉이 포함된 묶음 입장권을 각 관광지 매표소에서 판매한다. 각각의 입장권을 따로 구입하는 것 보다 저렴하니 여러 곳을 갈 예정이라면 묶음 입장권을 구입하는 것이 경제적이고 편리하다.

구분	일반 입장권 왕궁 입장권	묶음 입장권 왕궁 + 카이딘 황제릉 + 민망 황제릉	왕궁 + 카이딘 황제릉 + 민망 황제릉 + 뜨득 황제릉
어른	15만₫	28만₫	36만₫
어린이(7~12세)	3만₫	5만5000₫	7만₫

*입장권은 구입일로부터 2일간 이용 가능

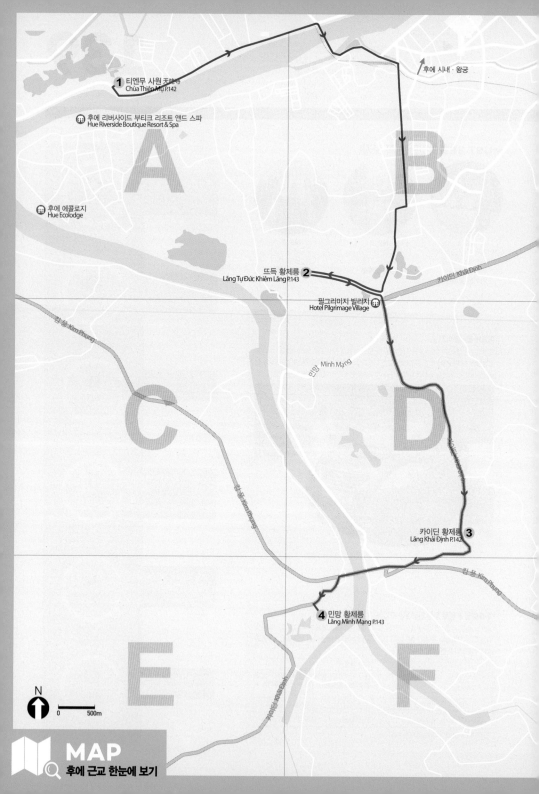

1 티엔무 사원 天姥寺
Chùa Thiên Mụ P.142

후에 리버사이드 부티크 리조트 앤드 스파
Hue Riverside Boutique Resort & Spa

후에 에콜로지
Hue Ecolodge

후에 시내·왕궁

A

B

뜨득 황제릉 **2**
Lăng Tự Đức Khiêm Lăng P.143

팔그리머지 빌리지
Hotel Pilgrimage Village

킴풍 Kim Phụng

민망 Minh Mạng

카이딘 Khải Định

C

D

카이딘 황제릉 **3**
Lăng Khải Định P.142

킴풍 Kim Phụng

민망 황제릉 **4**
Lăng Minh Mạng P.143

킴풍 Kim Phụng

카이딘 Khải Định

E

F

N

0   500m

MAP
후에 근교 한눈에 보기

141

↓
START
1. 티엔무 사원
8.4km, 자동차 18분
2. 뜨득 황제릉
8km, 자동차 14분
3. 카이딘 황제릉
3.1km, 자동차 8분
4. 민망 황제릉

Area 2 후에 근교

COURSE 1

ZOOM IN

COURSE 1

후에 근교 왕릉 투어 코스

후에의 진정한 풍경은 시내를 벗어나야 비로소 볼 수 있다. 한때 베트남을 호령했던 황제의 무덤, 왕조가 중요하게 생각했던 사찰을 둘러보는 데만 반나절. 관광지 간 거리도 가깝지 않아 이동 시간도 꽤 오래 걸린다. 짧은 시간을 어떻게 쓰느냐가 관건이다.

START

30m

1 **티엔무 사원**
Chùa Thiên Mụ

후에 시내에서 식사한 뒤 티엔무 사원부터 둘러본다. 점심시간이 가까워지면 단체 여행자들로 붐비기 때문에 최대한 일찍 둘러보는 것을 추천.
🕐 **시간** 24시간

➡ 자동차로 18분 → 뜨득 황제릉 도착

50m

2 **뜨득 황제릉**
Lăng Tự Đức Khiêm Lăng

뜨득 황제가 살아 있을 때부터 궁궐보다 더 오래 머물렀을 만큼 애착을 보였던 곳이다. 그래서인지 후에 왕궁보다도 훨씬 넓은 듯한 느낌. 많이 걸어 다녀야 하니 마음의 준비를 단단히 하자.
🕐 **시간** 07:00~17:30

➡ 자동차로 14분 → 카이딘 황제릉 도착

30m

3 **카이딘 황제릉**
Lăng Khải Định

다른 황제들의 능보다 규모는 작지만 호화롭기로는 1등이다. 전 세계 각지에서 재료를 공수해서 지은 건물 하나하나에 마음을 뺏기다 보면 시간이 뚝딱. 다른 황제릉은 건너뛰더라도 이곳만큼은 꼭 보자.
🕐 **시간** 07:00~17:30

➡ 자동차로 8분 → 민망 황제릉 도착

40m

4 **민망 황제릉**
Lăng Minh Mạng

베트남 사람들에게 성군으로 여겨지는 민망 황제의 통치 스타일이 능에도 잘 묻어 있다. 앞선 왕릉에 비해 차분하고 중후한 분위기. 한가로운 공원을 산책하듯 둘러보기 좋다. 왕릉 안에서 판매하는 사탕수수 주스도 나름 별미다.
🕐 **시간** 07:00~17:30

RECEIPT

볼거리 ⋯⋯⋯⋯⋯ 2시간 30분
이동 ⋯⋯⋯⋯⋯⋯ 40분

TOTAL 3시간 10분

입장료 ⋯⋯⋯⋯⋯ 36만đ
통합 입장권 36만đ
교통비 ⋯⋯⋯⋯⋯ 86만3000đ
차량 전세 86만3000đ

TOTAL 122만3000đ
(어른 1인 기준)

ZOOM IN

후에 근교

응우옌 왕조의 사원과 역대 황제들의 황제릉이 향강을 따라 이어져 있다. 교통편이 불편해 개별 여행을 하기가 힘들지만 여행사의 투어 프로그램이 다양하게 준비돼 있다. 이동 시간이 긴 편이니 멀미약과 간식, 마실 물을 넉넉히 챙기자.

● **이동 거리 기준** 후에 왕궁 입구

1 티엔무 사원

天姥寺
Chùa Thiên Mụ [쭈어티엔무]

★★★★★
자동차 10분

1601년 어느 날, 티엔무(天姥, 하늘에서 내려온 신비한 여인)가 나타나 "곧 군주가 나타나 이곳에 사원을 세울 것이며, 새로운 국가에 번영을 가져다줄 것이다"라고 말했다. 이 말을 들은 지방 관리들이 그 자리에 절을 세운 것이 티엔무 사원의 시초. 응우옌 왕조는 이곳을 국가 사찰로 정하고 사원을 더욱 크게 확장했는데, 1844년 티에우찌 왕이 팔각 7층 석탑을 세우며 지금의 모습이 되었다고 한다. 독재정권에 소신공양으로 저항했던 틱꽝득 스님의 오스틴 자동차가 주요 볼거리.

ⓑ **1권** P.070 ⓜ **지도** P.140A
ⓖ **구글 지도 GPS** 16.453131, 107.544804
ⓐ **찾아가기** 후에 시내에서 자동차로 15분
ⓐ **주소** Hương Hòa, Thành Phố Huế ⓣ **전화** 없음
ⓛ **시간** 08:00~17:00 ⓒ **휴무** 연중무휴
ⓟ **가격** 무료 ⓦ **홈페이지** 없음

2 카이딘 황제릉

Lăng Khải Định [랑 카이딘]

★★★★★
자동차 20분

카이딘 황제(1885~1925)는 베트남 국민들의 미움을 받는 황제였다. 프랑스 식민지 시절, 어지러운 나라의 정세를 돌보기는커녕 프랑스 정부의 꼭두각시 노릇을 했으며, 궐 안에 틀어박혀 방탕하고 호화로운 생활을 누렸다. 자신의 무덤을 만들 재원을 조달하기 위해 농민들에게 세금을 30%나 인상해 나라 경제를 파탄 내기에 이른다. 나라의 경제 사정은 생각하지 않은 채 무덤에 사용된 재료는 해외에서 공수하거나 제작해 왔으며 무덤을 만드는 데 무려 11년이라는 시간이 걸렸다.

ⓑ **1권** P.072 ⓜ **지도** P.140D

ⓖ **구글 지도 GPS** 16.399168, 107.590481 ⓐ **찾아가기** 후에 시내에서 자동차로 약 20분 ⓐ **주소** Khải Định, Thủy Bằng, Hương Thủy, Thừa Thiên Huế ⓣ **전화** 234-386-5830 ⓛ **시간** 07:00~17:30 ⓒ **휴무** 연중무휴 ⓟ **가격** 어른 10만đ, 어린이(7~12세) 2만đ *패키지 요금은 P.139 참고 ⓦ **홈페이지** 없음

3 민망 황제릉
Lăng Minh Mạng[랑 민망]

강력한 중앙집권제와 영토 확장을 통해 응우옌 왕조의 전성기를 이끌어 베트남 사람들에게는 성군으로 여겨지는 민망 황제(1791~1841)의 능으로, 후에의 역대 왕릉 중 규모가 가장 크다. 능 전체가 공원처럼 꾸며져 있고, 그 안에는 강과 숲이 있을 정도다. 민망 황제를 안치한 관이 묘역으로 갈 때를 제외하고는 단 한 번도 열린 적이 없는 '대홍문(大

紅門)'과 황제의 생전 업적을 빼곡히 적어놓은 '공덕비'가 있는 정자, 위패를 모신 사당 등으로 이뤄져 있는데, 당시 중국 황제들의 능 구조와 흡사하다. 유교 문화를 적극적으로 수용한 민망 황제의 고집이 드러나는 부분이다. 이렇게 큰 능을 조성하기 위해 3년 동안 무려 1만 명이 넘는 인력이 동원됐다고 한다.

ⓑ 1권 P.074 ⓞ 지도 P.140F
ⓖ 구글 지도 GPS 16.387560, 107.570813
ⓡ 찾아가기 후에 시내에서 자동차로 약 25분
ⓐ 주소 Quốc lộ 49, Hương Thọ, Hương Trà, Thừa Thiên Huế ☎ 전화 234-352-3237
ⓣ 시간 07:00~17:30 ⓗ 휴무 연중무휴 ⓟ 가격 어른 10만đ, 어린이(7~12세) 2만đ *패키지 요금은 P.139 참고 ⓦ 홈페이지 없음

4 뜨득 황제릉
Lăng Tự Đức Khiêm Lăng[랑 또득 끼엠 랑]

후에에 남아 있는 왕릉 중 보전이 가장 잘된 왕릉으로, 뜨득 황제(1848~1883)를 모시고 있다. 대부분 황제가 자신의 능을 건설하는 도중에 승하했던 반면 뜨득 황제는 이곳을 건설한 뒤 왕궁 대신 이곳에 머물며 정사를 돌봤다고 한다. 매일 50명의 요리사가 만든 50가지 요리를 하인 50명의 시중을 받으며 먹고, 밤새

연꽃잎에 맺힌 이슬을 모아서 차를 마셨다는 등의 이야기가 전해오는 것을 보면 그 호화로운 생활이 어느 정도 예상이 된다. 그래서일까, 이곳은 능을 둘러본다는 느낌보다는 잘 가꾼 왕궁을 거니는 느낌이 든다.

ⓞ 지도 P.140B
ⓖ 구글 지도 GPS 16.433307, 107.565452

ⓡ 찾아가기 후에 시내에서 자동차로 약 20분
ⓐ 주소 17/69 Lê Ngô Cát, Thủy Xuân, Thành phố Huế, Thừa Thiên Huế ☎ 전화 없음 ⓣ 시간 07:00~17:30 ⓗ 휴무 연중무휴 ⓟ 가격 어른 10만đ, 어린이(7~12세) 2만đ *패키지 요금은 P.139 참고 ⓦ 홈페이지 없음

OUTRO

무작정 따라하기 상황별 베트남어 회화

인사

안녕하세요. Xin chào.
◀ 신 짜오

실례합니다. / 죄송합니다. Xin lỗi.
◀ 신 로이

고맙습니다 Cảm ơn.
◀ 깜 언

저기요. Này.
◀ 나이

네. Vâng
◀ 방

아니요. Không.
◀ 콩

식당

주문 받아 주세요. Cho chúng tôi gọi món.
◀ 쪼 쭝 또이 고이 몬

좀 있다가 주문할게요. Một lát nữa tôi sẽ gọi món.
◀ 못 랏 느어 또이 쎄 고이 몬

가장 인기 있는 메뉴는 뭐예요? Ở nhà hàng này thực đơn hấp
dẫn nhất là cái gì?
◀ 어 냐 항 나이 특 던 헙 전 녓 라 까이 지?

포장해 주세요. Hãy gói cho tôi.
◀ 하이 고이 쪼 또이

콜라 주세요. Cho tôi cô ca cô la.
◀ 쪼 또이 꼬 까 꼬 라

덜어 먹을 수 있게 작은 그릇을 주세요. Cho tôi cái bát nhỏ để có
thế sẻ ra ăn.
◀ 쪼 또이 까이 밧 뇨 데 꼬 테 쎄 자 안

계산서 주세요. Cho tôi hóa đơn.
◀ 쪼 또이 화 던

모두 얼마예요? Tất cả là bao nhiêu tiền?
◀ 떳 까 라 바오 니에우 띠엔?

응급 상황

근처에 병원이 있어요? Ở gần đây có bệnh viện không?
◀ 어 건 더이 꼬 베잉 비엔 콩?

움직일 수가 없어요. Không thể di chuyển.
◀ 콩 테 디 쭈옌

경찰을 불러 주세요. Hãy gọi công an giúp tôi.
◀ 하이 고이 꽁 안 쥽 또이

분실물 센터는 어디에 있어요? Văn phòng quản lý đồ thất lạc ở
đâu ạ?
◀ 반 퐁 꾸안 리 도 텃 락 어 더우 아?

사람 살려! Cứu với! Cứu tôi với!
◀ 끄우 버이! 끄우 또이 버이!

도와주세요! Giúp tôi với!
◀ 쥽 또이 버이!

도난 신고를 하고 싶어요. Tôi muốn trình báo mất cắp.
◀ 또이 무온 찡 바오 멋 깝

지갑을 소매치기 당했어요. Tôi bị móc túi mất ví.
◀ 또이 비 목 뚜이 멋 비

지금 한국 대사관으로 연락해 주세요. Bây giờ hãy liên hệ với Đại
sứ quán Hàn Quốc giúp tôi.
◀ 버이 지어 하이 리엔 헤 버이 다이 쓰 꾸안 한 꾸옥 쥽 또이

배가 아파요. Tôi đau bụng.
◀ 또이 다우 붕

여기가 아파요. Đau ở đây.
◀ 다우 어 더이

열이 있어요. Bị sốt.
◀ 비 쏫

배탈이 났어요. Bị rối loạn tiêu hóa.
◀ 비 조이 롼 띠에우 화

발목을 삐었어요. Cổ chân bị trật khớp.
◀ 꼬 쩐 비 젓 컵

콧물이 나요. Nước mũi chảy liên tục.
◀ 느억 무이 짜이 리엔 뚝

멀미약 있어요? Có thuốc chống say không ạ?
◀ 꼬 투옥 쫑 싸이 콩 아?

교통

실례합니다. 여기가 어디예요? Xin lỗi, đây là đâu ạ?
◀ 씬 로이, 더이 라 더우 아?

걸어서 얼마나 걸려요? Đi bộ thì mất bao lâu ạ?
◀ 디 보 티 멋 바오 러우 아?

여기가 이 지도에서 어디인가요? Chỗ này là ở đâu trên bản đồ này?
◀ 쪼 나이 라 어 더우 쩬 반 도 나이?

늦었어요. 빨리 가 주세요. Muộn rồi. Đi nhanh giúp.
◀ 무온 조이. 디 냐잉 쥽

공중화장실은 어디에 있어요? Nhà vệ sinh công cộng ở đâu ạ?
◀ 냐 베 씽 꽁 꽁 어 더우 아?

여기에 세워 주세요. Dừng xe lại đây cho tôi.
◀ 증 쎄 라이 더이 쪼 또이

괜찮으시다면, 저를 그곳까지 데려다 주시겠어요? Nếu không phiền, đưa tôi đến chỗ đó được không ạ?
◀ 네우 콩 피엔, 드어 또이 덴 쪼 도 드억 콩 아?

거리에 비해 요금이 비싸요. Cước phí đắt so với chặng đường.
◀ 끄억 피 닷 쏘 버이 짱 드엉

쇼핑

이건 뭐예요? Cái này là cái gì?
◀ 까이 나이 라 까이 지?

◀ 닷 꾸어

이거 두 개 주세요. Cho tôi 2 cái cái này.
◀ 쪼 또이 하이 까이 까이 나이

다른 가게에서 더 싸게 팔던데요. Cửa hàng khác bán rẻ hơn mà.
◀ 끄어 항 칵 반 제 헌 마

가장 인기 있는 건 어떤 거예요? Cái đang được ưa thích nhất là cái nào?
◀ 까이 당 드억 드어 틱 녓 라 까이 나오?

덤 좀 주세요. Cho tôi quà khuyến mại.
◀ 쪼 또이 꾸어 쿠옌 마이

영수증 주세요. Cho tôi hóa đơn.
◀ 쪼 또이 화 던

좀 깎아 주세요. Giảm giá cho tôi.
◀ 쟘 쟈 쪼 또이

이건 얼마예요? Cái này bao nhiêu?
◀ 까이 나이 바오 니에우?

여기 금액이 틀려요.
Số tiền này sai rồi.
◀ 쏘 띠엔 나이 싸이 조이

비싸요. Đắt quá.

베트남 숫자 읽기

1 Một ◀뭇

2 hai ◀하이

3 ba ◀바

4 bốn ◀ 본

5 năm ◀ 남

6 sáu ◀싸우

7 bảy ◀바이

8 tám ◀ 땀

9 chín ◀ 찐

10 Mười ◀ 므어이

100 Một tram ◀뭇 짬

1000 Nghìn ◀ 응인

1만 mười nghìn ◀ 므어이 응인

10만 trăm nghìn ◀ 짬 응인

100만 triệu ◀ 찌에우

요일

월요일 Thứ hai ◀ 트 하이

화요일 thứ ba ◀ 트 바

수요일 thứ tư ◀ 트 뜨

목요일 thứ năm ◀ 트 남

금요일 thứ sáu ◀ 트 싸우

토요일 thứ bảy ◀ 트 바이

일요일 chủ nhật ◀ 쭈 녓

146

INDEX
무작정 따라하기

TRAVEL 무작정 따라하기
안 스파
Ans Spa

1. 마사지 10% 할인
(90분 이상 마사지 예약 고객)
2. 무료 음료 제공
(모든 마사지 고객)

 TRAVEL 무작정 따라하기
오드리 네일 앤드 스파
Audrey Nail & Spa
(3호점)

젤 아트 10% 할인
마사지 20% 할인

 TRAVEL 무작정 따라하기
쿨 스파
Cool Spa

부부카페 앤드 수비니어(Bubu Café
& Souvenir)의 수제 노니 비누 또는
계피 비누 증정(6만฿ 상당)

 TRAVEL 무작정 따라하기
팡팡 투어
Pang Pang Tour

다낭 국제공항 픽업 서비스
30% 할인

 TRAVEL 무작정 따라하기
아이 러브 비비큐
I Love BBQ

식사 금액의 10% 할인

 TRAVEL 무작정 따라하기
부부 카페 앤드 수비니어
Bubu Cafe & Souvenir

코코넛 비스킷 1봉지 무료 증정

 TRAVEL 무작정 따라하기

와이드 모바일 와이파이 도시락
widemobile

포켓 와이파이 대여료 10% 할인

 와이파이 도시락

이용 방법
① http://wjstkdgussla.widemobile.com 또는 QR코드 접속
② 접속 시 노출되는 페이지 하단의 10% 할인된 국가별 임대료 확인
③ 여행 국가 선택 후 예약하기
④ 약관 동의 및 정보 입력 후 예약하기

쿨 스파
Cool Spa

이용 약관
1. 마사지 고객 모두(어른 한정)에게 인원수 대로 사은품을 증정합니다.
2. 원본 쿠폰을 제출해야 사은품을 수령하실 수 있습니다.
3. 쿠폰은 이용 약관에 따라 상환되는 경우를 제외하고 현금 또는 현금에 상응하는 금액으로 돌려받을 수 없습니다.
4. 쿠폰 유효기간 2020년 6월 30일까지

오드리 네일 앤드 스파 (3호점)
Audrey Nail & Spa

이용 약관
1. 오드리 네일 앤드 스파 3호점에서만 사용하실 수 있습니다.
2. 하루 1인 1매만 사용 가능하며 결제 시 쿠폰 원본을 제출해야 합니다.
3. 1장의 쿠폰으로 젤 아트와 마사지 모두 할인받을 수 있습니다.
4. 쿠폰은 이용 약관에 따라 상환되는 경우를 제외하고 현금 또는 현금에 상응하는 금액으로 돌려받을 수 없습니다.

안 스파
Ans Spa

이용 약관
1. 쿠폰 혜택을 받기 위해서는 쿠폰 원본을 제출해야 합니다.
2. 쿠폰 1장당 두 가지 혜택을 모두 받을 수 있습니다.
3. 펫(구정) 기간 할인 및 음료 제공이 불가합니다.
4. 쿠폰은 이용 약관에 따라 상환되는 경우를 제외하고 현금 또는 현금에 상응하는 금액으로 돌려받을 수 없습니다.
5. 쿠폰 유효기간 2020년 6월 30일까지

부부 카페 앤드 수비니어
Bubu Cafe & Souvenir

이용 약관
1. 쿠폰은 이용 약관에 따라 상환되는 경우를 제외하고 현금 또는 현금에 상응하는 금액으로 돌려받을 수 없습니다.
2. 쿠폰 원본을 제출해야 증정품을 받을 수 있습니다.
3. 1, 2호점 모두 사용할 수 있습니다.
4. 쿠폰 유효기간 2020년 6월 30일까지

아이 러브 비비큐
I Love BBQ

이용 약관
1. 쿠폰은 이용 약관에 따라 상환되는 경우를 제외하고 현금 또는 현금에 상응하는 금액으로 돌려받을 수 없습니다.
2. 쿠폰 혜택을 받기 위해서는 결제 시 쿠폰 원본을 제출해야 합니다.
3. 쿠폰 유효기간 2020년 6월 30일까지

팡팡 투어
Pang Tour

이용 약관
1. 쿠폰은 이용 약관에 따라 상환되는 경우를 제외하고 현금 또는 현금에 상응하는 금액으로 돌려받을 수 없습니다.
2. 쿠폰 혜택을 받기 위해서는 쿠폰 원본을 운전기사에게 제출해야 합니다.
3. 베트남 설 연휴(텟) 기간 동안은 할인 혜택을 받으실 수 없습니다.
4. 쿠폰 유효기간 2020년 6월 30일까지

와이드 모바일 와이파이 도시락
widemobile

이용 약관
1. 이용일 기준 최소 4일 전까지 예약하셔야 이용 가능합니다.
2. 본 서비스는 방문하는 국가의 통신 음영 지역, 통신 환경 등에 따라 서비스가 원활하지 않을 수 있습니다.
3. 분실 파손비에 대한 처리 규정은 예약 페이지에 명시된 약관을 확인 부탁드립니다.
4. 상세한 내용은 와이드 모바일 공식 홈페이지(www.widemobile.com)에서 확인 부탁드립니다.

구글 지도 GPS 사용하는 법

길을 잃지 않도록 도와주는 여행 필수 앱 '구글 GPS' 사용법을 소개합니다. 이 책에서는 장소의 이름만으로는 검색되지 않는 작은 맛집까지 위치 검색을 할 수 있도록 구글 GPS 좌표를 모두 넣었습니다. 구글 지도 검색 창에 아래와 같이 좌표를 입력하고 편리하게 사용하세요.

1 애플 앱스토어, 구글 플레이스토어 검색 창에 구글 맵스(Google Maps) 검색 후 앱을 다운로드하세요.

2 검색창에 구글 GPS코드를 입력하고 검색합니다.

3 장소를 확인하고 이름을 누릅니다.

4 아래에 있는 별표를 눌러 위치를 저장합니다.

5 검색 창 옆에 메뉴를 누르세요.

6 메뉴를 누르면 나오는 '내 장소'를 누르세요.

7 여행지에서 내 위치를 선택한 뒤 저장 리스트에서 목적지를 선택하고 경로를 찾아가세요.

당신의 여행 목적이 무엇이든! 고민할 필요 없이 GO!

무작정 따라하기 시리즈 사용법

STEP 1

어디를 가고 무엇을 먹을까?

미리 보는 테마북(1권)을 펼친다.
관광, 식도락, 쇼핑, 체험 등
나의 여행 목적과 취향에 맞는
테마 매뉴얼을 체크한다.

STEP 2

어떻게 여행할까?

가서 보는 코스북(2권)을 펼친다.
1권에서 체크한 테마 장소를
2권 지도에 표시해
나만의 여행 동선을 정한다.

1권에서 소개하는 모든 장소에는
관련 여행 정보가 기재된 2권 코스북
페이지가 표시되어 있어요.

STEP 3

드디어 출국!

이제부터 가벼운 여행 시작~
**2권만 여행 가방 속에
쏙 넣는다.**

1권은 숙소에 두고
다음 날 일정을 체크할 때
사용하세요!

13980

9 791160 507799
ISBN 979-11-6050-779-9

무작정 따라하기 다낭·호이안·후에
The Cakewalk Series-DA NANG·HOI AN·HUE
값 16,000원

DA NANG · HOI AN HUE

전상현 지음

1

미리 보는 테마북

이곳만 둘러봐도 다낭 여행 절반의 성공!
다낭 4대 인기 명소

어머 이건 먹어야 해!
다양한 베트남 음식 총집합

다낭에서 할 수 있는 게 이렇게 많다고?
수상 액티비티·에코 투어·스파 & 네일 완벽 가이드

쇼핑으로 캐리어를 하나 더 늘려보아요.
대형마트·시장·기념품·아오자이 쇼핑 정보

2019 · 2020 최신판

TRAVEL
무작정
따라하기

미리 보는 테마북
CONTENTS

THEME
BOOK

DA NANG · HOI AN HUE

전상현 지음

1

미리 보는 테마북

길벗

무작정 따라하기 다낭·호이안·후에
The Cakewalk Series – DA NANG·HOI AN·HUE

초판 발행 · 2018년 12월 3일
초판 2쇄 발행 · 2019년 1월 14일
개정판 발행 · 2019년 5월 29일
개정판 3쇄 발행 · 2020년 1월 15일

지은이 · 전상현
발행인 · 이종원
발행처 · (주)도서출판 길벗
출판사 등록일 · 1990년 12월 24일
주소 · 서울시 마포구 월드컵로10길 56(서교동)
대표전화 · 02)332–0931 | **팩스** · 02)323–0586
홈페이지 · www.gilbut.co.kr | **이메일** · gilbut@gilbut.co.kr

편집팀장 · 민보람 | **기획 및 책임편집** · 백혜성(hsbaek@gilbut.co.kr) | **취미실용 책임 디자인** · 강은경 | **1권 표지 디자인** · 박찬진
제작 · 이준호, 손일순, 이진혁 | **영업마케팅** · 한준희 | **웹마케팅** · 이정, 김진영 | **영업관리** · 김명자 | **독자지원** · 송혜란, 홍혜진

1권 본문 디자인 · 한효경 | **지도** · 팁맵핑 | **교정교열** · 이정현
일러스트 · 문수민 | **개정판 진행** · 김소영 | **CTP 출력 · 인쇄 · 제본** · 상지사

ISBN 979-11-6050-779-9(13980)

(길벗 도서번호 020126)

ⓒ 전상현

정가 16,000원

독자의 1초까지 아껴주는 정성 길벗출판사

(주)도서출판 길벗 | IT실용, IT/일반 수험서, 경제경영, 취미실용, 인문교양(더퀘스트) www.gilbut.co.kr
길벗이지톡 | 어학단행본, 어학수험서 www.eztok.co.kr
길벗스쿨 | 국어학습, 수학학습, 어린이교양, 주니어 어학학습, 교과서 www.gilbutschool.co.kr

페이스북 · www.facebook.com/travelgilbut | 트위터 · www.twitter.com/travelgilbut

"

독자의 1초를 아껴주는 정성!
세상이 아무리 바쁘게 돌아가더라도
책까지 아무렇게나 빨리 만들 수는 없습니다.
인스턴트식품 같은 책보다는
오래 익힌 술이나 장맛이 밴 책을 만들고 싶습니다.

땀 흘리며 일하는 당신을 위해
한 권 한 권 마음을 다해 만들겠습니다.
마지막 페이지에서 만날 새로운 당신을 위해
더 나은 길을 준비하겠습니다.

독자의 1초를 아껴주는 정성을 만나보십시오.

"

INSTRUCTIONS
무작정 따라하기 일러두기

이 책은 전문 여행작가가 다낭 전 지역을 누비며 찾아낸 관광 명소와 함께,
독자 여러분의 소중한 여행이 완성될 수 있도록 테마별, 지역별 정보와 다양한 여행 코스를 소개합니다.
이 책에 수록된 관광지, 맛집, 숙소, 교통 등의 여행 정보는 2019년 7월 기준이며 최대한 정확한 정보를 싣고자 노력했습니다.
하지만 출판 후 또는 독자의 여행 시점과 동선에 따라 변동될 수 있으므로 주의하실 필요가 있습니다.

1권 미리 보는 테마북

1권은 다낭을 비롯한 근교 지역의 다양한 여행 주제를 소개합니다. 자신의 취향에 맞는 테마를 찾은 후
2권 페이지 표시를 참고, 2권의 지역과 지도에 체크해 여행 계획을 세울 때 활용하세요.

1권은 다낭과 근교의
다양한 여행 주제를 다섯
가지 테마로 소개합니다.

이 책은 국립국어원 외래어
표기법을 따랐습니다. 그러나
베트남어 지명이나 상점명
등은 현지 발음을 기준으로
했으며, 브랜드명은 우리에게
친숙한 것이나 국내에 소개된
명칭으로 표기했습니다.

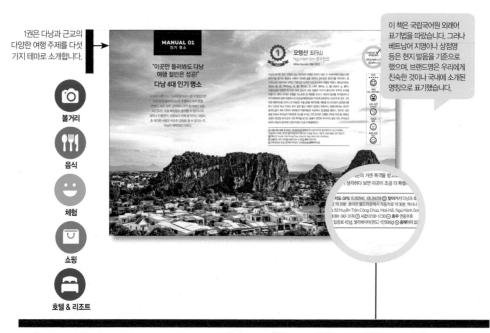

볼거리

음식

체험

쇼핑

호텔 & 리조트

MAP	INFO	구글 지도 GPS	찾아가기	주소	전화	시간	휴무	가격	홈페이지
2권에서 해당 스폿을 소개한 지역의 지도 페이지를 안내합니다.	2권의 해당되는 스폿을 소개하는 페이지를 안내합니다.	위치 검색이 용이하도록 구글 지도 검색창에 입력하면 바로 장소별 위치를 알 수 있는 GPS 좌표를 알려줍니다.	주요 거리나 이동 소요 시간을 명시해 가장 쉽게 찾아갈 수 있는 방법을 설명합니다.	해당 장소의 주소를 알려줍니다.	대표 번호 또는 각 지점의 번호를 안내합니다.	해당 장소의 운영 시간을 알려줍니다.	특정 휴무일이 없는 현지 음식점이나 기타 장소는 '연중무휴'로 표기했습니다.	입장료, 체험료, 식비 등을 소개합니다. 식당의 경우 추천 메뉴가 여러 개인 경우에는 전반적인 가격대를 알려줍니다.	해당 지역이나 장소의 공식 홈페이지를 기준으로 소개합니다.

<u>2권</u> 가서 보는 코스북

2권은 대표 도시인 다낭과 함께 근교의 호이안과 후에를 세부적으로 나눠 지도와 여행 코스를 함께 소개합니다.
여행 코스는 지역별, 일정별, 테마별 등 다양하게 제시합니다. 1권 어떤 테마에서 소개한 곳인지 페이지 연동 표시가 되어 있으니,
이를 참고해서 알찬 여행 계획을 세우세요.

지역 페이지
각 지역마다 인기도, 관광, 쇼핑, 식도락,
나이트라이프 등의 테마로 별점을 매겨 지역의
특징을 한눈에 보여줍니다. 또 해당 항목에
간단한 팁을 추가해 알아두면 좋은 정보를
제공합니다. 해당 지역에서 꼭 해보면 좋은
베스트 항목을 추천해 여행 계획의 고민을
덜어줍니다.

여행 무작정 따라하기
다낭 국제공항에 도착해서 시내에 들어가기까지 이동 방법, 시내 교통수단 등을 단계별로 꼼꼼하게 소개합니다.
처음 다낭에 가는 사람도 헤매지 않고 쉽고 빠르게 이해할 수 있도록 도와줍니다.

코스 무작정 따라하기
해당 지역을 완벽하게 돌아볼 수 있는 다양한 여행
코스를 지도와 함께 소개합니다.
❶ 코스를 순서대로 연결하여 동선이 한눈에 보이게
표시했습니다.
❷ 여행지에 대한 간단한 설명과 운영 시간, 휴무일
등의 필수 정보와 함께 다음 장소를 찾아가는 방법 등
꼭 필요한 정보를 알려줍니다.
❸ 스폿별로 머무르기 적당한 소요 시간을
표시했습니다.
❹ 코스별로 입장료, 식비 등을 영수증 형식으로
소개해 알뜰하고 계획적인 여행이 되도록
도와줍니다.

지도에 사용된 아이콘

🎬 추천 볼거리	😄 즐길거리
🛍 추천 쇼핑	👮 경찰서
🍴 추천 레스토랑	🏛 관공서
😊 추천 즐길 거리	🧑 여행사
🏨 추천 호텔	🚿 샤워
ℹ 관광 안내소	🔒 로커
📷 볼거리	🚻 화장실
🍴 레스토랑	🎫 매표소
🏨 숙소	🅿 주차장
🛍 쇼핑	🚪 입구·출구

줌 인 여행 정보
지역별 관광, 음식, 쇼핑, 체험 장소 정보를
랜드마크 기준으로 소개해 여행 동선을
쉽게 짤 수 있도록 해줍니다. 실측 지도에
포함되지 않은 지역은 줌 인 지도를
제공해 더욱 완벽한 여행을 즐길 수 있게
도와줍니다.

작가의 말

전상현

"다낭, 그 무한한 매력이 있는 곳으로 초대합니다."

제가 가장 좋아하는 단어가 있습니다. '찰나(刹那)'라는 단어입니다. 이 짧은 단어에 불교의 가르침이 담겨 있습니다. 짤막하게 설명하자면 찰나는 눈을 깜빡이는 순간보다 더 짧은 시간입니다. 계산해보면 75분의 1초쯤 된다고 합니다. 불교에서는 모든 것이 찰나마다 생겼다가 사라지고, 사라졌다가 생기며 나아간다고 해요. 다시 말해 매 찰나의 순간이 현재이며 무수히 많은 과거와 미래를 연결하고 있다는 얘기입니다. 이 모든 '현재'를 연결하면 비로소 한 사람의 인생이 되는 것이지요.

이 책을 쓰느라 보낸 지난 2년여간은 찰나의 시간이었습니다. 20대 후반이던 제가 30대 초반이 되어버린 시간, 한국과 다낭을 수없이 오가며, 무수히 많은 밤을 키보드를 두드리며 보낸 나날이 모두 찰나의 순간으로 느껴집니다. 그 시간을 정면으로 마주 보고 있을 때는 억겁처럼 느껴지더니 돌이켜 생각해보면 왜 그렇게 찰나같이 느껴지는지. 참 알다가도 모를 일입니다.

그러고 보니 여러 찰나의 순간들이 기억나네요. 깜깜한 새벽, 밤 비행기의 피곤함 때문이었는지, 아니면 라섹 수술을 한 지 얼마 안 되어서인지 택시 요금이 9만đ(약 4500원)이 나왔는데, 실수로 100만đ(약 5만 원)을 기사님께 드린 적이 있어요. 사실 모른 척하고 10만đ을 거슬러줘도 전혀 눈치채지 못했을 텐데, "돈을 10배나 많이 줬어요. 혹시 작은 돈은 없어요?"라고 되묻더군요. 하노이와 호찌민에서 하도 택시 기사들에게 당한 적이 많았던 제게는 크나큰 충격이었어요. 돈 떼먹기 바쁜 악질 기사들만 보다가 굴러 들어온(?) 복을 스스로 차버리는 양심 기사를 이곳에서 처음 만났거든요. "한국 사람들은 다 좋은데, 다들 너무 바빠 보여서 얘기를 나눌 틈이 없어요." 하루에도 수십 명이 넘는 한국인 여행자를 상대하지만 대화를 할 틈이 없어 아쉬웠다는 리조트 직원의 그 표정도, "요즘 세상 참 좋아졌어요. 영어를 한마디도 못하는 제가 당신과 얘기하다뇨!"라고 입에 침이 마르도록 구글 번역기 애플리케이션을 찬양하던 그랩 카 기사도, 자기도 글 쓰는 것이 취미인데 어떻게 써야 할지 잘 모르겠다던 커피숍 아르바이트 직원의 푸념까지. 찰나의 인연들이 참 많이 생각납니다. 사람에 대한

기억이 온전히 재생된 다음에야 그곳의 분위기, 먹었던 음식의 맛, 그날의 기분
이 저절로 복기되는 기분입니다. 이것이 다낭 여행의 맛일 테죠.

지난 2년 동안 책을 집필하기 위해 거짓말 조금 보태 다낭 공항 문턱이 닳을 정
도로 다녔습니다. 족히 40군데는 넘을 정도로 많은 호텔과 리조트에 묵어봤으
면서도 취재를 계획할 때마다 '이번에는 어떤 호텔에 묵을까?' 하며 가슴 설레
고, 구석구석 숨은 맛집을 발견해내면 세상을 다 가진 듯 행복했습니다. 이 큰
행복을 독자분들께 전달해드리고 싶어 입이 참 근질근질했는데, 드디어 때가
왔네요. 그럼, 한마디만 더 하고 글을 마칩니다.

"저와 모든 독자분의 행복한 찰나를 위하여! 건배!"

Special Thanks to

이 책 한 권을 위해 정말 많은 분을 본의 아니게 괴롭혔습니다. 죄송합니다. 꼼
꼼해도 너무 꼼꼼한 제 성격 탓에 진땀을 빼야 했던 수많은 호텔 직원들, 사장
님들, 고맙고 고맙습니다. 저의 든든한 입이 되어주고 날개가 되어준 응우옌과
한, 진심으로 감사합니다. 온갖 질문 공세에도 당황하지 않고 답변해준 여러 호
텔과 리조트의 세일즈&마케팅팀, 몸이 쑤시고 아플 때면 생각나는 쿨 스파 사
장님, 항상 본받을 것이 많아서 좋았던 팡팡투어 대표님과 직원분들, 언제나 반
갑게 맞이해주시는 오드리 네일 대표님, 바쁜 저를 배려해 후쿠오카 개정판 취
재 대부분을 도맡아 하신 두경아 작가님(덕분에 한숨 돌렸습니다), 매번 마음에
쏙 드는 디자인으로 모두를 놀라게 한 한효경 디자이너님 외에 이 책을 위해 힘
써주신 많은 분들께 감사합니다. 툭하면 잊어버리기 일쑤에, 원고 마감을 넘기
기를 밥 먹듯 했던 제게 싫은 내색 한번 하지 않고 이 책을 무사히 끌고 간 일등
공신 백혜성 편집자님께도 무한한 고마움을 전합니다. 사실 도움 주신 분들의
성함을 스마트폰에 저장해뒀는데, 파일이 싹 다 날아가버려서 몇몇 분은 빠졌
을 수도 있습니다. 마음 상하지 마시고 제게 연락주시면 빠른 조치를 해보겠
습니다.

INTRO

무작정 따라하기 베트남 국가 정보

국가명
베트남
Việt Nam · Viet Nam

수도
하노이 Hanoi · Hà Nội

국기
금성홍기

배경의 빨간색은 혁명의 피와 조국 정신을 의미하고, 노란 별의 모서리 5개는 각각 노동자, 농민, 지식인, 청년, 군인을 의미했으나, 통일 이후에 붉은 바탕은 프롤레타리아 혁명을, 노란 별은 베트남 공산당의 리더십을 나타낸다.

언어
공용어 베트남어

베트남어를 사용하며 글씨는 20세기 이전에는 중국에서 들어온 한자를 사용했으나, 프랑스 식민 지배의 영향으로 로마자 표기로 바꾸었다. 현재 6개의 성조가 있다.

위치와 면적
베트남 면적은 33만1210㎢, 그중 다낭 면적은 1285.53㎢이다. 다낭은 남북으로 1600km에 걸쳐 길쭉하게 뻗어 있는 베트남의 허리춤에 해당한다. 호찌민에서 직선 거리로 약 600km, 하노이에서도 약 600km 떨어져 있으며 다낭 북쪽의 하이반 패스를 기준으로 남 베트남과 북 베트남으로 나누기도 한다. 다낭의 면적은 서울(605.21㎢) 대비 약 2배 더 넓다.

331,210㎢

인구
베트남의 인구는 9317만8000명(2019년 기준)으로 세계에서 15번째로 인구가 많다. 그중 다낭의 인구는 109만 명(2019년 기준)으로 호찌민과 하노이, 껀터, 하이퐁에 이어 베트남에서 다섯 번째로 인구가 많은 도시다.

시차&소요 시간
한국과의 시차는 2시간. 한국이 오후 4시라면 베트남은 오후 2시. 직항 항공편으로 4시간 30분~5시간 20분가량 걸리며 공항 활주로 혼잡도와 기류에 따라 소요 시간이 달라진다.

비자&여권
대한민국 여권을 소지한 한국인은 비자 없이 15일간 체류할 수 있다. 단, 무비자 입국은 한 달 이내 15일로 제한되기 때문에 최근 한달 안에 베트남을 방문한 적이 있거나 15일 이상 체류해야 하는 경우 비자가 필요하다. 여권은 유효기간이 6개월 이상 남아 있어야 베트남 입국이 가능하다.

전기&전압
220v, 50Hz. 대부분의 호텔과 레스토랑에서 한국에서 쓰던 전자 기기를 그대로 사용할 수 있어 변압기를 쓸 일이 거의 없다. 전기 인심이 넉넉한 편이라 식당이나 카페 직원에게 부탁하면 전자 제품을 충전할 수 있다.

화폐

1만đ = 약 500원

베트남 동(VND/đ)은 세계에서 화폐 가치가 낮은 편이다. 모든 화폐에 베트남 구국의 영웅 '호찌민'이 그려져 있는 것이 특징. 권종은 100đ, 200đ, 500đ, 1000đ, 2000đ, 5000đ, 1만đ, 2만đ, 5만đ, 10만đ, 20만đ, 50만đ이 있으며 가장 많이 이용되는 권종은 1만~20만đ. 동전은 사용하지 않는다. 일부 호텔에서는 숙박 요금이나 보증금을 미국 달러(USD)로 받기도 한다. 참고로 베트남에서 화폐에 낙서를 했다가 적발되면 법적인 처벌을 받을 수 있으니 조심하자.

총영사관&대사관

다낭에 대한민국 총영사관과 대사관이 없어 여권 분실 등의 사고를 당하면 호찌민이나 하노이로 가야 한다. 다행히 다낭에도 영사관이 개설되어야 한다는 의견이 많아 영사관 신규 개설을 검토하고 있다.

- **주 호찌민 대한민국 총영사관**
  - ⊚ **주소** 107 Nguyễn Du, Phường Bến Thành, Quận 1, Hồ Chí Minh
  - ⊝ **전화** 028-3822-5757
  - ⊚ **홈페이지** http://overseas.mofa.go.kr/vn-hochiminh-ko/index.do

- **주 베트남(하노이) 대한민국 대사관**
  - ⊚ **주소** Lotte Center, Tầng 28, 54 Liễu Giai, Ngọc Khánh, Ba Đình, Hà Nội
  - ⊝ **전화** 024-3771-0404
  - ⊚ **홈페이지** http://overseas.mofa.go.kr/vn-ko/index.do

화장실

유명 관광지는 공중화장실을 갖추고 있지만 시설이 좋지 않고 이용하기 편리하지 않다. 급한 볼일을 봐야 할 때는 4성급 이상 호텔 1층에 있는 화장실을 이용하자. 커피 한잔 마실 겸 카페에 들르는 것도 좋은 방법이다.

신용카드&체크카드

대부분의 호텔, 레스토랑, 쇼핑몰에서 신용카드와 체크카드 이용이 보편화되어 있지만, 실제로 카드로 결제하는 사람은 드물다. 요즘은 숙박비도 호텔 예약 사이트에서 선결제를 하기 때문에 사실상 신용카드를 쓸 일은 호텔 숙박 보증금을 낼 때를 제외하고는 없다고 봐도 무방할 정도. 만일의 사태에 대비해 한두 장쯤 갖고 있는 것이 좋다. 해외 결제와 현금 인출이 가능한 카드인지 카드사에 전화해 미리 확인해보자. 마스터와 비자가 무난하다.

환전

국내에서도 베트남 동으로 환전은 가능하지만 환율이 좋지 않아 미국 달러(USD)로 환전한 다음 베트남에서 재환전을 거친다. 액수 높은 권종일수록 환전율이 좋으니 될 수 있으면 고액권으로 환전하자. 환전율이 가장 좋은 곳은 한 시장 주변 금은방과 롯데 마트. 공항 사설 환전소도 썩 나쁘진 않다. 4성급 이상 호텔에서도 환전 서비스를 제공하지만 환율이 비싼 편. 정말 급한 것이 아니라면 이용하지 말자.

와이파이

와이파이 환경이 좋은 편이다. 4~5성급 호텔은 물론이고 허름한 호텔에도 속도 빠른 와이파이를 이용할 수 있다. 여행자들이 많이 이용하는 여행사 셔틀버스 등에도 와이파이를 설치해 잠깐씩 이용하기에는 편리하다. 하지만 그랩(GRAB), 구글 맵(Google Map) 애플리케이션을 이용해야 한다면 유심카드를 구입하거나 포켓 와이파이 기기를 대여해야 한다.

공휴일

공휴일은 6개밖에 되지 않는다. 다른 나라는 공휴일은 물론 주말에 문을 닫는 가게가 많지만, 베트남은 웬만하면 문을 닫는 일이 없다.

1월 1일 신정
음력 12월 31일~1월 5일 구정
음력 3월 10일 건국절(국조기일)
4월 30일 해방 기념일
5월 1일 노동절
9월 2일 독립 기념일

INTRO
무작정 따라하기
다낭 · 호이안 · 후에 지역 한눈에 보기

후에
HUE

다낭

후에
호이안

앙사나 랑꼬 Angsana Langco &
반얀트리 랑꼬 Banyan Tree Lang Co

베다나 라군
Vedana Lagoon Resort & Spa Hue

랍안 라군 Lap An Lagoon

랑꼬 뷰 포인트 Lang Co View Point

하이반패스 Hai Van Pass

인터컨티넨탈 다낭 선 페닌슐라 리조트
InterContinental Danang Sun Peninsula Resort

다낭
DA NANG

바나 힐 Ba Na Hill

호아푸탄 래프팅
Hoa Phu Thanh Rafting

참 섬 Cham Islan

포시즌스 리조트 남하이
Four Seasons Resort The Nam Hai

호이안
HOI AN

빈펄 랜드 남 호이안
Vinpearl Land Nam Hoi An

미썬 유적지 My Son

PART 1
다낭
DA NANG

한국에서 소요 시간	약 4시간 30분
대표 공항	다낭 국제공항(Da Nang International Airport)
베스트 스폿	오행산, 바나 힐, 린응사, 미케 비치
식도락 리스트	반 쎄오, 쌀국수

추천 여행 스타일 유유자적 휴식 여행, 부담 없이 떠나는 휴가, 온가족이 함께 떠나는 가족여행, 주머니가 가벼워도 좋은 쇼핑 여행

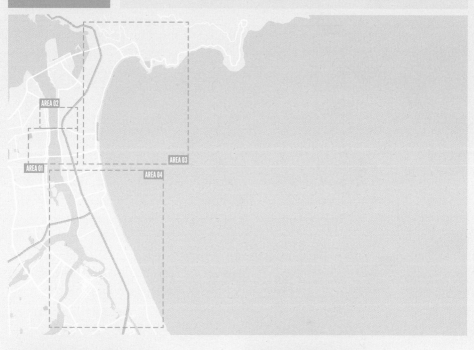

AREA 1 한 시장 주변 Han Market&Around

📷 볼거리 ★★★★☆
🍴 식도락 ★★★★☆
🛍 쇼 핑 ★★★☆☆

테마 관광, 식도락, 쇼핑
특징 다낭의 중심지, 소소한 볼거리와 맛집이 모여 있다.
예상 소요 시간 6~8h

AREA 2 노보텔 주변 Novotel&Around

📷 볼거리 ★★☆☆☆
🍴 식도락 ★★★☆☆
🛍 쇼 핑 ★★★★☆

테마 쇼핑, 나이트라이프
특징 중대형 시티 호텔이 들어선 곳. 관광객들이 많이 찾는 맛집도 많다.
예상 소요 시간 3~4h

AREA 3 미케 비치 북쪽 North My Khe Beach

📷 볼거리 ★★★★☆
🍴 식도락 ★★★☆☆
🛍 쇼 핑 ★☆☆☆☆

테마 관광, 휴양
특징 미케 비치를 따라 호텔이 많이 들어선 곳. 하루가 다르게 새로운 스폿이 생기고 있다.
예상 소요 시간 4~6h

AREA 4 미케 비치 남쪽 South My Khe Beach

📷 볼거리 ★★★★☆
🍴 식도락 ★★★☆☆
🛍 쇼 핑 ★★★★☆

테마 관광, 식도락, 쇼핑
특징 다낭 쇼핑의 메카 '롯데 마트'와 아바타 호텔 주변의 맛집만 둘러봐도 하루가 금방이다. 오행산 등 볼거리도 많다.
예상 소요 시간 8~12h

PART 2
호이안
HOI AN

베스트 스폿	호이안 구시가지, 안방 비치
식도락 리스트	반미, 까오러우, 미꽝, 화이트 로즈
테마	관광, 역사, 휴양, 체험
예상 소요 시간	1~3day

추천 여행 스타일 휴식과 관광 모두를 즐기는 여행, 몸으로 체험하고 배워보는 체험 여행, 인생 사진을 무더기로 남길 수 있는 낭만 여행

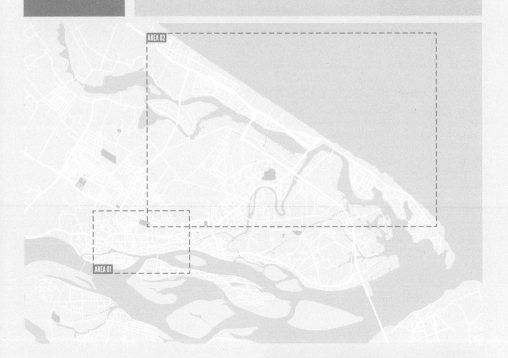

AREA 02

AREA 01

AREA 1 호이안 구시가지 Hoi An Ancient Town

📷 **볼거리** ★★★★★
🍴 **식도락** ★★☆☆☆
🛍 **쇼 핑** ★★★★☆

테마 관광, 역사, 나이트라이프, 쇼핑, 체험
특징 15세기, 번성한 국제 항구도시. 당시에 지은 고가들이 온전히 보존돼 시간 여행을 할 수 있다. 밤에는 낭만 두 배.
예상 소요 시간 2day

AREA 2 안방 비치&끄어다이 비치 An Bang Beach&Cua Dai Beach

📷 **볼거리** ★★★☆☆
🍴 **식도락** ★★☆☆☆
🛍 **쇼 핑** ★☆☆☆☆

테마 관광, 휴양
특징 호이안 근교의 이름난 해변. 시끌시끌한 분위기를 좋아하는 트렌드세터라면 안방 비치, 조용히 쉬고 싶다면 끄어다이 비치로!
예상 소요 시간 3~4h

PART 3
후에
HUE

베스트 스폿	왕궁, 민망 황제릉, 카이딘 황제릉
식도락 리스트	분보후에
테마	관광, 역사, 식도락
예상 소요 시간	1~2day

추천 여행 스타일 다낭을 여러 번 방문해 더 이상 갈 곳이 없는 여행자, 휴양보다는 관광에 큰 비중을 두는 여행자

AREA 01

AREA 02

AREA1 왕궁&여행자 거리 Imperial Palace & Traveler's Street

📷 **볼거리** ★★★★☆
🍴 **식도락** ★★★★★
🛍 **쇼 핑** ★☆☆☆☆

테마 관광, 역사, 식도락
특징 다낭의 번화함과 호이안의 호젓함이 공존한다.
예상 소요 시간 4h

AREA2 후에 근교 Suburb of Hue

📷 **볼거리** ★★★★☆
🍴 **식도락** ★☆☆☆☆
🛍 **쇼 핑** ★☆☆☆☆

테마 관광
특징 응우옌 왕조의 사원과 왕릉이 여기저기 흩어져 있는 지역
예상 소요 시간 4~6h

INTRO

무작정 따라하기 다낭 여행 캘린더

| Jan | Feb | Mar | Apr | May | Jun |

2월 하순~4월 건기

2월 중순에 접어들면 평균 강수 일수가 절반 이하로 뚝 떨어져 맑은 날이 급격히 많아진다. 일 평균 기온이 23~27℃까지 점차 올라 야외 활동하기에 딱 좋은 조건이 되는데, 수온이 낮아 한동안 중단됐던 수상 레포츠와 해양 액티비티는 적정 수온이 되는 3월 중순부터 손님을 받는다. 2, 3월은 우기에서 건기로 변하는 과도기라 날씨가 심하게 변덕스럽고 대기가 불안정해 갑작스레 소나기가 오기도 한다. 휴대용 우산이 있으면 요긴하다. 날씨는 좋지만 비수기라서 숙박 요금이 저렴하다.

옷차림 선글라스, 짧은 티셔츠, 짧은 바지, 원피스

5~8월 혹서기

강수량이 조금씩 늘어나지만 햇빛도 그만큼 강렬해져 땀이 비 오듯 쏟아지는 날씨가 된다. 현대화된 다낭에는 에어컨을 가동하는 곳이 많아 더위를 식히기 좋지만, 오래된 건물들이 즐비한 호이안 구시가지나 후에는 영락없는 찜질방이 되기 일쑤. 낮 동안은 호텔에 머물거나 시원한 곳에서 시간을 보내고 아침이나 저녁에 야외 활동을 몰아서 해야 체력 부담이 덜하다. 자외선이 매우 강해 외출 시 쿨 토시, 선글라스, 자외선 차단제를 반드시 지참하자. 8월부터는 태풍이 자주 상륙해 많은 비를 뿌리기도 한다. 7~8월은 휴가와 방학이 겹쳐 숙박비가 가장 비싸다.

옷차림 선글라스, 짧은 티셔츠, 짧은 바지, 통풍이 잘되는 샌들이나 아쿠아 슈즈

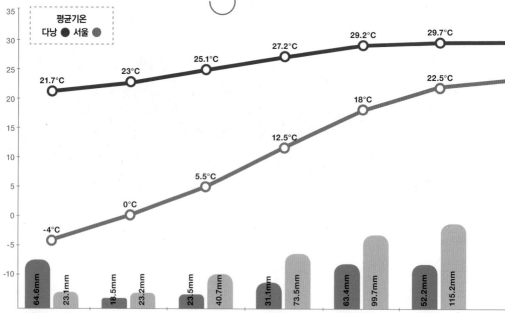

평균기온
다낭 ● 서울 ●

| 다낭 | 21.7℃ | 23℃ | 25.1℃ | 27.2℃ | 29.2℃ | 29.7℃ |
| 서울 | -4℃ | 0℃ | 5.5℃ | 12.5℃ | 18℃ | 22.5℃ |

64.6mm · 23.1mm · 18.5mm · 23.2mm · 23.5mm · 40.7mm · 31.1mm · 73.5mm · 63.4mm · 99.7mm · 52.2mm · 115.2mm

다낭은 크게 두 계절로 나뉜다. 흐리고 비 오는 날이 많은 우기와 고온 다습하고 맑은 날이 지속되는 건기가 바로 그것. 시기별로 나타나는 특징이 뚜렷해 날씨에 대한 대비책을 철저히 세워야 여행을 망치는 일이 없다. 최근 이상기후 때문에 건기와 우기가 불규칙적으로 나타나기도 한다.

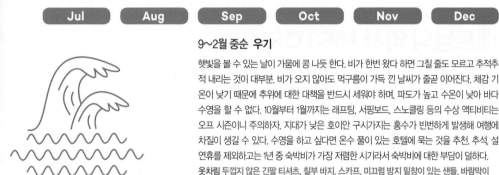

| Jul | Aug | Sep | Oct | Nov | Dec |

9~2월 중순 우기

햇빛을 볼 수 있는 날이 가뭄에 콩 나듯 한다. 비가 한번 왔다 하면 그칠 줄도 모르고 추적추적 내리는 것이 대부분. 비가 오지 않아도 먹구름이 가득 낀 날씨가 줄곧 이어진다. 체감 기온이 낮기 때문에 추위에 대한 대책을 반드시 세워야 하며, 파도가 높고 수온이 낮아 바다 수영을 할 수 없다. 10월부터 1월까지는 래프팅, 서핑보드, 스노클링 등의 수상 액티비티는 오프 시즌이니 주의하자. 지대가 낮은 호이안 구시가지는 홍수가 빈번하게 발생해 여행에 차질이 생길 수 있다. 수영을 하고 싶다면 온수 풀이 있는 호텔에 묵는 것을 추천. 추석, 설 연휴를 제외하고는 1년 중 숙박비가 가장 저렴한 시기라서 숙박비에 대한 부담이 덜하다.
옷차림 두껍지 않은 긴팔 티셔츠, 칠부 바지, 스카프, 미끄럼 방지 밑창이 있는 샌들, 바람막이

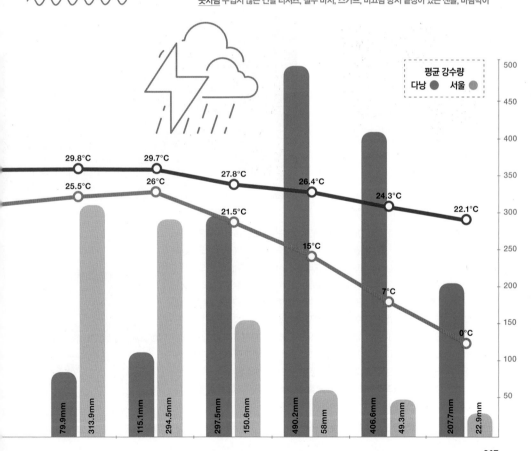

평균 강수량
다낭 ● 서울 ●

다낭: 29.8°C, 29.7°C, 27.8°C, 26.4°C, 24.3°C, 22.1°C
서울: 25.5°C, 26°C, 21.5°C, 15°C, 7°C, 0°C

79.9mm / 313.9mm / 115.1mm / 294.5mm / 297.5mm / 150.6mm / 490.2mm / 58mm / 406.6mm / 49.3mm / 207.7mm / 22.9mm

STORY
무작정 따라하기 베트남 이야기

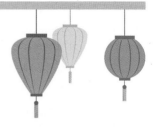

베트남의 역사 HISTORY

**명칭으로 보는
다낭 역사**

4000년의 유구한 역사를 지닌 다른 베트남 지역에 비해 다낭의 역사는 짧다. 도시로 개발된 지 고작 300년, 근대에 이르러서야 도시의 면모를 갖추었기 때문에 비교적 젊은 도시라고 볼 수 있다. 그렇다고 해서 역사가 아예 없는 것은 아니다. 오래전부터 전략적인 요충지였기 때문에 역사 속 다낭은 한 나라의 흥망을 결정짓는 꽤 중요한 도시였다.

참 조각 박물관

미썬 유적지

인드라푸라, 다낙(192~1832년)

다낭에서 멀지 않은 동즈엉(Đông Dương)은 북쪽으로는 후에(Huế), 남쪽으로는 붕따우(Vũng Tàu)까지 이르는 광대한 영토를 지배하던 참파 왕국(Chăm Pa)의 수도였다. 당시의 명칭은 인드라푸라. 산크리스트어로 '인드라의 도시'를 의미하는데, 인드라는 고대 인도 신화에 등장하는 '전쟁의 신'으로 당시에는 힌두 3신으로 추앙받기도 했다. 인드라푸라는 875년부터 978년까지 참파 왕국의 수도였으며 다낭에서 자동차로 1시간 가량 떨어진 정글에 종교적 성지인 '미썬 유적지'를 건설하고 호이안이 국제 항구로 명성을 떨치는 등 참파 왕국의 전성기를 이끌었다. 978년, 베트남 북부 지역을 점령했던 다이비엣(Đại Việt 大越) 왕국과의 전쟁에서 패배하자 도읍을 비자야(현재 꾸이년 Qui Nhơn 주변)로 옮기며 참파 왕국의 전성기도 저물어갔다. 한편 인드라푸라와 함께 '다낙'이라는 지명으로 불리기도 했는데, 참족 언어로 '큰 강 입구'를 뜻한다. 현재의 '다낭'이라는 명칭이 다낙에서 유래됐다는 의견이 많다.

[관련 여행 스폿] 참 조각 박물관 p.040, 미썬 유적지 p.076

투란(1887~1954년)

18세기 중반부터 서구 열강의 동아시아 침략이
가속화됐다. 그중 라오스, 캄보디아, 베트남은 프랑스가
줄곧 눈독 들이던 지역. 1842년, 프랑스인 가톨릭
선교사가 비밀리에 선교 활동을 하다가 수감되자
1847년, 프랑스의 함대가 가톨릭 선교사를 박해했다는
이유로 다낭을 폭격하는 사건이 일어난다(재미있는
것은 폭격 당시 수감됐던 신부들은 이미 석방되어
싱가포르로 가던 길이었다고 한다). 교전으로 프랑스
함대가 받은 피해는 없었지만 이를 빌미로 당시 프랑스
황제였던 나폴레옹 3세는 프랑스 군대의 베트남
주둔과 포교의 자유를 위해 전쟁을 승인했고, 1858년
프랑스 해군이 다낭을 점령함으로써 다낭을 비롯한
중부 베트남 지역이 프랑스의 식민지가 되었다. 점령 후
프랑스는 다낭을 투란(Tourane)이라 불렀으며, 투란은 사이공, 하노이, 후에, 하이퐁과 함께
프랑스령 인도차이나 5대 도시로 성장하게 된다. 지금도 다낭 곳곳에 노란색 페인트칠을 한
건물이 많이 남아 있는데, 프랑스 식민지배 기간에 지은 건물이라고 한다. 덥고 습한 다낭의
날씨에 곤욕을 치르던 프랑스인들이 휴가지로 개발한 바나 힐도 함께 둘러보면 그 의미가
남다를 것이다.

[관련 여행 스폿] 바나 힐 p.094

바나 힐

하이반 패스

다낭(1955년~현재)

베트남전쟁(1955~1975년)이 발발하자, 다낭은 군수 물자와 병력이
모이는 전략적 요충지가 되었다. 격렬한 전투가 벌어지던 하이반
패스는 매일 요새의 주인이 바뀌었으며, 미 해군은 미케 비치 북쪽의
남 오 해변(Nam O Beach)을 통해 대규모 상륙작전을 펼쳤다.
미군과 남베트남군의 전초기지였던 다낭은 긴 베트남전쟁을 계기로
크게 성장하기 시작했다. 전쟁 기간 동안 다낭 공항은 전 세계에서
가장 바쁜 공항이 되었는데, 매일 미 공군과 남베트남군의 전투기,
보급기 2595대가 이착륙을 했다고 전해진다. 미군은 군대의 사기를
진작하기 위해 미케 비치 일대를 대규모 휴양지로 사용하기도 해
다낭이 서구권에 처음 이름을 알리기 시작했다. 군수물자가 항구를
통해 드나들며 자연스레 항구 접안 시설을 갖추게 되었다. 베트남전에
파병됐던 한국의 청룡부대 장병들도 다낭 항구를 통해 귀국했다는
기록이 남아 있다.

[관련 여행 스폿] 미케 비치 p.084, 하이반 패스 p.044

미케 비치

문화와 생활 CULTURE&LIFESTYLE

웃는 얼굴에 침 못 뱉는다?
베트남 사람들의 웃음에 담긴 진실

베트남 사람들은 참 잘 웃는다. 2016년 영국 신경제재단(NEF)이 조사한 전 세계 140개국의 행복 지수 순위에서 전 세계 5위, 아시아 1위를 차지한 나라가 바로 베트남이라는 결과가 나왔을 정도다. 낯선 사람들이 말을 걸어도, 영어를 잘 못해도 웃음으로 대답하는 일이 많고, 어색한 상황에서도 웃음을 잃는 법이 없다. 베트남 사람들이 잘 웃는 이유는 타고난 낙천적인 성향 덕분이다. 우리나라와 비슷하게 가족 공동체가 발달돼 있으며 오랫동안 유교와 불교, 도교 문화권에 속해 대체적으로 심성이 순하고 웃음이 많다. 하지만 베트남 사람들의 웃음 때문에 간혹 오해가 생기기도 한다. 가장 흔한 예를 들자면 이런 것이다. 호텔 직원의 실수로 투숙객이 피해를 입은 상황에서 투숙객이 항의를 하면 직원이 얼굴에 웃음을 띤 채 대응한다. 직원이 웃는 얼굴을 본 한국 사람들은 자신을 무시한다는 생각이 들어 더욱 화를 내고, 결국에는 고성을 지르는 상황이 다낭에서 꽤 자주 발생한다(그것이 비록 5성급 호텔이라도 말이다). 우리의 일반적인 상식과는 다르게 진심으로 죄송함을 표시해야 하는 상황에서도 웃음을 짓는 베트남 사람이 많다는 점만 알아 두자. 그들은 절대 당신을 무시하거나 조롱하는 것이 아니다. 그저 문화적인 차이일 뿐이다.

자존심이 강한 베트남 사람들

베트남은 최강대국인 미국과 전쟁을 치러 승리한 유일한 국가다. 그래서인지 베트남 사람들은 자존심이 엄청(말도 못하게) 강하다. 베트남을 여행하다 보면 잘못은 분명 상대방(베트남 사람)이 했는데도 자신의 잘못을 인정하고 사과하지 않는 사람 때문에 불쾌한 경험이 한 번쯤 있을 지경이다. 상황이 이렇다 보니 부당한 대우를 받고도 사과하지 않는 베트남 사람들 때문에 실랑이가 생기는 일도 잦다. 상점에서 물건을 살 때, 레스토랑에서 음식을 주문할 때 직원을 큰 소리로 부르거나 손짓을 하는 등의 행위는 삼가자. 또 잡상인이나 호객꾼을 상대로 막무가내로 가격을 깎거나 무시하는 듯한 행동을 하는 경우 못 볼 꼴을 당하기 십상이다. 베트남에서는 상대를 최대한 존중해주고 웃어줘야 같은 말을 해도 (비록 그것이 거절의 의사 표현이라 할지라도) 2배는 잘 통한다는 점을 꼭 명심하자.

오토바이의 천국 베트남

'시내에서 걸어 다니는 것은 외국인이 아니면 개다'라는 우스갯소리가 있다. 베트남 사람들은 가까운 거리라도 오토바이를 타고 다니니 하는 말일 것이다. 베트남은 그야말로 오토바이 천국이다. 2018년 기준 베트남의 오토바이 등록 대수는 4550만 대로, 310만 대인 자동차의 14배가 넘는다. 베트남 인구가 9000만 명이라고 하면 베트남 국민 2명 중 1명은 오토바이를 가지고 있는 셈이다. 일반적인 직장인의 세 달 치 월급을 모아야 살 수 있어 중요한 재산으로 생각하는 경우가 많고, 일반적인 교통수단을 넘어 물건을 나르거나 돼지나 닭 등의 가축을 싣기도 한다. 상황이 이렇다 보니 오토바이 교통사고가 빈번히 발생한다. 특히 외국인들이 사고를 많이 당하는데, 길을 건널 때는 일정한 속도로 걷는 것이 중요하다. 보행자가 있으면 오토바이가 알아서 피해가며 운전하는데, 갑자기 뛰거나 멈추면 오히려 사고를 당하기 쉽다. 시내에서 "지금 지나갈 테니 조심하세요"라는 의미로 클랙슨을 울리는 것도 따지고 보면 안전을 위한 방법. 수많은 오토바이가 제각각 움직이려면 어쩔 수 없었을 것이다.

STORY

무작정 따라하기 **다낭 여행 미션 10**

MISSION 1 근교 여행을 다녀오자

시간이 부족하더라도 하루 정도는 짬을 내 근교 여행을 다녀오자. 바나 힐, 오행산, 린응사, 그 어디를 가든 다낭과는 또 다른 분위기. 볼 것도 많다.

MISSION 2 고급 호텔과 리조트에 묵어보자

여행 만족도가 확실하게 달라지는 부분은 역시 숙박. 비싼 만큼 비싼 값을 톡톡히 한다. 호텔마다 갖추고 있는 액티비티, 부대 시설이 달라 비교하는 재미는 덤이다.

MISSION 3 다양한 베트남 음식에 도전해보자

향신료를 잘 못 먹는 사람도 용기를 조금만 내면 베트남 음식 마니아가 될 수 있다. 우리 입맛에도 잘 맞도록 향신료 사용을 줄이는 곳도 많고, 김치를 내놓는 집도 많아 문턱이 많이 낮아졌다.

MISSION 4 오래된 도시를 방문해보자

도시화가 많이 진행된 다낭을 떠나 호이안과 후에를 찾아보자. 다낭에서는 찾아볼 수 없는 한적함을 느낄 수 있다. 아무렇게나 사진을 찍어도 잘 나오는 것은 덤이다.

MISSION 5 쿠킹 클래스에 참여해보자

무엇이든 직접 만들어 먹는 것이 가장 맛있는 법. 많은 사람이 "다낭에서 먹어본 음식 중 제일 맛있었어요!"라고 칭찬하는 데는 이유가 있다. 안 그래도 맛있는 베트남 요리에 푹 빠져볼 시간이다.

MISSION 6 호이안에서는 자전거를 타자

호이안만큼 자전거와 잘 어울리는 도시가 또 있을까. 걸어 다니며 본 것과는 사뭇 다른 풍경, 내가 본 호이안이 맞나 싶다.

MISSION 7 비치 바를 즐겨보자

해변의 낭만을 제대로 즐기려면 비치 바로 진격! 잔잔하게 쓸려오는 푸른 파도에 맛있는 음식과 분위기가 더해지니 더할 나위 없다.

MISSION 8 하루 커피 세 잔은 진리

베트남 사람들의 커피 사랑은 모두가 알아준다. 커피를 별로 좋아하지 않더라도 베트남에서는 커피 세 잔은 필수. 우리나라에서는 마실 수 없었던 코코넛 커피나 에그 커피 등은 반드시 마셔보자.

MISSION 9 1일 1마사지를 실천해보자

그날그날의 피로는 마사지로 모두 날려버리자. 가격도 저렴하고 마사지 프로그램을 한국인이 좋아할 만한 것으로 구성한 곳이 많다.

MISSION 10 장바구니를 무겁게! 쇼퍼홀릭이 되어보자

물가가 저렴해 장바구니를 채우고 또 채워도 부담되지 않는 곳이다. 대형 마트마다 무료 배달 서비스를 제공하니 무거운 장바구니를 들 필요도 없다.

SIGHT SEEING

SIGHTSEEING INTRO

명소별 매력 포인트

다낭 인기도 ★★★★

중부 베트남의 관문 도시. 대부분의 여행자들은 이곳을 기점으로 여행하게 된다. 저렴한 숙박 시설과 맛집, 마사지 숍이 모여 있어 휴양을 즐기기 알맞다.

호이안 인기도 ★★★★★

도시 전체가 유네스코 세계문화유산으로 지정되어 걷기만 해도 볼 것이 많다. 에코 투어나 쿠킹 클래스 등의 체험 프로그램에 참여하면 하루가 금방 간다.

후에 인기도 ★★

응우옌 왕조의 유산이 곳곳에 남아 있다. 가는 길이 고될 뿐 다낭과 호이안을 한데 섞어놓은 듯해 조금씩 입소문 나고 있다.

오행산 인기도 ★★★★

다낭과 호이안 중간 지점에 있어 이동하는 중간에 들르기 좋다. 손오공이 갇혀 있었다는 얘기가 있을 만큼 영험한 기운이 가득. 여러 동굴을 탐험하듯 둘러보는 것도 소소한 재미다.

린응사 인기도 ★★★

한두 시간 짬을 내 다녀오기 좋은 사찰. 풍경이 아름다워 오가는 길이 즐겁다.

바나 힐 인기도 ★★★

산꼭대기에 자리한 유럽식 테마파크. 입장료만 내면 어트랙션이 공짜. 가족 모두와 가기도 좋다.

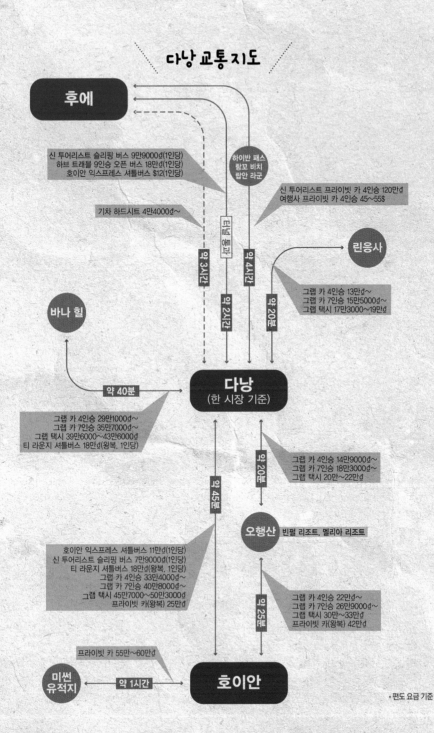

다낭 교통지도

후에

신 투어리스트 슬리핑 버스 9만9000₫(1인당)
하브 트래블 9인승 오픈 버스 18만₫(1인당)
호이안 익스프레스 셔틀버스 $12(1인당)

하이반 패스
랑꼬 비치
랍안 라군

신 투어리스트 프라이빗 카 4인승 120만₫
여행사 프라이빗 카 4인승 45~55$

기차 하드시트 4만4000₫~

린응사

터널 예정

약 3시간

약 4시간

약 2시간

약 20분

그랩 카 4인승 13만₫~
그랩 카 7인승 15만5000₫~
그랩 택시 17만3000₫~19만₫

바나 힐

약 40분

다낭
(한 시장 기준)

그랩 카 4인승 29만1000₫~
그랩 카 7인승 35만7000₫~
그랩 택시 39만6000₫~43만6000₫
티 라운지 셔틀버스 18만₫(왕복, 1인당)

약 20분

그랩 카 4인승 14만9000₫~
그랩 카 7인승 18만3000₫~
그랩 택시 20만~22만₫

약 45분

오행산 빈펄 리조트, 멜리아 리조트

호이안 익스프레스 셔틀버스 11만₫(1인당)
신 투어리스트 슬리핑 버스 7만9000₫(1인당)
티 라운지 셔틀버스 18만₫(왕복, 1인당)
그랩 카 4인승 33만4000₫~
그랩 카 7인승 40만8000₫~
그랩 택시 45만7000₫~50만3000₫
프라이빗 카(왕복) 25만₫

약 25분

그랩 카 4인승 22만₫~
그랩 카 7인승 26만9000₫~
그랩 택시 30만~33만₫
프라이빗 카(왕복) 42만₫

프라이빗 카 55만~60만₫

미썬
유적지

약 1시간

호이안

*편도 요금 기준

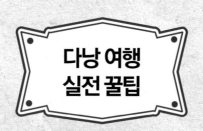

다낭 여행 실전 꿀팁

① 여행 첫날은 체력 소모가 적은 곳 위주로!

한국에서 베트남 다낭으로 향하는 항공편 대부분이 밤늦은 시간에 출발해 새벽에 도착하는 스케줄이다. 여행 첫날부터 강행군을 하면 몸에 무리가 갈 수 있으니 첫날은 시내 관광 위주로 시간을 보내는 것을 추천. 특히 노약자나 아이가 있다면 첫날 숙소는 다낭 시내에 있는 곳으로 정하자.

② 제대로 된 관광은 여행 2, 3일 차에!

본격적인 관광이나 체험 일정은 여행 2, 3일 차로 배치해두자. 특히 다낭과 호이안 사이에 있는 오행산과 안방 비치는 다낭에서 호이안으로 이동하는 날 둘러보면 동선이 효율적이다. 이때 이동과 관광, 짐 보관 문제까지 해결할 수 있는 차량 렌트를 이용하는 것을 추천.

④ 날씨에 대한 대비책을 세워두자.

우기(10월 중순~ 3월 초)에는 날씨가 좋다가도 갑자기 흐리거나 비가 오는 날이 흔하다. 비 오는 날에는 투어가 갑자기 취소되는 일이 잦고 바나 힐이나 오행산 같은 관광지는 제대로 둘러보기도 힘들다. 날씨가 좀 안 좋다 싶으면 마사지 숍 예약부터 잡아두자. 비가 오면 오갈 데 없는 여행자들이 한데 몰려 마사지 숍마다 대기 시간이 몇 배는 늘어난다.

③ 제대로 된 쇼핑은 마지막 날 저녁에!

여행 일정 중간중간에 반드시 사야 하는 물건을 제외하고 선물, 기념품 등의 쇼핑은 마지막 날 저녁에 몰아서 하자. 짐을 정리하기가 훨씬 수월하고 피로감도 덜하다. 단, 대형 마트의 무료 배송 서비스는 시간이 맞지 않아 이용할 수 없는 경우가 대다수이니 참고하자.

⑤ 근교 여행지는 시간 안배가 중요하다.

시내 관광지에 비해 시간이 오래 걸리는 근교 여행지들은 시간을 넉넉히 잡아야 일정에 지장이 없다. 정해진 시간 안에서 일정을 보내고 싶다면 여행사에서 진행하는 투어에 참여해보는 것도 나쁘지 않은 선택. 자유로움이 조금 줄어드는 대신 하루를 알차게 보낼 수 있다.

6 마사지는 오후가
황금 타임

날씨가 많이 더워지는 오후 3~4시면 가만히 있어도
지치기 마련. 오전에 빡빡한 일정을 보냈다면
피로를 풀 겸 마사지를 받는 것을 추천한다.
이 시간대에는 마사지 숍마다 손님이 없어서
기다리지 않고 마사지를 바로 받을 수 있고,
샤워실도 편하게 이용할 수 있다는 것이 장점이다.
특히 손님이 많이 몰리는 저녁에는 마사지 강도가
일정하지 않을 수 있는데, 이른 오후에는 압력이
균등하고 마사지 퀄리티도 훨씬 좋다.

7 호텔 체크인은
빠를수록 좋다.

다낭에 머무는 여행자들 대다수는 한국인. 한국인 여행자
대부분은 밤늦은 시간에 한국행 비행기에 탑승한다. 그
말은 곧 여행자 중 대다수는 늦은 밤에 호텔 체크아웃을
한다는 뜻이다. 따라서 한국인이 여행 마지막 날 묵은
객실은 청소를 빨리 진행할 수밖에 없기 때문에 운만
좋으면 오전에도 체크인할 수 있다. 특히 고급 호텔은
체크인을 일찍 할수록 수영장이나 해변, 식당 등
부대시설을 이용할 수 있는 시간도 덩달아 늘어나는
셈이라 숙박객에게는 이득일 수밖에 없다.

8 구글맵을 100%
믿지 말자.

레스토랑이나 스파
숍은 구글맵에 표시된
위치가 틀린 경우가 많다.
특히 택시를 탈 때는
구글맵보다는 정확한
주소를 보여주는 것이 더
정확하다.

9 가방, 카메라는
도로 반대 방향으로 메자.

호찌민이나 하노이 등 다른 베트남 대도시에 비해 훨씬 적기는
하지만, 아주 드물게 소매치기 범죄가 일어난다. 오토바이를 탄
소매치기범이 낚아채 가기 좋은 크로스 백이나 카메라는 도로
반대 방향으로 메고, 사람이 많이 몰리는 곳에서는 가방을
항상 눈에 보이도록 메는 것을 추천.

10 물은 반드시 사 마시자.

베트남 수돗물에는 석회질이 많이
함유되어 있어 많이 마실 경우 건강에 해롭다.
특히 물갈이가 심한 사람이나 임신부, 유아는
수돗물을 마시지 않도록 조심하자. 음식점에서
물을 주문할 때 생수(Bottled Water)로 주문하면
된다. 다행히 생수가 아주 저렴해 부담 없다. 생수
제품은 아쿠아피나(Aquafina)와 라비(La Vie)를
추천.

11 현금을 넉넉히 가져가자.

신용카드 결제가 보편화되어 있고 시내 곳곳에 자동 인출기(ATM)가 있지만 불법 카드 복사 장치가 설치된
곳이 꽤 많아서 자칫하면 카드 복제를 당할 수 있다. 현금(미국 달러)를 넉넉히 가져간 뒤 큰 돈은 호텔 객실 내에 설치된
금고에 보관하는 것이 가장 안전하다. 단, 호텔 체크인 시 보증금 결제를 할 때는 신용카드를 이용하는 것이 훨씬 더
편리하다.

"이곳만 둘러봐도 다낭 여행 절반은 성공!"

다낭 4대 인기 명소

차라리 다행이다. 다낭에 볼거리가 좀 더 많았으면
하루 종일 돌아다니느라 호텔에서 쉬지 못할
뻔했다. 하루 한두 군데씩 느긋이 돌아봐도 남들
다 간다는 곳을 빠짐없이 둘러볼 수 있으니 이
얼마나 다행인가. 남들보다 바삐 움직이는 사람도,
좀 게으른 사람도 비슷한 경험을 할 수 있다는 것.
다낭이 매력적인 이유다.

오행산 五行山
Ngũ Hành Sơn 응우한썬
Marble Mountain 마블 마운틴

CHECK! ✔
무작정 GO
2권 ⓜ MAP p.074A
ⓘ INFO p.074

다낭과 호이안 중간 지점에 있는 대리석과 석회암 산이다. 낮은 산 구석구석에 비밀스러운 분위기를 풍기는 동굴과 사원이 자리해 걸을 때마다 신비로운 분위기를 자아낸다. 총 5개의 낮은 봉오리로 이뤄진 오행산은 지구의 다섯 요소에서 이름을 따왔다. 베트남어로는 낌(kim, 金, 금), 뚜이(thuỷ, 水, 물), 목(mộc, 木, 나무), 화(hỏa, 火, 불), 토(thổ, 土, 흙)다. 오행사상에 따르면 이 다섯 가지 요소가 서로 맞물려 지구가 돌아가며 우주의 조화를 이룬다고 한다. 하지만 오행을 거스르면 큰 재앙을 만난다. 세상의 질서를 어지럽히다가 석가여래와의 법력 대결에서 진 손오공(제천대성)이 500년이나 갇히게 된 것도 그런 이유 때문이었을 것이다(서유기에 나오는 실제 오행산은 중국 티벳에 있으며, 이름만 같을 뿐 관련이 없다). 빈 마음(空, 비울 공)을 깨우친(悟, 깨달을 오) 손오공의 마음을 닮은 곳에 유서 깊은 불교 사찰이 생겼다. 린응사다. 린응사부터는 경사진 돌계단길이 계속 이어져 대부분의 여행객들은 이곳에서 발걸음을 돌린다. 하지만 깊은 동굴 안에서 부처님의 자비로운 미소를 누리는 것은 온전히 고행을 견뎌낸 자의 몫. 베트남 전쟁이 한창일 때 미군의 거센 폭격을 받고도 동굴이 완전히 무너지지 않은 것도 부처님의 은덕이 아닐까 생각하다 보면 이곳이 조금 더 특별해진다. 매표소에서 엽서를 끼워파는 식으로 입장료를 더 받기도 하니 주의하자.

인기
★★★★★

위치
다낭·호이안 중간

소요 시간
3~4시간

피로도
높음

추천 시간
오전

ⓖ 구글 지도 GPS 16.002940, 108.264259 ⓖ 찾아가기 다낭과 호이안 중간에 위치. 다낭 시내에서 자동차로 약 20분. 호이안 올드타운에서 자동차로 약 30분. 택시나 그랩 카, 차량 대절로 많이 찾는다.
ⓐ 주소 52 Huyền Trân Công Chúa, Hoà Hải, Ngũ Hành Sơn, Đà Nẵng
ⓟ 전화 091-342-3176 ⓣ 시간 07:00~17:30 ⓗ 휴무 연중무휴
ⓦ 가격 입장료 4만đ, 엘리베이터(편도) 1만5000đ 홈페이지 없음

오행산 한눈에 보기

시간이 없는 사람들을 위한 1시간 30분 코스
엘리베이터 → ❶ 싸 로이 탑 → ❷ 린응사 → 엘리베이터 → ⓯ 암푸 동굴

오행산 구석구석을 볼 수 있는 4시간 코스
엘리베이터 → ❶ 싸 로이 탑 → ❷ 린응사 → ❹ 망해대 → ❺ 반 통 동굴 · 헤븐 게이트 → ❿ 후엔콩 동굴 →
⑭ 망강대 → 1번 출구 → ⓯ 암푸 동굴

온 가족이 부담 없이 둘러볼 수 있는 3시간 코스
⓯ 암푸 동굴 → 엘리베이터 → ❶ 싸 로이 탑 → ❷ 린응사 → ❿ 후엔콩 동굴 → 엘리베이터

오행산 여행 팁 7

1

의상에 신경 쓰자.

베트남의 대표적인 불교 성지. 짧은 치마, 쇼트팬츠, 러닝 등 노출이 과한 의상으로는 사찰 안에 들어갈 수 없다.

2

편한 신발을 신자.

동굴 안은 습기가 많고 미끄러워 슬리퍼나 구두, 아쿠아 슈즈 등은 위험하다. 최대한 편한 신발을 신되 바닥이 미끄럽지 않은 것으로 고르자.

3

휴대용 선풍기는 필수!

부지런히 움직여야 곳곳의 멋진 풍경을 볼 수 있는 곳이다 보니 금세 땀범벅이 되기 일쑤다. 챙이 넓은 모자와 휴대용 선풍기, 시원한 물은 반드시 챙겨 가자.

4

날씨 영향을 많이 받아요.

비가 오거나 흐린 날은 둘러보기 어렵기도 하지만, 볼 수 있는 경치에 한계가 있다. 특히 동굴 안을 아름답게 비추는 빛을 볼 수 없어 분위기 자체가 완전히 달라진다. 덥고 습하더라도 날씨가 좋은 날이 훨씬 멋지다. 최대한 이른 시간에 찾아가 점심 먹을 때쯤 내려오는 것이 가장 좋다.

5

노인, 어린아이, 임신부가 있다면 하이라이트만!

가파른 계단은 많지만 안전장치가 많지 않아 노약자가 둘러보기에는 체력적으로도 힘들고 안전이 완전히 보장되지 않는다. 이동 동선을 최대한 줄여 둘러보는 것이 핵심인데, 암푸 동굴 → 상행 엘리베이터 탑승 → 린응사 → 하행 엘리베이터 탑승 코스를 추천. 엘리베이터를 타면 체력 부담을 덜수 있다.

6

가짜 대리석 기념품 주의!

대리석으로 유명한 곳답게 대리석으로 만든 각종 기념품을 많이 판매한다. 하지만 절반 이상은 가짜 대리석을 바가지 씌워 판매한다.

7

짐은 최소한으로.

차량 대절을 하지 않는다면 짐은 최소한으로 줄이자. 짐을 보관할 수 있는 보관함이나 인포메이션 센터가 없다.

오행산에서 반드시
봐야 할 곳 5

누군가는 분위기가 참 좋았다 하고, 또 누군가는 계단이 너무 많아 고생길이었다고 한다. 아무에게나 오행산의 진짜 모습을 쉽게 보여주지 않기에 고생은 좀 해야 하지만 더욱 신비하다. 그것이 오행산이 지닌 매력이다.

No. 1 암푸 동굴 Am Phu Cave

오행산에서 볼거리가 가장 많은 동굴이다. 암푸 동굴은 크게 천당과 지옥, 사후 재판소로 구역으로 나뉜다. 저승으로 향하는 다리를 따라 동굴 안으로 들어가면 사후 재판소가 여행자들을 반긴다. 망자가 10명의 저승 심판관에게 생전의 죄를 심판받는 곳이다. 살아생전 죄가 없는 망자는 빛이 가득한 '빛의 동굴'로, 지은 죄가 많은 이는 지하로 이어진 '지옥 동굴'로 간다. 통합 입장권만 있으면 추가 요금 없이 둘러볼 수 있는 다른 동굴과 다르게 이곳만 별도 티켓을 구입해야 한다. 햇볕이 강한 오후가 가장 멋지다.

ⓖ **구글 지도 GPS** 16.003150, 108.264156
ⓖ **찾아가기** 오행산 주차장 바로 앞
ⓛ **시간** 07:00~17:00 ⊖ **휴무** 연중무휴
ⓜ **가격** 어른 2만₫, 어린이 1만₫

No. 2 린응사 Linh Ung Pagoda

오행산에서 가장 규모가 큰 사찰. 1825년 민망 황제가 이곳을 찾아 시주하며 더욱 화려하게 치장했는데, 도자기로 만든 용 모양 기둥과 전체를 초록색 타일로 덮은 지붕이 특이하다. 용이 물을 관장한다는 믿음 때문에 사찰 곳곳을 용으로 치장한 것도 남다른 부분이다. 엘리베이터 쪽으로 조금만 더 걸어 나가면 7층짜리 불탑인 '영웅보탑'도 만날 수 있다.

No. 3 후옌콩 동굴 Huyen Khong Cave

오행산에서 가장 큰 동굴. 입구에 '현공관(玄空關)'이라 쓰여 있는데, 현공은 도교적인 표현으로 '아득한 하늘'을 말한다. 그러니까 아득한 하늘을 만날 수 있는 동굴인 셈이다. 아니나 다를까 동굴 안으로 들어가면 넓디넓은 공간이 짠 하고 나온다. 입구 양옆은 천왕상이 동굴을 지키고 서 있고, 인자한 미소를 띤 부처상이 관람객을 내려본다. 뚫린 천장으로 햇살이 가득 들어오면 동굴 전체가 '빛의 방'이 되는데, 이때가 속칭 '기도발이 잘 받는 순간'이라고 하니 놓치지 말자.

No. 4 전망대 View Point

오행산에는 총 세 군데의 전망대가 있다. 꼬꼬강(Co Co River)과 금산(金山)을 볼 수 있는 **망강대(望江臺)**, 논느억 해변 풍경을 볼 수 있는 **망해대(望海臺)**, 오행산 전체를 볼 수 있는 **최정상 전망대(Highest Peak)**다. 계단을 따라 한참 걸어 올라가야 하는 최정상 전망대를 제외하고는 접근성도 좋다.

No. 5 헤븐 게이트 Heaven Gate

'구름으로 통하는 길'이라는 뜻의 '동통운(洞通雲, Heaven Gate)'은 아는 사람만 찾는 숨은 명소. 몸을 구깃구깃 접은 채 수직에 가까운 동굴을 기어 올라가면 산 정상에 다다른다. 구름은 가깝고 넘실대는 바다가 바로 앞. 맨몸으로 절벽을 오르며 몇 번이나 '이러다 죽는 거 아닌가' 하는 마음이 들지만, 그래도 한번은 볼만한 풍경이다. 반통 동굴(Van Thong Cave) 안 끝자락에 올라가는 곳이 있다.

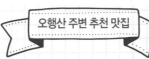

오행산 주변 추천 맛집

다낭 시내에서 한참 떨어진 곳이라 음식을 먹을 곳이 마땅치 않다. 여행객들에게 사랑받는 음식점은 바로 이곳.

라루나 바 앤드 레스토랑 Laluna Bar & Restaurant

아무리 경쟁 식당이 없다고 해도 맛이 없으면 파리만 날리기 십상인데, 입맛 까다로운 한국 사람도 별 탈 없이 먹는 걸 보면 나름 맛있는 집인 것은 확실하다. 관광지치고 맛도 괜찮고 가격도 비싸지 않아 식사를 해결하기 딱 좋은 조건이다. 실내가 시원하지는 않고 응대가 조금 느린 것만 감수한다면 말이다. 새우를 넣은 메뉴를 고르면 실패는 없다. 시원한 신또도 좋은 선택. 카드 결제 가능.

2권 ◎ **MAP** p.074C ⑧ **INFO** p.075 ⑧ **구글 지도 GPS** 16.003232, 108.265379 ◎ **찾아가기** 오행산 주차장에서 나와 왼쪽
⊙ **주소** 187 Huyèn Trân Công Chúa, Hoà Hải, Ngũ Hành Sơn, Đà Nẵng ⊖ **전화** 090-578-7337 ⊙ **시간** 09:00~23:00
⊖ **휴무** 부정기 ⑩ **가격** 스프링롤 6만~8만đ, 볶음밥 5만5000~8만đ, 신또 4만5000đ

② BEST

린응사 靈應寺
Chùa Linh Ứng 추아 린 응

CHECK! ✔
무작정 GO
2권 ⊙ MAP p.054B
ⓘ INFO p.063

인기
★★★★

위치
다낭

소요 시간
1시간

피로도
중간

추천 시간
이른 오전, 오후

어쩜 이렇게 인자할 수 있을까? 제아무리 무신론자라고 해도 부처님의 인자한 미소에는 못 당해낼 것 같다. 한국 사람에게는 '영응사'라는 명칭으로 더 잘 알려진 린응사는 67m 높이의 해수관음상이 지키고 서 있는 불교 사원이다. 동양 최대 규모, 30층짜리 아파트 높이와 맞먹는 해수관음상은 베트남의 공산화를 피해 조국을 떠났다가 바다에서 명을 달리한 보트 피플(Boat People)의 영혼을 위로하기 위해 바다가 잘 보이는 곳에 건설했다. 영혼(靈)이 응답하는(應) 절이라는 뜻의 사원명도 인간과 천지의 조화를 이루기 위해 지었다고 한다. 그래서일까. 해수관음상을 지은 이후로는 다낭은 태풍 피해를 입지 않고 있다고 한다. 린응사 주차장 바로 옆에는 부처님의 사리를 모신 9층짜리 사리탑과 대리석으로 만든 와불상이 있어 함께 둘러보기 좋다.

ⓖ **구글 지도 GPS** 16,100279, 108,277917 ⓐ **주소** Chùa Linh Ứng, Hoàng Sa, Thọ Quang, Sơn Trà, Đà Nẵng ⊝ **전화** 없음
ⓛ **시간** 24시간 ⊝ **휴무** 연중무휴 ⓖ **가격** 무료 ⊛ **홈페이지** http://ladybuddha.org/index.php

**쉿! 비밀
TIP**

갈까 말까?

안 가자니 다낭의 명소를 그냥 지나치는 것 같고, 시간을 내서 가자니 시간이 아깝고, 여행자들을 고민에 빠지게 하는 계륵 같은 관광지다. 하기야 이 정도 규모의 불교 사찰은 우리나라에서도 쉽게 볼 수 있으니 큰 기대를 했다가는 그 기대만큼 실망 하기도 쉽다. 다른 일정을 보낸 뒤 자투리 시간에 다녀오기 만족스러울 것이다.

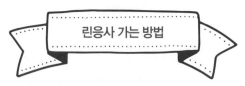

린응사 가는 방법

택시와 그랩 카, 차량 대절이 주된 교통수단. 수단별로 장단점이 확실하니 내 상황에 맞는 것으로 골라보자.

택시

가장 흔하고 이용하기 간단한 교통수단. 흥정을 잘하면 미터 요금보다 더 저렴하게 이용할 수 있다. 주로 왕복으로 이용하는데, 관광하는 동안 미터기를 끈 채 주차장에서 기다려준다. 기사와 상의하면 중간에 식사를 하거나 쇼핑 등 볼일을 볼 수 있는데, 시간이 늘어날수록 요금도 올라가니 주의하자. 택시 요금은 일정을 모두 끝낸 뒤에 지불하면 된다.

ⓘ **가격** 다낭 시내(용교)에서 17만đ~(마이린 중형 택시 편도 기준), 20만đ~(마이린 대형 택시 편도 기준)

그랩 카

택시보다 요금이 저렴하지만 린응사에서 다낭으로 돌아올 때는 그랩 카 매칭에 시간이 오래 걸려서 난감할 수 있다. 그랩 카 기사에게 주차장에 기다려달라고 얘기하면 기다려주는 편이지만, 거절당하는 경우도 있다는 것이 문제. 이럴 때는 그랩 카 매칭을 기다리는 것 보다 린응사 주차장에서 택시를 잡아타는 것이 빠르다.

ⓘ **가격** 편도 다낭 시내(용교)에서 13만~14만đ, 퓨전마이아 다낭, 풀만 다낭에서 15만~16만đ

린응사 여행 팁 7

1
볼일은 미리미리!
린응사 공중화장실은 지저분하다. 볼일은 호텔이나 음식점에서 미리 볼 것.

2
옷차림에 신경 쓰자.
노출이 심한 쇼트팬츠, 미니스커트 등의 옷차림으로는 법당 출입이 제한된다. 법당 입구에서 다리를 가릴 수 있는 가리개를 대여할 수 있지만, 이왕이면 노출이 과한 의상은 삼가는 것이 좋다.

3
타고 온 차량 번호판 사진을 찍어두자.
린응사 주차장에 온갖 택시와 그랩 카, 관광버스가 뒤섞여 있어 타야 할 차량을 찾지 못하는 경우가 빈번하다. 타고 온 차량의 번호판 사진을 찍어두거나 기사 카카오톡 ID를 알아놓으면 시간 약속하기가 편해진다.

4
이른 오전과 오후가 좋아요.
사진 찍기 가장 좋은 시간대는 오후 3~5시. 단체 여행자들이 오전에 들렀다가 되돌아가는 시간이라 좀 더 한적하다. 더운 것이 딱 질색이라면 오전 이른 시간(7~9시)을 추천. 더위를 피할 곳이 거의 없고 햇볕도 뜨거워서 한낮에는 고생할 수 있다.

5
계단을 오르지 않아도 된다?!
오토바이 주차장에서 린응사로 가려면 꽤 많은 계단을 걸어 올라야 하지만, 차량 주차장 쪽 입구로 들어가면 힘 들이지 않고도 입장할 수 있다. 유모차를 끌기에도 훨씬 편해 아이들을 데리고 가기도 좋다.

린응사에서 꼭 해봐야 할 것 5

No. 1
부처님과 눈맞춤
중생들을 내려다보는 해수관음상의 인자한 미소는 모든 이가 감탄하는 부분. 광장 어디에서 보든 부처님의 미소가 나를 따라온다. 미소를 피해 이리저리 움직여봐도 결국 부처님 손바닥 안. 내가 멋쩍게 웃으니 부처님도 웃는다.

No. 2
멋진 다낭 경치 보기
린응사로 향하는 도로는 다낭에서 경치가 가장 아름다운 곳. 미케 해변을 따라 들어선 시가지 풍경이 압도적이다. 기사에게 얘기하면 경치가 좋은 곳에 잠깐 멈춰준다. 해수관음상 광장, 오토바이 주차장과 이어진 돌계단도 전망이 좋다.

No. 3
대웅보전 앞에서 분재 감상하기
린응사에서 가장 큰 법당인 대웅보전(大雄寶殿) 앞은 잘 가꾼 분재로 꾸몄다. 인간의 희로애락을 표현하는 아라한 조각상과 어우러져 작은 분재 정원을 걷는 기분이 든다.

No. 4
해수관음상의 작은 부처님 만나기
해수관음상의 모자 부분에는 2m 크기의 작은(?) 부처님이 정교하게 조각돼 있다. 린응사의 건물 배치가 엎드린 거북 모양을 하고 있는데, 거북의 머리에 해당하는 곳에 해수관음상을 세웠고, 그 불상의 모자 부분에 작은 불상을 또 하나 세웠으니, 어쩌면 이 작은 부처님께 소원을 비는 것이 가장 효과 있을지도?

No. 5
나만의 비밀 소원 빌어보기
19세기, 민망왕 시대에 어디서 왔는지 모를 불상 하나가 해변으로 떠내려왔는데, 이를 길조로 생각한 마을 사람들이 이 자리에 절을 지어 불상을 모셨다. 그때부터 풍어가 이어지고 어부들도 안전히 조업을 할 수 있게 되었다. 그 당시 부처님이 떠내려온 자리는 '바이벗(Bai But, 부처님의 땅)'이라고 이름 지었는데, 그 자리에 세운 절이 린응사다. 이런 내력이 있어서일까. 비밀 소원을 적은 종이를 몸에 몰래 지닌 채 린응사에서 소원을 빌면 소원이 이뤄진다고 한다.

린응사 주변 추천 맛집

마담 한 Madame Hanh
1권 INFO p.155
2권 MAP p.054B
INFO p.063

남단 레스토랑 Năm Đảnh
1권 INFO p.136
2권 MAP p.054A
INFO p.063

BEST 3

다낭 대성당 Da Nang Cathedral
Giáo xứ Chính toà Đà Nẵng

쟈오 쓰 찐 또아 다낭

CHECK! ✔
무작정 GO
2권 📍 MAP p.028B
ⓘ INFO p.034

인기
★★★

😊

위치
다낭

😍

소요 시간
15분

😊

피로도
낮음

😐

추천 시간
오전

😊

일명 '핑크 성당'이라는 별명으로 더 유명한 성당. 다낭에서 프랑스 식민지 시대에 지은 유일한 성당으로, 1923년에 발레(Vallet) 사제가 설계해 건축했다. 고딕 양식으로 지은 핑크빛 성당 건물이 인상적인데, 날씨가 좋은 날이면 멋진 사진을 찍을 수 있어 여행자들이 몰린다(사진발이 심해 SNS에 올라온 사진만 보고 기대하고 갔다가는 실망하기 딱 좋다). 성당의 첨탑 끄트머리에 수탉 모양의 풍향계가 달려 있어 현지인들은 '수탉 성당(Nhà Thờ Con Gà)'이라는 애칭으로 부르기도 한다고. 아쉽게도 성당 내부는 미사 때만 공개한다. 성당 주변에 한 시장, 한강 등의 명소가 모여 있어 오가는 길에 딱 한번 정도 들르기 좋다. 성당 입구 찾기가 어려운데, 성당 동쪽의 옌바이(Yên Bái) 거리에 출입구가 있다.

🌐 **구글 지도 GPS** 16.066667, 108.223085 ⓖ **찾아가기** 한 시장에서 도보 5분 🏠 **주소** 156 Trần Phú, Hải Châu 1, Q. Hải Châu, Đà Nẵng
📞 **전화** 없음 ⛪ **미사 시간** 월~토요일 05:00 · 17:00, 일요일 05:15 · 08:00 · 10:00(영어) · 15:00 · 17:00 · 18:00
🕐 **입장 시간** 월~토요일 06:00~17:00, 일요일 11:30~13:30 📅 **휴무** 연중무휴 💰 **가격** 무료 🌐 **홈페이지** http://giaoxuchinhtoadanang.org

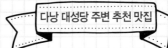
다낭 대성당 주변 추천 맛집

콩 카페 2호점 Cong Café
1권 ⓑ INFO p.163
2권 ⓞ MAP p.028B
ⓑ INFO p.036

뱁 헨 Bep Hen
1권 ⓑ INFO p.149
2권 ⓞ MAP p.028F
ⓑ INFO p.038

클로즈 UP

성당에 웬 수탉이?

성당 풍향계가 왜 수탉 모양으로 조각돼
있는지 알기 위해서는 성경을 들여다봐야 한다. 예수가
십자가에 못박히던 날, 수탉이 울기 전 베드로가 예수를 세 번
부인한 뒤 경각심과 인간의 나약함을 표현하는 동물이 바로
수탉. 수탉의 울음소리가 어두움과 악의 힘을 내쫓는 동시에
죽음을 극복(부활)하는 성스러운 동물이라는 믿음이 깔려 있다.
베트남뿐 아니라 유럽의 대성당과 오랜 건물 중에도 수탉 모양
풍향계로 장식된 곳이 많다.

참 조각 박물관
Da Nang Museum of Cham Sculpture
Bảo tàng Điêu khắc Chăm 바오 탕 디우 칵 참

CHECK! ✔
무작정 GO

2권 ⓜ MAP p.028F
ⓘ INFO p.034

다낭에도 근사한 박물관이 있을까? 대답은 예스. 세계적인 박물관에 들지는 못하지만 둘러보기 좋은 박물관은 얼마든지 있다. 그중 참 조각 박물관은 전 세계 유일의 참 조각 전문 박물관으로, 다낭과 꽝남 지역에서 발굴한 조각품이 많이 전시돼 있다. 특히 참파 왕국의 종교 성지였던 미썬 유적지에서 출토된 A급 작품을 다수 보유해 당시 생활상을 엿볼 수 있다. 500점이 넘는 작품이 출토 지역에 따라 나눠 전시돼 있으며 아주 가까이에서 작품을 볼 수 있는 것이 특징. 영어 가이드 투어도 하루 두 번 진행하지만 전화 예약을 해야 한다. 플래시나 조명 장치를 쓰지만 않으면 사진 촬영이 가능하다.

ⓖ 구글 지도 GPS 16.060593, 108.223521 ⓖ 찾아가기 용교와 박당(Bạch Đằng) 거리가 만나는 지점
ⓐ 주소 Số 2 2 Tháng 9, Bình Hiên, Hải Châu, Đà Nẵng
ⓟ 전화 236-357-4801 ⓣ 시간 07:00~17:00 ⓗ 휴무 연중무휴
ⓥ 가격 어른 6만đ, 학생 1만đ, 18세 미만 무료 ⓗ 홈페이지 http://chammuseum.vn/en

인기
★★
😍

위치
다낭
😍

소요 시간
시간
🙂

피로도
낮음
😐

추천 시간
오후
🙂

참 조각 박물관 주변 추천 맛집

피자 포피스 Pizza 4P's
1권 ⓘ INFO p.133 2권 ⓞ MAP p.028F ⓘ INFO p.035

레드 스카이 Red Sky
1권 ⓘ INFO p.120 2권 ⓞ MAP p.028F ⓘ INFO p.037

🔍 **클로즈 UP** 참 조각 박물관 제대로 둘러보기

박물관 곳곳에 주요 작품 설명이 적힌 팸플릿이 비치되어 있다.
영어, 중국어, 베트남어뿐이지만 중요한 작품 설명이 꽤 꼼꼼해서
은근히 도움된다. 팸플릿을 본 후에는 제자리에 놓아두자.

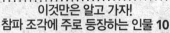
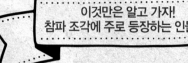

이것만은 알고 가자!
참파 조각에 주로 등장하는 인물 10

시바 Siva

힌두교에서 가장 신성시하는 신. 파괴의 신이기도 하지만 동시에 재건과 변형을 책임져 인도에서 가장 성스러운 신으로 여겨진다. 실제 힌두 문화의 영향을 강하게 받은 참파 왕국에도 시바를 모신 사원이 많았다고 한다.

비슈누 Visnu

시바, 브라흐마와 함께 힌두 3대 신으로 꼽히는 신으로, 우주의 질서를 지키고 인류를 보호하는 '유지의 신'이다. 가루다를 타고 다니며 4개의 팔에는 방망이, 연꽃, 원반, 소라고둥을 쥐고 있는 모습으로 조각돼 있는 것이 보통이다.

카라 Kala

악마의 신. 인도에서는 시간을 신격화한 신으로 여겨지며 크고 둥근 눈, 넓적한 코, 치아가 다 드러나도록 크게 벌린 입이 특징이다. 주로 시바 사원의 입구나 감실 등에서 쉽게 볼 수 있다. 베트남, 캄보디아 등의 크메르 건축양식에서 빠지지 않고 등장한다.

락슈미 Laksmi

부와 행운의 여신. 남편 비슈누와 함께 숭배되는 신으로 불교에서는 행복을 주관하는 '길상천(吉祥天)'으로 잘 알려져 있다. 주로 연꽃 위에 가부좌를 틀고 앉아 있는 모습으로 묘사된다.

두르가 Durga

전쟁과 학살의 여신. 파괴의 신인 시바의 아내지만, 독립적인 성향이 강해 시바와 함께 묘사되는 일이 거의 없다. 10개의 팔에는 원반, 포승줄, 활, 방망이 등 여러 신이 준 무기를 쥐고 있다.

압사라 Apsara
춤추는 천상의 여신으로 우리에게도 잘 알려져 있는 신이다. 인도에서는 하급 무희로 취급된다. 압사라의 아름다움 때문에 신과 악마가 서로 아내로 삼고 싶어 해 전쟁을 벌였다는 이야기가 전해져온다.

가루다 Garuda
인도 신화에 나오는 신령한 새. 인간 몸체에 독수리의 머리와 발톱, 날개가 달린 것이 특징. 힌두교에서는 가장 성스러운 새로 여겨지며 비슈누신을 태우고 다녀 태양신으로도 추앙받는다.

하누만 Hanuman
인간의 몸에 원숭이의 머리와 꼬리가 달린 원숭이 장군. 단 한 번의 뜀뛰기로 4일간이나 하늘을 날아 500km의 바다를 건너는 등 초인적인 힘을 발휘하지만, 참 박물관에 전시된 작품은 다소 해학적으로 묘사돼 있다. 인도보다는 자배(인도네시아)의 영향을 받은 것이라고.

가자심하 Gajasimha
힌두 신화에 나오는 신수. 얼굴은 코끼리, 몸은 사자 형상을 하고 있는데, 주로 사원 입구에서 수문장 역할을 한다.

코끼리
참파 문명의 조각에 많이 등장하는 소재로 주로 탑 기단부를 장식하는 용도로 많이 쓰인다. 참파 문명이 인도의 영향을 많이 받았다는 것을 보여주는 대목이기도.

SPECIAL PAGE

다낭 근교로 떠나보자!
하이반 패스&랑꼬

다낭에서 자동차로 1시간 거리. 시내에서 조금만 벗어났을 뿐인데 새로운 풍경이 펼쳐진다.
다낭엔 길게 뻗은 해변이 전부라 여겼다면 시선을 멀리 두자.
예상치 못했던, 그래서 더더욱 아름다운 풍경들이 생각보다 가까이 있었다.

어떻게 둘러볼까?

무턱대고 택시와 그랩을 이용하기에는 요금이 비싸다. 후에에 갈 생각이라면 프라이빗 카(2권 p.118)를,
다낭에서 출발해 다낭으로 복귀할 계획이라면 여행사의 투어 프로그램(2권 p.119)에 참여하는 것이
가장 편하다. 차량 대절(2권 p.023)을 해도 되지만 다낭 시내를 벗어나면 추가 요금이 붙는다는 것을
알아두자. 어떤 교통편을 이용하든 멀미가 심한 사람이라면 멀미약은 필수. 고지대라 쌀쌀할 수 있으니
얇은 옷을 하나 챙겨 가면 요긴하다.

▌하이반 패스 Hai Van Pass Đèo Hải Vân 데오 하이 반

베트남어로 '구름(Hải) 바다(Vân) 고갯길(Đèo)'이라니 이름 한번 잘 지었다. 우리나라로 치면 미시령 고갯길 같은 곳으로 날씨가 좋으면
푸른 바다를, 비가 오면 짙은 운해를 만날 수 있다. 구름과 바다를 한번에 만날 수는 없지만 둘 중 하나는 무조건 만나게 되는 셈이다.
꼬불꼬불한 산길을 따라 한참을 올라야 언덕의 정상에 다다르는데, 그 길이 전혀 지겹지 않다. 푸른 바다와 높은 산이 코앞. 웅장한 풍경에
압도되기 때문이다. 유명 자동차 프로그램인 〈탑 기어(Top Gear)〉의 진행자 제러미 클락슨(Jeremy Clarkson)이 이곳을 두고 한 "디저트에
장식된 리본 같은 완벽한 아름다움이다"라는 말이 새삼 실감된다. 해발 496m 정상에는 프랑스 식민지 시절 프랑스군이 지은 요새가 남아
있다. 베트남 전쟁이 한창일 때는 미군이 관측소와 벙커로 사용했다고 한다. 다낭에 대규모 공군 기지와 보급 부대가 있어 주요 보급로를
사수해야만 했던 미군과 이를 저지하려는 베트콩 간의 게릴라전이 이곳을 중심으로 이뤄졌으며, 베트남 전쟁의 승패를 결정짓는 사실상의
전선이었다. 물론 지금은 하이반 패스를 기준으로 남베트남과 북베트남으로 나눌 뿐, 치열했던 전쟁의 흔적은 벙커 곳곳에 박힌 총탄
자국에서 가늠할 수 있을 뿐이다.

랑꼬 뷰 포인트 Lang Co View Point

하이반 패스의 구불구불 고갯길을 다 내려오면 시원한 풍경이 시선을 사로잡는다. 한적한 랑꼬 마을과 랍안 라군(Lap An Lagoon), 시원한 바다 풍경이 한눈에 들어오는 곳. 정식 전망대는 아니지만 풍경이 아름다워 누구나 차를 멈추고 사진을 남기는 비공식 전망대가 됐다. 도로 바로 옆으로는 다낭과 후에를 잇는 철로가 놓여 있어 타이밍만 좋다면 기차 사진을 찍을 수도 있으니 참고하자.

▌랍안 라군 Lap An Lagoon

'아무렇게나 사진을 찍어도 작품이 되는 곳'은 이곳을 두고 하는 말이 아닌가 싶다. 원래는 바다였다가 모래 해변이 발달해 호수로 분리된 '석호'로 호수와 바익마 국립공원의 웅장한 산세가 어우러져 최고의 경치를 자랑한다. 경치가 가장 좋은 곳에 로컬 커피숍이 자리해 커피 한잔하며 풍경을 감상하는 호사를 누릴 수 있다. 수심이 얕아지는 건기에는 호수 한가운데까지 걸어갈 수도 있다.

▌랑꼬 비치 Lang Co Beach

이 작은 어촌에도 리조트가 있을까 싶지만, 이 멋진 해변을 그냥 놔둘 리 없다. 다낭 미케 비치에 비하면 규모가 작고 낡았지만, 그만큼 숙박 요금이 저렴하고 조용한 것이 이곳만의 자랑거리. 해변가 호텔에 묵지 않아도 해산물 요리 전문 음식점이 해변을 따라 늘어서 있어 잠시 쉬어 가기도 좋다.

HOI AN

호이안 vs 후에
서로 다른 두 도시의 매력

호
이
안

 15세기 해양 실크로드의 중심지

오래된 거리를 걷는 것 자체가 관광의 일부분. 역사에 흥미가 없더라도 예쁜 길, 예쁜 등 때문에 지루하지 않다.

 분위기

★★★★★ 가족 친화적

유모차를 끌기에도, 가족과 함께 걷기에도 좋은 조건. 가족 모두가 함께 체험 프로그램에 참여하기에도 좋다.

여행 난이도

★★ 하

한국인이 많이 찾는 여행지라 여행 정보가 많아 미리 준비한다면 초보 여행자도 충분히 여행할 수 있다.

 체험

★★★★★ 매우 다양

다양한 체험을 할 수 있고 만족도도 높은 편. 호텔 자체적으로 운영하는 체험도 다양하다.

교통

★★★★★ 편리

구시가지 안에서는 자동차를 탈 일이 거의 없고, 걸어서 대부분 장소에 갈 수 있다. 택시와 그랩 카 이용이 쉽다.

음식

★★★ 보통

유명 맛집이 딱 정해져 있는 느낌. 여행자들의 입맛에 맞추다 보니 베트남 전통 음식을 먹기에는 아무래도 한계가 있다.

숙박

★★★★ 매우 다양

해변 고급 리조트부터 저렴한 홈스테이까지 가격대별로 다양한 숙박 시설이 있다. 대신 어딜 가도 한국인 천지!

VS HUE

칠이 다 벗어진 낮은 건물들 사이, 좁게 난 길을 따라 여행자들이 걸음을 옮긴다.
한때 천하를 호령하던 왕조의 터전이었고, 전 세계에서 몰려든 무역상으로 발 디딜 틈 없던 항구였지만,
결국 외면당한 곳들이다. 하지만 흘러간 시간은 결국 여행자들을 이곳에 불러들였다.
응우옌 왕조의 수도였던 '후에(Hue)'와 해양 실크로드의 중심지이던 '호이안(Hoi An)'이다.

💬 응우옌 왕조의 수도

유적지 규모가 크고 웅장해 발품을 많이 팔아야 한다. 역사에 흥미가 없다면 다소 지루할
수 있다.

 분위기

★★ 나 홀로, 젊은 여행자에게 특화
관광지를 둘러보는 데 체력 소모가 커
서 가족과 함께 다니기에는 여러모로
불편한 점이 많다.

 여행 난이도

★★★★ 중상
여행사 투어 프로그램으로 둘러보기
에는 시간이 빡빡하고, 혼자 다니기에
는 교통이 불편한 편. 여행 정보도 호
이안에 비하면 턱없이 부족하다.

 체험

★ 빈약함
이렇다 할 체험 거리가 없다. 고급 호
텔이 많지도 않고 호텔 자체 액티비티
도 거의 없는 편이다.

 교통

★★ 다소 불편
관광지가 사방에 흩어져 있어 택시를
타지 않는 이상 이동이 불가능. 그랩
애플리케이션 구동이 거의 안 돼서 택
시를 이용하는 빈도가 높다.

 음식

★★★ 보통
서양인 관광객이 많아 그들 입맛에 맞
춘 곳이 많다. 그래서 우리 입맛에는
잘 안 맞을 수도.

 숙박

★★★ 보통
후에 시내에는 평범한 호텔이 많다. 근
교에 분위기 좋고 저렴한 호텔도 아주
많아서 최근 입소문을 타기 시작!

HOI AN
OLD TOWN

호이안 구시가지

1999년 마을 전체가 유네스코 세계문화유산으로 지정된 호이안 구시가지는 중부 베트남에서 가장 유명한 관광지다. 16세기 중엽 일본인을 필두로 중국, 인도, 포르투갈 등에서 온 상선이 기항하며 국제무역항의 면모를 갖추었는데, 한때는 일본인 무역상들이 모여 사는 마을이 있을 정도로 번성했으나 1639년 에도 막부 3대 쇼군인 도쿠가와 이에미쓰가 해외 무역을 금지하고 쇄국정책을 펴자 일본인 상인들이 줄어들고 화교 상인들이 많아졌다. 약 300년 동안 번성했던 항구는 19세기 말, 투본강 하구에 토사가 퇴적되어 수심이 얕아지자 대형 선박이 정박할 수 없었고, 자연스레 인근 도시인 다낭에 국제 항구 타이틀을 넘겨주게 되었다고 한다.

호이안 구시가지, 어떻게 둘러볼까?

교통편

 도보

가장 일반적인 방법이다. 구시가지 전체가 도보 및 자전거 전용 구역으로 지정되어 안전하게 다닐 수 있다.
단, 햇볕이 뜨겁기 때문에 챙이 넓은 모자, 마실 물, 쿨 토시 등을 지참하고 자외선 차단제를 넉넉히 바르는 것이 좋다.

자전거

걷기에는 구시가지가 꽤 넓어서 힘들 수 있다. 더위가 한층 물러난 저녁이 아니라면 자전거를 타고 둘러보는 것도 나쁘지 않은 선택. 호이안 대부분의 호텔에서 숙박객에게 무료로 자전거를 빌려주고 있다. 대여 시 바구니와 벨이 설치되어 있는지, 자물쇠가 있는지 반드시 확인하자.

쉿! 비밀 TIP

유모차, 갖고 갈까 말까?

어린아이를 동반한 가족 여행객이라면 유모차를 갖고 가는 것이 좋다. 경사 없이 평탄한 지형인 데다 자동차와 오토바이가 다니지 않아 유모차를 끌기에도 편한 조건이기 때문. 거추장스러운 대형 유모차보다는 몇 번 쓰다 버려도 될 정도로 간편한 접이식 유모차가 더욱 편한데, 햇볕 가리개와 레인 커버, 휴대용 선풍기가 있으면 요긴하다.

 토크SAY

호이안의 건물은 왜 모두 노란색일까?

베트남에서는 온통 노랗게 칠한 건물들을 쉽게 만날 수 있는데, 이는 프랑스 식민 지배의 잔재물이다. 당시 프랑스에서 노란색은 왕실에서 자주 사용하는 색깔이었는데, 노란색은 곧 식민 정부의 권력을 상징하기도 했다. 프랑스 왕실의 권력을 과시하기 위해 식민부가 나서서 관공서는 물론이고 일반 가옥까지 노랗게 칠했던 것. 물론 베트남 사람들이 원래 노란색을 좋아하기도 한다. 전통적으로 노란색은 행복과 재물을 상징하는 색깔. 그 유별난 노란색 사랑도 이해가 된다.

호이안 구시가지 통합 입장권

호이안 구시가지를 둘러보려면 통합 입장권이 반드시 필요하다. 구시가지에 자리한 18군데 명소 중 최대 다섯 곳에서 이용할 수 있는데, 각각의 명소에 입장권을 확인하는 부스가 따로 마련돼 있다. 통합 입장권에는 구시가지 입장 요금이 포함돼 있어 구시가지 내에서 산책만 하거나 식사만 하려는 사람도 예외 없이 입장권을 구입해야 한다. 다소 비합리적이라고 생각될 수는 있으나 유적 보호 기금으로 사용한다고 하니 되도록 입장권을 구입하자.

ⓖ **가격** 외국인 1인당 12만đ

통합 입장권을 사용할 수 있는 명소 목록

구분	명칭
고가 · 사당	풍흥 고가
	덕안 고가
	떤키 고가
	쩐 가족 사당
	꽌탕 고가
	응우옌쯔엉 사당
향우 회관	푸젠 회관
	광둥 회관
	차우저우 회관
개별 문화 유산	내원교
	꽌꽁 사당
	쓰당 쭝(호이안 전통 공연)
	껌포 마을 회관
	민흐엉 마을 회관
박물관	호이안 박물관
	민속 박물관
	도자기 무역 박물관
	싸후인 문화 박물관

통합 입장권, 이렇게 사용하자

Step1

구시가지로 통하는 길목마다 매표소가 있어서 어느 방향으로 들어오든 매표소가 보인다. 이곳에서 입장권을 구입하면 되는데, 1인당 입장권 한 장씩은 구입해야 한다.

Step2

각각의 명소에서 입장권을 보여주면 5개의 입장권 중 하나씩 가위로 오려낸다. 본인 확인은 하지 않기 때문에 쓰다 남은 여분의 입장권은 다른 사람에게 줘도 괜찮다.

Stpe3

통합 입장권의 유효기간은 24시간. 시간으로 계산하기 때문에 그 다음 날도 이용할 수 있다. 5장의 입장권을 다 사용했다고 해도 고객 보관용 입장권을 갖고 있으면 구시가지 입장은 가능하다.

 클로즈 UP 고가, 향우 회관은 어떤 곳일까?

구시가지에는 과거 호이안이 얼마나 번성했던 무역항인지 알려주는 장소가 곳곳에 있다. 대표적인 곳이 고가와 향우 회관이다.

고가(古家) 일찍부터 중국과 일본, 동남아시아를 넘나들던 무역상들이 호이안에 정착하며 지은 가옥으로 베트남과 중국, 일본 건축양식이 한데 뒤섞여 있는 것이 특징이다. 시간이 지나며 중국식 상점으로 개조된 경우가 많아 당시의 건축양식은 물론, 세월을 거쳐오며 달라진 건축양식을 볼 수 있어 새롭다.

향우 회관(鄕友會館) 호이안에 정착한 상인 대다수가 중국에서 건너온 화교였지만, 그들 사이에도 지역에 따라 언어와 전통이 다르고 지역색도 완전히 달랐다. 친목 도모를 위해 출신지에 따라 뭉친 것이 향우회의 시초. 안전한 항해를 빌고 조상신의 공덕을 기리기 위해 만든 사당, 제사를 올리는 본당 등을 갖추고 있으며 중국 각 지역의 문화와 건축 기법이 각각의 향우 회관 건물에 녹아 있다. 건물 그 자체로 중국인 상인들의 정신적인 토대이자 객지 생활을 위로하는 위로의 공간이었던 셈이다.

호이안 구시가지
명소 완벽 가이드

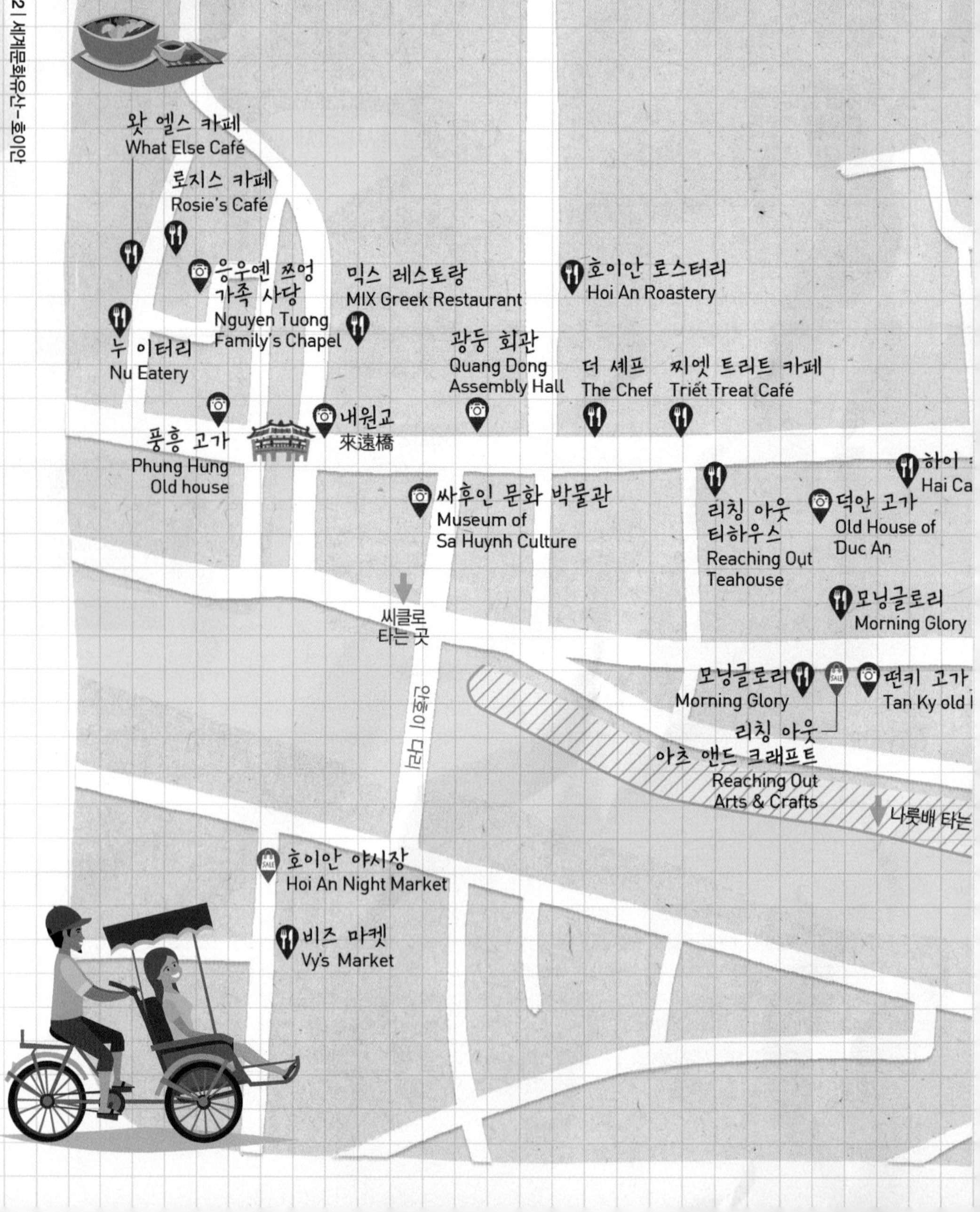

왓 엘스 카페
What Else Café

로지스 카페
Rosie's Café

응우옌 쯔엉
가족 사당
Nguyen Tuong
Family's Chapel

믹스 레스토랑
MIX Greek Restaurant

호이안 로스터리
Hoi An Roastery

누 이터리
Nu Eatery

광둥 회관
Quang Dong
Assembly Hall

더 셰프
The Chef

찌엣 트리트 카페
Triết Treat Café

풍흥 고가
Phung Hung
Old house

내원교
來遠橋

하이 :
Hai Ca

싸후인 문화 박물관
Museum of
Sa Huynh Culture

리칭 아웃
티하우스
Reaching Out
Teahouse

덕안 고가
Old House of
Duc An

씨클로
타는 곳

모닝글로리
Morning Glory

은행이 다리

모닝글로리
Morning Glory

떤키 고가
Tan Ky old

리칭 아웃
아츠 앤드 크래프트
Reaching Out
Arts & Crafts

나룻배 타는

호이안 야시장
Hoi An Night Market

비즈 마켓
Vy's Market

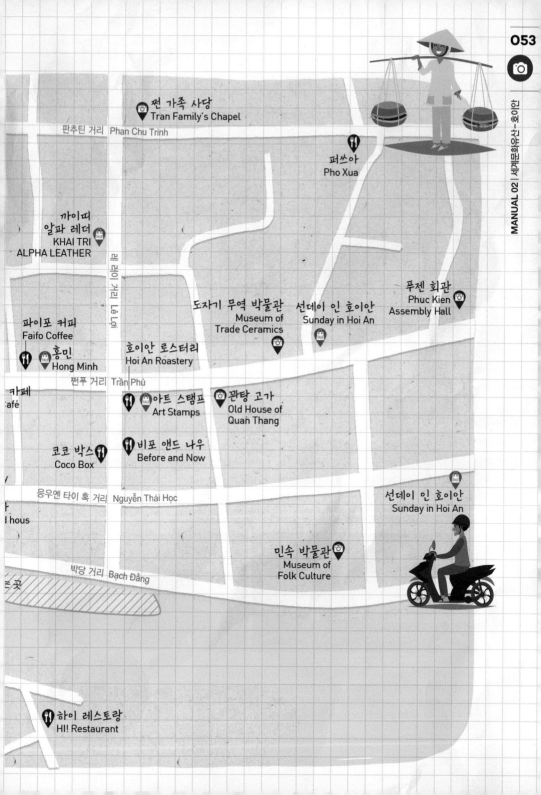

쩐 가족 사당
Tran Family's Chapel

판추틴 거리 Phan Chu Trinh

퍼쓰아
Pho Xua

까이띠
알파 레더
KHAI TRI
ALPHA LEATHER

도자기 무역 박물관
Museum of
Trade Ceramics

선데이 인 호이안
Sunday in Hoi An

푸젠 회관
Phuc Kien
Assembly Hall

파이포 커피
Faifo Coffee

홍민
Hong Minh

호이안 로스터리
Hoi An Roastery

쩐푸 거리 Trần Phú

카페
afé

아트 스탬프
Art Stamps

꽌탕 고가
Old House of
Quan Thang

코코 박스
Coco Box

비포 앤드 나우
Before and Now

응우옌 타이 혹 거리 Nguyễn Thái Học

선데이 인 호이안
Sunday in Hoi An

l hous

박당 거리 Bạch Đằng

민속 박물관
Museum of
Folk Culture

하이 레스토랑
HI! Restaurant

來遠橋

내원교

·····

호이안 구시가지에서 가장 유명한 건축물로, 일본인이 건축해 '일본교(Japanese Covered Bridge)'라는 이름으로도 유명하다. 일본인 무역상들이 호이안에 촌락을 이루고 살던 1500년대 후반, 마을 반대편에 있던 중국인 거주 지역과 연결하기 위해 목재와 돌을 이용해 지었다. 기본적으로는 일본식 교량이지만 지붕은 중국식으로, 교각 곳곳의 도자기 장식은 베트남 응우옌 왕조의 건축 기법을 따랐다. 다리 양 끄트머리에 개와 원숭이 동상이 서 있는데, 이에 대해 여러 가설이 전해진다. 건설 당시 일본에는 개나 원숭이 띠 왕이 많았다는 것이 첫 번째 가설이고, 일본의 전설 속 동물인 마마즈(Mamazu) 괴물을 개와 원숭이 신으로 잠재우기 위해서 만들었다는 것이 두 번째 가설. 다리 한가운데에 날씨를 관장하는 신인 '쩐보박데'를 모신 사당을 지어 배에 오르기 전에 이곳에 들러 정성을 들였다고 한다. 하나의 다리에 당시 사람들의 종교관과 생활상이 모두 담겨 있는 셈이다. 역사적인 상징성과 미적 가치를 인정받아 2만d짜리 지폐 도면으로 채택되기도 했다. 이른 아침을 제외하고는 항상 관광객으로 붐벼 독사진을 찍으려면 아침 이른 시간이나 해가 진 이후를 공략하는 것이 속 편하다.

토크SAY 🗣 **마마즈 괴물**

일본 전설에 나오는 엄청난 크기의 괴물로 인도양에 꼬리가, 몸통은 베트남 호이안 부근에, 머리는 일본에 있다고 한다. 이 괴물이 꿈틀대면 일본에서는 큰 지진이 일어났는데, 그때마다 호이안에서도 큰 홍수로 피해를 입었다. 마마즈의 화를 잠재우기 위해 선택한 것이 등 위에 칼을 찌르는 것. 칼 형상으로 생긴 내원교를 이곳에 건설하게 된 이유다.

Phung Hung Old House

풍흥 고가

1780년 지은 고가로 1700년대 후반~1800년대 초반의 건축양식을 관찰하기 좋다. 총 80개의 나무 기둥으로 세워져 있으며 나무의 수명을 연장하기 위해 땅과 접촉하지 않은 채 평평한 바위 위에 기둥을 세운 것이 특징이다. 한 건물 안에 베트남, 일본, 중국식 건축 스타일이 섞여 있는데, 쉽게 분리할 수 있는 나무 문과 발코니의 형태는 중국식에서 힌트를 얻었고, 건물 앞·뒤쪽 지붕 모양은 베트남 건축양식을 따랐다. 다른 고가(古家)와 달리 2층까지 관람객에게 개방해 오래된 집에 초대받은 것 같은 느낌이 드는 것도 이곳만의 특징. 삐걱대는 나무 계단을 딛고 2층으로 올라서면 조상신을 모시는 사원과 예배당이 있다. 이는 일본 전통 건축양식을 따른 것으로, 당시 호이안이 번성한 무역 도시였다는 점을 증명해준다. 현재도 8대 자손들이 이곳에 살고 있다. 1층 안쪽에는 호이안의 명물이기도 한 실크 공예 작업장과 판매장이 있다.

CHECK!
풍흥 고가의 비밀을 찾아라!

Secret 1 격자무늬의 2층 비상문

평상시에는 틀을 막아두지만, 비가 많이 와 홍수가 날 것 같으면 틀을 떼어내고 1층의 물건들을 도르래를 이용해 2층으로 옮기기 위해 만들었다고. 폭우가 왔다 하면 투본강이 범람해 침수 피해를 입는 호이안의 특징적인 건축양식이다.

Secret 2 곳곳이 뻥 뚫린 지붕

밝은 조명등도 거의 없는데 실내가 환한 이유는 지붕이 완전히 막혀 있지 않고 곳곳이 뚫려 있어 햇빛이 건물 안까지 들어오기 때문이다. 건물 전체가 나무 재질이라 자칫 썩거나 상하기 쉬운데, 바깥 공기를 실내로 끌어들이는 역할도 한다.

Secret 3 건물 곳곳의 잉어를 찾아라

처마에 잉어 무늬가 새겨져 있는데, 세 가지 의미가 있다고 한다. 중국에선 행운, 일본에선 힘, 베트남에서는 번영을 상징하는 것이라고.

클로즈UP 설명을 들으며 둘러보자! 가이드 투어

무료 가이드 투어를 이용하면 좀 더 재미있게 풍흥 고가를 둘러볼 수 있다. 입장할 때 직원이 영어 가이드에 참여하겠느냐고 물어보는데, 참여하겠다고 하면 사람을 모아 함께 둘러보는 식이다. 건물의 특징과 역사 등을 꽤 자세하게 설명해주고 차 한잔을 마실 수 있는 시간도 주어진다. 대신 기념품을 사라는 무언의 압박도 함께 받을 수 있다는 것만 알아두자.

Old House of Duc An

덕안고가

전형적인 호이안 상점 건축양식을 볼 수 있는 고가. 17세기에 지었으나 현재 남아 있는 건물은 1850년대에 재건축된 것이다. 1층 입구로 들어서면 1900년대 초반 한약방으로 개조한 흔적을 볼 수 있으며 조상신을 모시는 작은 사당이 왼쪽에 자리한다. 그다음 보이는 것이 응접실과 안뜰. 건물 한가운데에 있는 안뜰은 고즈넉한 분위기 덕에 웨딩 사진 촬영 명소로 인기 있다. 좁고 긴 복도를 지나면 가족들의 생활공간이 나온다. 재래식 부엌과 화장실 등이 옛 모습 그대로 보전돼 있어 당시 생활상을 짐작할 수 있다. 지금도 2층은 사람이 살고 있으나, 외부인의 관람은 금지되고 있다.

떤키고가

Tan Ky Old House

CHECK!
떤키 고가의 비밀을 찾아라!

Secret 1 물이 이만큼이나 차올랐다고요?

건물 벽에 잔뜩 붙어 있는 정체 모를 노란색 숫자는 역대 침수 높이를 표시한 것이다. 2~3년에 한 번씩은 침수 피해를 입었는데도 옛 가구가 멀쩡히 남아 있는 것을 보면 경외감이 든다.

Secret 2 공자의 '가득 참을 경계하는 잔'

건물 안뜰에는 공자의 '가득 참을 경계하는 잔 (Greedy Cup, 戒盈杯 계영배)'이 있다. 잔에 물을 따르면 7할까지는 멀쩡하다가 그 이상을 따르면 물이 잔 밑으로 흘러내려 아무리 물을 부어도 가득 채울 수 없는 잔이다. 인간사의 가장 큰 화는 욕심에서 비롯되는 것. 항상 마음을 비워야 한다는 공자의 가르침이 잔에 담겨 있는 셈이다.

관 모양의 건물이 눈에 띄는 고가로 출입구가 건물 앞과 뒤쪽에 나 있는 것이 특징. 구시가지 방향 입구로는 상인들이 드나들었고, 투본강 방향 입구로는 화물을 날랐다. 베트남에 남아 있는 중국풍 건물 중 가장 아름답다고 평가받는다고 한다. 건물의 기초가 되는 목조 뼈대를 나무못을 이용해 연결하고 건물 밖은 두꺼운 벽돌과 타일로 마감해 겨울에는 따뜻하고 여름에는 시원하다. 지금은 7대 자손들이 이곳에 살고 있다.

Phuc Kien Assembly Hall

푸전 회관

중국 푸젠성 출신 화교들이 친목 도모와 제사를 위해 1690년대에 세운 향우 회관으로, 호이안에서 가장 큰 규모를 자랑한다. 2층짜리 회관 출입문을 들어서면 그때부터는 신령한 공간이다. 항해자의 안전을 책임지는 바다의 여신, '마조(媽祖·天后)'를 모시는 도교 사원(天后宮)을 가장 중요한 곳에 배치해뒀는데, 호이안을 거점으로 해상 무역이 발달했던 당시에는 출항 전에 안전한 항해를 빌기 위해 이곳에 들러 제사를 지내기도 했다. 사원은 크게 마조의 인자한 미소가 인상적인 본당과 호이안에 첫발을 디딘 6명의 조상을 모시는 사당 등으로 나뉜다.

광둥 회관

중국 광둥성 출신 화교들이 세운 향우 회관으로 내원교와 가까워 관람객이 가장 많다. 관우와 마조를 모시고 있으며 앞뜰에는 잉어가 용으로 바뀌는 형상을 본뜬 조각이, 뒤뜰에는 용이 승천하는 모습을 담은 조각이 있다. 건축물 자체보다는 관우의 적토마, 안전 항해를 위해 만든 선박 모형 등이 볼만하다.

Quang Dong Assembly Hall

🔍 클로즈 UP 쓰당 쭝 민속 공연 Xu Dang Trong Traditional Art Performance

민속 공연 하나쯤 보고 싶은데, 호이안에 민속 공연을 하는 곳이 생각보다 많지 않다. 그래서 이곳이 인기 있다. 간이 의자에 앉아서 관람해야 하지만 통합 입장권 한 장이면 훌륭하지는 않아도 꽤 괜찮은 공연을 볼 수 있다는 것이 장점. 민속 무용과 악기 연주 등을 30분가량 보여주며 공연 중간에는 관객 모두가 참여할 수 있는 빙고 게임도 실시해 지루함도 줄였다. 서양인 단체 여행객들에게 인기 있는 공연이라 공연 시작 10분 전에는 도착해야 좋은 자리를 차지할 수 있다. 🕐 **시간** 10:15 · 15:15(1일 2회)

호이안 구시가지에서 꼭 타봐야 할 것

타박타박 걸어서 호이안 구시가지를 둘러봤다면 이번에는 색다른 탈거리로 호이안을 섭렵해보자. 똑같은 풍경을 다른 눈높이에서 바라볼 뿐인데 지금까지와는 전혀 다른 호이안이 펼쳐진다.

나룻배 타고 소원등 띄우기

해가 지고 색색의 등불이 켜지면 호이안 구시가지는 또 다른 얼굴을 보여준다. 때때로 나룻배가 지나고 소원등이 이리저리 흔들리는 모습을 보지 않았다면 실물이라는 것을 믿지 못했을 그림 같은 풍경. 그 풍경을 가장 쉽게 누릴 수 있는 장소가 '나룻배'다. 나룻배를 타는 장소는 딱히 정해져 있지 않다. 구시가지를 감싸고 흐르는 투본강 어디든 정박한 배가 있고, 배에 탈 사람을 구하는 호객꾼이 있다.

ⓢ **코스** 정박지에서 출발해 보행교까지 갔다가 다시 정박지로 돌아오는 것이 보통이다. 뱃사공의 컨디션에 따라 일부러 먼 곳까지 둘러 가기도 한다.
ⓓ **요금** 10만~20만đ(사람 수가 아니라 배 한 척당 가격을 매긴다. 인원수만큼의 소원등이 포함돼 있다.)

> **쉿! 비밀 TIP**

나룻배, 이렇게 골라 타세요!

① 시간 공략을 잘해야 한다
해가 지기 시작하면 본격적으로 호객을 하는데 이때 나룻배에 승선하면 오히려 승선 시간이 짧을 수 있다. 최적의 승선 시간은 노을이 낮게 깔릴 무렵. 어둠이 내려앉기 전이라 기념사진을 찍기도 좋고, 승선 시간도 적당한 편이다.

② 요금은 이렇게 흥정하자
호객꾼이 말을 걸면 넌지시 요금을 물어보자. 그러면 호객꾼이 가격을 제시할 텐데, 정말 싼 가격이 아니라면 관심이 없는 척 지나치자. 그러면 호객꾼이 쫓아와서 가격을 할인해주겠다고 할 것이다. 이때

요금을 어떻게든 깎으려고 안달하면 오히려 상대에서 강하게 나올 수 있다. '요금을 조금만 깎으면 탈 수도 있을 텐데 비싸서 아쉽다'는 뉘앙스를 풍기는 것이 핵심 포인트다.

③ 위치와 타이밍 선정도 꽤 중요
중심가에서 멀어질수록 승선 요금도 내려가는 것이 보통이다. 또 인적이 뜸한 시간을 노리면 승선 시간이 훨씬 길고 가격도 저렴하다. 주말보다 평일, 비가 그친 직후에 이런 면에서 유리하다. 그리고 이때는 애써 흥정하지 않아도 흥정된 가격으로 호객을 하기 때문에 힘도 덜 든다.

씨클로 타고 구시가지 한 바퀴

자전거의 일종인 씨클로를 타고 구시가지를 한 바퀴 둘러보는 프로그램. 중간에 멈춰서 사진을 찍거나 자세한 설명이 곁들여지지는 않지만 걷기에 부담스럽고 시간은 빠듯한 사람들이 즐겨 찾는다. 구시가지 곳곳에서 씨클로 기사가 호객 행위를 하지만 안호이 다리(An Hoi Bridge) 앞에서 탑승하는 것이 편하다.

ⓢ **코스** 안호이 다리 앞에서 출발해 호이안 시장까지 크게 한 바퀴를 돈 다음 박당 거리를 통해 작게 한 바퀴 도는 코스로, 20분 정도 소요된다. ⓓ **요금** 1인당 20만đ~

호이안 구시가지
베스트 미션

BEST 1 전망 좋은 커피숍 찾아가기
그야말로 전망 한번 환상적이다. 주황빛 지붕이 내 발 아래 즐비하다. 꽤 비싼 돈을 주고 커피 한잔 마셨지만 낸 돈 쯤이야 멋진 전망에 가려진다.

BEST 2 누구보다 느긋하게 차 한잔
구시가지에서 만큼은 속력을 줄이자. 걸음도 느리게, 여행하는 속도도 최대한 느리게. 느린 여행을 하려거든 뜨내기 여행자들이 몰리는 커피숍 말고, 처음에는 몰라서 못 찾다가, 한 번 갔다오면 두세 번은 쉽게 찾는 찻집 어떨까?
(추천 찻집 : 리칭 아웃 티 하우스 **2권** ⓘINFO p.102)

BEST 3 나만의 기념품 구입하기
사실 호이안에서 기념품을 살 때는 꽤 많은 모험을 해야 한다. 같은 물건도 다른 곳보다 가격이 두세 배는 더 비싸기 때문. 이럴 때는 맞춤 아오자이처럼 다른 곳에서는 쉽게 구할 수 없는 것부터 도전해보자.

BEST 4 구시가지 밤 산책하기
밤이면 더욱 아름다운 호이안. 보는 곳마다 감탄사가 절로 나오는 풍경이니 발걸음이 자꾸만 더뎌진다.

HUE

후에

후에를 여행하고 온 사람들이 하나같이 하는 말이 있다. 후에는 가도 후회, 안가도 후회!
큰맘 먹고 다녀오자니 다낭에서 거리가 멀고, 그렇다고 눈 꼭 감고 포기하려니 후에의 찬란한 유적
지들이 눈에 밟힌다. 어차피 후회할 것이라면 일단 가보고 판단해도 늦지 않다.

AREA 1
후에 왕궁
Imperial Palace

중국 자금성을 본떠 지은 궁궐로 응우옌 왕조(1802~1945)의 터전이었다. 초대 황제인 자롱 황제의 지시 아래 1804년 공사를 시작해 약 30년 만인 1832년 완공되었으며 처음에는 흙으로 성벽을 쌓았다가 나중에 두께가 2m 넘는 돌로 다시 쌓았다. 흐엉강(香江)에서 물을 끌어와 만든 세 겹의 해자로 둘러싸여 있으며 궁궐 안에는 왕의 집무실과 거주 시설 등 한때 147채의 건물이 있었지만 현재 남은 건물은 손에 꼽는다. 멸망한 왕국의 궁궐이 모두 그렇듯 이곳 역시 베트남 근현대사의 어두운 역사를 간직하고 있다. 응우옌 왕조는 베트남을 처음으로 통일한 무적의 나라였지만 베트남 최후의 왕조로 쓸쓸히 생명력을 마감하고 호찌민이 이끄는 임시 혁명정부에 권력을 넘겼다. 왕조의 멸망을 선언했던 곳이 왕궁 입구에 해당하는 '오문'이었다. 베트남전쟁 때는 치열한 전투의 현장이기도 했다. 베트콩이 이곳을 중심으로 게릴라전을 펼쳤는데, 처음에는 문화재 훼손에 부정적이었던 미군은 승기가 베트콩에 기울자 왕궁을 쑥대밭으로 만들었다. 온전한 건물은 손에 꼽을 정도이고, 남은 건물에서 포탄과 총탄의 흔적을 쉽게 찾아볼 수 있는 것도 바로 그 때문이다. 긴 전쟁 후에는 베트남 공산주의 이념에 반하는 '봉건시대의 유산'이라는 이유로 거의 방치되다가 최근 베트남 정부의 정책 쇄신을 통해 왕궁 복원 공사를 진행하고는 있지만 여전히 미미한 수준이다.

ⓖ **구글 지도 GPS** 16.467540, 107.579363 ⓖ **찾아가기** 후에 시내에서 택시로 약 10분 ⓐ **주소** Phú Hậu, Thành Phố Huế ☎ **전화** 234-350-1143
ⓣ **시간** 08:00~17:30(목요일은 22:00까지) ⓕ **휴무** 연중무휴 ⓗ **홈페이지** www.imperialcityhue.com/home-vie.html
ⓦ **가격**

구분	일반 입장권	묶음 입장권	
	왕궁 입장권	왕궁 + 카이딘 황제릉 + 민망 황제릉	왕궁 + 카이딘 황제릉 + 민망 황제릉 + 뜨득 황제릉
어른	15만đ	28만đ	36만đ
어린이(7~12세)	3만đ	5만5000đ	7만đ

•입장권은 구입일로부터 2일간 이용 가능

후에 왕궁, 어떻게 둘러볼까?

나에게 맞는 여행 방법은?

	자유 여행	현지 여행사	한국인 여행사
장점	· 시간 및 코스 조절이 자유롭다. · 많은 비용이 들지 않는다.	· 가격이 저렴하다. · 조인 투어와 프라이빗 투어 모두 진행한다. · 후에 출발 후에 도착으로 진행해 피로감이 덜하다.	· 한국어가 유창한 직원이 있다. · 한국인에게 딱 맞는 프로그램으로 운영한다.
단점	· 유적지 설명을 들을 수 없다. · 교통편 예약을 알아서 해결해야 한다. · 많이 걸을 수밖에 없어 피로도가 높다.	· 영어로 진행하는 경우가 많고 한국어 가능 가이드 신청 시 추가 요금이 붙는다. 운이 나쁘면 한국어 실력이 형편없는 가이드가 배정되기도 한다.	· 단독 투어 진행은 힘들고 조인 투어로 진행된다. · 다낭 출발, 다낭 도착으로 진행해 시간이 촉박하고 피로도가 높다.
추천 여행사		VM Travel(p.069)	팡팡투어(p.069)

후에 왕궁 내 교통편

 **전기 자동차**

후에 왕궁 안에서는 자동차와 오토바이, 자전거 등의 출입이 제한된다. 대신 여행자들을 실어 나르는 전기 자동차가 있어 발품을 좀 줄일 수 있다. 여행사의 투어 프로그램을 이용하면 전기 자동차 탑승료가 포함되지만, 개별적으로 이용하려면 예약한 뒤 요금을 내야 한다. 차량에는 최대 7명까지 탑승할 수 있다.

ⓢ **코스** 여러 개의 코스가 있는데 1번부터 5번까지는 택시처럼 운영하는 코스이고, 6번은 왕궁 주변을 도는 코스, 7번(Nguyen Hoang Couch Station ~ Citadel ~ Nguyen Hoang Couch station(package)) 코스가 왕궁 안에서 일정 시간 동안 차량을 전세할 수 있는 요금제다.
🅿 **예약 및 탑승** 장소 왕궁 주차장 안쪽 탄 탐 트래블(Thanh Tam Travel) 여행사, 왕궁내 현인문 앞 예약 부스
⏱ **가격** 45분 44만đ, 1시간 50만đ(차량당)

추천 시간대
오전 10시만 지나도 패키지 여행자들이 물밀 듯 들이닥친다. 관람객이 적고 온도가 조금이라도 낮은 이른 아침을 추천.

후에 왕궁 입장 방법

Step1
오문 바로 앞에 있는 매표소에서 티켓을 구입한다. 2일 안에 민망 왕릉, 카이딘 황제릉, 뜨득 왕릉 등도 둘러볼 예정이면 묶음 티켓을 구입하자. 티켓은 종이형이 아닌, 플라스틱형이다.

Step2
오문 오른쪽 문은 베트남인 전용 입구이고 외국인은 왼쪽 문으로 들어가야 한다.

Stpe3
오문은 출입 전용이기 때문에 왕궁에서 나갈 때는 왕궁 동쪽 문인 '현인문'을 이용한다.

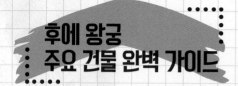

후에 왕궁
주요 건물 완벽 가이드

※빨간색으로 표시된 것이 현재 남아 있는 건물

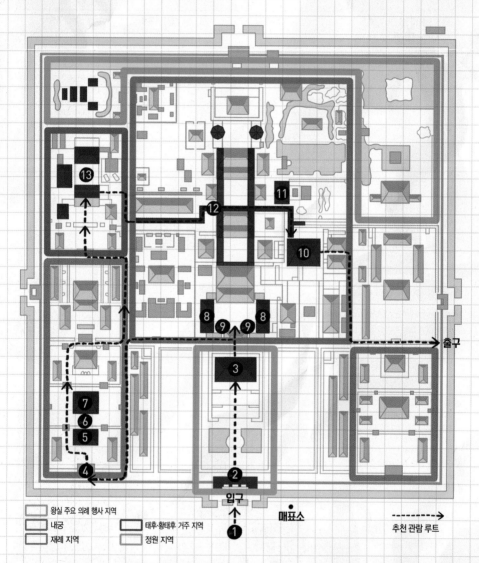

출구

매표소

입구

왕실 주요 의례 행사 지역

내궁

재례 지역

태후·황태후 거주 지역

정원 지역

추천 관람 루트

① 아홉 문의 대포(Cửu vị thần công)

왕궁 입구에 놓인 청동 대포. 입구 오른쪽에 네 문, 왼쪽에 다섯 문이 있는데, 이는 각각 사계절과 방위(동, 서, 남, 북), 오행(목, 화, 토, 금, 수)을 의미한다. 베트남 사람들은 전통적으로 숫자 '9'를 좋아하는데, 9가 힘과 권력을 의미하는 꽉 찬 숫자이기도 하지만 불멸을 상징하기 때문이라고 한다(생로병사를 세 번 반복하면(생로병사 생로병사 생) '생(生)'으로 끝난다). 대포가 더도 덜도 아홉 문만 배치된 이유다.

② 오문(午門, Cửa Ngọ Môn)

왕궁의 남쪽 출입문으로 중국 자금성의 오문과 이름도, 생김새도 같다. 총 5개의 문이 나 있는데, 중앙문은 황제만 사용할 수 있었고, 양쪽 문은 문관과 무관이, 가장 바깥쪽 문은 병사와 코끼리, 말 등이 드나들었다. 문 위에 지은 2층짜리 누각인 '오봉루'는 1945년 8월, 호찌민 임시 혁명 정부가 출범하며 응우옌 왕조의 끝을 선포한 역사적인 곳이다.

③ 태화전(太和殿, Điện Thái Hòa)

황제의 공식 접견과 대관식, 국빈식 등의 황실 의례가 거행되던 곳으로, 자금성 태화전의 10분의 1 규모로 지었다. 툇마루를 포함해 총 9칸 건물이며 황제를 상징하는 용이 처마를 받치는 기둥과 용마루에 새겨져 있다. 앞쪽 광장에서는 경복궁에서도 볼 수 있는 품계석과 해태상 등이 있어 응우옌 왕조도 유교 문화권이었음을 짐작할 수 있다. 태화전 건물 안에서는 옥좌와 옥쇄, 옛 공문서 등을 볼 수 있다. 실내 사진 촬영은 금지.

④ 묘문(廟門, Miếu Môn)

종묘의 정문. 이곳을 통과해야 현림각과 세묘를 차례로 만날 수 있다. 황제를 의미하는 용과 봉황, 장수를 의미하는 거북 등 성스러운 동물과 살구나무, 난, 국화, 대나무 등 사계절을 나타내는 식물을 유리와 도자기 조각을 이어 붙여 꾸몄다.

⑤ 현림각(顯臨閣, Hiển Lâm Các)

응우옌 왕실의 선대 왕들을 기리기 위해 민망 황제의 명으로 지은 누각. 1층 5칸, 2층 3칸, 3층 1칸의 규모로, 높이는 13m에 달한다. 현림각을 지은 후 후대 왕들에게 이보다 더 높은 건물을 짓지 못하도록 공표 해 지금도 현림각이 왕궁에서 가장 높은 건물이라고 한다. 응우옌 왕조를 세운 선대 왕들에 대한 존경의 마음인 셈이다.

재례 지역(종묘)

❻ 구정(九鼎, Cửu Đình)

현림각 앞에 있는 9개의 청동 정(鼎, 귀가 2개 달린 세 발 솥으로 고대 중국에서는 덕이 높은 왕조만 소유할 수 있었던 권력의 상징물이었다). 각각의 정은 응우옌 왕조의 1~9대 황제를 나타내며 그에 맞는 이름도 붙어 있다. 초대 황제인 자롱 황제의 정이 가장 큰데, 무게가 무려 2.6톤에 달한다고 한다. 베트남의 국가보물로 지정돼 있다.

❼ 세묘(世廟, Thế Miếu)

응우옌 왕조 10명의 왕의 위패가 봉안되어 있는 전각. 재위 기간이 며칠이나 몇 개월 정도로 짧았던 황제들이나 방탕한 생활을 하다 프랑스로 망명한 마지막 황제 등은 신위가 모셔져 있지 않으며 초대 황제인 자롱 황제의 위패를 중심으로 오른쪽에는 2·4·8·9·10대 황제, 왼쪽에는 3·7·11·12대 황제의 위패가 있다. 실내 사진 촬영 금지.

내궁(자금성)

❽ 좌무(左廡, Tả Vu)와 우무(右廡, Hữu Vu)

문관과 무관의 집무실로 태화전 뒷문으로 나오면 좌·우측에 2개 건물이 나눠져 있다. 현재는 기념품 가게와 작은 전시실이 들어서 있다. 이곳부터는 왕궁의 내궁(內宮)이다.

❾ 청동 가마솥

응우옌 푹 탄 재임 시 만든 가마솥으로 좌무와 우무 앞에 각각 하나씩 있다. 왕의 권위를 내세우고 장수를 기원하는 의미로 세웠으며 무게가 1.5톤에 달한다. 현재 베트남 국가보물로 지정되어 있다.

❿ 열시당 극장(Nhà hát Duyệt Thị Đường)

1826년 지은 왕실의 극장. 왕궁의 중대한 행사가 있을 때 이곳에서 궁중 음악인 '아악'을 연주했다고 한다. 실내는 매우 화려하게 장식되어 있고 당시 사용했던 악기와 의례복 등을 전시하고 있다. 관광객들을 위한 공연이 열리기도 한다.

🕐 **시간** 10:00~10:40, 15:00~15:40(관람객이 5명 이상 모여야 공연) 💲 **요금** 20만đ

⑪ 태평루(太平樓, Thái Bình Lâu)

왕실의 도서관 겸 서재. 왕들이 책을 읽거나 글을 쓰는 장소로
애용했으며, 정방형 연못이 전각 주변을 둘러싸고 있어 풍경이
아름답다. 도자기 조각으로 장식된 건물 자체도 놓치지 말아야 할
볼거리. 현재는 기념품 가게가 들어서 있다.

⑫ 장랑(長廊, Thượng Lang)

자금성의 주요 건물들을 연결하는 긴 복도. 복도 양쪽이 뻥 뚫려
있어 복도를 걷다 보면 응우옌 왕조의 왕이 된 것 같다. 복도의 붉은
색채가 아름다워 사진을 찍기에도 좋다.

> **태후 · 황태후
> 거주 지역**

> **정원 지역**

⑬ 연수궁(延壽宮, Cung Điện Thọ)

태후(황제의 어머니)가 살던 궁궐로 건축양식은 세묘와 비슷하지만
규모는 절반밖에 되지 않는다. 연못과 정자, 집무실, 사원 등 10여
개의 부속 건물로 이뤄져 있으며 당시 황후가 타고 다녔던 가마와
인력거 등의 유물도 그대로 남아 있다. 참고로 '연수(延壽)'는
'영원한 생명'을 뜻한다.

왕실의 주요 건물은 없지만 정원이 작게나마 들어서 있다. 공원을
걷는 듯한 기분이 드는 곳이다.

AREA 2
후에 왕릉
&사찰
Royal Tomb
&Temple

오랜 기간 응우옌 왕조의 수도였던 후에는 보면 볼수록 경주를 닮았다. 역대 왕들이 남긴 무덤만 둘러봐도 한나절 걸리고 신앙 생활의 중심이었을 사원까지 둘러보려면 며칠은 족히 걸린다. 왕릉의 생김새가 어느 정도 정형화된 신라의 왕릉과는 달리 응우옌 왕조의 능은 보통 황제가 생전에 자신의 무덤을 직접 설계하기 때문에 무덤의 설계 방식만 봐도 왕의 취향과 성격을 짐작해볼 수 있다는 점도 새롭다. 그래서 사전 지식이 있으면 훨씬 풍성한 여행이 될 수 있는 곳이기도 하다.

후에 왕릉&사찰 추천 일정
후에 시내에서 멀리 떨어져 있는 왕릉과 사찰들을 제대로 둘러보기 위해서는 어떻게 일정을 짜느냐가 관건. 동선 정리를 잘하면 시간을 허비하지 않고 둘러볼 수 있다.

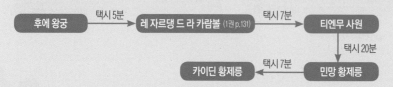

후에 왕궁 → 택시 5분 → 레 자르댕 드 라 카람볼 (1권 p.131) → 택시 7분 → 티엔무 사원 → 택시 20분 → 민망 황제릉 → 택시 7분 → 카이딘 황제릉

후에 왕릉&사찰, 어떻게 둘러볼까?

후에 시내에서 멀리 떨어져 있고 대중교통도 전무해 개별적으로 다니기에 제약이 많다. 택시를 타기 편한 다낭과 달리 택시 잡기도 힘들기 때문에 호텔이나 여행사를 통해 차량 대절을 하거나 패키지여행에 참여하는 것이 최선이다.

여행사 투어 프로그램

가장 보편적인 방법이다. 후에에서 출발해 후에로 돌아오는 하루짜리 투어와 다낭에서 출발해 다낭으로 돌아오는 투어 등으로 구분된다.

 추천 여행사

VM Travel 후에에 위치한 현지 여행사로 하루짜리 후에 투어 이외에도 일정과 목적지별 다양한 투어 프로그램을 운영한다. 요금에는 개인 비용을 제외한 점심 식사, 차량, 드래건 보트 승선료, 가이드, 입장료 등이 모두 포함돼 있다. 단독 투어를 원한다면 미리 이야기하자. 여행 일정을 마음대로 조절할 수 있고, 가족끼리 투어를 할 수 있는 대신 인원수에 따라 투어 요금이 올라간다. 한국어 가이드도 있지만, 한국어 실력은 형편없는 수준이다. 대신 가이드들의 영어 실력은 뛰어나 영어 의사소통에 무리가 없다면 영어 가이드를 추천. 신용카드 이용이 가능하다.

📅 **스케줄** 08:00 후에 호텔 픽업 → 08:30 탄또안 다리 → 10:00 민망 황제릉 → 11:30 카이딘 황제릉 → 12:30 시내 베트남 음식점에서 점심 식사 → 14:00 후에 왕궁 → 15:00 드래건 보트 탑승 → 15:30 티엔무 사원 → 16:00 드래건 보트 탑승 → 16:30 후에 호텔 드롭
💲 **가격**(1인당) 패키지 투어 34$/ 프라이빗 투어 2인 64$, 3인 54$, 4인 50$
🌐 **홈페이지** http://vmtravel.com.vn

팡팡투어 한국인이 운영하는 여행사로 현지에서 정식 인가를 받은 업체라 믿을 만하다. 주 고객이 한국인이라서 가이드들의 한국어 실력이 뛰어나다는 것이 가장 큰 장점. 다낭 출발, 다낭 도착 스케줄이라 현지 업체에 비해 관광지에서 보낼 수 있는 시간이 짧고 피로도가 높은 것이 단점. 대신 요금에 다낭~후에 교통편과 하이반 패스 관광 일정이 포함돼 이동과 관광을 동시에 해결할 수 있어 만족도가 높은 편이다. 후에 시내 픽업과 드롭도 미리 이야기하면 가능하다. 최소 4명 이상 모여야 출발.

📅 **스케줄** 08:30 다낭 호텔 픽업, 전용 차량으로 이동 → 09:15 하이반 패스 → 10:00 랑꼬 마을 → 11:30 티엔무 사원 → 12:10 후에 왕궁 → 13:30 한식당에서 점심 식사 → 14:15 민망 황제릉 → 15:10 카이딘 황제릉 → 15:40 다낭으로 출발 → 17:40 다낭 호텔 드롭
💲 **가격**(1인당) 어른 예약금 1만 원 + 85$, 어린이(4~13세) 예약금 1만 원+ 56$
🌐 **홈페이지** https://cafe.naver.com/danang

호텔 프라이빗 카

후에의 호텔마다 차량 대절 서비스를 제공한다. 운전기사와 가이드가 항시 배정되는 여행사와 달리 운전기사 고용 시 추가 요금이 필요하지만, 할당된 시간 안에서는 여행 일정을 마음대로 조절할 수 있다는 점이 가장 큰 장점이다. 차량 배차를 해야 하므로 예약은 최소 2~3시간 전에 하는 것이 안전하다.

💲 **가격**(필그리마지 빌리지 기준)
세 군데 관광지, 5시간 안

차량 대절 요금	1~2인	3~4인	5명 이상
	86만3000đ	94만9000đ	20만7000đ (1인당)
가이드 요금 (영어)	1~4인	5~10인	10~20인
	66만đ	79만2000đ	93만5000đ

택시 대절

가장 저렴하지만 흥정 노하우가 있어야 그 장점을 제대로 누릴 수 있다. 미터 요금 대신 정해진 시간 안에 투어를 끝내겠다는 조건으로 흥정하면 요금이 저렴한데, 50만~70만đ으로 흥정해보자.

핵심 왕릉&사찰 완벽 가이드

티엔무 사원
Chùa Thiên Mụ 天姥寺

조선 건국 설화가 여기서 생각날 줄이야. 무학대사에게 왕이 될 것이라는 해몽을 전해 듣고 석왕사라는 절을 세워 정성을 들였던 이성계의 욕망이 이곳에도 있었나 보다. 1601년 어느 날, 티엔무(天姥, 하늘에서 내려온 신비한 여인)가 나타나 "곧 군주가 나타나 이곳에 사원을 세울 것이며, 새로운 국가에 번영을 가져다 줄 것이다"라고 말했다고 한다. 이 말을 들은 지방 관리들이 티엔무가 나타났던 자리에 절을 세운 것이 티엔무 사원의 시초. 절이 세워진 지 200여 년 만인 1802년이 되어서야 응우옌 왕조가 건국됐지만 여인의 예언이 들어맞은 셈이다. 응우옌 왕조는 이곳을 국가 사찰로 정하고 사원을 더욱 크게 확장했는데, 1844년 티에우찌 왕이 팔각 7층 석탑을 세우며 지금의 모습이 되었다고.

ⓖ **구글 지도 GPS** 16.453131, 107.544804 ⓐ **찾아가기** 후에 시내에서 자동차로 15분 ⓐ **주소** Hương Hòa, Thành Phố Huế
ⓐ **전화** 없음 ⓒ **시간** 08:00~17:00 ⓟ **가격** 무료 ⓗ **홈페이지** 없음

CHECK! 티엔무 사원의 주요 볼거리

CHECK 1 복연보탑

티에우찌 황제의 명으로 1844년 세운 팔각 7층 석탑. 높이가 무려 21m에 달해 후에를 상징하는 건축물이 됐다. 원래 각층에 금동불상을 안치했지만, 지금은 모두 도난당해 불상으로 대체했다. 탑 왼쪽 정자에는 무게가 2톤이 넘는 범종이 있는데, 범종을 치면 이곳에서 10km 이상 떨어진 곳에서도 종소리를 들을 수 있었다고 한다.

CHECK 2 틱광득 스님의 오스틴 자동차

베트남 초대 대통령 응오딘지엠은 독실한 가톨릭 신자였는데, 불교를 탄압하는 정책을 폈다. 독재 정권에 대항하기 위해 티엔무 사원의 수도승이었던 틱광득(Thích Quảng Đức, 1897~1963) 스님은 자동차를 타고 사이공(현재 호찌민)까지 가서 온몸에 휘발유를 뿌리고 불사르는 소신공양을 했다. 숨을 거둘 때 까지 가부좌 자세를 한 채 미동도 하지 않았고, 소신 공양이 끝난 후 남은 법체를 4000℃가 넘는 열기로 6시간을 더 태웠지만, 그의 심장만큼은 녹지 않고 원형을 유지했다고 한다. 당시 그가 탔던 오스틴 자동차와 불에 타지 않은 심장 사진 등이 한편에 전시돼 있다. 타지 않은 심장은 호찌민의 하노이 은행에 안치돼 있다.

🔍 클로즈 UP 이것은 꼭 지키자

① **떠들지 말자** 현재도 스님들이 생활하며 수양하는 사찰이다. 큰 소리로 떠들거나 뛰어다니는 등의 행동은 삼가자. 특히 신성한 물건으로 여기는 틱광득 스님의 자동차 앞에서는 절대로 소란을 피우지 말자.
② **예불을 드릴 때는 문 양옆으로 드나들자** 예불 시간이 되면 절의 정문에 해당하는 삼문(三門)의 중앙 문은 잠가놓는다. 가운데 문은 부처님(신)만 드나들 수 있는 곳이고, 참배객들은 양옆 문을 이용하는 것이 원칙이다.

카이딘 황제릉
Lăng Khải Định

"나라는 망해도 내 무덤은 호화롭다. 백성들아, 내 무덤에 침을 뱉어라." 카이딘 황제(1885~1925)는 베트남 국민들의 미움을 받는 황제였다. 프랑스 식민지 시절, 어지러운 나라의 정세를 돌보기는커녕 프랑스 정부의 꼭두각시 노릇을 했으며, 궐 안에 틀어박혀 방탕하고 호화로운 생활을 누렸다. 태어날 때부터 몸이 약해서(허리 둘레가 22인치였다고 한다) 잔병치레가 많았고, 아편을 달고 살았던 탓에 폐결핵으로 죽을 무렵에는 아편 중독이 심한 상태였다. 어릴 때 생긴 천연두 자국을 가리기 위해 화장을 하고 다녀 궐 안에는 동성애자라는 소문도 파다했다. 여기서 그치지 않고 카이딘 황제는 자신의 무덤을 만들 재원을 조달하기 위해 농민들에게 세금을 30%나 올려 받아 나라 경제를 파탄 내기에 이른다. 나라의 경제 사정은 생각하지 않은 채 무덤에 사용된 재료는 해외에서 공수하거나 제작해 왔으며, 무덤을 만드는 데 무려 11년이라는 시간이 걸렸다.

⑧ **구글 지도 GPS** 16.399168, 107.590481 ⓖ **찾아가기** 후에 시내에서 자동차로 약 20분
ⓐ **주소** Khải Định, Thủy Bằng, Hương Thủy, Thừa Thiên Huế ⓣ **전화** 234-386-5830 ⓒ **시간** 07:00~17:30
ⓖ **가격** 어른 10만₫, 어린이(7~12세) 2만₫ *패키지 요금은 p.062 참고 ⓗ **홈페이지** 없음

CHECK! 카이딘 황제릉의 주요 볼거리

CHECK 1 37개의 돌계단

황제릉에 들어가기 위해서는 가파른 37개의 돌계단을 지나야 한다. 계단 양옆으로는 황제를 상징하는 용이 조각돼 있다.

CHECK 2 죽은 자의 영혼을 지켜주는 궁정

말과 코끼리, 신하들이 무덤을 지키고 서 있다. 카이딘 황제는 작은 키에 대한 콤플렉스가 심해서 키가 150cm가 넘는 사람은 등용하지 않았다고 한다. 무덤을 지키는 석상도 실제 신하들의 신체 크기를 그대로 본떠 만들었다고 하니, 콤플렉스가 어느 정도로 심했는지 알 만하다. 석상 중 일부는 서구적인 얼굴을 하고 있다는 것도 색다른 부분.

CHECK 3 카이딘 황제의 업적비가 있는 팔각 정자

계단 정면에 있는 팔각 정자에는 카이딘 황제의 업적이 조각된 업적비가 서 있다. 하지만 카이딘 황제가 국민들의 미움을 받았던 탓에 여기저기 훼손된 상태. 정자 외벽은 행복을 상징하는 동물인 박쥐로 꾸며져 있으며 죽은 이의 안녕을 바라는 마음에서 수(壽, 목숨 수) 자를 새겨 넣었다.

CHECK 4 다양한 건축양식이 혼재된 오벨리스크, 담장

카이딘 황제릉의 가장 큰 특징은 힌두교, 천주교, 불교 등 다양한 종교 건축양식이 혼재돼 있다는 점이다. 앞뜰에 자리한 오벨리스크와 십자가 모양의 장식, 스테인드글라스로 치장된 실내는 서양 건축물에서 힌트를 얻었고, 용마루와 패방, 기둥 등의 부분은 중국 문화권의 영향을 받았다. 힌두교 사원에서 볼 수 있는 장식도 곳곳에 남아 있다.

CHECK 5 하늘 위 궁전, '천정궁(天定宮)'

카이딘 황제가 가장 많은 공을 들인 천정궁의 아치형 문과 화려하게 치장된 기둥은 바로크 양식을 따랐으며 시멘트로 만든 다른 곳들과는 달리 대리석으로 지었다. 천정궁으로 들어서면 도자기로 만든 작품과 9마리 용이 승천하는 그림이 관람객을 압도한다. 카이딘 황제가 얼마나 섬세했는지 보여주는 동시에 호화로운 생활에 취해 있었음을 알려주는 대목. 철과 시멘트, 타일 등은 프랑스에서, 스테인드글라스와 도자기는 일본과 중국에서 들여와 장식했다.

CHECK 6 카이딘 황제가 잠들어 있는 곳 '계성전(啓成殿)'

천정궁보다 한층 더 화려하게 장식된 계성전은 카이딘 황제가 잠든 곳. 무려 18m 깊이에 그의 유골이 안치돼 있으며 금박을 입은 청동상이 관람객을 맞는다. 동상은 1920년에 프랑스에서 제작한 뒤 공수했다.

正大光明

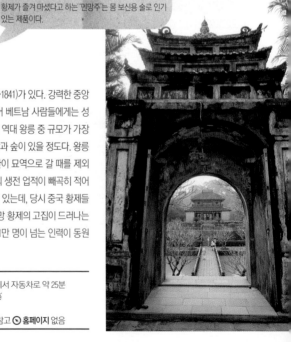

정력의 왕, 민망 황제
살아생전 남긴 업적이 많은 황제이기는 하지만 '남자로서'
의 업적도 대단하다. 슬하에 왕자 78명, 공주 64명 등 총 142
명의 자녀를 두었고 첩은 500명이 넘었다고 전해진다. 민망
황제가 즐겨 마셨다고 하는 '민망주'는 몸 보신용 술로 인기
있는 제품이다.

민망 황제릉
Lăng Minh Mạng

우리나라에 세종대왕이 있다면 베트남에는 민망 황제(1791~1841)가 있다. 강력한 중앙
집권제와 영토 확장을 통해 응우옌 왕조의 전성기를 이끌어 베트남 사람들에게는 성
군으로 여겨지는 인물이다. 그래서인지 그의 무덤은 후에의 역대 왕릉 중 규모가 가장
크다. 능 전체가 하나의 공원처럼 꾸며져 있고, 그 안에는 강과 숲이 있을 정도다. 왕릉
은 총 40개의 건축물로 이뤄져 있다. 민망 황제를 안치한 관이 묘역으로 갈 때를 제외
하고는 단 한번도 열린 적이 없는 '대홍문(大紅門)'과 황제의 생전 업적이 빼곡히 적어
놓은 '공덕비'가 있는 정자, 위패를 모신 사당 등으로 이뤄져 있는데, 당시 중국 황제들
의 능 구조와 흡사하다. 유교 문화를 적극적으로 수용한 민망 황제의 고집이 드러나는
부분이다. 이렇게 큰 왕릉을 조성하기 위해 3년 동안 무려 1만 명이 넘는 인력이 동원
됐다고.

ⓢ **구글 지도 GPS** 16.387560, 107.570813 ⓐ **찾아가기** 후에 시내에서 자동차로 약 25분
ⓐ **주소** Quốc lộ 49, Hương Thọ, Hương Trà, Thừa Thiên–Huế
ⓐ **전화** 234–352–3237 ⓛ **시간** 07:00~17:30 ⓐ **휴무** 연중무휴
ⓐ **가격** 어른 10만đ, 어린이(7~12세) 2만đ *패키지 요금은 p.062 참고 ⓞ **홈페이지 없음**

CHECK! 민망 황제릉의 주요 볼거리

CHECK 1 석상

왕릉의 안뜰에는 문관과 무관, 코끼리, 말 석상이 왕릉을 지키고 서 있다. 민망 황제의 키가 150cm 정도로 매우 작아 석상도 일부러 작게 만들었다는 얘기도 있다.

CHECK 2 정자

민망 황제의 치적을 적어놓은 공적비가 자리한 정자로, 민망 황제의 아들이자 왕권을 계승한 '티에우찌 황제가 만들었다

CHECK 3 숭은전

민망 황제와 황후를 기리기 위해 지은 중국식 사원으로, 매년 제사를 올린다.

CHECK 4 명루정

왕이 휴식을 취할 수 있도록 만들어놓은 정자. 주변에 아름다운 연못과 정원을 함께 조성해 멋진 식물원에 온 것 같은 기분이 든다. 정자 안에 있는 커다란 나무 탁자는 왕의 시신을 올려 두고 제사를 지낼 때 사용했다고 한다.

CHECK 5 3개의 다리

왕릉과 연결된 3개의 다리는 각각 문관과 무관, 황제만 드나들 수 있었다. 패방에는 '정대광명(正大光明)'이라는 한자어가 적혀 있다. 왕릉을 감싸고 있는 호수인 신월호는 흐엉강 물을 끌어와 만들었는데, 풍수사상을 토대로 물과 무덤을 배치했다.

CHECK 6 왕릉

거대한 봉분 위에 수목이 울창한 것이 특징. 왕릉 도굴을 막기위해 무덤 건설에 참여한 인부들은 모두 참수했다고 한다. 프랑스 식민지 시절 프랑스 정부가 황제의 유골을 찾기 위해 몇 차례 발굴했지만 결국 못 찾았다. 봉분 안은 출입이 금지돼 있다.

MY SON

미썬 유적지

한때 무적의 왕국이었지만 역사의 뒤안길로 사라진 참파 왕국도, 그 왕국의 정신적인 성소였지만 흔적만 겨우 남아 있는 미썬 유적지도 잊힌 곳들. 하지만 잊혔다고 해서 사라진 것은 아니다. 비록 그 영광은 빛바랬지만 그들이 남긴 유산은 영원히 찬란하게 빛날 것이다.

미썬 유적지, 어떻게 둘러볼까?

가는 방법

차량 대절

자가용 한 대를 대절해 다녀오는 방법. 차량 한 대당 요금이 적용되기 때문에 사람 수가 많을수록 유리하다. 왕복으로 예약하면 유적지 관광을 다 마칠 때까지 주차장에서 기다려주는데, 기사와 상의해 만나는 시간을 정하면 된다. 호이안 구시가지 곳곳에 차량 대절 입간판이 붙어 있어 예약하기 쉽다. 단, 가이드가 동행하지 않아 자세한 설명을 들을 수는 없다.

ⓖ **가격** 편도 55만đ~

여행사 투어 프로그램

가장 쉽고 만만한 방법. 여행사마다 미썬 투어 프로그램을 운영하는데, 프로그램에는 왕복 전용 차량과 입장권, 가이드 비용 등이 포함돼 튼튼한 체력만 있으면 누구나 참여할 수 있다. 여행사마다 투어 일정과 내용이 조금씩 다르니 꼼꼼히 체크해보자. 새벽 일찍 출발해 미썬 유적지에서 일출을 보고 돌아오는 선라이즈 투어 프로그램도 여러 여행사에서 진행하지만, 대부분 영어 가이드라는 점을 알아두자.

추천 여행사
팡팡투어
한국인이 운영하는 여행사로 한국 사람에게 꼭 맞는 편의성과 전문성을 겸비하고 있다. 한국인 가이드가 누구나 쉽게 알아들을 수 있도록 설명해주는 것은 기본. 다른 여행사보다 소규모 인원으로 투어를 진행한다는 점도 만족스럽다. 인터컨티넨탈 호텔을 제외하고 다낭·호이안 전 지역 무료 픽업 및 드롭을 해준다. 4인 이상 모객 시 출발

📅 **스케줄** 12:00 호텔 픽업, 미썬 유적지로 이동 → 13:00~14:30 미썬 유적지 관광 → 14:30~15:00 미썬 전통 공연 관람 → 15:00~16:30 호텔 이동
ⓖ **가격** 어른 50$, 어린이 32$(예약금 1인당 1만 원 별도)
▶ **홈페이지** http://cafe.naver.com/danang

유적지 내 교통수단

전기 자동차

매표소에서 유적지까지 2Km 구간은 전기 자동차가 수시 운행해 발품을 팔지 않고도 이동할 수 있다. 입장객은 누구나 무료로 탑승 가능.

도보

유적지 안에서는 걷는 것이 유일한 이동 수단이다. 산책로가 잘 조성돼 있어 큰 어려움은 없지만, 한낮에는 햇볕을 피할 곳이 없어 힘들 수 있다.

CHECK! 미썬 유적지에서 놓치지 말아야 할 것

CHECK 1 뮤직 퍼포먼스

하루 세 번 열리는 전통 공연으로 무료인 것치고는 짜임새 있다. 참파 왕국의 전통 무용과 악기 연주 등으로 이뤄져 있어 넋 놓고 보기에 적당하다.
◎ **장소** 그룹 H와 B·C·D 사이의 퍼블릭 스테이지(Public Stage) ① **시간** 화~일요일 09:30, 10:30, 14:30, 1일 3회 공연 ◎ **가격** 무료

CHECK 2 링가와 요니

링가는 힌두교에서 가장 신성시하는 신인 시바신의 남성기, 요니는 시바신의 아내인 샥티의 여성기다. 맷돌처럼 생긴 요니 위에 굵고 긴 링가가 꽂혀 있는데, 비가 오면 빗물이 링가에 떨어지고 그 빗물이 요니를 타고 흘러 수로로 모이면 이 성수를 생활용수로 사용했다고 한다. 미썬 유적지의 사원마다 링가와 요니를 세웠을 만큼 신성시했다.

CHECK 3 베트남전쟁 때 생긴 폭격 구멍

베트남전쟁 때 미군의 폭격으로 생긴 구멍이 그룹 E·F와 그룹·B·C·D에 총 4구가 있다. 총 70여 개에 달하던 건축물은 1969년 8월, 일주일간의 무차별 폭격으로 18개만 남았고, 나머지는 형체를 알아볼 수 없을 정도로 폐허가 되었다. 유적 복원 작업이 진행 중이지만, 폭격 구멍은 그대로 남겨두어 관람객들도 전쟁의 참상을 느낄 수 있다.

잊힌 왕조가 남긴 찬란한 유산
미썬 유적지 My Son Sanctuary

4세기 무렵부터 13세기에 이르기까지 약 900여 년간 참파 왕국의 종교적인 성지였던 곳. 중앙 사원을 비롯해 여러 힌두 신에게 정성을 들이는 성전과 부속 건물 70여 채로 이뤄져 한때는 '리틀 앙코르와트'라는 별명으로 불리기도 했다. 적의 침략을 방어하기 쉬웠던 곳에 나라의 중요 시설을 세우는 것이 당연지사. 큰 도시에서 멀고 높은 산과 정글에 둘러싸여 있는 이곳이야말로 참파 왕국의 전략적인 요충지이자 종교적인 성소(聖所)가 될 수 있었다. 초기에는 주변에서 쉽게 구할 수 있었던 목재로 건물을 지었으나 주변국과의 전쟁으로 건물 상당수가 불타자 내구성을 높이기 위해 연와(붉은빛 사암 벽돌)로 재건했다고 한다. 붉은 라테라이트 벽돌을 정교하게 끼워 맞춘 뒤 조각한 것이 특징인데, 대부분의 건물은 별다른 접착물 없이 벽돌을 높게 쌓아 올렸다(벽돌 사이사이에 꿀과 설탕물을 발라서 건물을 튼튼하게 고정했다는 기록도 남아 있다). 시간이 지날수록 사원이 점차 늘어났지만, 그 영광이 오래가지는 못했다. 대외적으로는 1471년 레 왕조와의 전쟁에서 패배하고 대월의 보호국이 되었으며 대내적으로는 6세기부터 대승불교가 널리 퍼진 상태였다. 설상가상으로 15세기 들어서는 인도네시아 등지에서 이슬람교가 유입돼 힌두 세력이 상대적으로 위축되었고 미썬 유적지도 자연스레 잊히게 되었다. 그렇게 200년 가까이 정글 안에 묻혀 있다가 1904년 프랑스 학자에 의해 발견되며 세상에 알려졌다. 프랑스 식민지 시절에는 프랑스인들이 기념품 삼아 조각상의 얼굴 부분을 잘라 프랑스로 갖고 가기도 해 상당 부분 파괴되었다. 여기서 그치지 않고 베트남전쟁 중에는 미군의 폭격으로 유적지 대부분이 파괴되는 아픔을 겪었으나, 동남아시아 지역에서 쉽게 찾아볼 수 없는 힌두 사원군이라는 점이 높게 평가돼 1999년 유네스코 문화유산에 등재되었다. 오랜 전쟁과 약탈, 소실로 남아 있는 역사적인 자료가 없어 발굴 지역에 따라 그룹 A부터 그룹 L까지 임의의 번호를 붙여 구분 짓고 있을 뿐 그나마 건물이 온전히 보전된 그룹 B·C·D 정도가 볼만하다.

ⓖ **구글 지도 GPS** 15.773702, 108.108944 ⓖ **찾아가기** 호이안에서 자동차로 약 1시간 ⓐ **주소** Duy Phú, Duy Xuyên, Quảng Nam
ⓣ **전화** 235-373-1309 ⓣ **시간** 하절기 05:30~17:00, 동절기 06:00~17:00 ⓗ **휴무** 연중무휴 ⓥ **가격** 외국인 15만₫
ⓗ **홈페이지** http://mysonsanctuary.com.vn

시간이 없다면 다낭 참 조각 박물관으로!

미썬 유적지에서 발굴된 조각상 중 상태가 좋고 보존 가치가 뛰어난 것들은 모두 다낭에 있는 참 조각 박물관에 전시돼 있다. 미썬 유적지를 둘러볼 만한 시간 여유가 없다면 이곳만이라도 둘러보자.

 클로즈 UP **미썬 유적지 여행 준비물**

01. 물과 간단한 먹을거리

미썬 유적지 안에는 정말 아무것도 없다. 식사했더라도 간단한 먹을거리 정도는 반드시 챙겨 가자. 많이 걷고 많이 움직일 수밖에 없어 배가 고프기 쉽다. 휴대가 간편하고 잘 상하지 않는 반미나 과자류를 추천.

02. 멀미약

차량으로 이동하는 시간이 꽤 길다. 도로 사정이 좋은 다낭이나 호이안과는 달리 포장도로와 비포장도로를 넘나드는 길이라 멀미를 하기 쉽다.

03. 개인 냉방용품

햇볕을 피할 만한 곳이 전혀 없는 곳이기 때문에 양산, 쿨 토시, 휴대용 선풍기, 자외선 차단제 등은 반드시 지참하자.

MANUAL 05
해변 명소

해변으로 가요

그래도 명색이 휴양지인데, 바다를 빼놓으면 섭섭하다. '이왕 먼 걸음 한 거 바다 한번 봐야 하지
않겠나' 싶어 찾아간 해변. 처음에는 특별한 것이 있을 줄 알았더니 별것 없어서 실망하기 쉽지만 결국
'아 좋구나, 좋았구나'라고 깨우치게 되는 것. 베트남 바다의 매력이다.

해변, 이렇게 즐기자

01. 해변에 꽂혀 있는 깃발을 살펴보자

파도의 높이, 바다의 상태에 따라 해변에 다른 색깔의 깃발을 걸어둔다.

녹색 안전 지역, 수영 가능
노란색 중위험 지역, 수영은 가능하지만 조심해야 함
보라색 해파리 등 유해 동물이 있는 지역, 수영 금지
빨간색 고위험 지역, 수영 금지

02. 안전 수칙을 지키자

음주 후 수영, 일몰 이후 수영은 매우 위험하다. 식후 1시간 이내에 물에 들어가거나
몸 상태가 좋지 않을 때는 가급적 자제하자. 안방 비치나 미케 비치에서는 수상 레포츠 선박과 충돌할 가능성도 있으니
수영 가능 지역에서만 물놀이를 하자.

03. 우기에는 조심 또 조심

10월부터 2월까지의 우기에는 비가 많이 오고 바람도 세게 분다. 파도도 높아 물놀이가 불가능한 경우가 많기 때문에
안전에 각별히 주의해야 한다. 또 수온이 낮아 오랜 시간 물놀이를 하다가 감기나 저체온증이 오기 쉽다.

🌴 **나에게 맞는 해변은 어디?**

접근성 좋은 것이 최고!
아이들과 간단한 물놀이만
할 예정이다.

미케 비치

5성급 호텔에 묵으며 휴양을
즐기겠다. 일부러 움직이는
것은 딱 질색!

논느억 비치

핫한 곳은 꼭 가봐야 한다.
외국에 온 기분 한번
내봐야지!

안방 비치

조용한 곳에서 사진 찍으며
놀고 싶다.
남들 잘 안 가는 곳이 좋다.

끄어다이 비치

Beach 1

끝없이 이어지는 백사장
미케 비치 *My Khe Beach*

선짜반도에서 시작해 응우한썬까지 이어지는 약 10km 길이
의 해변. 〈포브스(Forbes)〉에서 전 세계 6대 매력적인 해변으
로, 호주의 〈선데이 헤럴드 선(The Sunday Herald Sun)〉에
서 세계 10대 인기 있는 해변으로 소개하기도 했다. 하지만
이건 어디까지나 '그들'의 시선. 사실 3면이 바다인 우리 눈에
는 해운대나 경포대 바다와 큰 차이는 없다. 다만 같은 해변
이라도 장소에 따라 분위기가 조금씩 달라지는데, 선짜반도
주변에서는 작은 고깃배와 광주리배가 떠 있는 이국적인 풍
경을 볼 수 있고, 남쪽으로 내려갈수록 활기를 띤다. 해변이
정동쪽을 향해 아침마다 수평선 너머로 해가 뜨는 광경을 볼
수 있다는 것도 나름의 매력. 지상낙원으로 생각하지만 않는
다면 충분히 아름다운 풍경일 것이다.

2권 ⊙ MAP p.055D · 067B ⊞ INFO p.060 · 070
Ⓖ 구글 지도 GPS 16.068799, 108.246624
◎ 찾아가기 관광객이 가장 많이 찾는 곳은 알라카르트 호텔 주변
▶ 홈페이지 http://mykhebeach.org

위치
다낭
😍

한적함
★★★
😍

먹거리
★★★
😋

편의 시설
★★★★
🙂

Check Point!

🏖 **1. 선베드 대여**
해변을 따라 선베드가 쭉 놓여 있는데, 생각보다
이용하는 사람이 많지 않아 안방 비치보다 더 여유로운
분위기다. 우리 돈 5000원으로 그늘 아래 선베드에 누워
코코넛 주스를 마시는 호사도 누릴 수 있으니 아무리
생각해도 남는 장사. 정찰제 요금을 고시하고 있어
바가지를 쓸 위험도 없다.

🏖 **가격** 선베드 대여 4만đ 코코넛주스 3만đ, 맥주 1만5000đ

🏖 **2. 어린이 놀이 시설**
규모가 아주 작기는 하지만 어린이
놀이 시설이 마련돼 있다. 사람이 적고
모래가 고와 아이들이 간단히 놀기에는
충분하다. 단, 세이프 가드가 없으니
보호자가 항상 아이들을 지켜봐야
한다.

🏖 **3. 서핑 강습&해양 액티비티**
움직이지 않으니 몸이 근질근질
했다면 서핑을 배워보거나 액티비티를
즐겨보자. 아직 인기는 없지만 우리나
라보다 저렴한 가격으로 즐길 수 있다.

🏖 4. 비치 뷰 루프톱 바 vs 라이브 뮤직 바

눈앞에서 넘실대는 파도를 봤더니 술이 당긴다면
루프톱 바로! 가까이서 봤을 때는 해운대,
경포대였지만 멀리서 보니 그제야 마음이 흔들린다.

추천 퓨전 스위트 호텔 젠(ZEN) p.191
알라카르트 호텔 더 톱(The Top) p.190

🔍 클로즈 UP 미케 비치 편의 시설

화장실&샤워 시설
일정 거리마다 공용 화장실과
바닷물을 씻어내기에는 충분한
크기의 샤워 시설도 마련돼 있다.
수건은 개인이 지참해야 하니
유의하자. **요금** 샤워 1000~3000₫

로커
해변에 로커가 설치돼 있어 크기가
작은 짐은 보관할 수 있다. 직원이
항상 상주하는 유인 로커가 좀 더
안전하다. **요금** 3000₫~

🌴 안방 비치 비치 바 BEST 4

서양인들이 즐겨 찾는 해변 아니랄까 봐 전망 좋은 곳마다 비치 바가 빼곡히 들어섰다.
얼핏 비슷해 보여도 분위기가 조금씩 다르니 내게 맞는 곳으로 가자.

🌴 더 덱 하우스
The Deck House

솔 키친의 인기가 주춤하더니 이곳이 뜨고 있다. 안방 비치 가장
끝트머리에 있어 인파가 덜하고 조용한 것이 가장 큰 장점. 해변가의
선베드 좌석부터 해변 풍경이 한눈에 들어오는 1, 2층 좌석까지 갖추고
있어서 명당 자리 경쟁이 그나마 덜하다. 음식 솜씨도 수준급으로,
시그너처 메뉴인 '시푸드 보트(Seafood Boat)'를 추천. 새우, 조개, 참치
스테이크, 게 등 다양한 해산물을 조금씩 맛볼 수 있고 맛도 좋다. 단,
가격이 우리나라 못지않게 비싸다는 게 흠. 식사를 한 고객은 선베드에
앉을 수 있는데, 리틀 호이안 그룹 소속 호텔 투숙객은 무료로 비치 체어에
앉을 수 있는 혜택이 있다. 샤워 시설이 주변 비치 바 중 가장 깨끗하다.

ⓒ **가격** 시푸드 풀 보트 78만₫, 시푸드 하프 보트 390만₫

🌴 돌핀 키친 앤드 바
Dolphin Kitchen&Bar

솔 키친의 번잡함도, 더 덱 하우스의
화려함도 내키지 않는다면 이곳으로.
너른 잔디밭 위에 방갈로와 원목 의자가
띄엄띄엄 서 있어 다른 곳보다 훨씬
여유롭다. 그래서인지 바다가 훨씬
가까이에 있는 느낌.

ⓒ **가격** 맥주 2만5000₫

위치
호이안 😍

한적함
★★ 😍

먹거리
★★★★ 😍

편의 시설
★★★★ 😊

Beach 2

여행자들의 안방
안방 비치 *An Bang Beach*

다낭에 미케 비치가 있다면 호이안에는 안방 비치가 있
다. 비슷한 듯 다른 점은 분위기. 패키지 여행자로 붐비는
미케 비치에 비해 개인 여행자 비율이 높다. 호이안에 장
기 체류하는 서양인들이 선탠을 하러 오기도 하고, 히피
들은 아침부터 밤까지 온종일 이곳에서 보내기도 한다.
그래서일까. 비가 오지 않는 이상 해변은 언제나 북적북
적해, 호불호가 극명히 갈린다. 베트남 바다 구경을 못해
봤거나 비치바에 갈 것이 아니라면 비추천. 바다 색깔도
그리 예쁘지 않고 지저분해서 어린아이들을 데리고 가기
에 적당하지 않다.

📖 2권 ⊙ **MAP** p.110A ⓑ **INFO** p.114 ⓐ **구글 지도 GPS** 15.913851,
108.340884 ⓖ **찾아가기** 다낭 시내에서 자동차로 약 40분, 호이안
구시가지에서 자동차로 약 15분 ⓗ **홈페이지 없음**

🌴 **솔 키친**
Soul Kitchen

손님들 대부분이 한국인. SNS와 블로그에서 유명세를
치르더니 예전의 한적함은 사라져버렸다. 명당 자리라 해봐야
열댓 명 앉을 수 있을까 말까. 운이 좋거나 명당 자리가 나기를
한없이 기다리지 않는 이상 남들 뒤통수 사이로 겨우 바다를
봐야 한다. 한국과 비슷한 음식값에, 잊을 만하면 나타나는
잡상인까지 가세하면 비치 바의 낭만은 온데간데없이
사라진다. 하지만 이 공간이 사랑스러워지는 시간도 있다.
뜨내기 관광객이 모두 빠진 저녁, 움막 아래 라이브 밴드의
음악이 퍼지고, 작은 촛불만 밝히는 시간. 세상 어느 곳보다
사랑스럽다. 밴드 공연은 매일 열리는 것이 아니기 때문에
미리 전화해보고 방문하는 것이 좋다.

ⓖ **가격** 메인 요리 14만~17만đ, 병맥주 3만~4만đ

🌴 **라 쁠라주**
La Plage

이름 한번 기차게 지었다. 프랑스어로 '해변'이라는 뜻의
상호처럼 바에서 몇 걸음만 걸으면 곧바로 해변이다.
해변과 바 사이에 야자수가 심어져 있어 탁 트인 전망을
볼 수는 없지만 좀 더 아늑한 분위기다. 아이들은
모래사장에서 흙장난을 치고, 어른들은 바다를 보며
술 한잔하기에 딱 좋은 곳. 칵테일 한잔 마셨을 뿐인데
샤워실과 선베드는 그냥 쓰라고 하는 넉넉한 마음도 참
고맙다.

ⓖ **가격** 과일 주스 3만~4만5000đ, 맥주 2만~3만đ

안방 비치를 더욱 알차게 즐기는 방법

1) 삐용삐용 사기 주의

CASE 1 사람이 많이 몰리는 곳에 사기꾼도 넘치는 법. 무엇을 하든 조심 또 조심해야 한다. 첫 번째 난관은 자전거 주차. 주차 비용이 정해져 있는게 아니라 주인 마음대로 요금을 받아 조금 만만해 보인다 싶으면 바가지 씌우기 일쑤. 낭만도 좋고 도전도 참 좋은데, 웬만하면 택시를 타는 것이 정신 건강에 이롭다.

CASE 2 해변에서 선베드 호객 행위를 하는 장사꾼이 많은데, '공짜'라는 말에 속아서는 안 된다. 처음에는 공짜라고 했다가 나중에 와서 요금을 내라는 식으로 얘기하기도 하고, 비싼 음식 주문을 유도하는 경우도 있다. 애초에 선베드 요금부터 물어보거나 양심적으로 운영하는 곳을 찾는 것을 추천. 해변 끄트머리로 갈수록 사기꾼도 적다.

CASE 3 보따리 장사꾼이 말을 걸어오면 모른 척하거나 단호하게 거절하는 것이 상책이다. 엽서나 액세서리 등을 손으로 만졌다가 강매당하는 일이 드물게 있다.

2) 도난 주의

선베드에 소지품을 두고 자리를 비우는 경우가 많은데, 여기는 우리나라가 아니라는 점을 명심하자. 눈 깜짝할 사이에 소지품이 사라져버리는 마술 같은 일이 벌어지기도 한다.

3) 식사 + 선베드 이용 + 샤워까지 한 번에!

비치 바에서 식사를 하면 선베드 이용은 물론 물놀이 후 샤워까지 한 번에 해결할 수 있다. 단, 집집마다 규정이 달라서 미리 확인해보는 것이 좋다. 샤워 시설은 찬물만 겨우 나오는 수준이라 수건과 샤워용품은 개별적으로 챙겨야 한다.

4) 호이안 호텔의 셔틀 서비스를 이용하자

호이안 구시가지에 있는 호텔 중 안방 비치까지 무료 셔틀버스를 운행하는 곳이 있다. 아침부터 해 지기 전까지 운행하는데, 자세한 운행 스케줄은 호텔에 문의하는 것이 빠르다.

Check Point!

1. 선베드 대여

눈을 두는 곳마다 선베드. 그 많은 선베드에 사람이 꽉 찼다. 넘실대는 파도를 눈앞에서 볼 수 있는 것은 참 좋은데, 조금 소란스러운 분위기. 비치 바에서 식사한 뒤 잠시 쉬어 가는 것은 모를까, 품격 있는 태닝은 호텔에서 즐기는 것이 속 편하다.

2. 해양 액티비티

내 용감한 모습을 누군가 봐주길 원하는 사람이라면 미케 비치보다 낫다. 가격은 거의 같지만 액티비티가 훨씬 활성화되어 분위기도 좋다.

전화 093-541-1512, 016-6393-2911
가격 제트스키 15분 50만đ, 20분 70만đ / 패러세일링 1인 50만đ, 2인 80만đ / 바나나 보트 5명 100만đ

Beach 3

호텔 수영장이 지겨울 때

논느억 비치 *Non Nuoc Beach*

미케 비치가 끝나는 지점부터 이어지는 해변. 다낭 시내에서 멀리 떨어져 있고 5성급 비치 리조트가 밀집해 조용하고 깨끗하다. 호텔마다 일정 크기의 전용 해변을 갖추고 있으며 해가 떠 있는 동안에는 세이프가드를 배치해 안전한 물놀이가 가능하다는 것이 큰 장점. 일부 호텔에서는 숙박객에게 구명조끼, 카약 등도 무료로 대여해준다. 해변 가까이는 파도도 높지 않아 아이들과 함께 놀기에 적당하다. 레스토랑이나 편의 시설이 거의 없어서 멀리서 일부러 찾아갈 필요는 없다.

2권 ⊙ **MAP** p.074B ⊛ **INFO** p.075 ⓢ **구글 지도 GPS** 16.010077, 108.266824
⊙ **찾아가기** 다낭 시내에서 자동차로 약 20분 ⊙ **홈페이지** 없음

위치
다낭

한적함
★★★

먹거리
★

편의 시설
★

Beach 4

잠시 쉬더라도 품격 있게

끄어다이 비치 *Cua Dai Beach*

안방 비치의 번잡함이 싫다면 이곳으로. 관광객 반, 장사꾼 반인 안방 비치에 비해 훨씬 조용해 휴식을 취하기에 좋다. 목 좋은 곳마다 선베드를 잔뜩 펼쳐놓아 풍경을 다 망치는 안방 비치와 달리 해변에 돗자리만 펼치면 얼마든 쉬다 갈 수 있어 서양인들 사이에서는 태닝 핫 스폿으로 알음알음 알려 졌다. 같은 해변이라도 위치에 따라 전혀 다른 풍경을 보여 주는데, 북쪽은 시멘트 방파제가 길게 설치돼 풍경은 덜 예 쁘지만 잘 알려진 해변 레스토랑들이 들어서 있고, 남쪽은 대 형 리조트가 많이 들어서 프라이빗 비치로 운영된다. 관광객 들이 가장 많이 찾는 곳은 끄어다이 도로(Cửa Đại)가 끝나는 지점. 규모는 작지만 편의시설이 몰려 있어 물놀이나 태닝을 즐기기 편하다.

2권 ◉ **MAP** p.111G ⑥ **INFO** p.114 ⑤ **구글 지도 GPS** 15.897643, 108.366747 ⑥ **찾아가기** 호이안 구시가지에서 자동차로 15분 ◉ **홈페이지** 없음

위치
호이안
😍

한적함
★★★★
😄

먹거리
★★★
😉

편의 시설
★
😊

Check Point!

🏖 **1. 화장실&샤워실**
끄어다이 비치 입구 바로 옆에 화장실과 샤워실이 들어서 있다. 입구의 매표원에게 비용을 지불하고 이용하면 된다. 기본적인 샤워용품은 갖춰져 있지 않기 때문에 개인 샤워용품을 챙겨 가면 요긴하다.

🏖 **2. 로커**
매점에 로커가 설치돼 있다. 항상 직원이 지키고 있기 때문에 안전하다.

🏖 **3. 자전거 주차장**
호이안에서 자전거를 타고 왔다면 자전거 주차장에 주차하는 것이 원칙이다(지정된 주차장에 주차하지 않아 상인들과 마찰이 생기는 경우가 종종 있다). 요금은 1대당 5000~1만đ 선이며 간혹 바가지를 씌우기도 하니 조심하자.

🏖 **4. 의자와 테이블 대여**
바닷가 야자수 그늘 아래 앉아서 시간을 보내고 싶다면 테이블과 의자를 대여하자. 음료를 3만đ 이상 마시면 테이블을 빌릴 수 있다.

추천 레스토랑

여행자들이 많이 찾는 곳치고 식사할 만한 곳이 많지 않다. 그중 한국인 입맛에 잘 맞는 곳은 두 곳.
두 곳 모두 일부러 찾아가기에는 헷갈리는 위치라 택시를 타는 편이 좋다.

찌엔 레스토랑
Chien Restaurant

찾아가는 길이 헷갈릴 뿐, 바다가 코앞이다. 방파제가
높게 둘러쳐진 다른 곳들과 달리 방파제 높이가 낮아
어느 정도 탁 트인 경치를 볼 수 있다. 관광지치고는
저렴한 가격이 이 집의 매력. 새우나 오징어를 넣은
메뉴를 주문하면 맛도 어느 정도 보장된다.

혼 레스토랑
Hon Restaurant

베트남식 해산물 요리 전문점. 가격이 조금 비싸지만 풍경을
보면 조금은 이해된다. 간이 세지 않고 향신료를 적게 넣어
누구나 쉽게 먹을 수 있으므로 가족 여행자들에게 추천.
식사 고객은 해변 선베드를 무료로 이용할 수 있다.

MANUAL 06
테마파크

휴양지에서 만나는
테마파크

'노는 것도 놀아본 사람이나 제대로 한다'는
말이 딱 맞다. 넘실대는 파도도 좋고, 적당히
내리 쬐는 햇볕도 참 좋은데 막상 계속 쉬려니
갑갑하다. 쉴 때 쉬더라도 세상 구경은 좀
해야겠다 싶거든 테마파크로 가자. 짙은
푸른빛에 감춰져 있어 미처 몰랐던 다낭의
모습을 이곳에서 발견하게 될지도 모른다.

Viking ship

산속에 세운 유럽식 테마파크
바나 힐 Ba Na Hills

CHECK! ✔
무작정 GO

2권 ⊙ MAP p.028E
ⓘ INFO p.041

먹거리 ★★	즐길 거리 ★★★	소요 시간 3~4시간	추천 대상 가족, 연인, 친구, 혼자	체력 소모 중
		🕐		⏻

'이 케이블카, 하늘로 이어진 것 아닐까?' 상상의 나래를 펼치다 보면 어느새 미지의 세상에 도착한다. 프랑스 식민지 시절, 다낭의 덥고 습한 기후에 적응하기 힘들었던 프랑스인들이 피서지로 개발한 것이 바나 힐의 시초. 해발 1487m의 깊은 산 정상에 자리해 다낭에 비해 체감온도가 5℃는 더 낮다. 겉옷을 급히 꺼입고 살펴본 광경은 마치 중세 유럽의 어느 마을 같다. 낮은 집과 높이 솟은 교회, 잘 가꾼 정원까지. 바나 힐을 처음 개발한 것은 프랑스인이지만, 케이블카와 놀이 기구를 세워 테마파크로 개발한 것은 최근이다. 다양한 놀이 기구와 어트랙션이 들어선 **판타지 파크(Fantasy Park)**, 중세 유럽을 본떠 만든 **프렌치 빌리지(French Village)**, 린추아 린뚜 사원과 린퐁뚜탑, 전망대 등의 볼거리가 가득한 **사원 구역(Spirituality Zone)**의 세 가지 구역으로 나눠진다. 어디에서 뭘 할지 정하는 것은 온전히 여행자의 몫. 모든 것을 다 준비해놓았으니 입맛대로 골라보라는 느낌이랄까.

ⓖ **구글 지도 GPS** 16.026391, 108.033312 ⓐ **주소** Tuyến Cáp Treo lên Bà Nà Hills, Hoà Ninh, Hoà Vang, Đà Nẵng
⊖ **전화** 236-379-1999 ⓛ **시간** 07:00~17:30(케이블카 운행은 07:30부터) ⓧ **휴무** 연중무휴
ⓟ **가격** 어른 75만đ, 어린이(키 1~1.3m) 60만đ, 유아 무료(입장료에 케이블카, 각종 어트랙션 탑승 요금이 모두 포함돼 있음)
▶ **홈페이지** http://banahills.sunworld.vn/en

1 호이안 역 Hoi An Station
2 수어이모 역 Suoi Mo Station
3 톡티엔 역 Toc Tien Station
4 바나 역 Ba Na Station
5 디베이 역 Debay Station
6 마르세유 역 Marseille Station
7 보르도 역 Bordeaux Station
8 루브르 역 Louvre Station
9 랜도신 역 L'indochine Station
10 머큐어 프렌치 빌리지 호텔
   Mercure French Village
11 린응사 Linh Ung Pagoda
12 골든 브리지 Golden Bridge
13 생 데니스 성당 The Basilica of Saint Denis
14 분수대 Water Fountain
15 판타지 파크 Fantasy Park
16 알파인 코스터 Alpine Coaster
17 사원 지구 Spiritual Zone
18 프렌치 빌리지 French Village
19 플라워 가든 Flower Garden
20 크리스마스 가든 Christmas Garden
21 모린 역 Morin Station
22 다모르 역 D'amour Sation
23 르 쟈르댕 역 Le Jardin Station

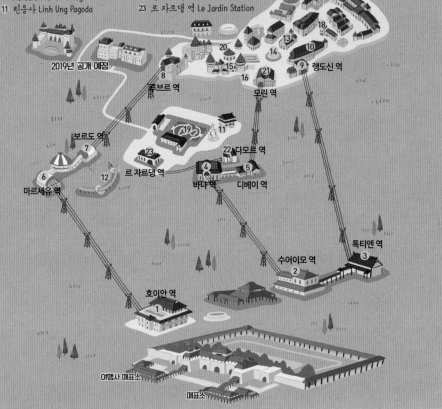

 바나 힐 케이블카 운행 시간

1 호이안 ↔ 6 마르세유 HOI AN ↔ MARSEILLE	7 보르도 ↔ 8 루브르 BORDEAUX ↔ LOUVRE	2 수어이 모 ↔ 4 바나 SUOI MO ↔ BA NA	5 디베이 ↔ 21 모린 DEBAY ↔ MORIN	3 톡티엔 ↔ 9 랜도신 TOC TIEN ↔ L'INDOCHINE
07:00~12:00	07:15~20:00	12:00~16:00	06:50~17:30	12:00~19:15
16:00~18:00			18:00~18:05	20:00~20:15
			18:55~19:00	21:00~21:15
			19:55~20:00	
			20:55~21:00	22:00~22:15
			21:30~21:35	
			22:15~22:20	

바나 힐 교통편 꼼꼼 가이드

다낭 → 바나 힐

택시

가장 편한 방법이다. 하지만 자칫하면 오히려 바가지를 쓸 가능성도 있고 미터기를 켜면 요금이 많이 나온다. 무작정 택시를 잡아타는 것보다는 택시 기사와 요금 및 스케줄 흥정을 잘해야 한다. 카카오톡 ID가 있는 택시 기사와는 카카오톡 메시지로 일정을 수시로 조정할 수 있어 편리하다. 왕복 60만đ 정도면 괜찮은 가격이지만, 80만đ 이상을 요구하는 경우 오히려 호텔에서 프라이빗 카를 대절하는 것이 더 싸다. ⓓ **가격** 왕복 60만đ~

그랩 카

기사와 직접 가격 흥정해야 하는 택시와 달리 정찰제로 운영해 바가지를 쓸 일이 거의 없다는 것이 최대의 장점이다. 하지만 장거리의 경우 오히려 가격 협상을 한 택시에 비해 요금이 비싸다는 것이 치명적인 단점. 물론 기사와 흥정하면 택시와 비슷한 가격에 탑승할 수 있다. 그랩 애플리케이션에서 목적지를 '바나 힐'이 아니라 '바나 힐 주차장'이라고 한국어로 쳐야 하니 주의하자.
ⓓ **가격** 편도 4인승 47만6000đ~

티라운지 셔틀버스

다낭 대성당 인근의 티라운지 사무실에서 출발해 바나 힐까지 왕복 운행하는 셔틀버스. 가격이 가장 저렴하고 다낭 대성당에서 출발해 바나 힐과 다낭 시내 관광을 하기에 편리하다. 좌석이 한정돼 있어 최소 출발 하루 전에는 예약해야 한다. 한국에서 인터넷으로 예약하면 좀 더 저렴하다. 1달러만 내면 라운지에 짐 보관도 가능. 바나 힐 입장권도 판매한다.

ⓖ **구글 지도 GPS** 16.065009, 108.222043
ⓐ **찾아가기** 다낭 대성당에서 도보 3분, 타이피엔(Thái Phiên) 거리에 위치
ⓐ **주소** 37 Thái Phiên, Phước Ninh, Q. Hải Châu, Đà Nẵng
ⓞ **시간** 09:30 티라운지 출발, 15:00 바나 힐 출발(라운지 영업시간 09:00~22:00)
ⓓ **가격** 1인 편도 11만đ($5) 왕복 18만đ($8), 만 3세 미만 무료(어른과 좌석 함께 이용 시)
ⓢ **홈페이지** http://www.t-loung.com/ko **카카오톡 ID** 다낭티라운지(플러스 친구 검색)

호텔 유료 셔틀버스

호텔 자체적으로 운영하는 셔틀버스도 여행자들에게 인기 있다. 버스 출발과 도착 스케줄이 정해져 있어서 시간에 맞춰 버스를 타야 하지만 가격이 저렴하다. 호텔 숙박객만 이용할 수 있으며 선착순으로 예약을 받아 최대한 일찍 예약하는 것을 추천. 예약은 해당 호텔 리셉션 또는 투어리스트 데스크에서 할 수 있다.

◎ 요금 및 시간(주요 호텔)
아바타 호텔 08:00 호텔 출발 / 14:00 바나 힐 출발 1인당 15만đ
아트 호텔 08:00 호텔 출발 / 16:00 바나 힐 출발 1인당 14만đ, 어린이 7만đ

호텔 유료 프라이빗 카

일정 시간 동안 이용할 수 있는 대절 차량이다. 가격이 비싸지만 안심할 수 있고 여럿이 함께 이동하기 좋다. 호텔 리셉션이나 투어리스트 데스크에 예약 후 이용하면 된다. 대부분의 호텔은 투숙객만 예약을 받아준다.

◎ 요금(주요 호텔)
브릴리언트 호텔 4인승 왕복 95만đ(7시간)
아달린 호텔 4인승 왕복 70만đ
뮤전 스위트 다낭 5인승 왕복 80만đ

바나 힐 주차장 → 바나 힐

STEP 1 주차장에서 입구를 바라보고 오른쪽에 있는 개별 여행자 매표소에서 입장권을 구입한다.

STEP 2 정면에 보이는 건물 2층으로 올라가면 케이블카를 탈 수 있다. 케이블카는 총 3개 라인이 있는데, 노선마다 운행 시간이 다르다. 시간이 맞는 것으로 타면 된다.

STEP 3 케이블카에 탑승한다. 바나 라인(Ba Na Line)을 제외한 나머지 두 노선은 중간에 내려 다른 케이블카로 환승해야 한다.

바나 힐 베스트 미션

MISSION 1 세계 최장 길이의 케이블카 타기 3~9

일반 여행자가 바나 힐까지 갈 수 있는 유일한 방법은 케이블카를 타는 것. 총 3개 케이블카 노선을 운행하는데, 그중 톡티엔(Toc Tien) 역과 바나 힐 정상의 랭도신(L'indochine) 역을 잇는 노선은 완공 당시 전 세계에서 가장 긴 싱글 슬로프 케이블카로 기네스북에 등재됐다. 총 길이가 5801m에 달하고 약 20분간 1368m 높이를 단숨에 올라간다. 날씨가 좋을 때는 케이블카 위에서 보는 열대 숲 전망이 압도적이라 그 긴 시간도 지겹지 않다. 아침 일찍부터 운행하는 다른 케이블카 노선과 달리 오후부터 운행하기 때문에 바나 힐에서 내려올 때 탑승하는 것을 추천.

MISSION 2 유럽풍 거리에서 인증사진 찍기 131418

프렌치 빌리지(French Village)라는 이름이 전혀 아깝지 않다. 시선이 향하는 곳마다 프랑스의 작은 마을 같은 느낌이라 대충 찍어도 화보 사진이 나온다. 중앙 광장과 교회 앞이 유명한 사진 촬영 명당이지만, 사람이 많을 때는 오히려 인적이 드문 뒷골목이 더 분위기 있고 조용하다.

MISSION 3 스릴 만점 알파인 코스터 타기 16

한국 사람에게는 '레일바이크'라는 명칭으로 더 유명한 어트랙션. 언덕 위로 아슬아슬하게 난 레일 위를 신나게 질주하는 어트랙션으로, 보기보다 스릴 있어 항상 긴 대기줄이 생긴다. 사람이 몰릴 때는 1시간 이상 기다리기 일쑤. 최대한 이른 시간에 가면 대기 줄이 짧다. 기념사진은 3만d으로, 부담 없는 가격이다. 알파인 코스터를 탄 다음에는 바로 옆에 있는 판타지 파크로 가자. 소형 자이로 드롭을 비롯한 다양한 탈것과 4D 게임 등 어트랙션 시설이 모여 있다.

⏱ 시간 08:00~17:00

MISSION 4

바나 힐 전망대 구경하기 17

유럽식 풍경에 정신을 팔릴 때쯤, 언덕 위로 난 계단을 오르면 신들의 영역이 나온다. 일명 사원 지구에는 사원과 불탑, 사찰 부속 건물이 모여 있는데, 여행자가 가장 많이 들르는 곳은 언덕 꼭대기에 자리한 린 추아 린뜨 사원과 종탑. 종탑 건물 2층에서 바나 힐 전망을 배경으로 사진 찍기 좋다. 4톤에 달하는 청동 종에 지폐를 꽂고 기도하면 소원이 이뤄진다는 속설도 있으니 한번 시도해보자.

MISSION 5

거리의 예술가 만나기 14

중앙 광장과 교회 주변에서는 거리의 예술가들을 쉽게 만날 수 있다. 수시로 열리는 퍼포먼스 이후에는 사진도 함께 찍을 수 있다.

MISSION 6

골든 브리지 방문하기 12

해발 1414m 산 중턱에 건설된 보행 다리로 거대한 손이 다리를 떠받들고 있는 독특한 모양새를 하고 있다. 얼핏 보기에는 돌을 깎아 만든 것 같지만 실제는 유리섬유로 만들었다고 한다. 어떻게 찍어도 사진이 잘 나와 기념사진 명당으로 입소문 났다.

 찾아가기 바나 힐 주차장에서 호이안 역 케이블카를 탄 뒤, 마르세유 역에서 내린다. 마르세유 역과 보르도 역 중간 지점에 있어 쉽게 찾을 수 있다.

🎠 바나 힐 즐기기 꿀팁

1 소지품 관리를 철저히!

최근 한국인을 비롯한 여행객을 대상으로 하는 소매치기 범죄가 조금씩 일어나고 있다. 사람이 많이 몰리는 곳을 다닐 때는 가방을 앞으로 메고 지퍼를 꼭 닫는 등 소지품 관리를 철저히 하자. 바나 힐에서 도난 사고를 당하거나 물건을 분실했을 때는 바나 힐 분실물 센터에서 분실 신고를 한 뒤에 확인 도장을 받아야 경찰서에 가서 제때 대처할 수 있지만, 절차가 매우 까다롭다는 것만 알아두자.

2 긴 외투를 챙겨 가자.

높은 산 위에 위치해 한 여름에도 다낭 시내보다 체감 기온이 5℃ 정도 더 낮다. 바람이 많이 불거나 비가 오면 온도가 더 내려가 감기에 걸릴 수도 있다. 특히 우기(10~2월)에는 안개가 자주 끼고 비도 많이 와 우비나 우산도 챙겨 가면 요긴하다.

3 일기 예보를 확인하자.

폭우가 오거나 강풍이 부는 날에는 케이블카 운행이 중단되기도 한다. 케이블카는 정상 운행하더라도 여행하기에 적당하지 않으니 무리해서 여행하지 말자. 일기예보는 'AccuWeather' 애플리케이션이 가장 정확하다.

4 식사는 되도록 밖에서.

관광지이고 접근성이 떨어져 물가가 다낭 시내보다 훨씬 높다. 게다가 어디든 관광객들로 북적거려 제대로 된 식사를 할 수도 없는 분위기. 차라리 식사를 미리 하고 간단한 먹거리 정도만 사 먹는 것이 낫다. 2018년 10월부터 음식물 반입이 금지되고 있다.

5 지도는 반드시 챙기자.

생각보다 넓고 길이 복잡해 길을 잃기 십상이다. 자칫 길을 헤매다 아까운 시간을 다 보낼 수 있다. 지도는 케이블카 타는 곳에 비치돼 있으며 여행사 투어에 참여하는 경우 인솔 가이드에게 부탁하면 가져다준다.

6 시간을 넉넉히 잡자.

바나 힐에 가는 날은 일정을 너무 빡빡하게 잡지 말고 최대한 느슨하게 계획하자. 케이블카를 타는 것부터 시간 변수가 많아 일정이 틀어지기 십상. 케이블카 운행 시간을 숙지하면 도움이 된다.

7 아이가 있다면 유모차를 이용하자.

어린아이가 있다면 유모차가 생각보다 유용하다. 길이 잘 닦여 있어 유모차를 끌기 좋은 환경이기도 하지만, 사람이 많은 곳이나 언덕길에서는 아이를 유모차에 태우는 것이 부모도, 아이도 덜 피곤하다. 케이블카가 좁아 대형 유모차는 짐만 될 뿐, 오히려 접이식 소형 유모차가 훨씬 편하다.

SPECIAL PAGE

교통편과 식사, 입장료, 인솔 가이드를 모두 원한다면 '바나 힐 투어'가 정답!

교통편에 식사, 세세한 스케줄까지 직접 챙기는게 번거롭다면 여행사에서 운영하는 바나힐 투어에 참여하자. 왕복 전용 차량과 한국어가 가능한 인솔가이드, 입장료와 점심 식사가 투어에 포함돼 있어 머리 아프게 일정을 짤 필요가 없다는 것이 장점이다. 식사 시간이나 이동 시에만 함께 움직이고, 바나힐 안에서의 시간은 자유롭게 보낼 수 있어 손님들의 만족도도 높다. 대신, 바나힐 안에서 보낼 수 있는 시간이 짧아 여유 있게 바나힐을 즐기기는 어렵다. 여행 마지막 날 바나 힐과 다낭의 대표 명소를 둘러보고 공항에 드롭하는 '체크아웃 투어'도 좋은 평을 얻고 있다. 예약 인원이 2명 이상인 경우 투어가 진행된다. 다낭도깨비, 팡팡투어 등 유명 한국인 여행사에서 바나 힐 당일 투어를 선보이고 있다. 업체에 따라 일정과 금액이 다르니 비교해보고 고르는 것이 현명하다.

ⓟ **가격** 어른 예약금 1만 원 + 55$, 어린이(키 1~1.3m) 예약금 1만 원 + 25$(모든 경비가 포함된 가격)
ⓗ **홈페이지** http://cafe.naver.com/happyibook/746024 **카카오톡 ID** goblin119

바나 힐 투어 미리보기 by 다낭도깨비

❶ 10:30 호텔 픽업

❷ 점심 식사

❸ 바나 힐 케이블카 탑승

❹ 바나 힐에서 자유 시간

❺ 다낭 시내로 돌아와 코코넛 커피 마시기

❻ 17:30 원하는 장소에 드롭

아시아 테마로 꾸민 테마파크
아시아 파크 Asia Park

CHECK! ✔
무작정 GO
2권 ⓞ MAP p.066A
ⓘ INFO p.070

먹거리 ★	즐길 거리 ★★★	소요 시간 2~3시간	추천 대상 어린아이가 있는 가족	체력 소모 상

해가 질 때쯤 문을 여는 아시아 콘셉트의 테마파크. 공원 전체를 베트남, 중국, 캄보디아 등의 아시아 10개국 주요 랜드마크로 꾸며 색다른 분위기를 낸다. 밤이 되면 알록달록한 조명 옷을 덧입어 사진을 찍기에는 더없이 좋은 조건이지만, 장점은 딱 거기까지. 놀이 기구를 타려고 해도 1명의 직원이 여러 기구를 담당해 직원이 올 때까지 기다려야 한다. 그래서인지 놀이 기구 탑승객도 거의 없어서 놀이 기구를 작동할 직원만 있다면 몇 번이고 원 없이 탈 수 있다. 다낭 시내에서 가깝고 롯데 마트에서 걸어서 10분 거리라 함께 들르기에도 좋다. 공원 입구에서 조금만 멀어지면 사람이 거의 없어서 혼자 다니기엔 조금 무서울 수 있다. 참고로, 우리나라 유명 놀이공원을 기대한다면 실망할 확률도 높다는 건 알아두자.

ⓖ 구글 지도 GPS 16.038449, 108.227604 ⓖ 찾아가기 다낭 시내에서 자동차로 15분
ⓐ 주소 1 Phan Đăng Lưu, Hoà Cường Bắc, Hải Châu, Đà Nẵng ⓐ 전화 236-368-1666
ⓛ 시간 15:00~22:00 ⓗ 휴무 연중무휴 ⓗ 홈페이지 http://danangwonders.sunworld.vn
ⓖ 가격

올인원 티켓		입장권
어른	어린이(키 1~1.3m)	키 1m 이상
20만đ	15만đ	무료

1 선 휠 관람차 Sun Wheel
2 모노레일 역 Monorail Station
3 퀸 코브라 Queen Cobra
4 앙코르와트 사원 Angkor Wat
5 시계탑 Clock Tower
6 드래건 레이크 Dragon Lake
7 가루다 밸리 Garuda Valley
8 페스티벌 캐러셀(회전목마)
Festival Carousel
9 가부키 트럭 Kabuki Trucks
10 골든 스카이 타워 Golden Sky Tower
11 더 플라잉 기린 The Flying Kirins
12 싱가포르 슬링 Singapore Sling
13 포트 오브 스카이 트레저
Port of Sky Treasure
14 마리나 시어터 Marina Theater
15 상하이 1920 Shanghai 1920
16 닌자 플라이어 Ninja Flyer

매표소

출입구

아시아 파크에서 꼭 타봐야 할 놀이 기구 BEST 3

올인원 티켓을 구입하면 아시아 파크 안에 있는 모든 놀이 기구와 오락실 게임기를 추가 비용 없이 즐길 수 있다. 손님이 많지 않아 언제 가도 기다리지 않고 놀이 기구를 탈 수 있다는 것이 최대 장점. 하지만 주중에는 작동하지 않는 기구도 많으니 주말에 찾아가자.

선 휠 관람차 Sun Wheel
아시아 파크를 대표하는 탈거리로 115m 높이에서 아시아 파크와 다낭 시내를 볼 수 있다. 한 바퀴 도는 데 약 15분 소요되며 알록달록한 조명을 덧입혀 더욱 로맨틱한 분위기를 자아낸다. 문제는 강풍이 불거나 비가 오면 캐빈이 많이 흔들려 무서운 놀이 기구로 둔갑할 수 있다는 것. 야경이 꽤 예쁘지만, 창문이 더러워 깔끔한 사진은 기대하기 힘들다.

모노레일 Monorail
아시아 파크를 크게 한 바퀴 도는 모노레일. 공원 입구와 공원에서 가장 깊숙한 곳에 해당하는 네팔 존(Nepal Zone)을 연결한다. 선 휠 관람차를 가장 아름다운 각도에서 볼 수 있는 곳에 잠시 멈춰 사진을 찍을 수 있게끔 해 이동과 관광을 동시에 할 수 있다.

퀸 코브라 Queen Cobra
어린이용 놀이 기구가 비교적 많은 아시아 파크에서 그나마 가장 스릴 넘치는 롤러코스터. 놀이 기구 자체의 스릴보다도 안전 장비 결착이 좀 느슨하다는 것이 의외의 스릴을 선사한다. 무서운 놀이 기구는 질색이라면 타지 말자. 키 130~190cm만 탑승 가능.

아시아 파크에서 사진 찍기 좋은 곳 BEST 3

앙코르와트 사원 Angkor Wat
앙코르와트 사원을 미니어처로 만든 곳. 저녁이 되면 알록달록하게 물들어 더 아름답다.

시계탑 Clock Tower
선 휠 관람차 바로 앞에 있는 시계탑과 선 휠이 같이 나오도록 사진을 찍으면 예쁘다.

드래건 레이크 Dragon Lake
중국식 드래건 보트가 강 위에 떠 있는 풍경이 생각보다 고즈넉하고 아름답다. 주변이 산책하기 좋게 잘 정비돼 있어 연인들이 데이트하기 위해 많이 찾는다.

아시아 파크 즐기기 꿀팁

1 될 수 있으면 그랩 택시를 이용하자.
은근히 택시를 잡기가 힘들어 자칫 오래 기다려야 할 수 있다. 그랩 택시를 잡는 것이 훨씬 더 편한데, 근방에 그랩 택시가 없을 수 있으니 퇴장 5분 전쯤 그랩 택시 매칭을 하는 것을 추천.

2 지도는 필수.
보기보다 공원이 아주 넓다. 입구에서 조금만 멀어져도 인적이 드물고 길을 물어볼 만한 곳도 없으니 지도는 반드시 챙겨놓는 것이 좋다. 공원 입구나 매표소 등에 팸플릿 지도가 비치되어 있다.

3 날씨를 체크해보자.
비를 피할 곳이 거의 없고, 실내에서 즐길 수 있는 놀이 기구도 제한적이다. 특히 우기에는 날씨 때문에 놀이 기구를 운행하지 않는 경우가 많다. 날씨가 너무 더운 날도 더운 대로 문제인데, 그늘이 거의 없고 냉방도 잘 되지 않아 금방 지친다. 맑은 날 해가 질 때쯤 입장하는 것이 가장 좋다.

4 짐 보관도 가능.
입구 게스트 서비스 카운터에서 무료 짐 보관이 가능하다. 큰 짐도 보관할 수 있지만 물품 보관함에 넣지는 못하므로 귀중품만 보관하자.

5 모기 퇴치제는 반드시 챙겨 가자.
물가라 그런지 밤이 되면 모기가 많다. 꽤 독한 놈들이라서 아이들이나 임신부, 노약자는 모기 퇴치제를 반드시 뿌려야 그나마 안심할 수 있다.

6 시간을 확인하자.
밤 10시까지 영업하지만 9시만 되어도 대부분의 놀이 기구는 더 이상 손님을 받지 않는다. 놀이 기구를 많이 타는 것이 목적이라면 일단 놀이 기구부터 원 없이 탄 다음에 사진은 나중에 찍는 것이 이득이다.

7 식사는 미리 하자.
식사를 할 만한 곳이 거의 없고, 찾아가기도 힘들다. 식사는 미리 하는 것이 가장 좋다. 외부 음식물 반입은 금지.

새로 생긴 가족친화형 테마파크

빈펄 랜드 남 호이안
Vinpearl Land Nam Hoi An

CHECK!
무작정 GO
2권 ⊙ MAP p.006

먹거리 ★	즐길 거리 ★★★	소요 시간 5시간	추천 대상 가족	체력 소모 상

다낭에서 자동차로 약 1시간, 호이안에서 약 25분 거리에 새로 들어선 복합 테마파크. 크게 민속촌(Folk Island), 리버사파리(River Safari), 워터월드(Water World), 어드벤처 랜드(Adventure Land)등의 4개 구역으로 나눠져 있다. 다양한 놀이기구가 있는 '어드벤처 랜드'와 물놀이 시설이 잘 갖춰져 있는 '워터월드'가 가장 인기 있는 구역. 아직까지는 이용객이 많지 않아 어디서 뭘 하든 기다리지 않고 이용할 수 있어 가족 여행자들에게 만족도가 높은 편이다. 오후 5시 이후 입장하면 입장료가 훨씬 저렴한데 어드벤처 랜드만 이용할 수 있으므로 조심해야 한다. 키가 1.2m는 되어야 공원 안에 있는 대부분의 어트랙션을 즐길 수 있으니 참고하자.

🌐 구글 지도 GPS 15.785890, 108.408145 ◎ 찾아가기 무료 셔틀버스 이용 ⊖ 주소 Thanh Niên, Thăng Bình, Quảng Nam ⊖ 전화 1900-6677 🕐 시간 어드벤처 랜드 08:30~21:00, 민속촌ㆍ워터월드 09:00~18:00, 리버사파리 10:00~17:30 (이용시간은 사정에 따라 변경 가능) 🚫 휴무 연중무휴

💰 가격		
	키 100cm 미만	스탠더드 티켓 무료, 17시 이후 입장 무료
	키 100cm~140cm	스탠더드 티켓 45만đ, 17시 이후 입장 10만đ
	키 140cm 이상	스탠더드 티켓 55만đ, 17시 이후 입장 20만đ
	노약자	스탠더드 티켓 40만đ, 17시 이후 입장 10만đ

⊙ 홈페이지 http://namhoian.vinpearlland.com/en

무료 셔틀버스 운행 시간

구분	위치(MAP)	시간(변동가능, 상세한 시간은 호텔에 문의)
다낭→빈펄 랜드	빈펄 콘도텔 리버프론트(2권P.45L)	08:00, 09:00, 10:00, 13:00, 16:00
	빈컴플라자(2권P.45L)	08:05, 09:05, 10:05, 13:05, 16:05
	빈펄 다낭 리조트(2권P.74B)	08:20, 09:20, 10:20, 13:20, 16:20
	빈펄 오션 빌라(2권P.66F)	08:30, 09:30, 10:30, 13:30, 16:30
빈펄 랜드→다낭	빈펄 랜드 남 호이안	15:30, 16:30, 17:30, 19:30, 21:10
호이안→빈펄 랜드	빈펄 리조트 앤드 스파 호이안(2권P.111L)	08:00, 09:00, 10:00, 13:00, 14:00, 16:00
	끄어다이 비치(2권P.111G)	08:05, 09:05, 10:05, 13:05, 14:05, 16:05
	안방 비치(2권P.110A)	08:10, 09:10, 10:10, 13:10, 14:10, 16:10
	139 Lý Thường Kiệt (마이린택시 정류장)(2권P.87H)	08:20, 09:20, 10:20, 13:20, 14:20, 16:20
빈펄 랜드→호이안	빈펄 랜드 남 호이안	15:00, 16:00, 17:00, 19:00, 20:00, 21:00

 빈펄 랜드 남 호이안
HIGHLIGHTS

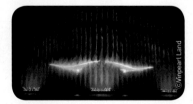

워터월드

6가지 색다른 슬라이드와 키즈풀, 파도풀, 워터파크를 한바퀴 크게 돌 수 있는 레이지 리버(유수풀)로 구성돼 있다. 튜브는 곳곳에서 대여할 수 있지만 유아용 구명조끼는 비치되어 있지 않아 챙겨가는 것을 추천. 수건은 1만500đ, 물품 보관함은 1만đ에 대여할 수 있다.

어드벤처 랜드

1일 2회 열리는 수상 인형극, 분수쇼, 오전 10시부터 오후 6시까지 매시 정각에 상영하는 4D 필름 캐슬, 어른도 재미있게 탈 수 있는 번지드롭타워(자이로드롭) 등등 하나씩 골라 타도 하루가 부족하다.

EATING

베트남 식사 예절

반드시 지켜야 하는 것은 아니지만 현지 문화를 알아두는 것은 기본 예의를 지키는 데 도움이 된다.

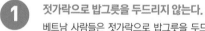

1 젓가락으로 밥그릇을 두드리지 않는다.

베트남 사람들은 젓가락으로 밥그릇을 두드리면 주변에 있던 배고픈 귀신을 불러 모은다고 생각한다. 특히 귀한 자리나 손님 상에서는 더더욱 주의해야 한다.

2 젓가락을 밥에 수직으로 꽂지 않는다.

우리나라와 비슷한 이유. 모양새가 꼭 제사상에 향을 피우는 모습과 닮았기 때문이다.

3 생선 요리는 오른쪽이 위로 가도록 놓는다.

도시 사람들은 좀 덜하지만 수상 가옥에 사는 사람들은 생선을 뒤집는 것을 배가 뒤집히는 것과 똑같다고 생각한다. 생선 요리는 오른쪽이 위로 가도록 놓고, 먹을 때도 한쪽으로만 먹고 뼈를 발라낸 다음, 생선을 뒤집지 않은 채 나머지 한쪽을 먹는다.

4 밥은 남기지 않는다.

전통적인 농업 국가였던 탓에 쌀을 아주 귀하게 여기는 것은 우리나라와 같다. 어떤 음식이든 남기지 말아야 하겠지만, 밥만큼은 남기지 않는 것이 예의.

베트남 식당 제대로 즐기기

베트남 현지 식당을 더욱 알차게 즐길 수 있는 기본 지식을 알아두자.

'고수를 빼주세요!'

베트남어로 'Không An Rau Thom(콩 안 라우 텀)'이라고 한다. 웬만하면 영어 의사소통도 되기 때문에 영어로 "노 코리안더(No Coriander)"라고 말해도 된다.

거스름돈은 꼭 확인하자.

음식값을 계산한 후에 무조건 거스름돈을 확인해보자. 의도적으로 거스름돈을 적게 주는 곳이 많다. 가능하면 계산서 확인 후 비용을 딱 맞춰서 주는 것이 확실하다.

물티슈를 챙기자.

위생 관리가 제대로 되지 않는 식당이 많은데, 일회용 물티슈를 갖고 가면 의외로 요긴하다. 식당에서 제공하는 물티슈는 대부분 유료이니 참고할 것.

물과 얼음을 조심하자.

장이 민감해 물갈이를 하는 사람이라면 음료를 주문할 때 얼음은 빼달라고 하자. 간단하게 "노 아이스(No Ice)"라고만 말하면 된다. 생수를 사 마실 때도 조심해야 하는데, 아쿠아피나(Aquafina)와 라비(LaVie) 제품을 추천한다. 참고로 베트남에서 수돗물을 그냥 마시면 절대 안 된다. 물에 석회질이 많기 때문인데, 양치를 할 때도 반드시 생수로 해야 한다.

가격 표기가 되지 않은 메뉴나 식당은 일단 거르자.

간혹 관광객 상대로 바가지를 씌우는 일이 있는데, 시세를 잘 모르는 관광객 입장에선 당할 수밖에 없다.

먹다 남은 음식은 포장도 된다.

포장이 가능해도 덥고 습해 음식이 상하기 쉬우므로 몇 시간 안에 먹을 것이 아니라면 비추천!

식당에서 팁을 주는 일은 없다.

로컬 식당에서 팁에 신경 쓰지 않아도 된다. 고급 레스토랑은 아예 메뉴에 10%의 부가가치세(VAT)와 5%의 Service Charge(서비스 요금)가 따로 붙는다.

현금을 준비하자.

카드 결제가 안 되는 곳이 더 많다. 현금을 미리 넉넉히 준비해 가자.

베트남 과일 사전

파파야 Đu Đủ [두두]
연중 생산

콜럼버스가 파파야를 처음 먹고 '천사의 열매라고 불렀을 만큼 진한 단 맛이 매력. 칼로리가 낮고 육류와 궁합이 잘 맞아 베트남 여성들이 선호한다. 호텔 조식에 가장 흔하게 나오기 때문에 굳이 사서 먹을 필요는 없다.

용과 Thanh Long [탄롱]
제철 4~10월

과일 맛에도 엄연히 급이 있다. 비록 망고 맛은 못하지만 용과 맛만큼은 베트남이 최고다. 처음에는 아무 맛도 없는 것처럼 느껴지다가 늦게서야 단맛이 느껴지는 것이 특징인데, 땀을 많이 흘린 뒤 먹으면 더 맛있다. 주로 베트남 남부 지역에서 대량생산되기 때문에 한국 대비 절반 이하 가격에 살 수 있다.

코코넛 Trái Dừa [짜이즈어]
연중 생산

베트남에서 이렇게 변신을 많이 하는 과일이 또 어디 있을까. 코코넛 열매 안에 들어 있는 과즙은 갈증 해소에 좋은 코코넛 주스와 아이스크림으로, 과육은 코코넛 과자와 커피로 맛볼 수 있다. 하지만 맛에 대한 평가는 사람에 따라 극명히 갈린다. 누군가는 중독된다고 하는 반면, 속이 메슥거린다는 평가도 있다. 주로 관광지와 해변에서 가장 쉽게 만날 수 있다.

망고 Xoài [쏘아이]
제철 4~7월, 11~12월

다른 동남아 지역의 달콤한 망고를 생각했다면 실망할 수 있다. 미국의 식민지였던 필리핀 등 다른 동남아 국가는 일찌감치 미국 과일 기업들이 진출해 품종을 개량한 망고를 생산하는 반면, 최근까지 대외 개방에 소극적이었던 베트남은 품종 개량이 되지 않은 원래의 망고를 생산하기 때문이다. 그래서 베트남산 망고는 조금 딱딱하고 당도도 낮다. 베트남에서는 대여섯 가지의 망고가 생산되는데, 가장 흔한 것이 쏘아이 께오(Xoài Keo). 신맛이 많이 나 베트남 사람들은 그냥 먹지 않고 고추 소금이나 설탕에 찍어 먹는다. 우리가 생각하는 망고와 가장 비슷한 것이 쏘아이 깟 호아 록(Xoài Cát Hòa Lộc)으로, 그냥 잘라 먹기에 알맞다.

클로즈UP **TIP 베트남 망고 구입 꿀팁**

노점, 재래시장은 될 수 있으면 피하자. 과일을 오래 보관하기 위해 화학 제품을 뿌리는 경우가 많다. 차라리 더 비싸더라도 대형 마트에서 구입하는 것이 안심된다.

1. 망고를 만졌을 때 물렁물렁한 것은 피하자.
오래되거나 험하게 다뤄 멍든 것일 확률이 크다. 만졌을 때 탄력이 있고 껍질 색이 초록색에서 노란색으로 변하고 있는 것을 고르면 된다. 우리 입에 잘 맞는 것은 베트남 망고보다는 태국산 망고(XOAI XIEM)다.

2. 재래시장에서는 이 집 저 집 돌아다니며 시세를 알아보자.
망고의 경우 품종에 따라 가격 차이가 난다. 쏘아이 께오(XOAI KEO/1kg당 1만8000đ~), 쏘아이 깟(XOAI CAT/1kg당 4만đ~) 순으로 저렴한데, 외국인을 상대로 바가지를 씌우거나 실수로 계산을 잘못하는 경우가 빈번하다. 계절에 따른 가격 변동이 크니 시세를 잘 알아보자.

3. 생망고는 현지에서 많이 먹어두자.
생과는 우리나라에 갖고 들어올 수 없다. 씨앗 없이 가공된 과일로 아쉬움을 달래자.

롱안 Nhãn [냔안]
연중 생산

생김새가 용의 눈(龍眼)처럼 생겼다고 이름 붙인 열대 과일. 껍질을 손가락에 힘을 줘 잡으면 과육이 쉽게 분리돼 먹기에도 편하고 단맛이 강해서 우리 입에도 잘 맞는다. 태국, 중국, 대만과 함께 세계 4대 롱안 생산국답게 마트나 시장에서 많이 판매한다.

망고스틴 Măng Cụt [망꿋]
제철 5~9월

껍질을 조금만 더 까면 달콤한 과육이 보일 텐데, 자꾸 사람 안달 나게 만드는 과일이다. '과일의 여왕'이라는 별명이 붙을 정도로 과육이 달콤해 누구나 좋아한다. 우리나라 뷔페에서 먹는 것과는 차원이 다른 맛이니 꼭 한번 시도해보자. 과일칼을 이용하면 껍질 벗기기가 훨씬 수월하다.

람부탄 Chôm Chôm [쫌쫌]
제철 5~8월

얇은 껍질만 벗겨내면 포도알 같은 뽀얀 속살을 드러낸다. 씹을수록 입안에 달콤한 과즙이 터지고 달콤한 맛 뒤에는 향긋한 향과 신맛이 따라오는 것이 특징. 익기까지 며칠 놔뒀다 먹는 다른 열대 과일과 달리 구입한 날 바로 먹는 것이 제일 맛있다.

잭푸르트 Quả Mít [꽈밋]
제철 3~8월

참 투박한 맛이다. 과질이 거칠고 식감이 끈적거려 싫어하는 사람도 많지만, 고소한 맛과 은근한 향이 좋아 뒤늦게 생각나는 매력이 있다. 베트남 사람들은 쩨나 아이스크림에 넣어 시원하게 먹는다.

포멜로 Bưởi [브어이]
제철 8~1월

일단 크기부터 압도적이다. 베트남 자몽인 브어이는 베트남 사람들이 가장 즐겨 먹는 과일 중 하나다. 그냥 먹기도 하지만 쓴맛이 있어 샐러드로 만드는 경우도 많다. 1년 중 10월부터 12월이 포멜로가 가장 맛있는 시기. 이때는 어딜 가도 포멜로를 쉽게 만날 수 있다. 껍질 까기가 너무 힘드니 껍질을 깐 것을 구입하는 것을 추천.

두리안 Sầu Riêng [싸우리엥]
제철 5~7월

'두리안에 미치면 마누라와 집도 팔아버린다'는 베트남 농담이 진짜인지 아닌지는 직접 맛보면 안다. 부드러운 과질과 달고 풍부한 맛에 한번 빠지면 헤어나올 수 없다. 호불호가 확실히 갈리기 때문에 아이스크림이나 잼으로 우선 맛보고 난 뒤 과일을 먹어보는 것이 좋다. 손질이 까다로워 분리돼 있는 과육을 사거나 구입 시 손질을 부탁하자.

이것만은 꼭 먹어보자!
베트남 음식 BEST 10

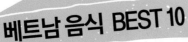

BEST 1
퍼 Phở(쌀국수)

베트남 사람들이 밥 다음으로 즐겨 먹는 솔 푸드. 종류도 상당히 다양하고 우리 입맛에도 잘 맞는다.

BEST 2
반 쎄오 Bánh Xèo(부침개)

쌀가루 반주위에 돼지고기, 해산물, 숙주 나물 등을 올려 부쳐낸 음식. 분명 베트남식 부침개인데, 마치 한국 음식인 양 맛있게 먹을 수 있다. 후에에서는 반코아이(Banh Koai)라고 부른다.

BEST 3
스테이크 Steak

프랑스와 미국 영향을 받아 베트남에서도 수준급 스테이크를 즐길 수 있다. 맛은 수준급 이지만 가격은 우리나라에서 먹는 것에 절반이 채 안 된다는 사실!

BEST 4
미꽝 Mì Quảng(비빔국수)

돼지고기, 새우, 갖가지 채소를 고명으로 넣은 꽝남 지방 스타일의 비빔국수다. 향신료를 적게 넣고 우리에게도 익숙한 맛이라 한번 먹었다가 중독되는 경우도 많다.

BEST 5
반미 Bánh Mì(베트남식 샌드위치)

쌀 바게트 빵 안에 갖가지 부재료를 넣어 만든 샌드위치. 어떤 식재료를 넣느냐에 따라 맛이 달라지는데, 웬만해선 다 맛있다.

호안탄 Hoành Thánh(튀긴 완탕)

튀긴 라이스페이퍼에 돼지고기, 새우, 양파를
넉넉히 넣고 달콤한 양념을 뿌린 음식으로, 아
이들이 특히 좋아한다. 맥주 안주로도 좋다.

모닝글로리 Morning Glory(공심채 볶음)

한국식 시금치 무침이 생각나는 공심채 볶음.
베트남 가정집에서 기본 반찬으로 먹는 '국민
나물 반찬'이다. 밥상 위에 이 것만 있어도 밥
한 그릇은 뚝딱 할 수 있다.

반바오박 Bánh Bao Vạc(베트남식 만두)

흔히 '화이트 로즈'라는 별명으로 더 유명한
베트남식 만두. 소가 푸짐한 한국식 만두와
달리 만두피의 비중이 더 많아 '좀 심심한 맛'
이기는 하다.

까오러우 Cao Lầu(호이안식 비빔국수)

굵은 쌀 면발 위에 돼지고기, 고수, 채소를 넣
어 비벼 먹는 호이안식 비빔국수. 미꽝보다 맛
이 강한 편이라 입맛 없을 때 먹으면 식욕이
생긴다.

넴루이 Nem Lụi(돼지고기 꼬치)

아무리 먹어봐도 한국식 떡갈비 맛. 그래서 한
국 사람이 특히 좋아한다. 넴루이만 먹어도 맛
있지만 라이스페이퍼 위에 넴루이와 반 쎄오
를 함께 넣어 한 입에 먹으면 맛이 배가된다.

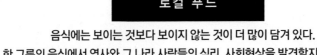

MANUAL 01
로컬 푸드

음식에는 보이는 것보다 보이지 않는 것이 더 많이 담겨 있다.
한 그릇의 음식에서 역사와 그 나라 사람들의 심리, 사회현상을 발견할지도 모른다.
이렇듯 한 그릇의 음식을 먹는 것은 그 사회를 이해하기 위한 첫걸음이니,
음식을 통해 멀게만 느껴지던 베트남을 조금이나마 가까이 느껴보자.

Phở

Lo
Fo

Bánh Mì

cal

od

CHILI
SAUCE
HOT

쌀국수 Phở

베트남 음식의 대명사처럼 여겨지는 쌀국수는 생각보다 최근에 생긴 음식이다. 시원하고 얼큰한 쌀국수 한 그릇에 베트남의 굴곡진 근현대사가 고스란히 담겨 있는데, 그 내막은 이렇다. 19세기, 베트남은 프랑스의 식민 지배를 받는다. 농경사회이던 당시 베트남에서는 소고기를 먹는 것이 금기시돼 있었는데, 프랑스식 육수 문화가 전파되면서 쌀로 만든 면을 소고기 육수에 끓여 먹기 시작했다. 실제 퍼 육수 만드는 방법은 프랑스식 곰탕인 '포토푀(Pot-au-feu)'와 매우 비슷한데, 불에 볶은 향신료로 육수를 내는 것이 당시 아시아에서는 매우 드문 조리 방식이었다. 따라서 쌀국수를 의미하는 '퍼'라는 이름도 포토푀에서 유래했다고 보는 의견이 많다. 북부 지방을 중심으로 조금씩 퍼졌던 쌀국수는 베트남전쟁을 통해 베트남 남부 지방까지 완전히 전파됐고, 긴 전쟁 후 난민들이 세계 곳곳에 정착하면서 전 세계적인 요리가 됐다. 베트남의 자랑스러운 식문화이면서 슬픈 역사를 모두 담은 요리인 셈이다.

현지인처럼 쌀국수 먹는 방법

쌀국수의 반은 아무것도 넣지 않고 그대로 먹고, 나머지 반은 다양한 소스를 첨가해 먹는다. 칠리소스와 뜨엉 덴 퍼(Tuong Den Pho, 해선장), 느억 쫑(Nuoc Tuong, 간장)을 입맛에 따라 넣고 엇 사테(Ot Sate, 고추씨 기름)를 넣어 잘 섞으면 끝. 맛이 더욱 진하고 감칠맛이 생긴다. 상큼한 맛을 원한다면 라임을 짜 넣자.

추천맛집

한국인 입맛에 딱

퍼쓰아 Phở Xưa

2권
ⓘ INFO p.100
◎ MAP p.089ⓓ

◆위치 : 호이안　◆시원함 : ★★★

한눈 팔다가 그냥 지나치기 십상인 작은 쌀국숫집. 향신료 맛이 강하지 않고 고기 토핑 인심도 넉넉해 입맛 깐깐한 한국 사람들에게 인기 있다. 젓가락질 서너 번에 바닥이 보이기 일쑤인 다른 쌀국숫집보다 양이 많다는 것도 무시하지 못할 장점. 왜 이 집만 장사가 잘되는지 이해가 된다. 최근 인기를 얻으며 친절함은 기대하기는 어려워졌다.

ⓖ **구글 지도 GPS** 15.878399, 108.329980 ◎ **찾아가기** 내원교에서 쩐푸(Trần Phú) 거리를 따라 직진. 호이안 로스터리 사거리에서 좌회전한 후 판추찐(Phan Chu Trinh) 거리로 우회전. '포슈아'라는 간판을 걸어두어 찾기 쉽다. 도보 7분. ▣ **주소** 35 Phan Châu Trinh, Phường Minh An, Hội An, Quảng Nam ☎ **전화** 098-380-3889 ⏱ **시간** 10:00~21:00 ▣ **휴무** 연중무휴 ▣ **가격** 퍼 가 4만5000₫, 퍼 보 4만5000₫ ◉ **홈페이지** www.facebook.com/Phoxuahoianvietnam

● 쌀국수 메뉴 읽기 ●

Phở (Thịt) Bò 퍼 (팃) 보
소고기 쌀국수를 통칭하는 명칭

Pho (Thit) Gà 퍼 (팃) 가
닭 가슴살을 넣은 쌀국수.
닭고기 쌀국수를 통칭한다.

Pho Tai 퍼 타이
소고기 쌀국수.
작은 덩어리째 뭉쳐 있는 덜 익은 소고기와 고수,
향신료를 넣는다. 가게에 따라 소고기 비린내가
날 수 있어 호불호가 갈린다.

Pho Nam 퍼 남
소고기 편육 쌀국수.
다 익은 소 옆구리 살 편육을 고명으로 올린다.

Pho Gau/Chín 퍼 까우/친
소고기 양지머리(차돌박이) 쌀국수.

Pho Bo Vien 퍼 보 비엔
베트남어로 비엔(Vien)은 미트볼.
따라서 소고기 미트볼이 들어 있는 쌀국수.

Pho Hai San 퍼 하이 싼
새우, 오징어, 게살 등
해산물을 푸짐하게 넣은 해물 쌀국수.

Pho Tôm 퍼 똠
큼지막한 새우를 넣은 쌀국수.

Pho Chay 퍼 짜이
두부, 양송이버섯 등을 넣은 쌀국수.

베트남 음식 초보자도 한 그릇 뚝딱

퍼홍 PHở Hồng

2권
◉ INFO p.048
◉ MAP p.044F

◆위치 : 다낭　◆시원함 : ★★

손님 열에 아홉은 한국인. 이곳만큼 우리 입맛에 딱 맞는 쌀국수가 흔치 않다는 증거
다. 구구절절 얘기하지 않아도 고수와 항신료를 적게 넣고 김치를 기본 찬으로 제공
해 베트남 음식을 처음 접하는 사람들도 부담 없이 한 그릇 뚝딱 비울 수 있다. 쌀국
수만 먹기 아쉽다면 짜조를 함께 주문하자. 생각 이상의 궁합을 보여준다. 재료를 넉
넉히 사용하는 스페셜 메뉴인 '닥비엣(Dac Biet)'으로 주문하면 좀 더 푸짐하다. 쌀국
수 메뉴가 같은 가격으로 통일돼 있어 바가지 쓸 일도 없다. 한국어 메뉴판이 있다.

⑧ **구글 지도 GPS** 16.077654, 108.221879 ⑤ **찾아가기** 노보텔에서 리뚜쫑(Lý Tự Trọng)
거리로 도보 3분 ⑨ **주소** 10 Lý Tự Trọng, Thạch Thang, Hải Châu, Thạch Thang
Hải Châu Đà Nẵng ⊝ **전화** 098-878-2341 ⓘ **시간** 07:00~21:00 ⊜ **휴무** 연중무휴
ⓓ **가격** 쌀국수 4만5000đ(닥비엣 5만5000đ), 짜조 16만đ

스테이크 Steak

베트남은 19세기부터 프랑스의 식민 지배를 받았고, 베트남전쟁 중에는 미군에 의해 서양식 식문화가 베트남에 정착했다. 그중 대표적인 것이 스테이크. 동남 아시아에서 가장 질 좋고 맛 좋은 스테이크를 먹을 수 있는 곳이 베트남이라는 사실을 혀끝으로 실감해보자.

추천 맛집

> 2권
> ⓘ INFO p.036
> 📍 MAP p.029G

고기 마니아들의 아지트
올리비아 프라임 그릴&바
OLIVIA'S PRIME GRILL&BAR

◆위치 : 다낭　◆시원함 : ★★★★★

'다낭에서 고기 좀 씹어봤다' 하는 사람들은 이곳을 거쳐 간다. 미국 루이지애나 출신 스콧 씨가 운영하는 정통 미국식 스테이크 전문점으로, 2층 테라스에서 보는 야경이 분위기를 한층 북돋운다. 전담 서버의 카운슬링도 수준급이고, 영어의사소통도 원활해 외국인들이 주 고객이다. 다낭 물가치고 헉소리 날 정도로 음식 가격이 비싸지만, 맛을 보면 불평쯤은 사라진다. 스타터로 스테이크 타르타르(Steak Tartare, 육회)를, 스테이크는 필레나 립아이(28~30번 메뉴)를 추천. 와인 리스트도 꽤 탄탄하다.

🅖 **구글 지도 GPS** 16.063032, 108.230282 🚶 **찾아가기** 용교에서 쩐흥다오(Trần Hưng Đạo) 거리를 따라 도보 10분
📍 **주소** 505 Trần Hưng Đạo, An Hải Trung, Sơn Trà, Đà Nẵng ☎ **전화** 090-816-3352 🕐 **시간** 11:00~14:00, 17:00~22:30
🚫 **휴무** 화요일 💵 **가격** 필레 250g 73만5000đ, 립아이 300g 69만5000đ, 스테이크 타르타르 27만5000đ
🏠 **홈페이지** http://oliviasprime.com

> 2권
> ⓘ INFO p.037
> 📍 MAP p.028F

만년 2등 스테이크 하우스
레드 스카이
RED SKY

◆위치 : 다낭　◆시원함 : ★★★★★

간판 아래 적힌 '다낭 최고의 스테이크(Best Steak in Town)'라는 글만 보고 들어갔다면 실망할 만한 곳. 하지만 기대 없이 들른다면 분명 만족할 만하다. 솔직히 맛은 올리비아 프라임 그릴&바가 한 수 위지만, 가성비를 따진다면 이곳이 더 만족스럽다. 양이 많은 사람을 위해 헝그리(hungry) 메뉴가 따로 있으며 스테이크 가격에 사이드 디시가 포함되어 가격 부담이 덜하다. 사이드 디시와 소스는 입맛대로 고를 수 있는데, 사이드는 볶은 버섯(Sauteed Mushroom)을, 스테이크소스는 레드 와인 주스(Red Wine Jus) 조합을 추천.

🅖 **구글 지도 GPS** 16.062948, 108.223296 🚶 **찾아가기** 용교에서 두엉쩐푸(Đường Trần Phú) 거리를 따라 도보 5분
📍 **주소** 248 Trần Phú, Phước Ninh, Hải Châu, Đà Nẵng ☎ **전화** 236-389-4895 🕐 **시간** 11:00~14:00, 17:00~23:00
🚫 **휴무** 연중무휴 💵 **가격** 호주산 와규 립아이 250g 82만đ, 블랙 앵거스 비프 텐더로인 레귤러 39만đ · 헝그리 56만đ
🏠 **홈페이지** www.facebook.com/Red-Sky-Danang-127824007323338/?locale2=vi_VN

미꽝 Mì Quảng

베트남어로 미(Mì)는 쌀로 만든 면을, 꽝(Quang)은 다낭과 호이안이 속한 꽝남(Quang Nam) 지방을 뜻한다. 꽝남 지방 스타일의 비빔국수를 모두 '미꽝'이라고 부르는데, 다낭과 호이안의 로컬 레스토랑에서 쉽게 먹을 수 있다. 꽝남 지방에서 잡은 새우와 돼지고기, 닭고기 등을 주재료로 사용하고, 그 위에 양념을 뿌린 뒤 비벼 먹는다. 달고 고소한 맛이 한데 어우러져 자꾸만 입맛이 당기는 것이 특징인데, 고명으로 사용하는 새우 칩 위에 면을 한 젓가락 올려 한 입에 넣으면 더 맛있게 먹을 수 있다.

추천 맛집

우리 입맛에도 잘 맞는 미꽝 한 그릇

비스 마켓 VY'S MARKET

2권
- **INFO** p.102
- **MAP** p.088l

◆위치 : 호이안　◆시원함 : ★★★

호이안의 이름난 음식을 모두 맛보고 싶다면 이곳으로. 호이안의 재래시장을 모티브로 한 푸드코트 형식의 레스토랑이다. 생긴 지 오래되지 않아 모든 시설이 새것. 청결함을 최우선적으로 생각하는 여행자라면 만족할 수밖에 없다. 평범한 푸드코트와 달리 일반 식당처럼 주문과 서빙을 담당하는 직원이 있어 더 편리하고 메뉴판에 사진이 첨부돼 있어 쉽게 주문할 수 있다. 미꽝, 쌀국수를 비롯한 면 요리와 넴루이, 반 쎄오를 추천. 우리 입맛에는 짠 편이지만 로컬 레스토랑보다는 짜지 않아 부담 없이 한 그릇 비울 수 있다. 호이안 야시장 입구에 있어 저녁 식사를 해결하기에 딱 좋은 위치라 지나가다 들르기도 좋다. 오후 3시부터 5시까지는 브레이크 타임이니 주의하자. 점원에게 잘 이야기하면 전자기기 충전도 할 수 있다.

구글 지도 GPS 15.875630, 108.325987　**찾아가기** 호이안 야시장 입구. 간판에는 냐 항 쩌 포(Nhà Hang Chợ Phố)라고 쓰여 있으니 주의　**주소** 3 Nguyễn Hoàng, Hội An, Quảng Nam　**전화** 235-392-6926　**시간** 08:00~15:00, 17:00~22:00　**휴무** 연중무휴
가격 미꽝 6만5000đ, 반 쎄오 6만5000đ, 넴루이 10만5000đ
홈페이지 http://tastevietnam.asia/vys-market-restaurant-hoi-an

반 쎄오 Bánh Xèo

우리나라에 전병이 있다면 베트남에는 반 쎄오가 있다. 쌀가루 반죽에 다양한 채소와 돼지고기, 해산물 등으로 속을 채워 넣은 후 기름에 튀긴 음식으로, 베트남 중부에서 주로 맛볼 수 있다. 다양한 식재료의 식감을 한 번에 느끼는 것이 반 쎄오의 진정한 매력인데, 쌀가루 반죽을 튀겨낼 때 나는 소리를 들으면 왜 이름을 '치익 소리(Xeo)가 나는 케이크(Banh)'라고 지었는지 알 것 같다. 한국 떡갈비와 비슷한 맛이 나는 '넴루이(Nem Lui)'를 곁들이면 맛이 배가된다.

 TIP 가격 단위를 확인하세요.
반 쎄오와 넴루이는 접시당(per dish) 가격이 아니라 조각/꼬치당(per piece/roll) 가격으로 표시하는 경우가 많아요. 바가지를 쓴 것은 아닌가 의심하기 전에 다시 한번 확인해보세요!

2권
ⓘ INFO p.035
ⓜ MAP p.028I

 TIP
코코넛 과자, 이곳에서 사세요!
반 쎄오 바즈엉으로 가는 길에 있는 골목 상점에서 파는 코코넛 과자는 다낭에서 가장 저렴해요. 가격이 양심적인 것은 물론이고, 많이 구입하면 할인해주거나 덤을 챙겨주기도 합니다.

골목 끝 반 쎄오집
반 쎄오 바즈엉 BÁNH XÈO BÀ DƯƠNG

◆위치 : 다낭 　◆시원함 : ★★

뜨내기 관광객들이 갑자기 많아지면 오랜 단골손님이 하나둘 발걸음을 돌리기 마련인데, 오히려 관광객과 현지인 모두 사랑하는 집이 됐다. 주문할 걸 알고 있었다는 듯 자리에 앉자마자 반 쎄오를 내주는 시스템. 금방 튀겨낸 반 쎄오에 넴루이를 추가하는 것이 주문 법칙이 됐다. 반 쎄오 재료로 사용하는 채소는 무한 리필이 가능하다. 반 쎄오는 접시당 가격으로, 넴루이는 꼬치당 가격으로 계산하니 주의하자. 바가지든 본의가 아니든 자칫 잔돈을 덜 받을 수 있다. 와이파이 가능.

ⓖ **구글 지도 GPS** 15.878399, 108.329980 　ⓗ **찾아가기** 용교에서 택시로 4분. 택시 기사에게 주소를 보여주는 것이 편하다. ⓐ **주소** k280/23, Hoàng Diệu, Bình Hiên, Đà Nẵng ☎ **전화** 236-387-3168 ⓢ **시간** 09:00~21:30 ⓗ **휴무** 연중무휴 ⓟ **가격** 반 쎄오(접시당) 5만5000đ, 넴루이(꼬치당) 5000đ ⊕ **홈페이지** 없음

반 쎄오 먹는 방법

Step 1 라이스페이퍼를 1장 펼치고 그 위에 상추 등 잎이 넓은 채소를 올린다.

Step 2 오이나 당근 등 채소를 올린다. 고수나 바질처럼 향이 많이 나는 채소는 기호에 따라 양을 조절해 넣으면 된다.

Step 3 튀김을 올린 뒤 라이스페이퍼를 반쯤 돌 돌 만다.

Step 4 넴루이를 꼬치 째 올린 후, 주먹을 쥐어 나무 꼬챙이를 빼낸다.

Step 5 완전히 만 반 쎄 오를 땅콩소스에 푹 찍어 먹는다.

보통 맛, 평균 이상의 깨끗함

쎄오 프라이&그릴 XEO FRY&GRILL

◆위치 : 다낭 ◆시원함 : ★★★★

반 쎄오집치고 깨끗한 곳이 드문데, 청결함이 최대 장점이다. 관광객 입맛에 맞춘 듯한 반 쎄오 맛도 꽤 괜찮고, 맛없기가 더 힘든 짜조도 합격점. 반 쎄오 먹는 방법 을 일일이 시연해주는 등 직원들의 친절도도 로컬 식당보다 낫다. 내가 좋으면 남 들도 좋은 법. 패키지 여행자가 많이 들르는 통에 시끄럽기 일쑤라는 것만 알아두 자. 혼자라면 일반 플레이트를, 여러 명이 나눠 먹을 거라면 '라지 플레이트(Large Plate)'라고 적힌 메뉴를 추천.

ⓢ **구글 지도 GPS** 16.062820, 108.220517 ⓖ **찾아가기** 용교에서 드엉쩐푸(Đường Trần Phú) 거리로 우회전한 후 호앙반투(Hoàng Văn Thụ) 거리로 좌회전, 도보 7분 ⓐ **주소** 75 Hoàng Văn Thụ, Q. Hải Châu, Tp. Đà Nẵng ☎ **전화** 1900-0375 ⓞ **시간** 09:00~22:00 **휴무** 연중무휴 ⓥ **가격** 새우 반 쎄오 6만5000₫(접시당), 소고기 반 쎄오 6만5000₫(접시당) ⓗ **홈페이지** http://xeo75.com/vi

2권
ⓘ INFO p.037
ⓜ MAP p.028F

인디언 푸드 Indian Food

은근히 세계 요리가 보편화된 다낭에서 최근 두각을 나타내는 것이 의외로 인도 요리다. 외국인 입맛에 맞춘 곳이 많아 향신료 사용이 덜한 것이 특징인데, 인도식 카레, 난, 탄두리 치킨 등의 식사 메뉴는 물론이고, 인도식 디저트도 많이 판매해 베트남 음식이 질리거나 입맛이 없을 때 한 번쯤 들르기 좋다.

2권
INFO p.061
MAP p.055F

2권
INFO p.061
MAP p.055D

가족끼리 들르기 좋은
패밀리 인디언 레스토랑
FAMILY INDIAN RESTAURANT

◆위치 : 다낭　◆시원함 : ★★★

이름부터 가족 친화적이다. 실내가 시원하고 아기 의자도 갖추었다. 청결도, 종업원의 접객 수준이나 영어 실력도 박수쳐줄 정도. 가족 단위 손님을 배려해 2·4인용 식탁이 대부분이며 음식 양도 많다. 카레 등 매운맛이 강한 메뉴는 매운 정도를 조절할 수 있고, 한국인에게 김치를 내주는 등 서비스도 남다르다. 새우를 넣은 요리는 평균 이상을 보장하며 커리도 좋은 선택. 참고로 커리 주문 시 밥은 추가해야 한다. 그렇지 않으면 커리만 덜렁 나오기도 한다.

Ⓖ **구글 지도 GPS** 16.0668790, 108.243309 Ⓖ **찾아가기** 알라카르트 호텔에서 드엉딘응해(Dương Đình Nghệ) 거리로 걷다가 호응힌(Hồ Nghinh) 거리로 좌회전. 구글맵 위치가 잘못 나와 있으니 조심하다. 도보 5분. Ⓐ **주소** 231 Hồ Nghinh, Phước Mỹ, Sơn Trà, Đà Nẵng Ⓣ **전화** 094-260-5254 Ⓣ **시간** 10:00~22:00 Ⓣ **휴무** 연중무휴 Ⓜ **가격** 탄두리 치킨 7만đ, 버터 난 3만5000đ, 프론 커리 11만5000đ, 코코넛 라이스 5만2000đ, 프론 맛살라 12만5000đ, 망고 라씨 4만5000đ Ⓗ **홈페이지** www.indian-res.com

깔끔한 맛
마하라자 인디언 레스토랑
MAHARAJA INDIAN RESTAURANT

◆위치 : 다낭　◆시원함 : ★★★★

패밀리 인디언 레스토랑보다 좀 더 깔끔한 맛이 특징이다. 식사 후 뒷맛이 덜하고 향도 덜한 것이 장점이지만, 그만큼 맛의 깊이도 얕은 것이 흠. 어쨌거나 한국 사람 입맛에는 잘 맞는다. 에어컨이 잘 나오는 실내 좌석과 작은 정원이 보이는 야외 좌석을 갖추었으며 무료 와이파이도 이용할 수 있다. 영어 메뉴판도 있으며 베지테리언 메뉴도 갖추었다. 영어 의사소통은 조금 부족한 수준. 포장 가능.

Ⓖ **구글 지도 GPS** 16.068892, 108.242850 Ⓖ **찾아가기** 알라카르트 호텔에서 드엉딘응해(Dương Đình Nghệ) 거리로 직진한 후 호응힌(Hồ Nghinh) 거리로 좌회전, 도보 3분 Ⓐ **주소** 04 Dương Đình Nghệ, Phước Mỹ, Sơn Trà, Đà Nẵng Ⓣ **전화** 090-197-3275 Ⓣ **시간** 08:00~23:00 Ⓣ **휴무** 연중무휴 Ⓜ **가격** 사프론 커리 11만5000đ, 플레인 난 2만8000đ, 치킨 브리야니 12만5000đ, 망고 라씨 4만5000đ Ⓗ **홈페이지** www.facebook.com/maharaja.danang

반미 Bánh Mì

지금이야 베트남 사람들이 밥과 쌀국수만큼이나 반미를 즐겨 먹는다지만, 원래 그랬던 건 아니다. 60년이 넘는 프랑스 식민지 시대(1883~1945)를 거치며 프랑스식 바게트 빵이 베트남에 전파됐고, 빵에 갖가지 재료를 넣어 샌드위치처럼 먹으며 베트남의 '국민 요리'가 된 것. 바게트 빵을 갈라 버터를 바르고, 그 안에 베트남에서 나는 식재료를 넉넉히 채워 넣으면 반미가 완성된다. 한 입 크게 베어 물면 〈론니플래닛〉에서 왜 '전 세계의 꼭 맛봐야 할 길거리 음식 10'으로 꼽았는지 이해가 될 것이다.

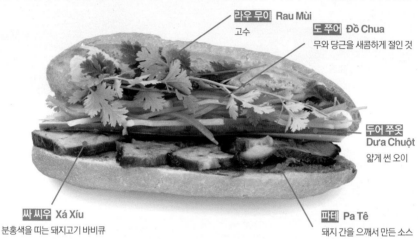

라우 무이 Rau Mùi
고수

도 쭈어 Đồ Chua
무와 당근을 새콤하게 절인 것

두어 쭈옷 Dưa Chuột
얇게 썬 오이

싸 씨우 Xá Xíu
분홍색을 띠는 돼지고기 바비큐

파테 Pa Tê
돼지 간을 으깨서 만든 소스

팃 응어이 Thịt Nguội
돼지고기 햄이나 소시지를 얇게 썬 것

팃 느엉 Thịt Nướng
양념 돼지고기를 불에 구워 얇게 썬 것

씨우 마이 Xíu Mại
돼지고기로 만든 베트남식 미트볼

차 루아 Chả Lụa
곱게 간 돼지고기를 바나나 잎에 감싼 후 찐 것

쯩 치엔 Trứng Chiên
달걀 프라이

지오 쑤 Giò Thủ
돼지 머리와 힘줄을 치즈 모양으로 넓적하게 만든 것

나에게 맞는 반미집은?

단짠단짠,
자극적인 음식을
좋아한다.
마담 칸

내 입맛에
잘 맞는 메뉴를
주문하고 싶다.
반미프엉

나름
베트남 음식에
일가견이 있다.
피반미

추천맛집

반미 여왕의 반미
마담 칸 MADAM KHANH

2권
ⓘ INFO p.099
ⓜ MAP p.086F

◆위치 : 호이안　◆시원함 : ★★
‖‖

좁디좁은 가게에 전 세계 사람들이 모두 모인다. 〈배틀트립〉 방송을 보고 온 한국인부터 트립어드바이저를 보고 온 서양인까지, 폭넓은 입맛을 만족시키기가 쉽지는 않을 텐데, 호이안 최고의 반미 맛을 자랑한다. 반미 메뉴는 단 두 가지. 믹스드(mixed)와 채식주의자를 위한 베지터리언(vegeterian). 매운 정도는 세 단계로 주문할 수 있는데, 중간이나 맵게 주문하면 보통 한국인 입맛에 잘 맞는다. '반미 퀸'이라는 별명으로 더 유명한 할머니와 사진 한 장 남기는 것도 잊지 말자. 포장 가능.

ⓖ **구글 지도 GPS** 15.880579, 108.327956 ⓖ **찾아가기** 광둥 회관 옆 하이바쫑(Hai Bà Trưng) 거리를 따라 걷다 쩐흥다오(Trần Hưng Đạo) 거리가 나오면 우회전한 후 좌회전, 도보 7분 ⓖ **주소** 115 Trần Cao Vân, Phường Minh An, tp. Hội An, Quảng Nam ☎ **전화** 077-747-6177 ⏱ **시간** 07:00~19:00 ⓖ **휴무** 연중무휴 ⓖ **가격** 믹스드 반미 2만đ, 음료수 1만5000đ

요리 연구가 앤서니 부르댕도 감탄한 곳
반미프헝 BÁNH MÌ PHƯỢNG

2권
ⓘ INFO p.099
ⓜ MAP p.087G

◆위치 : 호이안　◆시원함 : ★★★
‖‖

마담 칸과 쌍벽을 이루는 반미 맛집. 사실상 반미 메뉴가 하나뿐인 마담 칸과 달리 재료에 따라 다양한 메뉴를 갖추었다. 1, 2층에서 각각 주문받는 시스템으로, 1층은 대기 줄이 길고 정신 없지만, 2층은 사람이 적어 여유롭다. 3·5·12번 메뉴가 한국인에게 가장 인기 있다. 칠리소스와 고수는 입맛에 따라 선택할 수 있는데, 칠리소스가 꽤 매워서 반미를 먹고 난 후 입안 가득 여운이 남는다. 고의로 잔돈을 덜 주는 경향이 있으니 돈을 딱 맞춰주자.

ⓖ **구글 지도 GPS** 15.878508, 108.332004 ⓖ **찾아가기** 내원교에서 쩐푸(Trần Phú) 거리를 따라 직진하다가 호이안 시장이 나오면 좌회전한 후 우회전, 도보 9분 ⓖ **주소** 2B Phan Châu Trinh, Cẩm Châu, Hội An, Quảng Nam ☎ **전화** 090-574-3773 ⏱ **시간** 06:30~21:30 ⓖ **휴무** 연중무휴 ⓖ **가격** 믹스드 반미 2만5000đ, 바비큐 반미 2만5000đ, 비프 위드 에그 반미 3만đ ⓖ **홈페이지** http://tiembanhmiphuong.blogspot.jp

속 재료가 알차다
피반미 PHI BÁNH MÌ

2권
ⓘ INFO p.099
ⓜ MAP p.086B

◆위치 : 호이안　◆시원함 : ★★
‖‖

현지인들이 즐겨 찾는 반미집. 소스는 직접 만들고, 지역에서 수확한 농작물로 만드는 것을 원칙으로 한다. 다른 반미집에 비해 가격이 저렴하고 종류도 다양하다. 치즈, 달걀, 돼지고기, 허브, 아보카도를 넉넉히 넣은 '믹스 스페셜'이 가장 인기 높다. 한국어 메뉴판도 있다.

ⓖ **구글 지도 GPS** 15.881857, 108.326925 ⓖ **찾아가기** 광둥 회관 옆 하이바쫑(Hai Bà Trưng) 거리를 따라 걷다 타이피엔(Thái Phiên) 거리로 우회전, 도보 10분 ⓖ **주소** Cẩm Phô tp. Hội An Vietnam, 88 Thái Phiên, Phường Minh An, Hội An, Quảng Nam ☎ **전화** 090-5755-283 ⏱ **시간** 08:00~20:00 ⓖ **휴무** 연중무휴 ⓖ **가격** 반미 1만5000~2만5000đ, 믹스 스페셜 3만5000đ, 아보카도 추가 5000đ ⓖ **홈페이지** 없음

호안탄 Hoành Thánh(Fried Wanton) &모닝글로리 Rau Muống Xào Tỏi(Morning Glory)

호안탄

모닝글로리

'완탕'이라고 하면 따뜻한 국물과 마시듯 먹는 중국식 물만두를 생각하겠지만, 호이안에서는 전혀 다른 완탕인 호안탄을 맛볼 수 있다. 라이스페이퍼를 기름에 튀긴 뒤 닭고기나 돼지고기, 새우, 양파, 토마토 등 채소를 넉넉히 넣고 그 위에 소스를 뿌리는데, 나초처럼 바삭바삭한 식감과 새콤달콤한 소스 맛이 어우러져 밥을 부른다. 밥을 시키는 김에 공심채 볶음인 모닝글로리도 함께 주문해보자. 최고의 한 끼가 될 것이다.

> 모닝글로리는 기본적으로 양이 많아요. 혼자서 하나만 주문해도 다 먹지도 못할 때도 있죠. 3~4명이 모닝글로리 하나면 밥 한 끼 먹기에 충분한 양이랍니다.

추천맛집

2권
⊙ INFO p.101
⊙ MAP p.088F

위치가 좋다
모닝글로리
MORNING GLORY

◆위치 : 호이안 ◆시원함 : ★★★

베트남 요리 전문점. 본점과 분점이 작은 길하나를 사이에 두고 서 있다. 식사 시간이 아니라도 항상 관광객으로 붐벼 정신이 하나도 없다. 음식 맛은 괜찮지만 서비스나 친절함은 아예 기대하지 않는 것이 속 편하다. 특히 피크 타임엔 배짱 장사를 하기도 해 원성을 사기도 한다. 모닝글로리, 호안탄이 대표 메뉴. 1층 안쪽이나 2층이 좀 더 시원하다.

Ⓢ **구글 지도 GPS** 15.876599, 108.327312 Ⓘ **찾아가기** 내원교에서 응우옌타이혹(Nguyễn Thái Học) 거리를 따라 도보 2분
Ⓐ **주소** 106 Nguyễn Thái Học, Phường Minh An, Hội An, Quảng Nam Ⓣ **전화** 235-224-1555 Ⓞ **시간** 09:00~22:00
Ⓗ **휴무** 연중무휴 Ⓟ **가격** 모닝글로리 9만5000đ, 호안탄 9만5000đ

호이안에서 가장 인기 있는 집
미스 리
MISS LY

◆위치 : 호이안 ◆시원함 : ★★

1993년 개업한 호이안 전통 요리 전문점으로, 벽 하나를 사이에 두고 1, 2호점이 붙어 있다. 회전이 빠른 편인데도 손님이 엄청나게 몰려드는 탓에 개점 직후에 방문하지 않는 이상 20분은 꼼짝없이 기다려야 한다. 한국인이 많이 주문하는 메뉴 세 가지는 '호이안스페셜리티(Hoi An Specialities)'로, 메뉴판 제일 위에 있는 '호안탄+모닝글로리+볶음밥' 구성을 추천. 다른 로컬 레스토랑보다 음식이 좀 더 맵고 짠 편이니 밥을 넉넉히 주문하거나 맵지 않게 해달라고 부탁하자. 가격 대비 양이 좀 적은 편으로, 2명이 3~4가지를 주문하면 알맞다.

Ⓢ **구글 지도 GPS** 15.877701, 108.331214 Ⓘ **찾아가기** 내원교에서 쩐푸(Trần Phú) 거리를 따라 직진하다가 호이안 시장이 나오면 좌회전, 도보 7분 Ⓐ **주소** 22 Nguyễn Huệ, Minh An Ward, Cẩm Châu, Hội An, Quảng Nam Ⓣ **전화** 235-386-1603
Ⓞ **시간** 11:00~16:00, 17:00~21:00 Ⓗ **휴무** 매달 1회 부정기
Ⓟ **가격** 화이트 로즈 7만đ, 호안탄 11만đ, 새우 볶음밥 13만đ(총 금액의 5%가 팁으로 자동 부과)

2권
⊙ INFO p.100
⊙ MAP p.087G

반바오반박 Bánh Bao Bánh Vạc
(화이트 로즈 White Rose)

얇고 하얀 피에 다진 새우로 만든 소를 넣은 베트남식 만두로, 흰 장미가 핀 것처럼 생겼다고 해 '화이트 로즈'라는 별명으로 더 유명하다. 만두소에 신경을 더 많이 쓰는 한국과 달리 화이트 로즈는 피에 적지 않은 공을 들인다. 피를 씹는 식감이 얼마나 잘 살아 있는지가 관건. 쫀득하고 고소한 맛에 맥주가 술술 들어간다.

원조 화이트 로즈의 맛
화이트 로즈 레스토랑 WHITE ROSE RESTAURANT

◆위치 : 호이안　◆시원함 : ★★★

호이안의 화이트 로즈 대부분은 이곳에서 만든다. 화이트 로즈 공장이자 판매처인 셈. 그 많은 화이트 로즈를 생산해내려면 기계를 들일 법도 한데, 사람 손으로 일일이 만드는 것이 이곳의 원칙. 그 덕분인지 피가 더 쫀득쫀득하고 씹는 느낌도 아주 좋다. 메뉴는 단 두 가지. 화이트 로즈는 말할 것도 없고 호안탄도 평균 이상의 맛이다. 의도한 것인지는 몰라도 호안탄이 기름지고 느끼한 편이라 맥주를 계속 주문하게 된다. 직원이 별로 친절하지 않다는 점이 아쉽다.

Ⓖ **구글 지도 GPS** 15.883058, 108.325036 Ⓖ **찾아가기** 광둥 회관 옆 하이바쯩(Hai Bà Trưng) 거리를 따라 도보 10분. 생각보다 멀기 때문에 택시를 타는 것을 추천. '봉홍짱(Bông Hồng Trắng)'이라고 쓰인 간판을 찾으면 된다. Ⓐ **주소** 533 Hai Bà Trưng, Phường Cẩm Phô, Hội An, Quảng Nam Ⓣ **전화** 090-301-0986 Ⓣ **시간** 07:00~20:30 Ⓡ **휴무** 연중무휴 Ⓒ **가격** 화이트 로즈 7만₫, 호안탄 10만₫, 음료수 1만5000₫, 맥주 2만₫

2권
Ⓘ INFO p.100
Ⓜ MAP p.086 B

까오러우 Cao Lầu

호이안이 예전에 번성한 국제무역항이었다는 사실은 음식만 봐도 알 수 있다. 중국의 영향을 받은 호안탄, 프랑스 영향을 받은 반미, 일본식 소바를 베트남식으로 발전시킨 까오러우가 대표적인 예다. 까오러우는 우동 면처럼 굵은 쌀 면에 돼지고기, 고수, 채소를 넣고 양념을 뿌려 비벼 먹는 비빔국수로, 담백하고 구수한 맛이 일품. 면발에 탄력이 없어 자꾸 끊어지는 것이 나름의 매력인데, 면발에 뿌려놓은 쌀 과자와 함께 먹으면 까오러우 특유의 식감을 느낄 수 있다.

추천 맛집

모두가 인정하는 맛집
레드 게코 RED GECKO

◆위치 : 호이안 ◆시원함 : ★★★

이렇게 많은 메뉴가 전부 맛있기도 참 힘든데, 어떤 메뉴를 고르든 일단 절반의 성공이다. 그중 까오러우는 많은 이들이 입을 모아 칭찬하는 메뉴. 탱글 탱글 식감부터 남다른 면발이며, 씹을수록 진한 맛이 느껴지는 돼지 편육은 웬만한 까오러우 맛집보다 더 낫다. 향신료가 넉넉히 들어가는 다른 집과 달리 향신료가 적게 들어간다는 것도 여행자의 짧은 입맛에는 더 잘 맞는다는 평가. 구시가지에서 조금만 더 가까웠다면 하루 두 번씩 들르는 건데, 걷기엔 조금 멀고, 그렇다고 택시를 타기엔 망설여지는 거리라는 것이 아깝다. 냉방 시설이 없어 낮에는 조금 더울 수 있다.

새우튀김
Tôm Chiên
Giòn 8만đ

미꽝 Mì Quảng
5만đ

까오로우 Cao Lầu
5만đ

🛰 구글 지도 GPS 15.873911, 108.326010 ⓖ 찾아가기 호이안 야시장을 따라 직진. 야시장이 끝나는 지점 왼쪽, 도보 3분 ⊛ 주소 23 Nguyễn Hoàng, Phường Minh An, Hội An, Quảng Nam ☎ 전화 093-538-0423 ⏱ 시간 09:00~22:00 ✖ 휴무 연중무휴 💰 가격 까오러우 5만đ

2권
🅑 INFO p.100
📍 MAP p.080

SPECIAL PAGE

후에 궁중 음식

후에는 베트남에서 음식 문화가 가장 잘 발달한 곳이다. 응우옌 왕조의 수도였던 터라 궁중 음식이 발달했으며 서민들이 먹는 요리도 다양하다. 다른 지역에 비해 강수량이 적고 일조량이 풍부해 매운 고추 산지로도 유명한데, 그 덕에 베트남에서 가장 매콤한 음식을 맛볼 수 있는 지역이기도 하다.

01. 프랑스 음식 French Cuisine

오랜 기간 프랑스의 식민 지배를 받았던 만큼 프랑스 식문화가 생활 곳곳에 스며들어 있다. 특히 후에는 프랑스 문화가 가장 짙게 남아 있는 곳. 정통 프랑스 요리를 저렴한 가격에 맛볼 수 있어 미식가들의 사랑을 독차지하고 있다.

2권
ⓘ INFO p.135
ⓜ MAP p.126E

추천 맛집 레 르댕 드 라 카람볼
Les Jardins de La Carambole

현지인보다는 서양인에게 인기 좋은 프랑스 음식 전문점. 애피타이저부터 메인 디시, 후식까지 세트로 구성된 '메뉴 인도친(Menu Indochine)'이 인기 있다.

02. 분보후에 Bún Bò Huế

후에에서 맛볼 수 있는 소고기 쌀국수. 소 뼈를 오래 삶아 육수를 내고, 조리할 때 매운 고추를 넣어 국물 맛이 칼칼하다. 지금은 후에 어느 곳에서나 쉽게 만날 수 있는 대중적인 음식이지만, 원래는 응우옌 왕실에서 즐겨 먹던 궁중 요리였다.

2권
ⓘ INFO p.135
ⓜ MAP p.126B

추천 맛집 락티엔
LAC THIEN

분보후에로 유명한 집. 저렴한 가격은 물론 맛도 괜찮아서 현지인과 관광객 모두 즐겨 찾는다. 음식 맛은 좋지만, 조금 지저분하고 시끄러운 것이 단점.

04. 넴루이 Nem Lụi

곱게 다진 돼지고기를 레몬그라스 줄기에 꼬치처럼 꽂아 숯불에 구운 요리. 한국식 떡갈비 맛과 아주 흡사해 누구나 쉽게 먹을 수 있다. 넴루이만 먹는 일은 거의 없고 보통 반쎄오(반 꼬아이)와 함께 라이스페이퍼에 싸서 먹는다.

2권
ⓘ INFO p.135
ⓜ MAP p.127H

추천 맛집 한 레스토랑
HANH Restaurant

후에 특산 요리를 조금씩 맛보려면 이곳으로. 다섯 가지 요리를 저렴하게 판매해 여행자들에게 인기가 있다. 양이 적은 게 흠.

04. 반 꼬아이 Bánh Khoai &반 베오 Bánh Bèo

다낭에 반 쎄오가 있다면 후에에는 반 꼬아이가 있다. 반 쎄오처럼 새우, 돼지고기, 숙주나물을 쌀가루 반죽에 올려 부치는데, 쌀 반죽이 좀 더 두꺼운 것이 특징.
반 베오는 찐 쌀떡에 다진 새우살과 돼지고기, 고추 등 고명을 얹은 음식으로, 베트남 중부 지역에서 쉽게 맛볼 수 있는 요리다. 가격이 저렴하고 맥주와 궁합도 좋아 현지인들도 즐겨 먹는다.

추천 맛집 마담 뚜
Madam Thu

2권
ⓘ INFO p.135
ⓜ MAP p.127D

외국인 입맛의 후에 전통 음식을 판매한다. 로컬 레스토랑보다 깨끗하고 조용하며 음식 맛도 어디에 꿀리지 않는다.

MANUAL 02
인기 맛집

시간만 여유롭다면 맛집 순례라도 다녀보고 싶지만, 현실은 늘 시간에 쫓기는 신세다.
가뜩이나 짧디짧은 휴가, 한정된 시간 안에 모든 맛집을 섭렵할 수 없다면 일단 이곳부터 클리어!

지금 가장 핫한 곳은 여기!!

다낭만큼 뜨거운 도시가 또 어디 있을까?
끊임없이 새 레스토랑이 생겼다가도 없어지는 다낭에서 인기를 유지하기는 쉽지 않은 일.
근래 들어 당당히 왕좌를 차지한 곳을 소개한다.

맛있는 딤섬을 배 터지게 먹어보자

더 골든 드래건
The Golden Dragon

2권
- ⓘ INFO p.071
- ⓜ MAP p.067

◆위치 : 다낭 ◆시원함 : ★★★★★ ◆추천 대상 : 가족, 커플, 친구, 단체, 미식가

그랜드 머큐어 호텔 2층에 자리한 딤섬 전문 레스토랑. '올 유 캔 잇(All You Can Eat)'이라는 딤섬 뷔페 메뉴가 유명하다. 다양한 딤섬은 물론이고 볶음밥, 사이드 메뉴, 면, 디저트, 수프까지 메뉴판에 나와 있는 모든 메뉴를 무제한으로 맛볼 수 있다. 주문 즉시 조리해 가져다주는 방식이라 방금 쪄낸 딤섬을 먹을 수 있는 것이 가장 큰 특징. 우리나라에서 쉽게 접할 수 없는 딤섬도 다양하게 갖추었으며 재료로 아낌없이 사용해 홍콩이나 대만에서 먹는 것과 별반 다르지 않다. 요리하는 데 시간이 오래 걸리기 때문에 한꺼번에 다양한 메뉴를 주문하는 것이 속 편하다. 호텔 부속 레스토랑답게 분위기나 서비스가 수준급이다. 좌석이 많지 않아 하루 전에는 예약하는 것이 좋다. 나이에 상관없이 동일한 요금을 받아 미취학 아동 자녀가 있다면 가격이 부담될 수도.

ⓖ **구글 지도 GPS** 16.048296, 108.226952 ⓖ **찾아가기** 그랜드 머큐어 호텔 2층 ⓐ **주소** Lot A1 Zone of the Villas of Green Island, Hải Châu, Đà Nẵng ☎ **전화** 236-379-7777 ⓣ **시간** 11:30~14:00, 17:30~21:30 ⓗ **휴무** 월요일 ⓟ **가격** 1인당 55만đ(서비스 요금과 VAT 15% 별도) ⓦ **홈페이지** www.accorhotels.com

어떤 메뉴를 주문할까?

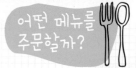

딤섬 뷔페 1인 50만đ
(서비스 요금 · VAT 별도)

메뉴판에 음식 카테고리별로 정렬이 잘 되어 있고 음식 사진을 첨부해 간단하게 주문할 수 있다. 딤섬과 볶음밥 종류는 두루두루 맛있다.

다낭 제일 맛집

피자 포피스
Pizza 4 P's

2권
ⓘ INFO p.035
◉ MAP p.028F

◆위치 : 다낭   ◆시원함 : ★★★★★   ◆추천 대상 : 혼자, 커플, 가족

'베트남까지 와서 굳이 피자?'라고 생각했다면 속은 셈치고 이곳만이라도 들러보자. 하노이에 본점을 둔 체인 피자 전문점으로, 우리 입맛에도 잘 맞는다. 달랏 고지대의 신선한 치즈와 유기농 농산물을 사용하는데, 특히 일본 홋카이도 출신의 치즈 장인이 만든 치즈가 예술이다. 매장 한가운데 커다란 화덕이 있어 피자 만드는 과정을 눈으로 한번 맛보고 나면 갓 구운 피자가 어느새 앞에 놓여 있다. 우리나라에 비하면 정말 싼 가격. 만나는 사람마다 입이 닳도록 칭찬하는 이유가 있다.

ⓖ **구글 지도 GPS** 16.062759, 108.222870 ⓡ **찾아가기** 다낭 대성당에서 드엉쩐푸(Đường Trần Phú) 거리를 따라 참 조각 박물관 방향으로 도보 6분 ⓐ **주소** 8 Hoàng Văn Thụ, Phước Ninh, Hải Châu, Đà Nẵng ☎ **전화** 28-3622-0500 ⓣ **시간** 10:00~22:00(L.O 21:30) ⊖ **휴무** 연중무휴 ⓒ **가격** 오리지널 치즈 피자 3치즈 18만đ · 4치즈 24만đ · 5치즈 28만đ, 망고 파마 햄 랩 13만5000đ ⓗ **홈페이지** http://pizza4ps.com

어떤 메뉴를 주문할까?

오리지널 치즈 피자 3치즈
Original Cheese Pizza
3cheese 18만đ

망고 파마 햄 랩 Mango
Parma Ham Wrap
13만5000đ

시그너처(Signature)나 오리지널(Original) 피자를 고르면 실패는 없다. 다른 건 몰라도 신선한 치즈를 종류별로 맛볼 수 있는 하우스 메이드 치즈 피자(House Made Cheese Pizza)를 놓치지 말자. 성인 2명 기준 풀사이즈 피자 한 판에 애피타이저 1~2가지면 알맞다. 사진이 첨부된 메뉴판이 있어 쉽게 주문할 수 있다.

버섯의 혁명

레볼루션 오브 머시룸
Revolution of Mushroom

◆위치 : 다낭 ◆시원함 : ★★★★★ ◆추천 대상 : 베트남 음식을 잘 못 먹는 사람,
어르신이 있는 가족

2권
ⓘ INFO p.036
ⓜ MAP p.028F

식사 시간만 되면 가게 앞이 오토바이 주차장이 된다. 현지인이 인정하는 맛집이라
는 뜻이다. 다낭에서 맛과 가격, 분위기까지 완벽한 곳이 드문데, 이곳은 모든 부분
이 사랑스럽다. 버섯을 넣은 베트남 가정식을 전문으로 하는데 향신료나 조미료를
최소한으로 사용해 슴슴하고 깔끔한 맛을 낸다. 건축가의 감각이 돋보이는 인테리
어, 집에 가져다 놓고 싶은 고풍스러운 가구도 또 하나의 볼거리다. 인기 있는 집이
라 자리가 나기를 기다리는 손님들도 많다. 직원들의 영어 실력도 괜찮고 접객 수
준도 높은 편이다.

ⓢ 구글 지도 GPS 16.0628807, 108.2195180 ⓓ 찾아가기 용교에서 응우옌 반 린(Nguyễn
Văn Linh) 거리를 따라 걷다가 판 추 틴(Phan Châu Trinh) 거리로 우회전, 도보 9분
ⓐ 주소 87 Đường Hoàng Văn Thụ, Phước Ninh, Hải Châu, Đà Nẵng
ⓣ 전화 097-878-2456 ⓣ 시간 09:00~21:30 ⓗ 휴무 연중무휴
ⓗ 홈페이지 http://revolutionofmushroom.com

어떤 메뉴를
주문할까?

2인 기준 에피타이저 메뉴 하나
와 메인 메뉴 하나면 배부르게
먹을 수 있다.

바나나 플라워 샐러드
Banana Flower Salad 7만đ

바나나 꽃으로 만든 샐러드.
새콤달콤한 맛이 입맛을 살아나게 한다.

소야 밀크
Soya Milk 2만đ

달콤하고 구수한 홈
메이드 소야 밀크로
입가심하면
한 끼 식사 뚝딱!

에그플랜트 머시룸
Eggplant Mushroom Sauced 7만đ

버섯을 넣은 것으로 고르면 웬만하면 맛있는데,
가지와 버섯을 넣고 특제 소스에 볶아낸
에그플랜트 머시룸이 가장 인기있는 메뉴.

세계인의 맛집
하이 레스토랑
HI! Restaurant

2권
ⓘ INFO p.099
◎ MAP p.089K

◆위치 : 호이안　◆시원함 : ★★　◆추천 대상 : 혼자, 커플, 가족

사람 입맛은 다 똑같나 보다. 많고 많은 식당 중 유독 이곳만 손님이 바글바글해서 실내에 온갖 언어가 뒤섞인다. 에어컨이 있는 것도 아니고 쉴 새 없이 팔리며 다리를 물어뜯는 모기와 전쟁을 치러야 하지만, 이 집 음식을 맛보고 나면 그쯤이야 눈감아줄 수 있다는 생각이 든다. 그리고 푸짐한 양과 안주인의 남다른 손맛이 생각나 자꾸만 불편함을 기꺼이 감내하고 싶어진다. 좀 더 시원한 밤에 찾아가면 그 고생이 덜하다.

⑤ **구글 지도 GPS** 15.875095, 108.328381 ◎ **찾아가기** 호이안 야시장에서 강변을 따라 도보 5분 ◉ **주소** #15, Nguyễn Phúc Chu, An Hội, Minh An, Tp. Hội An, Quảng Nam ☎ **전화** 093-253-9902 ◉ **시간** 09:00~21:00 ◉ **휴무** 연중무휴

어떤 메뉴를 주문할까?

호안탄

짜조

화이트 로즈

까오러우

모닝글로리

세트 메뉴
○○천국 저리 가라 할 정도로 다양한 메뉴. 문제는 대부분 맛이 있어 선뜻 고르기 힘들다는 것이다. 이럴 때는 간판 메뉴만 모아놓은 세트 메뉴를 주목해보자. 단돈 8달러면 호안탄, 화이트 로즈, 까오러우, 짜조 등 호이안의 특산 요리를 모두 맛볼 수 있다.

⑤ **가격** 1인당 8$

현지인 맛집

관광객만 바글거리는 음식점도 좋지만, 이왕이면 현지인의 식탁에 앉아보자.
여태 몰랐던 베트남의 맛을 이곳에서 느낄 수 있을지도.

꼭꼭 숨겨져 있는, 그래서 더 특별한

남단 레스토랑
Năm Đảnh

2권
ⓑ INFO p.063
ⓜ MAP p.054A

◆위치 : 다낭 ◆시원함 : ★ ◆추천 대상 : 혼자, 커플, 저예산

관광객보다 현지인이 더 많은 해산물 레스토랑. 모든 메뉴가 6만đ(한화 약 3000원)
으로 고정돼 있다. 낸 돈을 생각하면 음식 양이나 맛도 딱 그 수준일 법도 한데, 가
격 생각 않고 푸짐한 양과 맛으로 승부한다. 식재료의 질도 이 가격으로는 도저히
기대할 수 없는 수준. 흠집 잡을 것 하나 없는 음식과 달리 청결도는 처참해 아이가
있거나 가족 여행객이라면 여러모로 부족할 수 있다. 영어로 의사소통하기 힘들지
만, 사진이 첨부된 영어 메뉴판이 있다.

ⓖ 구글 지도 GPS 16.102210, 108.253261 ⓒ 찾아가기 미케 비치에서 자동차로 7분, 골목길로
5분 더 걸어야 한다 ⓐ 주소 139/59/38 Trần Quang Khải, Thọ Quang, Sơn Trà, Đà
Nẵng ⓣ 전화 090-533-3922 ⓞ 시간 10:00~21:00 ⓡ 휴무 연중무휴

🔍 TIP
남단 레스토랑 쉽게 찾아가기
자동차가 들어갈 수 없는 골목에 위치
해 약 400m를 걸어 들어가야 한다.

Step 1 택시나 그랩 카 기사
에게 남단 레스토랑으로
가달라고 얘기하면 열에
아홉은 이곳에 내려준
다. 여기서부터는 걸어가
야 한다.

Step 2 골목을 따라 걸어
가면 갈림길이 나오는
데, 전봇대에 남단 레스
토랑 이정표가 붙어 있다.

Step 3 아까보다 더 좁은 골
목을 따라 직진하면 파란
대문 집이 나오고, 또 다
른 이정표가 보인다. 이
정표가 가리키는 방향으
로 우회전

Step 4 조금만 더 걸어 들
어가면 식당이 보인다.
이름이 비슷한 식당이 꽤
많기 때문에 반드시 주소
를 먼저 확인하고 들어가자.

어떤 메뉴를 주문할까?

모든 음식에 고수를 비롯한 향신료를 넉넉히 넣는 편이다. 익숙하지 않다면 향신료를 넣지 말
아달라고 얘기하거나 구이 요리 위주로 주문하자.

믹스드 페이퍼 스네일
Mixed Paper Snail

우렁이찜. 마늘 플레이크, 양파 등을 넉
넉히 넣어 새콤달콤한 맛이 입안에 맴돈
다. 밥반찬으로도, 안주용으로도 좋다.

ⓢ 가격 6만đ

스파이시 옥토퍼스
Spicy Octopus

매콤한 마늘 양념이 가히 중독된다. 흰
쌀밥에 양념을 넣어 슥슥 비벼 먹어도 맛
있지만, 맥주 안주로 딱이다. 매운 음식
좋아하는 사람들이 딱 좋아할 만한 정도
로 맵다.

ⓢ 가격 6만đ

그릴드 슈림프
Grilled Shrimp

역시 베트남 새우는 맛있다. 밑간한 상태
로 구워 양념 없이도 밥 한 그릇 뚝딱 비
운다.

ⓢ 가격 6만đ

맛은 기본, 가격은 덤

레드 게코
RED GECKO

2권
⊙ INFO p.100
⊙ MAP p.086

◆위치 : 호이안   ◆시원함 : ★★   ◆추천 대상 : 가족, 혼자, 커플, 저예산

식당은 참 많은데 제대로 된 식당 찾기가 생각보다 힘든 호이안 야시장에서 맛 좋기로 소문난 곳이다. 호이안과 꽝남 지역 전통 음식을 전문으로 하는데, 어떤 메뉴를 주문하든 평균치 이상은 한다. 손님이 많은 저녁부터는 주문한 음식이 나오기까지 한참 걸리는 경우도 많고, 음식 맛의 기복도 조금 있는 편이다. 제대로 된 식사를 하려거든 오후에 찾아가보자. 찌는 듯한 무더위를 버텨낼 재간이 있다면 말이다.

ⓖ **구글 지도 GPS** 16.102210, 108.253261 ⓖ **찾아가기** 호이안 야시장을 따라 직진, 야시장이 끝나는 지점 왼쪽, 도보 3분 ⓖ **주소** 23 Nguyễn Hoàng, Phường Minh An, Hội An, Quảng Nam ⊖ **전화** 093-538-0423 ⓛ **시간** 09:00~22:00 ⊖ **휴무** 연중무휴

어떤 메뉴를 주문할까?

메뉴 대부분 만족도가 높다. 그중에서도 호이안 전통 음식(Hoi An Specialities) 이 인기 있는데, 메뉴 한 가지에 한화 3000~4000원꼴이라 아무리 먹어도 1인당 1만 원을 넘지 않는다. 사진이 첨부된 영어 메뉴판이 있어 주문도 편하다.

새우튀김 Tôm Chiên Giòn 8만đ

미꽝 Mì Quảng 5만đ

까오러우 Cao Lầu 5만đ

역시는 역시다
서린 퀴진 레스토랑
SERENE Cuisine Restaurant

2권
ⓘ INFO p.134
ⓜ MAP p.127 D

◆위치 : 후에   ◆시원함 : ★★★★★   ◆추천 대상 : 혼자, 커플, 가족

이력이 대단하다. 트립어드바이저에 등록된 267개 레스토랑 중 당당히 2위를 차
지하고, 최근에는 2017 우수 시설상(Certificate of Excellence)을 수상했다. 반베
오, 분보후에(후에식 쌀국수) 등 후에 전통 음식을 외국인 입맛에 딱 맞춰 내놓는
데, 후에에서는 보기 힘든 퀄리티의 음식과 근사한 분위기까지 더해져 이제는 현
지인보다 외국인에게 더 유명한 레스토랑이 됐다. 무료 샐러드, 맥주 1+1 등 시간
대별로 다른 프로모션 이벤트도 열어 여럿이 갈수록 이득이다. 택시 기사들도 레
스토랑 위치를 모르는 경우가 많은데, 서린 팰리스 호텔(Serene Palace Hotel)에
가달라고 하거나 주소를 보여주는 것이 확실하다.

Ⓖ **구글 지도 GPS** 16.470278, 107.597259 Ⓖ **찾아가기** 서린 팰리스 호텔(Serene Palace
Hotel) 2층. 택시를 타는 것이 좋다. Ⓐ **주소** kiet 56 Nguyễn Công Trứ tổ 15, Phú Hội,
tp. Huế, Thừa Thiên Huế Ⓣ **전화** 234-394-8585 Ⓣ **시간** 11:00~22:00 Ⓣ **휴무** 연중무휴
Ⓗ **홈페이지** http://serenecuisinerestaurant.com

어떤 메뉴를 주문할까?

손님 중 열에 아홉이 주문하는 메뉴는
'스페셜 세트 메뉴'. 포멜로 샐러드, 넴루
이(숯불 돼지고기 꼬치), 반베오, 분보후
에 등 후에 전통 음식을 저렴한 가격에
맛볼 수 있어 인기 높다. 메뉴판에는 2명
부터 주문 가능하다고 적혀 있지만, 혼
자서도 반 가격에 주문 가능하다. 식후
에는 커피나 차를 무료로 제공한다.

스페셜 세트 메뉴 2인 27만9000đ

로컬 느낌 물씬

한 레스토랑
HANH Restaurant

2권
ⓘ **INFO** p.135
◎ **MAP** p.127-H

◆위치 : 후에   ◆시원함 : ★★   ◆추천 대상 : 가족, 혼자, 커플, 저예산

'아무리 물가가 싼 베트남이지만 이 가격, 진짜가?' 싶다. 반베오, 반 꼬아이, 넴루이, 반 꾸온 띳 느엉, 넴란 등 다섯 가지 후에 전통 음식을 맛볼 수 있는 세트 메뉴가 우리 돈 6000원 남짓이다. 모든 음식을 한 번에 차리지 않고 전채부터 디저트까지 순서에 맞게 하나씩 내주는 식. 그 덕에 직원들은 정신없이 왔다 갔다 하고, 손님상에는 빈 접시가 가득 쌓인다. 젓가락질 몇 번이면 바닥이 보일 만큼 양은 적지만, 음식 맛이 아쉬움을 단번에 메워준다. 바닥엔 쓰레기가 널려 있고, 식탁 위에는 개미, 천장에는 도마뱀이 기어 다녀도 빈자리 찾기 힘든 이유가 있었다.

Ⓢ **구글 지도 GPS** 16.466284, 107.595023 ◎ **찾아가기** 여행자 거리에서 도보 5분
Ⓐ **주소** 11 Phó Đức Chính, Phú Hội, Tp. Huế, Phú Hội ☐ **전화** 035-830-6650
Ⓣ **시간** 10:00~21:00 ⊝ **휴무** 연중무휴 ☐ **홈페이지** http://banhkhoaihanh.com

어떤 메뉴를 주문할까?

세트 메뉴 12만đ

스프링롤

짜조

반 베오

넴루이

반 꼬아이

자리에 앉기가 이렇게 힘들어서야

마담 뚜
Madam Thu

◆위치 : 후에   ◆시원함 : ★★★   ◆추천 대상 : 커플, 가족

2권
ⓘ INFO p.135
ⓜ MAP p.127D

외국인 입맛에 맞는 후에 전통 음식을 판매하는 곳. 어차피 맛이 비슷하다면, 가격이 1000원 한 장 차이라면 한 끼 식사를 하더라도 제대로 된 곳에서. 그런 마음으로 찾아온 손님들로 밥때 되면 자리가 없다. 하기야 로컬 레스토랑보다 깨끗하고 조용하다는 것만으로도 합격. 외국인들이 즐겨 찾는 메뉴와 과일, 마실 거리까지 골라 담은 세트 메뉴와 베지테리언 메뉴도 다양하게 갖추었으며 정갈한 음식 맛도 어디에 꿀리지 않는다. 손님을 진심으로 대하는 그 미소와 음식값 일부를 가난한 지역 아이들을 위해 기부한다니, 마음 씀씀이도 착하다.

ⓖ 구글 지도 GPS 16.469850, 107.595776 ⓖ 찾아가기 여행자 거리에서 도보 2분
ⓐ 주소 45 Võ Thị Sáu, Phú Hội, Thành phố Huế, Thừa Thiên Huế ☎ 전화 234-368-1969 ⏱ 시간 11:00~22:00 ■ 휴무 연중무휴 ▦ 홈페이지 www.madamthu.com

어떤 메뉴를 주문할까?

반 베오

호박죽

세트 메뉴 2인 15만d

넴루이 · 반 쎄오 · 짜조

돼지고기 볶음

가지 볶음

한국인 여행자 맛집

현지인들이 아무리 좋아한다고 해도, 내 입맛에 안 맞으면 말짱 꽝.
입맛 비슷비슷한 한국인이 즐겨 찾는 레스토랑만 가도 최악은 면할 수 있다.

인기가 식을 줄을 모르네

마담 란
Madame Lan

2권
ⓘ INFO p.048
◎ MAP p.044B

◆위치 : 다낭   ◆시원함 : ★★   ◆추천 대상 : 베트남 여행이 처음인 사람, 가족

택시를 타고 "마담 란 가주세요" 한마디에 "코리아?"라는 질문이 되돌아오는 걸
보면 한국인이 참 많이 찾는 곳이 맞는 것 같다. 그 유명세에 비해 맛은 평범 그 자
체. 손님이 너무 많이 몰릴 때는 주문이 엉키거나 음식이 오랫동안 나오지 않기도
해 만족도도 예전만 못하다. 그래도 웬만큼 맛있고 베트남의 대표적인 요리는 이
곳에 모두 있으니 베트남 여행이 처음이라면 한 번쯤 들러보는 것도 나쁘지 않은
선택일 듯. 길을 안전하게 건널 수 있도록 직원이 안내해주는 것도 고맙다. 음식
메뉴 중에서는 고이꾸온, 분짜, 퍼 가를 추천.

ⓖ 구글 지도 GPS 16.081523, 108.223343 ◉ 찾아가기 노보텔에서 박당(Bach Dang) 거리를
따라 도보 6분 ◉ 주소 4 Bạch Đằng, Thạch Thang, Hải Châu, Đà Nẵng
☎ 전화 236-361-6226 ⏰ 시간 06:30~21:30 ◉ 휴무 연중무휴
◉ 홈페이지 www.madamelan.vn

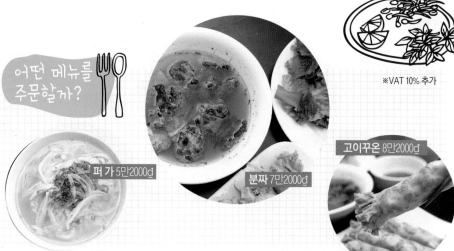

어떤 메뉴를
주문할까?

※VAT 10% 추가

고이꾸온 8만2000₫

퍼 가 5만2000₫

분짜 7만2000₫

줄을 서시오

람비엔
Lam Vien

2권
ⓘ INFO p.071
ⓜ MAP p.067D

◆위치 : 다낭   ◆시원함 : ★★★★   ◆추천 대상 : 가족, 커플

예약 없이 갔다가는 퇴짜 맞기 딱 좋은 레스토랑. 베트남 음식을 전문으로 하는데, 물가 대비 가격대가 높지만 우리 입에 잘 맞는다. 람비엔 스프링롤, 칠리 솔트 프론(Grilled Prown with Chilli Salt), 시푸드 샐러드 등이 인기 있는 메뉴. 메뉴판에 사진이 첨부돼 있고, 한국어 메뉴판도 갖추어 주문은 어렵지 않지만 번역이 어설퍼 정확하게 주문하려면 직원의 도움을 받는 것이 좋다. 식탁을 여유 있게 배치하고 실내가 시원해 가족이나 단체에게도 좋은 선택. 2017 APEC 기간 중 문재인 대통령을 비롯한 세계 각국 정상이 이곳에서 식사를 했다고. 식사 시간에는 오래 기다려야 할 수도 있는데, 오후 2시부터 6시까지는 예약 없이도 식사 가능하다. 양이 적어 1인당 2만 원 정도 생각해야 하며 서비스 요금 5%가 부과된다.

ⓖ **구글 지도 GPS** 16.042137, 108.246607 ⓒ **찾아가기** 프리미어 빌리지 앞 쩐 반이으(Trần Văn Dư) 거리에 위치, 도보 2분 ⓐ **주소** 88 Trần Văn Dư, Mỹ An, Ngũ Hành Sơn, Đà Nẵng ☎ **전화** 236-395-9171 ⓣ **시간** 11:30~21:30 ⓗ **휴무** 연중무휴
ⓗ **홈페이지** http://lamviendanang.com

어떤 메뉴를 주문할까?

시푸드 샐러드 18만5000đ

그릴드 프론 위드 칠리 솔트 20만5000đ

람비엔 스프링롤 15만đ

입소문이 무섭다

덴롱
Đèn Lồng

2권
ⓘ INFO p.048
Ⓜ MAP p.044A

◆위치 : 다낭　◆시원함 : ★★★★　◆추천 대상 : 커플, 어르신이 있는 가족, 단체

나만 알고 싶었던 곳인데, 이제는 너무 유명해져버렸다. 하노이의 티엔드엉(Thien Duong)을 비롯한 베트남 각지의 유명 레스토랑을 거친 응우엔 흐우싸우 셰프가 2015년에 차린 곳으로, '덴롱'이라는 상호는 베트남어로 '호롱불'을 뜻한다고. 일부러 멀리서 찾아오는 손님까지 있는 걸 보면 '맛으로 세상을 밝히고 싶다'는 그의 바람이 이뤄졌구나 싶다. 베트남 전통 가정식을 내놓는데, 가격이 비싸지만 향이 강하지 않은 순수한 맛을 한 접시에 가득 담았다. 첫 숟갈은 심심하다고 느낄 수 있지만, 먹다 보면 술술 넘어가는 수프 호안탄(Súp Hoành Thánh/35번 메뉴)과 느억맘 소스에 모닝글로리를 볶아 밥반찬으로 좋은 모닝글로리 볶음(Rau Mống Xao Tỏi/15번 메뉴)을 추천. 음식 양을 고를 수 있어 여럿이 식사하기도 좋다.

ⓖ **구글 지도 GPS** 16.079813, 108.218437　ⓐ **찾아가기** 노보텔에서 도보 12분
ⓐ **주소** 71 Lý Thường Kiệt, Thạch Thang, Q. Hải Châu, Đà Nẵng
ⓒ **전화** 236-388-7377　ⓒ **시간** 11:30~15:30(L.O 14:45), 17:30~21:45(L.O 21:00)
ⓒ **휴무** 부정기　ⓒ **홈페이지** http://denlong-danang.com

어떤 메뉴를
주문할까?

수프 호안탄 9만8000đ

모닝글로리 볶음 6만2000đ

한국사람 입에 맞는 스테이크

바빌론 스테이크 가든
BABYLON STEAK GARDEN

◆위치 : 다낭   ◆시원함 : ★★★   ◆추천 대상 : 가족 여행자

다낭이 뜨더니 이곳이 덩달아 유명해졌다. 예능 프로그램 〈원나잇 푸드트립〉이 전파를 타고 난 뒤 유명세를 얻게 된 것. 돌판 스테이크가 이 집 명물인데, 한 입에 먹기 좋도록 고기를 잘게 자른 뒤 구워주기 때문에 젓가락질만 열심히 하면 된다. 스테이크 육질이 부드럽고 기본 찬으로 김치와 샐러드, 감자튀김이 나와 베트남 음식이 질릴 때 한 번쯤 가기 좋다. 직원들의 응대 태도도 좋고 가족석도 마련돼 있어 가족 단위 손님이 많은 편. 여기가 베트남인지 한국인지 분간이 안 될 정도로 한국인 손님이 많은 것도 이해는 된다. 단, 스테이크 외의 메뉴는 가격 대비 맛이나 만족도가 많이 떨어진다. 1호점보다 2호점이 더 깔끔하고 시원하다.

2권
ⓘ INFO p.060
ⓟ MAP p.055ⓓ

어떤 메뉴를 주문할까?

2호점 Ⓖ 구글 지도 GPS 16.070383, 108.241983
◎ 찾아가기 알라카르테 호텔에서 팜반동(Phạm Văn Đồng) 거리를 따라 도보 6분 ● 주소 18 Phạm Văn Đồng, An Hải Bắc, Son Trà, Đà Nẵng ● 전화 098-347-4969
🕐 시간 10:00~22:00 ● 휴무 연중무휴

초이스 텐더로인 Choice Tenderloin
(미국산/250g) 45만đ

아, 옛날이여!
워터프런트 레스토랑
Waterfront Restaurant

2권
ⓑ INFO p.037
ⓞ MAP p.029C

어떤 메뉴를 주문할까?

베트나미즈 샘플러 16만 5000đ

◆위치 : 다낭 ◆시원함 : ★★ ◆추천 대상 : SNS를 활발히 하는 사람, 힙스터

한강변에 자리한 모던 유러피언&베트남 퀴진 레스토랑. 화려한 유명세를 좇아 개별 여행자는 물론이고 이제는 중국 패키지 여행자도 단체로 찾아오는 곳이 됐다. 어떨 때는 '명당'이라 불리는 2층 전체가 중국인 차지가 되기도 해 일반 손님들은 구석 자리에 겨우 앉아야 하는 경우가 많다. 분위기도 예전만 못하니, 옛 단골손님들이 찾지 않는 추세. SNS 사진 몇 장을 위해서라면 베트남 요리를 한 입 크기로 만든 '베트나미즈 샘플러(Vietnamese Sampler)'를 추천. 그게 아니라면 라이브 뮤직 공연을 즐길 수 있는 매주 금 · 토요일 저녁이나 해피 아워(17:30~18:30)를 노리자.

ⓢ 구글 지도 GPS 16.067042, 108.224650 ⓞ 찾아가기 다낭 대성당에서 도보 3분, 브릴리언트 호텔 바로 옆 ⓐ 주소 150 Bạch Đằng, Hải Châu 1, Đà Nẵng ⓞ 전화 236-384-3373 ⓣ 시간 09:00~23:00 ⓞ 휴무 연중무휴 ⓞ 홈페이지 http://waterfrontdanang.com

이제는 거품을 걷어낼 때
버거 브로스
Burger Bros

1호점 2권
ⓑ INFO p.071
ⓞ MAP p.067D

2호점 2권
ⓑ INFO p.049
ⓞ MAP p.044A

◆위치 : 다낭 ◆시원함 : 1호점 ★ 2호점 ★★★
◆추천 대상 : 호텔 방 안에서 한 발짝도 안 나가고 싶은 사람

'맛이 없는 건 아닌데, 큰 기대를 갖고 갔다가는 실망하는 집'. 이곳을 가장 냉정하게 평가하는 말이 아닐까. 주문 즉시 만들어주는 수제 햄버거 맛도 좋고, 재료도 신선한 편인데, 유명세가 햄버거 맛을 앞지른 느낌. 가격도 비싸서 질소 과자를 먹는 기분이다. 호텔 룸서비스를 시켜 먹기 아까울 때 배달 서비스로 주문한다면 모를까, 일부러 찾아가 줄 서서 먹기엔 이곳보다 맛있는 집이 널리고 널렸다. 1호점은 에어컨도, 선풍기도 없으니 최근에 생긴 2호점으로 가자.

어떤 메뉴를 주문할까?

미케 버거 14만đ

1호점 ⓢ 구글 지도 GPS 16.102210, 108.253261 ⓞ 찾아가기 아바타 호텔에서 도보 3분
ⓐ 주소 31 An Thượng 4, Mỹ An, Ngũ Hành Sơn, Đà Nẵngm
ⓞ 전화 094-557-6240 ⓣ 시간 11:00~14:00, 17:00~심야 ⓞ 휴무 연중무휴
ⓞ 홈페이지 http://burgerbros.amebaownd.com

2호점 ⓢ 구글 지도 GPS 16.079402, 108.219937 ⓞ 찾아가기 노보텔에서 도보 9분
ⓐ 주소 4 Nguyễn Chí Thanh, Thạch Thang, Q. Hải Châu, Đà Nẵng ⓞ 전화 093-192-1231 ⓣ 시간 10:00~14:00, 17:00~22:00 ⓞ 휴무 연중무휴

MANUAL 03
가족 레스토랑

아이, 가족과 함께 가면 좋은 레스토랑

끼니때가 되면 여행 준비를 한 사람의 어깨가 무거워진다.
차라리 남이라면 덜할 텐데, 내 가족이 먹을 거라고 생각하면 쉽게 쉽게 결정할 수도 없는 일.
입맛에 잘 맞을지, 너무 덥지 않은지, 가격이 적당한지.
이번에는 걱정 대신 "덕분에 잘 먹었다"는 칭찬을 들어보자.

추천 가족 레스토랑을 비교해보자!

레스토랑	접근성	편의 시설	가격(4인 기준)	추천 대상
소피아 부티크 호텔	★★★★	에어컨	45만₫~	더위에 약한 사람, 아이들과 함께
오리비	★★★	선풍기, 콘센트	85만₫~	가격보다 분위기를 중요시하는 사람
뱁 헨	★★★★	선풍기	40만₫~	어르신이 있는 가족
아이 러브 비비큐	★★★★	아기 의자, 와이파이, 에어컨, 콘센트	70만₫~	음식 투정이 심한 아이와, 한국말이 통하는 곳을 찾을 때
마이 카사	★★★	선풍기, 콘센트	80만₫~	초등학생 이상 아이들과
해피 허트 카페	★★★★★	와이파이, 에어컨	50만₫~	호텔 아침 식사가 불만일 때, 아이들과 함께
육해공	★★★★	와이파이, 에어컨, 콘센트	70만₫~	모든 가족이 만족할 식사를 하고 싶을 때
파파스 치킨	★★	에어컨, 콘센트	40만₫~	밥보다 야식을 찾는다면

베트남에 왔으니 베트남 음식을 먹자!

베트남 음식을 먹긴 해야겠는데, 인기 맛집은 너무 복잡하고, 그렇다고 로컬 식당에 가자니 가족들 입맛에
잘 맞을지 걱정이라면 일단 이곳부터. 검증된 맛은 기본, 편안함은 덤으로 챙길 수 있다.

맛과 분위기 모두 놓칠 수 없다면

소피아 부티크 호텔
Sofia Boutique Hotel

2권
ⓘ INFO p.060
◉ MAP p.055D

◆위치 : 다낭 ◆시원함 : ★★★★

참 억울했을 게다. 가격으로 보나 맛으로 보나 어디에 밀릴 만한 곳이 아닌데, 하필이면 바로 옆집이 유명한 레스토랑이다. 하지만 단골 입장에선 그래서 더 좋은 곳. 호텔 부속 레스토랑답게 응대도 기본 이상, 분위기도 이 정도면 부족함이 없다. 정통 베트남식으로 요리하되 향신료만 조금 줄여 외국인 입맛에 맞춘 것이 특징. 베트남 음식에 거부감이 있는 사람도 어렵지 않게 한 그릇 비울 수 있다. 아 참, 이곳이 인근에서 가장 시원하다. 어떨 땐 좀 춥다.

ⓖ **구글 지도 GPS** 16.070399, 108.242434 ⓖ **찾아가기** 알라카르트 호텔에서 팜반동(Phạm Văn Đồng) 거리를 따라 도보 6분, 소피아 부티크 호텔 1층 ⓐ **주소** I-11 Phạm Văn Đồng, An Hải Bắc, Sơn Trà, Đà Nẵng ⓣ **전화** 093-5029-8739 ⓢ **시간** 09:00~23:00
ⓗ **휴무** 연중무휴 ⓟ **가격** 하노이 스프링롤 11만đ, 하노이 쌀국수 5만5000đ, 소피아 콤보 19만5000đ ⓦ **홈페이지** http://sofiahoteldanang.com

꿀조합
메뉴 추천

인기 단품 메뉴는 '**하노이 스프링롤**' 과 '**하노이 쌀국수**'. 호텔 레스토랑치고 아주 저렴한 가격. 그럼에도 2인분 같은 1인분을 주는 넉넉함은 덤이다. 성인 2명 기준 단품 메뉴 두 가지, 4인 가족이면 단품보다는 '**콤보 메뉴**'를 주문하는 것이 가성비가 훨씬 좋은데, 스프링롤과 샐러드, 짜조가 포함된 '**소피아 콤보(Sofia Combo)**'와 메인 메뉴 한 가지면 충분하다.

분위기가 다했다

오리비 레스토랑
Orivy Hoi An Local Food Restaurant

2권
ⓘ INFO p.100
ⓜ MAP p.087H-1

꿀조합
메뉴 추천

◆위치 : 호이안　◆시원함 : ★★★

방송 출연으로 얻은 인기를 유지하기가 쉽지 않은데, 이곳은 날이 갈수록 인기를 더해간다. 이유는 간단하다. 어차피 비슷한 돈이면 좀 더 분위기 있는 곳에서 맛있는 것을 먹고 싶은 것이 사람 마음. 유명세를 타면 테이블 수를 늘리기 일쑤인데, 여전히 작은 규모를 유지해 웬만해서는 복잡해지지 않는다. 지금도 소담한 안뜰에 피크닉 나온 기분으로 식사할 수 있다는 얘기다.

베트남 요리, 특히 호이안 전통 요리가 인기 있다. 단품 메뉴 중에는 **반 쎄오와 볶음밥, 호안탄, 까오러우** 등이 인기 있는데, 가족 여행객에게는 디저트와 애피타이저, 메인 요리가 포함된 세트 메뉴를 추천한다(최소 4명 이상 주문 가능). 가격 대비 양이 많지 않은 편. 영어 메뉴판이 있다.

ⓢ **구글 지도 GPS** 15.880324, 108.336200　**찾아가기** 호이안 구시가지에서 택시로 3분. 아이나 노약자가 있으면 택시를 타는 게 좋고, 그렇지 않다면 차라리 걷는 게 빠르다.
ⓐ **주소** 576 1 Cửa Đại, Son Phong, Hội An　ⓣ **전화** 090-964-7070(예약은 홈페이지 또는 카카오톡 Orivy)　ⓒ **시간** 12:00~21:30　ⓗ **휴무** 부정기　ⓟ **가격** 반 쎄오(4조각) 7만3000đ, 호안탄(4조각) 7만5000đ, 까오러우 7만1000đ, 세트 메뉴 1인당 18만~24만đ
ⓦ **홈페이지** www.orivy.com

새우 오징어 샐러드

두부 튀김

인심 넉넉한 고향집 같은

뱁 헨
Bep Hen

◆위치 : 다낭　◆시원함 : ★★

2권
ⓘ INFO p.038
◎ MAP p.028F

꿀조합
메뉴 추천

로컬들이 집밥 먹고 싶을 때 찾는 베트남 가정식 전문점. 향신료 사용을 줄이고 음식 재료 본연의 맛을 잘 살려 현지인들이 알음알음 찾는 맛집이 됐다. 신선한 베트남 식자재를 사용하는 것이 제1원칙, 주문 이후에 조리해 손님상에 올라가기까지 시간이 걸리지만 그 기다림은 기꺼이 감내하고 싶어진다. 고향 집에 온 것 같은 푸근한 분위기, 친절한 직원 덕분에 그 맛이 두 배가 되는 경향은 좀 있다. 냉방 시설이 갖춰지지 않아 낮에는 덥다.

어떤 메뉴를 주문해도 혼자서는 도저히 다 먹지도 못할 정도의 양이다. 보기만해도 배가 부른 머슴밥까지 주니 메뉴 하나에 밥만 먹어도 배가 찰 정도. 2명 기준 메뉴 두 가지만 주문하는 것이 좋다. 한국인이 가장 좋아하는 메뉴는 **돼지고기 달걀조림**(Heo kho tộ trứng)과 **돼지고기 새우튀김**(Ram cuộn tôm thịt).

ⓖ **구글 지도 GPS** 16.063936, 108.221025 ⓒ **찾아가기** 용교에서 박당 거리를 따라 걷다 레 홍 퐁(Lê Hồng Phong) 거리로 좌회전, 도보 8분 ⓐ **주소** 47 Lê Hồng Phong, Phước Ninh, Hải Châu, Đà Nẵng ⓒ **전화** 093-533-7705 ⓛ **시간** 10:00~14:30, 17:00~21:30 ⓒ **휴무** 부정기 ⓖ **가격** 돼지고기 달걀 조림 9만đ, 튀긴 두부 3만đ, 돼지고기 채소 볶음 8만5000đ ⓗ **홈페이지** 없음

다낭에서 맛보는 이색 요리

베트남 음식이 아무리 맛있어도 질릴 때가 있는 법. 한 젓가락의 쌀국수보다 스파게티가,
슴슴한 고기보다 입맛 도는 바비큐 한 점이 간절할 때 찾아가자.

이러니 인기 있을 수밖에
아이 러브 비비큐
I Love BBQ

쿠폰
2권 p.151

2권
ⓘ INFO p.070
ⓜ MAP p.067A

꿀조합
메뉴 추천

◆위치 : 다낭   ◆시원함 : ★★★★★

한국에서 13년간 외식업에 종사한 사장님이 운영하는 퓨전 레스토랑. 필리핀 보라카이에서 어깨너머로 배운 폭립의 일종인 '아이 러브 비비큐' 조리법을 자신만의 레시피로 바꿔 손님상에 내놓기까지 1년 반 넘게 걸렸다. 지금도 사장님 혼자서 새로운 메뉴를 개발하고, 새벽 장을 봐서 요리하고, 찾아오는 손님을 맞이하느라 몸이 10개라도 부족하지만, 한 접시 안에 그의 모든 정성이 다 들어갔음을 모르는 손님은 없다. 다낭 주변 지역에서 나는 돼지고기를 당일 정육 해 조리하는 것이 철칙. 들어가는 재료의 질에 비해 음식 가격이 저렴한 편이다. '배달K' 애플리케이션 또는 전화로 배달 주문할 수 있다(다낭 시내 배달 무료).

ⓢ 구글 지도 GPS 16.048943, 108.246490 ⓒ 찾아가기 아바타 호텔 정문으로 나와 좌회전, 두 번째 골목으로 들어가 직진, 도보 2분 ⓐ 주소 29 An Thượng 4, Mỹ An, Ngũ Hành Sơn, Đà Nẵng ⓣ 전화 070-448-7763 ⓗ 시간 11:00~21:00 ⓗ 휴무 연중무휴 ⓟ 가격 폭립 1인 세트 12만đ, 2인 세트 37만đ, 4인 세트 75만đ

이 집 대표 메뉴 '폭립 1인 세트'는 식사로도, 하루를 마무리하며 술 안주로도 좋고, 아이들 입맛에도 딱이다. 돼지고기 특유의 누린내를 잡기 위해 3일 이상 숙성시키는데, 이 과정에서 육질이 더욱 부드러워진다고. 양념에는 다섯 가지 이상의 열대 과일을 넣으며 숙성된 고기를 구울 때 양념을 발라야 고깃결마다 깊은 단맛이 밴다.

우리 동네에 이런 곳 한 곳쯤 있었으면

마이 카사
My Casa

2권
Ⓘ INFO p.060
Ⓜ MAP p.055D

◆위치 : 다낭　◆시원함 : ★★★★

여행자 2명이 합심해 차린 파스타&수제 햄버거 전문점. 이탈리아 출신의 셰런 (Sharon)이 본토 스타일의 파스타를 만들고 스페인에서 온 조지(Jorge)가 햄버거를 만든다. 본토 맛에 가까워 호불호가 갈리지만, 파스타 소스와 면 종류까지 지정해서 주문할 수 있는 파스타집, 적어도 다낭에선 흔치 않다. 아 참, 공사판과 고층 빌딩으로 빼곡한 미케 비치에서 보기 드문 마당 있는 집이다. 가든파티에 초대된 듯한 기분도 들고, 곳곳에 비치된 예술 작품 구경하는 재미도 있다. 오후에 브레이크 타임이 있으니 주의하자.

Ⓖ **구글 지도 GPS** 16.072557, 108.244215
Ⓒ **찾아가기** 걸어가기 힘든 곳이라 택시를 타는 것이 좋다. 알라카르트 호텔에서 택시로 3분.
Ⓐ **주소** 52 Võ Nghĩa, Phước Mỹ, Sơn Trà, Đà Nẵng　☎ **전화** 012-6990-8603
Ⓗ **시간** 11:00~14:00, 17:00~22:00　**휴무** 수요일
Ⓟ **가격** 파스타 16만5000đ, 햄버거 14만~16만đ
Ⓦ **홈페이지** http://mycasa-danang.com

꿀조합 메뉴 추천

파스타와 햄버거 모두 인기 있다. 하지만 단 하나만 먹으려면 파스타가 한 수 위. 면 양이 100g으로 정해져 있지만, 비용만 추가하면 곱빼기로도 주문 가능하다. 오후 5~7시에는 해피 아워 행사도 연다.

라자냐

착한 카페

해피 허트 카페
Happy Heart Café

2권
Ⓘ INFO p.071
Ⓜ MAP p.067C

◆위치 : 다낭　◆시원함 : ★★★★

마음속 편견의 크기를 알고 싶다면 이곳에 들러보자. 몸이 불편한 사람들이 운영하는 식당, 한쪽 다리가 불편한 사람이 손님 응대를 하고, 들리지 않는 사람이 주방에서 음식을 내온다. 그것이 영 마음에 걸리는 손님은 스스로 하겠다고 나서지만, 그럴 때마다 한사코 거절할 뿐. 조심스레 "움직이는 것이 힘들지는 않은가요?" 물었을 때, "이렇게 움직이면 평범한 사람이 된 것 같아 오히려 더 좋아요"라는 대답을 듣고 괜한 질문을 했구나 싶었다.

Ⓖ **구글 지도 GPS** 16.047548, 108.244625　Ⓒ **찾아가기** 아바타 호텔에서 도보 6분　Ⓐ **주소** 57 Ngô Thi Sỹ, Bắc Mỹ An, Ngũ Hành Sơn, Đà Nẵng　☎ **전화** 236-388-8384　Ⓗ **시간** 07:30~21:00　**휴무** 부정기　Ⓟ **가격** 피자 11만~21만9000đ, 파스타 10만5000~15만5000đ
Ⓦ **홈페이지** www.facebook.com/Happy-Heart-Cafe-1463109590663681

꿀조합 메뉴 추천

서양인 보기가 힘든 다낭에서 거의 유일하게 서양인 손님 비율이 높은 곳. 그만큼 서양 음식이 맛있다. 그중 **피자와 파스타, 라자냐**는 어떤 것을 주문해도 기본 이상은 한다. 모든 음식에 MSG를 사용하지 않으며 재료로 사용하는 빵도 식당에서 직접 굽는다. 과일 음료도 설탕이나 향을 첨가하지 않고 생과일만으로 만드는 등 재료에 대한 자부심이 남다르다.

한국 음식이 생각 날 때는 이곳으로!

'한국 사람은 밥심'이라는데 먹은 것이라고는 죄다 기름지고 향신료가 가득 들어간 것뿐.
다행히 다낭에서는 한국에서 먹는 것보다 더 맛있는 한국 요리 전문점이 많다.

돼지갈비 + 김치찌개, 환상의 조합!

육해공
Yuk Hae Gong

2권
ⓘ INFO p.037
ⓜ MAP p.029G

◆위치 : 다낭　◆시원함 : ★★★★★

한국식 돼지갈비 전문점. 혼밥족은 거들떠보지 않는 한국과 달리, 혼밥족도 한자
리 차지하고 앉아 고기를 구워 먹을 수 있다. 옷에 냄새가 배지 않도록 고기를 구
워주기 때문에 젓가락질만 열심히 하면 된다는 것도 별것 아니지만 만족스러운
부분. 기본 차림상이 무짐하고 김치찌개와 된장에는 고기도 듬뿍 들었다. "외국에
서 먹은 한국 음식, 전부 별로더라"라는 말, 이곳이라도 와보고 하자. 직원 대부분
이 대학에서 한국어를 전공한 학생이라 언어 소통이 원활하다. 단, 물컵이나 수저
가 더러운 경우가 있으니 그것만 좀 조심하길.

🅖 **구글 지도 GPS** 16.064123, 108.230138　🅖 **찾아가기** 사랑의 부두 바로 맞은편
🅐 **주소** 463 Trần Hưng Đạo, An Hải Tây, Sơn Trà, Đà Nẵng
☎ **전화** 236-355-2368　🕐 **시간** 09:00~23:00　⊖ **휴무** 연중무휴
🅟 **가격** 돼지불고기 정식 15만đ, 소불고기 정식 20만đ, 김치찌개 12만đ

한국식 양념 치킨

파파스 치킨
Papa's Chicken

2권
INFO p.061
MAP p.055C

◆위치 : 다낭 ◆시원함 : ★★★★

베트남 전역에 체인을 거느린 한국식 치킨 전문점. 실내가 시원하고 좌석마다 콘센트와 USB 포트가 설치돼 여행 중 잠시 쉬었다 가기 좋다. 치킨 맛은 전형적인 한국 치킨 맛. 특별하지는 않아도 누구나 한 번쯤은 먹어봤을 만한 맛이다. 단맛이 강해 아이들이 좋아할 듯. 치킨뿐 아니라 김치찌개, 김밥, 떡볶이, 오뎅탕 등도 판매해 한국 사람 마음을 제대로 홀린다. 밤늦게까지 영업해 술 한잔하기에도 괜찮다. 배달 가능.

ⓖ **구글 지도 GPS** 16.070854, 108.235557 ⓖ **찾아가기** 빈컴 플라자에서 미케 비치 방향으로 도보 8분. 택시를 타는 것이 편하다. ⓐ **주소** Phạm Văn Đồng, An Hải Bắc, Son Trà, Đà Nẵng ⓟ **전화** 236-355-0837 ⓣ **시간** 10:00~24:00 ⓗ **휴무** 연중무휴 ⓟ **가격** 프라이드 치킨 30만đ, 양념 치킨 30만đ, 생맥주 3만5000đ

MANUAL 04
분위기 좋은 레스토랑

'내가 언제부터 분위기를 챙겼다고!' 이런 생각으로는 죽었다 깨어나도 고급스럽고 분위기 좋은 곳에서 식사할 수 없다. 가격은 좀 비싸지만 낸 돈 이상의 분위기를 챙길 수 있으니, 돈 걱정은 잠깐만 접어두고 오롯이 훌륭한 분위기에 집중하자.

DA NANG

> 2권
> ⓘ INFO p.036
> ⓜ MAP p.029G

팻 피시
Fat Fish

시원함 : ★★★★★

뜨내기 관광객이 잘 모르는 진짜배기 맛집은 따로 있는 법. 맛만 있으면 모르겠는데 분위기까지 좋아 커플들의 데이트 장소로도 인기 있다. 지중해식 요리 전문점으로, 조용하고 세련된 분위기에 스타일리시한 모양새의 음식이 더해지니 한 입맛보기도 전에 "어머 어머!" 감탄사가 튀어나온다. 해산물을 주재료로 한 시그너처 디시가 두루두루 맛있는데, 특히 포카치아 빵 위에 연어, 킹 피시, 오징어 등을 한 입에 먹을 수 있도록 올린 '시푸드 덱'이 이 집 최고의 메뉴. 기본적으로 양이 많아 1인 1메뉴에 맥주 한 병이면 포식할 수 있다. 분위기가 중요하다면 1층, 일단 땀부터 식혀야 살 것 같다 싶으면 에어컨이 있는 2층으로.

ⓖ 구글 지도 GPS 16.064807, 108.230145 ⓕ 찾아가기 다낭 용교에서 사랑의 부두를 지나 직진, 도보 5분 ⓐ 주소 439 Trần Hưng Đạo, P. An Hải Tây, Q. Sơn Trà, Đà Nẵng ⓣ 전화 236-394-5707 ⓢ 시간 17:00~23:00 ⓗ 휴무 연중무휴 ⓟ 가격 시푸드 덱 28만đ ⓦ 홈페이지 www.fatfishdanang.com

추천 메뉴 TIP

메뉴판을 봐도 뭐가 뭔지 모르겠다면 직원에게 메뉴 사진을 보고 싶다고 말하자. 주요 메뉴는 태블릿을 이용해 사진을 보고 고를 수 있다. 애주가라면 저녁 전까지 운영하는 해피 아워 이벤트를 놓치지 말자. 한 병 주문 시 한 병은 공짜다. 칵테일과 와인 종류도 다양하다.

바나나 블로섬 샐러드

2권
ⓘ INFO p.063
ⓜ MAP p.054B

마담 한
Madame Hanh

시원함 : ★★

린응사로 가는 길목에 자리한 전망 좋은 레스토랑. 2층은 다이닝 홀로, 3층은 바로 운영한다. 파노라마 풍경을 창문을 거치지 않고 볼 수 있다는 게 이 집의 장점이자 단점이다. 햇빛을 완전히 피하려면 전망이 없는 안쪽 자리에 앉거나, 그늘을 따라 자리를 옮겨 다녀야 한다는 얘기. 그래도 이 정도 가격에 눈 호강과 입 호강을 동시에 할 수 있는 곳이 적어도 다낭에서는 흔치 않다. 이 집 전망에 대해 말하느라 깜빡했는데, 음식 맛도 수준급이다. 베트남 전통 음식이라면 뭐든 괜찮다. 바나나 꽃봉오리를 넣은 바나나 블로섬 샐러드(Banana Blossom Salad, 1번 메뉴), 반 쎄오(3번 메뉴), 짜조&고이꾸온(4번 메뉴)이 한국인 입맛에 딱. 예쁜 그릇, 예쁜 플레이팅 덕에 눈도 충분히 즐겁다.

ⓢ **구글 지도 GPS** 16.102708, 108.264107 ⓡ **찾아가기** 걸어서는 찾아가기 힘든 위치이므로 택시를 타자. ⓐ **주소** 79, Lương Hữu Khánh, Thọ Quang, Sơn Trà, Đà Nẵng ⓣ **전화** 089-820-7043 ⓣ **시간** 11:00~22:00 ⓗ **휴무** 월요일 ⓟ **가격** 바나나 블로섬 샐러드 14만đ, 반 쎄오 8만5000đ, 짜조&고이꾸온12만đ ⓗ **홈페이지** www.facebook.com/theendofthebeach

HOI AN

2권
INFO p.100
MAP p.088E

누 이터리
Nu eatery

시원함 : ★★

아보카도 샐러드

입소문이 참 무섭다. 장기 체류하는 몇몇 서양인들만 들락거리던 곳이 이제는 빈자리 구경하기 힘든 곳이 됐다. 서양인 손님들이 혀 굴리는 소리를 듣고 있으면 여기가 베트남이 맞나 싶을 정도. 메뉴도 그들 입맛에 딱 맞춰 내놓는데, 리마콩과 아보카도가 절묘하게 어우러진 '아보카도 샐러드'와 호이안식 비빔국수인 '까오러우(메뉴판에는 '누들'로 표기돼 있다)'가 인기. 서양인들에겐 어떨지 몰라도 우리 입맛에는 전체적으로 짜다. 손님이 많은 시간대에는 가끔 서빙이 잘못되기도 하니, 주문 내역을 다시 한번 확인하자.

ⓖ **구글 지도 GPS** 15.877486, 108.325540 ⓖ **찾아가기** 내원교에서 풍흥 고가 방향으로 도보 1분. 오른쪽 기념품 가게 옆 골목으로 들어간다. ⓐ **주소** 10A Nguyễn Thị Minh Khai, Phường Minh An, Hội An ⓣ **전화** 082-519-0190 ⓒ **시간** 12:00~21:00 ⓓ **휴무** 일요일 ⓖ **가격** 아보카도 샐러드 7만5000đ, 누들 10만đ ⓢ **홈페이지** www.facebook.com/NuEateryHoiAn

아남어썹

2권
INFO p.101
MAP p.088A

로지스 카페
Rosie's Café

로지스 브레키

시원함 : ★★★

호이안의 카페가 다 이런 분위기면 얼마나 좋을까. 골목의 가장 후미진 곳, 비밀스러운 위치만큼 잘 알려지지 않았다. 항상 손님으로 붐비는 옆 가게들을 보면 외진 위치가 억울할 법도 한데, 튀어 보이려고 노력하지도 않는다. 아기자기한 느낌은 좀 덜해도 조용하고 소담해 누군가와 얘기 나누기에도, 혼자 와서 무작정 앉아 있기에도 참 좋은 곳이다. 일단 분위기가 큰 역할을 하니 음식 맛이야 뭘 주문해도 기본 이상. 왜 간판 아래 'Stop by&Relax(잠시 들러 휴식을)'라는 부제를 내걸었는지 알 것 같다.

ⓖ **구글 지도 GPS** 15.877662, 108.325646 ⓖ **찾아가기** 내원교에서 풍흥 고가 방향으로 도보 1분. 오른쪽 기념품 가게 옆 골목으로 들어간다. ⓐ **주소** 8/6 Nguyễn Thị Minh Khai, Phường Minh An, Hội An ⓣ **전화** 077-459-9545 ⓒ **시간** 월~금요일 09:00~17:00, 토요일 08:00~15:00 ⓓ **휴무** 일요일 ⓖ **가격** 로지스 브레키(Rosie's Brekkie) 7만đ, 다크 파라다이스(Dark Paradise) 5만đ

왓 엘스 라이스

왓 엘스 카페
What Else Café

시원함 : ★★

호이안에서 오래된 건물을 개조한 카페를 만나는 것은 쉬운 일. 하지만 안뜰까지 갖춘 카페는 드물다. 그래서일까. 주로 커플들이 이곳을 찾는다. 그 마음이 이해는 간다. 호이안에서 음식 좀 맛있다 하는 집마다 도떼기시장 저리 가라 할 정도니 망설여질 수밖에. 차분한 분위기는 기본, 잠시나마 베트남이 아닌 다른 나라에 온 것 같은 착각이 드는 것이 이 집만의 매력이다. 베트남 전통 음식을 서양식으로 재해석한 메뉴가 많은데, 그중 채소를 넉넉히 넣어 볶아낸 '왓 엘스 라이스(What Else Rice)'를 추천.

Ⓖ **구글 지도 GPS** 15.877604, 108.325555 Ⓖ **찾아가기** 내원교에서 풍흥 고가 방향으로 도보 1분. 오른쪽 기념품 가게 옆 골목으로 들어간다. Ⓐ **주소** 10/1 Nguyễn Thị Minh Khai, Phường Minh An, Hội An, Quảng Nam Ⓣ **전화** 077-641-6037 Ⓣ **시간** 09:00~21:00 Ⓞ **휴무** 화요일 Ⓟ **가격** 왓 엘스 라이스 10만đ, 커피 2만5000~4만5000đ

2권
Ⓑ INFO p.101
Ⓜ MAP p.088A

치킨 커리

추천 메뉴 TIP

베트남 요리부터 국적 불명 요리까지, 없는 메뉴가 없다. 이 집 대표 메뉴는 커리. 달달하고 감칠맛이 있어 누구나 좋아할 만한 메뉴다. 밥(Steamed Rice)은 별도 주문해야 하니 주의하자. 결코 적은 양이 아니기 때문에 부족한 듯 주문하는 것을 추천.

2권
Ⓑ INFO p.102
Ⓜ MAP p.088B

카페43
CAFÉ43

시원함 : ★★

'아니 여기가 왜 분위기 좋다는 거지?'라고 생각할 수 있다. 엄밀히 말해 우리가 생각하는 '좋은 분위기'에서는 한참 벗어났다. 후줄근한 공간에, 아이들은 이리저리 뛰어다니지, 이 나간 그릇도 당당히 손님상에 올리니 의문이 생길 만도 하다. 하지만 역설적이게도 그런 점이 이 집의 매력이다. 멀끔한 식당에서는 결코 느낄 수 없는 '정'을 넘치도록 받을 수 있는 곳이라면 지나친 비약일까? 테이블 유리 아래에 증명사진과 메시지를 남기는 것이 이곳의 비공식 규칙. 이왕이면 잘 나온 사진 한 장쯤 남기고 오자.

Ⓖ **구글 지도 GPS** 15.882915, 108.327092 Ⓖ **찾아가기** 구시가지에서 거리가 있어 자전거나 택시를 타는 것을 추천 Ⓐ **주소** 43 Trần Cao Vân, Phường Minh An, Hội An, Quảng Nam Ⓣ **전화** 235-386-2587 Ⓣ **시간** 08:30~22:00 Ⓞ **휴무** 연중무휴 Ⓟ **가격** 치킨 커리 4만9000đ, 타이거 맥주 2만3000đ, 음료수 1만400đ Ⓗ **홈페이지** www.foody.vn/quang-nam/43-cafe

하이 카페
Hai Café

시원함 : ★★

'여긴 뭐 하는 곳인가' 싶어 두리번두리번, 식당 앞을 지나는 사람마다 눈길 한 번씩 던진다. 궁금증을 못 참고 들어왔다가 생각보다 너른 마당에 한 번, 꽤 비싼 음식 가격에 또 한 번 놀라는 경우가 적지 않다. 일단 비싼 곳이니 음식 맛이야 기본 이상, 분위기도 호이안 구시가지에서는 독보적이다. 단, 손님이 없을수록 누릴 수 있는 서비스와 분위기도 달라진다는 건 감내해야 할 부분. 식사 시간에는 꼬치 굽는 연기와 어수선한 분위기 때문에 식사에 집중할 수 없는 일이 잦다. 한국어 메뉴판이 있다.

2권
(i) INFO p.101
(o) MAP p.088F

(G) **구글 지도 GPS** 15.877030, 108.327821 (o) **찾아가기** 내원교에서 광동 회관 방향으로 직진, 도보 2분 ■ **주소** 111 Trần Phú, Minh An, Hội An, Quảng Nam ⌕ **전화** 235-386-3210 (L) **시간** 07:00~22:30 ⊟ **휴무** 연중무휴 (f) **가격** 믹스드 비비큐 플래터 21만5000đ, 비비큐 타이거 프론 24만đ, 라루 맥주 2만5000đ (S) **홈페이지** visithoian.com/haicafe/index.html

비비큐 타이거 프론

믹스드 비비큐 플래터

추천 메뉴 TIP

해산물을 좋아하는 사람에겐 비비큐 타이거 프론(BBQ Tiger Prawns)을 강력 추천. 믹스드 비비큐 플래터(Mixed BBQ Platter)도 인기 있는 메뉴. 마실 것 포함해서 1인당 40만đ 정도 예산을 잡으면 된다. 저녁 식사라면 2명이서 메뉴 세 가지, 셋이서 다섯 가지만 주문하면 배부르다.

HUE

반베오

에인션트 타운 레스토랑
Ancient Town Restaurant

시원함 : ★★★

해가 질 무렵, 썰렁하던 강가에 의자와 테이블 몇 개 놔두면 장사 준비 끝. 온갖 비싼 치장을 한 고급 식당보다 더 분위기 있는 노천 식당이 생긴다. 에어컨은 고사하고 선풍기도 없지만 강바람 맞으며 시원한 맥주 한잔 마시고, 야경 한번 볼 때마다 후에가 더욱 사랑스러워진다. 홀짝홀짝 마시다 맥주잔 바닥이 보이기 일쑤. 분위기 좀 아는 사람들은 모두 이곳에 모인다는 말이 사실일 듯하다. 그렇지만 아무리 분위기가 좋아도 음식 맛은 기대하지 말 것. 어디서나 쉽게 먹을 수 있는 메뉴에, 맛도 겨우 턱걸이 수준이니.

ⓖ **구글 지도 GPS** 16.465906, 107.587868 ⓖ **찾아가기** 후에 나이트 마켓 내에 위치 ⓖ **주소** 4 Nguyễn Đình Chiểu, Vĩnh Ninh, Thành Phố Huế, Thừa Thiên Huế ⓖ **전화** 090-516-2789 ⓖ **시간** 15:00~23:00 ⓖ **휴무** 연중무휴 ⓖ **가격** 반베오 3만2000đ, 넴루이 5만đ, 후다 맥주 1만5000đ ⓖ **홈페이지** www.facebook.com/ancienttownrestaurant.hue

2권
ⓘ **INFO** p.135
ⓜ **MAP** p.126F

달콤 쌉싸름한
베트남 커피의 유혹

"베트남 커피 맛은 별로더라"라는 말, 반은 맞고 반은 틀렸다.
전 세계 커피 생산량의 20%를 차지하는
세계 2위의 커피 생산 대국이지만 가공과
로스팅 기술이 떨어져 커피 맛이 들쑥날쑥하다.
베트남 커피가 유독 저평가되는 이유다.
하지만 최근에는 로스팅만 전문으로 하는 곳이 생기고, 가공 기술이 좋아져
커피 맛도 나날이 달라지고 있다. 맛이 떨어진다는 것은 옛말,
베트남 커피가 맛없다는 말을 하기 전에 일단 경험해보자.

베트남 사람들의 커피 사랑

전 세계에서 두 번째로 커피를 많이 생산하는 나라, 베트남. 베트남전쟁이 끝난 후 복구를 위해 국가적으로 커피 생산에 힘을 쏟았고, 지금은 베트남에 있는 커피 농장의 면적을 모두 합치면 제주도 면적의 3배가 넘는다. 그 많은 커피도 모자라 다른 나라에서 커피를 수입해 마시기도 한다니, 베트남 사람들의 커피 사랑은 알아줄 만하다.

베트남을 대표하는 커피

카페 쓰어 다 Cà Phê Sua Da
연유를 넣은 달콤한 아이스 커피. 농축 연유를 넣어 단맛이 강하지만, 한번 마시면 금세 중독되는 마성의 커피. 한국 사람들 입맛에 가장 잘 맞는 커피이기도 하다. 몇몇 카페에서는 크림이나 아이스크림을 올려주기도 한다.

카페 덴 다 Cà Phê Den Da
얼음을 넣은 블랙커피. 얼음 덕분에 카페 덴 농에 비해 쓴맛이 덜하다. 얼음을 따로 주기도 해 입맛에 따라 얼음 양으로 농도를 조절해가며 마시면 된다.

카페 덴 농 Cà Phê Den Nong
주로 베트남 북부 지역에서 즐겨 마시는 따뜻한 블랙커피. 아라비카보다 카페인 함량이 많은 로부스타(Robusta)를 사용하다 보니 한국의 블랙커피나 에스프레소를 생각하고 마셨다가 인상을 찌푸리는 경우가 많다. 연하게 마시고 싶다면 뜨거운 물을 조금 더 달라고 해 섞어 마시자.

> **클로즈 UP** **TIP 카페핀 Cà Phê Phin**
> 베트남식 커피 드리퍼. 스테인리스 혹은 알루미늄으로 된 필터에 원두 가루와 뜨거운 물을 부어 커피를 내리는 추출 방식이다. 마트나 기념품 가게에서 쉽게 구할 수 있다.
>
>

베트남 커피 주문하기

베트남 커피숍에서 메뉴판을 쭉 읽다 보면 '아니, 커피 이름이 뭐 이렇게 길어?'라고 생각할지도 모른다. 하지만 단어를 하나하나 뜯어보면 생각보다 간단히 어떤 커피인지 알 수 있다. 기본적으로 커피를 뜻하는 카페(Cà Phê)에 커피의 성격을 뜻하는 단어가 줄줄이 붙어 있는 구조. 예를 들어 카페 쓰어 다는 얼음을 넣은 연유 커피, 카페 덴 농은 따뜻한 블랙커피다.

커피		주재료(맛)		차갑게/뜨겁게
Cà Phê 카페 – 커피	+	Den 덴 – 블랙 Nau 너우 – 갈색(브라운) Sua 쓰어 – 우유(연유) Trung 쯩 – 달걀 Dua 즈어 – 코코넛	+	Da 다 – 얼음 Nong 농 – 따뜻한

한국에는 없다!
놓치면 섭섭한 베트남 커피 BEST 3

코코넛 커피 Coconut Coffee

[꼿즈어 카페 Cot Dua Cà Phê]

인스턴트커피 + 물 + 얼린 코코넛 밀크 + 연유

이것 참 물건이다. 평범한 커피에 코코넛 밀크 셰이크를 조금 첨가했을 뿐인데 맛이 완전히 달라졌다. 진한 베트남 커피 맛 사이사이로 느껴지는 코코넛의 은은한 향과 연유의 달콤함이 한데 어우러져 커피를 즐기지 않는 사람도 쉽게 마실 수 있다.

호이안 감성이란 바로 이것
호이안 로스터리
Hoi An Roastery

◆위치 : 호이안　◆시원함 : ★★★

호이안 구시가지를 걷다 다리가 아플 때쯤이면, 항상 호이안 로스터리가 앞에 보인다. 아니, 목 좋은 곳마다 호이안 로스터리가 있다는 말이 더 정확할지도 모른다. 호이안 구시가지에 지점이 일곱 군데에 있는데, 그중 중앙점이 가장 인기 있다. 2층 창가 자리에서 구시가지 풍경을 하염없이 내려다보거나, 야외 자리에 앉아 사람의 파도를 한 발짝 떨어져 구경하거나, 테라스에서 사진을 찍거나, 뭘 해도 분위기 값은 톡톡히 한다. 사람 많은 건 딱 질색이라면 템플(Temple) 지점을 추천.

▶홈페이지 www.hoianroastery.com

중앙점

⊛ **구글 지도 GPS** 15.877032, 108.328689
⊙ **찾아가기** 내원교에서 쩐푸(Trần Phú) 거리를 따라 도보 4분 ⊛ **주소** 47 Lê Lợi, Phường Minh An, Hội An, Quảng Nam ⊜ **전화** 235-392-7727
⊙ **시간** 07:00~22:00 ⊜ **휴무** 연중무휴

템플점

⊛ **구글 지도 GPS** 15.877032, 108.328689
⊙ **찾아가기** 내원교에서 쩐푸(Trần Phú) 거리를 따라 걷다 광동 회관 옆 하이바쯩(Hai Bà Trưng) 거리로 진입, 도보 2분 ⊛ **주소** 685 Hai Bà Trưng, Phường Minh An, Hội An, Quảng Nam ⊜ **전화** 235-392-7277
⊙ **시간** 07:00~22:00 ⊜ **휴무** 연중무휴

카페 쓰어 다 5만5000đ

코코넛 아이스크림 커피 7만5000đ

한국 사람 여기 다 모여라

콩 카페
CONG CÀ PHÊ

◆위치 : 다낭, 호이안 ◆시원함 : 1층 ★★★ 2층 ★★★★

'한국 사람 아니면 어쩔 뻔했나'라는 생각이 들 만큼 한국 사람 참 많다. 이해는 된다. 어딜 가도 커피 맛이 비슷하다면 조금 더 분위기 있는 곳이 인기 높기 마련. 베트남 공산당을 모티브로 꾸민 실내며, 공산당원 복장을 한 종업원, 눈길을 끄는 실내장식을 보고 나면 유별난 인기가 금세 납득된다. 1층은 어수선한 분위기. 더 시원하고 덜 시끄러운 2층으로 가자. 각 층에서 주문과 결제를 따로 하는 시스템이다. 1호점의 엄청난 인기에 힘입어 한 시장 주변 2호점과 호이안 구시가지에 지점을 열었다. 조금 답답한 면이 있던 1호점에 비해 2호점이 좀 더 넓고 쾌적하다. 테라스 좌석이 있어 흡연자도 많이 찾는다는 소문.

◉ 홈페이지 http://congcaphe.com

추천 음료

코코넛 커피
COT DUA CÀ PHÊ

부동의 인기 넘버원 커피. 한국 사람 열에 아홉은 일단 코코넛 커피부터 마신다. 왜 인기 있는지는 한 모금만 마셔보면 안다.

⑤ 가격 4만5000đ

초콜릿 요거트
SUA CHUA CACAO

피곤한 몸, 당분이 급히 필요하다면 주문하자. 달달한 초콜릿 맛이 입 전체를 뒤덮으면 그제야 "살 것 같다"라는 말이 절로 나올 테니.

⑤ 가격 4만đ

2권 ⓑINFO p.035 ◉MAP p.029C	**2권** ⓑINFO p.036 ◉MAP p.028B	**2권** ⓑINFO p.102 ◉MAP p.086F
다낭 1호점	다낭 2호점	호이안 구시가지점

다낭 1호점

⑤ **구글 지도 GPS** 16.069075, 108.225029
◉ **찾아가기** 제주항공 라운지 바로 옆 건물이다. 커피숍 앞 길을 건널 때 직원이 에스코트해준다. 한 시장에서 도보 1분.
⊕ **주소** 98-96 Bạch Đằng, Hải Châu 1, Q. Hải Châu, Đà Nẵng
⊖ **전화** 091-181-1150 ⊙ **시간** 07:00~23:30
⊖ **휴무** 연중무휴

다낭 2호점

⑤ **구글 지도 GPS** 16.068038, 108.223627
◉ **찾아가기** 한시장 사거리에서 응우엔타이혹(Nguyen Thai Hoc) 거리로 들어오면 바로 보인다. 도보 1분.
⊕ **주소** 39-41 Nguyễn Thái Học, Hải Châu 1, Q. Hải Châu Đà Nẵng
⊖ **전화** 091-186-6492
⊙ **시간** 07:00~23:30 ⊖ **휴무** 연중무휴

호이안 구시가지점

⑤ **구글 지도 GPS** 15.877009, 108.3249889
◉ **찾아가기** 내원교에서 투본강을 따라 직진, 도보 2분 ⊕ **주소** 64 Công Nữ Ngọc Hoa, Phường Minh An, Hội An, Quảng Nam ⊖ **전화** 091-186-6493
⊙ **시간** 07:00~23:30 ⊖ **휴무** 연중무휴

에그 커피 Egg Coffee

[카페 쯩 Cà Phê Trứng]

2

커피 + 물 + 달걀노른자 + 연유 + 설탕 + 크림

달걀노른자 2개와 달콤한 연유, 설탕, 크림을 섞어 만드는 커피. 달걀 비린내 없이 부드럽고 고소한 맛이 감돌아 자꾸만 생각나는 맛이다. 집집마다 만드는 방법도 다르고 맛이 확연히 달라 비교해보는 재미는 덤. 섞지 말고 천천히 마셔야 에그 커피 맛을 제대로 느낄 수 있다.

2권
ⓘ INFO p.035
ⓜ MAP p.028B

에그커피 명가

라 비씨끌레타 카페
La Bicicleta café

◇·◇·◇·◇·◇

◆위치 : 다낭 ◆시원함 : ★★★

에그커피를 처음 마셔보는 사람은 이곳으로. 달걀빵 맛이 나는 거품도, 향긋한 향과 부드럽고 달콤한 커피맛까지 모든 것이 우리 입에 잘 맞는다. 제대로 된 맛을 내기 위해 에그커피 명장에게 커피 만드는 방법을 전수 받았다는 이야기에 고개가 끄덕, 에그커피를 어떻게 마시는지 친절하게 알려주는 주인장의 마음 씀씀이도 두 손을 치켜들 수 밖에 없다. 따뜻한 에그커피와 차가운 에그커피로 나눠지는데 차가운 에그커피의 평이 좀 더 좋다.

ⓖ 구글 지도 GPS 16.066110, 108.222857
ⓒ 찾아가기 한 시장에서 드엉쩐푸 거리를 따라 걷다가 쩐 쿠옥 또안 거리로 우회전. 도보 5분
ⓐ 주소 31 Trần Quốc Toản, Phước Ninh, Hải Châu, Đà Nẵng
ⓣ 전화 093-611-2530 ⓣ 시간 07:00~22:00 ⓗ 휴무 연중무휴 ⓗ 홈페이지 없음

추천
음료

에그 커피

달걀의 비릿함 대신 단맛이 좀 더 강해 에그 커피를 처음 접하는 사람이 먹기에 알맞다.

ⓢ 가격 2만9000đ

2권
INFO p.035
MAP p.029G

커피 한 모금에 풍경 한 번

타임 커피
Time Coffee

◆위치 : 다낭   ◆시원함 : 1층 ★★★★ 2~3층 ★

적어도 다낭에서 이곳보다 전망 좋은 커피숍은 본 적 없다. 사랑의 부두와 용교가 모두 보이는 전망 덕분에 금세 유명세를 탔다. 여러 층으로 나눠져 있는 구조인데, 1층과 1.5층은 냉방 시설을 잘 갖춘 실내 카페로, 나머지 층은 사방이 개방된 야외 카페로 운영한다. 1층에서 주문과 결제를 마치고 자리에 가 앉으면 종업원이 커피를 서빙하는 시스템. 이왕이면 남들보다 일찍 명당 자리를 맡아두자.

ⓖ **구글 지도 GPS** 16.062956, 108.230206 ⓖ **찾아가기** 용교에서 쩐흥다오(Trần Hưng Đạo) 거리를 따라 도보 2분 ⓐ **주소** 509 Trần Hưng Đạo, An Hải Trung, Sơn Trà, Đà Nẵng ☎ **전화** 236-383-9379 ⏰ **시간** 07:30~22:00 ⓗ **휴무** 연중무휴 ⓦ **홈페이지** www.facebook.com/timecoffeedanang

추천
음료

에그 커피
Egg Coffe

달걀 특유의 향이 조금 강하다. 에그 커피를 처음 마시는 사람이라면 살짝 비릴 수 있는 맛. 대신 에그 커피를 여러 번 마셔본 사람이라면 만족할 수밖에 없다.

ⓢ **가격** 5만5000đ

코코넛 커피
Café Dua Da

콩 카페 코코넛 커피보다 좀 더 낫다는 평가를 받는다. 코코넛 향이 더 강하고 입안에서 부서지는 얼음의 식감이 좋다.

ⓢ **가격** 4만9000đ

소금 커피 Salt Coffee

[카페 므어이 Cà Phê Muôi]

3

우유 거품 + 연유 + 에스프레소 커피 + 얼음

'세상에, 소금 커피라니!!' 먹어보지 않고는 짐작조차 되지 않는다. 이럴 때는 일단 마시는 것이 답. 소금 커피를 만드는 방법은 의외로 간단하다. 생크림이나 우유 거품 위에 곱게 간 소금을 뿌린 뒤 진한 커피를 내려 만드는 것이 보통. 소금의 짠맛이 커피 특유의 쓴맛을 잡아주고 단맛을 한층 돋워 단맛 뒤에 짠맛이 곧바로 뒤따라 오는 듯한 맛을 낸다. 최근 SNS로 입소문이 나면서 우리나라의 몇몇 카페에서도 소금 커피를 내놓고 있지만, 우리나라에서는 우유 거품 대신 생크림을 주로 이용해 단맛이 더 부각되는 점이 다르다.

소금 커피 이렇게 마셔요!

Step 1
얼음과 카페핀, 커피잔이 동시에 서빙되면

Step 2
일단 카페핀에서 커피가 드립되기를 기다립니다.

Step 3
드립이 모두 끝나면 스푼으로 한두 번 크게 저어주고

Step 4
일단 맛만 살짝 봅니다. 조금 짜다 싶으면 얼음을 넣어 간을 맞추면 끝!

소금 커피 명가

카페 므어이

Cà Phê Muoi

◆위치 : 후에　◆시원함 : ★

소금 커피를 전문으로 하는 로컬 커피숍. 가게 이름부터 '소금 커피'라고 지었을 만큼 소금 커피에 대한 자부심이 대단하다. 몽실몽실한 우유 거품 위에 소금을 뿌린 뒤 베트남 전통 커피 드리퍼인 '카페핀'을 커피 잔 위에 올린 채 손님에게 내주는 것이 이 집만의 방식이다. 지나치게 단맛이 강한 평범한 베트남식 커피와 달리 짠맛이 더 강한 편. 얼음을 넉넉히 넣어주면 내 입에 꼭 맞는 소금 커피가 완성된다. 커피 1잔에 800원이 안 되는 가격도 참 고마운데, 자리에 앉은 손님들에게 물을 그냥 내주는 마음도 참 예쁘다. 오후에 브레이크 타임이 있다.

ⓖ **구글 지도 GPS** 16.462758, 107.598903 　ⓡ **찾아가기** 구시가지에서 택시를 타는 것이 편하다. 자동차로 약 5분. 　ⓐ **주소** 10 Nguyễn Lương Bằng, Phú Nhuận, Thành phố Huế, Thừa Thiên Huế 　ⓣ **전화** 234-653-0705 　ⓒ **시간** 06:30~11:00, 15:00~22:00 　ⓗ **휴무** 연중무휴 　ⓟ **가격** 소금 커피 1만8000đ

2권
ⓘ **INFO** p.136
ⓜ **MAP** p.127H

THEME 2

현지인들의 커피숍

2권
INFO p.038
MAP p.029C

다 좋은데 너무 시끄러워

하일랜드 커피
Highlands Coffee

◆위치 : 다낭, 호이안, 후에　◆시원함 : ★★★★

번화가나 젊은 사람들이 모이는 곳마다 들어선 베트남 대표 체인 커피숍. 주 고객층이 10~30대라서 분위기부터 다르다. 주말이나 식사 시간이면 언제나 왁자지껄. 정신이 하나도 없을 정도로 소란스럽다. 그래도 지점마다 커피 맛의 차이가 크지 않고 실내가 시원하다는 점은 여행자라면 반가울 수밖에 없는 조건. 커피 가격도 저렴해 '베트남 스타벅스'를 경험해본다는 생각으로 들르기 좋다. 롯데 마트나 다낭 빅시 마트 1층에도 하일랜드 커피가 입점돼 있는데, 시내 지점보다 훨씬 조용하니 참고하자.

Ⓖ 구글 지도 GPS 16.065920, 108.224412 Ⓐ 찾아가기 한 시장에서 한강 쪽으로 나와 박당(Bạch Đằng) 거리를 따라 도보 4분 Ⓐ 주소 188 Bạch Đằng, Phước Ninh, Q. Hải Châu, Đà Nẵng Ⓒ 전화 236-357-5787 Ⓗ 시간 06:30~23:00 Ⓗ 휴무 연중무휴 Ⓢ 가격 핀 쓰어 다 3만9000đ Ⓗ 홈페이지 www.highlandscoffee.com.vn/vi/home

쉿! 비밀 TIP

이런 사람은 피하세요!
아이가 있는 가족 여행자라면 야외석은 무조건 피하세요. 거리낌 없이 담배를 피워대는 현지인 때문에 눈살을 찌푸릴 수 있어요. 또 음료가 대체로 단 편이에요. 단맛을 싫어하는 사람들은 피하는 게 좋겠죠.

2권
INFO p.037
MAP p.028F

맛있고 시원하다

더 커피 하우스
The Coffee House

◆위치 : 다낭　◆시원함 : ★★★★★

세련되고 밝은 분위기의 체인 커피 전문점. 왠지 서울에도 비슷한 카페가 있을 것 같은 평범함이 매력이다. 통유리창 너머로 보이는 풍경도 좋고, 커피를 다 마시기도 전에 땀이 다 마를 만큼 시원하다. 콘센트 이용이 자유롭고 와이파이 속도도 빨라 여행 중 쉬어 가기 좋다.

Ⓖ 구글 지도 GPS 16.060704, 108.221823 Ⓐ 찾아가기 용교에서 응우옌 반 린(Nguyễn Văn Linh) 거리를 따라 도보 4분 Ⓐ 주소 Lô A4, 2 Nguyễn Văn Linh, Bình Hiên, Hải Châu, Đà Nẵng Ⓒ 전화 없음 Ⓗ 시간 07:00~22:30 Ⓗ 휴무 연중무휴 Ⓢ 가격 카페 쓰어 다 2만9000đ

한강을 보며 커피를

메모리 라운지
Memory Lounge

◆위치 : 다낭　◆시원함 : ★★★★★

2권
ⓘ INFO p.049
ⓜ MAP p.045K

한강변에 자리한 카페. 이 인근에서 흔치 않게 에어컨을 갖춘 곳으로, 로컬들의 무더위 쉼터로 사랑받고 있다. 대신 커피 가격은 우리나라 카페와 큰 차이가 없을 만큼 비싸다. 날씨가 많이 덥지 않다면 야외석에 앉자. 강변 풍경을 보며 커피 한잔하고 나면 비싼 커피값이 조금은 수긍이 된다. 오후 2~3시가 지나면 야외석에도 그늘이 생겨 시원하다.

ⓖ **구글 지도 GPS** 16.072695, 108.225126 ⓖ **찾아가기** 노보텔에서 용교 방향으로 직진, 한강교 바로 앞, 도보 7분 ⓐ **주소** 07 Bạch Đằng, Hải Châu 1, Hải Châu, Đà Nẵng ⓣ **전화** 236-357-5899 ⓞ **시간** 08:00~22:00 ⓗ **휴무** 연중무휴 ⓦ **가격** 카페 쓰어 다 5만4000₫(세금 15% 별도)

2권
ⓘ INFO p.136
ⓜ MAP p.127C

로컬들의 사랑방

에스 라인 커피
S Line Coffee

◆위치 : 후에　◆시원함 : 야외★★ 실내★★★★

핫한 곳은 역시 다르다. 따지고 보면 별것 없는데도 이 집만 손님이 바글바글. 혼자서 4인용 식탁에 앉을 때면 괜히 눈치가 보인다. 사각뿔 모양 나무 천장이 멋진 야외석 분위기가 꽤 괜찮지만 담배 연기 때문에 숨 쉬기 힘들다. 분위기는 포기하더라도 시원하고 쾌적한 실내에 앉자.

ⓖ **구글 지도 GPS** 16.470850, 107.594542 ⓖ **찾아가기** 레러이(Lê Lợi) 거리와 추반안(Chu Văn An) 거리가 만나는 지점, 센트리 리버사이드 호텔 옆 ⓐ **주소** 51 Lê Lợi, Phú Hội, Thành phố Huế, Thừa Thiên Huế ⓣ **전화** 234-382-0111 ⓞ **시간** 07:00~22:00 ⓗ **휴무** 연중무휴 ⓦ **가격** 카페 쓰어 다 1만5000₫

SNS를 위한 전망 커피숍

찰칵! 궁극의 한 컷
해 질 무렵에 사진 찍기 좋은 황금 시간
대지만, 그만큼 자리 경쟁도 치열해요.
아침 일찍 찾아가면 그나마 수월하게 자
리를 선점할 수 있답니다.

어떻게 찍어도 작품 사진

파이포 커피
Faifo Coffee

◆위치 : 호이안   ◆시원함 : 1~2층 ★★★ 3층 ★

희한한 광경이다. 1층에 손님이 하나도 없는데도 바리스타는 눈코 뜰 새 없이 바쁘다. 커피를 그렇게 많이 내리는데도 서빙 접
시는 항상 비어 있다. 손님들이 유독 3층에 앉는 탓에 커피를 나르는 직원들도 죽을 맛일 테지만, 손님 입장에서도 선풍기 없
이 땡볕을 견뎌야 하는 야외 좌석이 반가울 리 없다. 하지만 3층 루프톱에서 보는 풍경은 이런 불편함도 기꺼이 감수하게 만든
다. 호이안에서 가장 멋진 풍경을 볼 수 있어 일찌감치 사진 촬영 명소로 입소문 났다.

ⓢ **구글 지도 GPS** 15.877206, 108.328113 ⓖ **찾아가기** 내원교에서 쩐푸(Trần Phú) 거리를 따라 도보 3분
ⓐ **주소** 130 Trần Phú, Phường Minh An, Hội An, Quảng Nam ☎ **전화** 090-546-6300 ⏱ **시간** 08:00~21:30
⊖ **휴무** 연중무휴 ⓖ **가격** 카페라테 5만2000₫ ⊖ **홈페이지** http://faifocoffee.vn

2권
ⓘ INFO p.101
ⓜ MAP p.089G

MANUAL 05 | 베트남 커피&카페

📷 찰칵! 궁극의 한 컷

낮과 밤의 분위기가 확연히 달라요. 낮 동안 약간 밋밋했던 풍경이 밤이 되고 조명이 커지면 세상 가장 로맨틱한 장소가 되지요. 뷰가 좋은 곳은 그만큼 자리 경쟁도 치열해요.

맛 굿, 분위기 굿굿

더 셰프
The Chef

◆위치 : 호이안 ◆시원함 : ★★

1층 기념품점만 구경하러 들렀다가 식당의 존재를 알게 되는 손님이 많다. 그중 열에 아홉은 나무 계단을 따라 3층에 올라갔다 메뉴판을 집어 든다. 멋진 풍경을 볼 수 있는 곳에서 조금이라도 오래 머물고 싶은 것이 사람 마음. 커피 정도만 간단히 마시려고 앉은 자리가 식사를 위한 식탁이 되어버리는 순간이다. 커피도 그렇고 음식 맛도 그렇게 특별하지 않지만, 분위기 덕분에 무엇이든 맛있게 느껴진다. 이런 게 모두 판매 전략인가 보다.

🗺 **구글 지도 GPS** 15.877141, 108.326925 🔍 **찾아가기** 내원교에서 쩐푸(Trần Phú) 거리를 따라 도보 2분. 'Bep Truong' 간판을 찾는 것이 빠르다. 🏠 **주소** 1166 Trần Phú, Phường Minh An, Hội An, Quảng Nam ☎ **전화** 090-102-0882 🕐 **시간** 08:00~22:00(3층 루프톱은 16:00부터) 🚫 **휴무** 연중무휴 💰 **가격** 분짜 하노이 13만5000đ, 카페 쓰어 다 4만5000đ

2권
ℹ INFO p.101
📍 MAP p.088F

📷 찰칵! 궁극의 한 컷
전망을 볼 수 있는 좌석이 한정적이에요.
하지만 손님이 많지 않아 좋은 자리를 맡기
는 수월한 편이지요. 사진 찍기 좋은 시간
은 햇볕이 어느 정도 남아 있는 시간부터!

알려지지 않은, 그래서 더 좋은
찌엣 트리트 카페
Triết Treat Café
◆위치 : 호이안 ◆시원함 : ★★

'호이안에 이렇게 손님이 없는 집이 있었나?' 싶다. 목 좋은 위치, 분위기도 괜찮은데
아직 많이 알려지지 않은 탓이다. 어딜 가도 복잡한 호이안에서 조용히 쉬고 싶을 때
추천. 2층에는 구시가지가 보이는 테라스 석을 갖추고 있으며 1층 안뜰도 분위기가
괜찮다. 이 좋은 분위기에 비해 음식 맛은 평균 이하. 식사보다는 커피 한잔, 음료 한
잔하며 쉬기에 적당하다. 여러 명이 다 같이 앉을 수 있어 일행이 많은 여행자라면 한
번쯤 들를만하다.

ⓖ **구글 지도 GPS** 15.877180, 108.327216 ◎ **찾아가기** 내원교에서 도보 1분
ⓐ **주소** 158 Trần Phú, Phường Minh An, Hoi An City, Quảng Nam
☐ **전화** 235-386-1125 ⓛ **시간** 10:00~22:00 ☐ **휴무** 연중무휴
ⓙ **가격** 과일 주스 6만đ, 밀크셰이크 6만5000đ, 사이공 콜드롤 7만đ ◉ **홈페이지** 없음

2권
ⓘ INFO p.103
ⓞ MAP p.088F

솟아라 힘!
달콤한 베트남 디저트

Sweet
Desserts

쩨
Chè

베트남 간식을 소개할 때 빠지지 않는 것이 쩨. 갈증 해소를 돕고 몸을 차게 해주는 베트남 전통 디저트로, 우리나라의 빙수와 비슷하다. 단맛이 강하고 재료가 푸짐해 식후 입가심으로 먹기에도 좋고, 간식으로도 즐기기에 알맞다. 땀을 많이 흘린 뒤에 먹는 쩨는 그 어떤 말로도 표현하지 못할 맛. 힘이 펄펄 솟는 듯한 기분이다.

베트남 지역별 쩨의 특징은?

북부 지역

쩨 문화가 발달하지 않아 재료가 단순하고 소박한데, 사계절이 뚜렷한 날씨 탓에 따뜻하게 먹어도 맛있고 차게 먹어도 맛있다. 팥, 녹두, 흰쌀을 주로 사용해 깔끔하고 시원한 맛이 특징. 코코넛 밀크 대신 설탕을 사용해 단맛이 덜하다.

중부 지역

후에 지역의 쩨가 유명하다. 과거 응우옌 왕조의 수도였던 후에는 궁중 음식이 발달했는데, 궁중에서 후식으로 즐기던 쩨도 그중 하나. 궁중에서는 연 씨, 과일 씨 쩨를 주로 먹었고, 서민들은 쉽게 구할 수 있었던 옥수수나 대두, 고구마 등으로 쩨를 만들어 먹었다.

남부 지역

더운 지방이다 보니 입맛을 확 잡아끄는 재료가 많다. 코코넛 밀크는 기본, 열대 과일과 젤리를 푸짐하게 넣어 맛이 달다. 쩨의 종류가 가장 다양하고 쩨 문화도 가장 발달했다.

TIP
Take Away? Eat Here?
쩨를 주문한 후에 포장해 갈 것인지, 바로 먹을 것인지 물어보는 경우가 많다. 포장을 요청하면 얼음과 쩨를 용기에 따로 담아준다.

쩨 추천 맛집

쩨 꿍 딘 후에
Chè Cung Đình Huế
◆위치 : 다낭 ◆시원함 : ★★★

후에 스타일 쩨 전문점. 관광객은 거의 없고 로컬들이 즐겨 찾는다. 대부분의 메뉴가 1만5000đ(우리 돈으로 약 750원)으로 고정돼 저렴하게 쩨를 즐길 수 있다. 영어 메뉴판이 부실하고 영어 의사소통이 거의 불가능하다는 점이 단점.

⊚ 주소 10 Lê Duẩn, Hải Châu 1, Hải Châu, Đà Nẵng

쩨 미세스 뚜
Chè Mrs Thu
◆위치 : 호이안 ◆시원함 : ★★★

음료와 디저트 전문점. 외국인 왕래가 많은 호이안 중앙 시장에 위치해 외국인 입맛에 꼭 맞춘 쩨를 선보인다. 영어 메뉴판을 잘 갖췄고 의사소통도 원활하다. 쩨 종류는 두 가지뿐이지만, 둘 다 평균 이상의 맛은 된다.

⊚ 주소 Trần Quý Cáp, Cẩm Châu, Hội An

대표적인 쩨 종류

쩨 쓰아쓰아 핫 르우 Chè Xoa Xoa Hạt Lựu

우뭇가사리(Xoa Xoa)와 핫 르우(밀가루와 석류 씨, 카사바 분말로 만든 베트남식 타피오카)의 어울림이 훌륭하며 고소하고 상큼해 우리 입맛에도 잘 맞는다. 아침 식사 대용이나 땀을 많이 흘린 뒤 간식으로 먹기에도 좋다.

우뭇가사리 + 녹두
타피오카 + 코코넛밀크
얼음

쩨 다우 응으 Chè Đậu Ngự Ngon

리마 콩(Đậu Ngự)으로 만든 베트남 중부 지역 쩨. 리마 콩이 다른 잡곡보다도 훨씬 귀했던 탓에 일반 서민들은 쉽게 접하지 못했고, 후에 궁중에서 후식으로 즐겨 먹었다. 물컹쫄깃 단맛 짠맛이 한 잔에 모두 들어 있는 묘한 맛이다.

리마 콩 + 팥
젤리 + 코코넛밀크
얼음

쩨 떱껌 Chè Thập Cẩm

베트남어로 떱(Thập)은 숫자 10을, 껌(Cẩm)은 '섞는다'는 뜻. 여러 재료를 넣고 섞은 쩨는 모두 쩨 떱껌이라고 부른다. 젤리, 베트남식 올챙이 면인 반롯(Bánh Lọt) 등 식감이 재미있는 재료와 팥, 콩 등의 잡곡을 많이 넣어 고소하고 달달하다. 아이들보다 어른들이 더 좋아한다.

젤리 + 반롯(올챙이 면)
팥 + 녹두 + 잡곡
코코넛밀크 + 얼음

쩨 브어이 Chè Bưởi

베트남 북부의 안장(An Giang) 지역 쩨. 삶은 자몽 껍질과 각종 견과류를 설탕과 함께 넣어 죽처럼 푹 삶아 만든다. 찐득찐득, 질퍽질퍽하지만 그 맛에 적응되면 금세 중독된다. 사람에 따라 느끼하게 느껴질 수도 있다.

자몽 + 녹두
설탕 + 코코넛밀크
얼음

쩨 타이 Chè Thái

태국에서 유래한 쩨. 입을 대기 전부터 꼬릿한 두리안 향이 나 호불호가 심하게 갈린다. 하지만 그 찰나의 머뭇거림을 버틸 수만 있다면 두 번째 숟가락부터는 '먹다 보니 괜찮다'라는 생각이 든다. 잭프루트와 두리안 과육을 씹는 식감이 좋다.

젤리프루트 + 팜 시드 + 두리안 + 잭 프루트 + 코코넛밀크 + 얼음

시원한 맥주 한잔의 행복

베트남 맥주는 과연 몇 종류나 될까? 답은 '모른다'. 베트남 전국에 129개나 되는 크고 작은 맥주 회사가 있으며 전 국민에게 인기 높은 맥주부터 각 지역을 대표하는 맥주까지 수백 가지가 있다. 베트남 맥주 대부분 맛이 순하고 부드러워 가볍게 마시기 좋고 가격도 매우 저렴해 물 대신 마시는 사람도 있을 정도(실제로 1인당 맥주 음주량은 연간 42L에 달한다고 한다). 과연 동남아에서 맥주가 가장 잘 팔리는 나라답다.

333 맥주 333
알코올 도수 5.3%

참 신기한 맛이다. 맥주치고 결코 낮지 않은 도수인데 거품이 거의 없고 목 넘김이 깔끔하다. 첫맛은 맥주에 물을 탄 듯 밍숭밍숭하고, 끝맛이 깔끔하고 달짝지근해 술을 잘 못하는 사람들이 선호한다. 하지만 시간이 지날수록 쓴맛이 강해져 나중에는 "크으" 소리가 절로 나온다. 베트남어로는 '바바바'라고 읽는다.

후다 골드 맥주 HUDA GOLD
알코올 도수 4.7%

후다에서 나온 프리미엄 라거 맥주. 일반 후다 맥주에 비해 탄산 비율이 높아 호불호가 갈리는 편이다. 2015년 '월드 비어 어워즈'에서 수상한 이력이 있다.

후다 맥주 HUDA
알코올 도수 4.7%

후에 지역 로컬 맥주로 유럽식 양조 기술로 만들어 우리 입맛에도 잘 맞는다. 목을 톡 쏘는 느낌이 강하고 씁쓸한 끝맛이 입에 계속 남아 '소맥' 마시는 것 같다는 사람들도 많다. 베트남 전국에 공장이 있지만 후에 메인 공장에서 만든 맥주가 독보적으로 맛있다고 하는데, 향강 물을 원료로 사용하기 때문이라고. 2013년에는 '월드 비어 챔피언'에서 은메달을 수상한 이력도 있다.

비아 하노이 BIA HANOI
알코올 도수 5.1%

하노이를 비롯한 베트남 북부 지역의 라거 맥주. 탄산 느낌이 강하지만 첫맛이 산뜻하고 깔끔하다. 하지만 끝맛은 첫맛과 비교도 안 되게 강력한 편.

라루 맥주 LARUE
알코올 도수 4.2%

다낭 지역 로컬 맥주로 탄산과
거품이 적고 씁쓸한 맛이 강해
호불호가 극심히 갈린다. 특유
의 씁쓸한 맛이 싫다면 얼음을
넣고 살짝 녹이는 온더록 방식
으로 마시자. 씁쓸한 맛은 줄고
풍미는 배가된다. 레몬 맛 라루
맥주(LARUE Lemon)도 있는
데, 알코올 함량이 적고 조금 더
산뜻한 맛이다.

라루 스페셜 맥주
LARUE SPECIAL
알코올 도수 4.6%

라루 맥주보다 알코올 도
수가 높지만 맛은 훨씬 더
깔끔하다. 특히 목 넘김이
시원하고 씁쓸한 맛이
적어 333 맥주를 좋아하는
사람이라면 입맛에 딱
맞을 수밖에 없다.

사이공 맥주 SAIGON
알코올 도수 4.9%

호찌민의 옛 이름인 '사이공(Saigon)'을 따 만든
라거 맥주로, 호찌민에서 생산된다. 다른 베트남
맥주와 마찬가지로 라이트하고 청량감 있는 맛
이 특징이지만 곡류의 맛이 풍부해 한번 마셨다
가 중독되는 사람도 많다. 라거(Lager)와 익스포
트(Export), 스페셜(Special) 등 세 가지 버전이
있는데, 그중 스페셜은 유럽산 맥아로 만든 수출
전용 맥주로, 맛이 깔끔해 한국 사람 입에 제일
잘 맞는다. 다낭에서는 은근히 구하기 힘들다는
것이 흠.

타이거 맥주 TIGER
알코올 도수 5%

베트남 사람들이 가장 많이 마시는
맥주는 타이거. 호랑이 로고만 보고
라루 맥주와 혼동하기도
하는데, 타이거 맥주는 물 건너
싱가포르에서 온 맥주다. 술이
약한 사람이라면 도수가 낮고
목 넘김이 더 좋은 '타이거
크리스털(Tiger Crystal)'을 추천한다.

하리다 맥주 HALIDA
알코올 도수 5%

코끼리 모양 로고로 일명 '코끼리
맥주'로도 불린다. 거의 맹물을
마시는 것처럼 목 넘김이
부드럽고 순한데, 여운이 길게
남는 것이 특징이다. 베트남 항공
기내식과 함께 마실 수 있다.

저녁에 맥주 한잔!

맥주 한잔에도 엄연히 급이 있다. 술을 술술 마시는 사람도,

다낭

맛깔나는 스페인 타파스

오아시스타파스바
Oasis Tapas Bar

안주가 맛있으니 술맛은 절로 따라온다. 스페인식 타파스 전문점으로, 어떤 메뉴를 선택해도 우리 입맛에 잘 맞는다. 우리돈 4000~5000원 정도면 맛깔나는 타파스를 맛 볼 수 있으며 핀초스(Pintxos, 꼬치에 꿰어 하나씩 집어 먹을 수 있도록 만든 스페인 북부식 타파스) 메뉴는 2개나 4개 묶음 메뉴로 더욱 저렴하게 판매한다. 조용하고 깔끔해 아이들을 데리고 가기에도 괜찮으며, 무료 와이파이를 이용할 수 있다.

Ⓖ **구글 지도 GPS** 16.048269, 108.246616 ● **주소** An Thượng 4, Bắc Mỹ An, Ngũ Hành Sơn, Đà Nẵng
⊖ **전화** 012-2864-9220 Ⓕ **시간** 17:00~24:30

2권
Ⓘ **INFO** p.073
Ⓜ **MAP** p.067Ⓓ

어떤 메뉴를 주문할까? 메뉴판에 자세한 설명과 메뉴별 사진이 첨부돼 있어 주문은 쉽다. 2인 기준 타파스 세 가지와 술 한 병씩 주문하면 알맞다.

갈릭 프론
Garlic Prawn
(18번 메뉴) 10만đ
팬에 올리브 오일을 두르고 빨간 고추와 마늘, 양념을 넣어 볶아내 불 맛이 살아 있다.

블랙 스퀴드
Black Squids
(20번 메뉴) 10만đ
오징어와 오징어 먹물, 해산물 소스를 넣어 만든 파에야.

프론 덴푸라
Prawn Tempura
(16번 메뉴) 8만đ
바삭바삭한 튀김옷이 일품이다. 오동통하게 살이 오른 새우를 써 술 안주로도 그만.

다낭에서 잘 먹고 잘 마시는 법

입만 겨우 갖다 대는 사람도 좋아할 만한 마성의 술집을 추천한다.

후에

DMZ 바 DMZ Bar

비무장지대 테마의 바

갓 전역한 남자라면 좀 꺼려질지도 모르겠다. 직원들은 전부 군복을 입고 있고, 천장에는 온통 소총과 어뢰 모양 장식품이 달린 데다 군복을 잘라서 만든 것 같은 의자 커버까지. 처음부터 끝까지 군대 콘셉트라 군 시절 생각이 절로 날 수밖에 없다. 편하게 들러 커피도 마시고, 술 한잔 기울이며 여러 사람과 어울리는 1층 분위기와 달리 2층은 말끔한 식당으로, 3층은 주변 루프톱 바로 운영한다. 음식이 아주 맛있지는 않지만, 관광객을 상대하는 곳치고는 양심적인 가격과 기대만큼의 맛이다.

구글 지도 GPS 16.048269, 108.246616 ⊙ **주소** 60 Lê Lợi, Phú Hội, Thành phố Huế, Thừa Thiên Huế
전화 234-382-3414 ⊙ **시간** 월~토요일 07:00~01:30, 일요일 07:00~24:00 **홈페이지** www.dmz.com.vn

2권
INFO p.137
MAP p.127C

어떤 메뉴를 주문할까?

단품으로 주문하는 것보다는 7~8가지 메뉴를 맛볼 수 있는 세트 메뉴의 가성비가 높다. 아쉽게도 세트 메뉴는 4명 이상부터 주문할 수 있다. 음식 양이 적어 식사를 하려면 1인당 메뉴 두 가지는 주문해야 한다.

디엠지 스프링롤
DMZ Spring Roll
7만5000만đ

일단 맛이나 양은 기대하지 말자. 생각했던 딱 그만큼이다. 하지만 속이 빈 파인애플에 스프링롤을 끼운 채 서빙되면 젓가락보다 카메라에 손이 먼저 간다.

EXPERIEN

ICE

EXPERIENCE INTRO

투어 프로그램 선택 시 주의 사항

① 조인 투어인지 단독 투어인지 확인하자.

분명히 한국인 여행사에서 투어를 예약했는데, 막상 현지에 와 보니 영어로 진행하는 조인 투어 상품인 경우가 생각보다 많다. 특히 직접 행사를 진행하지 않고 현지 여행사에 도매급으로 손님을 넘기는 곳은 아닌지 확인해야 한다. 여행자가 많이 몰리는 저가 투어 프로그램에 손님을 무작정 끼워 넣는 식인데, 가이드의 영어 발음을 알아듣기 힘들고 기념품이나 추가 옵션 요금을 더 걷는 등 투어의 질이 떨어질 수밖에 없다. 투어 예약 담당자에게 조인 투어 여부를 확인하고 인터넷 후기 등을 꼼꼼히 살펴보자.

② 요금 포함 및 불포함 사항을 꼼꼼히 확인하자.

여행사에서 제시하는 요금에 포함되어 있는 사항과 추가 비용을 부담하는 내역을 꼼꼼히 확인해야 서로 마음 상하는 일이 없다. 불필요한 옵션이나 일정 등도 반드시 확인해봐야 하는 부분.

③ 픽업 및 드롭 서비스 이용 시 호텔 위치에 따라 추가 요금이 붙기도 한다.

다낭 기준으로 시내에서 먼 선짜반도, 호이안 등으로 픽업이나 드롭을 신청하면 추가 요금이 더 붙는다. 호텔 위치를 잘 모르겠다면 예약 전에 여행사 직원에게 문의하는 것이 가장 정확하다.

합법적인 여행사 판별 방법

최근 동남아에서 가장 핫하게 떠오른 다낭. 그만큼 투어업체가 우후죽순 많이 생겼고, 업체 간 신경전도 대단하다. 불법 여행사의 투어를 했다가 여행을 망칠 수 없는 일. 이왕이면 합법적인 여행사에서 마음 편히 투어하는 것을 추천한다.

STEP. 1
예약 대금을 개인 계좌로 입금받는지, 법인 계좌로 입금받는지 확인하자.

개인 계좌로 입금받는 회사는 베트남 현지에서 여행사 등록되어 있지 않은 경우가 열에 아홉 정도다. 불법 여행사는 입금받은 여행사의 실무진이 갑자기 잠적하는 경우 예약금을 되돌려받기 힘들어진다.

STEP. 2
베트남 현지에 사무실을 갖추고 있는 업체인지 확인하자.

국내에만 사무실을 갖추고 있거나 현지 사무실의 주소와 연락처를 명시하지 않는 여행사는 의심하는 것이 좋다. 한국인이 운영하는 여행사 대부분은 다낭 시내에 위치한다.

STEP. 3 투어 진행 시 쯔엉찐(Chương Trình)을 발급받는지 알아보자.

베트남에서 여행 가이드 투어를 진행하려면 '쯔엉찐'이라는 서류가 반드시 필요하다. 유명 관광지에서 공무원들이 불시 검문해 쯔엉찐이 있는지 확인하는데, 쯔엉진에 나와 있지 않은 차량을 이용하거나 신고되지 않은 여행객 또는 관광 가이드가 있는 경우 법적인 처벌을 받게 되어 있다. 따라서 투어 예약 시 여행사에서 쯔엉찐 신고를 위한 개인 정보(영문 이름, 여권 번호, 생년월일, 국적, 픽업 장소)를 요구하는지 확인해보자. 쯔엉진 정보를 확인하지 않는 여행사 대부분은 불법 투어를 하는 여행사라 봐도 무방하다.

STEP. 4 가이드 동행 시 가이드 라이선스가 있는지 확인하자.

공인 가이드 라이선스를 발급받은 가이드인지 확인하자. 라이선스는 표찰로 만들어 목에 걸고 다니는 것이 일반적인데, 라이선스에는 이름과 ID(등록 번호), 가이드하는 언어 등이 적혀 있다. 왕궁, 사원 등 베트남의 역사적인 장소에서는 외국인이 설명하는 것이 금지돼 있고, 베트남 정부가 외국인에게는 투어 라이선스 발급도 거의 해주지 않는다. 따라서 투어 가이드 라이선스를 취득 및 소지한 베트남 현지인 가이드가 설명 하도록 되어 있으며 국제 라이선스가 없는 한국인 가이드는 설명을 할 수 없다(단, 베트남 가이드가 설명하는 것을 한국어로 통역할 수 있다). 만약 가이드 자격이 없는 외국인이 외국어로 설명하다 적발될 경우 심하면 베트남에서 추방당할 수 있어 가이드가 여행객을 버리고 도망가 투어를 망치는 사례도 간간이 생긴다.

STEP. 5 가장 확실한 방법은 관광사업 등록증과 인허가 보증보험 증권 실물을 확인하는 것

시, 군, 구청에서 발급하는 관광사업 등록증과 보증보험 주식회사에서 발급하는 인허가 보증보험 증권 실물을 요구하는 것이 가장 정확하다. 등록증 발급 기준일이 최근인지도 확인해보자.

밤에는 어디로 갈까?

조용한 휴양지의 밤. 넓디넓은 리조트 방 안에
있으려니 좀이 쑤신다면 일단 리조트 밖으로
나가보자. 휘황찬란한 야경은 없지만 분위기
좋은 명소가 곳곳에 자리한다. 지갑을 여는 만큼
분위기도 달라지는 것은 어쩔 수 없는 일. 오늘
밤만큼은 낸 돈 생각 말고 놀아보자.

서울 한강만큼 로맨틱하다!
다낭 한강 제대로 즐기기

다낭에도 한강이 흐른다. 낮에는 누런 흙탕물이라 볼품없을 수 있어도 밤이 되면 또
다른 모습으로 탈바꿈한다. 밤의 한강을 일부러라도 찾아야 하는 이유다.

여유 있게 한강 경치를 감상하자
한강 드래건 크루즈 Han River Dragon Cruise

하루에도 수차례 지나치는 한강을 오토바이 소음 가득한 풍경으로 남겨두고 싶지 않다면 크루즈선에 오르자. 1시간 30분 동안 유람선을
타고 한강의 야경 명소를 천천히 감상할 수 있다. 용교 앞에서 출발해 노보텔 앞까지 갔다가 되돌아오는 코스로, 하루 세 차례 운항하며
입구에서 탑승권을 구입한 다음 안내에 따라 탑승한다. 따로 예약할 필요는 없지만 전망 좋은 자리에 앉으려면 출항 10분 전에 미리
탑승하는 것이 좋다. 선상에서 식사도 할 수 있는데, 가격이 비싸지 않고 맛도 괜찮아서 일부러 식사를 해도 좋다.

2권 ◉ INFO p.040 **◉ MAP** p.029G **◉ 구글 지도 GPS** 16.060094, 108.224392 **◉ 찾아가기** 용교 바로 옆에 선착장이 있다. **◉ 주소** Bạch
Đằng, Bình Hiên, Hải Châu, Đà Nẵng **◌ 전화** 098-507-4797 **◐ 시간** 18:00~19:30, 19:45~21:15, 21:30~22:45(1일 3회 출발) **◐ 가격** 어른
12만đ, 어린이(키 1~1.3m) 7만đ, 키 1m 미만 어린이 무료 **◉ 홈페이지** www.dongvinhthinh.com.vn

GOOD
☑ 배가 커서 흔들림이 거의 없다. 그만큼 뱃멀미가 심한 사람도
부담 없고, 사진을 찍기에도 좋다.

☑ 배 크기에 비해 손님이 많지 않아 조용하고 분위기도 있다.

☑ 다른 크루즈업체에 비해 배가 높아서 훨씬 탁 트인 전망을 볼
수 있다.

BAD
☑ 출발과 도착 지점이 같아 왔던 길을 다시 돌아가기 때문에
사람에 따라 지루할 수 있다.

☑ 1시간 30분이나 배를 타야 해서 스케줄을 넉넉히 짜둬야
일정에 지장이 생기지 않는다.

☑ 노래방 기계가 설치된 1층은 그야말로 놀자 판. 현지인들의
회식과 모임이 이곳에서 많이 이뤄지다 보니 가끔 분위기를
망치기도 한다. 다행히 갑판 위로 올라가면 다른 세상에 온
것처럼 조용하다.

한강에 용이 나타났다

용교 Dragon Bridge Cầu Rồng

'전 세계의 독특한 다리'를 꼽는다면 이곳이 순위권 안에 들지 않을까. 황금색 용이 승천하는 듯한 모양새 덕분에 완공되자마자 다낭의 랜드마크로 자리매김했다. 총 길이 666m로 개통 당시 베트남에서 가장 긴 현수교였다고 한다. 교량 설계는 미국 건설 회사인 루이스 버거 그룹에서 맡았는데, 재미있는 사실은 용교 개통일이 '베트남 남부 해방 38주년'이라는 것. 미국과 치열한 전쟁을 벌여 베트남의 통일을 이뤄낸 날, 미국 건설 회사의 손에서 탄생한 다리가 개통된 셈이다.

2권 ⓘ **INFO** p.034 ◎ **MAP** p.029G ⑥ **구글 지도 GPS** 16.061197, 108.226969

쉿! 비밀 TIP

독특한 볼거리! 용교 불쇼

용교가 생긴 것만 독특하다고 생각했다면 용교 불쇼를 아직 보지 못했을 확률이 크다. 생김새만큼이나 독특한 비밀을 감추고 있는데, 벌어진 용의 입에서 물 대포와 불기둥이 나온다. 하지만 이 독특한 광경을 볼 수 있도록 허락된 것은 주말뿐. 불쇼 시작 10여 분 전부터 차량과 오토바이의 용교 진입이 전면 금지되므로 여유 시간을 넉넉히 두고 출발해야 제시간에 도착할 수 있다.

⏱ **시간** 토·일요일 21:00

갈까 말까?

'독특한 볼거리'일 수는 있지만 큰 기대를 하지는 말자. 불 몇 번 뿜다가 물 대포 잠깐 쏘는 것이 볼거리의 전부다. 불쇼를 하는 시간, 마침 용교 근처에 있다면 모를까, 일부러 시간과 돈을 들여 보는 것은 글쎄.

용교 불쇼 감상 명당

· **타임 커피**(2권 p.035) – 3층 테라스 석에 앉아 커피를 마시며 불쇼를 볼 수 있다. 다른 곳에 비해 인파가 덜 몰린다는 것도 장점.

· **사랑의 부두**(2권 p.035) – 가장 만만한 위치다. 하지만 그만큼 사람도 많이 몰려 시끄럽고 복잡하다는 것이 단점.

· **용교 교각 위** – 용 머리 부분 양옆 인도가 불쇼를 제대로 보기에는 가장 좋다. 하지만 명당자리는 일찌감치 꽉 차서 일찍 가야 좋은 자리를 차지할 수 있다.

밤 산책하기 좋아요
사랑의 부두 Cầu Tàu Tình Yêu Đà Nẵng

사람 사는 건 다 비슷한가 보다. 밤만 되면 손을 꼭 잡은 연인들이 분위기 좋은 곳에 하나둘 모습을 드러낸다. 다낭에서 가장 로맨틱한 이곳도 마찬가지. 낮에는 볼품없다가 하트 모양의 붉은 조명이 켜지면 '사랑의 부두'라는 이름값을 톡톡히 한다. 싱가포르의 '멀라이언 동상'과 흡사하게 생긴 '용두어신(Cá Chép Hoá Rồng)' 동상이 야경 감상의 하이라이트. 용 머리를 한 물고기인 '어룡'이 뿜어내는 시원한 물줄기를 보고 있으면 찌는 듯한 더위도 조금은 잊게 된다. 부두 주변에 분위기 좋은 커피숍과 레스토랑이 밀집해 있어 저녁 식사 후 가벼운 산책을 하기도 좋다. 단, 주말에는 사람과 오토바이, 자동차가 몰려들어 복잡하다.

2권 ⓑ **INFO** p.035 ⓞ **MAP** p.029G ⓢ **구글 지도 GPS** 16.062982, 108.229840 ⓞ **찾아가기** 용교에서 쩐흥다오(Trần Hưng Đạo) 거리를 따라 도보 3분 ✦ **주소** Trần Hưng Đạo, An Hải Trung, Sơn Trà, Đà Nẵng ☎ **전화** 023-6356-1545

용교 · 사랑의 부두 주변 추천 레스토랑

팻 피시 Fat Fish

주변 분위기와 참 잘 어울리는 지중해식 해물 요리 전문 레스토랑이다. 깔끔하고 모던한 인테리어와 자꾸만 사진을 찍고 싶어 지는 음식 데커레이션이 이 집의 인기 요인. 접객 수준도 이 주변 레스토랑 중 가장 낫다.

1권 ⓑ **INFO** p.154

육해공 Yuk Hae Gong

한국식 돼지갈비 전문점. 평범한 고기집이라 분위기를 기대할 수는 없지만 한국에서 먹는 것과 별반 다르지 않은 맛을 자랑한다. 한국어를 할 줄 아는 직원들이 고기를 구워 줘 편하게 식사할 수 있다.

1권 ⓑ **INFO** p.152

높이, 더 높이! 다낭 루프톱 바 BEST

2 THEME

우리나라에서 소주 마실 돈이면 다낭에서는 근사한 칵테일 한잔을 할 수 있다. 안주를 따로 주문하지 않아도 눈높이에 펼쳐지는 빛나는 야경이 술안주가 된다. 취할 때 취하더라도 이 멋진 분위기, 멋진 야경을 두 눈 가득 담아두자. 영수증과 숙취만 덜렁 남기기엔 풍경이 너무 아름답다.

다낭 루프톱 바 제대로 즐기기

1. 호텔 숙박객 할인도 된다.

다낭 루프톱 바 대부분은 호텔 옥상에 위치하는데, 해당 호텔 숙박객에게는 음료 무료, 일정 금액 이상 계산 시 할인 등의 혜택을 제공한다. 나이트라이프를 제대로, 저렴하게 즐기고 싶다면 어떤 호텔에 어떤 스폿이 있는지만 알아도 절반의 성공이다. 자세한 숙박객 할인 혜택은 호텔 리셉션에 문의하자. 숙박객이 아니라도 루프톱 바를 이용할 수 있다.

2. 체크카드 이용이 불가능한 경우가 많다.

신용카드는 몰라도 계좌와 연결된 체크카드 이용이 잘 안 되는 경우가 상당히 많다. 현금을 넉넉히 준비해 가자. 다행히 미국 달러를 받기도 하는데, 환율을 불리하게 계산하기 때문에 손해를 볼 각오는 해야 한다.

3. 일행 구성에 따라 목적지를 정하자.

아이들이 있다면 젠이나 브릴리언트 톱 바, 어른끼리라면 스카이I36이나 알라카르트 더 톱을 추천. 음료를 판매하긴 하지만 배를 채울 만한 먹을거리는 거의 없으니 저녁 식사를 한 뒤 들르는 것이 좋다.

다낭 최고의 전망
스카이36 Sky36

이런 사람에게 추천
친구끼리 / 핫플을 좋아 하는 사람

다낭에서 가장 핫한 루프톱 바. 한강과 다낭 시내가 한눈에 들어오는 전망 때문에 구경을 겸해서 찾아오는 사람이 많다. 그래서일까. 술값이 우리나라 보통 술집보다 비싸고 비싼 술과 팁을 유도하는 등 종업원의 접객 수준도 떨어진다. 그렇지만 밤 10시 이전에는 맥주를 꽤 저렴하게 판매해 가격 부담이 적다. 최상층에는 DJ 무대와 넓은 스테이지가 마련돼 있고, 아래층은 실내 바로 운영해 취향에 따라 즐길 수 있다. 음악이 시끄럽고 술을 제외한 마실 거리가 별로 없어서 아이들을 데리고 가기에는 적당하지 않다. 복장 검사를 꼼꼼히 하지는 않지만, 남성의 경우 슬리퍼나 짧은 바지 등은 피하는 것이 좋다.

2권 ⓘ INFO p.050 **ⓜ MAP** p.044F **ⓖ 구글 지도 GPS** 16.077480, 108.223728 **ⓕ 찾아가기** 노보텔 다낭 1층에 전용 출입구가 있다. **ⓐ 주소** 36 Bạch Đằng, Thạch Thang, Hải Châu, Đà Nẵng **ⓣ 전화** 090-115-1636 **ⓣ 시간** 18:00~심야 **ⓥ 가격** 병맥주 18만đ, 칵테일 36만đ(봉사료 및 VAT 15% 별도) **ⓗ 홈페이지** http://sky36.vn

잠시 들를 만한 곳
더 톱 The TOP

이런 사람에게 추천
가족 여행자 / 전망만 보고 싶은 사람

그 좋던 분위기가 다 어디로 갔을까. 언제 가도 조용하던 분위기는 사라진 지 오래. 최근에는 한국과 중국 단체 여행객이 많이 들르는 탓에 언제나 시끌시끌. 분위기도 썩 좋진 않다. 알라카르트 호텔 수영장과 루프톱 바가 이어진 구조인데, 전망이 가장 좋은 방향에 수영장이 들어서 있어 호텔 숙박객이 아니면 반쪽짜리 전망에 만족해야 한다. 사방이 컴컴해져 볼품없어지는 밤보다 낮 전망이 훨씬 좋다. 매주 수요일 오후 7시부터 10시까지 레이디스 나이트 행사를 열어 여성에게 음료를 무료로 제공한다. 드레스 코드는 없다.

2권 ⓘ INFO p.062 **ⓜ MAP** p.055D **ⓖ 구글 지도 GPS** 16.068735, 108.244895 **ⓕ 찾아가기** 알라카르트 호텔 23층 **ⓐ 주소** 200 Võ Nguyên Giáp, Phước Mỹ, Sơn Trà, Đà Nẵng **ⓣ 전화** 098-296-1268 **ⓣ 시간** 10:00~심야 **ⓥ 가격** 칵테일 14만5000đ **ⓗ 홈페이지** www.alacartedanangbeach.com

이런 사람에게 추천!

연인　가족 여행자

요즘 뜨는 루프톱 바
젠 루프톱 라운지 Zen Rooftop Lounge

퓨전 스위트 호텔 옥상에 자리한 루프톱 바. 5성급 호텔의 명성에 걸맞은 서비스와 분위기 덕분에 최근 젊은 사람들이 많이 찾는다. 칵테일이 맛있고 저렴한데, 종업원들이 입맛에 꼭 맞는 칵테일을 골라주기도 한다. 전망의 절반은 바다이고 전망 좋은 좌석도 얼마 되지 않아 제대로 된 풍경을 보고 싶다면 해가 지기 전에 들르는 것이 좋다. 오후 5시부터 6시 30분까지 해피 아워에는 칵테일 1+1 행사를 하며 무료 스낵도 제공한다. 1+1 행사는 메뉴판에 노란 테두리 표시가 되어 있는 메뉴에만 적용된다. 차와 음료도 있어 아이들을 데리고 가기도 좋다.

2권 ⓑ **INFO** p.062 ◉ **MAP** p.054C ⓖ **구글 지도 GPS** 16.081141, 108.2469838 ⓟ **찾아가기** 퓨전 스위트 다낭 23층. 엘리베이터에서 내려 계단으로 한 층 더 올라가야 한다. ⓐ **주소** Võ Nguyên Giáp, Mân Thái, Sơn Trà, Đà Nẵng ⊖ **전화** 236-391-9777 ⓣ **시간** 17:00~24:00 ⓒ **가격** 스낵 9만d~, 애피타이저 13만5000d~, 칵테일 12만9000d, 시그너처 칵테일 15만9000d(봉사료 및 VAT 15% 별도) ⓦ **홈페이지** http://fusionresorts.com/fusionsuitesdanangbeach

이런 사람에게 추천!

나 홀로 여행자　가족 여행자

분위기는 이곳이 제일
브릴리언트 톱 바 Brilliant Top Bar

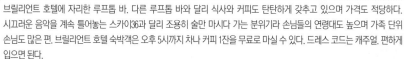

브릴리언트 호텔에 자리한 루프톱 바. 다른 루프톱 바와 달리 식사와 커피도 탄탄하게 갖추고 있으며 가격도 적당하다. 시끄러운 음악을 계속 틀어놓는 스카이|36과 달리 조용히 술만 마시다 가는 분위기라 손님들의 연령대도 높으며 가족 단위 손님도 많은 편. 브릴리언트 호텔 숙박객은 오후 5시까지 차나 커피 1잔을 무료로 마실 수 있다. 드레스 코드는 캐주얼. 편하게 입으면 된다.

2권 ⓑ **INFO** p.040 ◉ **MAP** p.029C ⓖ **구글 지도 GPS** 16.066677, 108.224684 ⓟ **찾아가기** 브릴리언트 호텔 17층 ⓐ **주소** 162 Bạch Đằng, Hải Châu 1, Hải Châu, Đà Nẵng ⊖ **전화** 236-322-2997 ⓣ **시간** 10:00~24:00 ⓒ **가격** 모히토 15만5000d ⓦ **홈페이지** www.brillianthotel.vn

다낭에서 불금을 즐겨보자!
펍&클럽 BEST

클럽에 가보지 않은 사람도 한 번쯤은 금단의 영역에 호기심이 생기기 마련. 그렇다고 우리나라에서 클럽에 발을 들이자니 거절당할까 봐, 몸치에 박치인 게 탄로 날까 봐 두렵다면 두 번 다시 얼굴 볼 일 없는 사람들뿐인 다낭에서 첫 시도를 해보자. 이곳이라면 몸치라도, 박치라도 괜찮다. 누가 묻거든 이것이 코리안 스타일이라 우기면 될 일이다.

골든 파인 펍
Golden Pine Pub
무슨 파티라도 하는 걸까

이 작은 펍에 사람은 왜 이렇게 많은지 밖에 나와 있는 사람 반, 좁은 실내에도 사람이 복작복작댄다. 몸 좀 흔들다 보면 옆 사람 어깨에 부딪치는 1층보다 2층이 그나마 덜 복잡하다. 우리나라에서는 마약류로 분리돼 흡입 및 유통이 금지된 '해피 벌룬'을 사방에서 목격할 수 있으니 각별히 조심하자. 밤 늦게까지 영업해 언제든 갈 수 있다는 것이 장점. 오큐 라운지 펍에서 신나게 놀다가 이곳으로 오면 시간이 딱 맞다.

2권 ⓑ INFO p.051 ● **MAP** p.045K ⑤ **구글 지도 GPS** 16.072621, 108.224791 ⑥ **찾아가기** 노보텔에서 용교 방향으로 도보 7분 ⊙ **주소** 52 Bạch Đằng, Hải Châu 1, Hải Châu, Đà Nẵng ☐ **전화** 093-521-0113 ⑥ **시간** 20:00~ 04:00 ⓓ **가격** 맥주 6만đ

나이트라이프 스폿에서 반드시 주의할 것

1. 마약 조심, 또 조심

외국인이 많이 모여드는 술집이나 펍, 클럽 등에서 정체불명의 풍선을 자주 볼 수 있는데, 절대 가까이하지 말자. 영어로 '해피 벌룬(Happy Ballon)', 베트남어로는 '봉꼬이(웃음 풍선)'라고 하는 환각성 화학 물질로 국내에서는 마약류로 분류돼 소지 및 흡입 시 3년 이하의 징역 또는 5000만 원의 벌금형에 처해질 수 있다. 나도 모르는 사이 중독이 쉽게 되며 환각 증세도 심하다. 실제 최근 한국인 20대가 과다 흡입으로 사망한 사례도 있다.

2. 현지인 조심

요즘 한국 젊은 사람들이 다낭 나이트라이프 스폿에 많이 등장한다는 것을 현지인들도 알고 있다. 그래서인지 가끔 질 나쁜 사람들이 꼬이기도 한다. 현지인들이 건네는 음료나 음식은 절대로 받아먹지 말자. 뉴스에서만 보던 그 피해자의 증언이 내 입에서 나올 수도 있다. 특히 여자라면 과하게 친절한 현지인을 더더욱 조심할 것.

오큐 라운지 펍
OQ Lounge Pub
다낭에서 제일 핫하다

다낭 20대들이 가장 많이 찾는 클럽. 주말 밤이면 멋지게 차려입은 현지 젊은이들로 펍 주변이 후끈 달아오르는 진풍경을 볼 수 있다. DJ 스테이지가 1층 깊숙한 곳에 있어 분위기를 제대로 즐기려면 최대한 깊숙이 들어가야 한다. U자 모양 스탠딩 바에서 DJ의 디제잉을 볼 수 있어 흥이 절로 난다. 그래서인지 혼자 와서 분위기를 즐기는 사람들도 많다. 밤 12시가 되면 생일을 맞은 사람들을 위해 생일 축하 노래를 다 함께 부르기도 하고, 한국 사람들을 위해 한국 가요를 틀어주며 흥을 돋운다. 주문할 때마다 계산하는 시스템인데, 달러 결제도 되지만, 가끔 잔돈을 적게 주기도 하니 될 수 있으면 베트남 돈으로 정확히 계산하자.

2권 INFO p.050 MAP p.044B 구글 지도 GPS 16.079497, 108.223716 찾아가기 노보텔에서 도보 3분
주소 18-20 Bạch Đằng, Thạch Thang, Q. Hải Châu, Đà Nẵng 전화 090-220-5245 시간 19:00~02:00
가격 병맥주 5만~6만5000đ, 수입 맥주 6만5000~10만5000đ

Ocean Activities

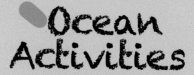

이렇게 멋진 바다가 끝없이 이어져 있으니
안 들어가볼 수 없다.
누구는 우리나라 바다와 크게 다른 것이 없다고 하고,
또 누구는 좋았다고 하는 다낭의 바다.
내 눈으로 보고 몸으로 직접 느껴본 뒤 평가해보자.

수상 액티비티, 이건 꼭 알고 가자

1. 계절과 날씨가 중요하다

우기(11~2월)에는 비가 많이 오고 파도가 높아 수상 액티비티는 못한다고 봐야 한다. 우기에서
건기로 바뀌는 시기(3~4월, 10월 중순~11월)에도 비가 오거나 흐리면 수온이 많이 떨어져 투어가
갑자기 취소되는 일이 잦다. 액티비티를 즐기기에 가장 좋은 시기는 6월부터 8월까지. 탁했던 바다가
투명해지고 파도도 잦아들어 최상의 조건이 갖춰진다.

2. 안전 확인은 필수!

아무리 강조해도 지나치지 않은 안전. 아무리 가이드나 진행 요원이 있다고 한들 안전사고가 생기지
말라는 법은 없다. 일단 가이드가 설명하는 대로만 해도 안전을 확보할 수 있다.

3. 노약자나 어린이, 임신부는 조심 또 조심!

야외 활동이 많은 투어의 특성상 노약자와 어린이, 임신부는 투어 참여가 불가능할 수 있다. 예약 전에
미리 직원에게 이야기하면 그에 따른 안내를 받을 수 있다.

해변 즐기기

우리나라보다 저렴해요!

해양 액티비티 Watersports Activities

아직까지 액티비티 인프라가 덜 갖춰진 다낭. 그래서 태국이나 필리핀에 비하면 액티비티 종류나 시설, 서비스 등은 뒤떨어지지만, 상업화가 덜 된 가격이 장점이다. 특히 모터보트에 연결된 낙하산을 메고 바다 위를 날아오를 수 있는 '패러세일링'의 인기가 급상승하고 있다. 심한 고소공포증이 아니라면 한 번쯤 도전해볼 만하다.

〈어디서 할까?〉

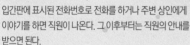

미케 비치 My Khe Beach

✔ 특징은?

템플 다낭과 안방 비치의 장점과 단점이 고루 섞여 있다. 너무 썰렁하지도 않고 너무 붐비지도 않는 분위기. 패러세일링 체험 중 고층 건물과 양옆으로 끝없이 뻗은 해변 풍경을 질리도록 감상할 수 있다.

✔ 어떻게 이용하나요?

해변 중간중간에 수상 레포츠 입간판이 서 있는데, 입간판에 표시된 전화번호로 전화를 하거나 주변 상인에게 이야기를 하면 직원이 나온다. 그 이후부터는 직원의 안내를 받으면 된다.

ⓘ **가격** 패러세일링 1명 50만đ · 2명 80만đ, 제트스키 15분 50만đ · 20분 70만đ ☎ **전화** 093-198-3456, 090-555-9844

템플 다낭 Temple Da Nang

✔ 특징은?

수상 레포츠를 전문으로 하는 곳답게 샤워실 등의 시설이 가장 잘 갖춰져 있다. 하지만 근근이 장비를 수리할 때가 많아 헛걸음하기 쉬운 곳이기도 하다. 비치 바 겸 레스토랑을 함께 운영해 바다를 바라보며 쉴 수 있는 특권도 있다. 미케 비치에서도 인적이 가장 드문 곳이라 시끄러운 것은 딱 질색이라면 이곳을 추천.

✔ 어떻게 이용하나요?

레스토랑에 가서 이야기를 하면 담당 직원이 나온다. 가격 흥정은 불가능하다.

ⓘ **가격** 패러세일링 1명 50만đ · 2명 80만đ, 제트스키 15분 50만đ, 30분 95만đ · 선베드 대여 9만đ · 타월 대여 2만đ, 수영장 이용 어른 9만đ · 어린이 6만đ, 데일리 패스(수영장 이용+선베드+타월) 16만đ

안방 비치 An Bang Beach

✔ 특징은?

내가 이렇게 용감한 사람이라는 것을 남들이 알아줬으면 할 때 안방 비치만 한 곳이 없다. 낙하산을 메는 그 순간부터 사람들의 시선이 집중돼 잠깐이나마 연예인이 된 듯한 기분도 든다. 근근이 가격 흥정이 잘돼 다른 곳보다 저렴하게 체험할 수 있다는 것도 큰 장점. 하지만 다른 곳에 비해 물이 투명하지는 않아 하늘 위에서 보는 풍경은 감동이 덜하다.

✔ 어떻게 이용하나요?

안방 비치 선베드에 누워 있으면 호객하는 아저씨들이 계속 왔다갔다한다. "액티비티 해볼래?" 물어보면 넙죽 "할게요"라고 대답하지 말고 일단 가격부터 흥정해보자. 패러세일링의 경우 2명이 80만đ이지만 말만 잘하면 70만đ까지 깎을 수 있다.

ⓘ **가격** 패러세일링 1명 50만đ · 2명 80만đ, 제트스키 15분 50만đ, 20분 70만đ ☎ **전화** 093-541-1512, 016-6393-2911

호텔 수상 레포츠 센터

✔ 특징은?

해변가에 자리한 5성급 호텔들은 자체적으로 수상 레포츠 센터를 마련해놓고 있다. 대표적으로 하얏트 리젠시, 풀만 다낭, 포시즌스 남하이 같은 특급 호텔인데, 아무래도 시설 업체에 비해 진행이 훨씬 매끄럽고 손님 응대와 안전에도 만전을 기울인다. 카약, 윈드서핑, 스탠드업 패들 보트처럼 쉽게 접하지 못하는 레포츠도 다양하게 즐길 수 있다. 하지만 그만큼 가격도 비싼 것이 흠. 15%의 세금까지 더 붙으니 3~4배까지 가격이 붙어나기도 한다. 간단한 수상 레포츠 장비는 숙박객에 한해 무료 대여해준다.

✔ 어떻게 이용하나요?

객실 내에 비치된 안내 팜플렛을 보고 전화로 연락하면 된다. 일부 레포츠는 하루 전에 예약을 해야 이용 가능한 경우가 있다.

ON THE BEACH

서핑 초보자도 쉽게 배울 수 있어요
다낭 서프 스쿨 Da Nang Surf School

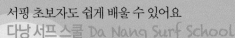

우리나라에서도 이미 많이 대중화된 서핑을 다낭에서도 쉽게 접할 수 있다. 비록 발리나 하와이만큼 파도가 높지 않아 전문 서퍼들이 몰리는 명소는 아니지만 초보자가 서핑을 배우기에는 참 좋은 조건이다. 강습료가 저렴하고 서핑을 처음 접하는 초보자에게 딱 맞는 높이의 파도가 치기 때문이다. 다낭에도 서퍼 숍과 서핑 스쿨이 조금씩 생겨나고 있는데 그중에서도 '다낭 서프 스쿨'을 추천. 포르투갈에서 다낭으로 건너온 '곤잘레스'가 직접 운영하는 강습소다. 물에서 보낸 시간이 20년이 넘는 베테랑 서퍼지만, 난생처음 서핑을 해보는 사람들도 쉽게 이해할 수 있도록 알려주며 특유의 유쾌함 덕분에 수업 분위기가 밝고 에너지 넘친다. 그래서일까. 최근 그의 인기도 치솟고 있다. 강습 인원이 금방 다 차기 때문에 최소 3일 전에는 예약해야 한다. 예약은 이메일이나 페이스북 메시지로 날짜와 시간(1, 2지망까지), 인원, 나이 등을 보내면 된다. 이메일보다는 페이스북 메시지 예약이 빠르고 정확한 편. 현금 결제만 가능.

ⓖ **구글 지도 GPS** 16.075555, 108.246493 ⓐ **찾아가기** 미케 비치에서 린응사로 가는 길에 위치. 템플 다낭으로 들어와 오른쪽이다.
ⓐ **주소** Võ Nguyên Giáp, Sơn Trà, Đà Nẵng ⓣ **전화** 012-1666-6722 ⓢ **시간** 날마다 다름 ⓗ **휴무** 부정기
ⓒ **가격** 서핑 레슨 90분 1인 100$, 2~4인 60$ ⓦ **홈페이지** http://danangsurfschool.com/(이메일 goncalocabrito@gmail.com)

쉿! 비밀
TIP

서핑보드 종류

서핑보드 종류는 생각보다 다양하다. 보드마다 특징과 느낌이 달라 수준이 높아질수록 취향에 따라 골라 탈 수 있다.
그 중 대중적인 몇 가지를 소개한다.
❶ **숏보드** 보통 5~7피트 사이즈로, 빠르고 강한 라이딩이 가능해 경력 많은 서퍼들이 선호한다. 단, 패들링이 롱보드보다 다소 힘들다.
❷ **롱보드** 보통 8~10피트 사이즈로, 부력이 좋아 초보자에게 적합하다. 패들링이 쉬운 편이며, 부드러운 라이딩이 가능하다.
❸ **펀보드** 숏보드와 롱보드 사이의 보드로, 약 7~8피트 사이즈, 숏보드와 롱보드의 장점을 겸비했다. 자유자재로 라이딩을 즐길 수 있어 이름에 '펀'을 붙였다.

❶   ❷   ❸

바닷속 세상 만나기

관광과 스노클링을 동시에!
참섬 스노클링
Cham Island Snorkeling

호이안 선착장에서 배로 30여 분 떨어진 곳에 위치한 참섬은 아직까지 외지인의 손길이 닿지 않은 곳. 그 덕에 자연환경이 비교적 잘 보존되어 있다. 그래서 다른 스노클링 투어와는 달리 섬 관광을 한 뒤 스노클링 포인트로 가서 스노클링을 즐기는 코스이며, 보고 먹고 즐기는 모든 것을 할 수 있어 젊은 층에게 조금씩 알려지고 있다. 오랫동안 배를 타고 땀을 흘려서일까. 우리나라와 별반 다르지 않은 바닷속 풍경도 곱절은 더 멋있어 보인다. 은근 이동 시간이 길기 때문에 아침 일찍부터 오후 늦은 시간까지 움직여야 해 체력적인 부담이 꽤 큰 투어 중 하나다.

ⓘ **가격** 어른(만 11세 이상) 45$, 어린이(만 10세 이하) 20$, 유아(만 5세 미만) 무료(예약금 1만 원)
ⓢ **홈페이지** http://cafe.naver.com/danang(카카오톡 ID pangpangtour456)

투어 미리보기

| 08:00~09:10 호텔 픽업 후 선착장으로 이동 |
| 09:10~09:40 보트를 타고 참섬으로 이동 |
| 09:40~10:40 참섬 관광 |
| 10:40~11:20 해변으로 이동해 스노클링 복장으로 갈아입기 |
| 11:20~12:30 스노클링 |
| 12:30~13:30 점심시간 |
| 13:30~15:00 보트를 타고 돌아와 호텔 드롭 |

© Midori9813

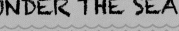

UNDER THE SEA

투어 미리보기

스노클링을 마음껏 즐기고 싶다면
선짜반도 스노클링
Son Tra Snorkeling

최근 개발된 스노클링 투어. 은근히 사람들이 많이 몰리는 참섬에 비해 인적이 드물고 다낭에서 출발할 경우 참섬보다 가까워 차편과 배편 이동 시간이 줄어든다는 것이 가장 큰 장점이다. 길 위에서 보내는 시간이 줄어드는 만큼 스노클링하는 시간이 긴데, 두 군데의 다른 포인트를 들른다. 미케 비치와 가깝기 때문에 스노클링 이후의 일정은 미케 비치에서 보내는 것을 추천.

ⓒ **가격** 어른(만 11세 이상) 50$, 어린이(만 10세 이하) 25$, 유아(만 5세 미만) 무료(예약금 1만 원)
🏠 **홈페이지** http://cafe.naver.com/danang(카카오톡 ID pangpangtour456)

09:00~09:30
호텔 픽업 후 선짜반도로 이동

10:00~10:30
스노클링 장비 착용 및 안전 교육.
수영복이 없으면 빌려 입을 수 있다.

10:30~12:30
두 군데 다른 포인트에서 스노클링 체험.
스노클링을 하며 콜라와 와인을 마실 수
있도록 서비스한다.

12:30~13:00
점심시간. 갓 잡은 생선을 회, 튀김, 구이 등
한국 사람 입맛에 꼭 맞춰 요리해 내와서
누구나 밥 한 그릇 뚝딱 비운다.

13:00~
호텔 드롭

남들과 1%
다른 다낭
여행을 위해

남들 다 보는 것, 남들 다 가는 곳은
여행 준비를 하며 골백번은 더 봤다.
좀 더 특별한 다낭을 만나고 싶거든
남들이 잘 하지 않는 것에 눈길을
돌려보자.
많이 알려지지 않았을 뿐이지,
다낭을 제대로 즐기기엔 몸으로
직접 부딪혀보는 것만 한 게 없다.

오토바이를 타고 다낭 구석구석을 누벼보자
이지 라이더 Easy Rider

추천 대상 20~30대, 모험심과 호기심이 충만한 당신 | 소요시간 약 10시간 | 체력 소모 상

오토바이를 타고 다낭 곳곳을 돌아보는 투어 프로그램. 불편함이 이 투어의 단점이자
매력 포인트다. 시원한 에어컨 바람과 편안한 버스 좌석을 포기했을 뿐인데 다낭이
달라 보인다. 바닷바람 맞으며 도로를 내달리는 기분도 좋고, 마음 내킬 때 멈춰서 사진
찍는 자유로움도 젊은 사람들 입맛에 딱 맞는다. 울퉁불퉁 비포장 도로를 따라 숨은
폭포를 찾아가 음료수 파티를 하거나 수영을 실컷 하다 보면 집에 가기 싫다는 소리가
절로 나온다. 비가 자주 오는 우기(10~2월)에는 투어 진행 자체가 힘든 경우가
많고, 비 오는 날에는 체력 소모가 많아 비추천. 비교적 선선한 3~4월과
9월~10월 초가 적기다. 운전을 못하는 사람은 추가 요금을 더
내면 운전사가 나온다.

다낭 데일리 투어 일정
다낭-하이반 패스 코스

08:30 호텔 픽업

하이반 패스

랑꼬 뷰 포인트

랑꼬 비치&점심 식사

코끼리 폭포

17:00~18:00
원하는 장소 또는 호텔 드롭

 어떻게 예약할까?

이지 라이더 투어를 진행하는 몇몇 현지 여행사 중 추천하는 곳은 '베트남 이지
라이더(Vietnam Easy Rider)'. 다낭, 호이안, 후에에서 출발하는 코스를 비롯해
달랏, 나짱, 하노이, 호찌민 등 베트남 주요 도시에서 출발하는 코스가 다양하다.
짧게는 반나절 투어부터 17일 동안 오토바이를 타고 베트남 전국 일주를 하는
투어까지 다양한데, 짧은 시간 안에 다낭 근교의 주요 볼거리를 모두 둘러볼 수 있는
'다낭 데일리 투어(Da Nang Daily Tours)' 프로그램이 가장 인기다. 네 가지 데일리
투어 코스 중 마음에 드는 것으로 고르면 되며 일정 조정도 어느 정도 가능하다. 2명
이상 출발 가능. 12세 이상만 참여 가능.

ⓓ **가격** 1인당 50$(직접 운전 시), 55$(운전기사 고용 시)
ⓢ **홈페이지** http://vietnameasyridertour.com(이메일 info.easyrider@gmail.com)

꿀잼 예약 급류 타기
호아푸탄 래프팅 Hoa Phu Thanh Rafting

추천 대상 연인, 가족, 친구, 20~30대 **소요 시간** 약 4시간 **체력 소모** 상

다낭에서 자동차로 1시간 정도 떨어진 곳에 있는 호아푸탄은 천혜의 자연을 그대로 간직한 지역이다. 오랜 시간 사람의 발길이 닿지 않던 이곳에 여행자가 하나둘 모여들고 있다. 르엉동강(Sông Luông Đông)의 급류를 고무보트에 의지한 채 흘러가는 래프팅이 입소문을 타면서부터다. 4~8명씩 고무보트에 올라타는 다른 지역의 래프팅과 달리 수심이 얕고 강 폭이 좁아 2명씩 탑승한다. 단번에 1~2m 높이를 수직 하강하기도 하고, 급류를 타고 커다란 바위 사이를 아슬아슬 지나다 보면 더위는 금세 잊힌다. 물살이 센 곳에서는 정신없이 비명을 지르다가 배의 속도가 느려지면 힘을 모아 영차 영차 노를 저어 나가는 것이 래프팅을 200% 즐기는 요령. 바위가 많은 지형이라 장애물에 배가 걸리기 일쑤지만, 코스 중간중간에 배치된 안전 요원이 계속 도와줘서 초보자도 쉽게 체험할 수 있다. 10월부터 다음 해 3월 초순까지는 계곡물이 차고 유속이 빨라 체험을 하기 위험하고, 3월 중순부터 9월 말까지가 최적의 시즌이다. 참여자의 안전을 위해 15~64세만 래프팅을 즐길 수 있다.

래프팅 투어 일정

08:30 호텔 픽업

10:00 래프팅 장소 도착, 귀중품 보관 및 옷 갈아입기

10:15 안전 교육

10:30~11:20 래프팅 체험

11:30~12:00 샤워 후 옷 갈아입기

13:00~14:00 호텔 드롭

어떻게 예약할까?

여러 여행사에서 래프팅 투어를 진행하지만 '팡팡투어'를 추천. 한국인이 운영하는 여행사라 의사소통이 원활하며 현지 보험에 가입돼 있어 만일의 사고에 대비할 수 있다. 원하는 장소에서 픽업 및 드롭 가능하며 인솔 가이드가 동행해 안전하다. 래프팅 중에 찍은 사진 파일을 무료로 전송해주는 것도 만족스럽다. 네이버 카페에서 예약 문의를 한 뒤 담당 직원의 안내에 따라 입금과 예약을 진행하면 된다. 단독 투어가 아닌 조인 투어로 진행되며 성수기에는 3~5일 전에 예약해야 한다. 투어 예약 인원이 2명 이상인 경우 출발한다.

ⓖ **가격** 예약금 1만 원+45$(가이드 팁 불포함 1인 1~2$ 정도)
ⓞ **홈페이지** http://cafe.naver.com/danang

쉿! 비밀 TIP

알아두면 좋은 래프팅 준비 꿀팁

꼭 준비하자!

• 수건 및 샤워용품 : 매점에서 샤워용품과 수건 등을 판매하지만, 장사를 하지 않는 날도 많다. 래프팅 후 몸을 씻을 때 필요한 기본적인 샤워용품과 갈아입을 옷, 수건은 반드시 챙겨 가자. 수건은 호텔 객실에 있는 것을 갖고 오면 된다.

더 준비하면 좋은 것들

• 멀미약 : 래프팅하는 곳까지 가려면 꼬불꼬불한 도로를 한참 달려야 한다. 멀미약을 반드시 복용하자.

• 아쿠아 슈즈 : 강 바닥이 돌로 이뤄져 자칫 위험할 수 있다. 밑창이 두꺼운 아쿠아 슈즈를 신자.

• 방수 카메라 : 물살이 세서 방수 팩에 넣은 스마트폰은 아무래도 불안하다. 방수 카메라가 있으면 중간중간에 사진을 찍을 수 있다. 팔목에 연결하는 스트랩이 있으면 더욱 안전하다.

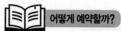

후에·다낭 이동과 관광을 동시에
프라이빗 카 투어 Private Car Tour

추천 대상 2명 이상 일행, 우리만의 시간을 보내고 싶은 여행자 소요시간 4시간~ 체력 소모 중

다낭과 후에 근교의 볼거리가 모두 교통이 불편한 곳에 있는데, 마땅한 교통편이 없을 때 이용하면 좋은 투어 프로그램. 다낭과 후에를 오가는 교통편과 투어를 한 번에 해결할 수 있다. 전혀 모르는 남들과 섞이지 않고 단독 투어 형식으로 진행하기 때문에 '우리만의 시간'을 보내기 좋다는 것이 최대 장점. 픽업 시간과 장소는 물론 상세 일정도 운전사와 유동적으로 조정할 수 있어 만족도도 높다. 코스가 세 가지로 나뉘는데, 랑꼬 비치와 하이반 패스를 경유하는 코스가 가장 인기 있다. 후에→다낭, 다낭→후에 모두 이용 가능하며 요금 산정이 사람 수가 아니라 차량 대당으로 계산되어 인원이 많을수록 가성비가 좋다. 식사와 개인 비용과 기사 팁은 별도. 팁은 3~4달러 정도면 충분하고 만족도에 따라 더 챙겨줘도 된다. 차량 내에서 와이파이도 된다.

프라이빗 카 투어 일정
하이반 패스-랑꼬 비치 코스(옵션 1)

후에 호텔 픽업(원하는 시간)
↓
랑꼬 라군에서 커피 한잔(요금 별도)
↓
랑꼬 비치, 랑꼬 뷰 포인트
↓
하이반 패스
↓
선짜반도, 뷰 포인트
↓
다낭 드롭

📖 어떻게 예약할까?

후에의 여러 여행사에서 프라이빗 카 투어를 진행한다. 그중 추천하는 곳은 'VM 트래블(VM Travel)'. 현지에서 다년간 프라이빗 카 투어를 진행해 경험이 풍부하고 베테랑 운전사들이 운전을 맡기 때문에 좀 더 안전하고 편안하다. 한국어 가능한 운전사는 없지만 영어 소통은 원활하다. 홈페이지 접속 후 오른쪽 하단의 예약 및 문의란(Support Online)으로 채팅하며 예약할 수 있다. 예약 시 픽업 날짜 및 시간과 장소, 인원, 코스, 차량 크기를 원하는지 보내면 자세히 알려준다.

🚗 **가격** 4인승 승용차 기준 55$~(차종 및 옵션별로 차이가 있음)
🌐 **홈페이지** http://hueprivatecars.com/tour/private-car-from-danang-hue
(이메일 hueprivatecars@gmail.com)

호이안을 편하게 둘러보자
사이드카 트립 Sidecar Trip

추천 대상 이색적인 탈것에 관심 있는 사람 **소요시간** 1시간 **체력 소모** 하

오토바이를 개조해 만든 사이드카를 타고 호이안 근교를 돌아볼 수 있는 투어 프로그램으로, 빅토리아 호이안 리조트에서 운영한다. 그래서인지 운전사의 서비스와 친절도는 수준급. 짧게는 1시간짜리 코스부터 2시간, 반나절, 하루짜리 프로그램까지 다양하다. 사진을 찍고 싶은 곳에서 마음껏 내릴 수 있으며 일정 조정도 제한 시간 안에서 입맛대로 할 수 있다. 하지만 가격대가 다소 비싸고 자전거를 타고도 가볼 수 있는 곳으로 구성해 만족도는 낮은 편. 마실 물과 손을 닦을 수 있는 차가운 수건은 무료로 제공된다.

ⓢ **가격** 1시간 코스 84만8000₫(사이드카 1대당 요금, 최대 2명까지 탑승 가능)
ⓦ **홈페이지** www.victoriahotels.asia/en/hotels-resorts/hoian/side-car.html
(이메일 resa.hoian@victoriahotels.asia)

사이드카 트립 일정
1시간 코스

호텔 픽업(원하는 시간)
↓

에코 빌리지(짜꿰 채소 마을)
↓

논두렁길
↓
원하는 장소에 드롭

호이안에서 자전거 타기

자동차 진입이 금지된 호이안 구시가지와 차량 통행이 뜸한 호이안 외곽은 자전거 타기에 가장 좋은 곳이다. 다낭에 비해 택시 잡기가 힘들고 웬만한 볼거리는 자전거로 30분이면 갈 수 있어 자전거 이용이 대중화되어 있다.

호텔에서 자전거 대여하기

대부분의 호텔에서 자전거를 대여할 수 있다. 호텔마다 과정은 조금씩 다르지만 자전거 반납 시간만 잘 지키면 제약 없이 대여 가능하다.

Step1 자전거 대여자 리스트에 이름과 방 번호, 날짜를 기입한다

Step2 담당 직원에게 자전거 열쇠를 받는다.

Step3 자전거 타이어 상태, 바구니 설치 여부, 자물쇠 상태를 점검한다.

Step4 시간에 맞춰 반납한다.

색다른 자전거 투어를 경험하고 싶다면

호이안 사이클링
Hoi An Cycling

주로 서양인들이 많이 참여하는 자전거 투어 프로그램. 호이안을 속속들이 알고 있는 가이드와 함께 호이안 근교의 한적한 마을을 둘러볼 수 있다. 영어로만 진행하며 한국인을 포함한 동양인은 거의 없기 때문에 영어 실력이 받쳐주지 않으면 조금 지루할 수 있다. 주로 배우고 체험해볼 수 있는 코스로 구성돼 색다른 호이안을 경험해보고 싶다면 추천.

ⓐ **가격** 호이안 반일 라이드 35$~
ⓗ **홈페이지** http://hoiancycling.com

Eco Tour & Cooking Class

색다른 호이안 만나기

어두워지면 세상 그 어디보다 더 아름다운 호이안.
하지만 해가 떠 있는 동안 관광하기에 날씨가 너무 덥고 습한 곳 역시 호이안이다. 그렇다고 하루 종일 호텔
방 안에 있을 수만은 없는 일. 가장 호이안다운, 호이안이기에 가능한 투어에 참여해보자.
고즈넉한 고대 도시인 줄로만 알았던 이곳이 좀 달리 보일 것이다.

에코 투어 Eco Tour란?

생태학(ecology)과 관광(tourism)을 합한 말로, 자연을
파괴하지 않는 범위 안에서 자연을 관찰하고 체험하는
프로그램입니다. 호이안에서는 농촌을 방문해 농사일을
배우거나 물소 타기, 코코넛 배 타기, 줄낚시 하기 등 보는
것보다는 직접 경험해보는 쪽에 특성화돼 있어요.

쿠킹 클래스 Cooking Class, 그거 뭐 하는 거예요?

말 그대로 요리 수업입니다. 하지만 평범한 요리 수업은
아닙니다. 로컬 시장에 가서 요리에 쓸 재료를 사는 것이 첫
번째 순서. 시장을 다니며 신선한 식재료 고르는 방법 등을
배우고, 요리 중에는 조리법이나 식재료 손질법 등을 알기
쉽게 설명해줍니다. 수업 마지막에는 내가 만든 요리로 밥상을
차려 먹는데, 돈 주고 사 먹는 것보다 곱절은 더 맛있어요.
호이안 대부분의 쿠킹 클래스에는 코코넛 배 타기, 줄낚시 등
짧은 에코 투어 프로그램이 포함되어 있어 온 가족이 함께
즐기기에도 좋아요!

에코 투어&쿠킹 클래스 선택 방법

No.1

프로그램의 특성상 참여 인원수에 따라 만족도가 달라진다.

인원수가 너무 많으면 배움의 질이 나빠지고 진행이 더뎌지기도 하는 반면, 소수 인원으로 진행하면 좀 더 깊이 있게 배울 수 있다. 여러 사람들과 어울리는 것이 좋다면 대규모 프로그램을, 조용한 분위기를 선호한다면 소규모 프로그램을 신청하자.

No.2

상세 일정을 꼼꼼히 확인하자.

비슷한 이름의 투어라고 해도 업체마다 프로그램 세부 일정이 다르다. 본인의 체력이나 시간에 맞춰 일정을 선택하는 것이 좋다. 날씨가 덥고 습한 여름에는 짧은 시간 안에 너무 많은 것을 하는 투어는 가급적 참여하지 않는 것이 좋다.

No.3

한국인들의 후기도 넘겨보지 말자.

아무래도 한국인끼리는 알게 모르게 취향이 비슷하다. 서양인들이 주로 찾는 업체를 선택했다가 언어 소통이 안 되거나 분위기에 적응하지 못하는 경우도 생각보다 많다. 한국인이 남긴 후기도 반드시 확인해보고 선택하는 것이 안전하다.

No.4

에코 투어와 쿠킹 클래스에 모두 참여할 필요는 없다.

쿠킹 클래스에도 코코넛 배 타기, 줄낚시 등 에코 투어 하이라이트가 포함돼 있어 두 가지 다 참여할 필요는 없다. 상세 일정을 비교해본 뒤 둘 중 하나를 선택해 참여하는 것을 추천

No.5

오후보다는 오전 투어를 추천

같은 에코 투어 또는 쿠킹 클래스라고 해도 시간대별로 체력 소모 차이가 크다. 날씨가 덜 더운 오전에 투어에 참여했다가 한창 더운 오후에는 호텔에서 시간을 보내는 것이 좋다.

에코 투어&쿠킹 클래스 Q&A

 01. 필수 준비물이 있다면?

멀미약, 자외선 차단제 또는 쿨 토시, 휴대용 선풍기는 꼭 챙겨 가세요. 베트남 전통 모자(농)는 코코넛 배에 비치되어 있어 필요 없지만, 가벼운 챙 모자 하나쯤 챙겨 가면 좋아요. 뱃사공이나 가이드에게 팁을 주는 경우가 있는데, 소액 미국 달러가 있으면 요긴합니다. 팁은 1~5\$ 정도가 적당합니다.

픽업&드롭 서비스는 무료인가요?

네. 대부분의 업체에서 무료 픽업/드롭 서비스를 해줍니다. 약속된 시간에 호텔 로비나 약속된 장소에 나가 있으면 가이드와 만날 수 있습니다. 픽업 시간이 늦어지면 투어 시간이 촉박해지니 약속 시간은 꼭 지켜야겠죠?

주의할 점이 있다면요?

여러 명이 함께하는 투어 프로그램이고, 투어 일정이 빡빡해서 종료 시간이 예상보다 늦어지기 쉽습니다. 될 수 있으면 이후 일정은 잡지 않는 것이 좋아요. 체력 소모도 은근히 커서 에코 투어나 쿠킹 클래스를 하는 날에는 저녁에 호이안 구시가지 산책을 하는 일정 정도만 잡고, 나머지 시간은 호텔에서 쉬며 체력을 보충하는 것이 나을 수 있답니다.

 음식 알레르기나 못 먹는 음식이 있으면 어떡하나요?

쿠킹 클래스 시작 전에 투어 진행자가 못 먹는 음식이 있는지, 채식주의자인지 물어봅니다. 이때 특이 사항을 알려주면 다른 식재료로 음식을 만들 수 있도록 배려해줘요.

 영어를 못해도 괜찮을까요?

괜찮습니다. 하지만 눈치껏 알아들을 수 있는 내용이 한정돼 있어 재미가 반감될 수밖에 없는 것도 사실입니다. 일행 중 영어가 가능한 사람이 한 명이라도 있다면 소통이 훨씬 쉬울 거예요.

<small>추천 업체</small>
1

트립 어드바이저
1등 한 이유가 있었네

코코넛
프레이그런스
레스토랑 투어

Coconut Fragrance
Restaurant Tours

전 세계 최대 규모의 여행 정보 사이트인 '트립 어드바이저'에서 1등을 한 집이라는 점만으로도 여행객들이 몰린다. 참가자가 주로 20대 초반의 서양인이라서인지 다른 업체보다 떠들썩하다는 것이 이곳만의 특징. 처음 본 사람들도 금방 언니, 오빠, 동생으로 만드는 '친화력 대장' 후인(Huynh)과 그의 남편이 모든 투어를 꾸려간다. 후인의 영어 실력이 좋고 모든 참가자들에게 살갑게 대해 영어 실력이 조금 부족해도 의사소통이 이루어질 정도. 음식을 만드는 것 보다는 코코넛 배를 타는 데 조금 더 치중돼 있고, 참여 인원이 5~10명으로 많은 편이라 집중도가 떨어진다는 점은 아쉽다. 저렴한 가격에 여러 체험을 두루두루 해보고 싶은 사람이라면 분명 만족할 것이다.

ⓘ **가격** 1인당 어른 69만9000đ, 어린이(5~10세) 34만9500đ
ⓗ **홈페이지** http://hoianecotour.net(이메일 coconutflowerrestaurant@gmail.com)

{ 투어 미리 보기 }

2 09:00~09:40 호이안 중앙 시장에서 장 보기. 베트남 향신료와 채소, 돼지고기, 수산물 등을 어떻게 싸게 구입하는지, 선도 확인은 어떻게 하는지 설명을 들을 수 있다.

1 08:00~08:30 호텔 픽업. 픽업 시간은 이메일로 안내해준다.

3 09:40~10:00 나무배를 타고 깜탄 마을로 이동. 이동하는 중 시장에서 산 열대 과일을 시식하는 시간이 있다.

4 10:00~10:10 전통 그물 던지기 체험. 카메라나 스마트폰으로 기념사진도 찍어준다.

5 10:20~10:40 2명씩 짝지어 코코넛 배로 갈아타 박진감 넘치는 코코넛 배 쇼 감상.

6 10:40~11:10 줄낚시로 게 잡기 체험. 뱃사공이 야자나무 잎으로 반지와 목걸이를 뚝딱뚝딱 만들어줘 아이들이 좋아한다.

8 13:30~13:50 내가 만든 음식으로 차린 점심상. 맛있게 냠냠!

9 13:50~14:00 내 배를 채웠으니 물고기 배도 채워야지! 식후에는 닥터피시 체험도 공짜.

7 11:10~13:30 쿠킹 클래스 시작. 아침에 장 봐 온 식재료를 손질하고 조리해 베트남 음식을 만든다. 가이드의 설명을 들은 후 반 쎄오, 파파야 샐러드, 스프링 롤, 카레와 쌀국수 등 다섯 가지 메뉴를 만든다.

10 14:00~15:00 호텔이나 원하는 장소에 드롭. 드롭 장소에 도착해 대금을 결제한다.

추천 업체 2

품격 있는
쿠킹 클래스

깜탄 에코 투어

Cam Than Eco Tour

가이드 꽁무니만 따라다니기 바쁜 것도, 참여자가 너무 많은 것도 질색인 사람에겐 이곳이 딱이다. 최소 1명부터 최대 5~6명 소규모 투어라는 점에서 일단 배움의 질이 한 단계 높아진다. 요리가 서툰 사람에겐 1:1 과외식으로 알려주고, 궁금한 것이 많은 사람도 마음껏 질문할 수 있는 분위기다. 가이드 '한(Hanh)'이 아이를 둔 엄마라 그런지는 몰라도 아이들까지 세심히 챙겨줘 가족 여행자들의 칭찬이 자자하다. 설명 중 조금 어렵다 싶은 단어는 한국어를 섞어 언어적인 불편함도 줄였다. 쿠킹 클래스를 하는 장소가 호이안 구시가지에서 가까워 배를 타는 시간이 짧고 체력 소모가 적은 것이 다른 투어와의 차이점. 코코넛 배 타기와 줄낚시 시간이 짧은 대신 쿠킹 클래스 시간이 길어 요리를 배우고 싶은 사람에게 추천. 참고로 가이드 남편이 요리 경력 20년인 베테랑이다. 그의 20년 요리 노하우가 쿠킹 클래스 곳곳에 녹아 있다.

ⓘ **시간** 오전 08:00~13:30, 오후 13:30~18:30 ⓗ **가격** 어른 70만₫, 어린이 35만₫
ⓗ **홈페이지** www.camthanhecotours.com(이메일 camthanhecotours@gmail.com)

{ 투어 미리 보기 }

1 **09:00~09:30** 호텔 픽업. 소규모 투어이기 때문에 전용 차량 대신 택시를 이용한다. 다른 쿠킹 클래스보다 픽업 시간이 늦어 아침 시간이 여유로운 것이 장점이다.

2 **09:30~10:00** 호이안 중앙 시장에서 장 보기. 과일 잘 고르는 방법, 베트남 향신료와 채소를 손질하고 먹는 방법 등 설명을 듣는다.

3 **10:00~10:10** 시장 커피로 갈증 날리기.

4 **10:10~10:30** 나무배를 타고 깜탄 마을로 이동. 선박 키를 잡고 기념사진 찰칵!

5 **10:30~11:10** 코코넛 배로 갈아타 야자나무 사이 누비기. 여행객들로 붐비지 않는 곳이라 조용하다. 야자수 잎으로 만든 반지와 목걸이를 한 채 줄낚시로 민물게를 잡는 체험도 재미있다.

6 <u>11:10~12:50</u> 쿠킹 클래스 시작. 기본 양념장을 만드는 방법부터 재료를 손질하는 방법, 조리하는 과정까지 몸으로 체득하는 시간이다. 참여 인원수가 적으면 1:1 과외식으로도 배울 수 있다.

7 <u>12:50~13:30</u> 내 손으로 만든 음식을 다 함께 먹어보는 시간. 추가 요금을 내면 맥주 한잔도 오케이!

8 <u>13:30~14:30</u> 업체에서 잡아주는 택시를 타고 호텔 또는 원하는 장소에 도착.

추천 업체
3

호이안 1등
에코 투어

잭 트랜 투어

Jack Tran Tour

이름만 대면 알 만한 호이안 에코 투어업체. 규모에 걸맞게 매우 다양한 에코 투어 프로그램을 매일 운영하고 있다. 한국 사람이 좋아할 만한 것들로 구성돼 있다는 것이 가장 큰 장점. 반대로 참여자 대부분이 한국인이고 대규모로 운영하기 때문에 뭘 해도 시끌시끌. 국내 여행 온 것 같은 기분이 드는 것이 마이너스 요인이다. 짧게는 한 시간 30분짜리 코스부터 긴 것은 1박 2일짜리 코스까지 시간과 내용에 따라 16가지 투어가 마련돼 있다. 한국인에게 가장 인기 있는 것은 10시간 동안 호이안에서 체험해 볼 수 있는 모든 것이 다 들어 있는 '컨트리 라이프 익스피어리언스(Country Life Experience)'와 1시간 30분 동안 코코넛 배를 탈 수 있는 '어드벤처 바스켓 보트 라이드(Adventure Basket Boat Ride)' 코스. 대부분이 야외 활동으로 구성해 날씨에 따라 투어가 취소될 수 있다.

ⓓ **가격** 컨트리 라이프 익스피어리언스 어른 300만đ, 어린이 175만đ, 어드벤처 바스켓 보트 라이드 어른 70만đ, 어린이 30만đ 🖥 **홈페이지** http://jacktrantours.com

투어 미리 보기
컨트리 라이프 익스피어리언스 Country Life Experience

1 첫 번째 일정은 짜꿰 마을(Tra Que herb garden veggie village)까지 자전거 타기 체험. 자전거를 타지 못하는 사람은 오토바이 택시인 '쎄옴'을 탈 수 있다(12만đ 추가 요금).

2 짜꿰 마을에서 농사에 대한 간단한 설명을 듣고 농사 체험을 해 보는 시간. 괭이질하기, 채소에 물 주기, 채소 심기 등의 간단한 농사를 체험해볼 수 있다.

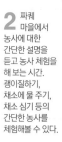

3 농부에게 쌀 농사짓는 방법을 배우고 몸으로 배울 수 있다. 일정 중간에 포함된 물소 타기 체험, 물소 마차 타기 체험이 아이들에게 인기 있다.

4 점심 식사 후에는 낚싯배를 타고 투본강으로 나가 호이안 전통 그물인 '짜이(Chai)' 던지기 체험이 기다리고 있다.

5 그물 던지기 체험이 끝나면 숨 돌릴 틈도 없이 에코 빌리지(Eco-village)로 이동해 코코넛 배로 갈아탄다. 야자나무 사이를 누비다가 줄낚시로 게 잡기, 야자나무 잎으로 반지와 목걸이 만들기, 박진감 넘치는 코코넛 배 쇼 관람 등이 줄줄이 이어진다.

spa&Nail

다낭 마사지의 모든 것

1 샤워, 짐 보관 서비스는 기본!

마사지 전후로 샤워를 할 수 있습니다. 단, 호텔 스파를 제외하고는 샴푸나 보디 젤 등
샤워용품의 질을 기대하기는 어려우니 개인 샤워용품을 챙겨 가세요. 짐 보관 서비스도 가능한데,
스파 영업 종료 시점까지만 짐을 보관해주니 주의하세요.

2 픽업/드롭 서비스 체크!

일부 스파 숍은 예약자에 한해 픽업/드롭 서비스를 제공합니다. 예약 시 픽업
여부, 픽업 장소와 시간을 알려줘야 서비스를 이용할 수 있답니다.

3 팁은 자율

기본적으로 마사지 팁 지불은 자율입니다. 금액은 1~2$ 또는 3만~5만đ이 적당해요.
마사지가 정말 만족스러웠거나 일반인에 비해 체구가 큰 사람이라면 3~4$ 또는 8만~10만đ
정도 주는 것이 보통입니다. 팁은 마사지 후 마사지사에게 직접 주면 되고, 한인 업소 등 일부
업소는 마사지 요금에 팁이 포함돼 있기 때문에 별도로 주지 않아도 됩니다. 마사지를 자주 받을
예정이라면 1$짜리 지폐를 넉넉히 갖고 있는 것이 편해요.

4 나에게 맞는 마사지 프로그램은?

한국인 중 열에 아홉은 압이 강한 마사지를 선호한다고 해요. 마사지 숍마다 명칭이
조금씩은 다르지만 보디 마사지(Body Massage)나 타이 마사지(Thai Massage), 뱀부
마사지(Bamboo Massage), 딥 티슈(Deep Tissue) 등을 선택하면 실패할 확률이 적어요.
겨울(11~2월)에는 핫 스톤(Hot Stone)이나 아로마(Aroma) 등도 괜찮아요. 가장 확실한 방법은
숍 직원과 상담하는 것. 원하는 압의 세기와 중점적으로 받고 싶은 부위를 얘기하면 프로그램을
추천해준답니다.

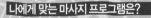

평소에 회사와 집만 오가던 사람들에겐 여행하는 것만큼 버거운 일도 없다. 아니, 애초에 여행도 체력이 있어야 한다. 주인 호강하겠다고 하루 종일 너무 혹사시킨 몸을 위한 격려도 필요한 법. 다행히 다낭에서는 치킨 한 번 사 먹을 돈이면 전신 마사지를 받을 수 있다.

5 지압이나 스트레칭 중심이 아니다.

한국인이 선호하는 지압이나 스트레칭보다는 마사지 오일을 몸에 펴 바르며 지압점을 따라 지압하는 형태의 마사지입니다. 그래서 뭉친 근육이 풀리기보다는 온몸이 편안해지는 느낌에 가까워요. 사람에 따라서는 '그냥 오일을 문지르는 것 같다'고 느끼는 것도 우리와 다른 방식의 마사지 기법 때문이랍니다.

6 최근 개업한 마사지 숍을 주의하자!

엄청나게 증가하고 있는 여행자 숫자 대비 다낭의 숙련된 마사지사의 수는 턱없이 부족합니다. 그 때문에 일부 개업한 지 얼마 안 된 숍에서는 일명 '용병'이라 불리는 출장 마사지사를 고용하기도 합니다. 전문 인력이 아니다 보니 마사지 수준이 떨어지는 것은 물론이고, 간혹 불미스러운 일이 발생하기도 합니다. 또 인력난에 시달리다 마사지 경력이 1년도 안 된 초짜 마사지사에게 마사지를 맡기는 일도 허다하다고 해요.

7 퇴폐 마사지 숍은 조심, 또 조심!

호찌민이나 하노이에 비하면 덜하지만 다낭에도 퇴폐 마사지가 성행하고 있습니다. 시내의 뱀부 호텔(Bamboo Hotel) 주변 마사지 숍, 특히 VIP 마사지를 한다고 광고판을 걸어놓거나 남성 대상으로 호객 행위를 하는 마사지 숍에는 눈길도 주지 마세요. 또 호텔 스파 숍도 예외는 아니어서 주 고객이 남성이고 VIP룸을 갖춘 경우에는 일단 의심부터!

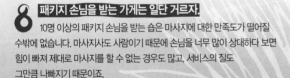

8 패키지 손님을 받는 가게는 일단 거르자.

10명 이상의 패키지 손님을 받는 숍은 마사지에 대한 만족도가 떨어질 수밖에 없습니다. 마사지사도 사람이기 때문에 손님을 너무 많이 상대하다 보면 힘이 빠져 제대로 마사지를 할 수 없는 경우도 많고, 서비스의 질도 그만큼 나빠지기 때문이죠.

9 일찍 일어나는 새가 되자.

오후 4시부터 영업 종료 시점까지가 손님이 가장 많이 몰리는 시간입니다. 워낙 손님이 많이 몰리기 때문에 서비스 질이 떨어지고 마사지사의 악력에도 한계가 있을 수밖에 없어요. 그래서 제대로 된 마사지를 받으려거든 오전 일찍 방문하는 것을 추천해요. 이 시간대에는 손님이 거의 없고 해피 아워 등 할인 행사도 자주 열려 마사지 만족도가 높고 더 저렴하게 마사지를 받을 수도 있어요.

10 어린이용 마사지도 있을까?

있습니다. 일부 숍에서는 성장 마사지 등 가족 여행자를 공략해 어린이용 마사지를 제공하고 있습니다. 어린이용 마사지 프로그램이 없다고 하더라도 성인과 동일한 요금을 내면 아이들도 함께 마사지를 즐길 수 있죠. 압이 너무 센 마사지보다는 다리 마사지 등 자극이 덜한 마사지로 고르는 것을 추천해요. 안 스파에서는 현지 대학생들이 마사지받는 시간 동안 아이들을 돌봐주는 서비스를 제공하는 등 가족 여행자를 배려하고 있어요.

만족도가 높은 스파
Best 6

"한국인 손님 대하기가 가장 어려워요." 스파 숍 직원들이 입을 모아 말한다. 만족스러운 마사지를 받기 위해서는 콧대 높기로 유명한 한국인들의 마음을 빼앗아버린 스파 숍만 들러도 절반은 성공. 나와 꼭 맞는 마사지사도 발견한다면 더할 나위 없다. 이왕이면 한국인 취향을 제대로 알아주는 곳부터 들러보자.

널바 스파
Nirva Spa

어쩐지 시원하더라니

개업 1년 만에 다낭 최고의 스파 숍으로 성장한 무서운 루키.
손님 한 명 한 명 최선을 다하는 것을 철칙으로 여겨 단체 손님은 받지 않는다. 이곳 매니저는 다낭 스파업계에서 모르는 사람이 없는 유명 인사. 포시즌스 남하이, 퓨전 마이아 호텔 스파에서 9년, 나만 리트리트와 알라카르트 호텔 스파 셋업을 도맡아 했으며, 지금은 다낭 최고의 호텔 스파로 잘 알려진 멜리아 리조트 이히 스파(YHi Spa)의 매니저로 근무한 이력이 있다. 그래서인지 마사지사의 실력은 웬만한 5성급 호텔보다 오히려 더 낫다. 하루 종일 이 호사를 즐기고 싶은데 눕기 무섭게 시간이 다 됐다고 하는 것 같아 아쉬울 뿐이다. 침대가 6개뿐이며 오후 4~8시가 가장 바쁜 시간이니 사전에 예약하자.

2권 ⓘ INFO p.073
ⓞ MAP p.067C

위치 다낭 **한국어 메뉴** 있음
남자 마사지사 있음 **픽업/드롭** 다낭 시내 가능
추천 프로그램 보디 릴랙싱(Body Relaxing) 90분 64만5000₫,
보디 뱀부(Body Bamboo) 90분 79만₫
예약 이메일 · 위챗 · 카카오톡 ID nirvaspadanang, nirvaspa

쿨 스파
cool spa

쿠폰
2권 p.151

5성급 호텔 마사지를 받아보자

"손님 모실 스파 숍이 마땅히 없어서 아예 차려버렸어요." 사장 내외의 표정이 사뭇 비장하다. 그 비장함으로 가게를 개업했으니 입소문이
나는 것은 당연. 5성급 호텔 스파의 마사지 방식은 물론 프로그램과 재료까지 그대로 들여왔다. 대신, 가격 거품을 걷어내고 픽업 서비스까지
제공해 이젠 오히려 5성급 호텔에서 이곳까지 일부러 찾아오는 손님들도 있다고. 인기 마사지는 아무래도 포 핸드 마사지. 마사지사 2명이
4개의 팔로 마치 한 몸인 듯 마사지해주는데 찌뿌드드했던 뭉친 근육도 손길 몇 번에 확 풀리니 "아이고, 좋다." 소리가 절로 나온다. 대나무를
물에 담갔다 말리기를 3개월 동안 반복해 만든 대나무를 이용한 '대나무 마사지'도 인기가 좋다. 하루 종일 한국어 가능한 직원이 카운터에
있으며 마사지 시간도 칼같이 지킨다는 점도 까다로운 한국인들에게 합격점을 받았다. 대신 예약은 2~3일 전에 해야 한다.

2권 ⓘ **INFO** p.040
◎ **MAP** p.029H

위치 다낭 **한국어 메뉴** 있음 **남자 마사지사** 없음
픽업/드롭 인터컨티넨탈을 제외한 다낭 전역 픽업 가능
추천 프로그램 포 핸드 마사지 60분 30$ · 90분 45$, 대나무 마사지 90분
25$ · 120분 32$, 캔들 마사지 90분 $30(팁 포함 가격)
시간 10:30~22:30 **예약** 전화 236-393-4245, 카카오톡 ID coolspa

안 스파
Ans Spa
쿠폰 2권 p.151.

이러니 단골이 많지

평일부터 긴 대기 시간에 발길을 돌리는 사람들이 부지기수다. "죽었다 깨어나도 당일 예약은 어려울걸요" 하는 말이 실감 나는 대목. 엄청나게 저렴한 요금과 마사지사의 실력 덕에 예약 없이 방문하기 어려운 집이 된 이후의 변화다. 한국인이 운영해 한국인에 꼭 맞춘 마사지 프로그램을 선보이는데, 아로마와 지압, 경락, 타이식, 핫 스톤 마사지가 골고루 섞인 '보디 풋 마사지'가 이곳의 유일한 마사지 프로그램. 이것저것 재고 따질 것도 없이 마사지를 받을 시간만 고르면 되니 손님 입장에선 편하다. 경력 7년 이상의 실력 있는 마사지사가 포진해 있으며 기본적인 한국어 소통도 가능하다는 것이 큰 장점. 아이 돌봄 서비스도 무료 제공하며 어린이용 마사지도 선보인다. 여성은 반팔 티셔츠를 입고 마사지를 받을 수도 있도록 배려해준다.

2권 INFO p.073
MAP p.067D

위치 다낭 **한국어 메뉴** 있음 **남자 마사지사** 없음
픽업/드롭 일반 예약 시 택시비 지급
추천 프로그램 보디 풋 마사지(Body Foot Massage) 90분 46만đ, 120분 57만đ **예약** 카카오톡 ID Namudn

허벌 스파
Herbal Spa

꼭꼭 숨겨진 보물

'이 동네에도 스파 숍이 있었어?' 인적 드문 골목길에 이 집만 손님이 바글바글. 그 흔한 픽업 차량도 없지만 손님들이 알아서 택시를 타고 찾아와준다. 다른 마사지 숍에 비해 위치적인 조건이 불리하지만, 실력과 입소문으로 단점을 완전히 극복한 덕분이다. 10가지가 넘는 약초와 허브를 활용한 마사지를 선보이는데, 코코넛 오일과 허브, 핫 스톤을 사용하는 '허벌 스파 스타일'은 이곳의 시그너처 마사지다. 압이 센 마사지를 선호하는 한국 사람에게는 뭉치거나 아픈 부위를 집중적으로 지압하는 '태국 스타일 전신 마사지'를 강력 추천. 마사지 후 내주는 미역국과 차, 과일까지 먹고 나면 온몸의 피로가 싹 가시는 듯한 느낌이다. 1인실부터 5인실까지 다양한 마사지 룸을 갖춰 혼자 가기도, 여럿이 함께 들르기도 좋다. 여러 가지 마사지/뷰티 프로그램을 동시에 받는 경우 할인 혜택을 제공한다. 오후 1시부터 10시까지는 예약 추천.

2권 INFO p.062
MAP p.055C

위치 다낭 **한국어 메뉴** 있음 **남자 마사지사** 있음
픽업/드롭 불가능 **추천 프로그램** 태국 스타일 전신 마사지 90분 70만đ, 120분 90만đ, 허벌 스파 스타일 전신 마사지 90분 60만đ · 120분 75만đ
예약 전화 236-339-6796, 카카오톡 ID herbalspa102

라루나 스파
La Luna Spa

호이안의 숨은 강자

팔마로사의 명성에 가려져서 일까, 은근히 아는 사람이 없는
숍이다. 역설적이게도 손님이 적은 덕분에 제대로 된 서비스를
받을 수 있다는 것이 이곳의 최대 장점. 딥 티슈나 타이 마사지의
경우 압이 센 편이지만 처음부터 끝까지 힘을 줘 마사지를 하는
경향이 좀 있다. 중간 정도 압을 원하거나 아이들은 릴랙싱 보디
트리트먼트(Relaxing Body Treatment)를 추천. 자기 속옷을 입은
채 마사지를 받아야 하니 예쁜 속옷을 입고 가자. 10시부터 오후
2시까지 해피 아워 할인 행사를 한다.

> 2권 ⒝ INFO p.106
> ◉ MAP p.086B

위치 호이안 **한국어 메뉴 있음**
남자 마사지사 없음 픽업/드롭 불가능
추천 프로그램 딥 티슈(Deep Tissue) 60분 38만d · 90분 48만d,
타일랜드 풋 프레서&디톡싱(Thailand Foot Pressure&Detoxing) 60분
40만d **예약** 전화 235-366-6636

엘 스파
L Spa

가격 빼고 훌륭

고급스러운 분위기, 시원한 마사지. 무엇 하나 나무랄 데 없지만,
다소 비싼 요금이 아킬레스건이다. 비용 대비 마사지에 대한
만족도가 높지 않은데, 마사지사 앞에서 겉옷을 탈의해야 한다는
것이나 마사지복이 별도로 준비되어 있지 않은 점, 침대가 좁아
남성이라면 불편할 수 있다는 점 등은 동급 마사지 숍에 비해 많이
아쉬운 부분. 대신 마사지 실력이 좋고 메뉴판에 마사지 강도가
적혀 있어 원하는 강도대로 마사지를 선택하면 실패할 확률은 적다.
팁은 카운터에서 마사지 요금과 함께 지불하게끔 되어 있어 따로
챙겨주지 않아도 된다.

> 2권 ⒝ INFO p.073
> ◉ MAP p.067A

위치 다낭 **한국어 메뉴 없음**
남자 마사지사 없음 픽업/드롭 불가능
추천 프로그램 엘 스파 시그니처 마사지(L Spa Signature Massage)
60분 40만d · 90분 60만d, 타이 마사지(Thai Massage) 60분 44만d ·
90분 72만d **예약** 홈페이지 http://mylinhlspadanang.com

인기 호텔 스파
Best 2

내 몸을 위한 '투자'와 '사치'의 기로에서 지갑을 열까 말까 항상 고민만 했다면 그 걱정은 잠시 접어두자. 우리나라의 일반 마사지 숍이나 다낭 4성급 호텔 스파 숍이나 요금은 거기서 거기. '괜히 다낭이 아니구나'를 몸소 느껴볼 시간이다.

이히 스파
YHI Spa

다낭 최고의 스파

멜리아 리조트에 딸린 이곳은 뭐가 달라도 다르다. 4성급 호텔 스파지만 5성급 부럽지 않은 시설과 서비스를 자랑한다. 마음껏 사용할 수 있는 자쿠지와 건식·습식 사우나는 기본, 방마다 샤워 룸과 자쿠지를 따로 갖추고 있다. 블라인드 틈 사이로 보이는 열대 정원 풍경과 가까이 들리는 파도 소리는 이곳이 특별한 이유이다. 직원들의 서비스 마인드도 돈값을 제대로 한다. 다낭에서 마사지를 잘하는 남자 마사지사를 만나기 어려운데, 이곳의 남자 마사지사는 다낭 최고의 실력을 갖추고 있어 인기가 높다. 한국인이 선호하는 프로그램은 이히 바이탈과 보디 브리스크로 타이 마사지와 스트레칭으로 온몸의 근육을 풀어준다. 오전 10시부터 오후 8시까지 해피 아워 프로모션을 진행해 마사지 요금을 할인해준다.

2권 ⓘ INFO p.075
ⓜ MAP p.074D

위치 다낭 **한국어 메뉴** 없음 **남자 마사지사** 있음 **픽업/드롭** 불가능
추천 프로그램 이히 바이탈(YHI VITAL) 60분 94만5000đ · 90분 136만5000đ,
보디 브리스크(Body Brisk) 90분 146만5000đ
예약 이메일 spa@meliadanang.com

쉿! 비밀
TIP

🛢 투숙객만 이용할 수 있나요?

호텔 내 스파는 기본적으로 투숙객이 아니라도 요금만 내면 누구나 이용할 수 있습니다. 하지만 퓨전 마이아, 나만 리트리트 같은 스파 인클루시브 호텔의 경우 외부 손님을 받지 않으며 일부 럭셔리 호텔 스파도 투숙객 우선 예약을 받으므로 예약이 몰리는 시간대에는 이용을 거부당할 수 있어요.

이히 스파 제대로 이용하기

STEP 1. 웰컴 티를 마시며 현재 건강 상태와 마사지 정보를 기입한다.

STEP 2. 다섯 가지(레몬그라스, 페퍼민트, 라벤더, 로즈메리, 오렌지시나몬) 마사지 오일 중 하나를 선택한다. 여자에게는 라벤더, 남자에게는 레몬그라스와 페퍼민트 향이 인기.

STEP 3. 물품 보관함에 짐을 넣고 샤워를 한다. 시간이 된다면 사우나, 자쿠지도 맘껏 즐기자.

STEP 4. 샤워 가운으로 갈아입고 직원의 안내에 따라 마사지 룸으로 입장.

STEP 5. 마사지 후에는 차 한잔 마시며 휴식을 취하자.

2권 ⓑ INFO p.051
ⓜ MAP p.044F

인 밸런스
InBalance

승무원들이 인정한 스파

두루두루 마음에 들기가 쉽지 않은데, 모두 마음에 드는 걸 보면
노보텔의 명성은 아직 죽지 않았나 보다. 서비스로 정평이 난 곳
아니랄까 봐 모든 테라피스트들이 주기적으로 스파 교육을 받으며
영어도 곧잘 한다. 또 압의 강도 조절은 물론 방 온도, 음악 볼륨까지
조정할 수 있으며 한국인에 최적화된 메뉴까지 갖췄다. 이쯤 되니
가격이 꽤 비싼데도 까다롭기로 유명한 승무원 단골이 많은 이유를
알 것 같다. 예약 시간보다 20분쯤 일찍 도착해 사우나 시설을
이용해보자. 다낭의 시원한 풍경이 어깨너머로 펼쳐진다. 아코르
어드밴티지 플러스(Accor Advantage Plus) 멤버는 15% 할인.

위치 다낭 **한국어 메뉴** 있음 **남자 마사지사** 없음
픽업/드롭 불가능
추천 프로그램 스포츠 마사지 90분 120만$, 인도차이나 웰니스 리추얼
120분 200만$(커플 360만$)(세금 별도)
예약 이메일 H8287@accor.com

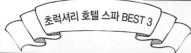

초럭셔리 호텔 스파 BEST 3

01. 더 허트 오브 디 어스 스파 The Heart of the Earth Spa

제아무리 날고 긴다 한들, 포시즌스 남하이(p.334) 스파에는 명함도 못 내민다. 숲속
고요한 연못 위에 둥둥 떠 있는 듯한 느낌이 절로 드는 트리트먼트 빌라부터 품격 있는
서비스와 분위기는 비싼 비용을 낸 것마저 잊게 만든다. 어스 에너지(Earth Energies),
남하이 스트레치(Nam Hai Stretch) 등이 인기 마사지. 남자 마사지사도 있다.

02. 반얀트리 스파 Banyan Tree Spa

품격과 격조. 반얀트리(p.336) 스파를 가장 정확하게 설명하는 단어일 것이다. 퍼플
오키드와 장미 꽃잎을 아낌없이 띄운 욕조 하며, 시원한 풍경을 침대 위에서 볼 수 있는
로맨틱함 덕분에 허니무너의 사랑을 독차지하고 있다. 발리니즈(Balinese) 마사지가
한국인에게 가장 인기. 중부 베트남 유일의 레인미스트 기계가 있다는 점도 반갑다.

03. 앙사나 스파 Angsana Spa

반얀트리와 이웃한 앙사나 랑꼬(p.317)에서 운영하는 스파. 반얀트리에 비해 가격은
20%가량 저렴하지만 품격은 뒤지지 않는다. 자연 성분을 추출해 만든 고급 에센셜
오일과 미스트를 사용하는 것이 다른 스파 숍과의 차이점. 앙사나(Angsana), 타이(Thai)
정도가 가장 인기 있다. 어린이, 가족을 위한 프로그램도 있다.

호이안 마사지
Best 3

많이 걷고 많이 움직여야 하는 호이안. 어느 때보다 마사지가 간절한데, 보이는 마사지 숍이라곤 파리 날리는 곳뿐이다. 마사지 숍은 흔하지만 실력으로 인정받는 마사지 숍은 드물다는 호이안에서 몸 풀러 어딜 가야 할까?

팔마로사 스파
Palmarosa Spa

인기 높은 이유가 있다

팔마로사는 핫하다. 핫하다 못해 폭발적인 인기를 누린다. 부드러운 마사지를 선호하는 서양인부터 웬만한 세기가 아니면 꿈쩍도 안 하는 한국인까지, 전 세계인을 이곳에서 만나볼 수 있을 정도다. 하기야 1만 원대 스파에서 에센셜 오일을 고를 수 있는 것은 이곳이 처음. 직접 만들었다는 오일의 질도 유명 브랜드 못지않으니 마사지를 받는 입장에선 반갑다. 팔과 팔꿈치, 손가락을 주로 이용해 오일을 펴 발라가며 구석구석 맥을 짚어주는 '팔마로사 시그너처 테라피'가 한국인들에게 전폭적인 인기를 얻고 있다. 다 좋은데 졸릴 만하면 끝나버리는 애매한 시간이 그저 아쉬울 뿐이다. 지난 연말에는 인근으로 확장 이전해, 전보다 쾌적한 환경에서 서비스를 할 수 있게 됐다. 오후 2시부터 9시 사이가 가장 바쁜 시간. 최소 이틀 전에는 이메일로 예약해두자.

위치 호이안 **한국어 메뉴 없음 남자 마사지사 없음 픽업/드롭 불가능**
추천 프로그램 팔마로사 스파 시그너처 테라피(Palmarosa Spa Signature Therapy) 100분 62만đ
예약 이메일 palmarosaspa@yahoo.com

2권 **INFO** p.107
MAP p.086B

코럴 스파 Coral Spa

야시장에서 엎어지면 코 닿을 거리

일단 위치가 환상적이다. 호이안 야시장에서 느린 걸음으로 5분.
야시장 구경 후 마지막 일정으로 마사지받기에 딱 좋은 위치.
에센셜 오일과 보디 스크럽, 마사지 재료는 화학 재료를 일절
사용하지 않고 유기농 재료만 엄선해 직접 만들고 마사지를
마친 손님에게 내주는 참깨 플레이크 요거트와 차도 직접 만드는
등 손님맞이에 온 정성을 다한다. 마사지 만족도도 평균 이상.
마사지복이 없어 자신의 속옷을 입은 채 마사지를 받아야 하고, 옷을
벗는 동안 마사지사가 멀뚱멀뚱 쳐다보는 점은 확실히 마이너스
요인이 된다. 10세 이하 어린이는 10% 할인 혜택을 제공하며
마사지를 받지 않는 아이들에게는 한국 영화와 만화를 보여준다.

2권 INFO p.107
MAP p.086J

위치 호이안 **한국어 메뉴 있음 남자 마사지사 없음**
픽업/드롭 픽업 가능(5km 이내)
추천 프로그램 아시아 블렌드 보디 테라피 60분 38만đ, 코럴 스파
시그너처 마사지 90분 55만đ
예약 이메일 coralspa.vn@gmail.com, 카카오톡 ID coralspa

화이트 로즈 스파 White Rose Spa

맛집 옆 마사지 잘하는 집

팔마로사 스파의 번잡함이 싫다면 이곳으로 가자. 이제 막 이름을
알리기 시작한 숍치고는 체계가 잘 잡혀 있고, 리셉션 데스크 직원의
영어 실력도 출중하다. 무엇보다 좋은 점은 상대적으로 손님이 적어,
낸 돈 이상의 서비스를 받을 수 있다는 것. 스트레칭과 베트남식
지압 마사지가 어우러진 '화이트 로즈 스파 시그너처 마사지'가 가장
인기 있다. 자신의 속옷을 입은 채 마사지를 받아야 해서 오일이
속옷에 묻을 수 있다는 점, 마사지사가 보는 앞에서 옷을 벗도록
하는 점은 아쉽다.

2권 INFO p.107
MAP p.086B

위치 호이안 **한국어 메뉴 없음 남자 마사지사 있음**
픽업/드롭 픽업 가능(호이안 시내)
추천 프로그램 화이트 로즈 스파 시그너처 마사지 테라피(White Rose
Spa Signature Massage Therapy) 80분 50만đ, 뱀부 퓨전 마사지(The
Bamboo Fusion Massage) 90분 55만đ
예약 이메일 whiterose.vnspa@gmail.com,
홈페이지 http://whiterose.vn

다낭 네일&뷰티 숍
Best 3

평소에는 시간이 없어서, 비용이 비싸서 관리 한번 못 받아본 손톱. 다낭에서 네일 케어 원 없이 받자. 요금은 절반 이하 이지만 한국 못지않은 품질과 서비스를 제공하는 덕에 여심을 제대로 파고들었다.

아지트
azit

우리들의 아지트

다낭 마니아들 사이에 네일 아트가 입소문으로 알려지더니 아지트가 생겼다. 조금씩 영역을 확대해 이제는 한 골목 전체가 '아지트 숍'일 정도. 재료와 실력도 좋아서 네일 케어와 아트 부자재를 미국과 한국에서 매주 공수해 최신 유행하는 디자인도 사진만 보여주면 똑같이 만들어준다. 손톱 정리를 할 때 오일 대신 보습제를 사용해 부드럽고 깔끔하게 정리되는 것이 이곳의 특징. 한국어 가능한 스태프가 항시 대기 중이라 의사소통이 원활하며 어린이용 네일 아트와 남성용 네일 케어도 있어 온 가족이 함께 손톱 손질을 받을 수 있다. 2층에는 마사지 숍이 있는데, 마사지 만족도는 낮다. **예약** 카카오톡 플러스친구 azit 네일

2권 ⑤ INFO p.051
⑨ MAP p.044B

네일 Q&A

Q 1. 한번 네일을 받으면 보통 얼마 정도 지속되나요?
A. 사람마다 다르지만 보통 한 달에서 길게는 한 달 보름까지 지속됩니다.

Q 2. 네일을 받자마자 수영해도 되나요?
A. 네. 물리적으로 충격을 가하지 않는 이상은 괜찮습니다.

Q 3. 한국에 가기 전 A/S 서비스도 되나요?
A. 부자재가 떨어지거나 칠이 약간 벗어지는 정도의 손상이라면 무료로 A/S가 가능합니다. 하지만 고의로 손상을 입히는 경우에는 제한이 있어요.

Q 4. 원하는 디자인으로 네일 아트를 받을 수 있나요?
A. 물론입니다. 업소마다 카탈로그를 비치해 원하는 디자인을 고를 수도 있고요. 특별히 원하는 디자인이 있으면 스크린 숏을 찍어뒀다가 보여주면 즉석에서 동일한 디자인으로 받을 수도 있습니다. 단, 부자재가 얼마나 들어가는지와 난도에 따라 가격은 조금씩 달라집니다.

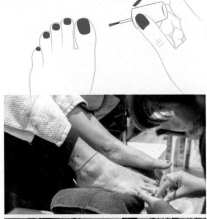

오드리 네일
Audrey Nail
쿠폰 2권 p.151

다낭 네일 열풍의 주역

이곳을 빼고 다낭 네일 숍을 말하기 어렵다. '다낭 1세대 한인 네일 숍'이라는 자부심을 결과물로 보여준다. 사장님은 네일 관련 세미나를 열 정도로 업계에서 알아주는 인물. 그녀에게 노하우를 전수받은 직원들의 실력도 보통 이상이다. 커리큘럼을 마스터한 신입 직원도 혼자서 손님을 대하기까지는 꼬박 3개월이 걸리는 등 체계적이고 깐깐한 교육과정은 오히려 한국보다 낫다. 매주 한국에서 고가 라인의 재료만 선정해 수급하며, 다낭에서 보기 힘든 흡진기 등의 최신 설비도 갖췄다. 다낭 시내 각지에 1·2·3호점이 있으며 그중 2·3호점은 마사지 숍을 겸해 마사지와 네일을 함께 받을 수 있다. 무료 픽업 서비스도 제공한다. 최근 개업한 3호점은 네일 및 마사지 전문점으로, 다낭에서 가장 큰 규모를 자랑한다.

예약 시간 06:00~19:00
예약 카카오톡 ID audreyspa3

2권 ⓘ **INFO** p.062
ⓜ **MAP** p.055C

고향 이발관

다낭에서 가장 오래된 한인 이발소

다낭 이발의 명가답게 직원 관리가 깐깐하기로 유명하다. 이발 경력이 보통 10년이 넘고, 경력 20년 이상의 베테랑 직원도 5명이 넘는다고 한다. 신입 직원은 경력직으로만 채용하지만, 한국인의 눈높이에 맞추기 위해 재교육을 거친다. 될 때까지 무한 반복하는 사장님의 테스트에 합격해야 비로소 정식 직원이 되는 방식이다. 가성비가 높은 메뉴는 1시간짜리 패키지. 짧은 시간 안에 귀 청소, 손발톱 정리, 면도, 마사지, 샴푸 등의 서비스를 모두 받을 수 있다. 원하지 않는 서비스를 빼고 다른 서비스 시간을 늘리는 식으로 조정할 수 있어 여성 손님도 많이 찾는다. 가장 바쁜 시간대는 오후 2시에서 4시 사이. 이 시간대는 예약해야 한다. 구관보다 신관이 더 조용해 만족도가 높다. 원화나 달러로도 결제할 수 있다.

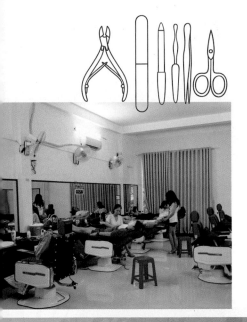

2권 ⓘ **INFO** p.062
ⓜ **MAP** p.055C

예약 카카오톡 다낭 고향 이발관 검색

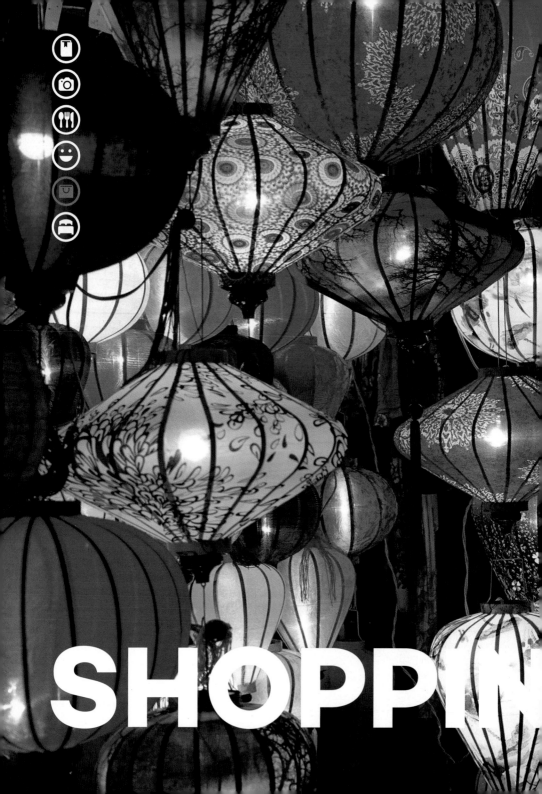

SHOPPIN

G

알면 도움되는 실전 쇼핑 팁

1

베트남 사람들이 숫자 쓰는 방법

베트남 사람들이 숫자를 쓰는 방식이 우리와 달라서 각별히 유의해야 한다. 특히 숫자 1과 7이 비슷해 자칫 헷갈릴 수 있다.

한국	베트남
1	→ 1
7	→ 7

2

가격표에 적힌 알파벳 K

간혹 가격표에 영어 알파벳 K가 붙어 있는 경우가 있다. 알파벳 K는 천 단위, 다시 말해 0을 3개 더 붙여 계산하면 된다.

예) 27K ⟶ 2만7000đ

3

돈 계산이 어려울 때는 이렇게

화폐 단위가 너무 커서 가격표를 보고도 우리 돈으로 어느 정도인지 감이 잘 안 오기 일쑤. 한국 돈의 약 20분의 1 수준이라고 보면 되는데, 맨 뒤에 붙은 숫자 0을 떼고 나누기 2를 하면 된다.

예) 50만đ ⟶ 맨 뒤에 있는 숫자 0 떼기 ⟶ 5만 ⟶ 나누기 2 ⟶ 2만 5000원

나만의 베트남 지갑 만들기

돈 단위가 크다 보니 지폐에도 0 천지. 차라리 지폐 권종에 따라 디자인이라도 다르면 쉽게 구분하는데, 하나같이 호찌민 아저씨 얼굴만 그려져 있다. 1만₫짜리 지폐를 줘야 하는데 실수로 10만₫을 주기도 하고, 거스름돈도 제대로 받았는지 구분하기 어렵다면 베트남 지갑을 직접 만들어 사용하는 것이 속 편하다.

p.351에서 오리세요!

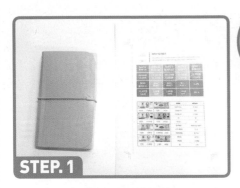

STEP. 1

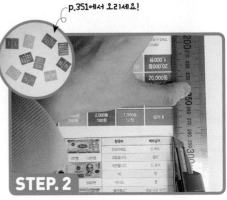

STEP. 2

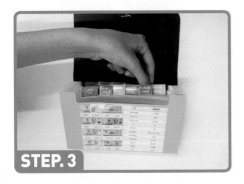

STEP. 3

STEP. 4

STEP. 5

STEP. 1 지마켓, 옥션 등 오픈 마켓에서 미니 포켓 파일을 구입합니다.

STEP. 2 1권 p.351를 예쁘게 오려냅니다.

STEP. 3 권종에 따라 분리해 붙입니다. 풀보다는 투명 테이프로 붙여야 더 오래 쓸 수 있어요.

STEP. 4 갖고 있는 지폐를 권종에 따라 분류해 넣습니다.

STEP. 5 권종별로 우리 돈으로 얼마 정도 가치인지 구분해뒀기 때문에 따로 계산할 필요는 없어요.

어머,
이건 꼭 사야 해!
다낭
베스트 쇼핑 리스트

Best
**SHOPPING
LIST**

'이거 전부 한국에 있는 거 아니야?'
생각했다면 가격표를 보자. 뭘 사든 반값 이하.
그저 평범해 보이던 것들이 모두 돈으로 보이기 시작하면 비로소 굳게 닫혔던 지갑도 열린다.
* 표시된 가격은 저자가 취재 당시 직접 구매한 가격으로 실제 가격과 차이가 있을 수 있습니다.

Ramen&Rice Noodle

라면&쌀국수

한 입의 감동을 한국으로 옮겨 오기에 라면만 한 음식이 또 있을까.
맛은 기본, 저렴한 가격은 덤이니 선물용으로 돌리기에도 딱 좋다.

하오하오 컵라면 MI LY HAO HAO

한국 사람 입맛에 가장 잘 맞는 컵라면. 맛에 따라 닭고기&연꽃 씨, 돼지고기, 새우 등 세 종류로 나뉘는데, 그중 새우(TOM CHUA CAY) 맛이 가장 인기 있다. 향이 강하지 않고 국물이 얼큰해서 우리나라의 새우탕 컵라면을 좋아하는 사람이라면 분명 좋아할 듯. 컵라면 용기 안에 일회용 포크가 들어 있다.

6900
~7500đ

3400đ

하오하오 봉지 라면 MI HAO HAO

라면 한 봉지라도 더 가져가고 싶어 하는 라면 '덕후'들이 즐겨 찾는 제품. '분홍색 라면'이라는 별명으로 더 유명한 새우 맛이 가장 인기 있다. 맛은 컵라면과 똑같다.

1만6000đ

비폰 퍼 팃 보 쌀국수 컵
VIFON PHO THIT BO

한국 사람들에게 '보라색 쌀국수'로 불리는 제품. 큼지막한 소고기 건더기가 들어 있고, 국물 맛이 깔끔해 베트남 쌀국수가 생각날 때 하나씩 꺼내 먹는다는 사람이 많다. 생각보다 쌀국수 면발이 잘 붇지 않아 숙련된(?) 조리 기술을 요하는데, 한두 번만 실패해보면 금세 감이 온다.

4300đ

쉿! 비밀 TIP

라면 구입 꿀팁

① 컵라면 vs 봉지 라면
똑같은 맛, 똑같은 용량이라도 컵라면이 2배 정도 더 비싸다. 게다가 부피가 커서 몇 개 사지도 않았는데 짐 부피만 늘어나기 일쑤. 컵라면은 여행 중에 사 먹고 기념품으로는 봉지 라면을 구입하는 것을 추천.

② 어디가 가장 저렴할까?
마트마다 가격이 조금씩 다르다. 하지만 차이라고 해봐야 우리 돈으로 30~40원 안팎. 2만 개쯤 살 예정이라면 모를까, 대형 마트 아무 곳에서나 사도 된다.

③ 내 입맛에 가장 잘 맞는 라면은?
이건 뭐라 얘기하기가 참 어렵다. 사람마다 입맛이 제각각이기 때문에 직접 맛보는 것만큼 확실한 방법은 없다. 여행 첫날, 호텔 가까이에 있는 슈퍼에서 3~4종류의 컵라면을 사서 일정 중 시식 삼아 먹어보자. 여행 마지막 날쯤 이면 어떤 것을 사 갖고 갈지 감이 올 것이다.

비폰 분보후에 VIFON BUN BO HUE

사실 자극적인 맛을 좋아하는 한국 사람 입맛에는 평범한 쌀국수보다 후에 스타일 쌀국수인 '분보후에'가 더 잘 맞는다. 얼큰하고 칼칼한 국물 맛에 중독됐다는 사람이 많은 걸 보면 부동의 1위, '퍼 팃 보'의 인기를 꺾을 날도 머지않았다. 단, 강렬한 맛만큼 향도 강해 호불호가 갈린다.

Small Bite

주전부리

입에 무언가 들어 있지 않으면 입이 근질근질한 사람들에게 베트남은 천국이다.
손이 자꾸만 가는 주전부리가 우리나라의 반도 안 되는 가격.
한국에 돌아가 맛있게 먹을 일만 남았다.

500g
11만500đ

비나밋 Vinamit

한국 사람 장바구니에 무조건 들어 있는 건과일 칩. 굽거나 튀기지 않고 증발 건조 방식으로 만들어 바삭바삭한 식감을 살리고 칼로리는 낮춰 건강 간식으로 인기가 있다. 맛에 따라 '잭 프루트 칩(Jack Fruit Chips)', '믹스 프루트 칩(Mix Fruit Chips)', '스위트 포테이토 칩(Sweet Potato Chips)' 등으로 나뉘는데, 인기만큼 맛에 대한 호불호도 심하게 갈리기 때문에 '믹스 프루트 칩' 한 봉지만 사서 먹어본 다음 추가 구매를 하는 것이 안전하다. 재고가 가장 넉넉한 곳은 롯데 마트. 다른 대형 마트는 단체 여행객이 휩쓸고 가면 인기 제품이 모두 동나기도 한다.

벤토 Bento

태국에서 유명한 매운 쥐포. 입이 심심할 때 먹어도 좋고, 맥주 안주로도 딱이다. 우리나라 인터넷 쇼핑몰에서도 판매하니 꼭 사 올 필요는 없다.

1만6900đ

20만9000đ

쥐포 Ca Bo Fillet

'그래, 맛있으니 봐준다.' 예전엔 가격 참 착했는데, 입소문을 조금씩 타더니 가격도 껑충 뛰어올랐다. 하지만 그 맛이 어디 갈 리 없다. 주재료인 생선에 따라 가격도 천차만별인데, '쥐치(Ca Bo)'가 제일 비싸고 맛있다. 한 봉지만 사두면 두고두고 먹을 수 있으니 더도 덜도 말고 한 봉지만 사자.

500g
22만4100đ

캐슈넛 Cashew Nut

비싸서 쉽게 사 먹지 못했던 캐슈넛, 베트남에선 가격 부담이 덜하다. 재래시장에서 파는 것 중 일부는 상한 것도 섞여 있어 비추천. 가격이 조금 더 비싸더라도 웬만하면 대형 마트에서 제조 일과 유통기한을 확인 후 구입하자. 500g 이상 대용량은 롯데 마트, 저용량 제품은 빅 시 마트가 저렴하다. 빅 시 마트는 자체 브랜드 캐슈넛도 판매해 인기 있다.

코코넛 과자 Coconut Cracker

싫어하는 사람은 아예 쳐다도 안 보고, 좋아
하는 사람은 입에 달고 산다는 마성의 크래
커. 코코넛 향과 질감을 한 입 가득 느낄 수
있어 따뜻한 차와 함께 먹기 좋다. 대형 마트
에서는 거의 판매하지 않고 로컬 숍에서 주
로 판매하는데, 다낭에서는 한 시장 가격이
괜찮다. 말만 하면 1~2개 정도는 맛볼 수 있
으나 주인장의 친절함에 못 이겨 구입하게
될 확률도 크다.

● 1만8000đ

● 4만đ~

매운 육포 Thit Bo Kho Tuyen Ky

우리가 생각하는 육포의 맛과 질감과
는 확실히 다르다. 거친 질감과 더 거
친 매운맛이 특징. 그래서인지 베트남
의 매운 육포를 먹고 나면 흰쌀밥이
생각난다. 소 영정 사진처럼 보이는
포장지를 아무렇지 않게 뜯을 수 있다
면 말이다.

건망고 Dried Mango

비나밋(Vinamit)에서 나온 건망고
제품 'XOAI SAY DEO'는 설탕을 적게
써서 망고 본연의 맛이 그나마 잘 살
아 있고, 지퍼 백 포장이 되어 있어
선물용으로도 많이 팔린다.

● 4만5900đ

● 240g 5만8000đ

● 4만7700đ

● 125g 6만5500đ

조미 건새우 Crispy Tiny Shrimp

먹을수록 손이 가는 건새우. 밑간이 돼 있어 맥주
가 자꾸만 생각나는, 손이 기억하는 맛이다. 플라
스틱 용기에 담아 가볍고 내용물을 다 먹은 후 용
기를 재활용할 수 있다는 점도 놓치지 말아야 할
부분. 롯데 마트 기념품 코너에서 찾을 수 있다.

벨큐브 치즈 Belcube Cheese

딱 절반 가격. 정말 다양한 벨큐브 치즈를 우리나라보다 훨씬
저렴한 가격에 판매한다. 덥고 습한 날씨에 쉽게 상할 수 있으
므로 호텔 냉장고에 넣어뒀다가 여행 마지막 날에 싸야 안전하
다. 벨큐브 치즈와 맛은 비슷하지만 가격이 더 저렴한 '비나밀
크(Vina Milk)'사 제품도 인기 있다.

Coffee

커피

맛있는 커피는 왜 이렇게 많은 건지, 애초에 맛없는 커피가 있기는 한 건지 모를 만큼
베트남을 기억하는 가장 확실한 방법은 커피를 마시는 것.
커피 맛을 모르는 사람도, 커피깨나 마셔봤던 사람의 장바구니에도
어김없이 커피가 들어 있는 이유다.

콘삭 커피 Con Soc Coffee

우리에게 '다람쥐 똥 커피'로 알
려진 베트남 커피 브랜드. 사실
은 헤이즐넛을 좋아하는 다람쥐
를 마스코트 삼은 것이지, 다람
쥐 똥과는 연관성이 전혀 없다
고. 고도 1500m 고산지대에서 생
산하는 고품질 아라비카와 로부
스터 원두를 로스팅하는 과정에
헤이즐넛 향을 입히는데, 그 향이
좋기로 유명하다. 산미에 덜 익
숙한 한국인 입맛에 딱. 맛만큼
포장도 고급스러워 선물용으로
인기 있다.

11만 7000đ

각 6만 9400~9만 1000đ

콘삭 커피 구분법

상자 색깔에 따라 맛이 다른데, 갈색(헤이즐넛), 하늘색(밀
크), 남색(아라비카) 등 세 종류로 나뉜다. 비닐로 포장된 것
은 뜨거운 물에 커피 가루를 타 마시는 '분쇄 원두' 제품이
고, 박스 포장된 것은 1회용 드립퍼와 스틱이 포함된 필터
커피다.

- **아라비카** 커피 향이나 달콤한 맛보다는 커피 자체를 즐기
고 싶은 커피 마니아들이 즐겨 찾는다.
- **헤이즐넛** 필터 커피 개당 커피 함량이 10g으로 높아 풍미
가 가장 좋다. 커피를 좋아하지 않는 사람도 쉽게 마실 수
있다.
- **밀크** 헤이즐넛과 아라비카의 중간. 헤이즐넛 향을 첨가한
분유가 별도로 들어 있어 입맛에 따라 분유 양을 조절해 마
신다. 여러 맛을 낼 수 있어 만족도가 가장 높은 제품. 그만
큼 가격도 가장 비싸다.

4만 6100
~4만 7000đ

G7 커피 G7 Coffee

'베트남 믹스 커피'라고 하면 가장 먼저 생각나는 그 이름. 하지만 이제
는 우리나라에서도 쉽게 구할 수 있어 예전에 비해 인기가 식었다. 크
게 세 가지 맛으로 나뉘는데, 3 in 1은 설탕과 프림, 커피가 모두 들어간
제품이고, 2 in 1은 설탕과 커피, 아무 표시가 없는 제품은 블랙커피다.

19만5000đ
~85만đ

너구리 커피 Ca Phe Xay HUONG CHON

요즘 뜨고 있는 고급 커피 브랜드. 상자에 너구리 그림이 그려져 있어 '너구리 커피'라는 이름으로 더 유명하지만. 사실은 족제비라고. 남색 제품은 향이 아주 진한 것, 베이지색 제품은 향과 맛이 좀 더 부드러운 것으로, 특유의 쓴맛과 산미 때문에 일반 사람에게는 베이지색 제품이 더 잘 맞는다. 달달한 믹스 커피 맛에 익숙해진 사람에게는 비추천. 연유를 첨가해 마시면 되지만 그럴 바에는 다른 커피를 구입하는게 차라리 속 편하다. 마시는 방법에 따라 굵게 간 커피(Ground Coffee)와 종이 필터를 뜨거운 물에 우려내 마시는 페이퍼 필터 커피(Paper Filter Coffee)로 나뉜다.

아치 카페 ARCH CAFÉ

핫한 인기를 끄는 제품. 젊고 고급스러운 상자 디자인 하며 향과 맛까지 모두 합격점. 딸기, 말차, 두리안 등 종류가 매우 다양하지만 '코코넛(Cappuccino Dua)' 맛의 인기가 독보적. 코코넛 커피 특유의 향과 맛을 더해 커피 타임이 즐겁다. 평소 아메리카노나 원두커피를 좋아한다면 입맛에 안 맞을 수 있다.

5만8500đ

500g 8만9000~14만đ

메짱 커피
ME TRANG MC CA PHE SACH

아라비카와 로부스터를 황금 비율로 섞어 로스팅해 맛이 풍부하고 깊은 것이 특징. 산미가 약해 커피 초보자도 쉽게 마실 수 있다. 입맛에 따라 연유를 첨가하거나 살얼음을 띄워 마시면 훨씬 맛있다. 제품 상자나 비닐에 적혀 있는 숫자 1, 2, 3은 부드러운 정도를 나타내는 것으로, 숫자가 작을수록 맛과 향이 부드럽다.

클로즈 UP TIP 커피 선택, 이렇게 하자

● 호텔 객실에 비치된 무료 어매니티에 주목!
G7 커피의 경우 3~4성급 호텔 객실에 무료 어매니티로 많이 비치되어 있다. 묵고 있는 호텔 방에서 맛보자. 5성급 호텔에서는 네스카페나 일리 캡슐 커피를 주로 제공한다.

● 마트 시음 코너를 놓치지 말 것
여행자들에게 상대적으로 인기가 없는 브랜드는 마트 시음 코너를 통해 맛볼 수 있다. 의외로 인지도가 낮은 커피 브랜드 제품이 입맛에 잘 맞을 수도 있으니 시음 코너는 절대 놓치지 말자.

● 인터넷 쇼핑몰에서 미리 구입해보자
베트남에서 구입하는 것보다 가격이 비싸지만 여행 전 여러 종류의 베트남 커피를 미리 마셔보고 취향에 맞는 브랜드가 어떤 것인지 알아두는 것이 현명하다.

● 시향은 필수
제품 뒷면에 시향할 수 있도록 구멍이 뚫려 있다. 향만 맡아봐도 어떤 맛일지 대략 짐작되니 시향은 필수.

Food Ingredients&etc.

음식 재료&기타

베트남에서 음미해본 그 맛을 우리 집, 우리 식탁 위에 재현해보고 싶다면 이 제품들을 주목하자. 특별한 손재주 없이도 베트남까지는 아니더라도 베트남 민속촌 정도는 재현해낼 수 있다.

> 지름 22cm
> 1만6900đ

비나 퍼 VINA PHO

쌀국수 면. 집에서도 쉽게 퍼 (베트남식 쌀국수)를 만들어 먹을 수 있다.

> 400g
> 9200đ

라이스페이퍼 Safoco Rice Paper

가정용 라이스 페이퍼. 크기가 다양한데, 22cm짜리가 가장 인기 있다.

소금과 후추 Salt&Black Pepper

우리나라 소금과는 조금 다른 맛. '이 가격에 이 정도 맛을 낼 수 있나?' 싶다. 맛에 따라 새우(Shrimp), 칠리(Chili) 등으로 나뉘는데, 장금이가 아닌 이상 맛이 거의 똑같으니 아무 종류나 골라도 된다.

> 250g 1만1000đ

> 200g 5700đ

> 소금 120g
> 1만95000đ

칠리소스 Chili Sauce

베트남의 로컬 식당마다 놓여 있는 빨간 양념. 한 번도 못 먹어본 사람은 있어도 한 번만 먹어본 사람은 결코 없다는 마성의 칠리소스는 식욕을 한층 돋우는 역할을 한다. 볶음밥이나 튀긴 요리는 물론 쌀국수에도 칠리소스가 빠지지 않는 것만 봐도 얼마나 인기 있는지 알 수 있다. '국민 칠리소스'로 잘 알려진 '친수(CHIN-SU)'와 '롱비엣(RONG VIET)'이 가장 인기. 유리병에 담긴 것보다는 플라스틱 용기에 담긴 것으로 골라보자.

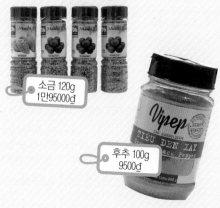

> 후추 100g
> 9500đ

120g
4만3000đ

콜게이트 치약 Colgate

우리나라에선 직구에 의존해야 했던 콜게이트 치약이 놀랍도
록 저렴하다. 양치질 후 12시간 동안 잇몸과 치아에 보호막을
씌워 플라크 생성과 박테리아 침투를 막는다. 가격은 빅 시 마
트가 조금 더 저렴하지만 롯데 마트는 묶음 행사를 자주 해 할
인율은 롯데 마트가 더 높다.

3400đ

달리 치약 DARLIE

치아 미백 효과가 있으며 양치 후 향긋한 민
트 향이 입안 가득 남아 개운한 기분은 덤.
치약 맛이 맵지 않아 아이들이 쓰기에도 좋
다. 가격은 빅 시 마트가 조금 더 저렴하지
만, 묶음 행사를 자주 하는 롯데 마트의 할인
이 더 높다.

3만9900đ

노니차 Noni Tea

'신이 선물한 열매'라는 별명이 있는 노니.
효능만 해도 고혈압과 관절염 완화, 피부
재생, 면역력 증진, 항암 등 다양하다.
몸에 좋은 건 맛이 없다는데, 이건 그래도
먹을 만하다. 우리나라에서 구입하는 것보
다 최소 절반은 싸게 구입할 수 있다.
롯데 마트 자체 브랜드 제품인 '엘 초이스
노니차'를 추천.

카페핀 Cà Phê Phin

베트남식 양철 커피 드리퍼. 로컬 커피숍에 가면 카페핀으로 커피를
내려 마시는 것을 쉽게 볼 수 있는데, 사용법이 쉽고 가격이 저렴해
이색 선물로 인기 있다. 같은 카페핀이라도 손잡이 유무, 크기 등이
제각각이니 이것저것 따져보고 구입하자.

크기별로
가격 다름

40g 6개입 2만2100đ

연유 Condensed Milk

커피의 인기만큼 커피에 넣어 마시는 연유도 다양하다. 그중 비나 밀크
사에서 판매하는 '엉또(Ong Tho)' 제품이 가장 인기. 우리나라 연유보
다 덜 달지만 부드러워 커피 맛을 한층 풍부하게 끌어올려준다.

SPECIAL PAGE

과자 '덕후' 주목! 베트남 과자 추천 리스트

입이 심심할 때 하나씩

랏100 LOT100

과일 향 가득한 젤리. 오렌지, 포도, 딸기, 망고 등 종류가 다양하지만 망고 맛이 가장 인기 있다. 껌 대신 자동차에 두고 하나씩 먹기 좋은 제품.

가격 2만9000đ

밀키타 Milkita

캐러멜과 사탕의 중간 어딘가쯤. 사탕인 줄 알고 먹었다가 캐러멜인 걸 깨닫고 놀란다. 맛은 평범하지만 가격이 평범하지 않다.

가격 1만4000đ

이치 ICHI

봉지만 딱 봐도 맛이 짐작된다. 우리나라의 유명 쌀과자와 아주 비슷한 맛. 계속 먹어도 질리지 않으니 바닥이 보이는 것도 순식간이다.

가격 1만9000đ

티타임 메이트

커피 조이
Coffee Joy

따뜻한 커피와 함께 먹으면 맛이 2배가 되는 커피 맛 과자. 가격 대비 양이 과할 정도로 많아 가성비가 최고다. 아이 입맛인 '어른이'에게는 더없이 좋은 선택이다.

가격 142g 1만5800đ

솔라이트 판단 롤케이크
Solite Pandan Rollcake

아이들보다 어른이 더 좋아하는 미니 롤케이크. 부드러운 빵 안에 달콤한 판단이 들어 있어 질리지 않게 먹을 수 있다. 개별 포장돼 있어 생각날 때마다 하나씩 꺼내 먹기 좋다.

가격 4만9000đ

빅 시 오렌지 와퍼 롤
Banh Que Vi Kem Cam

빅 시 마트 자체 브랜드 과자. 오렌지향이 은은하게 날 뿐 강한 맛이 나지는 않아 차를 마실 때 곁들이기 좋다.

가격 1만1600đ

치즈 덕후들의 과자

나바티 치즈 와퍼
Nabati Cheese Wafer
맛있는 치즈가 든 웨하스. 고소한 맛에 끌려 하나둘 집어 먹다 보면 금세 봉지를 비우게 된다. 밀크 바닐라 크림이 든 '화이트'도 만만치 않게 맛있다.

가격 6500đ

나바티 치즈 롤
Nabati Cheese Roll's
다양한 치즈 롤 과자가 있지만 나바티 치즈 롤이 한 수 위. 롤 안을 가득 메운 치즈 인심, 매우 칭찬해~

가격 1만3600đ

리치즈 아
Richeese Ahh'
치즈가 듬뿍 들어 있는 치즈 막대 과자. 한 입 먹는 순간 입안 가득 퍼지는 짭짤 고소한 맛 하며, 먹어도 먹어도 줄어들지 않는 양과 저렴한 가격까지, 치즈 덕후를 제대로 홀린다. 치즈 맛이 너무 강해 일반인(?)은 조금 버겁다.

가격 2만2000đ

게리 치즈 크래커
Gery Cheese Crackers
이 맛을 짧게 표현하자면 치즈!. 크래커 표면을 완전히 덮은 치즈 맛이 예술이다. 너무 짜거나 강하지 않고 점점 스며드는 맛이라면 지나친 칭찬일까. 은근 대형 마트보다는 동네 마트에서 많이 판다.

가격 3만6000đ

초코 덕후들의 과자

필로우 Pillows
초코 덕후에게 이만큼 은혜로운 과자가 또 있을까? 그냥 먹으면 초코 향 그득한 과자, 우유에 담가 먹으면 초코 시리얼과 초코 우유를 동시에 즐길 수 있는 마법 같은 과자다.

가격 9800đ

팀탐 TIM TAM
'악마의 과자'라는 별명이 있는 호주 과자. 진~한 초콜릿이 범벅되어 있어 초코 덕후라면 좋아할 수밖에 없다.

가격 8만9000đ

MART

CASHIER 1 BAG BAG CASHIER 2

다낭 마트 3대장

한국에서도 흔히 보던 마트인데, 다낭의 마트는 의미가 남다르긴 하다.
두 눈이 똥그래지는 가격, 이 가격이 맞나 싶은 퀄리티.
싸다고 장바구니에 마구 담다 보면 어느새 집까지 어떻게 갖고 갈까 걱정만 앞선다.

어느 마트에서 쇼핑할까?

3대장이라고는 했지만 롯데 마트가 독보적인 입지를 굳혔고, 나머지 두 곳이 비등비등하다.

	롯데 마트	빅 시 마트	빈 마트
위치(공항 기준)	약 13분	약 10분	약 15분
가격	★★★★ 인기 제품을 박스 단위로 저렴하게 판매해 싹쓸이하기 좋은 조건	★★★★★ 전체적으로 가장 저렴	★★★ 싼 제품은 싼데 비싼 건 100~200₫ 정도 더 비쌈, 대량으로 사지 않는 이상은 큰 차이 없는 수준
편의성	★★★★★ 한국인에게 최적화된 진열, 한국어 안내 있음, 규모가 커서 많이 걸어야 함	★★★ 진열 방식에 일관성이 부족한 편	★★★★ 인기 제품 매대가 따로 있어 적게 걸어도 됨
쾌적함	★★★ 한국인만 바글바글, 저녁에는 복잡함	★★★★ 식품 코너 복도가 비좁은 편, 전체적으로 쾌적	★★★★ 장사가 안 돼서 그런가…
물건 종류	★★★★★ 한국인이 살 만한 물건은 모두 있음	★★★★ 생활용품 위주, 기념품 중에 없는 제품이 더러 보임	★★ 인기 있는 제품만 갖다놓은 느낌
추천 대상	작정하고 쇼핑을 하고 싶거나 다른 한국인 여행자들의 장바구니를 훔쳐보며 쇼핑을 하고 싶다면	현지인들은 뭐 먹고 사나 궁금하다면	쇼핑에 관심 없고 소량만 구입하고 싶다면

한국인에게 최적화된 마트

롯데 마트
LOTTE Mart

2권 ⓘ INFO p.072
ⓞ MAP p.066A

다낭에서 제일 큰 마트. 한국인이라면 무조건 한 번은 들른다. 그 이유가 이해는 간다. 한국어 안내 표시는 기본, 한국어를 할
줄 아는 직원도 있어 '말 잘 통하는 것'이 가장 큰 이유일 테고, 다른 마트에 비해 상품 종류가 다양한데도 진열 방법이 우리에게
익숙해 물건 하나 찾으려고 마트를 헤맬 일도 없다. 이러니 편의성으로 보나 구색으로 보나 우위를 차지할 수밖에. 주말에는
가족 여행자를 겨냥한 인형 탈 판촉 행사 등 다양한 볼거리도 갖췄다.

ⓢ 구글 지도 GPS 16.034906, 108.229444 ⓒ 찾아가기 다낭 국제공항에서 자동차로 약 13분 ⓞ 주소 Nại Nam, Hòa Cường Nam, Hải
Châu, Đà Nẵng ⊖ 전화 236-361-1999 ⓞ 시간 08:00~22:00 ⊖ 휴무 연중무휴 ⓞ 홈페이지 http://lottemart.com.vn

롯데 마트에서 놓치지 말아야 할 것

1 커피 시음 코너가 다낭에서 가장 다양하다

한국인에게 비교적 덜 알려진 브랜드
커피 시음이 주를 이뤄 덜컥 사 마시기
망설여졌던 제품을 맛볼 수 있는 좋은
기회. 커피 이외에도 즉석 조리 제품,
차 등도 시식 및 시음할 수 있다.

2 초이스 엘 Choice L

롯데 마트의 자체 브랜드인 '초이스 엘
(Choice L)'을 주목하자. 특히 노니차를
비롯한 티백 차가 인기 있다.

3 대량 구매 시 박스 단위 판매를 고려하자

아치 카페, 비폰 쌀국수, 하오하오 라면,
비나밋 등 한국인의 인기 쇼핑 품목은 박
스 단위로도 판매한다. 대용량으로 구입
하는 것이 낱개를 여러 개 사는 것보다
싼 경우가 많으므로 반드시 체크해보자.

TIP

1 될 수 있으면 오후 6시 이후 시간대는 피하자.

손님 대부분이 한국인. 그래서 그런지 하루의 여행을 마무리하는 저녁때쯤 되면 마트가 미어터진다. 이 시간대에는 관광객들이 싹쓸이해 가는 몇몇 제품은 재고가 없는 경우도 많다.

2 못 산 기념품이 있으면 롯데 마트에서 모두 해결하자.

1층에서 호이안 야시장에서 판매하는 대나무 조명, 기성복으로 나오는 아오자이, 코코넛 그릇 등 다낭과 호이안 기념품을 정찰제로 판매한다. 흥정이 전혀 안 되기 때문에 가격은 조금 더 비싸지만, 흥정에 자신이 없거나 시간이 없는 사람이라면 오히려 이곳에서 구입하는 것이 훨씬 이득이다.

3 원하는 제품이 없다고 해서 섣불리 포기하지 말자.

인기 제품은 여러 매대에 나눠서 진열하고 소진 시 즉각 새로 진열해준다.

4 계산대 대기 줄이 길다면 3층으로 내려가자.

항상 그런 것은 아니지만 3층에서 계산하는 것이 훨씬 빠르다. 단, 배송 서비스를 이용할 예정이라면 차라리 4층에서 계산하는 것이 효율적이다.

FLOOR GUIDE

층	매장 안내
5	오락실, 영화관, 레스토랑
4(롯데 마트)	식품, 특산품, 공산품, 과일, 짐 보관 로커, 자율 포장대, 환전
3(롯데 마트)	생활용품, 가정용품, 화장품, 패션, 짐 보관 로커
2	서점, 생활용품, 액세서리
1	롯데리아, 하일랜드 커피, 기념품점, 옷 가게(아오자이 판매하는 곳), ATM 기기

SERVICES

01 | 환전 서비스

다낭 여행에 앞서 롯데 마트부터 들러야 할 이유 중 하나다. 공항 환전소는 물론 시내에 있는 사설 환전소보다도 환율이 좋은 경우가 많고, 믿을 수 있어 여행자들이 몰린다. 마트 영업시간 동안 영업해 사실상 언제든 환전할 수 있다는 것도 큰 장점.

환전 방법

STEP 1
4층 에스컬레이터 앞 게스트 서비스 카운터(Guest Service Counter)를 찾아 간다.

STEP 2
카운터 앞에 놓인 외국인 환전 신청서(Foreign Currency Exchange Slip)를 작성한다. 이름과 여권 번호, 서명만 기입하면 되는데, 작성 예를 붙여놓았으니 참고하자.

STEP 3
미국 달러(USD)와 신청서를 카운터에 제출한 다음 환전된 금액을 받고 환전이 실수 없이 잘됐나 다시 한번 체크한다.

02 | 짐 보관 서비스

짐 보관도 가능하다. 작은 물건은 로커에, 부피가 큰 물건도 안전하게 보관해준다. 직원이 항상 위치해 분실 염려도 적다. 3, 4층 매장 입구에 커스토머 로커(Customer Locker) 부스가 있다.

시간 08:00~22:00

03 | 물품 배달 서비스

무거운 짐을 계속 들고 다닐 수는 없는 일. 배달 서비스를 이용하면 두 손이 가볍다. 15만đ 이상 구입 시 반경 10km 이내(다낭 전역)는 무료 배달해준다. 단, 배송까지는 최소 3~4시간부터 최대 12시간까지도 걸려 시간이 촉박한 여행자가 이용하기에는 부적절하다.

신청 방법

Step 1 15만đ 이상의 물건을 구입한다.
Step 2 계산대 바로 옆에 있는 자율 포장대에서 박스 포장을 한다. 포장하기 힘들면 직원에게 도와달라고 하자.
Step 3 직원에게 영수증을 보여준 후 배달 전표(Delivery Form)를 작성한다. 짐을 수령할 장소란에는 묵고 있는 호텔 주소와 전화번호, 방 번호, 수령인을 영어로 적어 직원에게 보여준다. 배달 사고가 생길 수 있으므로 영수증을 반드시 보관하자.
Step 4 배달 전표를 받는다.
Step 5 약속된 시간에 호텔 로비로 배달되면 호텔 측에서 다시 연락해준다. 로비에서 방 번호를 확인한 후 물품을 수령한다.

2
현지인들의 장바구니
빅 시 마트
Big C Mart

2권 ⓘ INFO p.039
⊙ MAP p.028A

여행자보다는 현지인들이 즐겨 찾는 대형 마트. 기념품보다는 식료품과 생활용품을 주력으로 판매하며 상품 진열도 현지인의 편의에 맞추어 원하는 제품을 찾으려면 발품을 꽤 많이 팔아야 한다. 생동감 넘치는 재래시장을 좋아한다면 마트 맞은편의 꼰 시장과 함께 둘러보자. 이미 관광지가 다 된 한 시장과 달리 여행자들의 발길이 뜸한 곳이다.

빅 시 마트에서 놓치지 말아야 할 것

1 빅 시 마트의 자체 브랜드를 주목하자.

특히 과자 종류가 가격 대비 맛있고 양이 많기로 유명하니 과자 마니아라면 놓치지 말 것. 다른 마트에 비해 과자 종류가 다양한 것도 빅 시 마트만의 장점.

2 여행용품이 아주 저렴하다.

비치 샌들, 목 베개, 수영복 등 여행용품이 아주 저렴하다. 가격 대비 질도 좋은 편이라 여행 내내 쓰기에 부족함이 없다. 3층 패션 코너에서 판매한다.

⑤ **구글 지도 GPS** 16.066723, 108.213690
⊙ **찾아가기** 다낭 국제공항에서 자동차로 약 10분, 꼰 시장 맞은편 CGV 건물 2~3층
⊙ **주소** 255-257 Hùng Vương, Vĩnh Trung, Thanh Khê, Đà Nẵng
⊖ **전화** 236-366-6000
① **시간** 08:00~22:00 ⊖ **휴무** 연중무휴
⊙ **홈페이지** www.bigc.vn/catalogue/store/big-c-da-nang

TIP

1. 마트 쇼핑 후에는 그랩 카!
빅 시 마트 앞 사거리는 다낭에서 교통량이 가장 많은 곳 중 하나다. 신호등이 없어 길을 건너기가 어렵고 택시를 잡기도 생각보다 힘들다. 그랩 카를 이용하면 훨씬 수월하게 이동할 수 있는데, 그랩 카 예약 후 기사님에게 정확한 현재 위치를 이야기해야 서로 길이 엇갈리지 않는다.

2. 오후 4시 이전에 방문하자.
장바구니 부대가 들이닥치는 시간은 오후 4시 이후부터. 그 전에 쇼핑을 모두 마쳐야 금방 계산을 끝낼 수 있다.

3. 설명은 사진으로!
거의 통하지 않고 영어 의사소통도 힘들다. 원하는 제품이 있을 때 말로 하는 것보다는 스마트폰으로 사진을 보여주는 것이 훨씬 편하다.

4. 일단 담고 생각하자.
구색은 다양한데 진열돼 있는 수량이 한정적인 편. 사려는 물건이 있으면 우선 장바구니에 담자.

FLOOR GUIDE

층	매장 안내
4	영화관, 오락실
3(빅 시 마트)	뷰티&건강 제품, 가정용품, 가전, 패션, 완구, 서점
2(빅 시 마트)	식료품, 베이커리, 신선, 키즈 존
1	숍, ATM

SERVICES

01 | 물품 배달 서비스
구매 금액이 20만₫ 이상인 경우 10km 거리(다낭 전역)까지 무료로 배달해준다. 보통 4~12시간 이내로 배달이 되며 파손되거나 상하기 쉬운 제품은 배달이 불가능하니 유의하자. 접수 카운터는 3층 계산대를 나와 왼쪽 끝 4층으로 올라가는 에스컬레이터 앞에 있다. 기본적인 이용 방법은 롯데 마트와 동일하다.

02 | 짐 보관 서비스
크기에 상관없이 짐을 보관할 수 있다. 직원이 항상 지키고 서 있어 안심하고 맡길 수 있다. 단, 30만₫어치 이상의 귀중품은 보관할 수 없다. 2층 마트 입구 왼쪽에 있다.
시간 07:30~22:00

3

쇼핑과 담을 쌓은 사람이라면 한 번쯤

빈 마트
Vin Mart

2권 ⓑ INFO p.050
⊙ MAP p.045L

다낭의 유명 쇼핑몰인 빈컴 플라자에 입점된 대형 마트. 세 군데 중 위치가 제일 좋고 깔끔하다. 하지만 그것이 유일한 장점. 가격이 비싸고 규모가 작아 현지인과 여행자 모두에게 외면을 받는 실정이다. 그래도 입구 바로 앞에 인기 기념품만 따로 진열해 놓아 쇼핑하기에는 매우 편리하다. 손님이 적고 소량만 구매하면 가격도 얼마 차이 안 나기 때문에 오히려 쇼핑을 조금만 할 여행자들이 들르기엔 좋다.

빈 마트에서 놓치지 말아야 할 것

1
베트남은 무조건 싸다? NO!!

빈컴 플라자의 패션 브랜드와 전자 제품 숍을 둘러보면 '베트남=싸다'라는 말이 쏙 들어갈 것이다. 한국과 비교해도 가격이 크게 다르지 않고, 어떤 제품은 오히려 인터넷 구입이 더 저렴하기도 하니 반드시 필요한 것이 아니라면 구입하지 말자.

2
입점 레스토랑에 주목하자.

빈컴 플라자 내에 필리핀의 국민 패스트 푸드점 '졸리비'와 유명 글로벌 음식점 '크리스털 제이드' 등의 레스토랑이 입점해 있다. 특히 4층의 '매직팬 푸드 팰리스'는 멋진 경치를 보며 식사할 수 있어 인기다.

ⓖ **구글 지도 GPS** 16.071701, 108.230493
◎ **찾아가기** 다낭 국제공항에서 자동차로 약 15분, 한강교(Cầu Sông Hàn)를 건너자마자 우회전, 빈컴 플라자 2층
ⓐ **주소** 496 Ngô Quyền, An Hải Bắc, Sơn Trà, Đà Nẵng
◯ **전화** 093-317-6888
◯ **시간** 08:00~22:00 ◯ **휴무** 연중무휴
◯ **홈페이지** www.adayroi.com/vinmart

매직팬 푸드 팰리스

FLOOR GUIDE

층	매장 안내
4	영화관, 졸리비, 크리스털 제이드 키친, 아이스링크, 매직팬 푸드 팰리스(푸드코트)
3	키즈 클럽, 가구, 건강 제품, 패션, 액세서리, 서점
2	빈 마트, 패션, 액세서리, 화장품
1	가전, 주얼리, 하일랜드 커피, ATM 기기

SERVICES

01 | 물품 배달 서비스

20만đ 이상 구매 시 반경 10km(다낭 전역)는 무료로 쇼핑한 물품을 배달해준다. 소요 시간은 보통 4~10시간가량이며 오후 8시 이후 접수한 경우 다음 날 배송되므로 유의하자. 물품 배달 신청 카운터는 마트 출입구로 나와 우회전 후 엘리베이터 바로 옆에 있다.

물품 배달 신청 카운터

02 | 짐 보관 서비스

유인 로커가 설치돼 있어 간단한 짐을 보관할 수 있다. 맡길 수 있는 짐의 양과 크기는 상관없지만, 30만đ이 넘는 귀중품은 보관이 불가능하다.

시간이 없을 때 어디로 갈까?

어느덧 떠나야 할 시간. 시간은 얼마 안 남았는데 쇼핑은 하지도 못했다.
아무것도 안 사가지고 돌아 가자니 아쉽고, 멀리 나가기엔 시간이 부족하다?
멀리 갈 것 없이 가까이에서 해결하자.

에이 마트
A Mart

2권 ⓑ INFO p.039
◉ MAP p.028B

위치가 참 좋다. 다낭 대성당과 한 시장에서 걸어서 갈 수 있는 거리. 규모는 동네
슈퍼 정도로 작지만 한국인이 즐겨 찾는 상품은 대부분 갖추었으며 대형 마트와
가격도 많이 차이 나지 않는다. 아치 카페를 사는 데 실패했다면 이곳으로 갈 것.
롯데 마트를 제외하고는 쉽게 구경하기 힘든 아치 카페도 넉넉히 보유하고 있다.
대형 마트에 비해 영업시간이 길다는 것도 무시하지 못할 장점이다. 최근 물품 배
달 서비스를 실시하고 있다. 카드 결제 가능.

◉ **구글 지도 GPS** 16.069115, 108.223899 ◉ **찾아가기** 한 시장 앞 사거리를 건너 드엉
찐푸(Đường Trần Phú)를 따라 도보 1분 ◉ **주소** Trần Phú, Hải Châu 1, Hải Châu,
Đà Nẵng ◉ **전화** 098-359-5705 ◐ **시간** 07:30~23:30 ◉ **휴무** 연중무휴

졸리 마트
Joly Mart

2권 **INFO** p.039
MAP p.028B

한국, 일본 식료품을 주로 판매하는 마트. 시내에서 가깝고 상품 종류가 많아 장보러 다녀오기에 좋다. 하지만 베트남 식료품이 상대적으로 빈약해 기념품 삼아 살 만한 것이 별로 없다는 것이 흠. 큰 가방은 입구에 있는 사물함에 넣고 들어가야 한다. 카드 결제 가능.

구글 지도 GPS 16.068996, 108.222812 **찾아가기** 한 시장에서 흥브엉(Hùng Vương) 거리를 따라 걷다 옌바이(Yên Bái) 거리로 우회전, 도보 2분 **주소** 31 Yên Bái, Hải Châu 1, Hải Châu, Đà Nẵng **전화** 236-626-8968 **시간** 09:00~10:00 **휴무** 연중무휴

TIP 호이안에는 마트가 없을까?
정확히 말하자면 호이안에도 마트가 있다. 골목마다 마트가 있을 정도다. 다만 동네 구멍가게 수준에 불과하고 가격이 다낭의 대형 마트에 비해 비싸서 돈값을 제대로 못할 뿐이다. 일부러 쇼핑하는 데 시간을 내기 힘들더라도 나중에 후회하지 않으려면 잠깐 짬내서 가까운 마트에 다녀오자. 다른 건 몰라도 쇼핑은 다낭에서 하는 것이 가장 싸고 편하다는 것만 기억하길.

비슷한 듯 다른 것이 사람 사는 모습. 그 모습을 보는 것도 여행의 소소한 즐거움이다.
굳이 살 만한 물건이 없어도 일부러라도 찾아가보자.
그곳에서 우리의 모습, 나의 모습을 발견하게 될지도 모른다.

MARKET
1

기념품 사러 들르는 시장
한 시장
Han Market

2권
ⓘ INFO p.038
◉ MAP p.029C

다낭	가격	★★★ 돈맛을 알아버린 시장 상인, 다낭 물가를 생각하면 비싸다.	사자	저렴한 기념품, 의류
	접근성	★★★★★ 시내 한가운데	사지 말자	과일, 건어물(특히 캐슈넛)

다낭을 대표하는 재래시장. 이제는 현지인이라고는 시장 상인뿐이고, 여행자들이 기념품을 사러 들르는 시장이 됐다. 1층에는 건어물부터 과자, 커피, 차 등 기념품은 물론 생활용품, 과일을 판매하는 점포가 들어서 있고, 2층에는 원단 가게, 재봉소, 옷 가게가 들어서 원스톱 쇼핑이 가능하다. 정찰제 점포는 드물고 외국인 상대로 바가지를 씌우는 곳도 많으므로 주의해야 한다. 특히 호객 행위를 심하게 하는 곳은 일단 거르자. 사지 말아야 할 품목도 몇 가지 있다. 열대 과일의 경우 오래 보관하기 위해 화학 제품을 많이 뿌려 신선도가 많이 떨어지며 맛도 좋지 않다. 캐슈넛도 마찬가지. 눈에 보이는 곳만 씨알이 굵은 캐슈넛을 올려놓고 보이지 않는 곳에는 썩거나 상품성이 없는 것으로 채우는 경우도 있다. 그 대신 2층의 '짝퉁' 의류는 브랜드 상품 못지않게 품질이 좋고 가격도 저렴해 여행자들이 많이 찾는다. 한겨울에도 꼬릿꼬릿한 건어물 냄새가 시장 전체에 퍼져 쇼핑을 오래 하려면 숨을 여러 번 참아야 하니 마음의 준비를 단단히 하자.

⑧ **구글 지도 GPS** 16.068217, 108.224273
◎ **찾아가기** 다낭 국제공항에서 자동차로 10분 거리, 시내 한가운데 위치 ⊕ **주소** 119 Trần Phú, Hải Châu 1, Hải Châu, Đà Nẵng ① **시간** 07:00~19:00(가게마다 다름) ⊖ **휴무** 가게마다 다름

한 시장에서 주목해야 할 점포

 시장 2층 맞춤 아오자이

정말 저렴한 가격에 아오자이를 맞춰 입을 수 있다. 원단부터 디자인까지 원하는 것으로 선택도 가능하고 제작 시간이 짧아 여행의 추억을 한 단계 높일 수 있다.

> 시장의 퀴퀴한 건어물 냄새가 옷에 배는 경우가 많다. 개봉되거나 진열된 것보다는 미개봉 제품을 달라고 하는 것을 추천. 곧바로 입을 옷이 아니라면 호텔 방 안에 하루 정도 걸어두면 냄새가 절반 이상은 빠진다. 원피스는 운이 나쁘면 세탁 시 염료가 빠지기도 하니 조심할 것.

 시장 2층 완완 OANH OANH

'143번 집'이라는 이름으로 더 잘 알려진 옷 가게. '원앙새'라는 뜻의 상호명처럼 금슬 좋은 부부가 함께 운영한다. 정직한 가격과 친절한 응대 덕분에 이 집만 손님이 바글바글하다. 셔츠나 헐렁한 원피스는 입어보고 구입할 수 있다. 다양한 디자인의 원피스와 '짝퉁' 브랜드 티셔츠가 주력 상품. 많이 구입하면 할인도 해준다.

🕐 **시간** 09:00~19:30 ㊒ **휴무** 연중무휴 ⓖ **가격** 티셔츠, 원피스 8만đ~12만đ, 바나나 바지 5만đ~, 바나나 셔츠 8만đ~, 코끼리 바지 7만đ~, 빅 사이즈 원피스 17만đ~(가격은 도매 가격에 따라 수시로 바뀌며, 사이즈가 클수록 비싸다)

 시장 1층 퉁위연 THUAN DUYEN

호랑이 연고, 치약 등 잡화와 제사용품을 판매하는 집. 잡화보다는 나무 젓가락과 젓가락 통이 괜찮다. 잘 얘기하면 깎아주기도 한다.

🕐 **시간** 07:00~19:00 ㊒ **휴무** 연중무휴 ⓖ **가격** 젓가락 4만đ~, 젓가락 통 4만đ~

 시장 1층 볼 앤드 비스 홈 Ball&Bee's Home

손수 만든 도자기 화병, 그릇, 컵 전문점. 소유욕 충만하게 하는 제품이 많아 몇 번이고 지갑을 열게 만든다. 소금·후추 통, 수저 받침, 테이블 매트 등 부피가 적은 제품도 다양해 기념품으로 사기 좋다.

ⓖ **가격** 수저 받침 개당 3만đ, 컵 7만đ~

 시장 바깥 1층 쏘안 하 SOAN HA

환전소를 겸한 금은방. 은행 공시 환율과 가깝게 환전해주고 주인이 아주 친절하다. 아침 일찍 영업을 시작한다는 것도 큰 장점.

🕐 **시간** 08:00~18:00

MARKET

2

제대로 된 로컬들의 삶, 여기 다 있다

꼰 시장
Con Market

2권
INFO p.040
MAP p.028A

	가격	★★★★ 살 게 없을 뿐 나름 정직한 가격이다.	사자	과일
다낭	접근성	★★★ 시내에서 택시로 15분. 시장 앞에서 택시 잡기도 쉽지 않다.	사지 말자	생필품(롯데 마트가 더 싸다)

현지인들의 삶을 가까이서 보려면 이곳으로. 여행자로 붐비는 한 시장과 달리 현지인들이 즐겨 찾는 재래시장이다. 여행자들의 캐리어에 들어갈 만한 기념품보다 오늘 저녁 식탁에 올라갈 식재료가 더 많이 보이는 곳. 어떤 집은 종교용품만 팔고, 또 어떤 집은 이불만 가득 쌓아놓았고, 놋쇠 그릇만 어지러이 쌓인 집도 있어 지갑을 꺼낼 일은 없지만 눈요기만 해도 즐겁다. 이색적인 볼거리를 원한다면 해가 질 무렵, 시장 길바닥에 옷이며 이불, 신발 등을 내놓고 파는 '길바닥 상점'을 놓치지 말자. 썰렁하던 시장이 이 시간만 되면 장을 보러 나온 사람들로 후끈 달아오른다. 내친김에 길바닥 식사에 도전해보는 것도 나쁘지 않은 선택일 듯. 지나다니기 힘들 정도로 사람이 많아 아이들과 함께 가는 것은 비추천.

쉿! 비밀
TIP

화장실이 급하다면
길 건너에 있는
빅 시 마트(p.244)로 가자.
시장 내에 공용 화장실이 몇 개 있지만,
지저분하고 소변은 500₫,
대변은 1000₫의 요금을 받는다.
손 씻거나 세수하는 것 역시
500₫.

ⓖ **구글 지도 GPS** 16.067712, 108.214390 ⓖ **찾아가기** 한 시장에서 택시로 10분
ⓐ **주소** 269 Ông Ích Khiêm, Hải Châu 2, Hải Châu, Đà Nẵng ☎ **전화** 236-383-7426
🕐 **시간** 06:00~21:00(가게마다 다름)

로컬들은 이곳에서 식사한다!

베트남어로 베(bé)는 '어린아이'라는 뜻이에요. 여기에 '구름'이라는 뜻의 제 이름인 '반'을 붙여 '베반'이라는 상호명이 탄생했죠. 한국어로는 '구름 아가씨'쯤 되겠네요.

베반 Bé Vân

꼰 시장 안쪽에 자리한 점포. 50년이 넘는 세월 동안 한자리에서 음식 장사를 하고 있다. 이 집의 3대째 주인장인 반 씨는 열다섯에 어깨너머로 음식하는 법을 배웠는데, 지금은 30대 후반이 다 됐다고. 같은 메뉴를 50년 넘도록 판매해온 만큼 어떤 메뉴를 먹어도 세월의 깊이가 느껴진다. 우리네 떡갈비 맛과 비슷한 넴루이와 부침개에 갖가지 재료를 싸 먹는 반 쎄오, 베트남식 비빔국수 분팃능이 가장 인기 있는 메뉴. 영어는 잘 안 통하지만 사진이 있어 주문하기는 쉽다.

🕐 **시간** 08:00~18:00 ▬ **휴무** 연중무휴
💲 **가격** 분팃능 2만đ, 넴루이(꼬치당) 5000đ, 반 쎄오(조각당) 1만đ

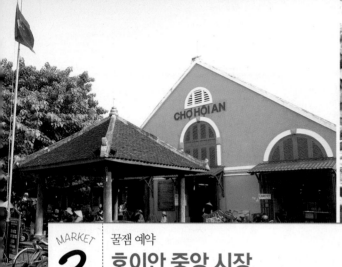

꿀잼 예약

MARKET
3
호이안 중앙 시장
Hoi An Central Market

2권
ⓘ INFO p.103
ⓜ MAP p.087G

호이안	가격	★★★★ 관광지에서 이 정도면 괜찮다.	사자	먹을거리, 요깃거리	
	접근성	★★★★★ 산책하듯 걸어서	사지 말자	그 외 전부	

호이안 구시가지에 자리한 재래시장. 아침마다 관광객과 오토바이를 끌고 나온 현지인들이 한데 뒤섞여 혼잡하지만, 그게 재미다. 생선을 다듬는 정교한 손놀림이나 형형색색의 열대 과일을 보는 것도 놓치면 섭섭한 볼거리. 관광지화되는 바람에 넉넉한 인심을 기대하기는 어렵지만, 현지인들의 삶을 체험하기에는 충분하다. 채소, 생선, 정육 등 식재료 점포는 야외에, 음식점과 잡화점은 실내에 따로 입점돼 있다. 야외에는 그늘이 거의 없으니 최대한 이른 시간에 들르자.

⑧ 구글 지도 GPS 15.876806, 108.331323
ⓖ 찾아가기 내원교에서 쩐푸(Trần Phú) 거리를 따라 도보 8분 ⓐ 주소 Cẩm Châu, Hội An, Quảng Nam ⓣ 시간 가게마다 다름 ⓔ 휴무 연중무휴

추천 맛집

1층
E28번
뚜 신또 Thu Shinto

베트남식 디저트를 전문으로 하는 집. 생과일을 갈아 넣은 신또나 갖가지 젤리를 넣은 쩨가 인기 있는 메뉴. 시장 건물 안에 자리해 더위를 피하기에도 제격이다. 청결도 나름 잘 유지된다.

ⓣ 시간 09:00~17:00(유동적) ⓔ 휴무 연중무휴 ⓟ 가격 스무디 2만~3만đ, 쩨 2만đ

MARKET

4

사진 찍기 좋은 곳

호이안 야시장
Hoi An Night Market

2권
ⓘ INFO p.104
ⓜ MAP p.088I

	가격	★★ 관광객에게는 부르는 게 값. 흥정을 해도 시원찮다.	사자	기념품, 대나무 등
호이안	접근성	★★★★★ 구시가지 바로 앞	사지 말자	먹을거리, 장난감

밤만 되면 사람들이 몰려드는 곳이 호이안 야시장이다. 약 250m의 짧은 길이 노점으로 가득 차면 조용하던 길의 대변신이 시작된다. 화려한 빛깔을 자랑하는 등이 켜지고, 어둠이 내려앉으면 약속이나 한 듯 사람들로 붐빈다. 웬만한 기념품은 이곳에서 모두 만나볼 수 있지만, 흥정 내공이 웬만큼 높지 않고서는 싼 가격에 '득템'하기란 쉽지 않은 일. 정말 마음에 들거나 싼 물건이 아닌 다음에야 지갑을 닫자(심지어 길거리 음식도 맛없다). 물론 예외도 있다. 대나무 전등은 이곳에서 사는 것을 추천. 크기, 기능별로 종류가 다양해서 마음에 드는 것을 쉽게 발견할 수 있다.

ⓖ **구글 지도 GPS** 15.875904, 108.325915
ⓐ **찾아가기** 내원교에서 투본강 방향으로 나와 안호이 다리를 건너 오른쪽, 도보 3분 ⓐ **주소** Nguyễn Hoàng, Phường Minh An, Hội An, Quảng Nam
ⓛ **시간** 일몰~심야

쉿! 비밀
TIP

대나무 전등 구입 시 유의 사항

밝기 조절이 가능한지, 전선 길이가 어느 정도인지 반드시 체크해보자. 생각보다 너무 밝거나 어두워서 쓰지 못하는 경우가 많다. 최근 야시장 상인들이 가격을 담합했는지, 흥정도 거의 안 되고 가격도 예전보다 많이 오른 느낌. 차라리 호이안 구시가지의 숍에 가서 사거나 야시장 영업이 끝나가는 시간에 구입하면 저렴하게 구입할 확률도 높다.

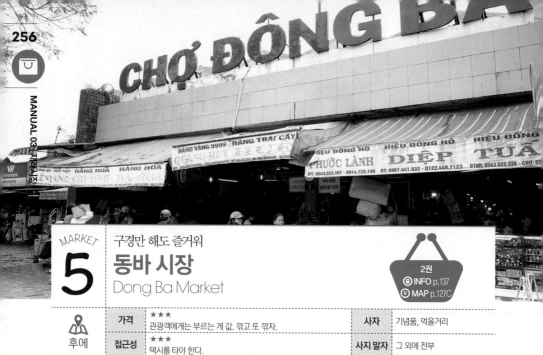

MARKET 5

구경만 해도 즐거워

동바 시장
Dong Ba Market

2권
ⓘ INFO p.137
ⓜ MAP p.127C

| 후에 | 가격 | ★★★ 관광객에게는 부르는 게 값. 깎고 또 깎자. | 사자 | 기념품, 먹거리 |
| | 접근성 | ★★★ 택시를 타야 한다. | 사지 말자 | 그 외에 전부 |

후에에서 가장 큰 재래시장. 오전 9시 전까지는 영업 준비로 바쁜 모습을, 정오가 넘어가면 현지인들로 북적이는 모습을 볼 수 있다. 금은방, 장난감 가게, 원단 가게 등이 옹기종기 모여 있는 상가와 20년 전쯤 우리나라 재래시장을 꼭 닮은 야외 노점으로 나뉜다. 흥정 기술만 있으면 무엇이든 저렴하게 구입할 수 있지만, 뜨내기 여행자들이 제 가격에 사는 것은 쉽지 않은 일. 차라리 가격표가 붙어 있는 정찰제 매장을 찾는 것이 속 편하다. 어둡고 지저분해서 발걸음을 뗄 때마다 고역이지만, 그만한 구경거리도 많아서 일단 눈은 즐겁다. 시장의 하이라이트인 채소와 과일 시장은 꼭 들르자.

ⓖ **구글 지도 GPS** 16.472673, 107.588675 ⓖ **찾아가기** 후에 시내에서 택시로 7분 ⓐ **주소** 2 Trần Hưng Đạo, Phú Hoà, Thành phố Huế, Phú Hoà Thành phố Huế Thừa Thiên Huế ⓣ **시간** 가게마다 다름 ⓗ **휴무** 연중무휴 ⓗ **홈페이지** http://chodongba.com.vn

추천 맛집

시장 1층 **딴 쭉 THANH TRUC**

후에 전통 음식을 전문으로 하는 노점. 껌까(치킨라이스), 분보후에(후에식 고기 국수) 등이 우리 입맛에 잘 맞고 저렴하다. 어둠침침한 분위기가 아쉽지만, 맛만큼은 버젓한 레스토랑 못지않다.

ⓣ **시간** 07:00~17:00 ⓗ **휴무** 연중무휴 ⓖ **가격** 껌까 2만đ, 분보후에 2만5000đ, 반베오 2만đ

SPECIAL PAGE

이 물건, 어디에 쓰는 것인고!

이리 보고 저리 보고, 가까이서 봐도 당최 어떤 곳에 쓰는 물건인지 알 길이 없다.
우리 눈에는 정체불명의 미스터리한 물건으로 보이지만 알고 보면 재미있다.

가짜 돈

미국 달러, 유로화, 일본 엔화 등 세계 각국의 지폐를 묶음으로 판다. 물론 어설프기 짝이 없는 가짜 돈이다. 베트남은 민간신앙이 생활 깊숙이 파고들어 있는 다신교의 나라. 그중 으뜸은 돈과 행운을 가져다주는 재물신인 '탕따이'와 토지신 '옹디아'다. 장사를 하는 곳에서는 매일 아침 장사가 잘되기를 바라는 마음으로 가짜 지폐를 태우고 가게 앞 제단이나 나무에 향을 피우며 정성을 들인다. 특히 매년 음력 1월 10일 '재물신의 날'에는 가짜 돈, 구운 돼지고기와 생선 등을 바쳐 한 해 재물 운이 좋기를 기원한다.

노란색 국화꽃

베트남 사람들에게 노란색은 '재물'을 의미하는 색. 노란색 국화꽃은 복과 돈이 들어오는 꽃으로 여긴다. 선물을 하거나 제단에 올릴 때마다 노란 국화꽃을 이용하는 것은 물론, 재물신의 날이나 명절이면 온 나라가 노란 국화꽃으로 도배되기도 한다. 재미있는 것은 노란색 열매가 많이 열리는 탱자나무가 크리스마스트리로 인기라는 것. 이쯤 되면 베트남 사람들의 돈에 대한 갈망도 우리 못지않다는 것을 알 수 있다.

쌍희 희 囍 자가 새겨진 과일

기쁠 희(喜) 자가 2개 붙어 있는 쌍희 희(囍)는 겹경사를 의미하는 한자어다. 베트남도 중국 문화의 영향을 받아 보통 결혼식이나 환갑 등 집안에 큰 잔치가 있거나 신년에 쌍희 자가 들어간 과일을 준비하고, 집 안에 빨간색 희 자를 붙여 기쁜 일이 2배, 3배 늘어나기를 기원한다.

MANUAL 04
기념품&선물

선물 받는 사람은 주는 사람의 노고를 잘 알아주지 않는 법.
고맙다는 인사말 한 번에 장롱에 처박히는 '기념품의 기구한 운명'을 이번에는 좀 바꿔보자.
큰마음 먹고 사는 것보다는 오히려 적당한 가격, 정성이 담긴 선물이 훨씬 나을 수 있다.

기념품

다낭을 오래도록 기억할
수 있는 기념품을 사고는
싶은데, 바가지라도 쓸 것
같아 망설여진다면 이곳부터
클리어하자!

다낭 수비니어 앤드 카페
Da Nang Souvenirs&Café

흥정이 적성에 맞지도 않고, 기껏 흥정해놓고도 이게 적당한 가격인지 모르겠다
면 차라리 이곳으로. 정찰제로 판매하고 제품의 질도 평균 이상이다. 남들이 다낭
가면 꼭 사 오라고 말하는 제품이 여기 다 있으니 시간과 체력을 아끼고 싶은 사
람에게도 추천. 구석 구석 숨어 있는 내 스타일 기념품을 발견하는 재미도 쏠쏠하
다. 아, 무엇보다 실내가 시원하다. 아가씨, 총각을 찾는 상인들과 실랑이할 필요
도 없고.

ⓖ **구글 지도 GPS** 16.077912, 108.223832 ⓖ **찾아가기** 노보텔 다낭 바로 옆
ⓐ **주소** 34 Bạch Đằng, Thạch Thang, Hải Châu, Đà Nẵng ☎ **전화** 236-382-7999
ⓒ **시간** 07:30~22:30 ⓔ **휴무** 연중무휴 ⓗ **홈페이지** http://danangsouvenirs.com

DANANG
2권 ⓘ INFO p.050
ⓜ MAP p.044F

다낭 시티 머그컵

13만5000~15만đ

12만đ

마그넷

3만đ

다낭 대성당의 모습이
프린트된 에코 백

8만đ

스노 볼

6만đ

14만5000đ

프린트가 예쁜 천 지갑

자수 지퍼 백

3만đ~

8만đ

수제 비누

나무 키 링

3만đ

캔 홀더

부부 카페 앤드 수비니어
Bubu Café & Souvenir

쿠폰
2권 p.151

한국인 취향은 같은 한국인이 가장 잘 아는 법. 내 마음에 쏙 드는 기념품을 사고 싶다면 이곳으로 가자. 젊은 한국인 부부가 운영하는 기념품 가게로 계피, 강황, 건과일, 꿀, 캐슈넛 등 베트남 각지에서 나는 향토 기념품들을 판매하고 있다. 최대한 질이 좋은 재료를 확보하기 위해 사장 부부가 발품을 팔아가며 재료를 수급하고 공정 과정도 심혈을 기울인다. 특히 건과일이나 디톡스티 같은 공정과정이 단순한 제품들은 직원들이 손수 만드는 등 제품 하나 하나에 들어가는 정성이 남다르다. 한국인이 운영하는 곳 답게 복용법이나 취급법, 특징 등을 한글로 자세히 안내해주고 있다. 시식 및 시음도 가능.

ⓖ **구글 지도 GPS** 16.041528, 108.246735 ⓖ **찾아가기** 아바타 호텔에서 택시로 4분. 람비엔과 같은 골목에 있다. ⓐ **주소** 55 Chế Lan Viên, Bắc Mỹ An, Ngũ Hành Sơn, Đà Nẵng ☎ **전화** 090-122-5000 ⏱ **시간** 08:00~20:00 **휴무** 연중무휴 ⓗ **홈페이지** 없음

저희 부부가 발품
팔아가며 질 좋은
재료를 수급해 손품
팔아가며 만들었어요!

DANANG
2권 ⓘ INFO p.072
ⓜ MAP p.067F

작은 것 15만đ, 큰 것 30만đ

제철과일과 채소, 허브잎이 들어가 보기에도 좋고,
건강에는 더 좋은 디톡스티(10개입)

작은 것 6만đ, 큰 것 11만đ

수출 품질로
가공되어 깨끗하고
안전한 계피가루

방부제를 넣지 않은
수제 라임차

6만đ

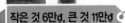

작은 것 5만đ, 큰 것 8만đ

매일 아침에 만들어
신선한 과일 도시락

8만đ

방부제, 설탕, 색소가
첨가되지 않은 수제
반건조 망고

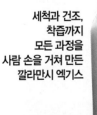

세척과 건조,
착즙까지
모든 과정을
사람 손을 거쳐 만든
깔라만시 엑기스

해썹(HACCP)인증을
마쳐 안전하게 마실 수 있는
베트남산 노니 엑기스

15만đ

22만đ

라탄 제품

열대지방에서 자라는 덩굴식물인 '라탄'의 줄기로 만든 제품.
시원해 보이고 가벼우며, 우리나라에서 사는 것보다 반값 정도 저렴해
구매욕에 무릎을 꿇게 된다.

원하는 제품이
있을 때 사진을
보여주면 금방
찾을 수 있답니다.

DANANG
2권 ⓘ INFO p.039
ⓜ MAP p.029C

민뚜
Minh Thu

그 유명한 한 시장 라탄 가게. 가방, 모자, 생활용품 등이 다양하며 주인 아주머니
가 한국어를 조금 할 수 있어 쇼핑하기 편리하다. 가격 흥정은 거의 안 되지만 많이
구입하면 할인해주거나 덤을 챙겨주기도 한다.

ⓖ **구글 지도 GPS** 16.068589, 108.224558 ⓖ **찾아가기** 한 시장 바로 옆, 해피 브레드 맞은편
ⓐ **주소** 7 Hùng Vương, Hải Châu 1, Hải Châu, Đà Nẵng ⓣ **전화** 없음
ⓛ **시간** 07:00~20:00 ⓗ **휴무** 연중무휴

디하이
Di Hai

민뚜 바로 앞에 자리한 라탄 가게. 특별히 다른 것은 없으나
상품 진열이 잘되어 있어 원하는 제품을 고르기 쉽다. 사
장님이 친절하고 가격도 저렴하다.

ⓖ **구글 지도 GPS** 16.068666, 108.224539 ⓖ **찾아가기** 민뚜 바로 앞,
해피 브레드 옆 가게 ⓐ **주소** 16 Hùng Vương, Hải Châu 1, Hải
Châu, Đà Nẵng ⓣ **전화** 236-389-2013 ⓛ **시간** 07:00~19:00
ⓗ **휴무** 연중무휴

DANANG
2권 ⓘ INFO p.039
ⓜ MAP p.029C

득템 리스트

30만đ

문양이 고급스러운
숄더백

40만đ(방울 5만đ 별도)

여성스러운 느낌의 바구니 백

8만đ

냄비 받침 겸용으로
쓸 수 있는 테이블 매트

17만đ

시원하고
귀여운 라탄 모자

쉿! 비밀
TIP

라탄 제품 구입 꿀 팁

① 밝은 곳에서 제품 상태를 살펴보자.
제품이 오염되거나 변색된 경우가 더러 있는데, 어두운 곳에서는 눈에 잘 띄지 않는다. 밝은 곳에서 살펴봐야 정확하다.

② 안감과 지퍼 상태도 살펴보자.
가방의 경우 기본적으로 안감이 달려 있는데, 박음질과 지퍼 상태도 꼼꼼히 살펴봐야 한다. 운이 나쁘면 지퍼가 고장 난 제품을 고를
수 있다.

③ 다낭 vs 호이안
최근 한국 사람들이 라탄 제품을 많이 찾으면서 너도나도 라탄 제품을 팔고 있다. 다낭 한 시장이나 대형 마트는 물론 호이안 전역에서
라탄 제품을 쉽게 찾아볼 수 있을 정도. 에누리가 잘 안 되는 것은 어느 곳이나 마찬가지지만, 호이안에 비해 다낭에서 사는 것이 더 저
렴한 경우가 많다. 시간이 없다면 다낭 롯데 마트에서 구입하는 것도 방법.

④ 원하는 디자인이 있다면 바로바로 구입하자.
내 마음에 쏙 드는 제품을 발견했다면 바로 구입하는 것이 좋다. 독특한 디자인은 은근히 보기 드물어 때를 놓치면 살 수 없는 경우도
있다.

수제 초콜릿

오랫동안 프랑스에 거주했던 베트남 부부가 만드는 초콜릿으로, 베트남산 정통 카카오인 싱글 오리진을 포함해 재료 모두 베트남 현지 재료를 사용하는 정통 메이드 인 베트남 초콜릿이다.

페바 초콜릿
Pheva Chocolate

다낭을 대표하는 수제 초콜릿 브랜드. 높은 인기에 비해 맛은 평범하지만, 18가지 독특한 맛의 초콜릿을 시식해보고 고르는 재미가 있다. 컬러풀한 상자에 마음에 드는 초콜릿을 골라 담으면 되는데, 12개입 상자 하나면 인기 초콜릿은 모두 담을 수 있다. 상자 색깔에 맞는 종이 가방을 함께 주기 때문에 지인들에게 선물하기에도 적당하다. 아이스 팩 포장을 별도로 해주지 않는 대신 저렴한 가격의 아이스 백을 구입하면 젤형 아이스 팩을 넣어준다. 참고로 아이스 팩은 기내 반입 불가. 위탁 수하물로 부쳐야 한다. 카드 결제 가능

ⓖ **가격** 12개입 8만₫·24개입 16만₫, 페바 바 3만₫, 큐브(40개입) 26만₫, 아이스 백 7만₫ ● **홈페이지** www.phevaworld.com

HOIAN
2권 ● INFO p.104
● MAP p.086F

DANANG
2권 ● INFO p.039
● MAP p.028F

호이안 지점

ⓖ **구글 지도 GPS** 15.880003, 108.326535 ● **찾아가기** 하이바쯩(Hai Bà Trưng) 거리와 쩐흥다오(Trần Hưng Đạo) 거리가 만나는 교차점에 위치, 올드타운에서 도보 약 4분 ● **주소** 74 Trần Hưng Đạo, Phường Minh An, Hội An, Quảng Nam ● **전화** 235-392-5260 ● **시간** 8:00~19:00 ● **휴무** 연중무휴

다낭 지점

ⓖ **구글 지도 GPS** 16.062975, 108.223498 ● **찾아가기** 용교에서 드엉쩐푸(Đường Trần Phú) 거리로 직진, 도보 약 4분 ● **주소** 239 Đường Trần Phú, Phước Ninh, Q. Hải Châu, Đà Nẵng ● **전화** 236-356-6030 ● **시간** 08:00~19:00 ● **휴무** 연중무휴

개당 8만đ

7만đ

12개입 초콜릿 세트

아이스 백

개당 3만đ

5만đ

**6가지 베스트셀러 초콜릿만 모아놓은
식스 초콜릿 플레이버**

페바 바

 TIP 어떤 맛을 고를까?

😊	😣
무난한 맛	**독특한 맛**
피스타치오 Pistachio 오렌지 껍질 Orange Peel 우유 Milk 깨&땅콩 Sesame&Peanuts 카카오 닙스 Cocoa Nibs	백후추 White Pepper 생강 Ginger 계피 Cinnamon

캐릭터
&
문구

마음 같아서는 손이 가는 대로
마음껏 사고 싶었지만, 비싼 가격
때문에 망설였던 캐릭터용품을
저렴한 가격에 구입해 보자.

DANANG
2권 ⓘ INFO p.050
⊙ MAP p.044J

토토로1988
Totoro1988

다양한 인기 캐릭터용품을 판매하는 곳. 학용품, 인형, 가방, 생활용품 등을 갖추
고 있으며 가격이 저렴한 편이다. 특히 어린이용 가방이 저렴하고 종류가 많다. 신
발을 벗고 매장 안에 들어가야 하는데, 신발이 분실될 까 걱정된다면 비닐봉지를
챙겨 가자.

ⓖ 구글 지도 GPS 16.072810, 108.221007 ⓓ 찾아가기 노보텔에서 드엉쩐푸(Đường Trần
Phú) 거리를 따라 걷다가 꽝쭝(Quang Trung) 거리로 우회전 후 응우엔치탄(Nguyễn Chí
Thanh) 거리로 좌회전, 도보 10분 ⓐ 주소 123A Nguyễn Chí Thanh, Hải Châu 1, Q.
Hải Châu, Đà Nẵng ☎ 전화 082-247-1988 ⓣ 시간 09:00~21:00 ⓗ 휴무 연중무휴
ⓦ 홈페이지 http://shop.totoro.vn

특템 리스트

스마트폰 커버
12만đ

브라운 가방
14만5000đ

토토로 가방
45만đ

토토로 USB
탁상용 선풍기
14만đ

수제 가죽 샌들

까이띠 알파 레더
KHAI TRI ALPHA LEATHER

개업한 지 1년이 채 안 된 수제 가죽 샌들 전문점. 알음알음 찾아오던 손님들이 단골이 되는 경우가 부지기수다. 세련된 디자인과 좋은 품질이 이 집의 인기 비결. 비가 와도 변색이 적고 바닥이 고무라 덜 미끄럽다. 끈이 떨어지면 무료로 A/S받을 수 있다. 호이안 인근에 제작 공장이 있어 진열된 샌들 디자인에 한해 언제든 맞춤 제작을 할 수 있는데, 소요 시간은 6시간 정도다. 항상 13~15가지 디자인과 12가지 색상을 선보여 실제로는 100가지가 넘는 샌들을 판매한다. 기본적으로 정찰제를 실시하며 여러 켤레 구매 시 할인해준다. 신용카드 결제는 가능하지만 수수료 2.5%가 더 붙는다.

🌐 **구글 지도 GPS** 15.878092, 108.328584 🧭 **찾아가기** 쩐푸(Trần Phú) 거리에서 레러이(Lê Lợi) 거리로 좌회전 🏠 **주소** 52 Le Loi Street Hoi An 🕐 **시간** 09:00~22:00 ⊖ **휴무** 연중무휴 💰 **가격** 40만đ(디자인에 따라 다름)

여러 사람 손을 거친 것이
이렇게 싸다니,
우리나라에선 있을 수 없는 일!
하지만 베트남에선
여전히 있을 수 있는 일.
싸게 산 것만으로도 기분 좋은데,
내 발에 꼭 맞으니
만족도가 2배는 더 높아진다.

쉿! 비밀 TIP

가죽 샌들 구입 시 주의 사항

변색과 탈색이 되기 쉬운 소가죽 재질, 특히 염도와 습도에 취약하니 해변에서는 절대 신지 말자. 비가 오는 날 뿐 아니라 비가 그친 직후도 위험하다. 자칫 흙탕물이 신발에 튀기라도 하면 금세 얼룩이 지기 일쑤. 가죽 전용 클리너 등으로 주기적으로 관리해야 더 오래 신을 수 있다.

특템 리스트

수제 가죽 샌들

40만đ

스카프

16~18세기, 사람과 물자가 모여드는 국제무역항이던 호이안. 문헌상 호이안에 두 번째로 발을 디딘 한국인 고상영이 쓴 표류기에 따르면 그 당시 호이안은 1년에 누에를 다섯 번이나 치는 풍요의 땅이었다. 양잠업이 발달했으니 직조업이 흥하는 것은 당연한 수순. 300년 이상 명맥을 이어온 실크 스카프로 멋 한번 내보자.

HOIAN
2권 **B** INFO p.105
MAP p.086F

득템 리스트

캐시미어
42만₫

15만₫
실크 스카프

붓짱
Bich Trang

스카프 전문점. 진열된 스카프의 종류를 봐도, 가게 크기를 봐도 주변 상점에 밀리지만, 나름 정직한 가격이 이곳의 장점. 어느정도 흥정도 가능해 말만 잘하면 제시한 금액보다 더 싸게 구입할 수 있다.

ⓢ 구글 지도 GPS 15.877956, 108.323882 **ⓞ 찾아가기** 내원교에서 응우옌 띠민카이(Nguyễn Thị Minh Khai) 거리를 따라 직진. 도보 3분 **ⓞ 주소** 9A Nguyễn Thị Minh Khai, Phường Minh An, Hội An, Quảng Nam **ⓞ 시간** 09:00~20:00 **ⓞ 휴무** 연중무휴 **ⓞ 가격** 캐시미어 42만₫, 실크 15만₫, 수제 실크 25만₫, 파시미나 캐시미어 18만₫

쉿! 비밀
TIP

호이안에서 스카프 구입, 어떻게 할까?

① 주인장이 말하는 가격을 곧이곧대로 믿지 마라.
최소 30% 정도는 더 깎아야 본전, 쇼핑 고수는 반값 이하로도 깎는다. 그래서인지 최근에는 바가지를 더 많이 씌우는 느낌. 밑져야 본전이라는 생각으로 일단 한번 깎아보자. 아무리 흥정해도 씨알도 안 먹힌다면 그 옆집으로! 호이안에 스카프 전문점은 널리고 널렸다.

② 하나같이 '100% 캐시미어'라고 얘기하지만, 사실 100% 캐시미어는 아니다.
다만 이 가격에 캐시미어와 거의 흡사한 재질을 구현해낸 것이 놀라울 뿐. '가성비'라는 관점에서 봤을 때는 분명 훌륭한 제품이다.

③ 마음에 드는 디자인이 있으면 망설이지 말자.
은근히 집집마다 스카프 문양이나 디자인이 달라서 내 마음에 쏙 드는 걸 또다시 발견하기는 쉽지 않다. 물론 평범한 디자인이라면 어느 집에서나 살 수 있다.

④ 흥정에 소질이 없다면 다낭 한 시장 2층으로!
웬만한 디자인은 이곳에서 더 저렴하게 판매한다. 단, 건어물 냄새가 좀 배어 있다.

공예품

만든 사람의 정성이 듬뿍 들어간 물건일수록 받는 사람의 기분도 달라진다. 즉석에서 뚝딱뚝딱 만드는 것을 보고 나면 돈을 쓰고도 쓴 것 같지 않은 뿌듯한 마음이 든다.

HOIAN
2권 ⓘ INFO p.105
◉ MAP p.089G

아트 스탬프
Art Stamps

색다른 기념품을 원한다면 이곳으로 가자. 즉석에서 얼굴 모양 도장을 파주는 곳으로, 아저씨의 손재주를 구경하는 것도 꽤 재미있다. 시간이 없다면 이메일 (phoreu.artstamps@gmail.com)로 사진을 보내면 원하는 시간에 완성된 도장을 받을 수 있다.

⑧ **구글 지도 GPS** 15.877064, 108.328791 ◎ **찾아가기** 쩐푸(Trần Phú) 거리와 레러이(Lê Lợi) 거리가 만나는 교차로 주변, 호이안 로스터리 건물 바로 옆 ◎ **주소** 91 Trần Phú, Phường Minh An, Hội An, Quảng Nam ◎ **전화** 098-979-4133 ◎ **시간** 10:00~21:00 ◎ **휴무** 부정기

10만đ

얼굴 도장

청동 컵 홀더

54만6000đ

HOIAN
2권 ⓘ INFO p.105
◉ MAP p.088F

hoa nhap

리칭아웃 아츠 앤드 크래프트
Reaching Out Arts&Crafts

장애인의 손을 거쳐 완성된 공예품을 판매하는 집. 찻잔 세트, 다기, 세라믹용품, 이불 등이 인기 있다. 가격대는 비싸지만 그만큼 질이 뛰어나 제대로 된 살림을 장만한다고 생각하면 납득이 되는 가격이다. 1층은 공예품, 2층에는 옷과 이불 등으로 나눠 진열돼 있다. 홈페이지에서 제품 리스트를 보고 방문하면 훨씬 쉽게 쇼핑할 수 있다.

⑧ **구글 지도 GPS** 15.876495, 108.327592 ◎ **찾아가기** 내원교에서 응우옌타이혹(Nguyễn Thái Học) 거리로 직진. 도보 3분 ◎ **주소** 103 Nguyễn Thái Học, Phường Minh An, Hội An, Quảng Nam ◎ **전화** 235-391-0168 ◎ **시간** 08:30~21:00 ◎ **휴무** 연중무휴 ◉ **홈페이지** http://reachingoutvietnam.com

66만đ

세라믹 베트남 커피 드리퍼 세트

102만4000đ

전통 다기 세트

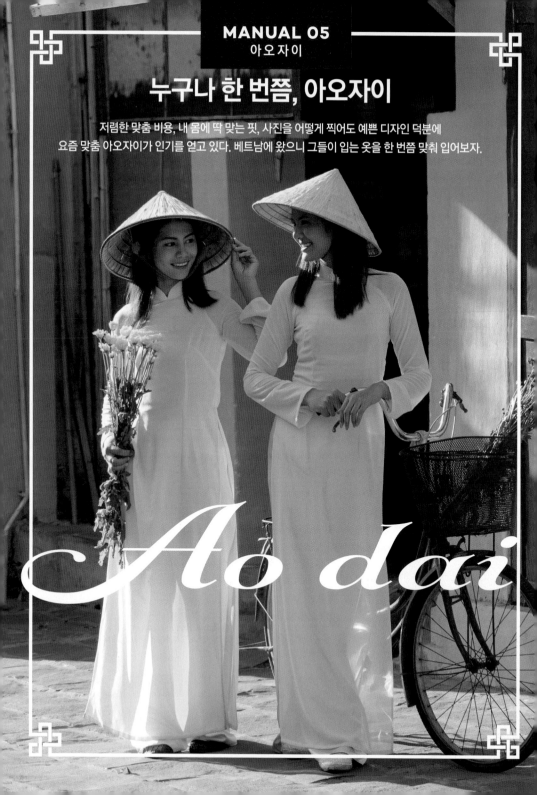

누구나 한 번쯤, 아오자이

저렴한 맞춤 비용, 내 몸에 딱 맞는 핏, 사진을 어떻게 찍어도 예쁜 디자인 덕분에
요즘 맞춤 아오자이가 인기를 얻고 있다. 베트남에 왔으니 그들이 입는 옷을 한 번쯤 맞춰 입어보자.

Ao dai

맞춤 아오자이의 모든 것

STEP 1 기성복 vs 맞춤옷, 무엇을 살까?

	기성복	맞춤옷
장점	곧바로 구입할 수 있다. 가격이 저렴하다(약 10~20%).	체형에 딱 맞춰 제작할 수 있다. 원하는 디자인과 재질을 선택할 수 있다. 어린이용 아오자이는 기성복을 구입하는 것이나 맞춤옷을 주문하는 것이나 가격 차이가 거의 나지 않는다.
단점	내 체형과 딱 맞지는 않는다. 재질에 따라 속옷이 비칠 수 있다. 디자인이 정형화돼 있어 무난하다.	최소 반나절 이상 시간이 걸린다. 성인은 가격이 조금 비싸다.

TIP 기성복은 다낭 롯데 마트 1층에서도 구입할 수 있다. 성인용 아오자이는 물론 어린이용 아오자이도 준비돼 있으니 둘러보자.
아무래도 재래시장보다는 비싼 편이다.

STEP 2 호이안 구시가지 vs 다낭 한 시장, 어디에서 맞춰 입을까?

가격	가격만 놓고 보면 한 시장의 압승. 하지만 원단의 재질도 그만큼 떨어져서 두고두고 입기에는 부족하다.
제작 시간	시간이 없는 여행자라면 다낭 한 시장을 추천. 시간이 비교적 넉넉하고 질을 따진다면 호이안 구시가지를 추천. 호이안에서는 남성용 아오자이도 맞출 수 있다.

STEP 3 아오자이를 맞추기 전에 이것만은 꼭 확인!

01
원단이 너무 비치지는 않는지 체크하자. 간혹 속옷이 다 비치는 원단으로 아오자이를 만들었다가 의도치 않게 과감한 의상을 입게 될 수 있다. 밝은 곳에서 손바닥을 대보는 것만으로도 어느 정도 판단 가능하다.

02
배가 부른 상태에서 치수를 재야 정확하다. 몸에 딱 달라붙게 입는 옷인 만큼 배고픈 상태에서 잰 치수 때문에 배에 힘주느라 하루 종일 고생할 수도.

03
땀이 많은 사람은 밝은색을 선택하자. 자칫 은밀한 부분이 땀에 푹 젖기라도 하면 보는 사람도, 당사자도 민망하다.

HOIAN

2권 ⓘ INFO p.104
ⓜ MAP p.089G

홍민
Hong Minh

모녀가 함께 운영하는 맞춤옷 전문 숍. 49년 경력의 어머니 미(My) 여사 혼자 가게 운영을 맡아왔지만, 최근 그의 딸 홍(Hong) 씨까지 가세해 3대째 가업을 잇고 있다. 손님 상담과 응대는 딸이, 옷 제작은 어머니가 주로 담당하는 등 모녀의 찰떡궁합이 옷 한 벌에 모두 녹아 있다. 아오자이 천의 재질이 좋아 두고두고 입을 수 있으며 호이안의 물가 대비 제작비가 저렴해 외국인 손님이 많다고. 원하는 디자인이 있을 경우, 사진을 보여주면 천 재질은 물론 부자재까지 최대한 똑같이 만들어준다. 다른 집에서는 거의 취급하지 않는 남성용 아오자이도 맞출 수 있어 커플이나 온 가족이 함께 들르기도 좋다. 재단부터 봉제까지 직접 한 셔츠도 인기 있다. 영어 의사소통 가능, 신용카드 결제 가능.

ⓢ 구글 지도 GPS 15.877192, 108.328217 ⓖ 찾아가기 쩐푸(Trần Phú) 거리와 레러이(Lê Lợi) 거리가 만나는 교차로에서 내원교 방향으로 도보 1분 ⓐ 주소 126 Trần Phú, Phường Minh An, Hội An, Quảng Nam ⓣ 전화 235-391-0696 ⓣ 시간 10:00~20:00 ⓗ 휴무 부정기 ⓖ 가격 기성복 아오자이 어른 67만₫ · 맞춤 76만~88만₫, 기성복 어린이 아오자이 25만₫ · 맞춤 28만₫~

미 My 여사
제가 태어나던 1955년에 미군에 의해 베트남전쟁이 발발하자, 우리 아버지가 제 이름을 '미국'을 뜻하는 '미(My)'로 지었어요. 졸지에 제 이름이 '미국'이 된 것이지요.

홍 Hong
제 이름도 특이해요. 베트남어로 홍은 '장미'를 뜻하는데, 이 가게 이름도 제 이름과 밝은 명(明)을 더해 홍민(Hong Minh)으로 지었어요. 미국 씨와 장미를 보러 우리 가게 많이 놀러 와주세요!

아오자이 맞춤 과정 미리 보기

1 상의 원단을 고른다. 원하는 재질이나 디자인이 있는 경우 사진을 보여주면 비슷한 것으로 찾아준다.

2 상의 원단과 어울리는 하의 원단을 고른다. 원단 조각이 붙어 있는 샘플 북을 보고 고르면 된다.

3 치수를 잰다. 이때 원하는 핏이 있으면 직원에게 말한다.

4 대금을 결제한다. 현금과 신용카드 모두 결제 가능.

5 다음 날 약속된 시간에 매장에 방문해 완성된 아오자이를 입어본다.

TIP 다낭과 호이안 전역 무료로 배달해준다. 묵고 있는 호텔 이름과 주소, 객실 번호를 적어주면 24시간 이내 배달도 가능하다. 단, 옷이 잘못 만들어졌거나 생각보다 핏이 잘 맞지 않는 경우도 드물게 있을 수 있어 완성된 옷을 매장에서 입어보는 것이 안전하다.

DANANG

2권
⊙ MAP p.029C

한 시장 타오안
Han Market Thao Anh

타오 Thao 여사
가게는 좀 허름해도 재봉 솜씨는 훌륭해요. 원하는 디자인이 있으면 최대한 맞춰주려고 노력하고 있답니다.

호이안에 홍민이 있다면 다낭 한 시장 2층에는 타오안이 있다. 원단 가게와 재봉소가 밀집된 한 시장 끄트머리, 사장님 타오(Thao) 씨와 그의 딸 안(Anh) 씨가 함께 운영하는 재봉소로, 함께 합을 맞춘 지 30년이 다 됐단다. 일거리가 많지 않으면 2~3시간 만에도 아오자이 한 벌을 뚝딱 만들어내는데, 평균적으로는 반나절 정도 걸린다(늦어도 오후 6시 전까지는 주문해야 당일 맞춤옷을 찾아갈 수 있다). 영어 의사소통이 안 되고, 한 시장 1층의 건어물 가게에서 나는 꼬릿한 냄새가 원단에 조금 배어 있다는 것이 아쉽다. 원단은 재질에 따라 가격이 천차만별인데, 일반적으로 25만đ이면 한 벌을 만들 수 있다. 현금 결제만 가능하다.

ⓖ 구글 지도 GPS 16.068314, 108.224135 ⓖ 찾아가기 한 시장 2층 ⓐ 주소 Lo 16 Lau 2 Cho Han ⊖ 전화 090-527-1703 ⓢ 시간 09:00~20:00 ⊖ 휴무 부정기 ⓖ 가격 어른 30만đ~, 어린이 20만đ~(원단 비용 별도)

아오자이 맞춤 과정 미리 보기

1 근처 원단 가게에서 원하는 원단을 고른다. 하의는 상의와 어울리는 색으로 함께 걸려 있지만, 원하는 색이 있으면 다른 것으로 골라도 된다.

2 원하는 세부 디자인이 있으면 카탈로그를 보고 사장님에게 이야기한다.

3 치수를 잰다. 이때 원하는 핏을 이야기한다.

4 결제가 끝나면 곧바로 아오자이를 제작한다.

5 약속된 시간에 방문해 아오자이를 찾아간다. 배달도 가능한데, 택시 요금은 별도. 호텔 이름과 주소, 객실 번호, 전화번호를 알려주면 된다.

HOTEL&RESORT INTRO

호텔 용어 총정리

디포짓 Deposit
호텔 체크인 시 지불하는
보증금으로, 현금이나 신용카드로
결제한다. 체크아웃 시점까지 유료
서비스를 이용한 경우 해당 금액을
제외하고 남은 금액을 되돌려 받을
수 있다.

어매니티 Amenity
샴푸, 린스, 칫솔 등 투숙객에게 무료로 제공하는 일회용 편의용품.
가져가도 별도의 요금을 부과하지 않는다.

키 드롭 Key Drop
외출 시 리셉션에 객실 열쇠를
맡기는 것.

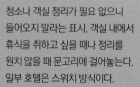

DD, DND
Do Not Disturb
청소나 객실 정리가 필요 없으니
들어오지 말라는 표시. 객실 내에서
휴식을 취하고 싶을 때나 정리를
원치 않을 때 문고리에 걸어놓는다.
일부 호텔은 스위치 방식이다.

턴 다운 서비스 Turn Down Service
취침 전 객실을 한 번 더 정리해주는
서비스. 기본적인 청소와 침구 정리,
조명 세팅을 해주는 것이 보통이다. 일반
호텔에서는 제공하지 않고, 일부 5성급
호텔에서 매일 저녁에 제공한다.

풀 보드 Full Board
세 끼 식사가 모두 포함된
숙박 패키지.

하프 보드 Half Board
조식과 중식과 석식 중 한 끼 식사만
포함되어 하루 두 끼 식사를 할 수
있는 숙박 패키지.

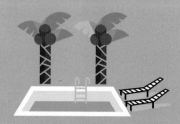

올 인클루시브 All Inclusive
숙박비에 호텔 내 부대시설 이용
비용이 포함된 것.

스파 인클루시브 Spa Inclusive
숙박비에 스파 비용이 포함된 것.

컴플리멘터리 Complimentary
1~2병의 생수와 커피, 티백 등 매일
무료로 제공하는 객실 구비용품.

숙소 예약 꿀팁

1
고급 호텔일수록 공식 홈페이지를 공략하자.

고급 호텔일수록 공식 홈페이지 판매 가격이 저렴한 경우가 많으며 각종 할인 행사나 이벤트도 홈페이지 예약 고객에게 가장 먼저 적용되는 경우가 많다. 대형 호텔 체인은 주기적으로 할인 행사를 실시하고 적립금도 쌓아준다.

2
가격을 꼼꼼히 살피자

호텔 가격 비교 사이트를 이용해 예약하는 경우 숙박비를 꼼꼼히 살펴봐야 한다. 싸다고 덜컥 예약하고 보니 세금이 포함되지 않은 가격일 수 있다. 조식 제공 유무와 객실 전망도 반드시 살펴봐야 할 항목.

3
성수기 예약은 미리미리

이제 막 뜨고 있는 휴양지이다 보니 밀려드는 여행자에 비해 숙박 시설이 많지 않다. 성수기 여행을 계획하고 있다면 서둘러 예약하자.

숙박비 본전 뽑는 꿀팁

1. 서비스 제공 내용을 꼼꼼히 살피자.

호텔마다 각기 다른 서비스를 숙박객에게 무료로 제공한다. 흔하게는 셔틀버스부터 스파, 자전거 대여, 자체 액티비티 등이 일반적인데, 고급 호텔일수록 무료 서비스만 제대로 이용해도 숙박비가 아깝지 않다. 상세 서비스 내용은 호텔 홈페이지나 컨시어지에서 제공받을 수 있다.

2. 컨시어지를 활용하자.

고급 호텔과 리조트의 경우 컨시어지를 별도로 운영한다. 이곳에서 각종 투어와 액티비티 문의와 예약은 물론 여행에 관한 도움을 받을 수 있다. 영어가 가능한 직원이 있으며 몇몇 호텔에는 한국인 전담 직원을 배치해 언어적인 불편함도 덜고 있다.

3. 얼리 체크인, 레이트 체크아웃을 신청하자.

정해진 체크인 시간보다 몇 시간 빨리 입실할 수 있는 '얼리 체크인'과 좀 더 늦게 체크아웃할 수 있는 '레이트 체크아웃'을 신청하자. 그날의 공실 상황에 따라 가능 여부가 나뉘며 얼리 체크인은 대부분 무료로, 레이트 체크아웃은 유료나 무료로 이용할 수 있다. 레이트 체크아웃의 경우 오후 1~2시까지 허용하는 경우가 많다.

4. 체크아웃 이후에도 부대시설 이용은 OK

대부분의 호텔에서는 체크아웃 이후에도 피트니스, 수영장 등 부대시설은 계속 이용할 수 있도록 한다. 짐 보관도 체크아웃 시 얘기만 하면 가능하다. 짐을 맡긴 후에는 짐표(Luggage Tag)를 주는데, 절대 잃어버리지 않도록 유의하자.

1

다 같은 바다 전망(Sea View)이 아니다

호텔 예약 사이트에 올라온 사진을 맹신하지 말자. 실제로는 고층 룸이 아닌 이상 바다가 겨우 손톱만큼 보이는 곳이 많다. 특히 3성급 이하 호텔은 건물이 길쭉한 형태가 많다. 그 때문에 실제 바다 뷰 객실은 극소수에 불과하고, 나머지 객실은 전망이 아예 없거나 옆 건물 벽만 보이는 경우가 허다하다. 미케 비치의 알라카르트 호텔 주변 호텔들은 대부분 이런 단점이 있다.

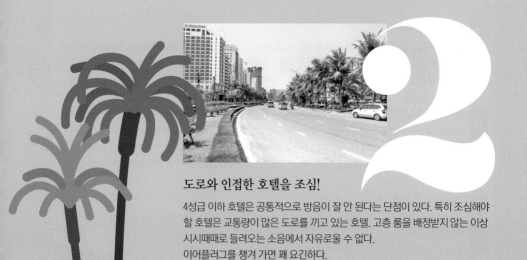

2

도로와 인접한 호텔을 조심!

4성급 이하 호텔은 공통적으로 방음이 잘 안 된다는 단점이 있다. 특히 조심해야 할 호텔은 교통량이 많은 도로를 끼고 있는 호텔. 고층 룸을 배정받지 않는 이상 시시때때로 들려오는 소음에서 자유로울 수 없다.
이어플러그를 챙겨 가면 꽤 요긴하다.

5성급 호텔에 묵는 경우 반드시 신용카드를 챙기자

5성급 호텔 중에는 체크인 시 보증금을 결제해야 하는 곳이 많다. 비용은 적게는 200만đ(약 10만 원)에서 많게는 600만đ(약 30만 원) 사이. 일부 호텔 중에는 현금 결제 시 더 많은 금액을 요구하기도 해 현금보다는 신용카드 결제가 훨씬 편하다. 체크카드(현금카드)로는 보증금 결제가 불가능하니 유의하자. 물론 숙박 기간 동안 유료 서비스를 이용하지 않은 경우 보증금은 체크아웃 이후 100% 환급된다.

가족 여행이라면 엑스트라 베드를 주목!

4~5성급 호텔은 숙박 인원에 따라 추가로 침대를 설치해주기도 하는데, 몇만 원의 추가 비용만 내면 되기 때문에 숙박비를 절감할 수 있다. 아기가 있는 경우 아기용 침대는 무료로 설치해주는 것이 보통. 예약 시 스페셜 리퀘스트(Special Request)난에 요청 사항을 적어 제출하면 호텔에서 조치해준다.

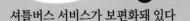

셔틀버스 서비스가 보편화돼 있다

4~5성급 호텔은 위치에 따라 다낭 시내나 호이안까지 무료 셔틀버스를 운행하는 경우가 많다. 운행 편수가 한정되어 있지만 잘만 활용하면 교통비를 아낄 수 있다.

항상 호텔 방의 개수보다 관광객이 많았던 다낭.
친절하지 않아도, 가격이 좀 비싸도 손님들이 제 발로 찾아와주니
호텔 만족도는 늘 제자리걸음이었다.
하지만 최근 1~2년 사이 대형 호텔이 많이 들어서면서 얘기가 달라졌다.
작은 흠에도 쉽게 도태되는 다낭의 호텔 가운데, 요즘 어디가 가장 핫할까?

요즘 대세!

Brilliant Hotel
브릴리언트 호텔

접근성 ★★★★★
식도락 ★★★★★
서비스 ★★★★
셔틀버스 다낭 국제공항→호텔
(그랜드 스위트 Grand Suite 객실 한정)

추천 대상

관광 중심형   가족   친구
여행자

어느 호텔이건 불만 사항이 하나쯤 있기 마련인데, 두루두루 칭찬받는다. 요모조모 따져봐도 5성급인 객실 컨디션과 세심한 숙박객 서비스는 이곳이 왜 4성급인지 이해가 되지 않을 정도. 엎어지면 코 닿을 거리에 한 시장과 대성당이 있어 걸어 다니기도 좋은 위치. 비데를 찾아보기 어려운 다낭에서 수동식 비데가 설치돼 있고, 슈피리어를 제외한 모든 객실에 욕조가 있다는 것도 자랑거리다. 수영장과 피트니스가 작고, 샤워실 칸막이가 없어 샤워 한 번에 물난리가 난다는 것은 아쉬운 점. 홈페이지에서 직접 예약하면 요금이 가장 저렴하다.

DANANG 2권 ⊙ **MAP** p.029C ⊙ **구글 지도 GPS** 16.066623, 108.224676 ⊙ **찾아가기** 다낭 국제공항에서 자동차로 약 10분 ⊙ **주소** Bạch Đằng, Hải Châu 1, Hải Châu, Đà Nẵng ⊙ **전화** 236-322-2999 ⊙ **홈페이지** www.brillianthotel.vn

HIGHLIGHTS | 01

무료 라면 밤참
FREE LATE SNACK

밤이면 밤마다 출출한 건 또 어찌
알고 라면을 챙겨준다. 2층 식당에서
쿠폰을 제출한 후 방 번호와 이름,
서명을 영수증에 적어줘야 서비스
이용이 가능하다.
🕐 **시간** 20:30~22:00

숙박객에게
무료 제공되는
커피.

HIGHLIGHTS | 02

브릴리언트 톱 바 Brilliant Top Bar

17층 루프톱에 자리한 바. 아직은 이용객이 적어 언제 가도 조용하다. 한강과 용교는
물론 다낭 시내가 한눈에 보이는데, 아무래도 해 질 무렵의 풍경이 가장 아름답다.
실내석도 있어 비가 와도 오케이. 숙박객은 오전 10시부터 오후 5시에 방문하면 차나
커피 1잔이 무료다. 숙박객이 아니어도 요금만 내면 음료를 즐길 수 있다.
🕐 **시간** 10:00~24:00

HIGHLIGHTS | 03

일출 감상
Watching Sunrise

리버 뷰 객실과 그랜드 스위트
객실에선 일출 풍경을 보며 하루를
시작할 수 있다.

작지만 다 갖췄다

The Blossom Resort
더 블러섬 리조트

일본의 아기자기함과 베트남의 싼 인건비가 합쳐져 희한한 호텔이 탄생했다. 딱 필요한 것만 갖춰놓은 좁은 객실 하며, 작지만 예쁜 안뜰, 하루의 피로를 싹 풀어주는 공용 온천은 일본의 소규모 료칸을 닮았고, 저렴한 인건비가 아니면 엄두도 못 낼 무료 마사지와 밤참 서비스는 인심 좋은 베트남 그 자체다. 다낭에서 거의 유일하게 전자동 비데와 선풍기를 갖추었으며 고급 주택가에 위치해 조용하다는 것도 남다른 장점. 여기에 선 휠 관람차가 보이는 공용 수영장도 여행 온 기분을 팍팍 내게 해주니 콧대 높은 한국인들도 안 좋아할 이유가 없겠다. 대신 침대가 편하지 않고 조식에 대한 만족도가 낮다는 것은 감안하자.

접근성 ★★
식도락 ★
서비스 ★★★★★
셔틀버스 리조트 → 다낭·호이안(편도)
추천 대상

친구

허니문

커플

HIGHLIGHTS | 01

무료 발 마사지
Complimentary Massage

숙박객은 하루 한 번 공짜. 하지만 공짜라고 대충 해주지는 않는다. 뭉친 곳, 아픈 곳을 정성스레 누르고 만져주니 몸이 한결 가볍다. 하루 30분 발 마사지를 받을 수 있지만 숙박객이 1명인 경우 1시간 보디 마사지로 바꿔준다. 체크인 시 예약한 후 이용 가능.

🕐 **시간** 10:00~18:00

HIGHLIGHTS | 03

무료 쌀국수 Noodle Service

밤만 되면 리조트 주변이 캄캄하다. 저녁 먹을 곳도 마땅치 않다. 미처 챙겨 먹지 못한 저녁은 쌀국수로 대신하자. 숙박객은 얼마나 먹든 공짜. 많이 먹는다고 눈치를 주지도 않는다.

🕐 **시간** 21:00~23:00

HIGHLIGHTS | 02

하나노유 노천 온천 Hananoyu

"아~녹는다 녹아!" 소리가 절로 나온다. 11월부터 2월까지는 아침저녁으로 쌀쌀한 다낭 날씨를 잊게 해주는 온천이다. 물론 숙박객은 하루 한 번 공짜. 크기는 작지만 노천탕과 사우나까지 착실히 갖추었다.

🕐 **시간** 15:00~22:30(토 · 일요일은 13:00부터)

HIGHLIGHTS | 04

셔틀버스 Shuttle Bus

택시 기사들도 잘 모르는 곳에 위치해 드나들기 불편할 법도 한데, 셔틀버스가 있어 그나마 다행이다. 노선과 정류장이 정해져 있는 일반 셔틀서비스와 달리 원하는 목적지만 얘기하면 되는 방식이라 편하다. 운행 편수가 많은 것도 장점. 단, 편도로만 운행한다.

트렌디하다

Fusion Suites Da Nang Beach
퓨전 스위트 다낭 비치

5성급 호텔은 고풍스러워야 한다? 이런 편견을 뒤집고 격조 있는 인테리어 대신 "어머, 예쁘다"를 연발하게 만드는 젊은 감각을 객실에 꽉 채웠다. 그게 젊은 사람들에게 통했다. 고객 응대도 수준급이다. 밀려드는 숙박객에 체크인을 대충대충 하는 곳도 많은데, 객실 소개부터 호텔 내 액티비티와 서비스를 일일이 설명해주는 것부터 합격점. 괜히 비싼 돈 들이고 짐짝 취급당하는 여타 호텔들과 달리 존중받고 대접받는 느낌이 절로 드니 럭셔리 호텔 부럽지 않다. 한국어 팸플릿이 있으며 리셉션에는 한국인 직원도 있다. 하루 5만₫에 자전거 대여도 가능하다. 한 가지 아쉬운 점은 조식당이 1층이라 조금 어수선하다는 것. 호텔 주변에 마트나 식당이 없고, 룸서비스도 제값을 못한다. 차라리 장을 미리 보자.

접근성 ★★
식도락 ★★
서비스 ★★★★
셔틀버스 호텔 ↔ 호이안 15만₫,
호텔 → 다낭 국제공항 프라이빗 카 25만₫,
호텔 ↔ 바나 힐 프라이빗 카 80만₫

추천 대상

친구

커플

가족

휴양 힐링
여행자

DANANG **2권** ⊙ **MAP** p.054C ⓒ **구글 지도 GPS** 16.081140, 108.247023 ● **찾아가기** 다낭 국제공항에서 자동차로 약 20분
⊙ **주소** Võ Nguyên Giáp, Mân Thái, Sơn Trà, Đà Nẵng ⊙ **전화** 236-391-9777 ⊙ **홈페이지** http://fusionsuitesdanangbeach.com

하루의 피로를 모두 날려버리는 발 마사지를 방 안에서 받아 보세요

HIGHLIGHTS | 01

무료 발 마사지
Complimentary Foot Massage

숙박객이라면 하루 45분 발 마사지 무료. 보통은 손님이 직접 스파에 가야 하는 것과 달리 예약만 하면 방 안에서 마사지를 받을 수 있다. 스파 인클루시브 리조트로 유명한 '퓨전 마이아'와 동일한 계열의 호텔이라 마사지 스킬은 말할 것도 없다.
🕐 **시간** 09:00~22:00

HIGHLIGHTS | 02

얼리 체크인, 레이트 체크아웃
Early Check-in, Late Check-out

어쩜 손님들이 원하는 것을 이렇게 잘 알까. 새벽 비행기를 타야 하는 손님을 위해 얼리 체크인, 레이트 체크아웃 요금제를 별도로 운영한다. 부담 없는 가격에 호텔에 오래 머물고 싶다면 이용하자.
💲 **가격** 얼리 체크인 09:00~14:00 50만đ · 06:00~09:00 90만đ, 레이트 체크아웃 15:00까지 50만đ · 18:00까지 90만đ

HIGHLIGHTS | 03

젠 클럽 Zen Club

숙박비에 일정 금액을 추가해 젠 클럽에 가입하면 더 많은 혜택이 따라온다. 루프톱에서 아침식사 · 선셋 칵테일 · 무료 애프터눈 티와 음료 제공은 기본, 24시간 동안 객실을 이용할 수 있도록 해 주는 등의 혜택이다.

HIGHLIGHTS | 04

해변 수영장 Pool

해변가 호텔은 많지만, 넘실대는 미케 비치를 코앞에서 볼 수 있는 호텔 수영장은 드물었다. 비록 호텔 건물에서 나와 왕복 6차선 도로를 건너야 하지만, '진짜 해변가 수영장'을 위해서라면 감내할 만한 불편함이다. 길을 건널 때는 직원이 안전하게 에스코트해준다. 수심은 0.85~1.6m다. 🕐 **시간** 06:30~18:30

HIGHLIGHTS | 05

젠 루프톱 라운지 ZEN Rooftop Lounge

23층에 위치한 루프톱 바. 유명세를 덜 타 아직은 여유로운 분위기다. 5성급 호텔에 걸맞은 서비스와 응대를 하지만 가격대는 저렴해 금액 부담도 덜하다.
🕐 **시간** 해피 아워 17:00~18:30, 다이닝 타임 18:30~22:30

늘 불안한 1등 자리

Vinpearl Da Nang Resort
빈펄 다낭 리조트

그 많은 호텔 중 한국인이 가장 많이 찾는 호텔 되시겠다. 등급 대비 저렴한 숙박비와 하루 세 끼 식사가 포함된 풀 보드로 가족 여행객들의 마음을 홀린 덕분이다. 숙박객 대부분이 가족 단위라 그런지 푸근하고 편안한 분위기가 이곳의 최대 장점이자 단점. 좋은 말로는 푸근, 나쁘게 말하면 좀 촌스러운 느낌이라 사람에 따라 호불호가 갈린다. 더구나 최근에 새로운 고급 호텔이 많이 생겨나 1등 자리도 위태로운 상황. 오션 뷰 객실이라고 해도 나무에 전망이 가려지는 경우가 많으니 될 수 있으면 고층 룸을 배정받자. 4층 이상이 안전하다. 프라이빗한 휴가를 원한다면 풀빌라를 선택하면 된다. 단, 성수기에는 여기가 제주도인지 다낭인지 구별이 안 될 정도로 한국인이 많다.

접근성 ★★
식도락 ★★★★
서비스 ★★★
셔틀버스 리조트 ↔ 호이안(어른 10만đ, 6~12세 어린이 5만đ)
추천 대상

가족　　커플　　휴양 힐링 여행자

🚕 DANANG　2권 ⊙ MAP p.074B ⊙ 구글 지도 GPS 16.006860, 108.266067 ⊙ 찾아가기 다낭 국제공항에서 자동차로 약 20분
⊛ 주소 Biệt thự Vinpearl Đà Nẵng, Trường Sa, Hòa Hải, Ngũ Hành Sơn, Đà Nẵng ⊖ 전화 236-396-8888
⊕ 홈페이지 http://vinpearl.com/en

HIGHLIGHTS

수영장과 전용 비치 Swimming Pool&Private Beach

논느억 비치에 있는 리조트가 모두 해변가 수영장과 전용 비치를 갖추었지만 빈펄의 공용 수영장은 바다와 연결된 듯한 모양새다. 실제로 해변과도 가깝고 해변가 정비도 잘되어 있어 바닷가에서 시간을 보내기도 딱이다. 단, 어린이는 사이드 풀장 이용이 제한된다. ⏱ **시간** 06:00~18:00

MANUAL 01 | 요즘 뜨는 호텔

관광형 여행자들에게 딱 좋은 위치

Novotel Danang Premier Han River
노보텔 다낭

고층 건물이 별로 없는 다낭에서 존재만으로 길잡이가 되는 곳이다. 높은 층수만
큼 전망도 압도적. 테라스로 나가면 한강의 시원한 전망이 한눈에 들어온다. 깔끔
하고 실용적인 인테리어, 호텔 등급 대비 부대시설이 잘 갖춰져 있다는 것도 숙박
객들이 칭찬하는 부분. 여행하기에 편리한 위치에 있어 호텔을 많이 들락거리는
사람일수록 마음에 들 수밖에 없다. 최근 경쟁 호텔이 많이 생기면서 가격 부담도
줄었다. 한국인 직원이 있다.

접근성 ★★★★★
식도락 ★★★
서비스 ★★★
셔틀버스 호텔 ↔ 프리미어 빌리지(무료),
호텔 ↔ 호이안(어른 15만đ, 어린이
7만5000đ)
추천 대상

가족   친구

DANANG ● **2권** ● **MAP** p.044F ● **구글 지도 GPS** 16.077432, 108.223626 ● **찾아가기**
다낭 국제공항에서 자동차로 약 15분 ● **주소** 36 Bạch Đằng, Thạch Thang, Hải Châu,
Đà Nẵng ● **전화** 236-392-9999 ● **홈페이지** www.accorhotels.com

야외 수영장 Pool

한강이 가장 잘 보이는 높이에 수영장이 들어서 있다. 볕이 잘 들어오는 곳에 선베드가, 전망 좋은 곳에는 의자가 놓여 있어 온 가족이 함께 시간을 보내기 좋다. 좀 더 프라이빗한 시간을 보내고 싶다면 같은 아코르 계열 호텔인 프리미어 빌리지(p.314) 수영장을 이용하자. 노보텔 숙박객도 무료 이용할 수 있으며 무료 셔틀버스도 운행한다(노보텔 리셉션에서 노보텔 비치패스를 발급받아야 한다).

인밸런스 스파&피트니스
In Balance Spa&Fitness

비싼 것치고 만족도는 별로인 호텔 스파가 많은데 이곳은 제대로다. 한국인이 좋아할 만한 압력에, 시설도 만족스럽다. 요가 마니아라면 하루 네 번 실시하는 요가 클래스에 참여해보는 것을 추천. 수준별 다양한 요가 클래스를 운영하고 있으며 가격도 2$ 수준으로 저렴하다.

쉿! 비밀
TIP

어느 객실에 묵을까?

호텔 옥상에 스카이36 바가 있어 저녁부터 새벽까지 음악 소리가 엄청 시끄럽다. 15층 이상의 고층 객실 안에서도 음악 소리가 들려 잠을 쉽게 못 드는 사람도 있을 지경이니 고층은 가능한 피하자. 전망은 리버 뷰(River View) 객실이 압도적이다.

값비싼 호텔이 마음에 드는 것은 당연한 일. 저렴한 호텔의 단점만 눈에 띄는 것도 어쩔 수 없는 일.
아무리 '돈은 배신하지 않는다'고 하지만
같은 돈을 쓰더라도 이왕이면 손님 마음을 제대로 알아주는 곳, 어디 없을까?

THEME 01 가족과 함께 가기 좋은 호텔

누구와 가더라도 엄지 척
Melia Da Nang
멜리아 리조트

비평 하나쯤 있을 법도 한데, 묵어본 사람들이 하나같이 엄지손가락을 치켜든다. 럭셔리 호텔들이 점령해버린 논느억 해변에서 몇 안 되는 4성급 호텔이지만, 내부를 들여다보면 5성급 못지않다. 잘 정돈된 프라이빗 비치와 2개의 풀장, 다낭 최고로 입소문 난 이히 스파(p.220) 등의 부대시설은 낸 돈마저 잊게 해준다. 숙박객에게 무료로 자전거를 대여해주며 체크아웃 이후에도 샤워와 시설 이용이 가능하다.

접근성 ★★★
식도락 ★★★
즐길 거리 ★★★★★
셔틀버스 리조트 → 다낭 국제공항(어른 편도 9만đ), 리조트 ↔ 호이안(어른 편도 8만đ), 리조트 ↔ 바나 힐(어른 편도 15만đ)

DANANG 2권 ⓜ MAP p.074D ⓖ 구글 지도 GPS 16.000045, 108.269183 ⓞ 찾아가기 다낭 국제공항에서 자동차로 약 22분 ⓐ 주소 Group 39, Hoa Hai ward, Hoà Hải, Ngũ Hành Sơn, Đà Nẵng ⓣ 전화 236-392-9888 ⓗ 홈페이지 www.melia.com/en/hotels/vietnam/danang/melia-danang/index.html

 TIP 어떤 객실에 묵을까?

여행의 목적과 일행 구성에 따라 선호 객실도 제각각. 상황에 따라 잘 선택하자.

● 게스트 룸 – 친구끼리!

가장 기본적인 룸 타입. 가든 뷰이고 발코니가 없어 약간 답답한 느낌은 있다. 가격 대비 룸 컨디션이 좋아 잠만 잘 예정이라면 추천. 유일하게 엑스트라 베드 설치가 불가능해 가족 여행으로는 비추천.

● 프리미엄 룸 – 가족과 함께

게스트 룸에 비해 면적이 1.5배 더 넓고, 휴게 공간을 갖추었다. 수중 마사지 기능이 있는 욕조도 있어 가족 여행에 알맞다.

● 레벨 룸 – 품격 있는 휴식을 원할 때

가장 높은 단계의 룸 타입답게 서비스도 남다르다. 체크인을 레벨 라운지에서 별도로 하는 것은 기본, 매일 칵테일과 하이티를 무료로 즐길 수 있다. 프라이빗한 전용 수영장, 웰컴 프루트, 몰튼 브라운 브랜드 어메니티, 레이트 체크아웃 등은 레벨 룸만의 혜택이다. 이히 스파(p.220)에서 자쿠지와 사우나를 무료로 이용할 수 있어 하루의 피로를 날려버리기도 좋다. 식사는 레벨 라운지나 메인 레스토랑 두 곳 중 선택 가능.

아 옛날이여!

Avatar Hotel
아바타 호텔

바로 옆 신축 호텔이 층수가 높아질 때마다 숙박비가 조금씩 낮아지더니 이제는 다낭에서 가성비가 가장 좋은 호텔이 됐다. 인근에 고층 호텔이 많이 들어서 이곳 최대의 장점이던 탁 트인 바다 전망을 조금 잃게 된 것. 하지만 침실부터 욕실, 거실까지 쭉 이어지는 파노라마 뷰는 여전히 여행 온 기분을 제대로 내게 해준다. 호텔 규모 대비 부대시설은 흉내만 낸 정도지만, 애당초 휴양보다는 관광에 초점을 맞춘 호텔이라는 점을 감안하면 나쁘지 않다.

접근성 ★★★★
식도락 ★★★
즐길 거리 ★★★★
셔틀버스 호텔↔호이안,
호텔↔바나 힐(어른 왕복 15만đ)

DANANG 2권 ⓘ **MAP** p.067D ⑤ **구글 지도 GPS** 16.049473, 108.246964 **찾아가기** 다낭 국제공항에서 자동차로 약 15분 ⓘ **주소** 120 An Thượng 2, Mỹ An, Ngũ Hành Sơn, Đà Nẵng ☎ **전화** 236-393-9888 **홈페이지** www.avatardanang.com

쉿! 비밀
TIP

**셔틀버스 서비스로 하루 만에
바나 힐, 호이안 정복하기**
유료 셔틀버스만 잘 이용해도 본전은 뽑는다.
매일 오전에 바나 힐로, 오후에는 호이안으로 가는
셔틀버스를 운행하는데, 다른 호텔 대비
요금이 저렴하고 운행 시간이 겹치지 않아
하루 안에 바나 힐과 호이안을
모두 오갈 수 있다.

역시 새것이 좋아

Vanda Hotel
반다 호텔

사람 손때 하나 묻지 않아 어디를 봐도 반짝반짝. 신축 건물에 새로 들어선 호텔이라 모든 것이 새것이다. 옥상의 톱 뷰 바(Top View Bar)에서 보는 전망도 다낭에서 손꼽히는 수준이며, 숙박비 대비 조식 만족도가 높고 직원들도 친절하다. 싸고 좋은 것에 사람 몰리는 건 당연한 일. 한국인 가족 여행자들이 많이 묵는다. 수영장, 짐 등의 부대시설은 규모가 매우 작은 편이니 기대하지 말자.

접근성 ★★★
식도락 ★★★★
즐길 거리 ★★
셔틀버스 없음

🚕 DANANG ▶ **2권** 📍 **MAP** p.028F ⑧ **구글 지도 GPS** 16.060626, 108.222536 ⊚ **찾아가기** 다낭 국제공항에서 자동차로 약 10분
🏠 **주소** 3 Nguyễn Văn Linh, Bình Hiên, Hải Châu, Hải Châu Đà Nẵng 📞 **전화** 236-352-5969 🏠 **홈페이지** www.vandahotel.vn

호이안 올드타운과 가까운 부티크 호텔

La Residencia Boutique Hotel&Spa
라 레시덴시아 부티크 호텔 앤드 스파

은근히 많이 걸어 다녀야 하는 호이안. 호텔 위치에 따라 발품을 얼마나 팔아야 하는 지도 달라진다. 그런 점에 있어 별 5개. 구시가지까지 천천히 걸어 10분, 야시장까지는 10분이 채 안 걸린다. 따지고 보면 특출난 것 하나 없는 평범한 호텔이지만 안방 비치까지 운행하는 무료 셔틀버스 서비스만 잘 이용해도 숙박비를 뽑고도 남는다. 아기자기한 방도, 멋진 풍경이 있는 테라스도 참 좋은데, 방음에 취약해 늦잠을 잘 수 없다는 건 아무래도 아쉽다. 수영장이나 피트니스 등의 시설은 기대하지 말자.

접근성 ★★★★★
주변 볼거리 ★★★★★
즐길 거리 ★★
셔틀버스 호텔↔안방 비치(무료), 호텔→다낭(편도 1인당 11만đ)

🛏 HOIAN　2권 ⊙ MAP p.086E ⑧ 구글 지도 GPS 15.876775, 108.320535 ⊙ 찾아가기 다낭 국제공항에서 자동차로 약 50분 ⊙ 주소 135 Đào Duy Từ, Cẩm Phô, Tp. Hội An, Quảng Nam ☎ 전화 235-392-9222 ● 홈페이지 www.laresidenciahotel.com

지글지글 찜질방이 있는 곳

Nam Hotel&Spa
남 호텔 앤드 스파

'이런 동네에도 호텔이?' 주택가 한가운데 호텔 건물만 덩그러니, 이리저리 봐도 호텔이 있을 만한 위치는 아닌데, 꽤 번듯한 호텔이 생겼다. 일단 '신상 호텔'이라 깨끗하고, 어디든 조용하다는 것이 강점. 중심가에서 멀어진 만큼 방이 널찍해 짐을 풀어놓기에는 더없이 좋다. 연식에 비해 관리가 미흡한 부분이 꽤 보이기는 한다. 뷔페식 아침 식사 메뉴가 다양하지는 않지만 미역국, 김치, 쌀밥 등 한국 음식이 나와 꽤 호평받고 있다.

접근성 ★★
주변 볼거리 ★★★
즐길 거리 ★
셔틀버스 없음

🎵 **DANANG** 2권 ⊙ **MAP** p.055C ⊙ 구글 지도 **GPS** 16.068611, 108.238990 ⊙ **찾아가기** 다낭 국제공항에서 자동차로 약 15분 ⊙ **주소** 109A Dương Đình Nghệ, An Hải Bắc, Sơn Trà, Đà Nẵng ⊙ **전화** 236-399-6788 ⊙ **홈페이지** http://namhotel.com

쉿! 비밀 TIP

무료 찜질방을 이용하자!
목욕탕, 습·건식 사우나,
원적외선 수면실을 갖춘 찜질방을 함께 운영하는데,
숙박객은 1회 무료로 이용할 수 있다.
이용 1시간 전에 2층 찜질방 카운터에서 예약한 다음
이용하면 된다.

THEME 02 친구와 함께 가기 좋은 호텔

작은 테라스도
갖추었다.

친절함, 친절함, 친절함

Sofia Suite Hotel&Spa Da Nang
소피아 스위트 호텔 앤드 스파 다낭

참 묘한 곳이다. 방도 좁고, 시설이 좋은 것도 아니고, 그렇다고 위치가 좋은 것은
더더욱 아닌데 자꾸만 마음이 간다. 체크인 때 조각 케이크와 과일 주스를 내주는
마음도, 오가며 건네는 인사도 사소하지만 여행자 입장에선 참 고맙게 느껴진다.
친절한 직원 덕분에 웬만한 단점쯤 못 본 척 눈감게 되는 경향이 좀 있다. 아무리
그래도 여행 가방 하나 펼치기 힘들 정도로 방이 좁은 것은 숨길 수 없는 단점이니
유의해서 예약하자.

접근성 ★★
주변 볼거리 ★★
즐길 거리 ★
셔틀버스 없음

DANANG **2권** ⊙ **MAP** p.067A ⓖ **구글 지도 GPS** 16.054942, 108.244205 ⓢ **찾아가기**
다낭 국제공항에서 자동차로 약 12분 ⊙ **주소** 9 Lê Quang Đạo, Mỹ An, Ngũ Hành
Sơn, Đà Nẵng ⊖ **전화** 093-529-8739 ⓢ **홈페이지** http://sofia-suite-hotel-spa-da-nang.business.site

쉿! 비밀
TIP

세탁 서비스를 이용하자!
다른 호텔의 세탁 서비스보다
훨씬 저렴하다. 요금은 바지 3만đ, 티셔츠 2만đ,
속옷 2만đ 수준으로 빨래 바구니에 빨랫감을 넣고
양식을 작성하기만 하면
10시간 만에 건조까지 해서 준다.

한강변 귀여운 부티크 호텔

Art Hotel
아트 호텔

다리 하나 건넜을 뿐인데 숙박비가 절반. 가격 대비 효용성을 따지는 사람들은 반
갑다. 시내에서 오가기 힘들다는 것이 좀 불편하지만, 호텔 셔틀버스를 이용하면
유명 관광지는 오히려 더 편리하게 둘러볼 수 있다. 하지만 이런 장점이 아직 알려
지지는 않았다. 한국인 찾아보기가 쉽지 않다는 얘기다. 식사를 할 때도, 침대 위
에서도, 시원한 한강 풍경을 볼 수 있는 것은 좋은데, 그만큼 강변도로에서 가까워
오토바이 소음이 좀 있다. 모든 방이 리버 뷰 객실이 아니니 미리 체크하자.

접근성 ★★★
주변 볼거리 ★★
즐길 거리 ★
셔틀버스 바나 힐(왕복 14만đ), 호이안(왕복
13만đ), 린응사(왕복 8만đ)

🚕 DANANG ▶ 2권 📍 MAP p.045H 🅖 구글 지도 GPS 16.074659, 108.229054 👣 찾아가기 다낭 국제공항에서 자동차로 약 13분 🏠 주소 305
Trần Hưng Đạo, An Hải Bắc, Sơn Trà, Đà Nẵng 📞 전화 236-395-6935 🌐 홈페이지 http://arthoteldanang.com

시원한 풍경을 감상하며
식사할 수 있는 조식당.

수영장이 있는 3성급 호텔

Thanh Binh Riverside Hotel
탄빈 리버사이드 호텔

대형 호텔의 편리함과 소형 호텔의 저렴함을 동시에 갖춘 곳. 호이안에 저렴한 호텔은 널렸지만 대형 수영장까지 갖춘 호텔은 흔치 않다. 엎어지면 코 닿을 거리에 호이안 구시가지가 있어 동네 산책하듯 다니기도 좋고, 주변에 맛집도 많아 배 곯을 일도 없다. 그 대신 아침 식사에 대한 만족도가 처참한 수준. 웃돈을 조금 더 주더라도 시티 뷰 객실 대신 리버 뷰 객실을 예약하자. 돈 몇 푼 차이에 숙박에 대한 만족도가 달라진다.

접근성 ★★★★★
주변 볼거리 ★★★★★
즐길 거리 ★★
셔틀버스 없음

🚌HOIAN 2권 ⊙ MAP p.086E Ⓑ 구글 지도 GPS 15.876721, 108.322237 ⊙ 찾아가기 다낭 국제공항에서 자동차로 약 50분
⊛ 주소 Hamlet 5 Nguyễn Du, Cẩm Phô, Tp. Hội An, Quảng Nam ☎ 전화 235-392-2923
🖥 홈페이지 http://thanhbinhriversidehotel.com

루프톱 수영장을 갖췄다

Queen's Finger Hotel
퀸스 핑거 호텔

위치 좋고, 아주 대단하지는 않아도 구색은 다 갖추어놓았는데, 숙박비가 저렴하니 손님이 몰릴 수밖에 없겠다. 눕는 자리를 빼면 짐 펼칠 공간이 마땅치 않지만 룸 컨디션은 좋은 편이다. 루프톱 수영장에서 온종일 놀 계획이라면 방 크기쯤은 큰 흠이 아닐지도. 인근에 비슷한 이름의 호텔이 있으니 택시 기사에게 호텔 이름 대신 정확한 주소를 보여주자.

접근성 ★★★
주변 볼거리 ★★
즐길 거리 ★★
셔틀버스 없음

🚕 DANANG 2권 ⊙ MAP p.067A Ⓖ 구글 지도 GPS 16.050884, 108.245457 ⊙ 찾아가기 다낭 국제공항에서 자동차로 약 12분
🏠 주소 Lê Quang Đạo, Mỹ An, Bắc Mỹ Phú, Ngũ Hành Sơn, Đà Nẵng ☎ 전화 236-398-6777
🖥 홈페이지 http://queensfingerhotel.com

취향 저격! 예쁜 호텔

Moclan Boutique Hotel
모클란 부티크 호텔

호텔에 대한 주인장의 애착이 이곳저곳에서 엿보인다. 손수 만든 다낭 여행 가이드북 하며, 예술적인 감각이 돋보이는 인테리어까지. 푸른 바다가 넘실대는 전망은 없지만 객실에 들어서자마자 "와, 좋다"라는 말이 나도 모르게 나오는 이유다. 직원들이 친절하고 영어도 잘해 불편함이 없다. 체크인 시간이 오후 2시로 이른 편이라 호텔에 머물 수 있는 시간이 길다는 것도 장점. 자전거를 무료로 대여해주며 세탁 서비스 비용도 착하다. 1층 방은 소음이 있는 편이니 조심할 것

접근성 ★★★
주변 볼거리 ★★
즐길 거리 ★★
셔틀버스 없음

🚕 DANANG 2권 ⊙ MAP p.055B Ⓖ 구글 지도 GPS 16.076597, 108.243839 ⊙ 찾아가기 다낭 국제공항에서 자동차로 약 15분
🏠 주소 20, Phước Trường 8, Phước Mỹ, Sơn Trà, Đà Nẵng ☎ 전화 023-6352-5969
🖥 홈페이지 http://moclan-boutique-hotel.business.site

TRENDY HOTEL BEST

하루를 머물더라도 예쁜 곳에서,
여행 온 기분 나는 곳에서 지내고 싶은 것이 사람 마음.
그 마음을 제대로 파고든 호텔이 인기 있는 것은 당연한 일이다.
일상을 떠나온 오늘,
일상에서 가장 먼 곳에서 하룻밤을 보내자.

Fusion Maia Da Nang
퓨전 마이아 다낭

5성급　　커플　　허니문　　태교 여행　　가족

셔틀버스
리조트 ↔ 호이안(무료)

DANANG 2권 ◉ **MAP** p.066D
ⓖ **구글 지도 GPS** 16.031049, 108.255209
ⓐ **찾아가기** 다낭 국제공항에서 자동차로
약 17분
ⓐ **주소** Võ Nguyên Giáp, Q. Ngũ
Hành Sơn, Khuê Mỹ, Ngũ Hành Sơn,
Đà Nẵng
☏ **전화** 236-396-7999
ⓗ **홈페이지** http://maiadanang.fusion-
resorts.com/ko

입소문이 무섭다. 몇 년 전만 해도 몰라서 안 가던 곳이 이제는 남는 방이 없어 못 가는 분위기. 손님이 그렇게 몰려오는데도 한 명 한 명 진심으로 응대하는 것만 봐도 고급 호텔의 품격이 느껴진다. '휴식'에 초점을 맞춘 호텔답게 숙박객 전용 서비스만 누려도 하루가 부족할 지경이다. 하루 두 번 무료로 받을 수 있는 스파와 언제 어디서든 가능한 식사, 잘 정돈된 해변과 수영장은 퓨전 마이아의 정체성을 제대로 보여준다. 숙박하는 동안 여행의 전반적인 도움을 주는 한국인 '퓨저니스타' 스태프가 상주해 언어적인 불편함도 덜었다. 모든 객실이 독채 풀빌라이며 2·4·6인용 객실로 이뤄져 있다(엑스트라 베드 추가 시 3·5·7명 숙박 가능). 그중 4·6인용 객실인 스파 빌라와 그랜드 비치 빌라에는 취사 가능한 부엌이 딸려 있어 가족끼리 묵기 좋다. 체크인 시 보증금이 있는데, 카드 결제 시 1$. 현금 지불 시 200만₫이다. 호이안 구시가지의 퓨전 카페에서는 숙박객에게 무료로 자전거를 대여해준다.

언제 어디서든 즐길 수 있는 무료 다이닝
Breakfast at Any Time&Any Place

아침 식사를 거르기엔 낸 숙박비가 아깝고, 그렇다고 일찍 일어나 움직이자니 귀찮다? 퓨전 마이아에서는 이런 생각이 들 틈이 없다. 언제 어디서든 하루 1회 무료 식사가 가능하기 때문이다. 하루 전에 예약하면 방 안, 식당은 물론이고 프라이빗 해변, 스파 정원, 심지어 호이안의 퓨전 카페에서 식사할 수 있다. 선착순으로 장소와 시간을 예약할 수 있기 때문에 해변에서 식사하려면 최대한 서두르자. 메인 조식당인 파이브(FIVE) 레스토랑만 뷔페식으로, 나머지 장소에서는 원하는 메뉴를 주문하는 방식이며 식사 장소마다 메뉴가 다르다(채식, 키즈 메뉴 있음).

하루 두 번 무료 스파 Complimentary Spa

아시아 최초의 스파 인클루시브 리조트답게 스파 프로그램이 다양하며 만족도도 아주 높다. 1인 1일 2회 무료이며 체크아웃 당일은 1회 무료다. 12세 이하 어린이는 스파를 받을 수 없다. 최초 2회는 예약 가능하며 나머지 횟수는 체크인 후 예약하면 된다.

추천 스파 프로그램
내추럴 리빙 아로마 Natural Living Aroma
웜 프레셔 마사지 Warm Pressure Massage
액티브 밤부 롤 아웃 Active Bamboo Roll-Out

스파, 이렇게 이용해요!

STEP 1 체크인 날짜의 스파 예약은 한국에서 이메일(spa-booking@fusion-resort.com)로 미리 하자.

STEP 2 리조트 체크인. 숙박 기간 동안의 스파 예약은 스파 건물 입구의 '스파 예약(Spa Bookings)'에서 해두자. 한국어 팸플릿이 준비돼 있다.

STEP 3 예약 후 확인증을 받는다.

STEP 4 객실에 비치된 일회용 속옷을 입고 그 위에 목욕 가운을 걸친 채 예약된 시간보다 10분 전에 스파에 도착한다.

STEP 5 이름과 빌라 번호를 대고 웰컴 티를 마시며 현재 건강 상태에 대한 설문을 작성한다.

STEP 6 안내받은 스파 룸으로 들어가 마사지를 받는다.

CHECK POINT | 03

2개의 공용 풀 Swimming Pools

해변가에 자리한 메인 풀과 스파 정원 안에 있는 스파 풀로
나뉜다. 경치야 말할 것도 없고 수심이 50cm부터 1.7m까지 다양해
아이들과 물놀이하기도 좋다. 스파 풀은 겨울철에 온수가 나온다.
🕐 **시간** 06:30~19:00

CHECK POINT | 04

부대시설 및 서비스
Facilities&Service

영화관에서 영화 관람도 무료. 팝콘도 공짜다.
최신 한국 영화도 상영한다. 바로 옆 키즈 클럽도
규모는 작지만 다양한 프로그램을 운영한다.
오후 2~4시에는 전담 스태프가 상주해 아이들을
돌봐준다. 베이비 시터도 시간당 12$에 고용 가능.

Pullman Da Nang
풀만 다낭

5성급　　친구　　커플　　가족

셔틀버스
리조트 → 호이안
(편도 8만đ, 2시간 전 예약 필수)
리조트 → 다낭 국제공항(편도 7만đ)

풀만 다낭은 젊다. 휴식에 중점을 둔 다른 5성급 리조트와 달리 활동적인 부분에 무게를 뒀다. 24시간 운영하는 짐(Gym)을 비롯해, 다양한 워터 스포츠와 액티비티가 준비돼 있어 활동적인 성향의 여행자라면 좋아할 수밖에 없다. 가족 여행자를 위해 수심이 25cm부터 1.8m에 이르는 수영장, 라이프 가드가 있는 해변에는 비치발리볼 경기장과 어린이 놀이터까지 꼼꼼히 갖췄다. 나비 정원(Butterfly Garden) 등도 아이와 들르기 좋다. APEC 순방 기간 중 문재인 대통령이 묵은 펜트하우스 스위트 등의 호텔형 객실과 독채 빌라로 구성된 코티지 객실로 나뉜다. 어떤 룸 타입에 묵든 질 좋은 어매니티(코비글로우)와 메모리폼 베개, 최상급 하우스 키핑은 감동적이다. 아코르 계열 호텔이라 아코르 멤버십이 있는 경우 등급별 혜택이 다양하다. 최근 단체 숙박객이 많아져 분위기가 예전만 못하다는 것이 아쉽다. 체크인 시 보증금 600만đ을 지불해야 한다.

DANANG **2권** ⊙ **MAP** p.067F **구글 지도 GPS** 16.040655, 108.250427
⊙ **찾아가기** 다낭 국제공항에서 자동차로 약 15분 ⊙ **주소** 101 Nguyen Giap street, Khuê Mỹ, Ngũ Hành Sơn, Đà Nẵng ⊙ **전화** 236-395-8888
⊙ **홈페이지** www.pullman-danang.com

CHECK POINT | 01

무료 액티비티 Activities

태극권, 배드민턴, 수영 및 서핑 레슨, 스탠드업 패들 보드, 카약, 연날리기 등의 무료 액티비티 프로그램이 다양하다. 이른 아침부터 저녁까지 시간대별로 운영하며 제트스키, 윈드서핑, 바나나 보트 등은 유료다. 선착순 마감되므로 서둘러 예약해야 한다. 전부 다 참여하고 싶은데 시간이 없는 것이 안타까울 뿐. 핏 라운지(Fit Lounge)도 풀만 다낭의 자랑거리. 24시간 운영해 운동 마니아들의 칭찬이 자자하다.

CHECK POINT | 02

에피스 레스토랑의 조식 Breakfast in Epice

이렇게 맛있는 아침 식사가 숙박료에 포함돼 있으니 늦잠을 잘 수 없다. 서양식과 베트남식은 기본, 일본식, 한국식 요리가 준비돼 있고, 기껏 쌀국수와 달걀 요리뿐이던 즉석 조리 코너도 팬케이크와 와플 등을 따로 갖췄다. 입가심으로 아이스크림 한 입이면 행복한 식사 끝. 조식 시간도 여유로우니 언제든 가서 먹기만 하면 된다.
🕐 **시간** 06:30~10:30

CHECK POINT | 03

룸서비스(인룸 다이닝)
Room Service

조식이 맛있을 때부터 알아봤다. 공짜 뷔페 음식이 그 정도였으니 돈을 더 주고 주문한 음식이 맛없을 리 없을 터. 양이 많아 1인 1메뉴면 충분하고 데커레이션도 예쁘다. 시푸드 스파게티(50번 메뉴)와 하노이식 분짜(30번 메뉴)를 추천. 24시간 이용 가능.

Naman Retreat
나만 리트리트

5성급   커플   부부

예쁜 것만 보면 정신 못 차리는 그대들이여, 이곳으로 진격! 눈을 두는 곳마다 탄성이 절로 나오니 카메라를 들지 않고는 못 배긴다. 애초 '리조트'가 아닌 '리트리트' 콘셉트로 숙박객의 '웰니스'에 초점을 맞췄다. 하루 1회 무료 마사지, 보기만 해도 기분 좋아지는 풀장과 베트남 전통 양식을 현대적으로 풀어낸 건물까지 '쉼'에 맞추어 품격 있는 휴양지로 알맞다. 한국인에게는 원 베드 룸 풀빌라가 가장 인기 있다. 다 좋은데 가성비는 별로. 가격 대비 좁은 방만 보면 자꾸만 낸 돈이 생각난다. 다낭과 호이안 중간쯤에 위치해 관광을 하기에는 여러모로 아쉽다. 체크인과 체크아웃 장소가 각각 다르니 주의하자.

셔틀버스
리조트 ↔ 호이안, 다낭 시내(무료)

DANANG 2권 ⓜ MAP p.066F
ⓢ **구글 지도 GPS** 15.969927, 108.284278
📍 **찾아가기** 다낭 국제공항에서 자동차로 약 25분
🏠 **주소** Trường Sa, Hoà Hải, Ngũ Hành Sơn, Đà Nẵng
☎ **전화** 236-395-9888
🖥 **홈페이지** www.namanretreat.com/en/retreat

CHECK POINT | **01**

헤이 헤이 레스토랑
HAY HAY Restaurant

베트남어로는 '재미있다'를, 영어로는 '건초'를 뜻하는 식당 이름부터 독특하다. 베트남의 유명 건축가가 콘크리트 대신 대나무를 이용해 베트남 전통식으로 지었다. 베트남에서 가장 큰 대나무 집으로, 천장에 매달린 흰색 모양은 '하늘에서 주신 선물'인 쌀알을 의미한다고. 식당 안 모든 용품은 모두 베트남 전통 제품을 이용해 포토제닉한 장소가 됐다. APEC 당시 각국 영부인이 이곳에서 만찬을 가졌다. 참고로 이곳과 비 라운지(B Lounge)에서 아침 식사가 가능하다.
🕐 **시간** 조식 06:30~10:30, 런치 · 디너 11:30~22:00

CHECK POINT | **02**

하루 한 번 무료 스파
Complimentary Spa

16세 이상의 숙박객이라면 하루 한 번 스파가 무료다. 타이 마사지, 풋 리플렉솔로지 등의 프로그램이 인기 있으며 하루 전에 예약하는 것이 원칙.
🕐 **시간** 09:00~22:00

A La Carte Hotel
알라카르트 호텔

 4성급
 커플
 친구

셔틀버스
없음

좋은 곳은 빨리 소문이 나니 그게 문제다. 깔끔하고 모던한 분위기, 거기에 바다가 한눈에 보이는 전망까지 갖추어 알음알음 입소문이 나더니 이제는 '한국인이 가장 많이 찾는 호텔'이 됐다. 호텔 주변에 맛집이 포진해 있으며 길만 건너면 미케 비치라는 점도 플러스 요인. 하지만 뛰어난 전망만큼의 소음을 함께 얻었다. 게다가 최근에는 단체 숙박객이 늘어나 어수선한 분위기다. 오히려 지금보다 인기가 떨어지면 더 나을 듯.

🚕 **DANANG** ▶ 2권 ⊙ **MAP** p.055D ⑧ **구글 지도 GPS** 16.068774, 108.244988 ⊙ **찾아가기** 다낭 국제공항에서 자동차로 약 15분 ● **주소** 200 Võ Nguyên Giáp, Phước Mỹ, Sơn Trà, Đà Nẵng ☎ **전화** 236-395-9555 ● **홈페이지** www.alacartedanangbeach.com/en

CHECK POINT | 01

루프톱 수영장 Rooftop Swimming Pool

호텔 끝 층에 있는 수영장. 바다가 어깨높이에 펼쳐져 인증숏 명소로 잘 알려져 있다. 하지만 수영장이 너무 작아 수영을 즐기기엔 많이 부족하며 설상가상으로 사람도 항상 많다. 수영장 뒤편에는 루프톱 바가 있다.
🕐 **시간** 06:00~19:00

Pilgrimage Village
필그리미지 빌리지

5성급　커플　가족

셔틀버스
리조트 ↔ 후에 시내(무료),
리조트 ↔ 베다나 라군(무료)

하나부터 열까지, 마음 구석구석을 뺏는 리조트다. 리조트에 들어서면 울창한 숲이 나오고 그 숲을 지나야 방갈로가 빼꼼 모습을 드러낸다. 방을 보기도 전에 " 좋다"라는 말이 절로 나온다. 호텔형 객실과 독채 방갈로 객실로 나뉘는데, 가격 차이가 있더라도 방갈로형 객실에 묵자. 풀벌레 우는 소리를 들으며 잠들었다 새 소리에 깨는 호사를 누릴 수 있다. 후에 시내에서 멀리 떨어져 있어 관광형 여행자보다는 휴식에 중점을 둔 여행자에게 알맞다. 이곳과 베다나 라군(p.314)은 같은 계열의 리조트라는 사실! 두 리조트를 잇는 무료 셔틀버스가 있어 휴양형 여행자라면 두 리조트에 번갈아 묵어보는 것을 추천. 잊지 못할 휴가가 될 것이다.

🚶 Hue ▶ 2권 ◉ MAP p.140D ◉ 구글 지도 GPS 16.425421, 107.578554
◉ 찾아가기 후에 시내에서 자동차로 15분 ◉ 주소 130 Minh Mạng, Thủy Xuân, Thành phố Huế, Thừa Thiên Huế ◉ 전화 234-388-5461
◉ 홈페이지 www.pilgrimagevillage.com

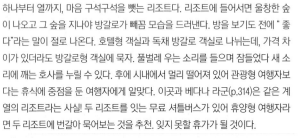

CHECK POINT | 01

무료 마사지 Complimentary Massage

숙박객에게 제공하는 무료 마사지 서비스를
놓치지 말자. 리셉션이나 스파에 전화해 예약해야
하며 30분 두피 케어(Scalp Treatment)와 발
지압(Foot Accupressure) 중에서 고르면 된다.
🕐 **시간** 07:00~22:00

CHECK POINT | 02

2개의 수영장 Pools

리조트에 공용 수영장이 두 군데 있다. 아무리 시간이
없어도 메인 수영장은 꼭 가보기를 추천. 숲속에서 수영하는
상쾌함을 느낄 수 있다. 선베드도 넉넉히 있고, 풀 바와 샤워
시설도 잘 갖추었다. 수심이 깊은 곳은 1.8m이니 어린아이가
있다면 조심하자.
🕐 **시간** 06:00~20:00

CHECK POINT | 03

웰니스 액티비티 Wellness Activities

타이치, 요가 등의 웰니스 액티비티가 메디테이션
하우스(Meditation House)에서 하루 두 번씩 열린다.

Villas for Family

커플&대가족을 위한 독채 풀빌라 BEST

모처럼 떠나는 가족 여행. 내 방이 갖고 싶은 아이도, 주방 일이라면 진절머리가 나는 엄마도,
너른 소파 위에서 하루 종일 뒹굴고 싶은 아빠도 만족할 만한 곳이 어디 없을까?
여기에서 가족 모두가 만족할 만한 독채 빌라를 주목하자.

01 침실이 어디에 있는지 파악하자.

어린아이나 어르신과 떠나는 여행이라면 침실이 몇 층에 있는지 우선 확인하자. 독채 빌라의 경우 대부분은 1층에 거실과 수영장, 주방이 들어서 있고, 침실은 2층이나 3층에 있기 때문에 노약자는 층계를 오르내리기가 버거울 수 있다.

숙소의 위치를 확인하자. 02

대가족이 함께 움직여야 하므로 자칫 길 위에서 시간을 다 보내기 십상이다. 시내에서 멀리 떨어질수록 편의 시설도 없어 매 끼니를 호텔에서 해결해야 할지도 모른다. 위치가 안 좋은 호텔에는 작은 편의점이 있지만, 가격은 시내 대형 마트보다 두세 배 비싸다.

독채 빌라 선택 시 유의 사항

03 마트에서 장을 미리 봐 가자.

비싸디비싼 룸서비스와 미니바를 항상 이용할 수는 없는 법. 다행히 빌라 안에 주방이 딸린 경우가 대부분이다. 간단한 음식 정도는 만들어 먹을 수 있도록 주방용품도 비치해놓고 있으니 체크인하기 전에 장을 봐 가도록 일정을 정하자.

겨울에는 전기장판을 지참하자. 04

추위를 많이 타거나 노약자의 경우 소형 전기장판이 있으면 유용하다. 다낭 호텔들은 겨울에도 난방을 하지 않고, 방이 넓어 자칫 감기에 걸릴 수 있기 때문이다. 호텔 리셉션에 문의하면 이불을 더 가져다주기도 한다.

Vinpearl Ocean Villas
빈펄 오션 빌라

빈펄 리조트의 인기가 주춤하더니 이곳이 요즘 뜨고 있다. 빈펄 리조트의 단점인 촌스러운 인테리어만 조금 손봤을 뿐인데 완전히 다른 분위기가 된 덕이다. 2 베드 룸부터 4 베드 룸까지 다양한 독채 빌라가 있으며 키즈 클럽이나 수영장 등의 부대 시설을 잘 갖추어 대가족이나 아이들과 함께 묵기 적당하다. 단, 개별 풀장의 크기가 작은 편이라 수영하기엔 좁고, 5성급 호텔치고 식사가 부실하다는 것은 감안하길. 빈펄 리조트와는 같은 듯 다른 곳에 위치한다. 택시 기사에게 주소를 보여주거나 '빈펄 2'라고 얘기하자.

주변 볼거리 ★★★
서비스 ★★★
가성비 ★★★★★
한국인 직원 없음
셔틀버스 리조트 ↔ 호이안
(왕복 어른 10만đ)

🚕 DANANG ▸ 2권 ◉ MAP p.066F ◉ 구글 지도 GPS 15.994423, 108.269251 ◉ 찾아가기 다낭 국제공항에서 자동차로 약 25분 ◉ 주소 Hoà Hải, Ngũ Hành Sơn, Đà Nẵng ◉ 전화 236-396-6888 ◉ 홈페이지 http://vinpearl.com/ko/vinpearl-da-nang-ocean-resort-villas

CHECK POINT | 01

키즈 클럽 Kids Club

동급 호텔 대비 키즈 클럽의 규모가 크다. 그림 그리기, 보석 만들기 등 다양한 프로그램을 운영하며 직원이 상주한다. 베이비 시터 서비스도 제공하는데, 하루 전에 예약해야 한다.
🕐 시간 08:00~22:00

CHECK POINT | 02

수영장 Pools

수심 60cm부터 1.2m까지 다양한 풀장을 보유하고 있으며 어린이용 풀장, 자쿠지도 갖췄다. 바로 옆에 전용 비치가 있다.
🕐 시간 06:00~18:00

Furama Villas
푸라마 빌라

푸라마 리조트(p.321) 바로 옆에 자리한 5성급 빌라 단지. 푸라마 리조트에서 위탁 운영해 더욱 신뢰가 간다. 다른 빌라들보다 조용한 분위기, 아기자기한 조경, 높은 친절함도 이름값을 제대로 하는 부분. 다낭 시내와 가까워 관광과 휴양을 함께 즐기기에도 제격이다. 모든 객실에 전용 수영장과 주방이 딸린 구조이며 1 베드 룸 객실부터 4 베드 룸 객실까지 크기에 따라 다양한 객실이 있다. 독채 빌라 건물이 2~3층으로 이뤄져 어린아이나 어르신이 묵기에는 불편할 수 있다.

주변 볼거리 ★★★★
서비스 ★★★★
가성비 ★★★
한국인 직원 있음
셔틀버스 리조트 ↔ 호이안
(무료, 예약 추천)

🚕 **DANANG** ▶ **2권** ⊙ **MAP** p.067F ⊞ **구글 지도 GPS** 16.037423, 108.251013 ⊙ **찾아가기** 다낭 국제공항에서 자동차로 약 15분
⊙ **주소** 107 Võ Nguyên Giáp, Khuê Mỹ, Ngũ Hành Sơn, Đà Nẵng ⊝ **전화** 236-284-7333
⊙ **홈페이지** http://furamavillasdanang.com

CHECK POINT

수영장 Pools
나무 그늘이 있는 푸라마 리조트 수영장과 달리 그늘이 없다. 대신 푸라마 빌라 숙박객도 푸라마 리조트 수영장을 이용할 수 있다.
🕐 **시간** 08:00~22:00

Premier Village
프리미어 빌리지

우리 가족만의 시간을 이왕이면 고급스럽게 보내려면 이곳으로. 똑같은 5성급 호텔이라도 조금 더 품격 있는 서비스를 제공한다. 리셉션에 체크인·체크아웃을 전담하는 팀과 숙박객의 요구 사항을 들어주는 버틀러 담당 팀이 나뉘어 있을 정도. 모든 빌라를 나누는 벽이 설치돼 사생활 보호가 잘되며 주방에서 요리도 할 수 있다. 조리 기구는 리셉션에 요청하면 가져다준다. 3·4·5·6 베드 룸으로 나눠지는데 객실 하나당 어른 2명(엑스트라 베드 설치 시 어른 2명+어린이 1명)까지 묵을 수 있어 대가족이 함께 묵기에 적당하다. 프라이빗 비치와 공용 수영장이 가까운 오션 뷰 객실은 예약이 빨리 차니 일찍 예약하자. 아코르 멤버십 회원에게는 레이트 체크아웃, 룸 업그레이드 등 다양한 혜택을 제공한다.

주변 볼거리 ★★★★
서비스 ★★★★
가성비 ★★★
한국인 직원 없음
셔틀버스 리조트 → 다낭 시내(무료)
리조트 ↔ 호이안(유료, 예약 필요)

🍜 DANANG ▶ 2권 ⊙ MAP p.067D ⑤ 구글 지도 GPS 16.037423, 108.251013 ◉ 찾아가기 다낭 국제공항에서 자동차로 약 15분
⊛ 주소 99 Võ Nguyên Giáp, Bắc Mỹ An, Ngũ Hành Sơn, Đà Nẵng ⊝ 전화 236-391-9999 ⊜ 홈페이지 www.accorhotels.com

The Ocean Villas
오션 빌라

독채 풀빌라치고는 가격이 저렴하다. 그래서 손님이 몰린다. 하지만 가격 말고는 내세울 만한 장점이 없다. 한참 모자란 직원들의 태도 하며, 구석구석 사람 손때 묻은 가구만 봐도 전반적인 만족도는 수직 하락. 식사도 별로, 부대시설도 많이 부족하다. 딱 가격만큼만 누려도 된다면 추천. 그게 아니라면 비추천. 세탁 및 주방용품이 완비돼 있고 길만 건너면 골프 코스가 있어 골프 여행으로 찾기엔 좋다.

주변 볼거리 ★
서비스 ★
가성비 ★★
한국인 직원 없음
셔틀버스 리조트 ↔ 호이안(무료)

🌀 DANANG 📖 2권 ◉ MAP p.066F ⊚ 구글 지도 GPS 15.975586, 108.281078 ⊚ 찾아가기 다낭 국제공항에서 자동차로 약 30분 ⊚ 주소 Trường Sa, Hoà Hải, Ngũ Hành Sơn, Đà Nẵng ☎ 전화 236-396-7095 ⊟ 홈페이지 http://theoceanvillas.com.vn

Vedana Lagoon Resort&Spa Hue
베다나 라군

'이런 곳에도 호텔이 있나?' 싶을 때쯤, 리조트의 정문이 뜬금없이 나타난다. 현지인들도 잘 모르는 외진 동네에서도 가장 깊숙한 곳에 자리한 탓이다. 리조트의 명칭처럼 까우하이 호수(Đầm Cầu Hai)의 풍경이 리조트 전체를 감싸 안고 있는 모양새. 그 덕분에 리조트 어디를 가나 풍요로운 호수 풍경이 그림처럼 펼쳐진다. 대부분 객실이 독채 빌라로 나뉘어 있으며 건물이 띄엄띄엄 배치돼 조용하고 차분한 분위기다. 호텔 주변에 편의 시설이 전혀 없기 때문에 온종일 호텔에 머물며 호텔 안에서 모든 것을 해결해야 한다는 점은 호불호가 갈릴 수도 있는 부분. 객실에 주방이 딸려 음식 재료만 있다면 요리를 해 먹을 수 있으니 장을 봐 가는 편이 좋다. 다낭에서 리조트까지는 무료 셔틀버스를 운행하지 않기 때문에 택시를 타는 것이 최선. 편도 약 4만 원 이상은 잡아야 한다는 것은 알아두자.

주변 볼거리 ★
서비스 ★★★★★
가성비 ★★★★
한국인 직원 없음
셔틀버스 리조트 ↔ 후에 시내(무료),
리조트 ↔ 깜드엉 비치(무료)

🛏 Hue 2권 ⊚ MAP p.006 ⊙ 찾아가기 다낭 국제공항에서 자동차로 약 1시간 20분 ⊛ 주소 41/23, Đoàn Trọng Truyền, tt Phú Lộc, Phú Lộc, Thừa Thiên Huế ⊝ 전화 234-381-9397 ⊚ 홈페이지 http://vedana-lagoon-resort-spa-hue.business.site

CHECK POINT | 01

자전거 타고 슝슝 Bicycles

숙박객은 자전거를 무료로 탈 수 있다. 객실마다 자전거 거치대가 설치돼 있어서 자전거를 타기에도 참 좋은 조건. 호수를 따라 난 길로 자전거를 타다 보면 '아 좋다'라는 생각만 끊임없이 든다.

CHECK POINT | 02

낭만 뿜뿜 수영장 Pool

리조트에서 풍경이 가장 좋은 곳에 공용 수영장이 들어섰다. 수심이 얕은(0.7m) 어린이용 풀장과 어른용 풀장(1.3~1.5m)으로 나뉘어 있으며 숙박객 대비 선베드도 넉넉하다. 손짓 한 번에 맛깔나는 먹거리를 내놓는 풀 바도 수준급. 가격도 저렴하니 부담도 적다.
🕐 **시간** 07:00~22:00

CHECK POINT | 03

웰니스 프로그램&카약 Wellness Programs&Kayak

리조트 곳곳에서 요가, 태극권 등 다양한 무료 웰니스 프로그램이 열린다. 선착순으로 진행하기는 하지만 참여 인원이 적어 꼼꼼하게 지도받을 수 있다는 것이 장점. 숙박객에게 무료로 카약을 대여해준다.
🕐 **카약 대여** 07:00~17:30

Family
RESORT

온 가족이 함께 떠나는 여행은 쉽지 않다. 특히 아이들과 떠나는 여행은 따져볼 게 많다.
하지만 그건 어디까지나 어른의 시선. 아이들에겐 놀기 좋은 곳이 최고다.

위치 다낭과 후에 사이
한국인 직원 있음
셔틀버스 리조트 ↔ 다낭
국제공항 · 호이안 · 후에(무료),
리조트 ↔ 다낭 시내(1인당 20만₫)

베트남 최장 길이의 수영장
Angsana Langco
앙사나 랑꼬

리조트까지 가는 길이 고되다. 자동차로 1시간 넘게 달려야 하는 구석진 위치. 하지만 일단 도착하고 나면 급이 다른 시간을 보낼 수 있다. 프라이빗 비치와 대규모 수영장 시설은 입이 떡 벌어질 정도다. 어디서 뭘 해도 호젓한 분위기는 덤으로 따라온다. 리조트 바로 옆에 18홀 골프 코스도 갖추어 아이들은 수영장에서, 어른들은 골프장에서 시간을 보내기 좋다. 리조트 주변에 마트와 식당이 없고, 객실 내에서 취사도 불가능하므로 주전부리를 미리 사 가자. 위치적 단점 때문인지 리조트에 5개의 레스토랑이 들어서 있으며 맛도 뛰어나 매 끼니를 사 먹어도 좋다. 체크인 시 하루 200만₫의 보증금을 내야 한다.

2권 ⊙ **MAP** p.006 ⊗ **구글 지도 GPS** 16.334289, 107.955967 ⊙ **찾아가기** 다낭 국제공항에서 자동차로 약 1시간 ⊙ **주소** Commune, Laguna Lăng Cô, Phú Lộc, Thừa Thiên Huế
⊖ **전화** 234-369-5800 ⊗ **홈페이지** www.angsana.com

쉿! 비밀 TIP

아이들을 데리고 간다면 주목!
대부분의 룸 타입에 엑스트라 베드(추가 침대) 설치가 가능하다. 요금은 100$. 미리 요청하면 베이비콧(아기 침대)은 4세 미만 아이들에게 무료로 설치해주며, 아기 샴푸와 로션, 아기용 변기도 제공한다. 또 이불과 베개도 무료로 대여 가능하다. 숙소 예약 시 스페셜 리퀘스트로 별도 요청해야 한다.

생강차 만들기

후에 스타일 만두 만들기

HIGHLIGHTS | 01

300m 길이의 초대형 수영장 Pools

코앞에 해변이 있지만, 수영장을 한번 보고 나면 눈길도 안 간다. 300m 길이의 수영장은 베트남에서 가장 큰 규모. 수로가 리조트 건물과 건물, 수영장과 수영장을 잇는 모양새다. 타월은 무료 제공. 튜브 공기 주입기도 있다.

HIGHLIGHTS | 02

무료 체험 프로그램 Activities

앙사나 랑꼬와 반얀트리 랑꼬(p.336) 곳곳에서 숙박객 전용 체험 프로그램을 하루 종일 운영한다. 대부분 무료이며 참여 인원이 정해져 있어 예약해야 한다. 리셉션 옆 라구나 투어 부스에서 신청할 수 있다.

캔들홀더 90만3000₫

인센스 콘 25만1000₫

파우치 44만9000₫

봉제 인형 20만₫

욕실용 세라믹 용기 64만6000₫

HIGHLIGHTS | 03

앙사나 갤러리 Angsana Gallery

시답잖은 물건만 파는 호텔 갤러리와는 격이 다르다. 보기에도 좋고 실용성도 있는 물건을 꽤 저렴한 가격에 판매하니 안 사고는 못 버틴다. 객실 내에 비치된 것과 동일한 파우치와 비치백 등은 없어서 못 판다는 직원의 말이 충분히 이해된다.

HIGHLIGHTS | 04

양사나 스파 Angsana Spa
품격 있는 분위기, 어느 곳에도 뒤지지
않는 마사지 스킬, 한국인에 최적화된 스파
프로그램까지. 비싼 요금만 아니면 매일매일
받고 싶어진다.

HIGHLIGHTS | 05

조식 Breakfast
자고로 호텔의 위치가 좋지 않을수록 식사가 맛있기 마련. 양사나 랑꼬의 애매한
위치를 단번에 만회하는 것 역시 식사다. 뷔페식으로 제공하는 아침 식사가 맛있기로
소문났는데, 빵과 음료가 다양하고 키즈 메뉴도 준비돼 있다. 또 음식이 금방 새것으로
채워진다. 1인당 17$만 더 내면 반얀트리 랑꼬의 워터프런트 레스토랑(p.337)에서 아침
식사를 할 수 있다.

 TIP 어떤 객실에 묵을까?

가격 대비 룸 컨디션이 정말 좋다. 대신 뷰에 따라 가격이 차이 나는데, 바다 전망(Sea View)이 돈값을 하긴 한다.
룸 타입은 크게 네 종류다.

● **가든 발코니 그랜드 Garden Balcony Grand**
유일하게 개인 풀장이 딸려 있지 않은 객실로, 요금이 가장 저렴해 알뜰 여행자들에게 사랑받는다.

● **주니어 풀 스위트 Junior Pool Suite**
침실 바로 옆에 작은 수영장과 발코니가 딸린 객실로, 갖출 건 모두 갖춰 한국인에게 가장 인기 있다. 주로 2층에 자리해 공용 수영장과
해변까지 접근성이 떨어지는 게 흠.

● **비치프런트 스위트 Beachfront Suite**
객실 구조는 주니어 풀 스위트와 비슷하지만, 수영장이 크고 안뜰이 넓다. 또 몇 걸음만 걸어가면 공용 수영장이라 물놀이하기에 가장 좋
다. 단, 그만큼 사생활이 노출될 위험도 큰 것이 단점.

● **로프트 Loft**
아래층은 침실, 가운데층은 거실과 주방, 가장 위층은 가족을 위한 프라이빗한 공간과 대형 풀장이 들어선 복층 구조다. 전망도 가장 좋
다. 대신 어르신이 계단을 오르내리기엔 아무래도 불편하다. 대가족에게 추천.

아이들이 좋아해요

Hyatt Regency
하얏트 리젠시

아이를 둔 부모들이 이곳만 찾는다. 그 마음이 이해된다. 비슷한 돈이면 아이들이 놀기 좋은 곳을 선택해야 어른들도 편하기 마련이니. 밝고 세련된 객실과 맛으로는 어디에도 빠지지 않는 조식, 아이들이 더 좋아하는 수영장과 조용한 해변은 이곳을 다낭 최고의 가족 리조트로 만들었다. 무엇이든 큰 것을 좋아하는 한국 사람 취향에 딱이다. 웅장한 대신 숙박객이 너무 몰려 어수선한 느낌은 있다. 호텔식 게스트 룸 객실 이외에도 부엌과 수영장이 딸려 있는 풀빌라, 레지던스로 이뤄져 여행 목적과 취향에 따라 룸 타입을 선택하면 된다.

위치 다낭
한국인 직원 없음
셔틀버스 호텔 ↔ 호이안(편도 어른 7만d)

2권 ⊙ **MAP** p.074A **구글 지도 GPS** 16.013101, 108.263637 ⊙ **찾아가기** 다낭 국제공항에서 자동차로 약 20분 ⊙ **주소** 5 Trường Sa, Hoà Hải, Ngũ Hành Sơn, Đà Nẵng ⊖ **전화** 236-398-1234 ⊙ **홈페이지** http://danang.regency.hyatt.com/en/hotel/home.html

HIGHLIGHTS | 01

인공 모래사장이 마련된 수영장 Pools
대규모 수영장 옆에 흙장난하기 좋은 모래사장과 선베드가 나란히 들어서 온 가족이 함께 시간을 보내기 좋다. 어린이용 워터 슬라이드도 있어 하루 종일 물놀이만 해도 시간이 부족하다.

HIGHLIGHTS | 02

논느억 비치 Non Nuoc Beach
다낭의 해변은 파도가 높은 편인데, 이곳은 그나마 파도가 적게 치고 수심도 얕은 편이다. 해가 떠 있는 동안은 안전을 책임지는 세이프 가드도 배치돼 아이들이 놀기에 적당하다.

열대 정글에서 수영을
Furama Resort
푸라마 리조트

위치 다낭
한국인 직원 있음
셔틀버스 리조트 ↔ 호이안(선착순 예약)

2권 ⊙ **MAP** p.067F
ⓢ **구글 지도 GPS** 16.039904, 108.250084
ⓒ **찾아가기** 다낭 국제공항에서 자동차로
약 15분 ⊙ **주소** 105 Võ Nguyên Giáp,
Khuê Mỹ, Ngũ Hành Sơn, Đà Nẵng
⊝ **전화** 236-384-7333
ⓢ **홈페이지** www.furamavietnam.com

스펙이 화려한 신입 사원들 사이에서 고군분투하는 만년 과장의 모습 같달까. 최근 몇 년 사이 숙박업계의 전쟁터가 된 다낭에서 한결같은 인기를 유지하는 리조트. 하기야 다낭 최초의 5성급 호텔로 문을 연 이후 20년 넘게 손님을 받아왔으니 그 노하우는 어느 호텔도 넘보지 못할 터. 모든 객실에 발코니와 대리석 욕조가 있으며 실내는 베트남 참파 스타일과 프랑스식이 혼재돼 우아하다. 조도를 낮춰 손님들이 편히 쉴 수 있게끔 배려하고, 어매니티의 질도 좋아 휴양 목적으로 묵기에 최적화돼 있다. 찍기만 하면 인생사진이 되는 리조트 풍경도 빼놓을 수 없는 장점. 해변가 공용 수영장은 말할 것도 없고, 콜로니얼 양식의 고풍스러운 건물과 열대 정원의 조화는 오로지 이곳에서만 볼 수 있는 풍경이다. 왜 바다 뷰보다 가든 뷰 객실의 인기가 더 높은지 알 것 같다. 단, 앤티크하고 클래식한 인테리어를 싫어하는 사람은 노후됐다고 생각할지도. 리조트 곳곳에서 매일 새로운 액티비티를 진행하며 키즈 클럽 전용 액티비티도 다양하다.

HIGHLIGHTS | 01

열대 숲속 풀장 Pools

가족 여행자들이 이곳을 고집하는 이유는 따로 있다. 라군 풀(agoon Pool)과 오션 풀(Ocean Pool)로 나뉘는 공용 수영장 때문이다. 특히 라군 풀은 수령이 30년 이상 된 열대 정글 안에 조성돼 하루 종일 그늘이라는 점이 한국 사람 마음을 사로잡았다. 저녁 늦게까지 수영장을 운영한다는 점도 무시하지 못할 장점.

HIGHLIGHTS | 02

분위기 좋은 다이닝 스폿
Dining Spots

성격과 콘셉트가 다른 5개의 레스토랑이 있는데, 호텔 투숙객뿐 아니라 외부 손님도 일부러 찾아올 정도로 호평받는다. 메인 레스토랑이자 조식 뷔페를 제공하는 '카페 인도차이나'는 베트남과 프랑스식이 섞인 독특한 인테리어를 주목할 만한 곳. 저녁에는 시푸드 뷔페를 운영하는데, 맛이 기막히다. 이외에도 참 댄스 아트 공연이 열리는 '오션 프런트 스테이크 하우스 팬', 오션 풀장 바로 옆의 '돈 시프리아니', 캐주얼 칵테일 바로 이용하는 '하이반 라운지' 등도 인기.

4성급 호텔 맞아?
Almanity Resort
알매니티 리조트

좋게 말해 고즈넉하고, 솔직히 말하면 좀 촌스러운 호텔이 많은 동네가 호이안이다. 럭셔리 호텔도 많지 않고 체인 호텔도 별로 없다. 그 때문에 알매니티 리조트가 돋보일 수밖에 없다. 모던하고 세련된 인테리어와 사람 마음을 파고드는 서비스는 5성급 호텔 부럽지 않고, 무료 마사지, 식사도 두루두루 칭찬받는다. 쿠킹 클래스, 요가, 잉어 밥 주기 등의 액티비티를 하루 종일 운영해 호텔 안에서 하루를 보내도 오케이. 타박타박 걸어 올드 시티 밤 나들이 다녀오기도 좋은 위치. 자전거도 무료로 대여 가능하다.

위치 호이안
한국인 직원 한국어 가능한 베트남 직원 있음
셔틀버스 호텔 ↔ 안방 비치(무료)

2권 ⊙ **MAP** p.086B ⑤ **구글 지도 GPS** 15.884010, 108.327383 ⊙ **찾아가기** 다낭 국제공항에서 자동차로 약 45분
⊙ **주소** 326 Lý Thường Kiệt, Phường Minh An, Hội An, Quảng Nam ⊖ **전화** 235-366-6888
⊙ **홈페이지** www.almanityhoian.com

🔍 클로즈 UP **TIP 나에게 맞는 룸 타입은?**

객실 타입은 크게 다섯 가지로 나뉘며 방 구조가 달라 여행 목적에 맞게 방을 선택해야 한다. **마이 에너지(My Energy)**는 가족 단위 여행자에게 추천. 어른 2명과 6세 미만 어린이 2명에게 알맞은 룸 타입으로 엑스트라 베드도 설치해준다. **마이 허트(My Heart)**는 자쿠지와 너른 발코니가 있어 허니무너들의 사랑을 받는다. 가장 대중적인 룸 타입은 **마이 마인드(My Mind)**. 열린 공간을 추구해 객실 내에 문이 없는 것이 특징이다.

HIGHLIGHTS | **01** ▶

하루 한 번 무료 마사지 Complimentary Massage
매일 숙박객 1명당 90분간 마사지를 무료 제공한다. 50분 동안의 보디 마사지와 40분간의 자쿠지, 샤워실, 사우나 등 부대시설 이용 시간으로 이뤄져 있다. 딥 티슈, 뱀부 마사지, 허벌 등이 인기 있는 마사지 프로그램
🕐 **시간** 09:00~22:00

HIGHLIGHTS | 02

수영장 Pools

호이안에서 손꼽히는 대규모 수영장을 갖췄다.
물장구 몇 번이면 반대편에 닿는 호텔 수영장과는
차원이 다르다. 야자나무가 수영장을 에워싸
한낮에도 그늘 아래에서 물놀이를 즐길 수 있다.
겨울에는 따뜻한 물이 나오는 수영장도 따로
갖추었다. 기온에 따라 온수 풀을 가동하므로
미리 문의해보자.

🕐 **시간** 07:00~21:00

HIGHLIGHTS | 03

블루 보틀 바 Blue Bottle Bar

호텔 간판보다 더 큰 간판 때문에 호텔인
줄 모르고 찾는 손님이 많다. 그래서인지
다른 호텔 바보다 분위기가 좋다.
수요일과 토요일 저녁 8시 30분에 라이브
뮤직 공연이 열린다. 호텔 투숙객이
아니라도 이용 가능.

🕐 **시간** 10:30~심야

바다를 실컷 보고 싶다면

Victoria Hoi An Beach Resort and Spa
빅토리아 호이안 비치 리조트 앤드 스파

좋은 곳은 쉽게 입소문이 나기 마련. 모든 사람의 입맛을 맞추기가 쉽지 않은데, 동양인, 서양인 할 것 없이 인기 있다. 웬만한 식당에서 돈 주고 먹는 것보다 조식이 맛있고 룸서비스도 돈값을 제대로 한다. 리조트 앞의 바다, 뒤는 강이 자리해 휴식을 취하기 좋아 가족 여행자들이 선호한다. 숙박객은 사우나와 자쿠지를 무료로 이용할 수 있다.

위치 호이안
한국인 직원 없음
셔틀버스 리조트↔호이안 구시가지(무료)
2권 ⊙ MAP p.111G ⓖ **구글 지도 GPS**
15.895233, 108.3697003 ⓖ **찾아가기** 다낭
국제공항에서 자동차로 40분 ⓐ **주소** Âu
Cơ, Biển Cửa Đại, Hội An, Quảng
Nam ⊝ **전화** 235-392-7040
⊙ **홈페이지** www.victoriahotels.asia/vi

HIGHLIGHTS

수영장과 프라이빗 비치 Pool&Private Beach
바다와 수영장이 딱 달라붙어 있어 분위기부터 남다르다. 수심이 0.47m부터 깊은 곳은 2m까지 다양해 전 연령이 수영을 즐기기에도 좋은 조건. 튜브에 바람을 넣어주는 서비스나 밤늦게까지 수영을 할 수 있다는 점은 많은 숙박객이 칭찬하는 부분이다.
🕐 **시간** 06:00~22:00

호이안의 정취 듬뿍

La Siesta Hoi An Resort&Spa
라 시에스타 리조트 앤드 스파

위치 호이안
한국인 직원 없음
셔틀버스 리조트↔호이안 구시가지↔안방 비치(무료)

트립어드바이저 호이안 1위를 할 때부터 알아봤다. 손님 응대에 상당한 공을 들여 대접받는 기분을 느끼도록 해준다. "어머, 어머" 소리가 절로 나오는 예쁜 수영장, 아름다운 정원은 사진 찍기에도 좋다. 매일 저녁 방을 깨끗이 정리해주는 턴다운 서비스, 수준급의 스파, 종류는 많지 않지만 맛있는 조식도 온 가족이 좋아할 만 하다. 아이들이 있는 집은 복층으로 된 듀플렉스 스위트 발코니 룸(Duplex Suite Balcony)을 추천. 도로 쪽 건물은 차량 소음이 있으니 주의해서 예약하자.

2권 ⊙ **MAP** p.086E ⓢ **구글 지도 GPS** 15.880037, 108.316332 ⓞ **찾아가기** 다낭 국제공항에서 자동차로 45분 ✈ **주소** 132 Hùng Vương, Thanh Hà, Hội An, Quảng Nam ⊝ **전화** 235-391-5915 ⊙ **홈페이지** http://lasiestaresorts.com/#modal-rebrand

HIGHLIGHTS

로열 디너 Royal Dinner

매주 토요일 저녁에 열리는 만찬으로 베트남 전통 음악을 들으며 BBQ 뷔페를 즐길 수 있다. 드레스코드는 전통 아오자이. 로열 디너 참석자에게는 숙박 기간 아오자이를 무료로 빌려주는데, 사진발이 잘 받아 구시가지에서 사진을 찍기도 그만이다.

🕐 **시간** 토요일 19:00~ 💲 **가격** 1인당 39$

밤 비행의 피로를 풀어줄 숙소

따지고 보면 비행기 타고 날아온 게 전부인데, 몸은 천근만근. 야속하게 다낭행 항공편은 왜 죄다
심야 출발인지 피곤함이 곱절로 쌓이는 것만 같다. 오늘만큼은 근사한 분위기, 너른 수영장,
친절한 직원, 다 필요 없다. 적당한 가격에 편안한 잠자리가 있는 호텔이 장땡이다.

호텔	위치	가격대	다낭 국제공항과의 거리	가성비	한국인 직원	셔틀버스
그랜드 머큐어 다낭 Grand Mercure Danang	다낭	10만 원~	3km	★★★	✔	✔
무엉탄 럭셔리 다낭 호텔 Muong Thanh Luxury Da Nang Hotel	다낭	9만 원~	5.5km	★★★★		
다이아몬드 시 호텔 Diamond Sea Hotel	다낭	6만 원~	6.7km	★★★★		✔
호이안 히스토릭 호텔 Hoi An Historic Hotel	호이안	8만 원~	29km	★★★★		✔
소피아 부티크 호텔 Sofia Boutique Hotel	다낭	3만 원~	6.9km	★★★★★		
아달린 호텔 Adaline Hotel	다낭	4만 원~	6.1km	★★★★★		

★★★★★

1

조용함이 강점

Grand Mercure Danang
그랜드 머큐어 다낭

추천 대상 새벽 비행기 이용 고객, 숙박 후 미케 비치나 호이안의 리조트에 머물 계획이라면, 하룻밤이지만 아무 곳에나 자기는 꺼려지는 경우

셔틀버스 호텔 → 참 조각 박물관 → 한 시장 → 미케 비치 → 아시아 파크 → 호텔 순환선(무료, 승차 1시간 전 예약 필요)

2권 ◉ MAP p.066A
ⓖ **구글 지도 GPS** 16.048289, 108.226951
◎ **찾아가기** 다낭 국제공항에서 자동차로 약 8분
⌖ **주소** Lot A1 Zone of the Villas of Green Island, Hải Châu, Đà Nẵng
☎ **전화** 236-379-7777
⊗ **홈페이지** http://accorhotels.com

5성급 호텔치고 참 착한 비용이 특징. 최근에는 숙박비 할인 행사도 자주 해 때만 잘 맞추면 4성급 호텔과 비슷한 가격까지 내려간다. 주변에 고층 빌딩이 없어 어느 방에서나 탁 트인 경치를 볼 수 있고, 방음도 동급 호텔 대비 훌륭해 방 밖으로 한 발짝도 안 나가고 싶을 정도. 룸 타입은 크게 슈피리어와 딜럭스, 스위트룸으로 나뉘며 딜럭스와 스위트룸 숙박 고객은 라운지를 무료로 이용할 수 있으니 놓치지 말자. APEC 개최 기간 중 문재인 대통령 순방단을 가장 가까이에서 보좌한 한국인 객실 매니저(김재준 씨)가 있는 등 한국인에게 특화된 서비스를 선보이는 것도 장점이다. 다낭 국제공항이나 롯데 마트에서 가깝지만 다낭 시내까지는 거리가 있어 여행 첫날이나 마지막날 하루 정도 묵는 것을 추천. 비즈니스와 단체 숙박객 입맛에 맞추느라 휴양을 즐기기엔 부대시설이 다양하지 않다. 가격 대비 방 크기가 작은 편이며 체크인 시 1일당 100만đ의 보증금을 내야 한다.

호텔의 자랑거리, 짐(Gym).

★★★★★
2
바다가 코앞에!

Muong Thanh Luxury Da Nang Hotel
무엉탄 럭셔리 다낭 호텔

추천 대상 전망 좋은 곳을 선호하는 여행자, 부대시설은 이용하지 않을 여행자

창문을 열었더니 바다가 두 눈 가득. 쉴 새 없이 밀려드는 파도와 끝이 보이지 않는 해변 풍경은 이곳에서 누릴 수 있는 최고의 사치다. 일출 풍경을 보며 눈을 떴다가 파도 소리 들으며 잠드는 데 필요한 금액은 한화로 1일 10만 원 안팎. 그래서 늘 손님이 몰린다. 하지만 장점은 딱 여기까지. 분명 5성급 호텔이기는 한데 부대시설이나 서비스는 웬만한 4성급 호텔에도 못 미치는 수준이다. 손님 대부분이 한국과 중국 단체 관광객이라 어딜 가도 북적북적하고, 심지어 방 안에서 술판을 벌이는 손님도 있어 휴양을 즐기기엔 여로모로 부족하다. 호텔 내 마사지 숍은 건전한 마사지와는 거리가 있으니 조심하자.

2권 ⊙ **MAP** p.067B ⑧ **구글 지도 GPS** 16.053847, 108.247623 ⊙ **찾아가기** 다낭 국제공항에서 자동차로 약 12분 ⊙ **주소** Số 270 Đường Võ Nguyên Giáp, Phường Mỹ An, Quận Ngũ Hành Sơn, Thành phố Đà Nẵng ⊖ **전화** 236-395-6789 ⊙ **홈페이지** http://luxurydanang.muongthanh.com

미케 비치 전망이 압도적인 수영장.

★★★★
3
요즘 뜨는 호텔

Diamond Sea Hotel
다이아몬드 시 호텔

🏨 **추천 대상** 가성비를 따지는 알뜰 여행자, 나 홀로 또는 친구와 함께하는 여행자

🚌 **셔틀버스** 호텔 ↔ 호이안(편도 1인 7만5000đ), 호텔 ↔ 다낭 국제공항(무료, 예약 필요)

일단 위치는 최고다. 길만 건너면 미케 비치이고, 호텔 주변에 맛집도 참 많다. 가격 대비 룸 컨디션이 준수하고 부대시설도 잘 갖춰져 있어 알뜰 여행자들에게 사랑받는다. 옥상에는 널찍한 루프톱 수영장과 풀 바가 함께 들어서 미케 비치의 시원한 풍경을 보며 휴식을 취할 수 있다. 밤 11시까지 수영장을 운영해 언제든 수영할 수 있다는 것이 큰 장점. 키즈 클럽과 스파도 기대 이상이다. 호텔 주변이 한창 재개발 공사 중이라 어수선하다는 점은 아쉽다. 해변 바로 옆에 자리한 호텔이지만, 정작 바다를 볼 수 있는 객실은 소수다. 예약 시 전망이 있는 객실인지 반드시 체크하도록. 체크인 시 보증금 100만đ을 내야 한다.

2권 📍 **MAP** p.055F ⑤ **구글 지도 GPS** 16.066550, 108.245073 ⊙ **찾아가기** 다낭 국제공항에서 자동차로 약 14분 ⊙ **주소** 232 Võ Nguyên Giáp, Phước Mỹ, Sơn Trà, Đà Nẵng ⊙ **전화** 236-393-9777 ⊙ **홈페이지** www.diamondseahotel.com

사진 촬영 스폿으로 인기 있는 루프톱 수영장.

★★★★
4
호이안에서
가장 좋은 위치

Hoi An Historic Hotel
호이안 히스토릭 호텔

🏖 **추천 대상** 휴양과 관광 모두를 즐기고 싶은 여행자, 가족·친구와·나 홀로 여행자

🚌 **셔틀버스** 호텔 ↔ 끄어다이 비치(무료)

호이안 시내에서 흔치 않은 대규모 호텔이다. 수심이 50cm부터 1.8m에 이르는 너른 수영장은 물론 스파와 피트니스, 식당까지 갖추고 있다. '뭘 좋아할지 몰라서 다 준비했어' 같은 느낌이랄까. 유명세를 타면 초심을 잃을 법도 한데, 직원들의 친절도는 언제나 최고를 유지한다. 무거운 짐을 방 안까지 옮겨주는 것은 기본. 체크인할 때 호텔 시설 이용 방법을 하나하나 꼼꼼히 알려주는 것만 봐도 고객 응대에 얼마나 공을 들이는지 알 수 있다. 돈을 좀 더 내더라도 풀 뷰(Pool View) 객실을 선택하자. 시티 뷰(City View) 객실은 도로와 가까워 소음이 있다.

2권 📍 **MAP** p.087G ● **구글 지도 GPS** 15.880093, 108.330590 ● **찾아가기** 다낭 국제공항에서 자동차로 약 45분 ● **주소** 10 Trần Hưng Đạo, Minh An, Tp. Hội An, Sơn Phong, Quang Nam ○ **전화** 235-386-1445 ● **홈페이지** www.hoianhotel.com.vn

5
★★★
가성비 최강

Sofia Boutique Hotel
소피아 부티크 호텔

추천 대상 가성비를 따지는 알뜰 여행자, 나 홀로 여행자

가격만 보고 덜컥 예약했다가 낭패를 보는 호텔들도 많은데, 이곳은 낸 돈 이상의 만족감을 느끼게 해 준다. 짐을 여기저기 펼쳐 놓기 넉넉한 방 크기부터, 주변 풍경이 한눈에 들어오는 테라스, 친절한 직원들까지, 여행의 첫 호텔이 가져야 할 요건을 모두 갖췄다. 다만 다낭에서 교통량이 가장 많은 도로와 인접해 소음이 있다는 점, 4층 건물임에도 엘리베이터가 없다는 점은 아쉽다.

2권 ⊙ **MAP** p.055D
Ⓖ **구글 지도 GPS** 16.070494, 108.242450
⊙ **찾아가기** 다낭 국제공항에서 자동차로 약 15분
⊙ **주소** I-11 Phạm Văn Đồng, An Hải Bắc, Sơn Trà, Đà Nẵng
⊙ **전화** 093-529-8739
⊙ **홈페이지** www.sofiahoteldanang.com

6
★★★
있을 건 다 있다!

Adaline Hotel
아달린 호텔

추천 대상 가성비를 따지는 알뜰 여행자, 나 홀로 여행자

기껏해야 눈만 좀 붙일 건데, 괜히 비싼 돈을 주기가 껄끄럽다면 이곳으로. 가격 대비 룸 컨디션이 훌륭해 알뜰 여행자들의 마음을 흔든다. 호텔 옥상에는 미케 비치가 보이는 작은 루프톱 수영장도 갖추었다. 방이 작아 짐이 많다면 좀 불편할 수 있다.

2권 ⊙ **MAP** p.055F Ⓖ **구글 지도 GPS** 16.063153, 108.243762
⊙ **찾아가기** 다낭 국제공항에서 자동차로 약 12분
⊙ **주소** 45-47 Võ Văn Kiệt, Phước Mỹ, Sơn Trà, Đà Nẵng
⊙ **전화** 236-366-6567
⊙ **홈페이지** http://adalinehotel.com

MANUAL 07
럭셔리 호텔

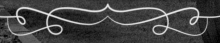

Luxury Hotel

계산기 두들기며 다음 달 카드비 계산하기에 바빴다.
그래서 럭셔리 호텔은 아예 쳐다보지도 못했다.
다행히 다낭 럭셔리 호텔의 문턱은 좀 더 낮다.
국내 고급 펜션과 별반 다르지 않은 금액으로
럭셔리 호텔의 침대에 누울 수 있으니 괜히 다낭, 다낭 하는 게 아니다.

Four Seasons Resort
The Nam Hai

포시즌스가 괜히 포시즌스일까

포시즌스 리조트 남하이

어쩜 내 마음을 이리도 잘 알아줄까? 포시즌스의 고객 응대는 감동적이다 못해 '내가 이런 대접을 받아도 되나?' 싶을 정도다. '사람을 가장 중요하게 생각한다'는 설립자의 경영 철학이 직원 한 명 한 명에게 스며든 듯한 느낌. 고객 응대뿐 아니라고객 맞춤 서비스에도 '마음'이 들어가 있어 요리조리 뜯어볼수록 감동할 수밖에없다. 100채의 독채 빌라 가운데 60개 빌라는 풀장이 없는 1 베드 룸 빌라와 패밀리빌라로, 나머지 40개 빌라는 개별 풀장을 갖춘 1~5 베드 룸 풀빌라로 이뤄져 있다.어떤 룸에 묵건 매일 한 번의 턴다운 서비스를 제공하고 24시간 인룸 다이닝이 가능하다. 매일 냉장고의 소프트 드링크와 맥주를 무료로 마실 수 있는 프라이빗 바(Private Bar) 서비스도 돈 쓴 보람을 제대로 느끼게 해주는 부분. 리셉션에 한국인직원과 한국어가 능숙한 베트남 직원이 있으며 리조트 내 모든 팸플릿도 한국어가표기돼 있다.

👤 **한국인 직원** 있음

🚌 **셔틀버스** 리조트 ↔ 호이안 구시가지(무료)

🏖 **HOIAN**

2권 📍 **MAP** p.110A ⓢ **구글 지도 GPS** 15.929184, 108.317596 🚗 **찾아가기** 다낭국제공항에서 자동차로 30분 📍 **주소** Block Ha My Dong B, Điện Dương, Điện Bàn,Quảng Nam ☎ **전화** 235-394-0000 🌐 **홈페이지** www.fourseasons.com/hoian

TIP 어떤 객실에 묵을까?

여행의 목적에 따라 선호 룸 타입도 확실히 다르며 서비스 제공 내용도 차이가 있으니 참고해서 예약하자.

● 1 베드 룸 빌라

기본적인 룸 타입. 엑스트라 베드 추가(유료) 시 어른 3명이 투숙할 수 있다. 추천 대상 커플, 허니무너, 아이 동반한 3인 이하의 가족

● 패밀리 빌라

아랫단을 잡아 당기면 침대로 바뀌는 소파가 놓인 아이들 방과 작은 화장실 겸 욕실이 추가된 형태. 변기와 세면대는 아이들 키에 맞춰 제작했다고. 어른 2명과 12세 미만 어린이 2명이 최대 투숙 인원. 추천 대상 아이 동반한 5인 이하 가족.

● 풀 빌라

방 개수에 따라 1~5 베드 룸으로 나뉜다. 겨울에 온수가 나오는 프라이빗 풀장이 딸려 있는 것은 기본. 전담 버틀러(개인 집사)가 아침부터 저녁까지 상주하며, 여행에 필요한 모든 도움을 받을 수 있다. 무료 세탁 서비스와 호이안, 다낭까지의 개인 차량 서비스도 제공한다(예약 필수). 또 카나페와 애프터 드링크 서비스까지 꼼꼼히 챙겨주니 세상천지 이런 호사가 없다. 일반 객실과 달리 체크인과 체크아웃도 풀빌라 내 커먼 에어리어에서 진행하는 것도 차별점. 추천 대상 프라이빗 휴가를 보내고 싶은 가족.

CHECK POINT | 01

3개의 공용 인피니티 풀장
Infinity Swimming Pools

바다를 바라보고 수심이 다른 3개의 공용 풀장이 들어서 있다. 그중 어퍼 풀(Upper Pool)은 겨울에도 온수가 나온다. 운영 시간에는 세이프 가드가 있다.
🕐 **시간** 07:00~18:00

CHECK POINT | 02

더 하트 오브 디 어스 스파
The Heart of the Earth Spa

비싼 값을 톡톡히 한다. 일단 분위기부터가 압도적이다. 호수 위에 떠 있는 듯한 독채 빌라에서 마사지를 받는 기분이란 말로 다 설명하지 못할 경험. 마사지 실력도 받쳐주니 예약 잡기 힘들다는 게 이해된다. 다 좋은데 속이 다 비치는 팬티를 입은 채 마사지를 받는다는 건 좀 아쉽다.
💲 **가격** 남하이 스트레치(Nam Hai Stretch) 90분 450만đ

CHECK POINT | 03

액티비티 Activities

리조트 자체 액티비티만 즐겨도 하루가 짧을 지경. 요일과 시간대별로 다양한 액티비티를 선보이는데, 무료 액티비티도 포시즌스는 격이 다르다. 특히 저녁에 열리는 '탑넨'과 '소원 등불 띄우기' 행사를 강력 추천. 해양 액티비티도 다양하게 준비돼 있는데, 카타마란(Catamaran)과 윈드서핑 대여는 무료다.

CHECK POINT | 04

쿠킹 아카데미 Cooking Academy

평범한 쿠킹 클래스 대비 가격은 3~4배 정도 더 비싸지만 일정이 알차다. 유명 셰프에게 베트남 요리를 배울 수 있는 것은 물론 프로그램에 농장 체험, 전통 시장 방문 등도 포함돼 있어 한나절 시간 보내기에 좋다. 체험 후에는 수료증과 앞치마 등을 선물로 받을 수 있다. 요일마다 다른 주제의 쿠킹 아카데미가 열리며, 아이를 위한 무료 쿠킹 클래스도 있으니 체크하자.
💲 **요금** 258만5000đ~

고풍스럽고 우아하다
반얀트리 랑꼬

'고풍스럽다', '우아하다'. 이 두 문장으로 모두 설명되는 '꿈의 궁전'이다. 높은 천장을 가득 메운 거대 랜턴과 눈길 닿는 곳마다 장식된 생화, 세상과 단절된 듯한 너른 풀빌라는 꿈속 한 장면 같다. 질 좋은 객실 내 어매니티는 기본, 매일매일 새 것으로 갈아주는 향초와 웰컴 과일은 "역시"라는 말이 절로 나온다. 다낭 시내에서 자동차로 1시간 넘는 거리에 있다는 것이 최대 장점이자 단점. 없는 시간을 쪼개서라도 이것저것 보고 싶은 여행자라면 독이 될 위치. 하지만 골프나 휴양에 중점을 둔 이에게는 분명 득이다. 호텔 주변에 편의점이나 마트, 심지어 레스토랑도 없으니 장을 미리 봐 가자. 다행히 호텔 내 레스토랑이 웬만한 맛집 뺨 칠 정도라 맛에 대한 걱정은 접어도 된다(가격이 좀 비쌀 뿐이다). 공용 풀장 규모가 작은 편이지만, 바로 옆의 앙사나 랑꼬(p.317)의 수영장을 무료로 이용할 수 있다.

🧑 한국인 직원 있음

🚌 셔틀버스 리조트 ↔ 다낭 국제공항·호이안·후에(무료), 리조트 ↔ 다낭 시내(1인당 20만d)

📍 Hue

2권 MAP p.006 구글 지도 GPS 16.338085, 107.953846 찾아가기 다낭 국제공항에서 자동차로 1시간 주소 Thôn Cù Dù, xã Lộc Vĩnh, Huyện Phú Lộc, tỉnh Thừa Thiên Huế 전화 234-369-5888 홈페이지 www.banyantree.com/vi/ap-vietnam-lang-co

CHECK POINT | 01

워터프런트 레스토랑
Waterfront Restaurant

'아침 식사가 아무리 좋아봐야 얼마나 좋겠어?'라고 생각한다면 이곳에 가보고 얘기하자. 베트남 전통 음식은 물론, 빵, 간식, 과일, 디저트 등을 섹션별로 마련해놓아서 뭘 먼저 먹을지 고민이 된다. 먹을 음식이 아무리 많아도 스테이션의 달걀 요리와 쌀국수는 놓치지 말자. 애주가라면 떼땅져(Taittinger) 등 유명 샴페인을 마음껏 즐길 수 있는 샴페인 코너를 주목! 차와 커피는 무료로 주문 가능하며 키즈 메뉴도 다양하다.

CHECK POINT | 02

사프론 레스토랑
Saffron Restaurant

반얀트리가 자랑하는 태국 음식 전문점. 손님 이름을 나뭇잎에 써서 테이블에 올려둔 것부터 심쿵. 발아래 펼쳐지는 풍경에 또 한 번 반한다. 근사한 분위기와 서비스, 요리 실력까지 받쳐주니 맛이 없기가 더 어렵다. 애피타이저로는 오징어 튀김인 '무억 크라티움 프틱타이(Muek Kratiem Prik Thai)'(43만đ)를, 메인 메뉴는 그릴에 구운 오리 고기와 열대 과일 콤포트의 달짝한 맛이 잘 어우러지는 '깽팟펫양(Gaeng Phed Ped Yang)'(66만đ)을 추천. 매일 바뀌는 무료 애피타이저를 내놓아 2명 기준 메인 메뉴 두 가지와 에피타이저 한 가지만 주문하면 양이 맞다. 한국어 메뉴가 있다.

CHECK POINT | 03

반얀트리 스파 Banyan Tree Spa

오직 두 사람을 위한 독채 스파 빌라. 식었던 사랑도 샘솟는 것 같은 기분이다. 하늘하늘한 커튼 하며, 장미꽃을 아낌없이 띄워놓은 욕조, 들뜬 마음도 차분해지는 아로마 향까지. 비싼 요금 빼고 모든 것이 완벽하다. 임신부를 위한 클래러티(Clarity) 마사지 오일을 비롯, 총 네 가지 오일 중 선택할 수 있으며 샤워 시설도 웬만한 5성급 호텔 객실보다 낫다. 한국인이 가장 즐겨 찾는 마사지는 딥 티슈 방식의 발리니즈(Balinese). 숙박+스파 패키지를 이용하면 좀 더 저렴하다.
🕙 **시간** 10:00~21:00

 TIP 어떤 객실에 묵을까?
모든 객실이 독채 빌라로 이뤄져 있다. 크게 세 가지 타입으로 나뉘는데, 전망과 구조에 따라 차이가 있다.

● **라군 빌라 Lagoon Villa**
한국인이 가장 선호하는 객실로, 일명 '가성비가 가장 좋은' 타입이다. 추천 대상 커플, 부부.

● **비치 빌라 Beach Villa**
얼핏 보기에 라군 빌라와 큰 차이가 없지만 코티지(정자)와 자쿠지가 딸려 있고, 바다 전망을 볼 수 있다는 것이 다르다. 객실 구조는 같다. 추천 대상 허니무너.

● **힐 빌라 Hill Villa**
가파른 언덕 위에 있어 일단 전망이 무척 좋다. 객실마다 바다가 한눈에 들어오는 풀장과 테라스는 기본 옵션. 음식을 해 먹을 수 있는 주방도 별도로 마련돼 있다. 추천 대상 대가족.

DAY-40
무작정 따라하기 디데이별 여행 준비

D-40
여권과 비자 등 필요한 서류 체크하기

1. 준비할 서류 미리보기

- ☐ 여권
- ☐ 항공권
- ☐ 여행자 보험

2. 여권 만들기

해외여행을 준비할 때 가장 중요한 것이 여권이다. 출입국 시 필요할 뿐 아니라, 해외에서는 신분증 역할을 하기 때문. 여전히 여권을 발급받는 데 짧게는 3일, 길게는 일주일 정도 걸리는 만큼 시간적 여유를 두고 만들어두는 편이 좋다.

① 여권 종류

일정 기간 횟수에 상관없이 사용할 수 있는 '복수여권'과 딱 한 번만 이용할 수 있는 '단수여권'으로 나뉜다. 이번 해외여행이 마지막이라면 모르겠지만, 이왕이면 10년짜리 복수여권을 발급받도록 하자. 성인은 본인이 직접 방문해서 신청해야 하며, 미성년자는 부모나 법정대리인이 대리 신청할 수 있다. 24세 이하의 병역 미필자의 경우 최장 5년 복수여권 또는 단수여권만 발급된다.

② 여권 발급 시 필요 서류

- 여권발급신청서
- 여권용 사진 1매(6개월 내에 촬영한 사진)
- 25~37세 병역 미필 남성의 경우 국외여행허가서 필요
- 신분증
- 수수료: 10년 복수여권 5만3000원, 5년 복수여권(8~18세) 4만5000원, (8세 미만) 3만3000원, 1년 단수여권 2만 원

③ 여권 발급 장소

전국의 240개 도, 시, 군, 구청 민원과에서 발급 가능.

③ 여권 유효기간

일반적으로 여권의 유효기간이 6개월 이상 남아 있어야 출입국이 가능하다. 여권이 있다고 하더라도 유효기간이 얼마 남지 않았을 경우에는 재발급받거나 유효기간을 연장해야 한다. 단, 전자여권만 가능하며, 구 여권은 유효기간 연장이 불가능하다.

이외의 더욱 자세한 사항은 외교부 여권 안내 홈페이지 (www.passport.go.kr)를 참고하자.

Plus Info. 비자는 필요 없나요?

한-베트남 비자 협정에 따라 15일 이하의 단기 체류자는 무비자로 방문할 수 있다. 15일 이상 장기 체류 할 예정이거나 최근 한 달 이내에 베트남 입국을 한 경우, 베트남과 비자 협정을 체결하지 않은 국가의 국민(미국, 중국, 캐나다, 호주 등)은 베트남 비자를 발급받아야 한다.

비자 종류

비자의 종류는 크게 두 가지가 있다. 업무(비즈니스)를 목적으로 입국하는 경우에는 상용비자(DN)를, 여행 목적으로 입국할 때는 관광비자(DL)를 발급받는 등 방문 목적에 맞게 비자를 발급받아야 뒤탈이 없다. 목적 이외의 활동을 하다가 적발되면 벌금, 강제 추방 등의 법적인 처벌을 받을 수 있으니 조심하자.

비자 가격

관광비자 기준 1개월 단수 1만2000원~, 3개월 복수 4만5000원~
※현지 공항의 스탬프 발급 비용 별도(스탬프 발급 비용은 무조건 미국달러(USD)로만 지불 가능하니 주의하자)

비자 발급 방법

대사관 vs 여행사
비자는 대사관에 직접 방문해 발급받거나 국내 전문 여행사에서 도착비자를 대행 발급받는 방법이 있다. 하지만 대사관 비자는 발급까지 소요 시간이 길고 가격이 비싼 추세. 대부분의 여행자들은 여행사의 도착비자를 이용하는 추세. 가격이 저렴하고 생각보다 간편해서 누구나 쉽게 비자를 발급받을 수 있다. 자세한 비자 발급 방법 및 절차는 여행사에서 친절히 알려주기 때문에 걱정하지 않아도 된다.

3. 해외여행자 보험 가입하기

해외여행을 떠날 때 혹시나 일어날지 모르는 사고를 처리하기 위해 가입하는 것으로, 장기 여행에는 필수다. 여행을 떠나는 누구나 가입할 수 있으며 보험사 홈페이지나 공항 보험사 부스, 스마트폰 등으로 손쉽게 가입할 수 있다. 여행 중 상해 사고, 질병으로 인한 사망, 치료비를 위한 의료비 보상, 타인에게 손해를 끼친 경우 배상금, 휴대품 도난 및 파손 등 보험마다 약관 내용과 보상 범위가 다르니 꼼꼼히 확인하자.

D-35
예상 여행 경비 체크

여행 경비는 체류일이나 여행 스타일, 소비 습관에 따라 천차만별이다. 초저가 배낭여행을 한다면 1일 100만đ 선에서 충분히 해결되겠지만, 남들만큼 먹고 즐기려면 넉넉하게 1일 120만đ 정도 잡는 것이 마음 편하다.

1. 항목별 지출 예상 경비

① 항공권 – 30만~70만 원

성수기(방학, 휴가철, 연휴 등)와 비수기 요금 차이가 심한 편인데, 비수기에 저가 항공편을 이용하면 항공권에 드는 비용을 줄일 수 있다. 항공권이 가장 저렴한 시기는 3~5월과 10~11월이다.

② 숙박비

어떤 곳에 묵느냐에 따라 천차만별로 달라진다. 3~4성급 호텔은 3만~8만 원 선, 5성급 호텔은 8만~20만 원 선, 특급 호텔이나 풀빌라는 최소 20만 원은 잡아야 한다. 보통 우기(11~2월)의 숙박비가 가장 저렴하다.

③ 식비 – 1일 50만đ

고급레스토랑에 가지 않는 이상 큰 차이가 나지 않는다. 식당 10만~ 20만đ 수준으로 잡으면 되고, 저녁 식사 때 맥주 한잔 마시는 경우 20만~40만đ 정도면 충분하다. 호텔 인룸 다이닝(룸서비스)은 좀 더 비싸다.

④ 체험 비용과 입장료

쿠킹 클래스, 에코 투어 등의 체험 비용과 관광지 입장료도 생각해봐야 한다. 바나 힐, 오행산, 호이안 구시가지, 후에 왕궁 및 왕릉 등의 유명 관광지는 입장료를 징수하니 참고하자. 다행히 부담될 정도의 금액은 아니다.

⑤ 기타 비용 – 1일 30만đ

날씨가 더워 커피, 음료 등 자잘한 간식 비용이 꽤 들어간다. 특히 어린아이가 있을수록, 여행 일정이 빡빡할수록 여기에 드는 돈이 만만찮다. 하루 최소 30만đ은 비상금을 겸해서 별도로 갖고 다니자.

⑥ 교통비 – 1일 50만đ

여행 일정에 따라 차이가 나지만 택시 요금이 저렴해 부담 없이 택시를 탈 수 있다. 다낭 시내에서 움직이는 경우 20만đ을 넘지 않고, 가까운 거리는 요금이 10만đ을 넘지 않는다.

⑦ 여행 준비 비용

유심칩, 포켓 와이파이 대여료 또는 데이터 로밍 요금, 쇼핑 비용 등 기타 비용과 여행자보험 가입, 공항↔집 교통비, 여행 물품 구입 비용 등의 여행 준비 비용도 잘 따져봐야 한다.

2. 1일 예상 체류비

항공편과 숙박비를 제외한 1일 체류비는 대략 130만~150만đ 선 (약 7만~9만 원).

3. 다낭 4박 6일 예상 비용

저렴한 항공편을 이용하고, 3~4성급 호텔에 지낸다고 가정했을 때의 평균적인 여행 비용이다. 5성급 이상의 고급 호텔에 묵거나 비싼 항공편을 이용하는 경우, 성수기에는 비용이 더 든다.

항공 요금 45만 원
4박 숙박비(4성급 호텔 숙박) 10만 원 X 4 = 40만 원
체류비(교통비+입장료+식비+기타 비용) 7만 원 X 4= 28만 원
합계 45만 원 + 40만 원 + 28만 원 = 123만 원

※총 비용 123만 원의 10~20% 수준(12만~25만 원)은 비상금으로 가져가자.

D-30
항공권 구입하기

여행의 첫 단계이자, 무시할 수 없는 비용이 드는 항공권 구입.
어떻게 하면 여행 경비를 조금이라도 아낄 수 있을까?

1. 한국 ↔ 다낭 취항 항공사

후에 부정기편이 있지만 대부분은 다낭으로 입국하게 된다. 소요
시간은 약 4시간 30분~5시간 내외이며 대부분은 밤늦게 출발해
새벽에 다낭에 도착한다. 요즘은 지방 출발 항공편도 많이 취항해
지방 거주 여행자들의 편의성이 좋아졌다.

① 인천 ↔ 다낭

국내 항공사 – 대한항공, 아시아나항공, 제주항공, 진에어,
이스타항공, 에어서울, 티웨이항공
해외 항공사 – 베트남항공, 비엣젯항공, 한에어, 델타항공

② 김해 ↔ 다낭

국내 항공사 – 대한항공, 아시아나항공, 제주항공, 에어부산,
진에어, 티웨이항공
해외 항공사 – 베트남항공

③ 대구 ↔ 다낭

에어부산, 티웨이항공

④ 무안 ↔ 다낭

제주항공

2. 항공편 선택, 이렇게 하면 된다!

① 저가 항공편을 이용하자

장거리 노선이 아니기 때문에 저가 항공편의 경쟁력이 높다. 또
운항편이 많고, 운항사도 아주 다양해서 여행 스케줄과 예산에
따라 얼마든지 골라 탈 수 있다.

② 수하물 규정을 반드시 체크하자.

저가 항공편을 이용할 경우 수하물 규정을 반드시 체크해보자.
항공사에서 정해놓은 무료 수하물 크기나 무게를 초과하면 kg 당
추가 비용을 지불해야 한다. 특히 두 손 무겁게 돌아올 예정이라면
필수 중의 필수. 자칫 항공권 가격보다 더 비싼 수하물 요금을 내야
할 수 있다.

	기내반입 수하물	무료 수하물	초과 수하물 요금
대한항공 (이코노미)	12kg 이하	23kg 이하	개당 100USD 24~32kg 7만5000원
아시아나항공 (이코노미)	10kg 이하	23kg 이하	개당 6만 원 24~28kg 5만 원, 29~32kg 8만 원
에어부산	10kg 이하	15kg 이하 (이벤트 항공권, 번개특가 항공권은 유료 제공)	개당 8만 원 16~23kg 7만 원, 24~32kg 8만 원
진에어	12kg 이하	15kg 이하	1kg 당 1만2000원
제주항공	10kg 이하	20kg 이하 (할인 운임 항공권은 15kg , 특가 운임 항공권은 유료로 제공)	개당 8만 원 16~23kg 7만 원, 24~32kg 8만 원
이스타항공	7kg 이하	15kg 이하 (이벤트 운임 항공권은 편도 5만 원에 구입)	1kg 당 1만6000원
티웨이항공	10kg 이하	15kg 이하 (이벤트 운임 항공권은 유료 제공)	15kg 이하 8만 원 15kg 초과 시 1kg 당 1만6000원 추가
에어서울	10kg 이하	15kg 이하 (특가 운임 항공권은 유료로 제공)	개당 8만 원 16~23kg 6만 원, 24~30kg 8만 원

③ 일찍 예약하자

일찍 예약하면 항공권 가격이 저렴한 경우가 많다. 특히 주말, 연휴, 명절 등의 성수기 항공편은 순식간에 팔리므로 일찍 예약하는 것이 안전하기도 하다. 하지만 비수기의 경우에는 무조건 일찍 예약하는 것보다는 가격 동향을 살펴보자. 팔리지 않는 항공권은 출발 4~8주 전쯤 가격을 내리므로 이때 구입하면 저렴하다.

④ 프로모션, 이벤트를 노리자

저가 항공사에서 실시하는 프로모션이나 이벤트를 이용하면 훨씬 저렴한 가격에 티켓을 득템할 수도 있다. 하지만 그만큼 경쟁률이 높아서 운이 따라줘야 한다.

3. 저렴한 항공권 구매 시
반드시 살펴봐야 할 사항

① 요금 규정을 반드시 살펴보자

항공권이 저렴한 만큼 요금 규정이 이용자에게 불리할 수 있다. 예를 들면 마일리지 적립이 안 된다거나, 여정 변경 불가, 스톱오버 불가, 환불 불가 등의 규정이다. 특히 저가 항공사에서 판매하는 '이벤트 운임 항공권'은 위탁 수하물 발송 비용이 별도 청구되기도 해 꼼꼼히 살펴봐야 한다.

② 체류 조건을 살피자

항공권에도 체류일이 있다. 짧게는 3일, 길게는 3개월 이상이나 무제한까지. 여행 일정에 맞춘다면 문제가 없겠지만, 무턱대고 체류일이 짧은 항공권을 사는 것은 지양하자.

> **Plus Info. 항공권 어디에서 구입할까?**
> 각 항공사 홈페이지와 항공권 가격 비교 사이트(스카이스캐너, 인터파크 투어 등)를 비교해가며 구입하는 것이 좋다. 저가 항공사는 공식 홈페이지 가격이 가장 저렴한 편이다.

D-25
숙소 예약하기

항공권 예약을 마친 이후의 가장 큰 관문은 여행 기간 중 묵을 호텔을 예약하는 것. 요즘은 해외 호텔 예약 사이트가 잘되어 있어 클릭 몇 번이면 누구나 쉽게 예약할 수 있다.

1. 아고다

www.agoda.com/ko-kr

싱가포르에 본사를 둔 곳답게 동남아 호텔은 아고다가 꽉 잡고 있다고 봐도 무방하다. 회원용 적립금의 일종인 '기프트 카드'가 있으며 항공사 마일리지로 적립할 수 있는 '포인트 맥스' 제도도 도입했다. 고급 호텔 할인율이 높은 편이고, 비수기에는 특가 행사

상시 진행한다고 봐도 된다. 단, 할인율이 높은 호텔은 환불 불가 조건이 붙은 경우가 많으니 조심할 것.

2. 익스피디아

www.expedia.co.kr

항공권, 호텔을 함께 예약할 수 있는 곳으로 자체적으로 실시하는 할인 이벤트가 많고 매달 할인 코드를 발급하는 등 시기만 잘 맞추면 저렴한 가격에 호텔을 예약할 수 있다. 호텔 예약 시 원화 결제만 가능하고 현지 통화로 결제가 안 되기 때문에 해외 결제 수수료(DCC)가 많이 든다는 단점이 있는데, 후불 결제를 선택하면 현지 통화로 결제할 수 있어 수수료를 조금이나마 절약할 수 있다.

3. 부킹닷컴

www.booking.com

매달 할인 코드를 발급하며 회원 가입 후 카드 번호를 등록하면 쉽게 예약 및 결제할 수 있어 편리하다. 해외 출장 고객을 위해 조식 제공 여부, 무료 무선 인터넷 등 비즈니스 여행객을 위한 검색 서비스도 제공한다. 다른 사이트에 비해 예약할 수 있는 호텔의 수가 제한적인 것이 아쉽다.

4. 호텔스닷컴

kr.hotels.com

10박을 하면 1박을 공짜로 묵을 수 있는 쿠폰제를 시행해 해외여행을 자주 다니는 사람이라면 쏠쏠하다. 매달 할인 코드를 발급하며 자체적인 할인 행사도 자주 진행한다. 단, 할인이나 쿠폰 적립이 되지 않는 곳도 많기 때문에 예약 전에 꼼꼼히 확인해보는 것이 안전하다.

5. 한인 여행사

http://cafe.naver.com/danang

한국어 응대가 되고 피드백이 빠르다는 것이 가장 큰 장점이다. 상담을 통해 원하는 호텔을 추천해주기도 하며 호텔별로 최저가 프로모션도 자주 실시한다. 네이버 카페 회원 등급별 다양한 혜택이 있어 만족도가 높다.

D-20
여행 정보 수집하기

1. 여행 정보 모아보기

여행을 앞두고 하나하나 준비를 하자니 막막하다면? 책과 온·오프라인에서 다낭을 만나는 방법을 소개한다.

① 여행 블로그

네이버, 티스토리, 다음 등 포털사이트를 기반으로 하는 블로그를 참고하는 것도 좋은 방법. 자신의 여행 취향과 비슷한 블로그를 참고하면 여행 계획을 수립하는 데 많은 도움이 된다.

② 여행 가이드북

커뮤니티와 블로그를 통해 입맛에 맞는 스폿을 찾아봤다면, 가이드북으로 전체적인 동선과 밑그림을 그려볼 차례다. 개개인의 취향이 반영된 블로그에 비해 좀 더 객관적인 관점의 여행 정보와 매력을 기술한다는 부분도 가이드북을 참고해야 하는 이유.

2. 도움될 만한 애플리케이션

- **구글맵** : 현지에서 지도 대신 이용 가능해 인기 있는 앱. GPS를 이용해 현재 위치와 방향을 가늠할 수 있으며, 목적지까지의 실시간 교통편도 쉽게 검색할 수 있다.

- **환율계산기** : 물건을 사고 싶은데, 도저히 환율 계산이 안 된다면? 환율계산기를 켜자. 전 세계 주요 화폐를 한국 원화로 계산해줘서 편리하다. 오프라인 상태에서도 이용 가능.

- **네이버** : 홈 화면의 검색바 마이크를 터치해 '영어'를 선택한 다음, 번역이 필요한 곳 사진을 찍으면 자동으로 번역해준다. 베트남어 사용 불가. 온라인에서만 이용 가능.

- **구글번역** : 음성인식 또는 카메라 촬영을 하면 번역해준다. 베트남어 오프라인 번역 파일을 다운로드하면 오프라인 상태에서도 번역 기능을 사용할 수 있다.

- **파파고** : 네이버에서 개발한 번역 애플리케이션. 다른 애플리케이션에 비해 한국어 번역이 매끄럽다는 평가를 받는다. 베트남어 번역도 가능하다.

D-18
여행 계획 세우기

1. 나 홀로 여행자

알뜰 여행자는 시내의 3성급 호텔에, 금전적 여유가 조금 있거나 혼자만의 공간이 필요하다면 4~5성급 호텔에 묵는다. 교통이 편리한 곳에 숙소를 정하면 교통비가 그만큼 덜 든다. 여행 일정은 먼 곳/ 중요도가 높은 곳부터 소화하고 쇼핑은 마지막 날에 몰아서 하는 것을 추천. 장거리 이동을 해야 할 때는 여행사 셔틀버스, 슬리핑 버스를 이용해 경비를 아끼자.

2. 친구끼리 여행자

사소한 일에도 의견이 충돌되기 십상이다. 여행을 떠나기 전에 충분한 대화를 통해 대충이라도 일정을 정하자. 호텔은 이왕이면 넓은 곳으로. 그래야 좁은 방에서 괜히 어색해지는 일이 없다. 가까운 거리를 이동 할 때는 택시와 그랩 카를 적절히 이용하고, 먼 거리는 여행사의 셔틀버스가 이용하기 편리하고 가격도 저렴하다.

3. 커플 · 부부 여행자

한 사람이 주도적으로 여행 계획을 세우는 것보다는 두 사람의 의견을 모두 반영해 여행 계획을 세우자. 품격 있는 휴가를 원한다면 5성급 호텔의 풀빌라를, 휴양보다는 관광에 집중하고 싶다면 시내에 있는 4성급 호텔이 가성비가 높다.

4. 가족 여행자

아무래도 일정 자체를 아이들 위주로 정하기 쉽다. 야외 활동이 많을 수 있다는 것은 감안해야 하는 부분. 휴양과 관광의 비중을 취향껏 정해야 가족 모두 편하다. 숙소를 정할 때도 수영장이나 키즈 클럽 등 아이들을 위한 즐길 거리가 있는지 체크해보자. 일행이 3명 이상이라면 여행사에서 차량을 대절하면 편리하다.

D-15
면세점 쇼핑

면세점은 크게 공항 면세점, 기내 면세점, 시내 면세점, 인터넷 면세점으로 나뉜다. 각각 장단점이 다르기 때문에 본인에게 맞는 면세점을 선택해서 이용하자.

1. 인터넷 면세점

중간 유통비와 인건비 등의 비용이 절감되어 공항 면세점에 비해 10~15% 더 저렴하게 구입할 수 있어서 알뜰 여행객들에게 인기있다. 모바일을 이용해 적립금 이벤트나 각종 쿠폰 등을 활용하면 정가보다 훨씬 더 저렴하게 구입할 수도 있다. 또 인터넷 면세점에서 구입한 다음, 출국 공항 인도장에서 직접 수령하기 때문에 시간 여유가 없는 사람들이 이용하기에도 좋다. 대부분 출발 이틀 전에 구매를 완료해야 하지만 신라/롯데면세점은 출국 당일 숍이 따로 있어 출국 3시간 전까지도 구입이 가능하다.

신라면세점 www.shilladfs.com
롯데면세점 www.lottedfs.com
신세계면세점 www.ssgdfs.com
워커힐면세점 www.skdutyfree.com
동화면세점 www.dutyfree24.com

2. 시내 면세점

출국 60일 전부터 출국일 전날 오후 5시까지 이용 가능해 시간에 쫓기지 않고 쇼핑할 수 있어 인기있다. 대신 주요 도시 이외의 지역 거주자라면 이용하기가 쉽지 않다는 단점이 있다. 출국 사실을 증명할 수 있는 서류(여권, 출국 항공편 E-티켓)를 지참해야 하며, 간단하게 출국일과 시간, 비행 편명만 메모해도 된다. 구입한 면세품은 출국하는 공항 면세점 인도장에 상품 인도증을 내고 수령하면 된다.

3. 공항 면세점

공항 출국장에 위치하고 있어서 탑승 대기 시간 동안 이용할 수 있으며 면세품을 바로 수령할 수 있다. 방학이나 휴가철, 연휴 등의 성수기에는 여유로운 쇼핑이 어려울 수 있다는 단점이 있다.

Plus Info. 면세점 알뜰 이용 꿀팁!

인터넷 면세점의 적립금을 공략하라!
오프라인이건 아니건 사실 가격 차이는 거의 없다. 그러나 인터넷 면세점에는 타임 세일이 있어 특정 품목을 저렴하게 구입할 수 있다. 게다가 적립금을 후하게 주어 추가 할인 혜택을 기대할 수 있다.

면세점을 분산 활용하라!
가장 유명하고 물건이 많은 롯데면세점을 비롯 신세계면세점, 동화면세점, 신라면세점, 워커힐면세점, 그랜드면세점 등이 있다. 이곳들은 대개 비슷한 규모의 적립금을 주고 있으므로 여러 면세점을 분산 이용한다면 한 면세점을 이용할 때보다 훨씬 저렴하게 쇼핑을 즐길 수 있다. 단, 여러 인도장으로 찾으러 가야 하는 정도의 수고로움은 감수해야 한다.

모바일 적립금을 노려라!
인터넷 면세점 전용 애플리케이션을 설치하면 모바일 적립금이 생기는데, 대략 5000~1만 원 선으로 다른 적립금과 중복 사용이 가능하다.

4. 기내 면세점

말 그대로 항공기 안에서 면세품을 구입할 수 있다. 품목이 가장 제한적이지만 인기 있는 제품을 판매하는 경우가 많다.

D-10
환전 하기&포켓 와이파이 예약하기

베트남 동(d)을 한국에서 환전하는 것 보다는 미국 달러(USD) 고액권으로 환전 후, 베트남 현지에서 다시 베트남 동(d)으로 재 환전하는 것이 더 유리하다.

1. 어디에서 환전할까?

① 시중은행

은행마다 현찰 매도율이 제각각 다르기 때문에 무작정 찾아가기보다는 인터넷 커뮤니티나 블로그 등을 참고해서 환율이 조금이라도 좋은 은행을 찾아가는 것이 요령. 은행별 환전 수수료 우대 쿠폰을 발급해주기도 하니, 이왕이면 우대 쿠폰을 반드시 챙기자. 보통 주거래은행의 환율 우대율이 더 좋다.

② 사설 환전소

서울, 부산 등의 대도시라면 사설 환전소를 이용하는 것이 이득인 경우가 많다. 서울의 경우 서울역이나 명동, 이태원 등에 사설 환전소가 밀집해 있다.

③ 공항 내 은행

미처 환전을 하지 못했을 때 쓸 수 있는 마지막 카드다. 그만큼 공항 내 은행은 시중은행보다 환전율이 낮아 고액일수록 손해를 많이 본다. 소액 환전은 큰 차이가 없다.

2. 현금과 신용카드 비율은?

호텔을 제외하고 신용카드는 찬밥 신세. 대부분은 현금 결제만 고집하기 때문에 여행 경비 전액을 현금으로 준비해 가는 것을 추천. 단, 여행 일정이 길거나 고액을 갖고 가기 껄끄럽다면 한국의 시중은행 계좌와 연결된 현금카드를 발급받아 가자. 현지에서

현금이 부족할 때마다 ATM 기기로 현금을 인출해서 쓰면 편리하다. 단, 번화가, 유명 관광지에서 주변 ATM 기기는 종종 불법 카드 복제 장치가 설치돼 피해를 볼 수 있다.

> **Plus Info.** 여행 경비 아끼는 환전 꿀팁!
>
> **환율율 비교하기**
> 마이뱅크(www.mibank.me) 홈페이지에서 은행 및 환전소별 환율을 비교할 수 있다. 환율율 비교 후 가장 가까운 환전소나 은행을 찾아가면 된다.
>
> **사이버 환전(인터넷 환전)으로 집에서 환전하기!**
> 세상 참 좋아졌다. 은행 홈페이지의 '사이버환전' 서비스를 이용하면 굳이 은행에 방문할 필요가 없으니 말이다. 신청 과정에서 외화 수령 지점을 출국하는 공항점으로 선택하면 훨씬 편한 데다, 방문 환전보다 환전 수수료 우대율이 높아서 고액인 경우 비용을 아낄 수 있다. 해당 은행의 공항 지점 위치와 수령 가능 시간을 숙지하도록.

3. 많이 사용되는 국제 카드사는?

그나마 가장 폭넓게 쓸 수 있는 것은 '비자카드'다. 카드 결제가 가능한 곳에서 대부분 쓸 수 있다고 보면 된다. 상점 입구에 사용 가능한 카드사 로고가 붙어 있는 경우가 많다.

> **Plus Info.** 해외 이용 가능한 카드 구분하기
>
> 카드에 '씨러스(Cirrus)'나 '플러스(Plus)' 로고가 있다면 해외 ATM 기기나 카드 결제 기기 이용이 가능하다. 좀 더 확실한 방법은 해당 카드사 고객센터를 통해 확답을 얻는 것!

4. 체크카드 (=직불카드=데빗카드=현금카드)를 발급받자.

거래 은행 계좌와 연결되어 있기 때문에 잔고 이상으로는 쓸 수 없어 불필요한 과소비를 막을 수 있다. 돈이 다 떨어졌을 때는 한국에 있는 지인에게 계좌로 입금만 해달라고 하면 곧바로 이용할 수 있어 비상시를 대비해서 가져가기 좋다. 또 현금이 필요할 때는 ATM 기기로 인출할 수도 있다. 가능하다면 비자(Visa)와 마스터(Master) 두 군데 국제 카드사 카드를 모두 발급받자. 체크카드의 단점이라면 한국에서 현금을 환전할 때보다 환율이 좋지 않고, 1일 인출 금액이 정해져 있다는 것.

5. 포켓 와이파이 vs 한국 통신사 데이터 로밍
vs 베트남 통신사 데이터 유심

베트남에서 구글맵 애플리케이션을
이용하고 틈틈이 인터넷 검색도 해야
한다면 무선 인터넷 대책을 세우자.
각각의 서비스마다 장단점이
확실하므로 취향과 상황에 따라 고르면
된다.

구분		상세 내용	가격	장단점
포켓 와이파이 쿠폰 2권 p.151		3G/4G 무제한 이용 (하루 500Mb 사용 후 속도 저하)	1일당 5500원~ (보조 배터리 대여비 별도, 장기 대여 시 할인)	현지 통신망을 이용해 속도가 가장 빠르고 안정적이다. 최대 5명까지 동시 이용 가능하며 한국 전화 및 문자도 그대로 이용 가능. 단말기와 보조 배터리를 항상 갖고 다녀야 하고, 분실 시 배상 책임이 있어 조심해야 한다. 사전에 예약해야 이용 가능하며, 업체마다 이용 가능한 공항이 정해져 있음.
한국 통신사 데이터로밍 (SKT 기준)	T로밍 아시아패스	5일간 LTE/3G 데이터 2GB (소진 시 속도 제어)	2만5000원	한국 통신사 유심을 그대로 이용하게 되어 한국에서 오는 전화, 문자 수신이 가능. 가격이 가장 비싸고 베트남 통신사의 통신망을 빌려 쓰는 방식이라 속도가 가장 느리며 지역별 편차가 심함.
	T로밍 아시아패스 YT (만 29세 이하 가입 가능)	5일간 LTE/3G데이터 3GB (소진 시 속도 제어)	2만5000원	
	T로밍 OnePass300	LTE/3G 데이터 1일 300Mb (소진 시 속도 제어)	1일 9900원	
베트남 데이터유심	베트남 모바일 7일	7일간 3G데이터 무제한 (APN 자동 설정)	2900원~ (정상 판매가 7400원~)	한국 인터넷에서 구입 시 할인가 적용(판매처에 따라 가격이 다름). 가격이 가장 저렴한다. 한국 유심칩을 제거해야 하고, 베트남 현지 번호가 임의 개통되지 않기 때문에 오로지 SNS, 인터넷만 사용 가능. 전화 및 문자 이용 완전 불가. 핫스팟(테더링)으로 여러 명 사용 시 배터리 소모가 많고 속도 저하. 건물 안이나 지하에서는 속도 저하 현상. 컨트리락이 설정된 기기의 경우 이용 제한.
	모비폰 30일	30일간 LTE 6GB, 소진 후 3G 무제한 (APN 자동 설정)	7900원~ (정상 판매가 1만2900원~)	

Plus Info. 다낭 국제공항에서 유심 살 때 주의점

다낭 국제공항에서도 유심을 살 수 있다. '데이터 완전
무제한'이라고 이야기하지만 실상은 최대 데이터 사용량이
정해져 있는 것이 대부분. 데이터를 소진한 이후에는 추가
결제를 해야 사용할 수 있는 경우가 많아 데이터 사용량이

많은 사람은 불편할 수 있다. 심카드를 구입하면 한국 통신사
심카드를 빼고 베트남 통신사의 심카드를 장착해주는데, 한국
심카드를 잘 보관하자.

가격 1~2일 4$, 3~5일 5$, 6일 6$, 7~8일 7$

D-2

짐 꾸리기 체크리스트

- ☑ 여권과 복사본 1부
- ☐ 항공권(E-티켓의 경우 프린트)과 복사본 1부
- ☐ 여행자 보험 최종 확인
- ☐ 여행 경비, 신용카드, 국제 현금카드
- ☐ 작은 가방 또는 가벼운 배낭
- ☐ 카메라, 사진 촬영용품, 배터리
- ☐ 옷가지, 수영복 및 래시가드, 물놀이용품
- ☐ 세면도구(수건, 칫솔, 샴푸, 린스, 보디 클렌저, 비누, 면도기 등)
- ☐ 화장품(기초 화장품, 자외선 차단제, 립밤, 수면 팩 등)
- ☐ 신발(운동화 필수, 샌들 또는 아쿠아 슈즈 중 택 1)
- ☐ 상비약(두통약, 진통제, 1회용 밴드, 연고, 종합 감기약 등)
- ☐ 여성용품
- ☐ 우산, 선글라스

D-DAY

출국하기

1. 탑승 수속 및 수하물 부치기

최소 출발 2시간, 성수기에는 3시간 전에는 공항에 도착하는 것이 안전하다. 이티켓에 적힌 항공편 명을 공항 내 안내 모니터와 대조해 항공사 카운터를 찾아가자. 여권과 이티켓을 제출한 다음, 짐을 부치는 것이 첫 번째 순서. 창가·복도·비상구석 등 원하는 좌석이 있을 경우에는 미리 얘기하자. 별도의 요청 사항이 없는 경우에는 임의로 자리 배치를 해주기 때문에 뜻밖의 불편함을 겪을 수 있다.

Plus Info. 수하물 규정
100ml 미만의 용기에 담긴 액체(화장품, 약) 및 젤은 투명한 지퍼 백에 넣어야 반입이 허용된다. 용량은 잔여량에 상관없이 용기에 표시된 양을 기준으로 하기 때문에 쓰다 만 치약이나 화장품의 경우 주의해야 한다. 용량 이상의 물품을 소지했을 경우, 그냥 짐을 부치는 것이 좋다. 부칠 수 있는 수하물 크기와 개수는 항공사와 노선마다 다르므로 반드시 확인하자.

2. 출국심사

탑승 수속 후 받은 탑승권과 여권을 챙겨 출국장으로 들어간다. 세관 신고 및 보안 검색을 마친 후, 출국심사대로 가서 여권과 탑승권을 보여주면 된다. 출국심사가 빠르게 진행되지만 대기 시간을 줄이려면 자동 출입국심사나 도심 공항터미널을 이용하자.

Plus Info. 세관 신고
보석이나 귀금속, 고가의 물건 등 미화 1만$ 이상의 물품 또는 현금을 반출하는 경우 세관에 미리 신고를 해야 귀국 시 불이익을 받지 않는다. 입국 시 1인당 면세 금액은 미화 600$ 이하이며, 가족과 함께 입국하는 경우 가족 중 한 명이 세관신고서를 한 장만 대표로 작성하면 된다.

3. 면세점 쇼핑

출국심사가 모두 끝나면 면세점 쇼핑을 할 수 있다. 시내 면세점이나 인터넷 면세점에서 구입한 제품이 있을 경우에는 면세품 인도장에 가서 받으면 된다. PP카드 등 멤버십 카드가 있는 경우 항공사 라운지에 가서 휴식을 취하거나 음료나 간식을 먹을 수 있다.

4. 비행기 탑승

보통 출발 시간 20~30분 전부터 시작된다. 탑승 시작 시간에 맞춰 탑승구(Gate)를 찾아가면 되는데, 인천 국제공항에서 출국할 경우 저가 항공사는 셔틀 트레인과 연결된 별도의 탑승동에서 출발하므로 시간을 넉넉하게 잡는 것이 좋다.

INDEX
무작정 따라하기

베트남 지갑 만들기

베트남 지폐는 단위가 크고 권종이 다양해서 동 지갑을 만들면 유용하게 사용할 수 있어요. 아래 인덱스와 표를 가위로 잘라서 사용하세요. 만드는 방법은 p.229을 참고하세요

500,000đ 25,000원	200,000đ 10,000원	100,000đ 5,000원	50,000đ 2,500원	20,000đ 1,000원
10,000đ 500원	5,000đ 250원	2,000đ 100원	1,000đ 50원	달러 $

		한국어	베트남어
50만đ 25,000원	2만đ 1,000원	안녕하세요.	신 짜오
		고맙습니다.	깜언
20만đ 10,000원	1만đ 500원	미안합니다.	신 로이
		네.	방
10만đ 5,000원	5,000đ 250원	아니요.	콩
		얼마예요?	바오 나오 띠엔?
		너무 비싸요.	닷 꽈
5만đ 2,500원	2,000đ 100원	깎아주세요.	잠 쟈디
		영수증	호아던
		화장실	냐 베씽
		물	느억